Bohmsche Mechanik als Grundlage der Quantenmechanik

Detlef Dürr

Bohmsche Mechanik als Grundlage der Quantenmechanik

Mit 38 Abbildungen

Springer

Professor Dr. Detlef Dürr
Universität München
Mathematisches Institut
Theresienstrasse 39
80333 München
Deutschland
E-mail: duerr@rz.mathematik.uni-muenchen.de

ISBN 978-3-642-62544-2

Die Deutsche Bibliothek – CIP-Einheitsaufnahme

Dürr, Detlef:
Bohmsche Mechanik als Grundlage der Quantenmechanik / Detlef Duerr. – Berlin; Heidelberg; New York; Barcelona; Hongkong; London;
Mailand; Paris; Singapur; Tokio: Springer, 2001
ISBN 978-3-642-62544-2   ISBN 978-3-642-56507-6 (eBook)
DOI 10.1007/978-3-642-56507-6

http://www.springer.de

© Springer-Verlag Berlin Heidelberg 2001
Ursprünglich erschienen bei Springer-Verlag Berlin Heidelberg New York 2001
Softcover reprint of the hardcover 1st edition 2001

Satz: Reproduktionsfertige Vorlage vom Autor erstellt mit Springer LATEX -Makro
Einbandgestaltung: Erich Kirchner, Heidelberg

Gedruckt auf säurefreiem Papier   SPIN: 10790330   55/3141/tr - 5 4 3 2 1 0

Auszüge

...Äußerste Verwirrung herrscht unter den Forschern, die über die Naturgeschichte dieses Tieres (des Pottwals) schreiben...Wir sind nicht fähig zu weiteren Untersuchungen in der unergründlichen Meerestiefe....Ein undurchdringlicher Schleier verhüllt uns die Kenntnis der Wale... Ein dorniges Feld...
So sprechen sie vom Wal, die großen Cuvier, John Hunter und Lesson, die Leuchten der Zoologie und Anatomie. Wie spärlich aber auf allen Gebieten das menschliche Wissen auch ist – es gibt doch Bücher die Fülle;

Melville(1851), Moby Dick, Kapitel 32 [1]

„Was man sagen und erkennen kann, das muß auch sein. Nichtsein ist nicht. Das dir ständig zu sagen, halte ich dich an. ...
...So werden sie dahingetrieben, taub zugleich und blind, vor den Kopf geschlagen, urteilose Scharen, bei denen Sein und Nichtsein als dasselbe gilt und dann wieder nicht als dasselbe, und denen sich jeder Weg in sich selbst zurückwendet. Denn das kannst Du nie erzwingen, daß Nichtseiendes sei."

Parmenides (∼550 v. Chr.) [2]

„Für dieses (mein) Wort[1] indessen, das da ist, kommen die Menschen nicht zum Verständnis, weder bevor sie es hörten, noch sobald sie es gehört haben."

Heraklit (∼550 v. Chr.) [3]

---

[1] *Kommentar:* Manche, denen man durchaus wegen ihres guten Verständnisses und ihrer guten Kenntnisse trauen kann, meinen, daß mit Heraklits Wort (das da ist) Physik gemeint ist [4, 3]. Und diese meinen auch, daß Heraklit jünger ist als Parmenides, wenn auch nur um ein paar Jahre [3]. Das macht Sinn. Das Parmenidische Lehrgedicht formuliert, daß (in unserem modernen Sinne) die physikalische Theorie uns sagt, was „real" ist. Und Heraklit formuliert, daß was auch immer als „real" angesehen wird, sich bewegen wird: Die physikalische Theorie wird eine von „Bewegung" sein. Die Vorsokratiker sprechen von der „heiligen Schau" (die Theorie), als das verstandesmäßige Durchdringen des sinnlich Gegebenen, die Erklärung der Phänomene durch physikalische Gesetze für die gedachten (erdachten) Grundgrößen, die den „Dingen an sich" nahe kommen.

(Verstand:) „Scheinbar ist Farbe, scheinbar Süßigkeit, scheinbar Bitterkeit, wirklich nur Atome und Leeres."
(Die Sinne:) „Du armer Verstand, von uns nimmst du deine Beweisstücke und willst uns damit besiegen? Dein Sieg ist dein Fall!"

Demokrit ($\sim$470 v. Chr.) [4]

„...Sie führte mich dahin, in dem unzugänglichen ‚Ding an sich‘ eine zwar natürliche, instinktive, aber dennoch alberne und sogar gefährliche Illusion zu sehen...

...daß diese Wissenschaft (Physik) den Zweck hat, die Beziehungen der sinnlichen Wahrnehmungen aufzudecken und daß diese Begriffe und Theorien nur ein Mittel, eine Gedankenökonomie sind, diesen Zweck zu erreichen..."

Ernst Mach (1906) [8]:

„...Wenn man sich darüber klar werden will, was unter dem ‚Ort des Gegenstandes‘, z.B. des Elektrons...zu verstehen sei, so muß man bestimmte Experimente angeben, mit deren Hilfe man den ‚Ort des Elektrons‘ zu messen gedenkt, anders hat dieses Wort keinen Sinn^2..."

Werner Heisenberg (1927)[7]

„...Aber vom prinzipiellen Standpunkt aus ist es ganz falsch, eine Theorie nur auf beobachtbare Größen gründen zu wollen. Denn es ist ja in Wirklichkeit umgekehrt. Erst die Theorie entscheidet darüber, was man beobachten kann..."

Albert Einstein, zitiert von W. Heisenberg in [9]

„There was a time when newspapers said that only twelve men understood the theory of relativity. I do not believe that there ever was such a time...On the other hand, I think I can safely say that nobody understands quantum mechanics..."

R. P. Feynman (1965) [6]

„ Man kann auch ganz burleske Fälle konsturieren. Eine Katze wird in eine Stahlkammer gesperrt, zusammen mit folgender Höllenmaschine (die man gegen den Zugriff der Katze sichern muß): in einem Geigerschen Zählrohr befindet sich eine winzige Menge radiokativer Substanz, so wenig, daß im Laufe einer Stunde vielleicht eines von den Atomen zerfällt, ebenso wahrscheinlich aber auch keines; geschieht es, so spricht das Zählrohr an und betätigt über ein Relais ein Hämmerchen, das ein Kölbchen mit Blausäure zertrümmert. Hat man dieses ganze System eine Stunde lang sich selbst überlassen, so wird man

---

^{2} Eigentlich mag ich keine Zitate, aus den üblichen Gründen. Noch weniger mag ich Philosophisches, weil ich das meiste davon nicht verstehe, und das, was ich verstehe, ist meistens nicht richtig, sagen die Philosophen.

sagen, daß die Katze noch lebt, wenn inzwischen kein Atom zerfallen ist. Der erste Atomzerfall würde sie vergiftet haben. Die ψ Funktion des Systems würde das so zum Ausdruck bringen, daß in ihr die lebende und die tote Katze (s.v.v.) zu gleichen Teilen gemischt oder verschmiert sind.

Das Typische an diesen Fällen ist, daß eine ursprünglich auf den Atombereich beschränkte Unbestimmtheit sich in eine grobsinnliche Unbestimmtheit umsetzt, die sich dann durch direkte Beobachtung entscheiden läßt. Das hindert uns, in so naiver Weise ein „verwaschenes Modell" als Abbild der Wirklichkeit gelten zu lassen. An sich enthielte es nichts Unklares oder Widerspruchsvolles. Es ist ein Unterschied zwischen einer verwackelten oder unscharf eingestellten Photographie und einer Aufnahme von Wolken und Nebelschwaden."

E. Schrödinger (1935) [10]

The Cat only grinned when it saw Alice. It looked good-natured, she thought: still it had VERY long claws and a great many teeth, so she felt that it ought to be treated with respect.

'Cheshire Puss,' she began, rather timidly, as she did not at all know whether it would like the name: however, it only grinned a little wider. 'Come, it's pleased so far,' thought Alice, and she went on. 'Would you tell me, please, which way I ought to go from here?'

'That depends a good deal on where you want to get to,' said the Cat.

'I don't much care where –' said Alice.

'Then it doesn't matter which way you go,' said the Cat.

'– so long as I get SOMEWHERE,' Alice added as an explanation.

'Oh, you're sure to do that,' said the Cat, 'if you only walk long enough.'

Alice felt that this could not be denied, so she tried another question. 'What sort of people live about here?'

'In THAT direction,' the Cat said, waving its right paw round, 'lives a Hatter: and in THAT direction,' waving the other paw, 'lives a March Hare. Visit either you like: they're both mad.'

'But I don't want to go among mad people,' Alice remarked.

'Oh, you can't help that,' said the Cat: 'we're all mad here. I'm mad. You're mad.'

'How do you know I'm mad?' said Alice.

'You must be,' said the Cat, 'or you wouldn't have come here.'

Alice didn't think that proved it at all; however, she went on 'And how do you know that you're mad?'

'To begin with,' said the Cat, 'a dog's not mad. You grant that?'

'I suppose so,' said Alice.

*'Well, then,' the Cat went on, 'you see, a dog growls when it's angry,
and wags its tail when it's pleased. Now I growl when I'm pleased,
and wag my tail when I'm angry. Therefore I'm mad.'*
'I call it purring, not growling,' said Alice.
*'Call it what you like,' said the Cat. 'Do you play croquet with the
Queen to-day?'*
*'I should like it very much,' said Alice, 'but I haven't been invited
yet.'*
'You'll see me there,' said the Cat, and vanished.
*Alice was not much surprised at this, she was getting so used to queer
things happening. While she was looking at the place where it had
been, it suddenly appeared again.*

Lewis Carroll (1865) [3] [11]

*Wenn du dich unterfängst, andere zu lehren und sie zu unterweisen,
mit welchem Namen in unserer Sprache der Walfisch (whale) zu be-
nennen sei, lässest aber, da du selber unwissend bist, den Buchstaben
h aus, der allein dem Wort erst seinen Sinn gibt, so lehrest du, was
nicht richtig ist.*

Melville(1851), Moby Dick, Etymologie [1]

---

[3] eigentlich Charles Lutwidge Dodgson 1832–1898, Professor für Mathematik in
Oxford, wo Schrödinger den „Katzenartikel" schrieb.

Vorwort

Das vorliegende Buch ist für viele sicher eine seltsame Mischung aus fundamentaler (aber alter) Physik, zuviel Wahrscheinlichkeit und rigoroser (aber nicht genügend rigoroser) Mathematik. Das liegt daran, daß ich aufgeschrieben habe, was mir wichtig ist, nur das. Mir ist zuerst wichtig, um *was* es geht, weil dann die Einsicht zur Übung kommt, *wie* etwas geht. Oft hatte ich das Gefühl, den Buchstaben h weggelassen zu haben[4], und dann habe ich das verbreitert. Die Dinge, die mir wichtig sind, sind mir zum großen Teil erst durch die Lehre wichtig geworden, indem ich die Fragen und Denkweisen der Studierenden ernst genommen habe, was mir aber leicht fiel, denn darin entdeckte ich oft genug meine eigenen Unklarheiten und Denkweisen.

Ich empfinde ein Buch als schlecht, wenn der Gedankengang nicht klar ist, wenn nicht klar gesagt wird, aus welcher Notwendigkeit neue Begriffe entstehen und wenn die Notwendigkeit der Darstellung nicht offenbar wird. Ich habe mich in diesem Sinne sehr bemüht, kein schlechtes Buch zu schreiben.

Es geht um nichtrelativistische Quantentheorie, also Quantenmechanik. Es geht aber auch um Physik schlechthin, die insgesamt unter dem philosophisch anmutenden (aber nicht anmutigen) Gerede und der Mystifizierung der Beschreibung der Natur im letzten Jahrhundert an Inhalten verlor[5]. Nur in einem Gesamtbild einer Physik, die in der Tat wieder über die Natur ist (und von der ich annehme, daß sie auch ohne Menschen *IST*), kann ich über Bohmsche Mechanik reden.

Schrödingers Katze hat Weltruhm erlangt. Im Abschnitt 5 des Artikels (siehe Auszüge) *Die gegenwärtige Situation in der Quantenmechanik*, betitelt: *Sind die Variablen wirklich verwaschen?* nimmt Schrödinger die Idee auf, daß die Wellenfunktion die Materie selbst darstellt, die dann auf Grund der Wellennatur der Wellenfunktion „verwaschen" ist. Diese Verwaschenheit wäre im atomaren Bereich akzeptabel, aber nicht in unserer groben Welt: Der letzte Satz des Zitats in den Auszügen enthält die wesentliche Aussage, über die sich so viele Physiker und im besonderern Maße die „Dekohärenzler" im Unklaren sind, und die eine Theorie wie Bohmsche Mechanik notwendig macht. Das ist das Große.

---

[4] siehe das letzte Zitat in den Auszügen
[5] Dafür machte Erkenntnistheorie Karriere.

Im Kleinen entsteht manchmal eine Notwendigkeit nicht logischerweise, sondern aus der wissenschaftlichen Umgebung: Quantenmechanik ist über Operatoren, also muß ich darüber reden, auch wenn diese Struktur physikalisch ziemlich unwichtig ist. Und so verhält es sich auch mit der Mathematik in diesem Buch: Dieses Buch richtet sich an Studenten, obwohl es zunächst viel anspruchsvoller als ein Lehrbuch erscheint. Aber Studenten müssen vor allem nicht nur lernen, sondern auch verstehen und durchdenken. Die Mathematik der Quantenmechanik ist auf den ersten Blick abstrakter als die Mathematik der Newtonschen Mechanik und des Elektromagnetismus. So abstrakt sogar, daß für den Lernenden in der notwendig praktizierten mathematischen Nachlässigkeit vermeintlicher Platz für die notorischen Grundlagenprobleme entsteht, die womöglich alle verschwinden, „wenn man nur alles genau und rigoros macht". Diesem falschen Argument muß ich auf jeden Fall den Boden nehmen. Das wichtigste Kapitel dafür ist in diesem Buch daher das Kapitel 12. Es ist die Brücke zwischen der grundlegenden Bohmschen Mechanik und ihrer Phänomenologie, da kommen abstrakte mathematische Strukturen zum Zuge. Die werden danach vertieft. Die mathematischen Kapitel 13, 14 und 15 gehen deshalb weiter als übliche theoretische Physik aber längst nicht so weit wie die einschlägige mathematische Literatur, aber weit genug, um keine Möglichkeit zu lassen, die Grundlagenprobleme im Dunkel der mathematischen Präzision oder gar in der Höhe der Abstraktion, die kein Sterblicher mehr erklimmen kann, entschwinden zu lassen. Es geht gerade soweit, wie man es wissen möchte, denn wissen wird man wollen. Versteht man nämlich erst einmal, warum diese oder jene Abstraktion notwendig oder *auch nicht notwendig* ist, also *welchen Platz sie in der Naturbeschreibung genau einnimmt,* dann wird die Mathematik zugänglich und erfahrbar und damit handhabbar – aber nicht ohne Mühe, niemals ohne Mühe!

Aber mit viel weniger Mühe, als es Physik abverlangt. Das muß klar sein! Daß die wirklich schwere Frage die Physik ist, und daß die überhaupt nichts mit dem Abstraktionsgrad der Mathematik zu tun hat: Mein Freund und Kollege Sheldon Goldstein pflegt meinen Diplomanden und Doktoranden mit dieser Warnung zu begegnen:

> „*Mathematics is easy, physics is hard!*"
>
> *Sheldon Goldstein, private Mitteilung*

Ich denke, daß ein Physiker, der bereit ist, „alles zu quantisieren", wissen sollte, was die Quantenphysik im einfachsten und beherrschbaren Falle ist, was sie aussagt und was die Lehren sind, die man aus diesem sicheren Wissen ziehen kann. Darüber ist dieses Buch.

Die Bohmsche Mechanik (die Mechanik ist nach ihrem Erfinder David Bohm benannt, der sie erstmals 1952 ausformulierte [14])[6] liegt dem Forma-

---

[6] In Wahrheit hat der Physiker Erwin Madelung schon vor de Broglie die Bohmschen Gleichungen stehen gehabt und etwas später hat de Broglie auf der berühmten Solvay Konferenz von 1927 die Gleichungen auch (etwas halbher-

lismus der Quantenmechanik zugrunde, und es wird ausführlich erklärt werden, was das bedeutet. Insbesondere bedeutet es, daß Bohmsche Mechanik über *etwas* ist, nämlich über die Bewegung von Teilchen. Bohmsche Mechanik ist den Experimentalphysikern nicht fremd. Es ist deren natürlicher „Denkbehelf"[7], und nur wenn man den Denkbehelf hinterfragt: „Sind da wirklich Teilchen?" kommen plötzlich unverständliche und von seltsamer Philosophie geschwängerte Einsichten: Das Schlimme an der Quantenmechanik ist dieser philosphische Überbau, diese mystische Schwere und die Glorifizierung der Mystik.

Diesen hebt Bohmsche Mechanik auf, denn die Phänomenologie der Bohmschen Teilchenbewegung führt auf die mathematischen Objekte der Quantenmechanik und den berühmten quantenmechanischen Formalismus: Dabei kommt man zu allererst zu positive-Operator-wertigen Maßen, deren Gehalt für die Beschreibung der Phänomene schon seit langem bekannt ist, aber die dennoch unter ziemlicher Nichtakzeptanz leiden, weil sie die Operator-Observablen – die selbstadjungierten Operatoren – vom Sockel stoßen. Was es mit diesen Operatoren auf sich hat, woher sie kommen und wohin sie gehen werden und was die Operator-Maße an wertvoller Mathematik bereitstellen, muß gesagt werden. Das werde ich tun.

Keine Phänomenologie der atomaren Welt ohne Wahrscheinlichkeit! Niemand weiß so recht, was Wahrscheinlichkeit ist, und vielen kommt Quantenmechanik als Begründerin des *intrinsischen* Zufalls[8] gelegen. Aber in Wahrheit ist der dann doch nichts anderes als der Zufall beim Münzwurf, nur versteht man das erst, wenn man den Zufall beim Münzwurf verstanden hat – und Bohmsche Mechanik. Darum muß das Kapitel über den Zufall wohl durchdacht sein. Man kann sich nicht leisten, das nur grob verstanden zu haben. Zu subtil ist das Ganze.

Der Zufall in der Bohmschen Mechanik wird durch das Bornsche statistische Gesetz erfaßt, analog der Gibbsverteilung, die den Zufall in Newtonscher Mechanik erfaßt, aber das beinhaltet mehr als man zunächst denkt. Die Wahrscheinlichkeit in der Streutheorie beginnt mit dem „wann" und „wo" einer Teilchendetektion und ist nicht mehr nur das Absolutquadrat der Wellenfunktion. Das letzte Kapitel 16 behandelt darum die statistischen Voraussagen für die Fragen „wann" das Teilchen „wo" ankommt. Das ist etwas Neues.

---

zig zwar) hingeschrieben. Aber das sind unwesentliche geschichtliche Histörchen, die *nichts* mit dem Begreifen der Theorie zu tun haben. Bohm wußte von diesen frühen Ansätzen nichts, und erst er hat die Theorie als solche begriffen. Die Theorie wird oft auch „pilot wave Theorie" genannt oder „de Broglie-Bohm-Theorie" oder „kausale Interpretation der Quantenmechanik" (Bohm selbst nannte sie so). Es handelt sich bei allen diesen Namen um dieselbe Theorie.

[7] siehe [10] über den Begriff von Modellen

[8] Genau weiß ich auch nicht, was das sein soll. Wahrscheinlich so etwas wie der Zufall schlechthin, was nicht minder unklar ist

Die zeitliche Entwicklung eines freien Wellenpaketes und insbesondere deren Asymptotik gehören zum Fundament der Phänomenologie der Theorie. „Skalieren" ist dabei eine mathematische Art, Begebenheiten auf verschiedenen Skalen anzuschauen und ist eine wesentliche Methode, Phänomene zu verstehen. Das mache ich ein paarmal vor.

Literatur. Bücher gibt es „die Fülle", und man wird in das eine oder andere Buch hineinschauen müssen, um mit diesem Buch klar zu kommen. Ich habe die Literatur erwähnt, die ich gut kenne oder die mir passend erschien. Das ist sehr wenig, denn ich rechne lieber selbst, weswegen sich häufig Fehler einschleichen oder die Beweise umständlich erscheinen. Aber den Grundgedanken verleugne ich nie, und das ist mir wichtiger als die formale Richtigkeit einer nicht verstandenen Wahrheit.

Anerkennung. In diesem Buch habe ich aufgeschrieben, was ich von meinen beiden Freunden und Kollegen Sheldon Goldstein und Nino Zanghì gelernt habe und was wir gemeinsam erarbeitet haben. Unter ihrer Mitwirkung hätte nun alles richtig dagestanden – allerdings erst in unabsehbar langer Zeit (wenn ich die Zeiten extrapoliere, die uns normale Veröffentlichungen kosten). Ich war nicht geduldig genug (vgl. Kapitel 17) und wollte schnell die Sachen in meinem Stil sagen. Deshalb und nur deshalb können Dinge falsch gesagt sein. Meine Einstellung zur Mathematik ist deutlich durch meinen Freund und Kollegen Reinhard Lang geprägt worden, und er wußte alles, was ich nicht wußte. Sein Beitrag ist wesentlich. Die erste Version dieses Buches wurde von Gernot Bauer als Vorlesungsskriptum ausgearbeitet. Die schöne Zusammenarbeit mit ihm ist unvergessen, aber auch die kostbaren Stunden mit den Studenten, Diplomanden und Doktoranden, ohne deren waches Interesse jede Forschung leicht zur irrelevanten Übung werden kann. Herrn Bernhard Lani-Wayda verdanke ich eine große Anzahl von Hinweisen auf Verbesserungen und Fehler in der ersten Version, und ich bedanke mich bei Karin Münch-Berndl, Martin Daumer, Folker Schamel, Tim Storck, Roderich Tumulka, bei meinen Freunden und Kollegen Gian Carlo Ghirardi (der für die (einzige) Alternative zur Bohmschen Mechanik steht) und Herbert Spohn (als ganz wichtigen Physiker-Freund). Sie alle waren direkt beteiligt. Ich danke Herrn Stefan Teufel für seine enorme Hilfe an der letzten Version und für den Titel des Buches. Er hat mehr Anteil an diesem Buch als er zur Kenntnis genommen hat. Es gibt sehr viele, deren Gedanken eingeflossen sind und die hier nicht benannt werden, aber die wissen (als meine Freunde), daß das nur bedeutet, daß ich beginnen muß. Ich erwähne darum dankend nur noch den TeX-Editor „WinEdt" von Aleksander Simonic, mit dem ich das Manuskript technisch bestens bewältigen konnte und beende das Vorwort mit meinem herzlichen Dank an die Mitarbeiterinnen des Springer-Verlages, Frau Sabine Lehr und Frau Petra Treiber, für die freundliche Beratung und das Korrekturlesen sowie an Herrn Beiglböck für seine erfahrungsreiche kollegiale Unterstützung.

Landsberg, Januar 2001   *Detlef Dürr*

Inhaltsverzeichnis

1. Einleitung

1.1 Quantenmechanik

1.1.1 Das Problem der Quantenmechanik

Um es einfach zu machen: Das Problem der Quantentheorie ist dieses. Es gibt
nur eine Gleichung und eine Größe, die die Theorie definieren – die Schrödingergleichung und die zugehörige Wellenfunktion – und diese beschreiben nicht
die Phänomene. Das ist schnell zu sehen, und das bespreche ich gleich im Abschnitt „Meßproblem". Das ist auch allen Physikern im Prinzip bekannt und
zwar seit Beginn der modernen Quantentheorie, das heißt seit der Findung
der Schrödingergleichung im Jahre 1926. Es ist bekannt, aber anstatt dieses
Faktum abzuhaken, wird geredet: Das Problem wird wortreich zerredet, indem Glauben gemacht wird, daß die „neue Physik" eben nicht mehr über
das ist, was man naiver Weise meinen könnte der Inhalt jeglicher Physik sei,
nämlich zu sagen, was Sache ist. Und im folgenden gehe ich auf diese Reden
ein, aber nur zur Unterhaltung, denn das Problem ist glasklar benannt:

Die Schrödingergleichung und die Wellenfunktion, deren zeitliche Entwicklung sie bestimmt, beschreiben nicht die Phänomene, d.h. entweder ist
die Gleichung falsch oder es fehlen weitere Gleichungen für weitere Bestim-
mungsgrößen des physikalischen Geschehens. Das ist ein Faktum!

Ich will auch gleich dies sagen: Es gibt öfters die Ansicht, daß die Schrödingergleichung nur ein Teil der quantenmechanischen Beschreibung ist und daß
einen weiteren Teil die Obervablen bilden. Observable sind selbstadjungierte
Operatoren auf einem Hilbertraum und die sollen „extra" sein. Sind sie aber
nicht. Sie ergeben sich aus der Schrödingergleichung. Und sie ändern nichts
am Meßproblem – überhaupt nichts.

1.1.2 Was gesagt wird, worüber Quantenmechanik ist

Quantenmechanik ist über die atomare Materie. Sollte man meinen. Also
fragen die einen: „Über *was* ist Quantenmechanik?" „Über das, was wir (die
Beobachter) messen.", antworten die anderen. Und das scheint so in Ordnung, denn die atomaren Dinge sind so klein, die kann man nur noch mit
Apparaten messen. Ein ungebildeter Interessent an den Naturwissenschaften
wird womöglich dennoch fragen: „Aber *was* ist denn das, was gemessen wird?

Sind das Teilchen? Was läuft denn da wirklich ab?" Ein müdes Lächeln des Gebildeten bringt hervor, daß das *eine unwissenschaftliche Frage* sei. Insistierend aber, der Interessent: „Aber woher weiß man dann, daß überhaupt gemessen wird? Woher weiß man, wann etwas eine Messung ist?" Verstehendes Lächeln des Gebildeten bemüht sich dann zu erklären, daß man dazu ja das physikalische Praktikum mache. Da lerne man, was eine Messung ist.

Beantwortet das, was mit dem *was gemessen wird* gemeint war? Natürlich nicht! Aber in der Bohr-Heisenbergschen Formulierung der Quantentheorie – welche von von Neumann ([5]) mathematisch rigoros formuliert wurde – sind die Begriffe „Beobachter", „Messung", „System", „Apparat", „Observable" (d.h. „Meßgröße") Bestimmungsstücke der Theorie. Sie sind primitive Größen, die nicht weiter erklärt werden können, von denen man sozusagen von Einsicht her „wissen sollte", was sie bedeuten. Und das hat sich seltsamerweise als „wesentliches" Merkmal der Naturbeschreibung festgesetzt. Es ist natürlich Unsinn (vgl. Auszüge: Einstein im Gespräch mit Heisenberg).

Einstein, Schrödinger, und zuletzt ganz besonders J. S. Bell mußten dennoch darauf hinweisen, daß diese Begriffe offenbar physikalisch komplex sind, so daß sie offenbar nicht zur grundlegenden Formulierung einer Theorie taugen. Man lese die Katzengeschichte in den Auszügen. Nun darf man ruhig zugeben, daß das erste Lesen der Zeilen einen nur verwirrt läßt, insbesondere wenn man gewohnt ist, hochmütig über Geschriebenes hinwegzulesen, um schnell an die Information zu kommen. Aber selbst bei wiederholtem Lesen wird man sich nicht wirklich wohler fühlen. Schrödinger hilft einem auch nicht dabei, den Punkt zu kriegen. Er sagt die Sachen genau richtig, und genau das, was zu sagen ist, aber er ist nicht freundlich mit dem Leser.

Nun ist er ein bekannter Mann, er kann es sich leisten, die Dinge zu sagen wie sie sind, und abzuwarten, bis er verstanden wird. Aber das ging schief. Die Katzengeschichte wurde weltberühmt, aber die begleitenden unsinnigsten Erklärungen veränderten den Gehalt und die Genesis des Problems bis zur Unkenntlichkeit.

Schrödinger beschreibt mit der Katzengeschichte das Meßproblem der Quantenmechanik. Er hätte es anders machen, statt Katze einen Apparat nehmen können, er hätte seinen Freund nehmen können, und statt der Blausäure ein Glas voll Whisky, das im Falle des Zerfalls von einem mechanischen Ober dargeboten hätte werden können. Soviele Möglichkeiten, und alle waren sie Schrödinger bewußt. Er wußte sicher auch schon die möglichen Erklärungen, die die Physiker finden würden, um seine Geschichte aufzulösen, aber er ist nicht freundlich mit den Physikern. Er sagt seine Sachen und lehnt sich zurück, womöglich grinsend wie die Cheshire cat aus dem Wunderland von Alice.

Am besten ich erkläre das auch noch einmal, mit etwas weniger Pathos: Quantentheorie macht ja nicht halt vor der Größe ($\sim$Teilchenzahl) eines Systems[1] (für das Quantentheorie gilt), so daß man sich leicht einen Apparat (einen Beobachter) als System denken kann, für das dann Quantentheorie noch gilt, aber wenn Quantentheorie immer noch gilt: Was macht dann einen Beobachter aus? Worüber ist dann Quantenmechanik wirklich?

J.S. Bell gab folgende Liste von schlechten Wörtern zur Theoriebildung [12]:

system

apparatus

environment

microscopic, macroscopic

reversible, irreversible

observable

information

measurement.

Über diese Begriffe ist üblicherweise Quantenmechanik. Man fragt sich, wie so etwas bestehen konnte.

1.1.3 Quantenmechanik kann gar nicht schlecht sein

Bell schrieb 1966 über seine Sicht, daß Kopenhagener Quantentheorie als Theorie nicht in Ordnung sei [18]:

> „...*We emphasize not only that our view is that of a minority, but also that current interest in such questions is small. The typical physicist feels that they have long been answered, and that he will fully understand just how if ever he can spare twenty minutes to think about it.*"

Ein gerne zitiertes Argument für die Güte der Quantenmechanik ist, daß ihre „Vorhersagen" mit einer phantastischen Präzision bestätigt werden. Keine andere physikalische Theorie konnte Vergleichbares leisten. Ein weiteres Argument ist, daß der typische Physiker damit problemlos zurecht kommt. Auch weiß er sich zu verteidigen: die Frage nach dem, was wirklich in der physikalischen Welt passiert sei „metaphysikalisch". Und das ist nichts Gutes. Bei den Lernenden ist wohl das folgende Argument am weitesten verbreitet: Wenn irgend etwas mit der Quantenmechanik nicht in Ordnung wäre, dann wäre das ja allgemein bekannt und würde nicht mehr so gelehrt werden. Naja.

Ich könnte dies so stehen lassen, unkommentiert, in der Hoffnung, daß diese Argumente sich selbst erledigen, aber das wäre wohl ungerecht denen gegenüber, die wirklich wissen wollen, was ich dazu (außer naja) zu sagen habe. Aber dazu müßte ich zu weit ausholen: Physiker hängen sehr an Autoritäten, ich auch, und wenn jemand sagt, Einstein habe in seiner speziellen

---

[1] Man beachte, daß ich hier von Teilchenzahl rede, also den Teilchenbegriff benutze, um Systeme überhaupt qualifizieren zu können; das machen alle Physiker so, bloß beeilen sich viele dann zu sagen, – falls man beginnt genauer nachzufragen – daß das eben nur so eine Sprechweise sei, dieses Gerede von Teilchen.

Relativitätstheorie einen gedanklichen Fehler gemacht, dann höre ich nicht mehr hin, aber bei der Quantenmechanik ist es anders. Da sagt Einstein, daß die Sache nicht in Ordnung ist, und dann sagt irgendeiner, daß Bohr die Debatte mit Einstein gewonnen hat. Bohr ist natürlich eine Autorität, aber warum die weitaus meisten Physiker sich dem Irgendeinen anschließen hat komplexe historische Gründe, ein Historiker analysieren muß (z.B. [13]). Am Ende bleibt mir nur zu sagen: Gut, also muß man alles dran setzen, um zu verstehen, *warum* der Quantenformalismus funktioniert. Offenbar nicht deswegen, weil es sich um eine physikalische *Theorie* handelt.

1.1.4 Das Meßproblem

In der Quantenmechanik wird der *Zustand* eines N-Teilchensystems durch eine komplexe Funktion $\psi(x)$ auf dem Konfigurationsraum $\mathbb{R}^{3N}$ beschrieben. Was bedeutet das? Eine naheliegende Möglichkeit ist, daß mit Teilchen *nicht* Teilchen gemeint sind, denn deren Zustand wird ja mindestens durch deren Konfiguration $x \in \mathbb{R}^{3N}$ beschrieben, wobei je nach Art der Mechanik mehrere Bestimmungsstücke hinzutreten können, wie z.B. Impulse in der Newtonschen Mechanik.

Wir diskutieren zuerst diese Möglichkeit, denn sie entspricht auch der Vorstellung, die Schrödinger einmal im Kopf hatte. Teilchen ist danach einfach die Bezeichnung für etwas Stoffliches, das in verschieden physikalischen Situationen durch Wellenfunktionen auf verschieden dimensionierten Räumen dargestellt wird, durch seltsame „Stofflichkeitsfelder" also. Nun gehorcht aber die zeitliche Entwicklung der Wellenfunktion einer *linearen* Wellengleichung (daher der Name Wellenfunktion), der Schrödingergleichung, und dadurch widerspricht das Bild der Stofflichkeitsfelder den experimentellen Befunden. Was nämlich experimentell mit großer Präzision bestätigt wird, ist das Bornsche statistische Gesetz über die Wellenfunktion. Danach kann mit Kenntnis der Wellenfunktion eines Systems die empirische Verteilung ϱ der „Ortskoordinaten der Teilchen" (Punktteilchen sind jetzt gemeint, also Teilchen im üblichen Sprachgebrauch) bei einer „Ortsmeßreihe" vorausgesagt werden. $\varrho(x) = |\psi|^2(x)$ ist nämlich die Wahrscheinlichkeitsdichte, die „Teilchenkonfiguration" bei x zu finden. Obwohl sich das schon total widersinnig anhört, kann man vielleicht noch nicht gleich erfassen, daß das nicht doch auf irgendeine Weise vereinbar sein soll. Die Linearität der Zeitentwicklung der Wellenfunktion scheint ja das auch gar nicht zu berühren. Darum weiter. Das Meßproblem läßt sich nun in vielerlei Bildern darstellen, das einfachste ensteht, wenn der Meßapparat ebenfalls – und damit dann das Gesamtsystem – quantenmechanisch beschrieben wird (wie sonst?). Angenommen, ein System wird durch Linearkombinationen von Wellenfunktionen φ_1 und φ_2 beschrieben und ein Apparat kann durch Wechselwirkung mit dem System („Messung") entweder „φ_1" oder „φ_2" anzeigen. Das heißt, der Apparat hat Zustände Ψ_1 und Ψ_2 (Zeigerstellung „1" und „2", das sind also Wellenfunktionen, die im Konfigurationsraum disjunkte Träger haben, also keinen Überlapp) und eine Nullstellung Ψ_0, so daß

$$\varphi_i\Psi_0 \xrightarrow{\text{Schrödingerentwicklung}} \varphi_i\Psi_i \ . \tag{1.1}$$

Die zeitliche Entwicklung ist aber linear, so daß (1.1) für die Systemwellenfunktion

$$\varphi = c_1\varphi_1 + c_2\varphi_2, \qquad c_1, c_2 \in \mathbb{C}, \qquad |c_1|^2 + |c_2|^2 = 1,$$

folgendes ergibt:

$$\varphi\Psi_0 = (c_1\varphi_1 + c_2\varphi_2)\Psi_0 \xrightarrow{\text{Schrödingerentwicklung}} c_1\varphi_1\Psi_1 + c_2\varphi_2\Psi_2. \tag{1.2}$$

Dies ist ein irreales Ergebnis. Es beschreibt eine Verschränkung der Wellenfunktionen von Zeiger und Apparat, so als ob die Zeigerstellungen „1" und „2" zugleich da wären. Experimentell und gemäß der Bornschen statistischen Regel wird man entweder nur „1" oder nur „2" finden, und zwar würde bei genügend häufiger Wiederholung des Experimentes die relative Häufigkeit des Auftretens von „1" $|c_1|^2$ annähern und die von „2" $|c_2|^2$. Indem wir aber die Bornsche Regel ernstnehmen, brechen wir natürlich mit der Vorstellung von „Stofflichkeitsfeldern": Die Zeigerteilchenkonfiguration (da sind also doch irgendwo Teilchen!) steht mit Wahrscheinlichkeit $|c_1|^2$ auf „1". Das ist eine simple Rechnung, in der wir ausnützen, daß Ψ_1 und Ψ_2 örtlich gut getrennten Zeigerstellungen zugeordnet sind, da wo die eine Funktion nicht null ist, ist die andere (fast) null[2]: Wenn der Konfigurationsraum des Gesamtsystems die Koordianaten $q = (x, y)$ besitzt, wobei $x \in \mathbb{R}^m$ die System- und $y \in \mathbb{R}^n$ die Apparaturkoordinaten sind, ist[3]

$$\mathbb{P}(\text{Zeiger auf 1}) = \int_{\text{supp}\,\Psi_1} |c_1\varphi_1\Psi_1 + c_2\varphi_2\Psi_2|^2 \mathrm{d}^m x \mathrm{d}^n y^2 \tag{1.3a}$$

$$= |c_1|^2 \int_{\text{supp}\,\Psi_1} |\varphi_1\Psi_1|^2 \mathrm{d}^m x \mathrm{d}^n y$$

$$+ |c_2|^2 \int_{\text{supp}\,\Psi_1} |\varphi_2\Psi_2|^2 \mathrm{d}^m x \mathrm{d}^n y$$

$$+ 2\Re(c_1 c_2 \int_{\text{supp}\,\Psi_1} (\varphi_1\Psi_1)^* \varphi_2\Psi_2) \mathrm{d}^m x \mathrm{d}^n y \tag{1.3b}$$

$$\approx |c_1|^2 \int |\varphi_1\Psi_1|^2 \mathrm{d}^m x \mathrm{d}^n y = |c_1|^2 \ . \tag{1.3c}$$

Zu beachten ist, daß wegen der Disjunktheit der Träger der Zeigerwellenfunktionen der Realteil (1.3b) null ist. Nun geschieht Folgendes: um weiterhin ohne den Denkbehelf von tatsächlichen Teilchenkonfigurationen auskommen zu

---

[2] $\text{supp}\,\Psi$ ist der Träger der Funktion Ψ, also der Bereich, wo sie nicht null ist.
[3] * indiziert die komplexe Konjugation.

können, schließen Bohr, Heisenberg und von Neumann an die Schrödingersche zeitliche Entwicklung eine zufällige Dynamik an, die die Gesamtwellenfunktion (rechte Seite von (1.2)) mit Wahrscheinlichkeit $|c_i|^2$ auf den Zustand $\varphi_i\Psi_i$ kollabiert .

Aber diese neue Dynamik, die zum Kollaps führt, soll nicht weiter beschreibbar sein, die wollen das einfach nicht, man ist da ein wenig trotzig, es soll eine Eigenschaft des „Beobachters" sein. Es ist genau diese Rolle, die der „Beobachter" zu übernehmen hat, ja warum er überhaupt eingeführt wird. Wenn der „Beobachter" „mißt", wird die Wellenfunktion „kollabiert". Was – und das ist das Problem – unterscheidet aber einen „Beobachter" von einem Zeiger eines Apparates oder von dem Ausdruck des Meßwertes auf einem Stück Papier? Oder von einer Grinse-Katze?

Noch einmal Bell, aus dem überaus lesenswerten Artikel „Against ‚measurement'" [12]:

> „It would seem that the theory is exclusively concerned about ‚results of measurement', and has nothing to say about anything else. What exactly qualifies some physical systems to play the role of ‚measurer'? Was the wavefunction of the world waiting to jump for thousands of years until a single-celled living creature appeared? Or did it have to wait a little longer, for some better qualified system...with a Ph.D.? If the theory is to apply to anything but highly idealized laboratory operations, are we not obliged to admit that more or less ‚measurement-like'processes are going on more or less all the time, more or less everywhere? Do we not have jumping then all the time?"

Das Meßproblem kann also auch so gesagt werden: Der physikalische Ablauf des Kollabierens ist nicht der Theorie enthalten, d.h., die zugehörigen Gleichungen für den Kollaps stehen noch aus. Wenn man also an der Idee von seltsamen Stofflichkeitsfeldern festhalten möchte, dann muß eine neue Wellengleichung her, die entsprechend den Kollaps beinhaltet: Die Theorie von Ghirardi, Rimini und Weber [21] basiert auf einer solchen Gleichung, ist also eine Quantentheorie, in welcher der Kollaps physikalischen Gesetzen unterliegt und damit Teil der Theorie ist.

Oder man ändert die Schrödinger-Gleichung nicht! Dann fehlt aber ein wichtiger Bestandteil der physikalischen Beschreibung – die Teilchen, und das Gesetz für deren Bewegung!

Im Sinne moderner Tagungstitel: „Trends in ... Physics", kann man aber vorhersagen, daß der typische Physiker bald der neuen Mode folgen wird, die der Kopenhagener Quantentheorie den Rücken kehrt. Denn war für den typischen Physiker Schrödingers Katze nicht groß genug („vielleicht ist der Zeiger ja in einer Superposition der von links- und rechts-zeigend, und wird erst definitiv durch unser Hinschauen"), so ist das Universum als Katzenersatz unschlagbar. In der Quantenkosmologie oder Quantengravitation braucht man nun offenbar – will man z.B. die Entwicklung des Universums kurz nach dem Urknall (vor $\sim 10^{10}$ Jahren) beschreiben – eine Quantentheorie *ohne* „Beobachter". Es ist keine Laborphysik mehr. Es wird hier ganz praktisch offenbar, daß man ohne Ontologie nicht auskommt[15, 17, 19]. Man darf schon bald die uns alle bewegende Frage wieder ohne Schamesröte stellen: Worüber ist Quantenmechanik wirklich?

Zum Schluß noch einmal das Meßproblem in seiner gröbsten Weise, wie wir es oben schon angedeutet haben: Bildet man einen Spalt durch einen „Teilchenstrahl" sehr geringer Intensität (d.h., es ist immer nur ein „Teilchen", d.h. eine Wellenfunktion $\psi_t(x)$, $x \in \mathbb{R}^3$ unterwegs) auf einen photoempfindlichen Schirm ab, so ergibt sich keine (schwache) kontinuierliche Schwärzung, wie es eine vom Spalt ausgehende Kugelwelle erwarten lassen würde. Vielmehr sieht man gemäß dem Bornschen Gesetz, das „Auftreffen von Teilchen", nämlich ganz lokalisierte, punktförmige, zufällig auftretende ($\varrho = |\psi|^2$!) Schwärzungen, die dann erst im Laufe der Zeit, nachdem viele „Teilchen" auf dem Schirm aufgetroffen sind, eine kontinuierliche Schwärzung (relative Häufigkeiten) ergeben. Diese Situation kann offenbar nicht *allein* durch die Schrödingersche Wellengleichung beschrieben werden, denn die enthält keinen Zufall und ein anfänglicher Zufall in der Wellenfunktionspräparation ist nicht der Zufall, den man im Phänomen erfährt. Der entsteht für identisch präparierte Wellenfunktion. Nun kann man auf die Idee verfallen, daß man die Entwicklung des Gesamtsystems Teilchen+Spalt+Schirm betrachten muß und insbesondere die Wechselwirkung zwischen Teilchen und Schirm, so daß insgesamt ein solch komplexes System vorliegt, in dem ein plötzliches Zusammenziehen auf einen zufälligen Punkt möglich ist (Zauberworte sind: Chaotisches Verhalten, Komplexität – oh, diese mathematischen Physiker). Aber noch immer ist die Wellengleichung – nun für das riesige System – linear, und wir haben qualitativ das Meßproblem von oben, die Situtation ist analog, mit dem Schirm als Apparat. Die Erklärung des Auftauchens immer nur einer einzigen punktuellen Schwärzung ist unmöglich.

1.1.5 Keine Interferenz – kein Meßproblem?

Ich kann nicht umhin noch mal Schrödinger aus den Auszügen zu zitieren: „Das hindert uns, in so naiver Weise ein „verwaschenes Modell" als Abbild der Wirklichkeit gelten zu lassen. An sich enthielte es nichts Unklares oder Widerspruchsvolles. Es ist ein Unterschied zwischen einer verwackelten oder unscharf eingestellten Photographie und einer Aufnahme von Wolken und Nebelschwaden." Ich sagte ja bereits, daß Schrödinger die Argumente kannte, die da kommen würden:

Folgendes hört man oft: Schrödingers Katze sei entweder tot oder lebendig, weil die *Interferenz* der „tote-Katze-Welle" mit der „lebendige-Katze-Welle" praktisch nicht möglich ist. Weitergehend: Der Kollaps ist eigentlich gar kein Problem, weil man ihn nämlich gar nicht braucht. Der Einwurf läuft darauf hinaus, daß die ψ-Funktion gar keine physikalische Rolle spielt, sondern nur mehr dazu da ist, um Wahrscheinlichkeiten auszurechnen. Wahrscheinlichkeiten wovon? Von den Ausgängen von Messungen! Von Zeigerstellungen! Wieder und immer noch sind die Messungen primitive Objekte und damit nichts gelöst (Was ist die Physik eines Zeigers?): Das Meßproblem wird dabei vielfach mißverstanden, nämlich als das Problem zu zeigen, daß die Wellenfunktion auf der rechten Seite von (1.2) tatsächlich im wesentlichen disjunkte Träger haben, also daß der Übergang von (1.3a) nach (1.3c) ziemlich gut zu rechtfertigen ist, und zwar in dem Sinne, daß eine Interferenz der Zeiger-Wellen in der Zukunft auszuschießen ist. Man formuliert das gerne als die Bedingung, daß (1.3b) in guter Näherung null ist. Basierend auf diesem groben Mißverständnis wird dann oft argumentiert, daß damit dann das Problem aus der Welt sei, denn „es gibt praktisch keine Observable, die eine makroskopische Superposition sieht" (weswegen dann Schrödingers Katze entweder tot oder lebendig ist). Und man spricht dann in letzter Zeit auch nicht mehr so gerne von Beobachter sondern lieber von *Umgebung,* weil die wohl doch größer und damit undurchsichtiger ist. Dies ist nur eine – zugegeben geschickte, weil für die meisten Lernenden peinliche, weil nicht verstehbare – Umformulierung der Vorstellung, daß die Wellenfunktion nur dazu da ist, um Wahrscheinlichkeiten zu berechnen. Denn alles was hier gesagt wird ist, daß sich der „reine" Zustand, gegeben durch die rechte Seite von (1.2), mathematisch kaum von dem „Gemisch" von Zuständen unterscheidet, in dem die Wellenfunktionen $\varphi_1\Psi_1$ und $\varphi_2\Psi_2$ mit Wahrscheinlichkeiten $|c_1|^2$ und $|c_2|^2$ vorkommen. Das ist genau, was die Rechnung (1.3a) zeigt. Aber das wußten wir ja schon die ganze Zeit, das wußte auch Schrödinger, der statt der Zeiger eines Apparates eben eine Katze nahm, also das löst offenbar gar nichts. Wir sind wieder bei der Diskussion (1.2). Manchmal spricht man das Problem in Form statistischer Operatoren an, die sowohl das Gemisch

$$\varrho_G = |c_1|^2(|\varphi_1\rangle|\Psi_1\rangle\langle\Psi_1|\langle\varphi_1|) + |c_2|^2(|\varphi_2\rangle|\Psi_2\rangle\langle\Psi_2|\langle\varphi_2|),$$

als auch den „reinen" Zustand $\varrho = |c_1\varphi_1\Psi_1 + c_2\varphi_2\Psi_2\rangle\langle c_1\Psi_1\varphi_1 + c_2\Psi_2\varphi_2|$ in gleicher Weise im Formalismus repräsentieren können. Aber das gibt keine andere Einsicht. Es gibt nur eine andere Sprechweise, nämlich, daß im reinen Zustand die Nichtdiagonalelemente (kann man ahnen, was die sind?) fast null sind, und deswegen der mathematische Unterschied zwischem reinem Zustand und Gemisch kaum erkennbar ist. Aber: „Es ist ein Unterschied zwischen einer verwackelten oder unscharf eingestellten Photographie und einer Aufnahme von Wolken und Nebelschwaden."

1.1.6 Naiver Realismus

Folgendes ist auch noch in den Köpfen vieler Physiker: Die Wellenfunktion ist eine Sache, hinzu treten aber noch die *Observablen-Operatoren,* die sind extra und ganz wesentlich[4]. Das sind nämlich die Meßgrößen. Naiver Realismus über Operatoren drängt sich auf: Als Meßgrößen werden sie Ausdruck

---

[4] Sie sind aber nicht extra, denn sie kommen ganz einfach aus der Schrödinger-Entwicklung, und damit können sie auch nicht wesentlich sein.

der „Realität". Zu gerne möchte man dann doch von der *Messung eines Operators* sprechen und dabei Bell's Warnungen in den Wind schlagen, daß solch naiver Realismus über Operatoren über seine Naivität hinaus auch noch *inkonsistent* ist. Das, und nur das, besagen nämlich die berüchtigten „no hidden variables" Theoreme. (Ich meine hier nicht die Bellschen Ungleichungen, die eine extrem relevante Aussage machen.) Erstaunlicherweise wurden diese no hidden variables Aussagen lange Zeit völlig mißverstanden, nämlich als Aussage, daß es keine beobachterunabhängige Naturbeschreibung geben könne. Bohmsche Mechanik widerlegt das offenbar.

1.1.7 Das Zweispaltexperiment

Ich will dies besprechen, weil es oft als die „klassische Logik" widerlegend zitiert wird. Eigentlich ist es seltsam, daß solche Begrifflichkeiten wie „Quantenlogik" oder „klassische Logik" überhaupt wissenschaftliche Karriere machen konnten, und ich will hier nur kurz sagen, daß das Zweispaltexperiment natürlich nichts mit alldem zu tun hat. Die übliche Analyse des berühmten Zweispaltexperimentes geht so. Es werden zwei (nahe) Spalte durch einen Teilchenstrahl auf einen Photoschirm abgebildet, und man erhält als Schwärzung das berühmte Interferenzmuster. Genauer: Wie oben beim Einspaltexperiment entsteht bei sehr geringer Intensität des Strahles – nur ein Teilchen ist jeweils unterwegs[5] – das Interferenzmuster aus ganz lokalisierten, zufällig verteilten Einzelschwärzungen erst langsam mit der Zeit[6].
Sei nun Spalt 1 verschlossen, dann kann das Teilchen nur durch Spalt 2 gehen und wir verbinden mit diesem Experiment die Aussage:

Das Teilchen geht durch Spalt 2 und trifft bei x auf den Schirm. (1.4a)

Die zugehörige Wahrscheinlichkeit ist $|\psi_1|^2(x)$. (1.4b)

Hierbei ist ψ_1 die Wellenfunktion, die aus dem Spalt 2 als Kugelwelle tritt.
    Sei nun „Spalt 2 geschlossen" und Spalt 1 offen. Mit diesem Experiment verbindet man die Aussage:

Das Teilchen geht durch Spalt 1 und trifft bei x auf den Schirm. (1.5a)

Die zugehörige Wahrscheinlichkeit ist $|\psi_2|^2(x)$. (1.5b)

Das Experiment, bei dem beide Spalte offen sind, kann als folgendes Ereignis gelesen werden:

Das Teilchen geht durch Spalt 1 oder Spalt 2 und trifft bei x auf den Schirm. (1.6a)

Die Wahrscheinlichkeit ist $|\psi_1(x) + \psi_2(x)|^2$ (1.6b)

$$= |\psi_1|^2(x) + |\psi_2|^2(x) + 2\Re\psi_1^*(x)\psi_2(x) \neq |\psi_1|^2(x) + |\psi_2|^2(x) \quad (1.6c)$$

---

[5] idealisiert: Wenn jeden Tag eins durchgeschickt wird,
[6] kann das dann Jahre dauern.

Das „$\neq$" in (1.6c) kommt durch die Interferenz der Wellenfunktionen ψ_1, ψ_2 (sie ergeben durch Überlagerung eine Wellenfunktion), die aus Spalt 1 und 2 treten.

Das ist nun schlimm! Denn (1.4a) und (1.5a) sind ja die Alternativen in (1.6a), und da müssen sich doch logischerweise die Wahrscheinlichkeiten addieren! Tun sie aber nicht. Da ist mit Logik nichts mehr zu machen. Man schließt, daß die klassische Logik versagt. Oder daß das Teilchenbild Unsinn ist. Am liebsten beides!

Nur wenn

$$\Re(\psi_1\psi_2) = 0 \tag{1.7}$$

wäre, läge „Dekohärenz" vor, dann lägen wir sprachlich (logisch) richtig, denn dann würden sich die Wahrscheinlichkeiten (1.4b) und (1.5b) summieren.

Aber dies alles ist eine Aufregung um nichts. Man muß nur die physikalische Situation richtig sagen:

> Spalt 1 (2) ist geschlossen, das Teilchen geht durch Spalt 2 (1) und trifft bei x auf den Schirm,

ist, was jeweils physikalisch in den ersten beiden Experimenten vorliegt und das sind nicht die Alternativen von (1.6a).

Vorhin wurde gesagt, daß für die Wellenfunktionen (rechte Seite in 1.2) der verschiedenen Apparatezeigerstellungen (1.7) ziemlich gut erfüllt ist. In allen Programmen zur Rettung der Quantenmechanik, die Operator-Observablen in einer naiv realistischen Sicht ernst nehmen wollen, [19], [20], achtet man darauf, daß man von „Ereignissen" nur spricht wenn deren Wahrscheinlichkeiten mit „dekohärenten" Wellenfunktionen berechnet werden. Allerdings, wie ich sagte, beinhalten die „no hidden variables" Aussagen für solche Programme immer noch Inkonsistenzen [16]. Das bedeutet, Dinge werden unlogisch, quantenlogisch sagt man. Aber das ist für viele in Ordnung, für alle, die das Zwei-Spalt-Experiment ohne Nachdenken abgehakt und sich bereits dort innerlich von der Vernunft verabschiedet haben.

1.1.8 Totales Durcheinander

Schrödingers Katzenproblem löst jeder Physiker für sich insgeheim auf, jeder hat seine eigene Welt. Es gibt die Vorstellung, daß erst der menschliche Beobachter die Katze aus ihrem Überlagerungszustand holt, es gibt die Ansicht, daß es es keinen Überlagerungszustand gibt, weil die Interferenz der überlagernden Zustände nicht mehr möglich ist (das ist wohl die dümmste Argumentation), es gibt das Kopf in den Sand stecken: Die Frage, in welchem Zustand die Katze wirklich ist, ist eine unwissenschaftliche Frage. In diese Sparte gehören auch die Informationsleute: Die Wellenfunktion drückt unseren Informationsstand aus, und der ist alles was *ist*. Da fehlen mir die Worte. Auf höherer Ebene stimmen fast alle überein, daß die Wellenfunktion kein physikalisches Feld sein kann (in Bohmscher Mechanik ist es das in einem gewissen Sinne), denn physikalische Felder leben auf dem physikalischen Raum, nicht dem Konfigurationsraum! Das wäre möglicherweise Definitionssache, aber warum sollte man in blinder Definitionswut eine solche Definition geben? Einstein hatte etwas gegen die Wellenfunktion als physikalisches Feld, weil es eine nichtlokale Wirkung (die in der Tat existiert) bedeutet (Geisterfelder nannte er das), und obwohl in der Ablehnung Gemeinsamkeit besteht, herrscht in den Schlußfolgerungen Uneinigkeit. Für die meisten Physiker ist die Wellenfunktion alles und doch nichts physikalisches, für Einstein war sie nur eine phänomenologische Größe. Es herrscht Einigkeit in der Ablehnung, die Wellenfunktion ernst zu nehmen, aber totales Durcheinander in den Gründen. Und alles nur wegen einer ausgelassenen Gleichung! Die Bewegungsgleichung der Teilchen.

1.2 Bohmsche Mechanik

Wir erlauben uns nun, die Sprache ernst zu nehmen, und mit Teilchen in der Tat Teilchen zu meinen. Dann wäre, wie gesagt, die Beschreibung des Zustandes durch die Wellenfunktion nicht nur nicht vollständig, sondern die primären Bestimmungsstücke, die Orte der Teilchen, würden fehlen.

Bohr, Heisenberg und so viele andere, scheinen eine solche Beschreibungsmöglichkeit für nicht möglich oder für irrelevant gehalten zu haben. Weder das eine, noch das andere ist verständlich. Warum sollte man den offenbaren Teilchencharakter (die punktuelle Schwärzung am Schirm) im Zweispaltexperiment nicht durch Teilchen beschreiben können? Wie kann diese Beschreibung – falls möglich – irrelevant sein, wenn offenbar die ganze Problematik der Quantenmechanik vom Auslassen der primären Bestimmungsstücke herrührt?

Man könnte aber auf jeden Fall meinen, daß es schwierig sein wird, die Schrödingergleichung beizubehalten und Gleichungen für Teilchenorte hinzuzufügen, die nichts „kaputt machen". Das Gegenteil ist der Fall, es ist unglaublich einfach; das denkbar einfachste überhaupt ist schon das Richtige, so daß es schon fast peinlich ist.

Quantentheorie ist abstrakte Mathematik. Schwer für den Lernenden, und das ist Teil ihres vermeintlichen Erfolges: Es bleibt keine Zeit, um zu verstehen. Aber wie kann man die Notwendigkeit einer mathematischen Abstraktion einsehen, wenn die zu Grunde liegende physikalische Theorie unausgesprochen bleibt? Wieviel leichter ginge die Mathematik in den Kopf, wäre es klar, um was es geht!

Wir müssen uns also zuerst die physikalische Theorie verschaffen. Diese ist Bohmsche Mechanik, eine deterministische Teilchenmechanik, welche (wie Newtonsche Mechanik) die Galileische Raumzeitsymmetrie respektiert und die Newtonsche Mechanik als Grenzfall enthält.

Aber man wird meinen, daß der Zusammenhang zum Formalismus der Quantenmechanik – Operatoren, nicht vertauschbare Observable, Quantisierung, Unschärferelation, ach was es nicht alles gibt – nur mit größter Mühe und vielen Kunstgriffen hergestellt werden kann, denn letztlich werden diese Sachverhalte ja als „Beweis" genommen, daß ein „Teilchenbild" nicht möglich ist. Und Bohmsche Mechanik ist überdies eine deterministische Theorie, kein Platz für Zufall also, jedenfalls nicht so richtig Platz für Zufall, denn Zufall hat man ja auch in der Newtonschen Mechanik – statistische Physik ist nicht zu übersehen; aber einen solchen unglaublich regulären Zufall, wie er im Bornschen statischen Gesetz verankert ist, macht doch eine deterministische Theorie nicht mit! Falsch! Ganz falsch! Ich erkläre im Buch warum, aber sage hier wenigstens vorgreifend: Es ist keine Vereinigung von Bewußtsein, Esoterik und Mondphasen mit der ich den Zufall erklären werde, sondern die übliche – wenn auch oft unverstandene – Boltzmannsche Begründung der statistischen Mechanik, die absolut „down to earth" ist. Dennoch wird man meinen, daß sich nichts natürlich fügen wird.

Der wahre und letzte Grund für mein Buch ist nun dieser: das ganze Gegenteil ist der Fall. Wir erhalten nicht nur den ganzen Formalismus mit großer Leichtigkeit, sondern die mathematischen Konzepte ergeben sich zwanglos, als Notwendigkeit sozusagen – und das ist, was ich an Einsicht mitteilen möchte. Und nichts mehr.

1.2.1 Als Gegenbeispiel

Physikalische Theorien können schön, hässlich, einfach oder kompliziert sein, und wenn mehrere, die Phänomene erklärenden Theorien in Konkurrenz stehen, dann entscheidet man an Hand von subjektiven Kriterien, was man als Realität ansehen möchte und was nicht. Bohmsche Mechanik mag man also aus ästhetischen Gründen ablehnen wollen, obwohl überhaupt keine vergleichbar ausgearbeitete Alternative existiert. Aber man nehme dann wenigstens zur Kenntnis, daß es bestenfalls nur solche subjektiven ästhetischen Gründe sind, die zur Ablehnung führen und keine physikalischen.

Mehr noch: Man nehme vor allem zur Kenntnis, daß Bohmsche Mechanik alle nicht relativistischen Phänomene erklärt, und zwar genau in dem Sinne, in dem z.B. Newtonsche Mechanik die Himmelsmechanik erklärt. Nämlich durch mathematische Gleichungen. Und damit ist Bohmsche Mechanik das Gegenbeispiel zu vielen seltsamen Dogmen: Es wird oft gesagt, daß die Heisenbergsche Unschärferelation oder gleichermaßen die Vertauschungsrelation zwischen „Ort" und „Impuls" die Grundfeste der Quantentheorie bilden und unerklärbar sind, und daß es wegen der Unmöglichkeit der gleichzeitigen genauen Messung von Ort und Impuls eines Teilchens keine Teilchenbahnen geben kann. Bohmsche Mechanik *ist* über die Bahnen von Teilchen und die Unmöglichkeit der gleichzeitigen genauen Messung von Ort und Impuls *ist* eine Konsequenz dieser Mechanik. Es wird oft gesagt, daß das Bornsche statistische Gesetz eine neue Art von Wahrscheinlichkeit ist, eine *intrinsische* Wahrscheinlichkeit. Diese Wahrscheinlichkeit ist aber die übliche Wahrscheinlichkeit der statistischen Physik, nur daß die Mechanik eine andere ist, nicht

Hamiltonsch bzw. Newtonsch, sondern Bohmsch. Es wird oft gesagt, daß die Meßgrößen in der Quantentheorie selbstadjungierte Operatoren auf einem Hilbertraum sind, weil Meßwerte die Eigenwerte dieser Operatoren sind und als solche reell sein müssen. Das ist ziemlich falsch, nicht der Spruch über die Realität von Skalenzahlen, der stimmt, aber die Aussage über die Meßgrößen. Aus der Bohmschen Mechanik erfahren wir, welche experimentellen statistischen Größen sich durch die Spektralmaße von selbstadjungierten Operatoren erfassen lassen. Es wird oft gesagt, daß die Logik in der Quantenwelt durch eine Quantenlogik abgelöst wird. Das ist einfach eine unsinnige Aussage. Auf jeden Fall ist Bohmsche Mechanik konsistent. Es wird oft gesagt, daß die Bellschen Ungleichungen ein „no-go-Theorem" (einen Unmöglichkeitsbeweis) für verborgene Parameter Theorien der Quantenmechanik, wie Bohmsche Mechanik eine sein soll, darstellt. Das ist falsch. Völlig falsch. Bohmsche Mechanik existiert. Dann wird weitergehend gesagt, daß die Bellschen Ungleichungen lokale verborgene Parameter Theorien ausschließen, so daß Bohmsche Mechanik dem nur entfliehen könne, weil sie nichtlokal sei – und damit genauso unwürdig sei, physikalische Theorie zu sein. Das ist falsch. Die Bellschen Ungleichungen zeigen, daß die Natur nichtlokal ist, d.h., daß jede richtige Theorie der Quantenphänonmene nichtlokal sein muß, wie Bohmsche Mechanik, oder jeder andere noch so dürfigte Ansatz zur Erklärung der Phänomene.

1.2.2 Relativistische Bohmsche Mechanik

Wenn nun im nichtrelativistischen Falle Bohmsche Mechanik alle Phänomene beschreibt, also der Titel dieses Buches in Wahrheit einfach nur „Bohmsche Mechanik" hätte heißen sollen, was aber noch verfrüht gewesen wäre, weil das erst langsam ins Bewußtsein sinken muß, wenn also gegen Bohmsche Mechanik außer der Rückgewöhnung an normales Denken nichts zu sagen ist, dann kommt noch folgendes Argument: Bohmsche Mechanik macht aber doch in der relativistischen Raumzeit Schwierigkeiten! Ein namhafter Physiker sagte mir einmal, daß ja die Teilchenontologie in relativistischer Quantenmechanik nicht mehr aufrecht erhalten werden könne, weil da Teilchen erzeugt und vernichtet werden. Ich habe bis heute nicht verstanden, was der Mann dabei im Kopf hatte: Da werden eben Teilchen erzeugt und vernichtet. Das läßt sich doch gut denken.

Die relativistische Quantenphysik ist in der Tat ein wunderbares Forschungsgebiet, weil da eigentlich nichts klar ist. Was relativ klar ist, ist die freie Asymptotik der Streusituationen, wie ich sie für den nichtrelativistischen Fall in Kapitel 16 ein wenig ausführe, aber z.B. Fragen wie die Paarerzeugung genau abläuft, mit welcher Wahrscheinlichkeit wann und wo Teilchen erzeugt werden, dafür muß man erst noch die Theorie finden. Überhaupt alles, was nicht in die Asymptotik großer Zeiten und Abstände fällt, also eigentlich alles was *IST*, ist unklar. Und dann gibt es auch noch die Nichtlokalität, die Fernwirkung. Die muß man auch in eine relativistische Physik einbauen und es ist nicht klar, wie man das zu machen hat. Man hat aber begonnen, darüber nachzudenken [22],[23] und [24], und es gibt keinen Hinweis darauf, daß Bohmsche Mechanik da hinderlich sein sollte. Bohmsche Mechanik steht ja im relativistischen Falle nur für eine noch zu findende Theorie, die über *etwas* ist – vielleicht über Teilchen und Felder oder nur Teilchen oder ganz andere Sachen, das ist ja alles denkbar. Man muß es nur genügend durchdenken. Das braucht Zeit, Kraft, Geld und Geduld.

2. Mechanik

In der mechanischen Welt sind Punktteilchen, die sich im Raum (mathematisch durch $\mathbb{R}^3$ beschrieben) bewegen, die Grundelemente, über welche die physikalische Theorie ist. In die mathematische Formulierung eines N-Teilchensystems gehen also die Orte

$$q_1, \ldots, q_N, \qquad q_i \in \mathbb{R}^3$$

bzw. die Bahnen $q_1(t), \ldots, q_N(t)$ ein, wobei der Parameter $t \in \mathbb{R}$ üblicherweise die Zeit darstellt.

Gleichungen, denen die Bahnen gehorchen, nennen wir physikalische Gesetze. Es ist möglich, daß Gleichungen für dieselben Bahnen verschieden formuliert werden können, und dementsprechend verschieden erscheinen die physikalischen Gesetze, obwohl sie dieselben Bahnen liefern. Wir werden gleich Beispiele haben.

In der Newtonschen Mechanik haben die Teilchen „Massen" $m_1, \ldots, m_N$, und das grundlegende Gesetz lautet

$$F_i(q_1, \ldots, q_N) = m_i \ddot{q}_i. \tag{2.1}$$

Hierbei ist F_i die Kraft. Das ist eine vorgegebene Funktion aller Teilchenorte, d.h. die Kraft ist eine Funktion auf dem Konfigurationsraum $\mathbb{R}^{3N}$, und $\dot{q}_i = \mathrm{d}q_i/\mathrm{d}t = v_i$ ist die Geschwindigkeit, d.h. $\ddot{q}_i$ ist die Beschleunigung.

Ein mögliche Art über Newtonsche Mechanik zu reden ist, daß die Teilchen aufeinander Beschleunigungen ausüben, es ist eine „Wechselwirkungstheorie". Die Teilchen wirken aufeinander durch „Kräfte". Die fundamentale Kraft in der Newtonschen Mechanik ist die Massenanziehung oder Gravitationswechselwirkung

$$F_i(q_1, \ldots, q_N) = \sum_{j \neq i} G m_i m_j \frac{q_j - q_i}{\|q_j - q_i\|^3}, \tag{2.2}$$

wobei G die Gravitationskonstante ist. Alle Punktteilchen des Newtonschen Universums „wechselwirken" gemäß (2.2). In Idealisierungen, Approximationen usw., können auch auf der linken Seite von (2.1) beliebige Kräfte (wie z.B. die Federkraft) stehen, vor allem wenn Newtonsche Mechanik in einer effektiven Beschreibung auf Teilsysteme angewandt wird, so wie wir Newtonsche Mechanik ja alltäglich auch verwenden. Insbesondere beschreiben wir auch die elektromagnetische Wechselwirkung zwischen elektrisch geladenen Teilchen durch die Coulombkraft als Näherung innerhalb der Newtonschen Mechanik. Sie unterscheidet sich in ihrer Form von (2.2) nur durch ihr Vorzeichen ($m_i \to e_i$ = positive oder negative Ladung).

Daß die (alltägliche) Anwendung der Newtonschen Mechanik auf Teilsysteme des Universums überhaupt möglich ist, beruht auf der astronomischen Skala auf der speziellen Form des Kraftgesetzes (2.2), insbesondere im „schnellen" Abfall der Kraft über große Distanzen. Ebenso der Wirkungsbereich der elektromagnetischen Kräfte, die ja wesentlich stärker sind als die Gravitation, wird durch Abschirmung durch „verstreute" Ladungen stark herabgesetzt. Dadurch kann sich ein Teilsystem relativ unbehelligt von den Massen und Ladungen seiner Umgebung bewegen, d.h. die umgebende Materie kann auf Grund ihrer Entfernung vom interessierenden Teilsystem i.a. (und aus verschieden Gründen) vernachlässigt werden. Darüber sollte man sich im Klaren sein, und man sollte insbesondere nicht überrascht sein, wenn sich bei sehr instabilen Bewegungen doch die entfernte Materie bemerkbar macht.

Anmerkung 2.0.1. Zum Anfangswertproblem
Gleichung (2.1) ist eine Differentialgleichung und stellt als solche ein Anfangswertproblem dar: Die Bahnen $q_i(t), t \in \mathbb{R}$, die (2.1) erfüllen, werden erst durch „Anfangsdaten" $q_i(t_0), \dot{q}_i(t_0)$ eindeutig bestimmt, wobei t_0 irgendeine Zeit, die „Anfangszeit", darstellt. Dies bedeutet, daß die zukünftige (und die vergangene) Entwicklung der Bahnen durch den gegenwärtigen Zustand $q_i(t_0), \dot{q}_i(t_0)$ festgelegt ist. Man beachte, daß der Ort allein nicht ausreicht, um den Zustand eines Newtonschen Systems festzulegen.

Nun ist wohl bekannt, daß Differentialgleichungen nicht immer eindeutige und globale, d.h. für alle Zeiten existierende Lösungen zu beliebigen Anfangswerten besitzen. Das Anfangswertproblem besitzt i.a. aber lokale Lösungen, d.h. Lösungen für ein kleines Zeitintervall um die Anfangszeit herum. Die Gleichungen (2.1) und (2.2) haben dagegen (wie man sofort sieht) nicht für alle Anfangsbedingungen Lösungen (zwei Teilchen dürfen nicht am selben Ort sein!), und es dürfen auch in der zeitlichen Entwicklung der Teilchenorte niemals zwei Teilchen (oder mehr) zusammenkommen, und man gibt sich mit einer schwächeren Form des Anfangswertproblems zufrieden, in welcher bis auf wenige Ausnahmen „alles in Ordnung" ist[1]. Wir werden dies gleich deutlicher sagen können.

Ich will noch einmal zur Redeweise von „wechselwirkenden" Teilchen etwas sagen, die ja der Newtonschen Gravitation eine gewisse Natürlichkeit verleiht: *Die Teilchen ziehen sich gegenseitig an.* Man darf deshalb aber nicht der romantischen Versuchung unterliegen und meinen, daß dem Teilchenbegriff deswegen mehr als „nur einem Ding, das einen Ort hat", zukommt. Egal, wie

---

[1] Die globale Existenz von Lösungen des gravitierenden Mehrteilchensystems (bestehend aus mehr als 4 Teilchen) ist ein noch ungelöstes Problem.

man die Newtonsche Mechanik begründet, am Ende steht ein physikalisches Gesetz über die Bewegung von Punktteilchen: *Das ist ein mathematisches Gesetz für Teilchenorte.*

2.1 Hamiltonsche Mechanik

Man kann das Gesetz auch anders formulieren, ohne daß die Bahnen sich ändern, indem man andere Prinzipien zugrunde legt, und das ist im Rahmen der Mechanik auch hinreichend oft geschehen, z.B. im Prinzip der kleinsten Wirkung. Um zu einer anderen Beschreibung zu kommen, bemerken wir einfach (ohne jetzt an ein solches Wirkungsprinzip zu denken), daß es offenbar mathematisch bequem ist, die ganze Sache auf dem Konfigurationsraum $\mathbb{R}^{3N} \ni q = (q_1, \ldots, q_N)$ (dies ist ein Spaltenvektor, und nur wegen leichterer Lesbarkeit als Zeilenvektor geschrieben) zu formulieren, d.h. wir schreiben die Differentialgleichung

$$m\ddot{q} = F \tag{2.3}$$

mit $F = (F_1, \ldots, F_N)$ und der Massenmatrix

$$m = \begin{pmatrix} m_1 & & & & \\ & m_2 & & & 0 \\ & & m_3 & & \\ & & & m_4 & \\ & 0 & & & m_5 \\ & & & & & \ddots \end{pmatrix}.$$

Der Konfigurationsraum (siehe Abbildung 2.1) ist nicht anschaulich, zumindest nicht für ein System, das aus mehr als einem Teilchen besteht, denn er ist bereits 6-dimensional für 2 Teilchen im physikalischen Raum. Darum fällt es schwer, intuitiv über das Geschehen im Konfigurationsraum nachzudenken. Man muß sich aber daran gewöhnen, denn wir werden sehen, daß er für die Quantenmechanik unvermeidlich ist.

Nun stellt definitionsgemäß eine Differentialgleichung nichts anderes als die Beziehung zwischen dem „Fluß" (den Lösungskurven) und dem „Vektorfeld" (den Steigungen der Kurven) dar. Die bloße Ansicht des Vektorfeldes einer Differentialgleichung gibt einem schon ein qualitatives Bild des Lösungsverlaufes. Die Differentialgleichung (2.3) ist aber zweiter Ordnung und offenbart uns deshalb noch nicht die Beziehung zwischen Integralkurve und Vektorfeld. Dazu müssen wir (2.3) in eine Differentialgleichung 1. Ordnung überführen: Man führt den *Phasenraum* $\mathbb{R}^{3N} \times \mathbb{R}^{3N} = \Gamma \ni \begin{pmatrix} q \\ p \end{pmatrix} = (q_1, \ldots, q_N, p_1, \ldots, p_N)$ ein[2], wobei aus Bequemlichkeit Orte und Impulse

---

[2] Der Begriff des Phasenraumes wurde von Boltzmann (1844–1906) als Synonym für Zustandsraum benutzt, die Phase steht also für die Größen, die den physikalischen Zustand festlegen.

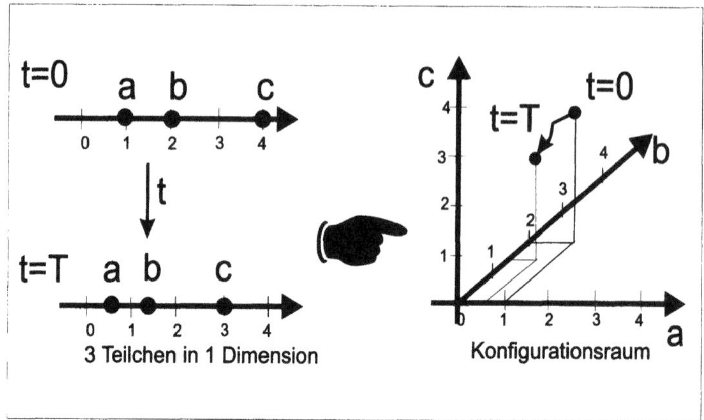

Abb. 2.1. Konfigurationsraum für 3 Teilchen in einer eindimensionalen Welt

(anstatt Geschwindigkeiten) – $p_i = m_i v_i$ – betrachtet werden. Ein Punkt in Γ ist nun ein ganzes N-Teilchensystem. Die Dimension des Phasenraumes ist nun doppelt so groß, wie die des Konfigurationsraumes und nur noch für ein Teilchen, das sich in einer Dimension bewegt, anschaulich (siehe Abbildung 2.2).

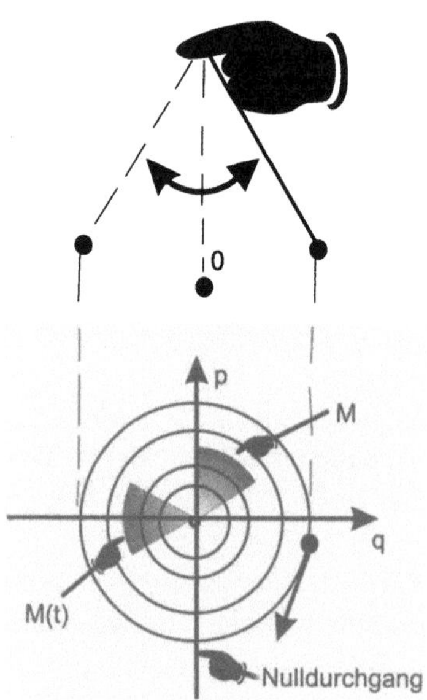

Abb. 2.2. Phasenraumbild eines Pendels. Die möglichen Bahnen des eindimensional schwingenden Pendels mit Frequenz 1 sind konzentrische Kreise im Phasenraum. Darüberliegend ist das physikalische Pendel gezeichnet. Die "Tortenstücke" M und $M(t)$ werden später erläutert

Aus (2.3) wird

$$\begin{pmatrix} \dot{q} \\ \dot{p} \end{pmatrix} = \begin{pmatrix} m^{-1}p \\ F(q) \end{pmatrix} . \tag{2.4}$$

Der Zustand eines N-Teilchensystems ist durch (q, p) vollständig bestimmt, denn (2.4) und die Anfangswerte $(q(t_0), p(t_0))$ legen die Bahn im Phasenraum eindeutig fest (sofern das Anfangswertproblem eine Lösung besitzt).

Für (2.2) und viele andere übliche Kräfte existiert eine Funktion V auf $\mathbb{R}^{3N}$, die Funktion der potentiellen Energie, so daß $F = -\mathrm{grad}V = -\frac{\partial V}{\partial q} = -\nabla V$ gilt. Damit wird (2.4) schreibbar als

$$
\begin{pmatrix} \dot{q} \\ \dot{p} \end{pmatrix} = \begin{pmatrix} \frac{\partial H}{\partial p}(q, p) \\ -\frac{\partial H}{\partial q}(q, p) \end{pmatrix},
$$

$$
H(q, p) = \frac{1}{2}(p \cdot m^{-1} p) + V(q) \tag{2.5}
$$

$$
= \frac{1}{2} \sum_{i=1}^{N} \frac{p_i^2}{m_i} + V(q_1, \dots, q_N).
$$

Man nennt die das Vektorfeld erzeugende Funktion H in (2.5) nach ihrem Erfinder Hamilton (1805–1865) Hamiltonfunktion, der das Symbol H zu Ehren des Physikers Huygens eingeführt hatte. Sie entspricht der „Energiefunktion" (die Energieerhaltung werden wir gleich zeigen) des Systems.

Die Gleichungen (2.5) mit einer Hamiltonfunktion $H(q, p)$ definieren ein Hamiltonsches mechanisches System. Die Hamiltonfunktion erzeugt ein Vektorfeld auf dem Phasenraum Γ:

$$
v(q, p) = \begin{pmatrix} \frac{\partial H}{\partial p} \\ -\frac{\partial H}{\partial q} \end{pmatrix}. \tag{2.6}
$$

Der Hamiltonsche Fluß $(\Phi_t)_{t \in \mathbb{R}}$

$$
\Phi_t(q, p) = \begin{pmatrix} q(t, (q, p)) \\ p(t, (q, p)) \end{pmatrix},
$$

mit $q(t, (q, p))$, $p(t, (q, p))$ als Lösungen von (2.5) zu den Anfangswerten $q(0) = q$, $p(0) = p$, liefert die Integralkurven entlang dem Hamiltonschen Vektorfeld (2.6), d.h. eine mögliche zeitliche Entwicklung des Systems ist eine Kurve, eine Flußlinie, im Phasenraum (siehe Abbildung 2.3. Den Fluß stellt man sich also am besten als „Flüssigkeitsströmung" in Γ vor mit den (System!-)Bahnen als Strömungslinien.

Die fundamentalen Eigenschaften des Hamiltonschen Flusses, „Energieerhaltung" und „Volumenerhaltung" (wovon wir gleich reden werden), hängen nur von der Form der Gleichungen (2.5) ab, d.h. $H(q, p)$ kann eine viel allgemeinere Funktion von (q, p) sein als in (2.5). Im allgemeinen Fall ist daher p ein verallgemeinerter Impuls, der nicht die übliche Bedeutung von Masse mal Geschwindigkeit zu haben braucht. Die Hamiltonsche Mechanik ist also (von diesen Verallgemeinerungen einmal abgesehen) eine andere Art, Newtonsche Mechanik aufzuschreiben. Sie ist in gewisser Weise nüchterner, weil

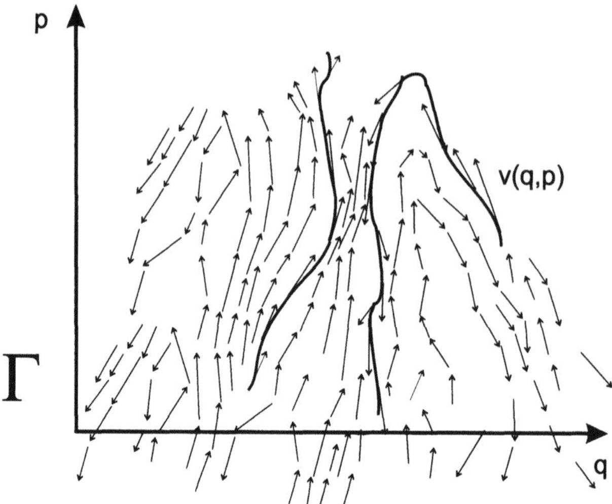

Abb. 2.3. Die Hamiltonfunktion erzeugt ein Vektorfeld auf dem hochdimensionalen Phasenraum. Die Integralkurven sind die möglichen Systembahnen. Man muß immer daran denken, daß die Bahnen nicht im physikalischen Raum sind, sondern im Phasenraum! Die Bahnen stehen in keiner Art von Wechselwirkung miteinander! Sie sind nicht wie die Bahnen der Teilchen des Systems im physikalischen Raum, die sich einander beeinflussen

sie einfach die Steigung der Bahnkurven im Phasenraum (der mathematische Raum, der die mathematisch einfachste Beschreibung des Systems erlaubt) angibt. Die Rolle der Hamiltonfunktion ist es, das Richtungsfeld zu bestimmen, entlang dem sich das System in der Zeit bewegen kann. Man wird sich fragen, was der Vorteil dieser Beschreibung sein kann, wenn in dem Phasenraumbild die Wechselwirkung, die ja für die zeitliche Entwicklung der Teilchen des Systems grundlegend ist, nicht mehr erkennbar ist. Wir werden nachher besser verstehen können, warum diese Beschreibung ebenso grundlegend ist. In Kürze: Wir haben im Phasenraumbild eine bequeme Möglichkeit, über alle möglichen zeitlichen Entwicklungen des System zu reden.

Die mechanische „Energieerhaltung" ergibt sich daraus, daß der Wert der Hamiltonfunktion sich während der zeitlichen Entwicklung nicht ändert, d.h. daß die Hamiltonfunktion entlang den Bahnen einen festen Wert hat. Das ist leicht zu sehen. Für $(\boldsymbol{q}(t), \boldsymbol{p}(t))$, $t \in \mathbb{R}$ eine Lösung von (2.5) gilt nämlich:

$$\frac{\mathrm{d}}{\mathrm{d}t} H(\boldsymbol{q}(t), p(t)) = \dot{\boldsymbol{q}}\frac{\partial H}{\partial \boldsymbol{q}} + \dot{\boldsymbol{p}}\frac{\partial H}{\partial \boldsymbol{p}} = \frac{\partial H}{\partial \boldsymbol{p}}\frac{\partial H}{\partial \boldsymbol{q}} - \frac{\partial H}{\partial \boldsymbol{q}}\frac{\partial H}{\partial \boldsymbol{p}} = 0. \qquad (2.7)$$

Die Zeitableitung einer beliebigen Funktion $f(\boldsymbol{q}(t), \boldsymbol{p}(t))$ auf dem Phasenraum ist

$$\frac{\mathrm{d}}{\mathrm{d}t} f(\boldsymbol{q}(t), \boldsymbol{p}(t)) = \dot{\boldsymbol{q}}\frac{\partial f}{\partial \boldsymbol{q}} + \dot{\boldsymbol{p}}\frac{\partial f}{\partial \boldsymbol{p}} = \frac{\partial H}{\partial \boldsymbol{p}}\frac{\partial f}{\partial \boldsymbol{q}} - \frac{\partial H}{\partial \boldsymbol{q}}\frac{\partial f}{\partial \boldsymbol{p}} =: \{f, H\}, \qquad (2.8)$$

also abstrakt

$$\frac{\mathrm{d}}{\mathrm{d}t} f \circ \Phi_t = \{f \circ \Phi_t, H\}.$$

Man nennt $\{f, H\}$ die Poissonklammer von f und H. Sie ist allgemein für Funktionen f, g erklärt, indem man g als Hamiltonfunktion auffaßt mit Φ_t^g als von g erzeugtem Fluß,

$$\{f, g\} = \frac{\mathrm{d}}{\mathrm{d}t} f \circ \Phi_t^g = \frac{\partial g}{\partial \boldsymbol{p}} \frac{\partial f}{\partial \boldsymbol{q}} - \frac{\partial f}{\partial \boldsymbol{q}} \frac{\partial f}{\partial \boldsymbol{p}}. \tag{2.9}$$

Beachte, daß $\{f, H\} = 0$ bedeutet, daß f eine „Konstante der Bewegung" ist, d.h. f ändert sich nicht entlang einer Bahn ($\mathrm{d}f/\mathrm{d}t = 0$): Das einfachste Beispiel ist $f = H$ selbst, das ist die Energieerhaltung.

Die „Volumenerhaltung" werden wir gleich näher betrachten. Den Hamiltonschen Fluß $(\Phi_t)_{t \in \mathbb{R}}$ stellt man sich, wie ich sagte, am besten als „Flüssigkeitsströmung" in $\varGamma$ vor, mit den (System!-)Bahnen als Strömungslinien, die Integralkurven entlang dem Hamiltonschen Vektorfeld $\boldsymbol{v}(\boldsymbol{q}, \boldsymbol{p})$ (2.6) darstellen. Die Strömungslinien des Hamiltonschen Flusses gehen unterwegs nicht verloren oder werden aus dem Nichts erzeugt, denn es ist

$$\mathrm{div}\,\boldsymbol{v} = \left(\frac{\partial}{\partial \boldsymbol{q}}, \frac{\partial}{\partial \boldsymbol{p}}\right) \cdot \begin{pmatrix} \frac{\partial H}{\partial \boldsymbol{p}} \\ -\frac{\partial H}{\partial \boldsymbol{q}} \end{pmatrix}$$

$$= \frac{\partial^2 H}{\partial q \partial p} - \frac{\partial^2 H}{\partial p \partial q} = 0 . \tag{2.10}$$

Dies ist bekannt als Satz von Liouville (1809–1882). Man nennt eine Flüssigkeit, die divergenzfrei fließt auch „inkompressibel", weil die Flüssigkeit weder zusammengedrückt noch auseinandergezogen werden kann (es gibt keine Quellen und Senken für die Strömung (im Gegensatz zur Luft in einer Luftpumpe)). Als Konsequenz bleibt das Volumen einer vom Hamiltonschen Fluß transportierten Menge erhalten. Dies sieht man folgendermaßen:

Anmerkung 2.1.1. Die Kontinuitätsgleichung
Ganz allgemein sei ein Fluß

$$\Phi_t(\boldsymbol{x}))_{t \in \mathbb{R}}, \quad \boldsymbol{x} \in \mathbb{R}^n, \quad \Phi_t \circ \Phi_s(\boldsymbol{x}) = \Phi_{t+s}(\boldsymbol{x}), \quad \Phi_0(\boldsymbol{x}) = \boldsymbol{x}$$

gegeben als Lösung von

$$\frac{\mathrm{d}}{\mathrm{d}t} \Phi_t(\boldsymbol{x}) = \boldsymbol{v}(\Phi_t(\boldsymbol{x}), t), \tag{2.11}$$

mit einem Vektorfeld $\boldsymbol{v}(\boldsymbol{x}, t)$. Für eine Dichte (oder eine „Gewichtung") $\varrho(\boldsymbol{x}, t)$, die vom Fluß $(\Phi_t(\boldsymbol{x}))$ entlang $\boldsymbol{v}(\boldsymbol{x}, t)$ transportiert wird, gilt die Kontinuitätsgleichung

$$\frac{\partial}{\partial t} \varrho(\boldsymbol{x}, t) + \mathrm{div}(\boldsymbol{v}(\boldsymbol{x}, t) \varrho(\boldsymbol{x}, t)) = 0. \tag{2.12}$$

Dabei ist $\varrho(x,t)$ durch (Variablentransformation)

$$\int f(\Phi_t(x))\varrho(x)\mathrm{d}^n x = \int f(x)\varrho(x,t)\mathrm{d}^n x \tag{2.13}$$

definiert. Das bedeutet, daß zur Zeit „$t = 0$" eine Gewichtung $\varrho(x)$ der Phasenraumpunkte gegeben ist, und diese Gewichtung wird mit dem Fluß transportiert, dadurch verändert sich das Gewichtsprofil, welches dann zur Zeit t durch $\varrho(x,t)$ gegeben wird.

Die Kontinuitätsgleichung kommt aus einer kleinen Rechnung: Differentiation der definierenden Gleichung (2.13) nach t liefert

$$\int \dot{\Phi}_t(x) \cdot (\nabla f(\Phi_t(x)))\varrho(x)\mathrm{d}^n x = \int f(x)\frac{\partial}{\partial t}\varrho(x,t)\mathrm{d}^n x. \tag{2.14}$$

Die linke Seite dieser Gleichung ergibt mit (2.11) und (2.13)

$$\int v(x,t) \cdot (\nabla f(x))\varrho(x,t)\mathrm{d}^n x \tag{2.15}$$

und mit partieller Integration

$$-\int f(x)\nabla \cdot (v(x,t)\varrho(x,t))\mathrm{d}^n x. \tag{2.16}$$

Vergleich mit der rechten Seite von (2.14) liefert (2.12).

Falls nun (2.10), also $\operatorname{div}v(x,t) = 0$ für alle x,t gilt, so ist (2.12) auch

$$\frac{\partial}{\partial t}\varrho(x,t) + v(x,t) \cdot \nabla\varrho(x,t) = 0. \tag{2.17}$$

Wir stellen folgende Frage: Gibt es eine ausgezeichnete Dichte, d.h. gibt es eine Gewichtung, die in irgendeiner Form als besonders gelten kann? Ja, es ist eine Gewichtung, die sich zeitlich nicht ändert, eine *stationäre* Dichte. Die ist offenbar etwas Besonderes, denn sie ist eine Dichte, die in einem gewissen Sinne dem Fluß angepaßt ist. Die finden wir im divergenzfreien Falle leicht: $\varrho(x,t) = $ const. ist offenbar stationär.

Wir wenden dies auf den Hamiltonschen Fluß Φ_t an und formulieren die Volumenerhaltung. Setze $f = \chi_A$, die Indikatorfunktion einer Menge $A \subset \Gamma$. Mit der stationären Dichte $\varrho = 1$ kommt also aus (2.13)

$$\int \chi_A(\Phi_t(x))\mathrm{d}^n x = \int \chi_{\Phi_{-t}A}(x)\mathrm{d}^n x = \int \chi_A(x)\mathrm{d}^n x = \lambda(A), \tag{2.18}$$

wobei $\Phi_{-t}A = \{(q,p) \in \Gamma \mid \Phi_t(q,p) \in A\}$. Mit $\lambda(A)$ ist der anschauliche Rauminhalt der Menge A gemeint. A kann eine beliebige anschauliche Teilmenge des Phasenraumes sein, aber mathematisch ergibt sich ein gewisses

Problem[3]. Jetzt rede ich aber einfach weiter über den Rauminhalt, der zu A gehört als das Lebesguemaß von A, wobei das Lebesguemaß $\lambda(\cdot)$ die mathematisch einwandfreie Formulierung des anschaulichen Rauminhaltes darstellt. Kurzum, (2.18) gibt also

$$\lambda(\varPhi_{-t}A) = \lambda(A). \qquad (2.19)$$

Dies ist ebenfalls eine Version des Satzes von Liouville (beim Pendel, Abbildung (2.2), ist das ganz einfach zu sehen: Die „Tortenstücke" wandern ohne geometrische Veränderung im Kreis). Die allgemeine Situation ist in Abbildung 2.4 gezeigt.

Wir können in (2.19) statt A die zukünftige Menge der Menge A einsetzen, also $\varPhi_t A$, und $\varPhi_{-t}\varPhi_t = $ id (Identität) benutzen, so daß äquivalent (falls $\varPhi_t$ invertierbar ist)

$$\lambda(A) = \lambda(\varPhi_t A) \qquad (2.20)$$

gilt.

Anmerkung 2.1.2. Über die Zeitentwicklung von Maßen
Allgemein definiert ein Fluß $\varPhi_t$ auf $\mathbb{R}^n$ auf (mathematisch und physikalisch) natürliche Weise eine Zeitentwicklung für Maße. Das Wort Maß steht zunächst für Rauminhalt, aber dann allgemeiner für Gewichtung, wobei der anschauliche Rauminhalt einer Menge der Gleichgewichtung aller Punkte der Menge gleichkommt. Dies ist aber nur eine anschauliche Sprechweise für etwas wahrlich Abstraktes, denn es geht ja i.a. um überabzählbar unendlich viele Punkte. Die Zeitentwicklung von Maßen auf dem $\mathbb{R}^n$ wird durch

$$\mu_t = \mu \circ \varPhi_{-t},$$

also $\mu_t(A) = \mu(\varPhi_{-t}A)$ (oder $\mu_t(\varPhi_t A) = \mu(A)$) gegeben. (2.13) drückt dies in Form der Dichte aus:

$$\mu_t(A) := \int \chi_A(\boldsymbol{x})\varrho(\boldsymbol{x},t)\mathrm{d}^n x = \int \chi_A(\varPhi_t\boldsymbol{x})\varrho(\boldsymbol{x})\mathrm{d}^n x$$

$$= \int \chi_{\varPhi_{-t}(A)}(\boldsymbol{x})\varrho(\boldsymbol{x})\mathrm{d}^n x = \mu(\varPhi_{-t}(A)).$$

Der Hintergrund dieser Definition ist einfach, daß zur „Anfangszeit" ein Maß gegeben ist, und dann ist natürlich das Maß zur Zeit t einer Menge A einfach als das ursprüngliche Maß der Urbildmenge, die sich unter dem Fluß zur Menge A entwickelt, zu nehmen. Ein ausgezeichnetes Maß μ ist das stationäre Maß, das sich unter $\varPhi_t$ nicht verändert: $\mu_t = \mu$.

---

[3] Das ist der Fluch des Unendlichen: Nicht jeder *mathematischen* Teilmenge des Raumes kann ein Volumen zugeordnet werden, es gibt einfach „zuviele" Teilmengen, deswegen muß man sich bei der Konstruktion des Inhaltes – wie dem Lebesguemaß, das wir im Abschnitt 4.3.1 besprechen, die Hände schmutzig machen.

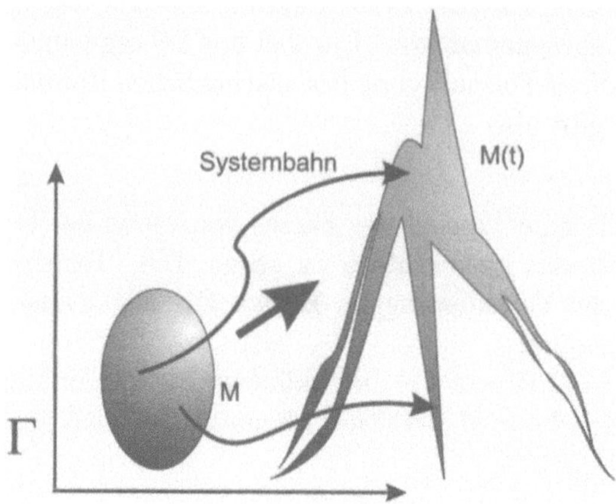

Abb. 2.4. Die Volumenerhaltung des Hamiltonschen Flusses. Das Gebiet M im Phasenraum verändert unter dem Fluss seine Form, aber nicht sein Volumen

Also besagt der *Satz von Liouville*, daß das Lebesguemaß ($\equiv$ Volumeninhalt) ist stationär bezüglich des Hamiltonschen Flusses.

Anmerkung 2.1.3. Zum Anfangswertproblem (2.0.1)
Das Lebesguemaß (das Volumen von Mengen im Phasenraum) ist ein bezüglich des Hamiltonschen Flusses ausgezeichnetes Maß. Es ist daher natürlich, das Problem der Anfangsbedingungen im Sinne dieses Maßes abzuschwächen. Man ist zufrieden, wenn man zeigen kann, daß globale eindeutige Lösungen für fast alle Anfangsbedingungen existieren. „Fast alle" bedeutet, daß die Ausnahmemenge N eine Lebesgue-Nullmenge $\lambda(N) = 0$ bildet, was wiederum nicht bedeutet, daß diese Ausnahmemenge in jedem Sinne klein ist: Die berühmte Cantormenge als Teilmenge der reellen Zahlen enthält genausoviele Punkte wie die Menge der reellen Zahlen selbst, ist aber eine Lebesgue-Nullmenge.
Ich will gleich noch etwas bemerken, was weit über das hinausgeht, was ich gerade gesagt habe, aber es ist ein Gedanke, den wir eigentlich ständig präsent haben sollten, allein schon deswegen, weil er ziemlich häufig verdrängt wird. Die Newtonsche Mechanik ist (wenn wir die Physik des letzten Jahrhunderts einfach einmal vergessen) die Physik des Universums; wir können und sollten uns ein Newtonsches Universum vorstellen. Und da gibt es folgende Frage: *Mit welcher Anfangsbedingung wurde unser Universum gestartet?* Nach welchen Kriterien wurde die Anfangsbedingung unseres Universums ausgewählt? Man beachte, daß ich nicht die Frage stelle, wer die Anfangsbedingung ausgewählt hat, sondern ich stelle eine physikalische Frage: *Welches physikalische Gesetz bestimmt die Anfangsbedingung unseres Universums?* Eine Möglichkeit der Antwort ist, daß unser Universum *typisch* ist, nämlich daß unser Universum nichts Besonderes ist, sondern daß *fast alle Anfangsbedingungen* ein Univer-

sum wie unseres liefern. Eine in diesem Sinne typische Anfangsbedingung
wäre ohne Zweifel die physikalisch einsichtigste Wahl. Dieser Idee werden wir
ständig wieder begegnen, wenn auch nur im Sinne eines Problems: Unser Universum ist untypisch, es ist nicht so, wie fast alle Universen, aber allein um
dies sagen zu können, muss man wissen, wie *fast alle* durch das physikalische
Gesetz definiert wird.

2.1.1 Hamilton-Jacobi Formulierung

Am Ende dieses Kapitels habe ich eine Anmerkung über Hamiltonsche Mechanik und symplektische Struktur des Phasenraumes. Damit ich das nicht
einfach ignoriere. Denn vielen Mathematikern ist die symplektische Strukur
des Phasenraumes, die der Hamiltonschen Mechanik als zugrunde liegend gedacht werden kann wichtig. Aber nun weiter mit der Sichtweise Hamiltons:
Wie kam Hamilton dazu, Newtonsche Mechanik anders zu lesen? Der Zusammenhang zwischen dem Huyghensschen Prinzip der Wellenausbreitung in der
Wellenoptik und dem Fermatschen Extremalprinzip der Geometrischen Optik (nach welchem das Licht den Weg der kürzesten Zeit nimmt) schlug eine
Analogie vor, nach welcher die Teilchenbahnen als Strahlen zu sehen sind,
die dem Hamiltonschen Prinzip kleinster Wirkung $\delta \int L \mathrm{d}t = 0$ gehorchen.
$L(\boldsymbol{q}, \dot{\boldsymbol{q}})$ ist hierin die Lagrangefunktion. Die Bahnen $\boldsymbol{q}(t)$ sind also dadurch
charakterisiert, daß sie das Integral

$$\int_{t_0}^{t} L \mathrm{d}t'$$

extremal machen. Ich verzichte hier auf die Ableitung der Euler-Lagrange-
Gleichungen, setze das als bekannt voraus und erinnere daran, daß man im
Newtonschen Falle die Lagrangefunktion als

$$L(\boldsymbol{q}, \dot{\boldsymbol{q}}) = \frac{1}{2}\dot{\boldsymbol{q}} \cdot m\dot{\boldsymbol{q}} - V(\boldsymbol{q}) \tag{2.21}$$

erkennt. Zwischen ihr und der Hamiltonfunktion besteht eine Beziehung, deren tiefere mathematische Bedeutung uns nicht interessiert. Hamiltonfunktion und Lagrangefunktion gehen durch Legendretransformation[4] auseinander
hervor. Ausgehend von H erhält man L mit $\dot{\boldsymbol{q}}$ als neuer Variablen, die $\boldsymbol{p}$ ersetzt. Das bedeutet, statt $(\boldsymbol{q}, \boldsymbol{p})$ betrachtet man neue Variable $(\boldsymbol{q}, \dot{\boldsymbol{q}})$, mit der
Auflösung der Gleichung $\dot{\boldsymbol{q}} = \frac{\partial H(\boldsymbol{q}, \boldsymbol{p})}{\partial \boldsymbol{p}}$ nach $\boldsymbol{p}$ als Funktion von $\dot{\boldsymbol{q}}$. Damit besteht der Zusammenhang, der für die normale Hamiltonfunktion (quadratisch

---

[4] Dies ist die Definition der Legendretransformation: Man hat eine konvexe Funktion $f(x)$ und man gibt eine Steigung z vor, und sucht den Punkt $x(z)$ in dem
die Tangente an f die Steigung z hat. Man findet $x(z)$ indem man die Differenz $F(x, z) = f(x) - xz$ nach x minimiert, was wegen der Konvexität von f
zu einem eindeutigen Ergebnis $x(z)$ führt. Die Legendretransformierte ist dann
$g(z) = F(x(z), z)$.

in den Impulsen) sofort dasteht, ohne überhaupt etwas von Legendretransformationen wissen zu müssen:

$$L(\boldsymbol{q}, \dot{\boldsymbol{q}}) = \boldsymbol{p} \cdot \dot{\boldsymbol{q}} - H(\boldsymbol{q}, \boldsymbol{p}). \tag{2.22}$$

Also erst denke man an das Prinzip kleinster Wirkung als etwas „Fundamentales" zur Bestimmung von Teilchenbahnen, wobei dann die Form der Lagrangefunktion aus fundamentalen Überlegungen postuliert wird (Symmetrie, Homogenität, Einfachheit, so wie ich in Kapitel 8 die Grundgleichungen der Bohmschen Mechanik „ableite"), daraus ergibt sich dann die Hamiltonfunktion als Funktion anderer (günstigerer (?)) Variabler.

Um zum Huyghensschen Prinzip zu kommen, braucht man „Wellenfronten" $S_{\boldsymbol{q}_0}(\boldsymbol{q}, t)$, deren Ausbreitung (ausgehend von $\boldsymbol{q}_0$) durch deren Gradienten $\boldsymbol{p} = \nabla S_{\boldsymbol{q}_0}(\boldsymbol{q}, t)$ bestimmt sind. Hamilton definierte

$$S_{\boldsymbol{q}_0, t_0}(\boldsymbol{q}, t) = \int\limits_{t_0}^{t} L(\gamma, \dot{\gamma}) \mathrm{d}t \tag{2.23}$$

mit der Extremalen des Hamiltonschen Prinzips $\gamma : \boldsymbol{q}_0, t_0 \longrightarrow \boldsymbol{q}, t$. Diese Definition ist allerdings nicht eindeutig. Beispielsweise gehen beim harmonischen Oszillator mit Periodendauer T sehr viele Extremale von $(0, T)$ nach $(0, 2T)$, d.h. S ist mehrdeutig. Oder man denke an ein Potential, an dem ein Teilchen reflektiert wird, z. B. an einen Ball, der gegen eine Mauer geworfen wird. Ein Ort $\boldsymbol{q}$ vor der Mauer kann dann immer zu einer vorgebenen Zeit auf zwei Arten erreicht werden. Einmal ohne und einmal mit Reflektion an der Mauer.

Für kurze Zeiten ist die Definition aber in Ordnung. Nun weiter: wir ignorieren die Abhängigkeit von $(\boldsymbol{q}_0, t_0)$ und betrachten[5]

$$\mathrm{d}S = \frac{\partial S}{\partial \boldsymbol{q}} \mathrm{d}\boldsymbol{q} + \frac{\partial S}{\partial t} \mathrm{d}t,$$

was wir, nachdem wir (2.22) wissen, leicht als

$$\mathrm{d}S = \boldsymbol{p}\mathrm{d}\boldsymbol{q} - H(\boldsymbol{q}, \boldsymbol{p})\mathrm{d}t$$

identifizieren können, und so bekommen wir durch Vergleich

$$\boldsymbol{p}(\boldsymbol{q}, t) = \frac{\partial S}{\partial \boldsymbol{q}}(\boldsymbol{q}, t) \tag{2.24}$$

und daher

---

[5] Wir ignorieren diese Abhängigkeit deswegen, weil wir die Eindeutigkeit der Bahnen annehmen, und die hat zur Folge, daß $S_{\boldsymbol{q}_0, t_0}(\boldsymbol{q}, t) = S_{\boldsymbol{q}_1, t_1}(\boldsymbol{q}, t) + S_{\boldsymbol{q}_0, t_0}(\boldsymbol{q}_1, t_1)$ ist, d.h. das Vektorfeld (2.24)hängt nicht von der Wahl des Punktes $(\boldsymbol{q}_0, t_0)$ab.

$$\frac{\partial S}{\partial t}(\boldsymbol{q}, t) + H\left(\boldsymbol{q}, \frac{\partial S}{\partial \boldsymbol{q}}\right) = 0, \tag{2.25}$$

und dies ist die bekannte Hamilton-Jacobi-Differentialgleichung. Für die Newtonsche Mechanik, in der ja $\dot{\boldsymbol{q}}_i = \boldsymbol{p}_i/m_i$ gilt, bekommen wir folgendes Bild: auf dem Konfigurationsraum $\mathbb{R}^n \in (\boldsymbol{q}_1, \ldots, \boldsymbol{q}_n)$, $(n = 3N)$ von N Teilchen ist eine (leider mehrdeutige) Funktion $S(\boldsymbol{q}, t)$ gegeben, deren Aufgabe es ist, ein Geschwindigkeitsfeld

$$\boldsymbol{v}(\boldsymbol{q}, t) = m^{-1}\nabla S(\boldsymbol{q}, t) \tag{2.26}$$

auf dem Konfigurationsraum zu erzeugen. Die Integralkurven $\boldsymbol{Q}(t)$ entlang des Vektorfeldes sind die möglichen Systembahnen des N-Teilchensystems, d.h. sie lösen die Differentialgleichung $\mathrm{d}\boldsymbol{Q}/\mathrm{d}t = \boldsymbol{v}(\boldsymbol{Q}(t), t)$ (wir sind auf dem Konfigurationsraum!). $S(\boldsymbol{q}, t)$ ist selbst Lösung einer nichtlinearen partiellen Differentialgleichung:

$$\frac{\partial S}{\partial t}(\boldsymbol{q}, t) + \frac{1}{2}\sum_{i=1}^{N}\frac{1}{m_i}\left(\frac{\partial S}{\partial \boldsymbol{q}_i}\right)^2 + V(\boldsymbol{q}) = 0. \tag{2.27}$$

Dieses Bild ist auf Grund der Nichteindeutigkeit von S nicht wirklich gut, und praktisch ist es schon gar nicht! Es ist aber einigermaßen bemerkenswert, daß so etwas überhaupt geht.

2.2 Felder und Teilchen: Elektromagnetismus

Nun denken wir zu wissen, daß der Begriff des „Teilchens" ein viel zu enges Konzept ist, um Physik zu beschreiben und daß man Felder einbeziehen muß. Dies tritt in der Lorentzkraft, die auf ein Elektron mit Ort $\boldsymbol{q} \in \mathbb{R}^3$ wirkt, zu Tage,

$$m\ddot{\boldsymbol{q}} = e\left(\boldsymbol{E}(\boldsymbol{q}, t) + \frac{\dot{\boldsymbol{q}}}{c} \times \boldsymbol{B}(\boldsymbol{q}, t)\right), \tag{2.28}$$

wobei $\boldsymbol{E}(\boldsymbol{q}, t)$ und $\boldsymbol{B}(\boldsymbol{q}, t)$ das elektrische und das magnetische Feld darstellen. Diese wirken gemäß (2.28) als Lorentzkraft auf ein Teilchen, und man stellt sich unwillkürlich die Felder als unabhängig gegeben und genauso wirklich existierend wie die Teilchen vor. Insbesondere wenn wir an elektromagnetische Wellen denken, die unser Universum durchwandern in Form von Licht oder Radiowellen. Deutlicher: Wenn man das Radio anstellt, kommt sofort der Ton, wie könnte es anders sein, als daß die Felder einfach *sind*? Oder wenn wir abends den Sternenhimmel betrachten, wie könnte es anders sein, als daß das Licht, welches in unser Auge fällt, als elektromagnetische Welle einfach da ist. Natürlich wurde das Licht von einem Stern losgeschickt, die Radiowellen von einem Sender, und im diesem Abschnitt wollen wir dies besonders hervorheben, nämlich daß die Felder selbst von Ladungen und Strömen erzeugt werden. Man kann eben die Aufgabe der Felder auch einfach nur darin sehen, eine besondere „Wechselwirkung" zwischen den Teilchen auszudrücken. Dies ist die Grundidee der bekannten Maxwell-Lorentz-Theorie des Elektromagnetismus, und was wir verstehen müssen ist, daß diese Idee nicht durchführbar ist und zwar in einer sehr symptomatischen Form, und das wollen wir uns kurz klarmachen. Wir nutzen die Gelegenheit, dabei gleich über die relativistische Raumzeit zu reden, die in fundamentaler Form mit dem Elektromagnetismus einhergeht.

Einstein (1879–1955) hatte aus den Grundgleichungen des Elektromagnetismus gefolgert, daß sich räumliche und zeitliche Koordinaten bei Wechsel des Bezugsystemes wesentlich anders als im Newtonschen (man sagt auch Galileiischen) Falle transformieren. Gemäß Minkowski ist es am einfachsten, von einer vierdimensionalen Raumzeit zu reden: Die neue Mechanik ist nun nicht mehr Newtonsch (oder Galileiisch), sondern relativistisch, d.h. der physikalische Raum ist vierdimensional[6] Ein Teilchen wird nun durch vier Koordinaten x^μ, $\mu = (0, 1, 2, 3)$ bestimmt, von denen eine, nämlich x^0, auf Grund der Minkowski-Metrik ($\mathrm{d}s^2 = \mathrm{d}x^{0^2} - \mathrm{d}\boldsymbol{x}^2 = \mathrm{d}x^{0^2} - \sum_{i=1}^{3} \mathrm{d}x^{i^2}$) als Zeit ausgewählt ist[7]. Die Teilchenbahnen kann man am unproblematischsten durch ihre (mit $1/c$ normierte) Länge – die Minkowski-Länge – parametrisieren, d.h. auf jeder Bahn setzt man irgendwo eine Nullmarke und setzt dann für das i-te Teilchen

$$\mathrm{d}\tau_i = \frac{\mathrm{d}s_i}{c} = \frac{1}{c}\sqrt{\left(\frac{\mathrm{d}x_i^0}{\mathrm{d}\tau_i}\right)^2 - \left(\frac{\mathrm{d}\boldsymbol{x}_i}{\mathrm{d}\tau_i}\right)^2}\,\mathrm{d}\tau_i,$$

so daß sich für die relativistische Mechanik die Beziehung

$$\dot{x}_i^2 = g_{\mu\nu}\dot{x}_i^\mu \dot{x}_i^\nu = c^2, \quad g_{\mu\nu} = \begin{pmatrix} 1 & 0 \\ 0 & -E_3 \end{pmatrix} \tag{2.29}$$

---

[6] In der Tat hatte Minkowski (1864–1909) vorgeschlagen, die Raumzeitkoordinaten ($x_0 = ict$, $\boldsymbol{x}$) zu betrachten, weil dann das euklidische Skalarprodukt gerade die Minkowski-Metrik $s^2 = x^{0^2} + \boldsymbol{x}^2 = -ct^2 + \sum_{i=1}^{3} x^{i^2}$) liefert. Der Vorteil ist, daß als Kongruenzen (Transformationen, die das Skalarprodukt erhalten) damit die üblichen euklidischen Kongruenzen erscheinen (also vierdimensionale Drehungen und Spiegelungen), im Gegensatz zu Galileiischen Transformationen, wo man den Wechsel zu einem relativ bewegten Bezugssystem (den Galileiiboost) gesondert behandeln muß. Im Minkowskischen Falle ist der entprechende Wechsel (der Lorentzboost) eine Drehung, allerdings mit einem imaginären Winkel, was man sofort versteht: Es reicht aus, nur x_0 und x_1 zu transformieren, also die Drehung ergibt $x_0{}' = x_0\cos\phi - x_1\sin\phi$, $x_1{}' = x_0\sin\phi + x_1\cos\phi$, und dies ist in der Minkowskidarstellung nur möglich für die Wahl $\phi = i\psi$. Verfolgt man vom neuen System (') den Punkt $x_1 = 0$, dann findet man $\frac{x_1{}'}{ct'} = \frac{v}{c} = \tanh\psi$, was uns die bekannte Formel für den Lorentzboost liefert.

[7] Beachte, daß das Vorzeichen von $\mathrm{d}s^2$ eine Frage der Konvention ist. $\mathrm{d}s^2 < 0$ bedeutet „raumartiger" Abstand, $\mathrm{d}s^2 > 0$ „zeitartiger" Abstand.

ergibt. Hierbei wird über doppelt auftretende griechische Indizes summiert, und „ $\cdot$ " bedeutet die Ableitung nach der Minkowski-Länge τ_i, der „Eigenzeit" des i-ten Teilchens. (Im momentanen Ruhesystem des Teilchens ist $x_i^0 = c\tau_i$).

Will man bezüglich der Koordinatenachse $x^0 = ct$ parametrisieren, so gilt

$$(x^0, \boldsymbol{x}(x^0)) = \bar{x}^\mu(x^0) = x^\mu(\tau(x^0))$$

und

$$\left(1, \frac{\boldsymbol{v}}{c}\right) = \frac{\mathrm{d}\bar{x}^\mu}{\mathrm{d}x^0} = \dot{x}^\mu \frac{\mathrm{d}\tau}{\mathrm{d}x^0}$$

oder im Minkowski-Quadrat

$$1 - \frac{\boldsymbol{v}^2}{c^2} = c^2 \left(\frac{\mathrm{d}\tau}{\mathrm{d}x^0}\right)^2, \tag{2.30}$$

und so können wir hin und her rechnen.

Die relativistische Dynamik eines (zunächst) freien Teilchens kann ebenfalls durch ein Variationsprinzip bestimmt werden. Für zwei zeitartig getrennte Punkte x und y ist der physikalische Weg der, der die kürzeste Minkowski-Weglänge besitzt, also aus

$$\delta \int_x^y \mathrm{d}s = \delta \int_{\tau(x)}^{\tau(y)} (\dot{x}^\mu \dot{x}_\mu)^{\frac{1}{2}} \, \mathrm{d}\tau = 0$$

bestimmt wird. Wir können nun die Dimension des Integrals derjenigen einer klassischen Wirkung anpassen, so daß wir in den Euler-Lagrange-Gleichungen die Terme in Analogie zu den klassischen setzen können. Indem wir als Wirkungsfunktion $S = \int mc\,\mathrm{d}s$ schreiben, finden wir als kanonischen Impuls

$$p^\mu = mc\frac{\dot{x}^\mu}{\sqrt{\dot{x}^2}} = m\dot{x}^\mu.$$

Sein Minkowskiquadrat ist natürlich wegen (2.29)

$$g_{\mu\nu}p^\mu p^\nu = p^\mu p_\mu = m^2 \dot{x}^\mu \dot{x}_\mu = m^2 c^2. \tag{2.31}$$

Bezüglich der Parametrisierung $x^0 = ct$ haben wir

$$p^\mu = m\dot{x}^\mu = \frac{m}{\sqrt{1 - \frac{v^2}{c^2}}}(c, \boldsymbol{v}).$$

Für $|\boldsymbol{v}| \ll c$ (d.h. $x^0 \approx c\tau$) erhalten wir den Newtonschen „Limes", in welchem wir m als „Ruhemasse" erkennen, denn aus

$$\boldsymbol{p} = \frac{m}{\sqrt{1 - \frac{v^2}{c^2}}}\boldsymbol{v} = \tilde{m}\boldsymbol{v}$$

wird $\boldsymbol{p} \approx m\boldsymbol{v}$. Weiter ist

$$\frac{mc}{\sqrt{1 - \frac{v^2}{c^2}}} \approx mc\left(1 + \frac{1}{2}\frac{v^2}{c^2} + \dots\right) = mc + \frac{m}{2}\frac{v^2}{c} + \dots,$$

so daß wir $E = p^0 c$ setzen. Mit (2.31) erhalten wir mit diesen Setzungen sofort, was als Energie-Impuls-Relation bezeichnet wird:

$$E = \sqrt{\boldsymbol{p}^2 c^2 + m^2 c^4} = \tilde{m}c^2.$$

Also haben wir nun Bahnen $q_i = (q_i^\mu(\tau_i))$, $\mu = (0,1,2,3)$, $i = (1,\dots,N)$ für N Teilchen. Nun zur Kraft K^μ, mit der die Teilchen wechselwirken. Wegen (2.29) gilt

$$\ddot{x}^\mu \dot{x}_\mu = 0$$

und daher

$$K^\mu \dot{x}_\mu = 0.$$

Die Kraft ist also orthogonal zur Geschwindigkeit. Eine einfache Art, dies zu realisieren, ist es

$$K^\mu = F^{\mu\nu} \dot{x}_\nu$$

zu setzen, wobei $F^{\mu\nu} = -F^{\nu\mu}$ ein antisymmetrischer Tensor 2. Stufe ist (eine 4×4-Matrix).Dieser wird am einfachsten mit Hilfe eines „Viererpotentials" A^μ erzeugt:

$$F^{\mu\nu} = \frac{\partial}{\partial x_\mu}A^\nu - \frac{\partial}{\partial x_\nu}A^\mu. \tag{2.32}$$

Die Maxwell-Lorentz-Theorie der elektromagnetischen Wechselwirkung[8] wird jetzt einerseits gegeben durch die Wirkung der Felder auf die Teilchen mit den Ladungen e_i gemäß:

$$m_i \ddot{q}_i^\mu = \frac{e_i}{c} F^\mu_{\ \nu}(q_i) \dot{q}_i^\nu \tag{2.33}$$

wobei

$$F^\mu_{\ \nu}(x) = \begin{pmatrix} 0 & E_1 & E_2 & E_3 \\ E_1 & 0 & B_3 & -B_2 \\ E_2 & -B_3 & 0 & B_1 \\ E_3 & B_2 & -B_1 & 0 \end{pmatrix}.$$

(Hoch- und Runterziehen der Indizes geschieht mit $g^{\mu\nu} = g_{\mu\nu}$, z.B. $F^\mu_{\ \nu} = F^{\mu\lambda}g_{\lambda\nu}$.)

Für den Dreiervektor $\boldsymbol{q}_i(\tau_i)$ bekommen wir

---

[8] Man könnte sie auch durch ein Wirkungsprinzip definieren, aber das ist nicht gefälliger, als einfach die Kraftgleichung und die Feldgleichungen aufzuschreiben. Wir werden nachher aber kurz ein Wirkungsprinzip besprechen, aus dem sich die Gleichungen des Elektromagnetismus ergeben und das auf einer einer sehr natürlichen Lagrangefunktion basiert.

$$m\ddot{\boldsymbol{q}}_i = e_i \left(\boldsymbol{E} + \frac{\dot{\boldsymbol{q}}_i}{c} \times \boldsymbol{B} \right),$$

wobei „ ˙ " die Ableitung nach τ_i ist, aber für kleine Geschwindigkeiten geht das in (2.28) über.

Aber die Felder – die F^μ_ν – selbst werden wiederum durch die Ladungen erzeugt, das ist die Besonderheit dieser Wechselwirkung.

In der Lorentz-Eichung

$$\frac{\partial}{\partial x^\mu} A^\mu = 0$$

(man beachte, daß (2.32) das Vektorpotential nur bis auf einen additiven Term der Form $\frac{\partial}{\partial x^\mu} f$–eine „Eichfreiheit" mit einer beliebigen glatten Funktion f festlegt) gilt dann in der Maxwell-Lorentz-Theorie die folgende relativistische Version der Potentialgleichung[9]:

$$\left(\left(\frac{\partial}{\partial x^0} \right)^2 - \left(\frac{\partial}{\partial \boldsymbol{x}} \right)^2 \right) A^\mu = \Box A^\mu = \frac{4\pi}{c} j^\mu. \tag{2.34}$$

Hierin ist j^μ das Stromfeld, das durch die Ladungen e_i erzeugt wird, die sich entlang den Bahnen mit den Massen m_i mitbewegen. Das Stromfeld ist singulär, weil die Ladungen auf Punkten konzentriert sind (ausgeschmierte Ladungsverteilungen, etwa Kugeln, wären ja keine Lorentzinvarianten Objekte auf Grund der Lorentzkontraktion (siehe Anmerkung 2.3.2))[10]. Das für sich genommen ist aber unproblematisch. Der Vierer strom hat in kovarianter Darstellung folgende Form (da wir in diesem Abschnitt Vektoren im dreidimensionalen Raum fett notiert haben, symbolisiert x nun einen Vierervektor $x = (x^0, \boldsymbol{x})$) :

---

[9] Man kann sich hierbei daran erinnern, daß das Newtonsche Gravitationspotential eines Teilchens bei Null Lösung der Potentialgleichung $\Delta V = \nabla \cdot \nabla V = \delta(x)$ ist. Nimmt man das vierdimensionale ∇ im Sinne Minkowskis, ist die relativistische Potentialgleichung offenbar natürlich.

[10] Man kann daran denken, die Ladung „relativistisch auszuschmieren", billigst indem man die Kugelform im Ruhesystem ansetzt, und dann die Form sich gemäß den Transformationen auf andere Bezugsysteme verändern läßt, so daß die Theorie relativistisch wird. Dabei besteht eine gewisse Beliebigkeit im Elektronenradius (Radius im Ruhesystem!). Man wird sicher gewillt sein, einen sehr kleinen Radius zu nehmen (z.B. $10^{-16}cm$: Streuexperimente schließen eine Struktur des Elektrons mit größerem Radius wohl aus), aber dann erhält das Elektron eine effektive Masse, die größer als die bekannte Elektronenmasse ist: Ein grobes Argument liefert die relativistische Energie-Masse-Beziehung, denn die elektrische Feldenergie einer mehr und mehr punktuellen Ladung wird unendlich, und dieses Feld wird ja bei Beschleunigung des Elektrons mitgeführt, das drückt sich dann in Form einer vergrößerten effektiven trägen Masse aus [29]. Der übliche Spruch hierzu ist, daß man die Masse „renormieren" muß. Aber das ist nur eine Sprechweise für ein Rezept, aus dem eine ordentliche Theorie entstehen soll. Diese Renormierung ist übrigens nicht durch „Energierenormierung", also durch abziehen eines unendlichen Energiebetrages (was das auch immer sein soll) zu erledigen, denn die Elektronenmasse tritt bei der Strahlungsrückwirkung wieder auf, unabhängig von einer Energierenormierung. Das kommt gleich.

$$j^\mu(x) = \sum_i e_i c \int_{-\infty}^{\infty} \delta^4(x - q_i)\dot{q}_i^\mu \mathrm{d}\tau_i \qquad (2.35)$$

mit

$$\delta^4(x) = \prod_{\mu=0}^{3} \delta(x^\mu).$$

Aber man kennt wohl besser die anschaulichere Form, die man durch Integration erhält: Beachtend, daß $x^0 = ct$ ist, kommt

$$j^\mu(x) = \sum_i e_i c \int_{-\infty}^{\infty} \delta^4(x - q_i(\tau_i))\dot{q}_i^\mu(\tau_i)\mathrm{d}\tau_i$$

$$= \sum_i e_i c \int_{-\infty}^{\infty} \delta(\boldsymbol{x} - \boldsymbol{q}_i(t_i))\delta(ct - ct_i)\frac{\mathrm{d}q_i^\mu}{\mathrm{d}t_i}(t_i)\mathrm{d}t_i$$

$$= \sum_i e_i \delta(\boldsymbol{x} - \boldsymbol{q}_i(t))\frac{\mathrm{d}q_i^\mu}{\mathrm{d}t}(t).$$

(Aus (2.35) erhält man leicht die Kontinuitätsgleichung

$$\frac{\partial}{\partial x^\mu} j^\mu = 0,$$

wobei wir die Bahnen als immer zeitartig annehmen:

$$\frac{\partial}{\partial x^\mu} j^\mu = \sum_i e_i c \int_{-\infty}^{\infty} \frac{\partial}{\partial x^\mu}\delta^4(x - q_i)\frac{\mathrm{d}q_i^\mu}{\mathrm{d}\tau_i}\mathrm{d}\tau_i$$

$$= \sum_i e_i c \int_{\substack{\gamma_i = q_i(\tau_i) \\ \tau_i \in (-\infty,\infty)}} \left(-\frac{\partial}{\partial q^\mu}\right)\delta^4(x - q_i)\mathrm{d}q_i^\mu$$

$$= \sum_i e_i c \left(\lim_{\tau_i \to \infty} \delta^4(x - q_i(\tau_i)) - \lim_{\tau_i \to -\infty} \delta^4(x - q_i(\tau_i))\right)$$

$$= 0 \quad \forall x \in \mathbb{R}^4.$$

Das System (2.33)-(2.34) (mit (2.32)) von Differentialgleichungen muß also gelöst werden, und folgendes gilt: (2.33) ist unproblematisch, wenn das Feld $F^\mu_{\ \nu}$ als überall schöne Funktion *vorgegeben* wird. Die lineare partielle Differentialgleichung (2.34) ist unproblematisch, wenn j^μ ein *vorgegebener*, wenn auch singulärer Strom ist, wie in (2.35). Dann liegt ein „Cauchy-Problem" vor, d.h. zur Lösung von (2.34) brauchen wir nur Anfangsdaten $A^\mu(0, x^1, x^2, x^3)$ und $(\partial A^\mu/\partial t)(0, x^1, x^2, x^3)$ zu spezifizieren, um die allgemeine Lösung anzugeben.

(Das ist wie üblich bei linearen Differentialgleichungen: man addiert zur allgemeinen Lösung der homogenen Gleichung ($j^\mu \equiv 0$) eine Lösung ($\Box^{-1} 4\pi j^\mu/c$) der inhomogenen hinzu).

Aber nun haben wir (2.33)-(2.34) gemeinsam zu lösen, und man sieht ganz schnell: das Gleichungssystem ist nur ein formaler Ausdruck, es gibt keine Funktionen $q^\mu(\tau)$, $A^\mu(x)$, deren Ableitungen die Gleichungen erfüllen. Dabei ist es ganz egal, ob wir ein oder mehrere Teilchen haben. Hier ist der Grund (für ein Teilchen):

$$A^\mu(x) = \left(\Box^{-1} \frac{4\pi}{c} j^\mu \right)(x) = \int \Box^{-1}_{x,x'} \frac{4\pi}{c} j^\mu(x') \mathrm{d}^4 x' \qquad (2.36)$$

mit einer Greenfunktion $\Box^{-1}_{x,x'}$, die durch

$$\Box \Box^{-1}_{x,x'} = \delta^4(x - x') \qquad (2.37)$$

definiert wird. Diese ist aber nicht eindeutig und wird erst durch Randbedingungen festgelegt. Eine symmetrische Wahl ist

$$\Box^{-1}_{x,x'} = \delta((x - x')^2) = \delta((x^\mu - x'^\mu)(x_\mu - x'_\mu)).$$

Warum symmetrisch? Man weiß (und wenn nicht, überzeugt man sich schnell), daß mit x_k als den einfachen Nullstellen von f

$$\int \delta(f(x)) \mathrm{d}x = \sum_k \frac{1}{|f'(x_k)|} \delta(x - x_k) \qquad (2.38)$$

gilt. Damit ist

$$\delta(x^2 - y^2) - \frac{1}{2}\frac{\delta(x - y)}{y} + \frac{1}{2}\frac{\delta(x + y)}{y},$$

und so

$$\Box^{-1}_{x,y} = \delta\left((x - y)^2\right) = \delta\left((x^0 - y^0)^2 - (\boldsymbol{x} - \boldsymbol{y})^2\right)$$
$$= \frac{1}{2}\frac{\delta((x^0 - y^0) - |\boldsymbol{x} - \boldsymbol{y}|)}{|\boldsymbol{x} - \boldsymbol{y}|} + \frac{1}{2}\frac{\delta((x^0 - y^0) + |\boldsymbol{x} - \boldsymbol{y}|)}{|\boldsymbol{x} - \boldsymbol{y}|},$$

und dies ist die Summe aus retardierter und avancierter Greenfunktion, eine Benennung, die gleich klar wird. Übrigens ist jede Linearkombination dieser Anteile ein mögliches $\Box^{-1}_{x,y}$, und man benutzt oft nur den retardierten Teil, um Ausstrahlungsphänomenen direkt gerecht zu werden. (Wir sagen gleich noch etwas dazu.) Man sollte sich (meinetwegen durch formale Manipulation)[11]

---

[11] z.B.:$(\frac{\partial}{\partial x^0})^2 - \Delta)(\frac{1}{|\boldsymbol{x}|}\delta(x^0 - |\boldsymbol{x}|)) =$
$\frac{1}{|\boldsymbol{x}|}\delta'' - \Delta(\frac{1}{|\boldsymbol{x}|})\delta(x^0 - |\boldsymbol{x}|) - \frac{1}{|\boldsymbol{x}|}\Delta\delta(x^0 - |\boldsymbol{x}|) - 2\nabla(\frac{1}{|\boldsymbol{x}|}) \cdot \nabla\delta(x^0 - |\boldsymbol{x}|) =$
$\delta(\boldsymbol{x})\delta(x^0 - |\boldsymbol{x}|)$, wobei man an die Kettenregel bei $\nabla\delta(\cdot)$ denken muß.

klar machen, daß (2.37) in der Tat aus dieser (oder jeder anderen linear kombinierten) Darstellung folgt.

Jetzt aber weiter und zu Ende. Mit (2.36) und (2.35) kommt

$$A^\mu(x) = e \int \delta\left((x - q(\tau))^2\right) \dot{q}^\mu(\tau) \mathrm{d}\tau \qquad (2.39)$$

und mit (2.38) finden wir leicht

$$A^\mu = e \frac{\dot{q}^\mu(\tau_a)}{2(x^\mu - q^\mu(\tau_a))\dot{q}_\mu(\tau_a)} + e \frac{\dot{q}^\mu(\tau_r)}{2(x^\mu - q^\mu(\tau_r))\dot{q}_\mu(\tau_r)},$$

wobei τ_a und τ_r die beiden Lösungen von

$$(x - q(\tau))^2 = 0 \Leftrightarrow ct - c\tau = \mp|\boldsymbol{x} - \boldsymbol{q}(\tau)|$$

sind. Hieran wird auch die Namesgebung klar: Die retardierte/avancierte Zeit erhält man aus dem Schnittpunkt von Vorwärts/Rückwärtslichtkegel, von x ausgehend, mit der Bahn des Teilchens (siehe Abbildung 2.5).

Die formalen Manipulationen (siehe z.B.[28]) haben also ein vernünftiges Ergebnis geliefert, das Feld A^μ ist überall wohldefiniert, bis auf die Punkte x, die auf der Weltlinie q der felderzeugenden Ladung liegen: Für $x = q(\tau)$ ist $\tau_a = \tau_r = \tau$, und damit ist der Nenner null. Aber, und dies ist nun das unrühmliche Ende des Ganzen, dies sind genau die x–Werte, die in (2.33) gebraucht werden. (Die Differentiation rettet hier nicht!) Dies ist die Wurzel der berühmten „Selbstwechselwirkung" des Elektrons. Das Feld, das das Elektron erzeugt, wirkt auf das Elektron zurück (obwohl das Elektron nur ein Punkt ist), und diese Wirkung ist katastrophal (weil das Elektron ein Punkt ist). Wenn man sich das Elektron als ausgeschmierte Ladung denkt ($\boldsymbol{q}$ ist dann der „Schwerpunkt" der Ladungswolke), ist alles mathematisch in Ordnung, aber wir haben dann dem Elektron eine Struktur verpaßt, und die ist nicht unproblematisch (siehe Fußnote 10). Abgesehen von diesem fundamentalen Problem, ist die Maxwellsche Theorie als phänomenologische Theorie für Elektromagnetismus bekanntermaßen völlig in Ordnung.

2.2.1 Feynman-Wheeler-Elektromagnetismus

Nun weiter mit der Vorstellung, daß Felder „nur" dazu da sind, Teilchenbewegungen zu beschreiben, insbesondere aber deren relativistische „Wechselwirkung". Dann kann man auch denken, daß Teilchen direkt miteinander relativistisch wechselwirken, ohne Zuhilfenahme von Feldern. Das ist ja genau, was man ausführt, wenn man (2.34) nach A^μ auflöst und dann in (2.33) einsetzt. Daran dachte Fokker [26] und schrieb eine relativistische Teilchentheorie auf, die später von Wheeler und Feynman [27] wiederentdeckt wurde. Wie können Teilchen relativistisch wechselwirken? Es gibt ja relativistisch keine Gleichzeitigkeit mehr, so daß man nicht mehr an eine Kraft denken

kann, die „zur gleichen Zeit" zwischen den Teilchen wirkt. Am bequemsten
ist es, wieder mit dem Minkowski-Abstand zu arbeiten und anzunehmen, daß
Teilchen bei Minkowski-Abstand Null (das ist auf den Lichtkegeln) wechselwirken, also immer, wenn

$$(q_i^\mu - q_j^\mu)(q_{i\,\mu} - q_{j\,\mu}) = (q_i - q_j)^2 = 0$$

ist, d.h. wenn $\delta((q_i - q_j)^2)$ nicht verschwindet. Beachte, daß von einem Punkt

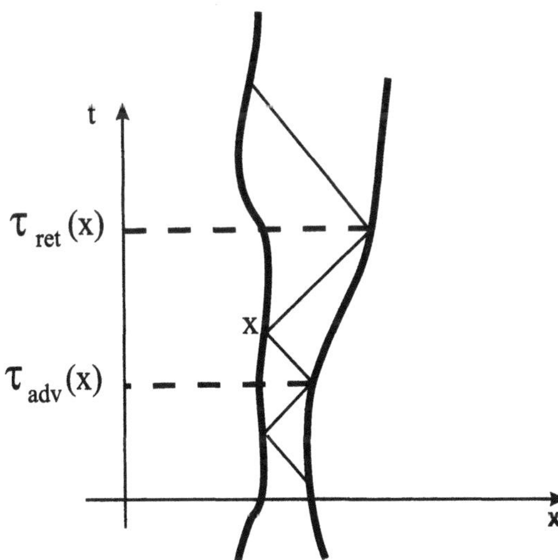

Abb. 2.5. In der Feynman-Wheeler-Theorie wechselwirken die Bahnen entlang
den Vorwärts- und Rückwärtslichtkegeln (im Bild is $c = 1$ gesetzt) , aber das ist
nur eine Sprechweise: Die Teilchen üben aufeinander eine Kraft aus, die von den
Bahnpunkten der anderen Teilchen zu anvancierten (zukünftigen) und retardierten
(vergangenen) Zeiten abhängt.

immer zwei Lichtkegel ausgehen, einer nach vorne in die „Zukunft" gerichtet
und einer nach rückwärts in die „Vergangenheit" (Abbildung 2.5). Natürlich
kümmert sich das physikalische Gesetz um solche Unterscheidungen nicht, da
ist alles symmetrisch. Man überlegt sich ganz leicht, daß eine solche Dynamik
der Teilchenbewegung mit Wechselwirkung über Lichtkegel nicht mehr durch
Differentialgleichungen mit Anfangsdaten gegeben werden kann, aber was
sich anbietet, ist ein Hamiltonsches Extremalprinzip. Die Fokker-Wheeler-
Feynman-Wirkung S ist die „einfachste" Wirkung mit Teilchenwechselwir-
kung:

$$S = \sum_i \left[-m_i c \int ds - \sum_{j>i} \frac{e_i e_j}{c} \int \int \delta\left((q_i - q_j)^2\right) \mathrm{d}q_i^\mu \mathrm{d}q_{j\mu} \right] . \qquad (2.40)$$

Für Bahnen $q_i^\mu(\lambda_i)$ mit zunächst beliebigem Parameter λ_i und $\dot{q}_i^\mu = \mathrm{d}q_i^\mu/\mathrm{d}\lambda_i$ hat S dann die Form

$$S = \sum_i \left[-m_i c \int \left(\dot{q}_i^\mu \dot{q}_{i\mu} \right)^{\frac{1}{2}} \mathrm{d}\lambda_i - \sum_{j>i} \frac{e_i e_j}{c} \int \int \delta \left((q_i - q_j)^2 \right) \dot{q}_i^\mu \dot{q}_{j\mu} \mathrm{d}\lambda_i \mathrm{d}\lambda_j \right].$$

Beachte insbesondere die Doppelsumme, in der die Diagonalsumme nicht auftritt! Das Fehlen dieser Diagonalterme macht den ganzen Unterschied zur Maxwell-Lorentz-Theorie. Die Wirkung des i-ten Teilchens in der Wechselwirkung ist

$$-\frac{e_i}{c} \int \mathrm{d}\lambda_i \dot{q}_i^\mu \int \sum_{j>i} e_j \delta \left((q_i - q_j)^2 \right) \dot{q}_{j\mu} \mathrm{d}\lambda_j$$

$$= -\frac{1}{c^2} \int j_i^\mu(x) A_{i\mu}(x) dx$$

mit dem „Feld"[12]

$$A_{i\mu}(x) = \sum_{j>i} e_j \int \delta \left((x - q_j)^2 \right) \dot{q}_{j\mu} \mathrm{d}\lambda_j.$$

Würden wir nun für $A_{i\mu}$ den Vierervektor der Maxwell-Lorentz-Theorie setzen und in der Wirkung noch die Feldenergie aufnehmen, dann hätten wir die Wirkung der Maxwell-Lorentz-Theorie stehen, in der es dann so aussieht, als ob wir das selbständige Feld A_μ an das Teilchen gekoppelt hätten. In der Feynman-Wheeler Formulierung ist aber ganz deutlich, daß dieses Feld nur eine aus der Theorie *abgeleitete* Größe ist.

Wir sehen an Hand unserer vorhergehenden Analyse (2.39), daß in A_μ die avancierte und die retardierte Green-Funktion symmetrisch auftritt. Nun ist „Ausstrahlung", d.h. das Aussenden von elektromagnetischem Feld (d.h. das retardierte Feld) ein *typisches* Phänomen, welches diese total zeitsymmetrische Theorie überhaupt nicht deutlich macht (auch die Maxwellschen Gleichungen zeichnen keine Zeitrichtung aus). Wheeler und Feynman führen dann aber eine phänomenologische Beschreibung ein, die auf der Annahme einer thermodynamischen Verteilung der Ladungen im Universum beruht, der sogenannten Absorberannahme. Dieses ist zunächst nur eine Vielteilchen-Beschreibung, ähnlich der hydrodynamischen Beschreibung eines Gases. Diese immer noch zeitsymmetrische Annahme besagt im wesentlichen, daß Ladungen im Universum homogen verteilt sind. Aber in dieser entstehenden phänomenologischen Beschreibung kann man leicht, nämlich wie in der Boltzmannschen Erklärung der irreversiblen Vorgänge, die Ausstrahlung als irreversibles Phänomen eines speziellen Anfangszustandes der Wheeler-Feynman-Theorie verstehen. Das will ich nicht weiter ausführen.

---

[12] Dies haben wir für ein Teilchen in (2.39) ausgerechnet, wobei es wichtig ist zu bemerken, daß in es dieser Theorie kein Feld gibt und schon gar nicht für ein einzelnes Teilchen. Diese Theorie ist eine reine Wechselwirkungstheorie.

Wir können diese Argumentation ruhig gelten lassen und kommen zu folgendem Bild: es gibt eine relativistische Mechanik wechselwirkender Punktteilchen, die erstens mathematisch in Ordnung ist (wie man über das Extremalprinzip hinaus zu vernünftigen Aussagen über die Bahnen kommt, ist dabei jetzt zweitrangig) und zweitens phänomenologisch sich vorteilhaft (so wollen wir Wheeler und Feynman interpretieren) in der Sprache von Feldern darstellen läßt[13]. Treibt man die Phänomenologie zu weit, bis hinunter in die fundamentale Ebene, d.h. versucht man, die Felder in einer fundamentalen Theorie über Punktladungen beizubehalten, endet das dann in nur noch formalen Ausdrücken, wie wir es in der Maxwell-Lorentz-Theorie wiederfinden.

Anmerkung 2.2.1. Über den Begriff Realität
Wenn wir ein physikalisches Phänomen erklären wollen, dann meinen wir damit eine Rückführung des Phänomens auf einen Vorgang der realen Größen, die von einem grundlegenden physikalischen Gesetz regiert werden. Wir denken zurecht, daß alle Größen „real", d.h. wirklich vorhanden sind, die in die Formulierung des Gesetzes eingehen. Also sind im Elektromagnetismus das elektrische und das magnetische Feld real, tatsächlich vorhanden. Überall und zu jeder Zeit ist der Raum von elektromagnetischen Schwingungen erfüllt, wer das nicht glaubt, braucht nur sein Radio einzuschalten. Wir könnten aber, wie z.B. in der Wheeler-Feynman-Theorie, auf Felder ganz verzichten, dann sind nur mehr die Orte der Teilchen real, aber die Theorie kann uns so bizarr erscheinen, daß wir die Einführung von Feldern vorziehen. Wir sehen, daß sich die Begriffe „Erklärung" und „Realität" letztlich an der Einfachheit bzw. Einsehbarkeit einer Theorie entscheiden. Man kann auch der Meinung sein, daß „alles" nur „Feld" sei, d.h. daß es gar keine Teilchen, d.h. Materiepunkte gibt, sondern nur Felder. Einsteins generalisierte Feldtheorie basiert auf dieser Vorstellung, und wenn die Theorie schön klar ist und die alltägliche Physik einsichtig herauskommt, worin Teilchen z.B. sehr lokalisierte Feldamplituden sein könnten, dann wären z.B. ein metrisches Feld oder ein affiner Zusammenhang oder was auch immer real. Wir müssen also den Begriff der Realität ganz pragmatisch nehmen. Nein besser: Uns ist die *reale* Welt nur einmal gegeben, nämlich durch unsere Theorie, es gibt nichts außer den phänomenologischen Konsequenzen unserer Theorie, die es uns ermöglichen, an der Richtigkeit unserer Theorie zu zweifeln oder auch nicht zu zweifeln, und damit die *Realität* der zugrunde liegenden Größen entweder anzuerkennen oder zu verwerfen, zugunsten einer besseren Theorie. In der relativistischen Physik ist die Aufhebung der absoluten Gleichzeitigkeit real, und daraus ergibt

---

[13] Vorteilhaft deswegen, weil die Maxwellschen Gleichungen mit der Lorentzkraftgleichung für makroskopische Ladungen (also keine Punktladungen) ein Anfangswertproblem darstellen, d.h. das (phänonmenologische) Gesetz ist eines von der gewohnten Bauart, anders als die Feynman-Wheeler-Theorie, die eigentlich sehr bizarr anmutet weil ja eine Wechselwirkung eines Teilchens auch mit zukünftigen Bahnpunkten der anderen Teilchen stattfindet. Dieser Umstand alleine ist natürlich kein Grund, eine solche Theorie zu verwerfen, solange man nichts Besseres hat.

sich die Erklärung, warum ein sich bewegender Stab kontrahiert, warum er kürzer wird. Vielleicht gibt es andere, bessere Erklärungen. Dann verwerfen wir möglicherweise wieder die Aufhebung der absoluten Gleichzeitigkeit. Das Phänomen der Stabverkürzung können wir natürlich nicht verwerfen.

Nun kommt aber noch ein weiterer Punkt, über den man ab und zu nachdenken kann. Obwohl alle Bestimmungsstücke, die zur Formulierung der Dynamik herangezogen werden, real sind („alle" ist nicht ganz richtig, man wird z.B. an der Realität des Potentials A^μ in (2.33)-(2.34) zweifeln, da „Umeichungen" das „Kraftfeld" nicht verändern), gibt es doch Unterschiede in den Variablen. Haben wir eine Teilchentheorie vor Augen, so sind die Orte der Teilchen „primitive" Variable, und alle anderen Größen, etwa p in (2.4) oder $F^{\mu\nu}$ in (2.33)-(2.34), sind „abgeleitete"[14] Größen. Sie definieren sich durch ihre Rolle, die sie in der Theorie spielen – die Dynamik der primitiven Variablen anzugeben. Manchmal ist es gut, sich darüber im Klaren zu sein.

2.3 Äußere Anmerkungen

Anmerkung 2.3.1. Über die symplektische Struktur des Phasenraumes
Es folgt eine längere und für unser Verständnis einigermaßen unwichtige Bemerkung. Sie ist vielleicht gut, um zu sehen, daß auch andere, wesentlich anspruchsvollere Sichtweisen der Hamiltonschen Mechanik nicht tiefere physikalische Einsichten bereithalten, wie man vielleicht zunächst denken könnte.

Also, *mathematisch* fundamentaler als Energie- und Volumenerhaltung ist die symplektische Struktur (oder Geometrie), die mit der Hamiltonschen Formulierung einhergeht (siehe z.B. [25]). Betrachte hierzu den Phasenraum $\mathbb{R}^{2n}$ mit Koordinaten $(q_1,\ldots,q_n,p_1,\ldots,p_n)$. Für zwei Vektoren $x,y \in \mathbb{R}^{2n}$ bezeichne $q_i(x)$ die Projektion von x auf die q_i-te Koordinatenachse. Dann ist

$$\omega_i^2(x,y) = q_i(y)p_i(x) - q_i(x)p_i(y) \tag{2.41}$$

die Fläche des in die (q_i,p_i)-Ebene projizierten Parallelogrammes, das von x,y erzeugt wird. Setze

$$\omega^2(x,y) = \sum_{i=1}^{n} w_i^2(x,y) = x \cdot (-I)y = ((-I)y)^t x \tag{2.42}$$

mit

$$I = \begin{pmatrix} 0_n & +\mathrm{E}_n \\ -\mathrm{E}_n & 0_n \end{pmatrix}, \qquad \begin{array}{l} \mathrm{E}_n = n - \text{dimensionale Einheitsmatrix} \\ 0_n = n - \text{dimensionale Nullmatrix,} \end{array}$$

---

[14] Abgeleitet aus der Existenz der Bahnen. Wir könnten die Variablen auch als a-priori (primitiv) und a-posteriori (abgeleitet) bezeichnen oder als primär und sekundär.

und $z^t = z$ transponiert = Zeilenvektor = Element aus dem Dualraum von $\mathbb{R}^{2n}$. Die 2-Form ω^2 bzw. die symplektische Matrix I definiert die symplektische Struktur des Phasenraumes $\mathbb{R}^{2n}$ ($n = 3N$ für N Teilchen). Sie verschafft uns (wie das Skalarprodukt) eine Isomorphie zwischen dem Vektorraum und seinem Dual. Aus der Infinitesimalrechnung wissen wir, daß die Ableitung $\frac{\partial f}{\partial x}$ einer skalaren Funktion $f(x)$, $x \in \mathbb{R}^d$ eigentlich ein „Dualelement" ist (die Funktionalmatrix i. a.), d.h. eigentlich als Zeilenvektor ∇f zu schreiben ist (wenn wir die Richtungsableitung in Richtung h als $\nabla f h$ = Zeile mal Spalte und somit ∇f als lineare Abbildung lesen). Nun benutze ω^2, um ∇f als Vektor zu identifizieren (was man in der Analysis üblicherweise mit dem kanonischen Skalarprodukt macht): für gegebenes $z \in \mathbb{R}^{2n}$ ist $\omega^2(\cdot, z)$ eine Linearform, d.h. eine lineare Abbildung

$$\mathbb{R}^{2n} \longrightarrow \mathbb{R}$$
$$x \longmapsto \omega^2(x, z) = (-Iz)^t x \ .$$

Diese soll ∇f sein, also suche ein z_f, so daß

$$\nabla f x \qquad = (-Iz_f)^t x \qquad \forall x$$
$$\Longleftrightarrow \qquad (\nabla f)^t = (-Iz_f)$$
$$\Longleftrightarrow \qquad z_f \ = I(\nabla f)^t \ .$$

In diesem Sinne soll man (2.5) (und offenbar kann man in welchem Sinne auch immer) schreiben als

$$\begin{pmatrix} \dot{q} \\ \dot{p} \end{pmatrix} = I(\nabla H)^t = I \begin{pmatrix} \frac{\partial}{\partial q} H \\ \frac{\partial}{\partial p} H \end{pmatrix} .$$

Der Hamiltonsche Fluß erhält (d.h. stört nicht) die symplektische Struktur, insbesondere ist er „flächenerhaltend", und das heißt folgendes: Sei C eine geschlossene Kurve in $\mathbb{R}^{2n}$, dann ist die „eingeschlossene Fläche" definiert als Summe der n Flächen, die durch die Projektionen von C auf die Koordinatenebenen (q_i, p_i) zustande kommen (vgl. (2.41) und (2.42)). In der (q_i, p_i)-Ebene haben wir dann eine Kurve C_i und die darin eingeschlossene Fläche

$$\Phi(q_i, p_i) = \begin{pmatrix} q_i \\ p_i \end{pmatrix}, \qquad q_i, p_i \in \text{Fläche}(C_i) = F(C_i).$$

Der Flächeninhalt ist dann

$$\int_{F(C_i)} \mathrm{d}q_i \mathrm{d}p_i = \int_{F(C_i)} \mathrm{rot} \begin{pmatrix} 0 \\ q_i \end{pmatrix} \mathrm{d}q_i \mathrm{d}p_i$$
$$= \oint_{C_i} \begin{pmatrix} 0 \\ q_i \end{pmatrix} \cdot \begin{pmatrix} \mathrm{d}q_i \\ \mathrm{d}p_i \end{pmatrix}$$
$$= \oint_{C_i} q_i \mathrm{d}p_i, \qquad (2.43)$$

mit dem Satz von Stokes in 2 Dimensionen. Allgemein:

$$A = \text{Fläche von } C = \oint_C \boldsymbol{q} \cdot \mathrm{d}\boldsymbol{p} = \sum_i \oint_{C_i} q_i \mathrm{d}p_i.$$

In Differentialformen:

$$\omega_i^2 = \mathrm{d}p_i \wedge \mathrm{d}q_i \text{ und } \omega^2 = \sum_i \mathrm{d}p_i \wedge \mathrm{d}q_i \text{ und weiter } \omega^2 = \mathrm{d}\omega^1 \text{ mit } \omega^1 = \sum_i p_i \mathrm{d}q_i.$$

Die Formel (2.43) ist eben nichts weiter als

$$\int_{F(C_i)} \mathrm{d}\omega^1 = \int_{C_i} \omega^1.$$

Nun wird C mit dem Hamiltonfluß transportiert, das gibt $A(t)$, und unsere Aussage war, daß $A(t) = A$ ist. Wir können statt der Menge A auch $\boldsymbol{q}$ und $\boldsymbol{p}$ im Integral transportieren und bekommen, ohne uns große Gedanken machen zu müssen:

$$\begin{aligned}
\frac{\mathrm{d}}{\mathrm{d}t} A(t) &= \frac{\mathrm{d}}{\mathrm{d}t} \oint_C \boldsymbol{q}(t) \, \mathrm{d}\boldsymbol{p}(t) = \oint_C \dot{\boldsymbol{q}} \, \mathrm{d}\boldsymbol{p} + \oint_C \boldsymbol{q} \, \mathrm{d}\dot{\boldsymbol{p}} \\
&= \oint_C \dot{\boldsymbol{q}} \, \mathrm{d}\boldsymbol{p} - \oint_C \dot{\boldsymbol{p}} \, \mathrm{d}\boldsymbol{q} \quad \left(+ \oint_C d(\boldsymbol{q}\dot{\boldsymbol{p}}) = 0 \right) \\
&= \oint_C \frac{\partial H}{\partial \boldsymbol{q}} \, \mathrm{d}\boldsymbol{q} + \oint_C \frac{\partial H}{\partial \boldsymbol{p}} \, \mathrm{d}\boldsymbol{p} = \oint_C dH \\
&= 0.
\end{aligned}$$

Weiter: die symplektische Struktur kann nur von Räumen gerader Dimension getragen werden – der Phasenraum hat gerade Dimension. Den Inhalt eines Volumens in einem Vektorraum gerader Dimension kann man sich als „Produkte" von Flächeninhalten denken (Quader im $\mathbb{R}^3$ = Fläche mal Höhe, im $\mathbb{R}^4$ = Fläche mal Fläche), und so kann man sich vorstellen, daß aus den „Produkten" von (2.41) ein Volumeninhalt zustandekommt: $\omega = \mathrm{d}p_1 \wedge \mathrm{d}q_1 \wedge \ldots \wedge \mathrm{d}p_n \wedge \mathrm{d}q_n$ ist die Volumenform, also das Lebesguemaß auf dem Phasenraum und daß so der Satz von Liouville aus „Flächenerhaltung" folgt. (Die „Produkte" sind also „äußere Produkte" von Formen, die gar nicht so erschreckend sind, wenn wir an lineare Algebra denken und daran, daß der Volumeninhalt als Determinante gegeben ist.) Durch Benutzung des Tangentialraumes und Differentialformen darauf (wie oben) läßt sich alles auf Mannigfaltigkeiten übertragen, und was will man mehr.

Koordinatentransformationen $(\boldsymbol{q}, \boldsymbol{p}) \xrightarrow{\psi} (\boldsymbol{Q}, \boldsymbol{P})$ heißen kanonische oder symplektische Transformationen, wenn die Funktionalmatrix $\nabla\psi$ symplektisch ist (dies ist eine Variation von „orthogonaler Matrix"), d.h.

$$(\nabla\psi)^t I \nabla\psi = I. \tag{2.44}$$

Sie sind dann flächenerhaltend, und es gelten wieder die kanonischen Gleichungen

$$\begin{pmatrix} \dot{\boldsymbol{Q}} \\ \dot{\boldsymbol{P}} \end{pmatrix} = I \begin{pmatrix} \frac{\partial}{\partial \boldsymbol{Q}}\tilde{H} \\ \frac{\partial}{\partial \boldsymbol{P}}\tilde{H} \end{pmatrix}, \quad \tilde{H}\circ\psi = H.$$

Die Poissonklammer (2.9) ist unter kanonischen Transformationen invariant, denn (2.9) ist ja schreibbar als

$$\{f,g\} = \nabla f \cdot I\nabla g,$$

und wenn $f(\boldsymbol{Q},\boldsymbol{P})$, $g(\boldsymbol{Q},\boldsymbol{P})$ und $(\boldsymbol{Q},\boldsymbol{P}) = \psi(\boldsymbol{q},\boldsymbol{p})$ vorliegt mit

$$\nabla(f\circ\psi) = \nabla\psi(\nabla f \circ\psi),$$

so gilt

$$\begin{aligned}
\{f\circ\psi, g\circ\psi\} &= \nabla(f\circ\psi)\cdot I\nabla(g\circ\psi) \\
&= (\nabla f\circ\psi)\cdot(\nabla\psi)^t I\nabla\psi(\nabla g\circ\psi) \\
&\overset{(2.44)}{=} (\nabla f\circ\psi)\cdot I(\nabla g\circ\psi) \\
&= \{g,f\}\circ\psi.
\end{aligned}$$

Offenbar gilt

$$\{q_i,p_i\} = \delta_{ij}, \quad ,\{q_i,q_j\} = 0, \quad \{p_i,p_j\} = 0,$$

und Variable, die dies erfüllen, heißen kanonisch konjugiert. Besonders interessant ist das Auffinden von Variablen $(Q_1,\ldots,Q_n,P_1,\ldots,P_n)$, in denen $P_1,\ldots,P_n$ erhaltene Größen sind und bei denen die Hamiltonfunktion die Gestalt $\tilde{H}(\boldsymbol{Q},\boldsymbol{P}) = \sum_{i=1}^n \omega_i P_i$ erhält. Dann ist nämlich $\dot{Q}_i = \omega_i$, d.h. $Q_i = \omega_i t + Q_{i,0}$, und Q_i verhält sich wie die Phase des harmonischen Oszillators. Man nennt solche (P_i,Q_i) action-angle-variables (Wirkungs- und Winkelvariable). Der Punkt ist, daß man solche Systeme offenbar vollständig in der Hand hat und ihre Bewegung wie die von „ungekoppelten" harmonischen Oszillatoren abläuft. Solche Systeme heißen integrabel. Man findet die Lösungen durch algebraische Manipulation und Integration. Die Hamiltonschen Bewegungen des $\mathbb{R}^2$ (H nicht zeitabhängig, ein Teilchen in einer Dimension) sind integrabel, da H selbst, d.h. die Energie, erhalten ist. Integrabilität ist aber *untypisch* für Hamiltonsche Systeme.

Anmerkung 2.3.2. Zeitdilatation und Lorentz–Kontraktion
Diese Bemerkung hat einen besonderen Status, denn sie geht über Wohlbekanntes, was jedem Anfänger in der Physikausbildung geläufig ist. Aber ich selbst fühle mich in der relativistischen Welt nicht richtig wohl, weil ich

selbst zu wenig darin arbeite. Deshalb ist es mir wichtig zu bemerken, daß die Zeitdilatation und Lorentz–Kontraktion *reales* Geschehen betrifft. Das wird in manchen Darstellungen nicht deutlich gesagt. Ich benutze im folgenden darum das Verb „ist" häufiger als das Verb „messen".

In die Minkowski–Metrik der vierdimensionalen Raumzeit fließt ein, daß die Lichtgeschwindigkeit in jedem Bezugssystem c ist. Deswegen müssen sich ja bei Wechsel des Bezugssystems zu einem relativ bewegten, die Raumzeitkoordinaten anders als im Galileiifall verändern. Denken wir an eine Bahn eines sich mit Geschwindigkeit v entlang der x_1-Achse bewegenden Teilchens, dann vergeht im Ruhesystem des Teilchens die Zeit (τ) langsamer als im System (t), gegen das es sich mit v bewegt. Dies sieht man an (2.30). Aber die erstaunlichste Konsequenz ist der Verlust einer absoluten Gleichzeitigkeit, d.h. Raumzeitpunkte $(x^0, \boldsymbol{x})$ und $(x^0, \boldsymbol{y})$ werden im relativ bewegten Bezugsystem auch verschiedene Zeitkoordinaten haben. Dieser Effekt erklärt die Veränderung der Länge eines relativ bewegten Körpers. In seinem Ruhesystem ist der Körper länger als im System, gegenüber dem er sich bewegt, und zwar findet die Längenänderung (die tatsächlich stattfindende Lorentzkontraktion) in Bewegungsrichtung statt. Was damit gemeint ist, erklärt Abbildung 2.6.

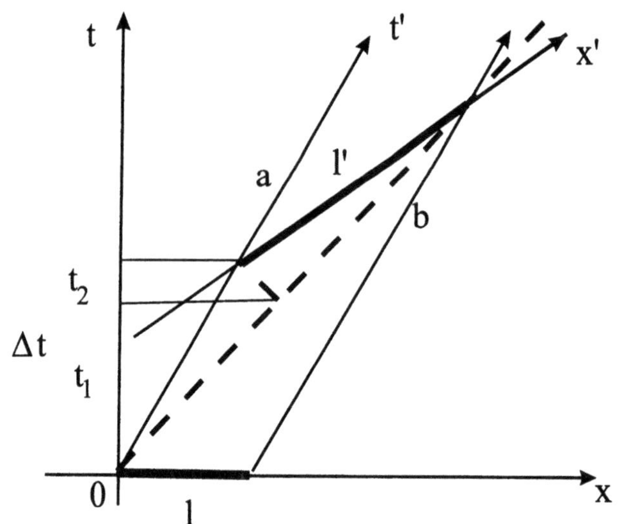

Abb. 2.6. Weltlinienbild eines sich bewegenden Stabes

Die Weltlinien a und b eines im ungestrichenen Systems sich mit Geschwindigkeit v bewegenden Stabes der Länge l, d.h. l ist die Stablänge im ungestrichenen System. Die Stablänge im Ruhsystem (') des Stabes erhält man durch die Schnittpunkte der Weltlinien mit den Gleichzeitigkeits-Hyperflächen: $t' = $ const. Diese Länge ist berechenbar durch die Zeit, die ein Lichtsignal vom Ende 0 bis zum anderen Ende braucht. Diese Zeit ist im Ruhsystem länger als im ungestrichenen System. Die Bestimmung der Größen geschieht leicht mit folgender Konstruktion: Die t'-Achse ist ja einfach parallel zur Weltlinie. Man kann sich nun die $t' = $ const.-Hyperflächen (den Ortsraum der gestrichenen Raumzeitkoordinaten) leicht verschaffen, indem man mit Hilfe der Lichtausbreitung die Gleichzeitigkeit im Ruhesystem definiert: Wenn das Lichtsignal (die gestrichelte Linie) die Mitte des Stabes erreicht hat, wird ein Signal zurückgesandt. Die Schnittpunkte der Lichtlinien (Lichtkegel) mit den Weltlinien der Endpunkte des Stabes, definieren die Gleichzeitigkeit (das ist die x'-Achse) im Ruhesystem. Die zugehörige Koordinatenzeit im ungestrichenen System läßt sich nun leicht berechnen: $ct_1 = \frac{l}{2} + vt_1, ct_2 = \frac{l}{2} - vt_2$, und daher ist $\Delta t = t_1 + t_2 = \frac{l}{c}\frac{1}{1-\frac{v^2}{c^2}}$, und mit der Zeitdilatation ergibt sich als Länge $l' = c\Delta\tau = \frac{l}{\sqrt{1-\frac{v^2}{c^2}}}$. Dies ist die Länge des Stabes im Ruhesystem. Der sich bewegende Stab ist also kürzer.

3. Symmetrie

Wir müssen nun etwas zur Bedeutung der Symmetrie sagen. Symmetrie drückt eine Invarianz der physikalischen Gesetze gegenüber Transformationen aus. Eine Symmetrie kann a priori sein, d.h. das physikalische Gesetz – die Dynamik – hat aus physikalischen Gründen eine Invarianz zu haben; es kann aber auch die mathematische Formulierung des Gesetzes weitere Invarianzen mit sich bringen, also neue Symmetrien aufzeigen. Dazu gehört z.B. auch die Möglichkeit einer Eichsymmetrie, die ausdrückt, daß eine abgeleitete Variable eigentlich einer Äquivalenzklasse angehört und die Dynamik, bzw. das Gesetz, nur modulo der Äquivalenzrelation festgelegt ist. Zum Beispiel ergeben alle A^μ in (2.34), die sich um $\partial f/\partial x_\mu$ unterscheiden, die gleiche Dynamik der Teilchen (bestimmt durch $F^{\mu\nu}$). Die Erkennung von Symmetrien, bzw. Invarianzen, ist für das Lösen von Gleichungen von sehr großer Bedeutung, denn Invarianzen sind mit Erhaltungsgrößen (ich denke hier an Noether-Theoreme) verbunden, so daß dadurch die Lösungsmannigfaltigkeit eingeschränkt wird (Energierhaltung, Drehimpulserhaltung und Ähnliches) oder auch das Lösen von Hamiltonschen Gleichungen durch kanonische Transformationen. Darum geht es mir in diesem Kapitel aber nicht. Wir müssen vielmehr klar erkennen, ob eine Symmetrie physikalisch fundamental ist oder einfach nur mathematisch. Die kanonischen Transformationen $(q, p) \;\rightarrow\; (Q, P)$, die ja die Hamiltonschen Gleichungen invariant lassen, sind Ausdruck der symplektischen Symmetrie, aber diese ist mathematisch, denn physikalisch sind die Orte der Teilchen ganz klar ausgezeichnet.

Die grundlegende physikalische Symmetrie, die das Gesetz zu respektieren hat, ist die der physikalischen Raum-Zeit, der Arena, in der sich das physikalische Geschehen entwickelt. Als Ideal hat man vor Augen, daß wenn die Ontologie klar ist (z.B. Teilchenontologie), das physikalische Gesetz, bzw. die Dynamik, unter Beachtung mathematischer Einfachheit und der Raum-Zeit-Symmetrie, ebenfalls ziemlich klar ist. (Das bedeutet, daß die Bahnen in der Raum-Zeit – die Weltlinien der Teilchen – aus Symmetriegründen und aus Gründen mathematischer Einfachheit so aussehen wie sie aussehen.)

Die Galileischen Raum-Zeit-Symmetrien sind die der euklidischen Geometrie des dreidimensionalen Raumes (Translations-, Rotations- und Spiegelungsinvarianz) sowie Zeittranslationsinvarianz, Zeitumkehrinvarianz und die Galileische Invarianz. Letztere ist gerade Ausdruck der Galileischen Relativität, die den Begriff des „Inertialsystems" braucht und besagt, daß die Gesetze in allen Inertialsystemen die gleiche Form haben. Inertialsysteme können sich relativ zueinander gleichförmig bewegen. Man sagt das Ganze auch so: das Gesetz muß von jedem Inertialsystem als Bezugssystem (Koordinatensystem) aus gesehen die gleiche Form haben. Diese Forderung ist natürlich eine rein physikalische Forderung, die auf einer a priori Einsicht über die Welt beruht. (In der relativistischen vierdimensionalen Raum-Zeit ist das Ganze einfacher, da alle Symmetrien aus der Invarianz der Minkowski-Länge fließen.) Wir denken jetzt einmal nur an eine Teilchen-Theorie und betrachten die Lösungsmenge, die die möglichen Bahnen $\boldsymbol{q}(t)$, $t \in \mathbb{R}$ enthält. Sei $\mathcal{G}$ eine Symmetriegruppe von Transformationen. Diese Transformationen sind im Augenblick gar nicht weiter spezifiziert, d.h. wir nehmen nur an, daß klar ist, wie die Transformation $g \in \mathcal{G}$ auf die Bahn $\boldsymbol{q}(t)$ sich auswirkt, was wir mit $(g\boldsymbol{q})(t)$ ausdrücken (dabei denken wir an $(g\boldsymbol{q})(t) := (g(\boldsymbol{q}_i(t)))_{i=1,...,N}$). Dann ist das Gesetz invariant, wenn für jedes $g \in \mathcal{G}$ mit $\boldsymbol{q}(t)$ auch $(g\boldsymbol{q})(t)$ eine mögliche Bahn darstellt, d.h. wenn $(g\boldsymbol{q})(t)$ ebenfalls eine Lösung ist[1]. Wir wollen dies einmal schnell an der Newtonschen Mechanik deutlich machen.

Verschiebungen im Raum:

$$\boldsymbol{q}' = \boldsymbol{q} + \boldsymbol{a},$$

$$m\ddot{\boldsymbol{q}}' = m\ddot{\boldsymbol{q}} = \boldsymbol{F}(\boldsymbol{q}) = \boldsymbol{F}(\boldsymbol{q}' - \boldsymbol{a}) = \boldsymbol{F}(\boldsymbol{q}'),$$

wobei die letzte Gleichheit benutzt, daß $\boldsymbol{F}(\boldsymbol{q}) = \boldsymbol{F}((\boldsymbol{q}_i - \boldsymbol{q}_j))$, d.h. die Translationsinvarianz gilt bei translationsinvarianter Kraft. Genauso gilt die Zeitverschiebungsinvarianz ($t \longrightarrow t+a$, also $\boldsymbol{q}'(t) = \boldsymbol{q}(t+a)$), falls $\boldsymbol{F}$ nicht explizit von der Zeit abhängt.

Orthogonale Transformationen des $\mathbb{R}^3$ ($\det\mathrm{R} = \pm 1, \mathrm{R}\mathrm{R}^t = \mathcal{E}_3$, diese erhalten gerade das euklidische Skalarprodukt):

$$\boldsymbol{q}' = \mathrm{R}\boldsymbol{q},$$

$$m\ddot{\boldsymbol{q}}' = m\mathrm{R}\ddot{\boldsymbol{q}} = \mathrm{R}\boldsymbol{F}(\boldsymbol{q}) = \mathrm{R}\boldsymbol{F}(\mathrm{R}^t\boldsymbol{q}') = \boldsymbol{F}(\boldsymbol{q}'),$$

wobei die letzte Gleichheit benutzt, daß sich $\boldsymbol{F}$ wie ein Vektor transformiert, also wenn $\boldsymbol{F}(\mathrm{R}^t \cdot) = \mathrm{R}^t\boldsymbol{F}(\cdot)$ gilt (z.B. $\boldsymbol{F} = \boldsymbol{b} = $ const. erfüllt dies nicht, i.a. $\mathrm{R}\boldsymbol{b} \neq \boldsymbol{b}$). Nun, $\nabla = (\partial/\partial\boldsymbol{q})^t$ transformiert sich wie ein Vektor (wir benutzen das Symbol ∇ hier als Spaltenvektor und schreiben $(\partial/\partial\boldsymbol{q})$ als Zeilenvektor)

$$\frac{\partial}{\partial\boldsymbol{q}'} = \frac{\partial}{\partial\boldsymbol{q}}\frac{\partial\boldsymbol{q}}{\partial\boldsymbol{q}'} = \frac{\partial}{\partial\boldsymbol{q}}\mathrm{R}^t \Longrightarrow \nabla' = \left(\frac{\partial}{\partial\boldsymbol{q}}\mathrm{R}^t\right)^t = \mathrm{R}\nabla,$$

und für $\boldsymbol{F}(\boldsymbol{q}) = \nabla V(\boldsymbol{q})$ erhalten wir mit der skalaren Funktion V, das bedeutet es gilt

---

[1] Es gibt zwei äquivalente Möglichkeiten, die Transformationen wirken zu lassen: aktiv, d.h. die Bahnen werden transformiert oder passiv, d.h. die Bahnen bleiben unberührt, aber das Bezugssystem wird ein anderes. Die Transformationen sind offenbar invers zueinander.

$$V'(q') := V(\mathrm{R}^t q') = V(q),$$

daß

$$m\ddot{q}' = m\mathrm{R}\ddot{q} = \mathrm{R}\nabla V(q) = \nabla' V'(q') = F(q'),$$

wobei die letzte Gleichheit benutzt, daß $V'(q') = V(q')$, d.h. daß $V(\mathrm{R}q) = V(q)$ gilt. Dies bedeutet, daß das skalare Potential rotationsinvariant sein muß. Übrigens ist das Newtonsche Gravitationspotential eine „unvoreingenommene" Wahl, denn es ist Lösung der „einfachsten" galileiinvarianten Potentialgleichung $\Delta V = \nabla \cdot \nabla V = 0$ außerhalb der Teilchenorte mit der Randbedingung, daß V im Unendlichen verschwindet.

Die besondere Eigenart der Newtonschen Dynamik, zweiter Ordnung zu sein („$\ddot{q} = \ldots$"), spielte bis jetzt keine Rolle. Nun aber beim Wechsel zu einem relativ bewegten (mit Geschwindigkeit u) Bezugssystem (man nennt dies den *Galileii-boost*):

$$q' = q + ut. \tag{3.1}$$

Jetzt gilt $\ddot{q}' = \ddot{q}$, und man sieht, wie (bei Translationsinvarianz von F) die Invarianz gegenüber dem „Galilei-Boost" (3.1) auf „natürlichste, einfachste Weise" bei Newton zustande kommt.

Da scheint eine Theorie erster Ordnung ($\dot{q} = v(q,t)$) dem Galileischen Relativitätsprinzip zu widersprechen. Man braucht eine Gleichung für $\ddot{q}$ (oder $\dot{p}$, wenn man will), um das Gesetz invariant zu halten. Hier ist dafür ein kleines Argument. Wir überlegen uns für ein Teilchen eine galileiinvariante Dynamik. Also, wir starten mit einer Theorie 2. Ordnung:

$$\underset{\substack{\text{Translations-}\\\text{invarianz}}}{\ddot{q} = F(q)} \implies F = \text{const.} \underset{\substack{\text{Rotations-}\\\text{invarianz}}}{\implies} F = 0,$$

also $\ddot{q} = 0$ ist die einzige Möglichkeit, aber dies ist ein offenbar galileiinvariantes Gesetz.

Nun versuchen wir das mit einer Theorie 1. Ordnung zu bewerkstelligen:

$$\underset{\substack{\text{Translations-}\\\text{invarianz}}}{\dot{q} = v(q,t)} \implies v = \text{const.} \underset{\substack{\text{Rotations-}\\\text{invarianz}}}{\implies} v = 0,$$

also $\dot{q} = 0$ ist das Gesetz, und das heißt, es findet keine Bewegung statt. Dies ist offenbar nicht galileiinvariant. So kann man meinen, daß Theorien erster Ordnung nicht die Galileische Relativität erfüllen können[2].

Zum Schluß nun noch etwas zur Zeitumkehrinvarianz. Zunächst ist ganz klar: wenn $t \longrightarrow -t$, $q(t) \longrightarrow q'(t) = q(-t)$ gilt, so ist $q'(t)$ Lösung der Gleichung, da $(\mathrm{d}t)^2 = (-\mathrm{d}t)^2$. Wieder birgt also „$\ddot{q} = \ldots$" diese Invarianz. Aber im Phasenraum (q, p) sieht das so aus:

---

[2] Man kann Theorien erster Ordnung als „aristotelisch" bezeichnen. In der Aristotelischen Physik bewegt sich alles was sich bewegt auf sein Ziel zu, es gibt kein sich gegeneinander bewegen, keine Relativität, sondern alles wird seinem Bestimmungsort zugeführt. Die Ablösung dieses physikalischen Weltbildes geschah durch Galilei und Newton.

$$\dot{q} = p/m \quad \longrightarrow \quad \dot{q}' = -p/m$$
$$\dot{p} = F \quad \longrightarrow \quad \dot{p}' = -F,$$

d.h. Zeitumkehrinvarianz folgt erst, wenn mit $t \longrightarrow -t$ auch $(q, p) \longrightarrow (q, -p)$ einhergeht ($p' = -p$, Geschwindigkeiten müssen natürlich umgedreht werden!). Das lohnt sich, allgemeiner zu sagen. Sei der Zustand durch ξ gegeben, dann geht $t \longrightarrow -t$ einher mit $\xi \longrightarrow \xi^*$, wobei * eine Involution ist, $(\xi^*)^* = \xi$ (Beispiel: komplexe Konjugation), d.h. * ist eine Darstellung der „Zeitumkehrgruppe". Deutlicher also: ist der Zustand $\xi(t)$ eine Lösung der Dynamik, so auch der Zustand $\xi'(t) = \xi^*(-t)$. Wie * wirkt, hängt von der Rolle der abgeleiteten Variablen ab, die sie im physikalischen Gesetz für die Dynamik der primitiven Variablen spielen. Die primitiven Variablen werden dabei i.a. nicht berührt. Zum Beispiel im Elektromagnetismus mit Zustand $(q, \dot{q}, E, B)$ ist

$$(q, \dot{q}, E, B)^* = (q, -\dot{q}, E, -B),$$

was man an der Lorentz-Kraftgleichung (2.28) sieht. Zunächst ist klar, daß $\dot{q} \longrightarrow -\dot{q}$ geht, und dann muß B folgen.

Nun muß noch etwas zur Zeitumkehrinvarianz gesagt werden, denn ganz offenbar ist unsere physikalische Erfahrung ganz anders. Da laufen die meisten (thermodynamischen) Vorgänge nur in einer Zeitrichtung ab, d.h. *irreversibles* (nicht zeitumkehrbares) Verhalten ist typisch. Wie kann man dieses makroskopische Verhalten aus einer zeitumkehrinvarianten mikroskopischen Theorie verstehen? Auf jeden Fall ist die Verschiedenheit der Skalen der Beschreibungen von Bedeutung. Die Symmetrie der makroskopischen Skala kann in der Tat eine ganz andere sein als die der mikroskopischen. Dies betrachten wir genauer in den zwei folgenden Kapiteln.

4. Der Zufall

Wir haben bisher (und werden dabei auch bleiben) deterministische Dynamiken besprochen. Dies bedeutet, daß die Bahnen der Teilchen (oder auch die Felder, wenn man eine Feldontologie zu Grunde legt) einem Gesetz gehorchen, das keine von irgendeinem Zufall behafteten Variablen enthält, was immer das auch genau bedeuten mag[1]. Die meisten Gesetze sind auch kausal, d.h. sie sind durch Differentialgleichungen gegeben, so daß alles durch „Anfangsbedingungen" festgelegt wird. Das ist die Situation auf der fundamentalen mikroskopischen Skala.

Auf der makroskopischen Skala machen wir aber die Erfahrung, daß viele physikalische Abläufe vom Zufall bestimmt sind. Man wirft eine Münze und weiß nicht, ob sie auf Kopf oder Zahl fällt; und nicht wissen heißt: der Ausgang ist praktisch nicht vorhersagbar. Aber mehr noch: Der Ausgang ist dennoch durch eine Gesetzmäßigkeit gekennzeichnet, denn es wird sich bei häufigem Wiederholen des Münzwurfes zeigen, daß insgesamt ungefähr gleich oft Kopf und Zahl kommen werden. Das nennen wir den Zufall. Wie ist das mit der mikroskopischen determinierten Welt vereinbar?

Der Zufall und seine Beschreibung sind etwas sehr einfaches und zugleich sehr schwieriges. Einfach ist die mathematische Beschreibung, das Anwenden der Regeln, wenn man sie einmal verstanden hat; schwierig ist es dagegen zu verstehen, woher der Zufall kommt. Aber es ist nur deswegen schwierig, weil wir uns dabei auf eine Ebene begeben müssen, die uns im Grunde ungewohnt ist und deshalb so gar nicht zusagt. Wir müssen nämlich das ganze (physikalische) Universum als physikalisches Gebilde ernstnehmen. Und noch etwas ist schwierig: Wir müssen verstehen, daß die Argumentation mit dem Zufall den physikalischen Gesetzen übergeordnet ist, egal welche Ontologie oder welches Gesetz zugrunde liegt, die Art wie der Zufall ins Spiel kommt, ist immer die gleiche. Wir werden wegen der Besonderheit des Zufalls ihn ausführlich behandeln, zunächst ohne großen technischen Ballast und erst danach auf die notwendige Mathematik eingehen.

---

[1] Da wir keine solchen zufälligen Dynamiken betrachten werden, gibt es keinen Grund, diese näher zu definiern.

4.1 Typisch

Die Antwort auf die Frage: „Was ist Geometrie?" ist ziemlich klar. Es ist die Lehre von der räumlichen Ausdehnung, und ihre Elemente sind anschauliche Begriffe wie Punkt und Gerade. Die Antwort auf die Frage: „Was ist Analysis?" fällt heute ebenso leicht, obwohl die Anschaulichkeit einer begreifbaren Abstraktion weichen muß. Es ist die Lehre vom Grenzprozess, vom Argumentieren mit Unendlich. Ihre Elemente sind das Kontinuum – der Zahlenstrahl ohne Lücken – und die reellen Zahlen. Was ist eine reelle Zahl? Eine relle Zahl zwischen 0 und 1 ist eine unendliche Folge bestehend aus den Ziffern $0, 1, 2, ..., 9$ etwa $0, 0564319....$ Im Zweiersystem oder Dualsystem, wie man auch sagt, benutzt man nur die Ziffern $0, 1$, so daß jede Zahl zwischen 0 und 1 eine $01-$Folge ist: $0, 1001... = 1 \cdot \frac{1}{2} + 0 \cdot \frac{1}{4} + 0 \cdot \frac{1}{8} + 1 \cdot \frac{1}{16} + ...$

Was aber ist Wahrscheinlichkeitstheorie? Sagt man: „Die Lehre vom Zufall", so benutzt man nur ein anderes Wort für Wahrscheinlichkeit. Was ist Zufall? Wir können an Vorhersage denken und den Zufall mit dem Unvorhersagbaren in Verbindung bringen. Das entspricht dem alltäglichen Gefühl und wird damit vielleicht begrifflich klarer. Aber dann gibt es weitere Fragen: Wie kann es eine Lehre vom Unvorhersagbaren geben? Ist das nicht geradezu widersprüchlich? Und ist das Unvorhersagbare nur aus Unkenntnis, aus Ignoranz unvorhersagbar oder ist da etwas Prinzipielles, nicht Wissenbares im Spiel?

Die mathematisch formulierten physikalischen Gesetze geben eine vorausberechenbare, d.h. eine determinierte Entwicklung der Welt, wenn die *Anfangsdaten* bekannt sind. Dies ist eine Tatsache, die Poincaré(1854–1912) in Bezug auf Wahrscheinlichkeit so formulierte: „Wenn wir nicht unwissend wären, gäbe es keine Wahrscheinlichkeit" [33].

Dabei sollte es zunächst gleichgültig sein, ob unser Unwissen prinzipieller Natur ist oder ob unsere Ignoranz nur eine vordergründige, auf Bequemlichkeit beruhende ist[2].

Es wäre aber falsch, Poincarés Aussage zu eng zu nehmen, und Wahrscheinlichkeit vollkommen an Unwissen zu heften, denn Wissen und Unwissen sind viel zu komplizierte Begriffe, und nur schwer zu objektivieren. Dabei geht es ja bei der Benutzung von Wahrscheinlichkeiten letztlich um die Beschreibung eines objektiven Sachverhaltes, wie dem Ablauf eines physikalischen Systems, der natürlich völlig unabhängig davon ist, wieviel wir von ihm wissen oder bei seiner Beschreibung von unserem Wissen preisgeben wollen.

---

[2] Wenn man der Sache mit dem „Alles Wissen" auf den Grund geht, findet man schnell Argumente, warum eine Maschine (oder ein Mensch, oder die Gemeinschaft aller Maschinen und Menschen) nicht alle Anfangsdaten unseres Universums speichern kann, um daraus den Ablauf alles Geschehens vorauszuberechnen. Jede nur ungefähre Kenntnis ist aber auf Grund der Instabilität komplexer physikalischer Abläufe für die Vorhersage nur sehr bedingt brauchbar. Die Untersuchung von Instabilität wurde in den letzten Jahren unter dem Namen Chaosforschung vorangetrieben.

Darum ist unsere Sichtweise der Wahrscheinlichkeitsbeschreibung eines physikalischen Geschehens eine praktische und durchaus vereinbar mit der Vorstellung, daß es uns zwar möglich wäre, wir es aber einfach als unpraktisch empfinden, eine detaillierte Berechnung des Ablaufes aus den physikalischen Gesetzen vorzunehmen.

Was also ist dann Wahrscheinlichkeitstheorie? Es ist die Lehre vom *typischen* Verhalten (von physikalischen Systemen). Der Begriff des *Typischen* ist als mathematischer Begriff sicher ungewöhnlicher als der der räumlichen Ausdehnung oder der des Grenzprozesses, aber er ist ebenfalls hinreichend offenbar, gleich verstanden zu werden. Typischerweise ist ein Los eine Niete, typischerweise zeigt eine Münzwurfreihe unregelmäßige Ausgänge mit ungefähr 50% Anteil an Kopf und 50% Anteil an Zahl. Typischerweise kommt in einer langen Münzwurfreihe irgendwann einmal 6 mal Kopf in Serie. In einer Münzwurfreihe von 100 Würfen ist es untypisch, 50 mal Kopf hintereinander zu haben.

Die mathematischen Größen, auf denen Wahrscheinlichkeitstheorie aufbaut, sind die physikalischen Variablen, die Anfangswerte, die zusammen mit den physikalischen Gesetzen den physikalischen Ablauf eines Systems festlegen. Als ein klassisches Beispiel denken wir an ein Gas in einem Volumen, das wir in diesem Moment (den wir den Anfangszeitpunkt $t = 0$ nennen) betrachten. Die einzelnen Gasteilchen gehorchen (sagen wir) der Newtonschen Mechanik. Dann bestimmen die momentanen Orte und Geschwindigkeiten der Gasteilchen die weitere (und die vergangene) zeitliche Entwicklung des Gassystems vollkommen, solange jedenfalls, als kein Eingriff von außen erfolgt.

Der momentane Zustand des Gassytems sei nun so, daß die Teilchen das Volumen ziemlich homogen ausfüllen. In der uns eigenen makroskopischen Sichtweise des Gases sehen wir nicht die einzelnen Gasmoleküle, sondern erfahren nur die homogene Dichteverteilung des Gases im Volumen; wir nennen das einen *Makrozustand*. Der detaillierte mikroskopische Zustand des Gases (der Punkt im Phasenraum), bei dem die einzelnen Teilchen durch ihre Orte und Geschwindigkeiten beschrieben werden, heißt entsprechend *Mikrozustand*. Offenbar ändern sich die Mikrozustände andauernd, denn die Orte und Geschwindigkeiten der Gasteilchen verändern sich mit der Zeit (Bahnkurve im Phasenraum, Abbildung 2.3). Aber das merken wir am Makrozustand nicht. Dafür sind unsere Empfindungen viel zu grob ausgelegt. Wenn nun ein solcher homogener Makrozustand vorliegt, können wir sicher sein, daß er sich im Laufe der Zeit nicht verändern wird. Warum? Weil die Anzahl der Möglichkeiten, das ist die Anzahl der Orte und Geschwindigkeiten (also der Anfangsbedingungen) der Gasmoleküle (der momentanen Mikrozustände), die zu einer zeitlichen Entwicklung führen, die das makroskopische Bild nicht verändern, unglaublich ungeheuer viel größer ist als die Anzahl der Möglichkeiten, die zu einem anderen Makrozustand führen: z. B. zu einem, bei dem das Volumen zur Hälfte gasleer ist (siehe Abbildung 4.1). Typischerweise wird

das Gas den Raum homogen ausfüllen, das bedeutet, bei den weitaus allermeisten Möglichkeiten von Anfangsbedingungen, füllt das Gas das Volumen
homogen aus.

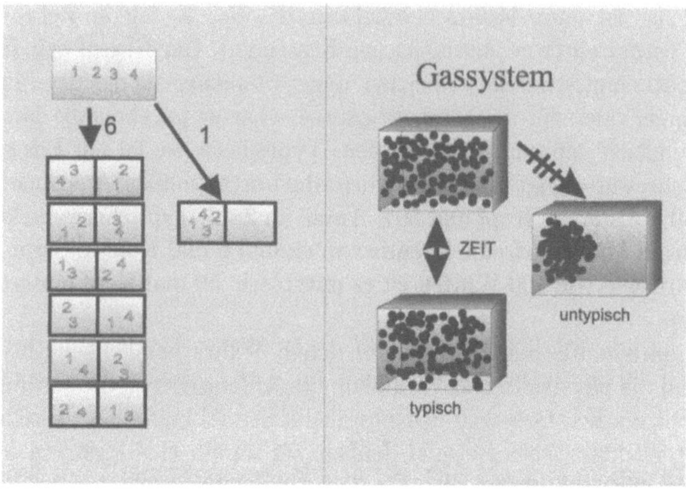

Abb. 4.1. Es gibt 6 Möglichkeiten, 4 Objekte auf zwei Behälter zu verteilen, so daß
in jedem Behälter 2 Objekte sind. Es gibt nur 1 Möglichkeit einer 4-0-Aufteilung.
Der Unterschied zwischen der Anzahl der Möglichkeiten für Gleichverteilung und
für deutlich ungleiche Aufteilungen (wie bei dem Gassystem auf der rechten Seite),
steigt astronomisch schnell mit der Anzahl der Objekte

Dieses Argument verdanken wir dem Physiker Ludwig Boltzmann (1844–
1906), der die kinetische Gastheorie von Clausius (1822–1888) und Maxwell (1831–1879) zu ihrer Vollendung führte. Boltzmann formulierte klar und
deutlich die Einsicht, daß ein physikalisches Geschehen unter den gegebenen
Bedingungen typisch ist, d.h., daß der Ablauf immer so ist, wie die allermeisten Abläufe geschehen[3]. (Daß ich hier „unter den gegebenen Bedingungen"
sage, hat einen Grund, über den ich nachher rede. Vergleiche auch Bemerkung
4.2.1).

Die Boltzmannsche Einsicht, die ich im folgenden weiter ausführen werde,
ist eine, wie ich bereits oben sagte, der Physik übergeordnete, unabhängig von
der speziellen Form der physikalischen Gesetze, und es ist deshalb gleichgültig,
aus welchem Bereich der Physik wir die Beispiele nehmen. Der besseren An-
schauung halber betrachten wir hier nur die gewohnte Newtonsche Mechanik.

Statt „typisch" habe ich oben von den „weitaus allermeisten" Möglichkeiten gesprochen, aber ich muß sagen, was das mathematisch sein soll, wenn die

---

[3] Boltzmann benutzte statt „allermeisten" oft den Begriff „am wahrscheinlich-
sten". Aber schon bei den Ehrenfests [30] wird dies durch „allermeisten" ersetzt.

Orte und Geschwindigkeiten stetig variieren und es unendlich viele Möglichkeiten für das eine wie für das andere gibt, wenn also im eigentlichen Sinne nicht mehr von Anzahl gesprochen werden kann. Hierfür wurde die Wahrscheinlichkeitstheorie entdeckt, die einen natürlichen Inhaltsbegriff von Mengen benutzt, genannt Wahrscheinlichkeitsmaß oder einfach nur Wahrscheinlichkeit, wozu nachher noch etwas gesagt wird.

Aber noch wichtiger als die mathematische Erklärung dieser Wörter ist die Einsicht, daß hier etwas Objektives über die Physik von Systemen gesagt wird: Was das physikalische System offenbart, ist typisch! Es ist das, was es in den allermeisten Fällen, das bedeutet für die *allermeisten Anfangsbedingungen*, offenbart. Dadurch können wir Voraussagen auch für sehr komplexe Systeme machen, ohne daß wir detaillierte Teilchenbahnen berechnen müssen. Und das genau ist die Rolle des Zufalls in der Physik.

4.1.1 Das Gesetz der großen Zahlen

Der Physiker Marian von Smoluchowski (1872–1917) schrieb kurz vor seinem Tod den Artikel: „Über den Begriff des Zufalls und den Ursprung der Wahrscheinlichkeitsgesetze in der Physik"([35]).

Er stellte darin zwei Fragen:

1. Wie ist es möglich, daß sich der Effekt des Zufalls berechnen lasse, daß also *zufällige Ursachen gesetzmäßige Wirkungen* haben?
2. Wie kann der Zufall entstehen, wenn alles Geschehen nur auf regelmäßige Naturgesetze zurückzuführen ist? Oder mit anderen Worten: Wie können *gesetzmäßige Ursachen eine zufällige Wirkung* haben?

Auf die zweite Frage geht Smoluchowski nicht wirklich ein, und wir kommen nachher mit Boltzmann darauf zurück. Smoluchowski entwickelt die Antwort auf die erste Frage. Mit „gesetzmäßiger Wirkung" meint er das Gesetz vom empirischen Mittel oder gleichbedeutend das *Gesetz der großen Zahlen*. Der „berechenbare Zufall" offenbart sich in den voraussagbaren *relativen Häufigkeiten* oder allgemein in den *empirischen Mitteln*, die man mit den regellosen Versuchausgängen eines Experimentes bildet: Ein Münzwurfexperiment liefert bei 100–facher Wiederholung eine regellose Folge von Kopf und Zahl, wobei Kopf und Zahl ungefähr gleich häufig auftreten, die relative Häufigkeit von Kopf ist also ungefähr $\frac{1}{2}$.

Smoluchowski untersucht die physikalischen Voraussetzungen, die eine solche regelmäßige Regellosigkeit ermöglichen. Diese liegen in der Instabilität der Bewegung oder wie es Smoluchowski treffend auf den Punkt bringt: *kleine Ursache, große Wirkung*. Kleinste Schwankungen in den Anfangsdaten führen zu total verschiedenen Ausgängen. Der auf seine Spitze gestellte Bleistift ist ein einfaches Beispiel. Die kleinste Abweichung seines Schwerpunktes vom Lot, bringt den Bleistift zu Fall. Zufällige Schwankungen in der Schwerpunktslage ergeben zufällige Richtungen, in die der Bleistift nach dem Fall zeigt. Man sollte sich wundern, daß diese Überlegung tatsächlich in die richtige Richtung weist, denn wie kann „Verstärkung" des Zufalls durch Instabilität Gesetzmäßigkeit nach sich ziehen? Dabei darf man dann aber nicht vergessen, daß wir eine Gesetzmäßigkeit in der Regellosigkeit suchen. Da soll die Instabilität dafür sorgen, daß die „Vorgeschichte" keinen Einfluß auf das Geschehen nimmt, daß also der Bleistift nach neuem Aufstellen in eine Richtung fällt, die *unabhängig* von der vorherigen Richtung ist, analog dazu, daß die nächste Dualziffer in der Entwicklung einer typischen Zahl 0 oder 1 sein kann, ganz egal was die Ziffern bisher waren.

Ein komplizierteres Beipiel ist das Galtonsche Brett (Galton (1822–1911)), bei welchem eine Kugel durch gegeneinander versetzte Nagelreihen fällt, wobei die Nagelabstände einer Reihe gerade etwas größer als der Kugeldurchmesser sind (siehe Abbildung 4.2). In jeder Nagelreihe trifft die Kugel zentral auf einen Nagelstift, wobei eine leichte zufällige Schwankung gegenüber der idealen zentralen Stoßlinie auftritt, die durch das Passieren der Kugel durch die vorherige Nagelreihe zustande kommt. Das Passieren der Kugel von zwei benachbarten Nagelstiften ist nämlich mit sehr, sehr vielen (inelastischen) Stößen zwischen der Kugel und den Stiften verbunden. Diese haben zur Fol-

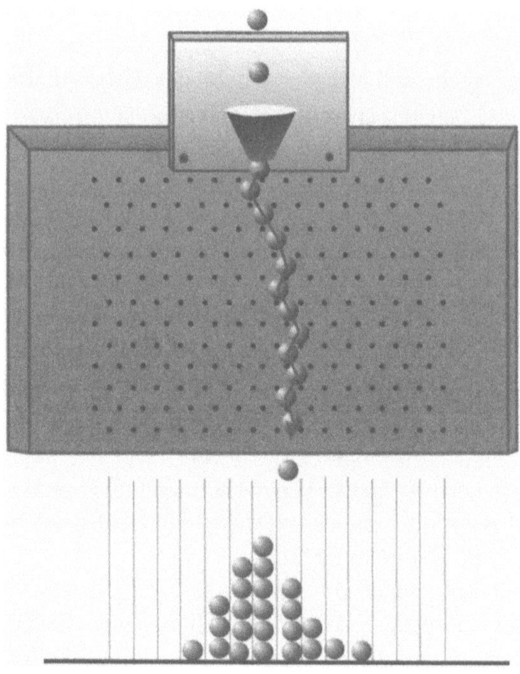

Abb. 4.2. Das Galtonsche Brett

ge, daß selbst die kleinste Änderung der Eingangsrichtung, mit der die Kugel zwischen zwei Nagelstifte gerät, noch zum entgegengesetzten Ergebnis führen kann (wodurch die Details der Verteilung der Anfangsschwankung irrelevant werden): nämlich beim Auftreffen der Kugel auf den Nagelstift der nächst tieferliegenden Reihe nach rechts, statt nach links zu fallen. Eigentlich sind hierfür zwei Effekte verantwortlich, die in Abbildung 4.3 verdeutlicht sind. Dort verfolgen wir als Idealisierung statt der Kugel ein Punktteilchen, das zwischen zwei fetten runden Nagelstiften hin und her stoßend nach unten fällt. Wesentlich sind dabei nicht nur die vielen stattfindenden Stöße, sondern auch das von Stoß zu Stoß größer werdende Auseinanderklaffen von anfänglich nahe beieinanderliegenden Richtungen, was hier durch die Kreiskrümmung des Nagelstiftes zustande kommt.

Dieser Gedanke der starken Trennung von nahe beieinander liegenden Anfangsdaten durch die Dynamik im Laufe der Zeit (hier gerade die Zeit des Passierens zweier Stifte), wird heutzutage benutzt, um chaotisches Verhalten zu definieren. Smoluchowski beschreibt mit großer Sorgfalt diese Instabilität der Bewegung, die dazu führt, daß man letztlich *aus der ungefähren Eingangsrichtung des Teilchens überhaupt nicht mehr auf die Ausgangsrichtung schließen kann*. In jeder noch so kleinen Umgebung von Eingangsrichtungen gibt es Richtungen, die zu Ausgangsrichtungen „Links" oder „Rechts" führen. Und wenn die Eingangsrichtung noch genauer kontrolliert wird, so führt die (nun noch kleinere) Ungenauigkeit, die dieser besseren Kontrolle innewohnt, dennoch wieder zu völliger Unsicherheit über die Ausgangsrichtung. Im mathematischen Idealfall geht das so weiter ohne Ende. Hier ist ein

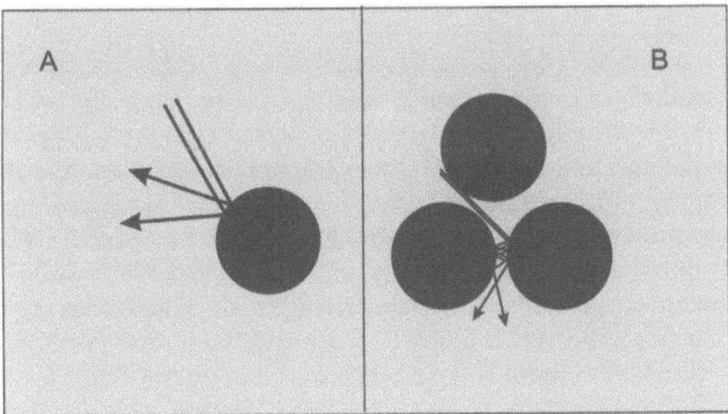

Abb. 4.3. A: Zwei anfänglich nahe beieinander liegende Einfallsbahnen einer Punktmasse werden durch den Stoß mit der runden Nagelfläche aufgetrennt. B: Dieser Effekt wird durch die Anzahl von Stößen vergrößert. Je mehr Stöße stattfinden, desto kleiner kann die „Anfangsunsicherheit" der Bahnen sein, so daß am Ende immer noch alle Ausgangsrichtungen herauskommen

mathematisches Beispiel dafür: Ich denke mir eine Zahl zwischen 0 und 1. Ich schreibe sie im Dualsystem auf. Ich schreibe eine sehr lange Zahl, bestehend aus Nullen und Einsen nach freiem Willen. Dann sage ich: „Die Zahl beginnt mit $0,0000$", und das sagt Ihnen, daß die Zahl zwischen 0 und $\frac{1}{2^4} = \frac{1}{16}$ liegt, aber mehr nicht. Sie können nicht sagen, was als nächste Ziffer folgt. Wenn ich Ihnen die sage, z.B. sei es eine 0, dann wissen Sie, daß die Zahl zwischen 0 und $\frac{1}{32}$ liegt, aber wie die nächste Ziffer aussieht, wissen Sie nicht. Und wenn es mir gelungen ist, eine ziemlich *typische* Zahl aufgeschrieben zu haben, die keine Regelmäßigkeit erkennen läßt, dann hilft Ihnen das genauere Eingrenzen der Zahl durch die Preisgabe einer weiteren Ziffer für das Festlegen der nächsten Ziffer überhaupt nicht.

Analog: Liegen zwei Eingangsrichtungen noch so nah beieinander, ist der Ausgang dennoch unbestimmt. Dieses „effektive Vergessen" der jeweiligen Eingangsrichtung bei dem Passieren zweier Nagelstifte sorgt dafür, daß jede neue Rechts-Links-Entscheidung „unabhängig" von der vorherigen wird, und diese Unabhängigkeit besteht so von Anfang an. Es ist die Anfangsunsicherheit beim ersten Auftreffen der Kugel im Galtonschen Brett, die ausreicht, um einen chaotischen Kugellauf zu produzieren.

Smoluchowski versucht also zu argumentieren, daß jede neue Links-Rechts-Entscheidung der Kugel *unabhängig* von der vorherigen wird, d.h. jede Links-Rechts-Entscheidung geschieht mit Wahrscheinlichkeit $\frac{1}{2}, \frac{1}{2}$, ganz egal wie die vorherigen Entscheidungen ausfielen, womit sich eine einfache Wahrscheinlichkeitsvorhersage für den Endort der Kugel nach z.B. 12 Nagelreihen machen läßt: Die Wahrscheinlichkeit, daß die Kugel von ihrer Anfangsrichtung aus gesehen um 4 Plätze nach rechts verschoben ankommt, ist genauso groß, wie die Wahrscheinlichkeit, in einer Münzwurfreihe von 12 Würfen, 10 mal Kopf und 2 mal Zahl zu haben ($= 0{,}016$).

Aber was bedeuten hier diese Worte „Wahrscheinlichkeitsvorhersage" und „Wahrscheinlichkeit"? Sie bedeuten, daß auf Grund eines statistischen Ansatzes oder, wie man auch sagt, einer *statistischen Hypothese* (über die gleich noch zu reden ist) und auf Grund der Instabilität des dynamischen Ablaufes, eine experimentell überprüfbare Voraussage für relative Häufigkeiten in einem Galtonschen–Brett–Experiment möglich ist: Wenn nacheinander viele Kugeln das Brett durchlaufen (das nennt man ein *statistisches Ensemble*), wird sich *typischerweise* eine relative Häufung der Kugeln auf Endplätzen ergeben, die der berechneten relativen Häufigkeit, man sagt dann, der „Wahrscheinlichkeit", gleicht: Von tausend Kugeln fallen ungefähr 16 auf Platz 4.

Diese Vorhersage heißt Gesetz der großen Zahlen, und die Berechnung der relativen Häufigkeiten geschieht mit Hilfe der Wahrscheinlichkeitstheorie. (Große Zahlen deshalb, weil erst viele Kugeln eine vernünftige relative Häufigkeit geben.) *Die Instabilität der physikalischen Bewegung gestattet es, eine Voraussage über die relativen Häufigkeiten zu machen, wenn eine statistische Hypothese zugrunde gelegt wird. Die berechneten relativen Häufigkeiten nennt man Wahrscheinlichkeit.*

Aber das ist nicht alles. Die schwierige zweite Frage, das eigentliche Problem, liegt noch vor uns, denn die statistische Hypothese ist noch unbegründet: Der erste kleine Zufall, der das erste Auftreffen der Kugel auf den ersten Nagelstift zufällig macht und der Zufall, der dafür sorgt, daß bei Wiederholung des Experimentes, beim Fallen einer neuen Kugel, die „Karten neu gemischt" sind – woher kommt dieser Zufall? Offenbar gibt es ja Anfangsbedingungen, bei denen die Kugel auch auf Platz 4 fällt – *warum fällt nicht jede Kugel auf Platz 4?* Warum sind bei jeder Wiederholung des Experimentes die Karten neu gemischt? Was beschreibt diesen „äußeren" Zufall? Diese nicht näher beschriebene statistische Hypothese wird üblicherweise wieder eine Hypothese über ein tatsächliches Ensemble sein: Wir können darauf verweisen, daß die Maschine, die die Kugeln auf den Weg schickt, von Mal zu Mal Störungen durch die Umgebung ausgesetzt ist, die dafür sorgen, daß ein statistisches Ensemble an Anfangssituationen vorliegt, so daß sich typischerweise das beobachtete, zufällige Verhalten ergibt (siehe Abbildung 4.4). (Bei

Abb. 4.4. Das Hereinfallen der Kugeln ist mit Zufall behaftet: Der äußere Zufall!

genügender Isolation und Präzisionsarbeit des Brettes und der Einwurfmaschine sollte dann der Zufall gänzlich verschwinden.) Aber damit haben wir die Wurzel des Zufalls nur weiter verschoben zu einem neuen äußeren Zufall in einer größeren Umgebung des Geschehens, der die Störung reguliert. Und solange jedes System Teil eines größeren Systems ist, wird diese Verschiebung des Zufalls passieren. Dies ist aber weder als unbefriedigend noch beunruhigend anzusehen, vielmehr führt es direkt zur Antwort auf die zweite Frage.

4.1.2 Statistische Hypothese und ihre Begründung

Wir kommen zur Boltzmannschen Einsicht. Man muß bereit sein zu erkennen, daß jede statistische Hypothese auf einem äußeren Zufall beruht; der eine Zufall, den man gerade beschrieben hat, hat seine Wurzel in einem noch unergründeten Zufall eines umfassenderen Systems, und wenn man den Zufall dann beschrieben hat, dann nur unter Benutzung des Zufalls eines noch umfassenderen Systems. Und dies geht so weiter und weiter, denn jedes System ist Teil eines größeren, und jedes System hat Kontakt mit jedem größeren; auch wenn man es schafft, ein System kurzzeitig zu isolieren, so war es vorher in Kontakt mit seiner Umgebung, und so geht das ohne Ende. Ohne Ende? Falsch! Es muß aufhören beim größten möglichen System, das alle anderen Systeme enthält, beim Universum nämlich. Das Universum gibt es nur einmal, es ist wie es ist, hier können keine Karten neu gemischt werden, hier müssen wir die zweite Frage beantworten. Hier können wir nicht mehr die Antwort nach außen verschieben. Die Antwort ist zwangsläufig: *Von allen möglichen Universen erleben wir unter den gegebenen Bedingungen* **ein** *typisches, wir erleben das, was die allermeisten Universen offenbaren würden.* Wir erleben reguläre relative Häufigkeiten in Ensemblen von Untersystemen dieses (einen) typischen Universums, im gleichen Sinne, wie eine typische Zahl reguläre relative Häufigkeiten der Ziffern 1 und 0 aufweist. Also was zu beweisen wäre: Die meisten Universen offenbaren in statistischen Ensemblen von ihren (lächerlich) kleinen Teilsystemen relative Häufigkeiten, die z.B. der statistischen Hypothese von Smoluchowski entsprechen. Nochmal anders gesagt: Ein typisches Universum, dessen zeitliche Veränderung determiniert ist, offenbart (das wäre zu beweisen) in Teilsystemen (genauer: in Ensemble-Teilsystemen) reguläre relative Häufigkeiten, und *diese Erscheinung nennen wir den Zufall.*

Aber vielen Physikern ist das Universum viel zu groß, um solche Aussagen ernst zu nehmen, denn was kann nicht alles passieren, vor allem kennen wir die Physik des Universums noch gar nicht. Das ist richtig, aber unwesentlich für das Verständnis des Problems: Die prinzipielle Frage ändert sich nämlich nicht mit neuen physikalischen Theorien, die die alten ablösen und erklären. Das sah Boltzmann deutlich und scheute sich nicht, über das Universum zu reden – auch wenn sich nichts beweisen ließ.

Wie definiert man ein typisches Universum? Was gilt für die allermeisten Zahlen zwischen 0 und 1? Typischerweise gilt, daß in der Dualdarstellung die Ziffern 0 und 1 mit relativer Häufigkeit jeweils $\frac{1}{2}$ auftreten. Dies ist ein mathematisches Münzwurfmodell! Die Menge der Zahlen mit dieser Eigenschaft ist also eine große Menge. Sie enthält die allermeisten Zahlen zwischen 0 und 1. Zahlen, die nicht dazu gehören, sind z. B.: $\frac{1}{2}$; $\frac{1}{4}$; $\frac{1}{8}$; ...; $\frac{1}{2^n}$; ..., also $0,1000...$; $0,01000...$; $0,001000....$ Diese unendlich vielen Zahlen sind im Vergleich zu den anderen verschwindend wenige. Sie bilden eine Menge, deren Größe nichts[4] ist im Vergleich. *Der Begriff der Größe der Menge* ist hier einfach der des Rauminhaltes, das *Volumen*, das die Zahlen einnehmen. Das Volumen des Intervalls $[a, b]$ auf dem Zahlenstrahl ist $b - a$, das aller Zahlen zwischen 0 und 1 ist also 1. Wenn man aus diesem Intervall alle Zahlen der Form $\frac{1}{2^n}$ entfernt, dann ist das Volumen immer noch 1.

Entscheidend also ist das Volumen oder wie man in der Wahrscheinlichkeitstheorie sagt, das Maß [5] einer Menge. *Eine Eigenschaft gilt typischerweise, wenn das Maß der Menge aller Zahlen mit dieser Eigenschaft ungefähr 1 ist.* Das Volumenmaß auf der Zahlenmenge ist von dem französischen Mathematiker Lebesgue (1875–1941) eingeführt worden, das der russische Mathematiker Kolmogoroff (1903–1987) dann für die Wahrscheinlichkeitstheorie übernommen hat. Unser Zahlenbeispiel ist ein rein mathematisches, und da ist das Maß für Typisches 1 und für Untypisches 0. In der Physik ist das Maß nahe bei 1 oder einfach sehr groß oder nahe bei 0 oder einfach sehr klein.

Also, wie definiert man ein typisches Universum? Zur Zeit Boltzmanns war das Bild, das man sich vom Universum machte, mechanistisch, d.h. bestehend aus enorm vielen Teilchen, die der Newtonschen Mechanik gehorchen. Also ein riesiges Gassystem. Der Ablauf des Universums ist durch die anfänglichen Orte q und Geschwindigkeiten v aller Teilchen festgelegt. Verschiedene Anfangsbedingungen liefern verschiedene Universen. Die Menge aller Universen ist gleichbedeutend mit der Menge aller Anfangsbedingungen für die Orte und Geschwindigkeiten. Bei dieser Vorstellung gelangen wir zu einer Abstraktionsstufe, die seit der Zeit Boltzmanns immer wieder zu Verwirrung führte. Die Menge von Anfangsdaten nämlich, über die wir hier reden, ist der abstrakte (weil hochdimensionale) Phasenraum.

---

[4] Das Volumen, das irgendeine Zahl einnimmt, ist 0, denn sie ist ja nur ein Punkt auf dem Zahlenstrahl. Wenn man aber alle diese Null-Volumina der Zahlen $\frac{1}{2^n}$ zusammenzählt, dann kommt immer noch Null heraus: Lege um jede Zahl $\frac{1}{2^n}$ das Volumen $a\frac{1}{2^n}$, wobei a eine positive Zahl sei und addiere alle diese Volumina; nach Ausklammern von a ergibt das $\quad a(\frac{1}{2} + \frac{1}{4} + \frac{1}{8} + ...) = a$ Aber a kann beliebig klein gewählt werden, also ist das Volumen letztlich Null.

[5] Der Rauminhalt entspricht einer Gleichgewichtung aller Zahlen. Stellt man sich dagegen den Zahlenstrahl zwischen 0 und 1 als einen aus vielen verschiedenen Legierungen zusammengesetzten Draht vor, dann hat dieser Draht eine variable Massendichte, und als Inhalt des Intervalls $[a, b]$ kann man den Masseninhalt des zugehörigen Drahtstückes nehmen. Das gäbe dann ein allgemeineres Maß.

An Stelle des Intervalls $[0, 1]$ tritt nun der Phasenraum des Universums, und jeder Punkt im Phasenraum ist ein Universum. Um vom typischen Universum reden zu können, muß ein Inhalt, ein Volumen auf dem Phasenraum, eingeführt werden. Was für ein Volumenmaß sollte man nehmen? Irgendeines? Das wäre lächerlich. Das Maß muß eines sein, das vom physikalischen Gesetz selbst bestimmt wird. Aber was soll das heißen? Man kann das auf verschiedene Arten sagen: Die Bedeutung von „typisch" muß zeitlos sein. Anders ausgedrückt: Wir haben von „Anfangsdaten" gesprochen, aber das Wort „Anfang" ist nicht ernst zu nehmen, der Anfang ist ja nur ein willkürlicher Zeitpunkt, ein Zeitpunkt, zu dem definiert wird, was „typisch" bedeuten soll. Das muß zu jeder Zeit möglich sein: Ein typischer Phasenraumpunkt bleibt unter der Zeitentwicklung typisch.(Daß in einem Modell des Universums ein „Urknall" den Beginn des Universums definiert, ist für diese Überlegung zunächst uninteressant.)

Dies bedeutet, daß das physikalisch richtige Volumenmaß *zeitlich unveränderlich* sein muß, und das wiederum bedeutet, daß man ein stationäres Maß sucht, wie in Anmerkung 2.1.2 ausgeführt wurde. Da kommt also der Satz von Liouville ins Spiel (2.10), der besagt, daß sich der gewöhnliche Rauminhalt (nur auf entsprechend hohe Dimension verallgemeinert) unter dem Hamiltonschen Fluß nicht verändert. Damit ist man schon am Ziel. Wir wissen jetzt, wie man „typisch" zu definieren hat, mit dem anschaulichen Volumenmaß, ganz analog wie beim Zahlenstrahl. Übrigens, unser kombinatorisches Argument oben, wonach die Anzahl der Möglichkeiten der Gleichverteilung am weitaus größten ist (siehe Abbildung 4.1), stellt im wesentlichen eine Berechnung dieses Phasenraumvolumens dar, das zu einem Makrozustand homogener Dichte gehört[6]. Nun, das sollte uns freuen! Gleich das erste physikalische Beispiel liefert das natürlichste Maß überhaupt – das Volumen. Nun müssten wir das Programm wie besprochen durchspielen. Wir stellen uns ein Newtonsches Universum vor, darin die Erde, darauf ein Labor, darin zum Beispiel ein Ensemble von gleichen Gassystemen und wie nun die Orte und Geschwindigkeiten der System-Gasteilchen im Ensemble verteilt sind (die relativen Häufigkeiten), darüber machen wir eine Hypothese, (welche, sage ich gleich) und diese Hypothese begründen wir als typische relative Häufigkeit, nämlich als die relative Häufigkeit, die ein typisches Universum zeigen würde. Das, so ist die Idee, sollte gezeigt werden können, meinetwegen unter Zuhilfenahme von Chaos und dem Gesetz der großen Zahlen. Wir werden nachher ein paar technische Details dazu besprechen. Aber was ist genau diese statistische Hypothese? Sie ist eine Hypothese über die typischen relativen Häufigkeiten, aber welche meint man genau? Zum Beispiel haben wir beim Galtonschen Brett die relativen Häufigkeiten der Endplätze der Kugeln, aber die sollten ja vorausgesagt werden, unter Benutzung einer statistischen Hypothese, die wir an den Anfang gesetzt haben, also die Hypothese über die Anfangsunsicherheit, mit der die Kugel beim Eintritt in die

---

[6] Siehe (4.44)

erste Nagelreihe behaftet ist. Diese Hypothese ist also in der Tat über die typischen relativen Häufigkeiten, mit der die Kugel so oder mal so auf den ersten Nagel fällt. Diese Hypothese wird oft gar nicht in Form von relativen Häufigkeiten angegeben, eben weil mit ihr ja die typischen relativen Häufigkeiten der Kugelendplätze berechnet werden sollen, und deswegen gibt man diese Hypothese in Form eines Wahrscheinlichkeitsmaßes, wie wir das gleich besprechen werden. Darum ist es aber nicht verwunderlich, daß es da ein ziemliches Durcheinander im Verständnis gibt, insbesondere eben, wenn es um die Begründung der Hypothese geht.

Ich will in diesem Zusammenhang erwähnen, daß der Physiker Willard Gibbs (1844-1906) eine Art axiomatischen Aufbau der sogenannten Statistischen Mechanik schuf, indem er einfach die letztendliche Begründung der statistischen Hypothese, die Boltzmann beschäftigte, verdrängte. In seiner Arbeit formulierte er einen „allgemeingültigen Ansatz für statistische Hypothesen" über das typische Verhalten komplexer Systeme (z.B. Systeme mit vielen Teilchen), worin nur das zu Grunde liegende physikalische Gesetz eingeht. Der Gibbssche Formalismus entsprach in seiner „Anwendbarkeit" sehr dem Geschmack der Physiker und wurde seitdem mit großem Erfolg, insbesondere eben in der Statistischen Mechanik, angewandt. Gleichzeitig aber war die Gibbssche Grundidee schwierig, denn das Gibbssche Ensemble ist eigentlich zunächst nur ein rein gedankliches (eine gedankliche Ansammlung von gleichen Systemen mit einer gewissen relativen Häufigkeitsverteilung) – in unserer modernen Sprache einfach ein Wahrscheinlichkeitsmaß – eben nur eines, um „typisch" zu definieren. In diesem Sinne ist die Gibbssche Idee nicht so verschieden von der Boltzmannschen. Allerdings gibt es hier die gleiche Quelle für Verwirrung, die ich oben schon ansprach, indem man nämlich das „Gibbssche Ensemble" als tatsächlich vorliegendes zu verstehen versucht[7], woraus sich auch eine Vorstellung über ihre Begründung entwickelt, die von vielen Physikern unreflektiert übernommen wurde, vor allem deshalb, weil allein die Instabilität, in der ja die Antwort zur ersten Frage von Smoluchowski zu suchen ist, als einzige Wurzel des Zufalls gesehen wurde, so daß nurmehr ein mathematisches Problem zu lösen sei (vergleiche [30, 31, 34]). Ich komme auch darauf später noch einmal zurück. Wir sollten die Idee von Gibbs aber (die gleiche Idee hatte durchaus auch Boltzmann) ernst nehmen, daß eine vernünftige physikalische statistische Hypothese für empirische Häufigkeiten durch das durch Stationarität ausgezeichneten Ensemble zu bestimmen sei. Der Gibbssche Ansatz benutzte dabei den Begriff des thermischen Gleichgewichtes, eines makroskopisch zeitlich nicht veränderlichen Verhaltens, was nur eine physikalische Umschreibung für den Begriff des stationären Maßes ist.

Es stellt sich die Frage, ob es noch mehr offenbare stationäre Maße neben dem Volumenmaß für die Hamiltonsche Mechanik gibt, und darauf gehen wir nun ein.

---

[7] Ein Unsinn auf der Ebene unseres Universums, denn das gibt es nur einmal.

Anmerkung 4.1.1. Über mikrokanonische und kanonische Gesamtheiten
Wir erinnern an (2.17)

$$\frac{\partial}{\partial t}\varrho(x,t) = -v^H(x,t) \cdot \nabla\varrho(x,t),$$

und wir suchen stationäre Lösungen dieser Gleichung, also Dichten, deren
Zeitableitung links gleich null ist. Eine stationäre Dichte liefert gemäß (2.1.2)
ein stationäres Maß, also betrachten wir die rechte Seite der Gleichung und
finden

$$v^H \cdot \nabla\varrho = \left(\frac{\partial H}{\partial p} \cdot \frac{\partial}{\partial q} - \frac{\partial H}{\partial q} \cdot \frac{\partial}{\partial p}\right)\varrho$$

$$= \left(\dot{q} \cdot \frac{\partial}{\partial q} - \dot{p} \cdot \frac{\partial}{\partial p}\right)\varrho(q,p) = \frac{\mathrm{d}}{\mathrm{d}t}\varrho(q(t),p(t)),$$

d.h. rechts steht die Veränderung der Funktion ϱ entlang der Systembahnen.
Wir suchen also Funktionen, die entlang der Bahnen konstant sind. Eine
solche Funktion ist $H(q,p)$ selbst – das ist die Energieerhaltung, und das
ist offenbar. Aber damit ist jede Funktion $f(H(q,p))$ erhalten. Eine häufige
Wahl ist

$$\varrho = f(H) = \frac{\exp -\beta H}{Z(\beta)}, \tag{4.1}$$

wobei β thermodynamisch als $\beta = \frac{1}{k_B \mathcal{T}}$ ($\mathcal{T}$ die Temperatur) interpretiert wird
und k_B, die sogenannte Boltzmannkonstante, ein Skalenfaktor bzw. Umrech-
nungsfaktor ist, denn wir müssen ja thermodynamische Einheiten und mechanische Einheiten ineinander umrechnen. $Z(\beta)$ ist die Normierung, denn
dieses Maß soll einen auf 1 normierten Inhalt geben[8]. Warum diese Funktion
eine gewisse Rolle spielt, erklären wir gleich.

Zunächst zurück zum Volumenmaß. Die Energieerhaltung (2.7) zerlegt
den Phasenraum[9] Ω in Schalen konstanter Energie Ω_E:

$$\Omega_E = \{(q,p)|H(q,p) = E\} \quad \text{und} \quad \Omega = \bigcup_E \Omega_E.$$

Wenn wir also ein isoliertes System im Kopf haben, also eines, das mit seiner
Umgebung nichts austauscht, dann bewegt sich das System immer auf einem

---

[8] Wir wollen ja mit diesem Maß *typisch* definieren und die typischen relativen
Häufigkeiten als Wahrscheinlichkeit interpretieren, die nun mal verabredungs-
gemäß gleich 1 gesetzt worden ist, und dazu dient obige Normierung.

[9] In der Wahrscheinlichkeitstheorie ist es üblich, den *Zufallsraum* mit Ω zu bezeichnen. In der Physik ist der fundamentale Zufallsraum der Phasenraum, was
deutlich macht, daß der Name Zufallsraum unglücklich gewählt ist. Nichts an
ihm ist zufällig, es ist einfach der Phasenraum und Abbilder davon. Funktionen
auf dem Phasenraum heißen *Zufallsgrößen*, und sie sind genauso wenig zufällig.
Um den Sprachgebrauch zu verdeutlichen, benutzen wir hier die Notation der
Wahrscheinlichkeitstheorie.

der Ω_E. Damit ist auch das Maß $\mathbb{P}_E$ – formal gegeben durch die „Dichte" (formale Funktion von H!)

$$\varrho_E = \frac{1}{Z}\delta\left(H(\boldsymbol{q},\boldsymbol{p}) - E\right), \quad Z \text{ Normierung,} \tag{4.2}$$

– erhalten. Dies ergibt mit dem Volumenelement $\mathrm{d}^{3N}q\,\mathrm{d}^{3N}p$ ein Inhaltsmaß auf der Energiefläche Ω_E, das allerdings im allgemeinen nicht einfach durch das natürliche Oberflächenmaß gegeben ist. Man nennt dieses Maß $\mathbb{P}_E$ das mikrokanonische Maß, und wir sollten bei einem abgeschlossenen System, das ja eine feste Energie besitzt, eher an dieses Maß denken als an den gesammten Phasenrauminhalt. In Anlehnung an die Idee, daß dieses Maß die statistische Hypothese für die Verteilung in einem Ensemble von Systemen widerspiegelt, heißt es auch mikrokanonische Gesamtheit, und das Maß (4.1) heißt kanonische Gesamtheit.

Da die Definition des Maßes $\mathbb{P}_E$ etwas abenteuerlich wirkt, beschreiben wir dies noch mal anders: Das Volumenelement $\mathrm{d}^{3N}q\,\mathrm{d}^{3N}p$ wird in Ω zerlegt in das Oberflächenelement $d\sigma_E$ auf Ω_E und die dazu senkrechte Koordinatenlinie l. Also ist zunächst

$$\mathrm{d}^{3N}q\,\mathrm{d}^{3N}p = \mathrm{d}\sigma_E \mathrm{d}l,$$

und wenn wir das „pro $\mathrm{d}l$" nehmen, erhalten wir das Oberflächenmaß. Aber wir sind auf ein stationäres Maß aus, und dazu benutzen wir, daß Volumenelemente, die von zwei benachbarten Energieflächen Ω_E und $\Omega_{E+\Delta E}$ begrenzt werden, erhalten sind, wie in Abbildung 4.5.

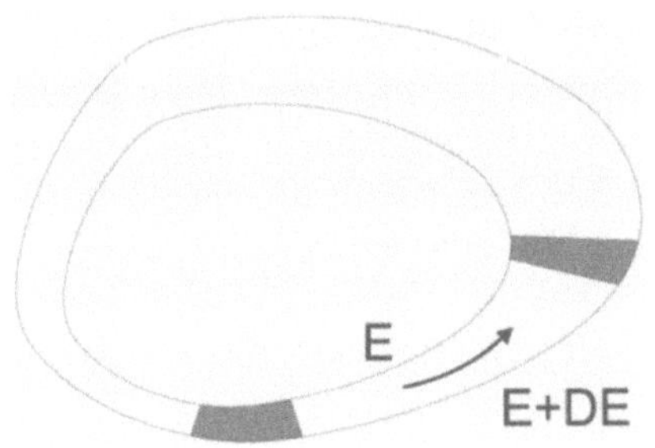

Abb. 4.5. Transport von Phasenraumvolumen zwischen zwei Energieschalen

Dafür ist nun

$$\mathrm{d}l = \frac{\mathrm{d}E}{\|\mathrm{grad}H\|}, \quad \|\mathrm{grad}H\|^2 = \sum_{i=1}^{N}\left(\frac{\partial^2}{\partial \boldsymbol{q}_i^2}H + \frac{\partial^2}{\partial p_i^2}H\right),$$

denn $\mathrm{d}l$ ist die Koordinatenlinie senkrecht auf Ω_E, also parallel zu $\mathrm{grad}H$; somit ist $\boldsymbol{n}\cdot\mathrm{grad}H\mathrm{d}l = \mathrm{d}E$, mit $\boldsymbol{n}$ als Normalenvektor auf Ω_E. Also ist

$$\mathrm{grad}H\,\mathrm{d}l = \mathrm{d}E.$$

Damit ist

$$\frac{\mathrm{d}\sigma_E}{\|\mathrm{grad}H\|}\,\Delta E$$

ein erhaltenes Volumenelement und

$$\lim_{\Delta E \to 0} \frac{1}{\Delta E}\frac{\mathrm{d}\sigma_E}{\|\mathrm{grad}H\|}\,\Delta E = \frac{\mathrm{d}\sigma_E}{\|\mathrm{grad}H\|}$$

ein erhaltenes Flächenelement. (4.2) ist somit die Dichte des Maßes $\mathbb{P}_E$ auf der Energiefläche:

$$\mathbb{P}_E(B) = \frac{1}{\int_{\Omega_E} \frac{\mathrm{d}\sigma_E}{\|\mathrm{grad}H\|}} \int_B \frac{\mathrm{d}\sigma_E}{\|\mathrm{grad}H\|}, B \subset \Omega_E. \qquad (4.3)$$

Ich werde in Unterkapitel 4.4, Anmerkung 4.4.1 eine Rechung vorführen, die gut dazu dient, den Zusammenhang zwischen der mikrokanonischen und kanonischen Gesamtheit zu erkennen. Für die statistische Verteilung von Größen eines Untersystems eines sehr großen Systems, besteht kein Unterschied, wenn das große System mikrokanonisch oder kanonisch verteilt ist (bei passender Wahl der Parameter!) Dort bemerke ich auch im Anschluß, daß hochdimensionale Kugeln die seltsame Eigenschaft haben, daß ihr gesamtes Volumen in der Schale sitzt. Und die mikrokanonische Gesamtheit ist ja in gewisser Weise die Energieschalengröße, also eine sehr hochdimensionale „Kugelschale" (näherungsweise). Das benutze ich gleich unten. (Dies ist auch eine Art, die Gleichheit der Ensembles im thermodynamischen Limes (siehe Anmerkung 4.4.1 zu verstehen.)

Es ist auf jeden Fall rechentechnisch vorteilhafter, die kanonische Gesamtheit (4.1) statt der mikrokanonischen Gesamtheit zu benutzen. Man benutzt die kanonische Gesamtheit im allgemeinen in Situationen, in denen ein System nicht abgeschlossen ist und mit seiner Umgebung in sehr schwacher Wechselwirkung steht. (Wie es beim Gasmolekül, das ich in Anmerkung 4.4.1 betrachtet habe, ja auch in Wahrheit der Fall ist). Die kanonische Gesamtheit beschreibt in diesem Sinne ein System im „Wärmebad", d.h. das System kann Energie mit der Umgebung austauschen. Die *mittlere Energie $E(\beta)$* des Systems ist dabei

$$E(\beta) = \int H\varrho_\beta(H)\mathrm{d}^{3N}q\,\mathrm{d}^{3N}p = -\frac{\partial}{\partial\beta}\ln Z(\beta). \qquad (4.4)$$

In der kinetischen Gastheorie identifiziert man, wie ich oben schon sagte, β als $\beta = 1/k_\mathrm{B}T$ mit der Boltzmannschen Konstante k_B und der absoluten Temperatur T. Diese Indentifikation wurde schon frühzeitig von Maxwell und Clausius gefunden. Dies ist natürlich eine interessante Verknüpfung; sie verbindet die mechanische Theorie der Welt mit der thermodynamischen Beschreibung: Die mittlere kinetische Energie der Gasteilchen ist direkt proportional zur Temperatur des Gases! (Das sollte ruhig einmal mit (4.43) berechnet werden – es ist eine einfache Gaußsche Integration!) Wir haben dann mit unserer Rechnung in Anmerkung 4.4.1 und dem eben Gesagtem den berühmten Gleichverteilungssatz im idealen Gas bekommen: Für die mittlere Energie jeden Teilchens gilt

$$\frac{\int \delta(H - E)\frac{1}{2m_k}p_{k,x}^2 \,\mathrm{d}^{3N}q\mathrm{d}^{3N}p}{|\Omega_E|} \approx \frac{1}{2}k_{\mathrm{B}}\mathcal{T} \ . \tag{4.5}$$

Dieser Satz führt zu einer Idenfikation einer bestimmten Funktion auf dem Phasenraum, nämlich der Entropie, und zur Vorbereitung rechne ich folgendes vor. Wir benutzen das Volumen $|K_E|$ der Phasenraumkugel K_E, um den Mittelwert oben umzuschreiben. Da

$$\frac{1}{m_1}p_1^2 = p_1\frac{\partial H}{\partial p_1}$$

ist, benutzt man, daß mit Hilfe partieller Integration

$$\int_{K_E} p_1\frac{\partial H}{\partial p_1}\mathrm{d}^{3N}q\mathrm{d}^{3N}p = E|K_E| - \int_{K_E} H\mathrm{d}^{3N}q\mathrm{d}^{3N}p \tag{4.6}$$

gilt. Nun ist

$$\int_{K_E} f(\boldsymbol{q},\boldsymbol{p})\mathrm{d}^{3N}q\mathrm{d}^{3N}p = \int_0^E \mathrm{d}E' \int \delta(H - E')f(\boldsymbol{q},\boldsymbol{p})\mathrm{d}^{3N}q\mathrm{d}^{3N}p \ ,$$

also mit der Normierung

$$|\Omega_E| = \int \delta(H - E)\mathrm{d}^{3N}q\mathrm{d}^{3N}p$$

kommt

$$\frac{\frac{\mathrm{d}}{\mathrm{d}E}\int_{K_E} f(\boldsymbol{q},\boldsymbol{p})\mathrm{d}^{3N}q\mathrm{d}^{3N}p}{|\Omega_E|} = \frac{\mathrm{d}\int_0^E \mathrm{d}E' \int \delta(H - E')f(\boldsymbol{q},\boldsymbol{p})\mathrm{d}^{3N}q\mathrm{d}^{3N}p}{\mathrm{d}E}$$

$$= \frac{\int \delta(H - E)f(\boldsymbol{q},\boldsymbol{p})\mathrm{d}^{3N}q\mathrm{d}^{3N}p}{|\Omega_E|},$$

und das liefert uns speziell durch Differentiation von (4.6)

$$\frac{\int p_1\frac{\partial H}{\partial p_1}\delta(H - E)\mathrm{d}^{3N}q\mathrm{d}^{3N}p}{|\Omega_E|} = \frac{|K_E|}{\Omega_E} = \frac{1}{\frac{\mathrm{d}\ln|K_E|}{\mathrm{d}E}}.$$

Mit (4.5) bekommen wir nun die Identifikation

$$\frac{\mathrm{d}\ln|K_E|}{\mathrm{d}E} = \frac{1}{k_{\mathrm{B}}\mathcal{T}}. \tag{4.7}$$

Wir werden diese Beziehung bemühen, wenn wir gleich über Entropie reden.

4.2 Irreversibilität

Im Boltzmannschen Programm müßte man nun „nur noch" zeigen, daß in typischen Universen sich bei den (lächerlich kleinen) Teilsystemen, wie dem unwürdigen Glücksspiel auf irgendeiner Straße, die relativen Häufigkeiten so ergeben, wie sie es tun, d.h. daß die Gibbsche Hypothese typischerweise korrekt ist. Hätte man jemals gedacht, daß die Kugeln im Galtonschen Brett einer universalen Eingebung folgen? Aber das folgt tatsächlich aus der Physik. Mancheiner wird jetzt dabei im Hinblick auf unsere Welt ein ungutes Gefühl haben; die erscheint ihm doch ganz anders – insgesamt untypisch. Denn wendet man nicht fortwährend Physik ohne Zufall an? Wir heben einen Stein auf und werfen ihn und können dessen Wurf berechnen, präzise und ohne Zufall.

Was man zeigen sollte, ist nie gezeigt worden. Jedenfalls nicht für das Newtonsche Universum. Wen wundert das nicht? Aber es ist nicht nicht gezeigt worden, weil es etwa zu schwer wäre. Nein, es ist nicht gezeigt worden, *weil unser Universum untypisch ist.* Für uns ist es typisch, untypische Situationen herzustellen (wir können alle Gasmoleküle in einem Volumen durch einen Kolben in einer Hälfte des Volumens zusammendrücken und dann den Kolben schnell entfernen, so daß die untypische Situation in Abbildung 4.1 vorliegt), wir können uns sogar vorstellen, daß wir in der Lage sind, den Zufall durch präziseste Kontrolle auszuschließen. *Offenbar ist die Gibbsche Hypothese oft falsch und nur manchmal richtig.* Dadurch sind wir, und das zurecht, vollkommen verunsichert, wann denn nun typisches Verhalten – Gleichgewichtsverhalten – vorliegen sollte und wann nicht. Darüber kann natürlich nicht hinweggegangen werden, und ich werde dazu kurz etwas sagen.

Boltzmann ist freiwillig aus dem Leben geschieden, nicht etwa deshalb, weil das Bild, welches ich entworfen habe und von dem ich behaupte, daß es Boltzmanns Auffassung wiedergibt, für unser Newtonsches Universum nicht zutrifft. Vielmehr ist sein Freitod auch im Zusammenhang mit den Anfeindungen seiner Kollegen zu sehen, die seiner (reduktionistischen) Idee, daß alles physikalische Geschehen auf ein Gesetz, nämlich auf das Newtonsche für die Bewegung von Teilchen, zurückzuführen sei, nicht folgen konnten oder wollten. Besonders erhellend sind in diesem Zusammenhang die Einwände von Zermelo und Fränkel gegen die Boltzmannsche Erklärung der Irreversibilität, die ich in Anmerkungen 4.2.2 und 4.2.3 kurz aufgreife. Allgemeine Zustimmung gab es erst mit der Einsteinschen Arbeit zur Brownschen Bewegung, jener seit der Erfindung des Mikroskops bekannten Zitterbewegung kleinster, auf einer Flüssigkeit schwimmenden Teilchen. Diese Bewegung, die sehr dem Pfadverlauf einer Kugel im Galtonschen Brett ähnelt, hatte Einstein dem Einfluß molekularer Stöße zugeschrieben (wir erlauben uns sogar im nächsten Kapitel den Luxus, das in einem simplen Modell anzuschauen).

Ein typisches Universum ist ein Gleichgewichtsuniversum, ein Gleichgewicht, auf das unser Universum zustrebt (auf den Wärmetod, wie Clausius es nannte). Im Augenblick ist unser Universum noch extrem weit von diesem Wärmetod entfernt, aber wir erfahren das zielstrebige Hinlaufen zum

Gleichgewicht ständig und allgegenwärtig im *zweiten Hauptsatz der Thermodynamik*. Dieser Hauptsatz sagt aus, daß thermische Prozesse immer nur in einer Richtung ablaufen – *irreversibel*, d.h. nicht umkehrbar. Das Zerbrechen eines Glases ist ein solcher thermischer Prozess, und niemand sah jemals ein zerbrochenes Glas sich von alleine wieder zusammenfügen. Niemals werden wir erleben, daß ein kalter Körper einen wärmeren von sich aus erwärmt. In technischen Termen ausgedrückt, besagt der zweite Hauptsatz, daß alle thermischen Prozesse so ablaufen, daß die Entropie des Universums zunimmt. Ich sage nachher, was die Entropie ist: (4.8) und (4.10). Niemand außer Boltzmann konnte das erklären. Er erklärte es mit der Bewegung von Teilchen, die der Newtonschen Mechanik gehorchen. Das war insofern ungeheuer, als nach der grundlegenden Newtonschen Mechanik (und in der Tat nach allen unseren grundlegenden physikalischen Gesetzen) einer Selbstheilung des Glases nichts im Wege steht und auch nicht dem selbständigen Wärmefluß vom kalten zum warmen Körper. Boltzmanns Erklärung ist folgende.

Anmerkung 4.2.1. Typisch im Untypischen
Man denke an ein Gas in einem Volumen, und dieses Gas sei in einem ganz speziellen Zustand, nämlich die Hälfte des Volumens sei leer, so daß das Gas nur die Hälfte des Volumens ausfülle (es liegt also der untypische Zustand in Abbildung 4.1 vor).

Wenn nun dies so ist, dann muss man das als einen ganz speziellen und nichttypischen Zustand akzeptieren, aber nicht mehr und nicht weniger, d.h. man hat davon auszugehen, daß in dieser einen Hälfte des Volumens die Moleküle typisch verteilt sind und daß die zukünftige Entwicklung des Systems typischerweise nur eine sein kann: Homogenes Ausfüllen des gesamten Volumens, um dann im wesentlichen für immer in diesem Zustand zu bleiben. Eingangs dieses Kapitels haben wir bereits gesagt, warum dies unter den Gegebenheiten typisch ist: Das Gas verteilt sich nach denjenigen Möglichkeiten, die am weitaus häufigsten sind, und das sind gerade diejenigen, welche zum makroskopischen Bild einer mehr und mehr homogenen Dichte gehören. Also unter diesen Gegebenheiten wird sich das Gas immer ins gesamte Volumen ausbreiten und dort verharren. Diese Entwicklung kann man z.B. durch die Boltzmann-Gleichung phänomenologisch beschreiben. Sie ist die Entwicklung für die typische Dichte. Es ist diese typische Gesetzmäßigkeit, die dem zweiten Hauptsatz zugrunde liegt. Was ich gerade gesagt habe, ist nämlich für die spezielle Menge von Anfangsbedingungen zu denken, die für Universen verantwortlich sind, in denen der zweite Hauptsatz gilt: das Anwachsen der Entropie von einem ganz speziellen Anfangszustand sehr geringer Entropie. Diesen sehr speziellen Anfangszustand müssen wir ansetzen, und von da ab geht das Universum seinen typischen Gang. Für das Gas aber in einem Volumen – ein Teilsystem des Nichtgleichgewichts-Universums – was sich z.B. gerade nur in der einen Hälfte des Volumens befindet, gibt es eigentlich kein gutes Argument, warum das, gegeben diese Situation, nun mehr oder weniger typisch verteilt sein soll, denn es kann ja in einen extremen Nichtgleichgewichtszustand durch geschickte Auswirkung von außen gebracht worden sein (die Geschwindigkeiten etwa sind so eingerichtet worden, daß sich das Gas bald in der linken unteren Ecke versammelt). Hier hört man oft Argumente, die besagen, daß sich spezielle, z.B. durch makroskopische Zwänge eingestellte Anfangszustände, auf Grund von Instabilität der Bewegung und auf Grund von Wechselwirkungen mit der Umgebung, schnell in typisch aussehende entwickeln. Aber so plausibel und wahr das auch sein mag: Das ist keine Begründung! Immer steckt eine Annahme darin, daß anfänglich doch irgendwie eine „gute" Verteilung irgendwo vorlag.

Wir wollen den zweiten Hauptsatz – die Aussage, daß die Entropie bei der zeitlichen Veränderung abgeschlossener Systeme niemals abnimmt –, also den zeitgerichteten Ablauf thermodynamischer Vorgänge aus der zeitumkehrsymmetrischen (*reversiblen*) Newtonschen Mechanik, etwas ausführlicher erklären. Die Zeitumkehrsymmetrie haben wir bereits in Kapitel 3 besprochen.

Eine nicht zeitumkehrinvariante Gleichung ist die Wärmeleitungsgleichung, die wir im nächsten Kapitel noch anschauen werden. Wir werden dort auch verstehen, wie man rigoros aus einer zeitumkehrsymmetrischen Theorie zu irreversiblen Bewegungen kommen kann, wie man also aus Äpfeln Birnen macht.

Uns muß klar sein, daß die Irreversibilität, die wir aus der Newtonschen Mechanik ableiten, nur eine *idealisierte* mathematische Beschreibung des realen Ablaufes für *ganz spezielle* Anfangszustände sein wird. Das wird uns nachher helfen, wenn wir der Kritik begegnen, die gegen Boltzmanns Einsichten gerichtet waren. Boltzmanns größte Leistung war in der Tat die Erklärung des zweiten Hauptsatzes – das Anwachsen der Entropie. Sein Gedanke war es, das Anwachsen der Entropie *mikroskopisch*, d.h. mit der atomistischen (zu der Zeit noch Hamiltonschen) Theorie der Materie (dazu gehören Festkörper, Flüssigkeiten und Gase) zu erklären.

Um über Entropie zu reden, führen wir noch zwei neue Begriffe ein, Mikro- und Makrozustand – um uns der Sprache der Thermodynamik anzupassen, denn Entropie S ist eine thermodynamische Größe. Der erste und zweite Hauptsatz der Thermodynamik (z.B. in der Form, daß es kein perpetuum mobile zweiter Art gibt) liefern neben der Energie-Wärme-Umwandlung noch die Existenz der Entropie S als Zustandsgröße, differentiel als

$$dS = \frac{1}{T}d\mathcal{E} - \mathcal{P}dV \qquad (4.8)$$

geschrieben, mit der Energie $\mathcal{E}$, dem Druck $\mathcal{P}$ und dem Volumen V.

Ein thermodynamischer Zustand (= Makrozustand) ist durch wenige thermodynamische Variable bestimmt: Volumen, Dichte, Temperatur, Druck, Energie und so weiter. Gemäß der kinetischen Gastheorie oder moderner gesagt, gemäß der statistischen Mechanik sind dies alles Zufallsgrößen auf dem Phasenraum Ω des jeweiligen Systems (also Funktionen auf dem Phasenraum) –

extreme Vergröberungen, die in der Regel noch nicht einmal schwanken, weil sie selbst enorm gute empirische Mittel sind (das Gesetz der großen Zahlen, das wir nachher noch beweisen werden!), beispielsweise wie die Dichte $\varrho(x)$, die mittlere Anzahl von Teilchen pro Volumen:

$$\varrho(x)\Delta^3 x \approx \frac{1}{N}\sum_{i=1}^{N}\delta(x - q_i)\Delta^3 x \tag{4.9}$$

(mit N als sehr großer Gesamtteilchenzahl). Also teilen die Werte dieser makroskopischen Variablen, die den Makrozustand M_a charakterisieren, den Phasenraum in große Zellen, so daß es viele Phasenraumpunkte ($=$ Mikrozustände) $\omega_{M_a} =: M_i(M_a) \in \Omega$ gibt, die einen Makrozustand realisieren. Das ist wie bei den Zahlen in Dualdarstellung: d_1, die erste Ziffer hinter dem Komma teilt $[0;1]$ in $[0;\frac{1}{2}]$ und $[\frac{1}{2};1]$, d.h. der „Makrozustand" $d_1 = 1$ wird von allen $\omega \in [\frac{1}{2};1]$ realisiert. Wir werden dies noch öfter als Beispiel nehmen.

Wohingegen die üblichen thermodynamischen Größen wie Energie und Druck leicht als Funktionen auf dem Phasenraum zu identifizieren sind, ist die Entropie eine etwas merkwürdige Größe. Boltzmanns Einsicht war es, die thermodynamische Entropie S eines Systems im Makrozustand M_a mit dem zugehörigen Phasenraumvolumen $W(M_a)$ ($=$ „Anzahl" der Mikrozustände $M_i(M_a)$, die M_a realisieren) zu identifizieren. Dadurch wird sie gleichzeitig als Funktion auf dem Phasenraum definiert (sie hat den gleichen Wert für alle Mikrozustände, die den Makrozustand realisieren). Diese Identifikation der Entropie mit der (logarithmierten) „Anzahl" der Mikrozustände wird durch Vergleich von (4.7) mit (4.8) nahegelegt, wenn wir daran denken, daß das Phasenraumvolumen bei fester Energie gerade der Flächeninhalt der Energiefläche $|\Omega_E| \approx |K_E|$ (bei sehr vielen Teilchen) ist (vergleiche dazu das Ende der Anmerkung 4.4.1). Für die Boltzmann-Entropie[10] S_{B} gilt also[11]

$$S_{\mathrm{B}}(M_i(M_a)) = k_{\mathrm{B}}\ln W(M_a) \ (= \mathcal{S}(\mathcal{E},V)). \tag{4.10}$$

Wir verstehen nun sofort, warum die Entropie anwächst. Es werden „rein kombinatorisch gesehen", wenn man makroskopische Zwänge aufhebt (wie das Entfernen der Trennwand, die die Gasteilchen auf die linke Seite des Kastens in Abbildung 4.1 gedrängt hat), sich „nur" solche Makrozustände einstellen, die ein größeres Phasenraumvolumen einnehmen, das heißt für die die Anzahl der, den jeweiligen Makrozustand realisierenden Mikrozustände,

---

[10] Ein Histörchen: Boltzmann hat diese Formel nicht hingeschrieben (sie steht auf seinem Grabstein). Planck hat sie (1900) hingeschrieben und die Konstante k_{B} eingeführt, im Zusammenhang mit seiner Arbeit über die Energieverteilung im scharzen Strähler (vgl. Kapitel 6). Einstein hat diese Formel benutzt, aber umgekehrt, als
Wahrscheinlichkeit für Gleichgewichtsfluktuation$\sim$ exp(ΔEntropie$/k_{\mathrm{B}}$).

[11] Es gibt mit dieser Setzung noch ein kleines Problem, weil die linke Seite nicht extensiv ist, was ich in Unterkapitel 4.4, Anmerkung 4.4.2 diskutiere: Man muß $W(M_a)$ mit $N!$ normieren, damit die Entropie extensiv wird.

zunimmt. Wir betrachten dazu Abbildung 4.6 und die anfängliche Situation, in der alle Gasmoleküle irgendwie in die linke untere Ecke eines Kastens geschoben worden sind .

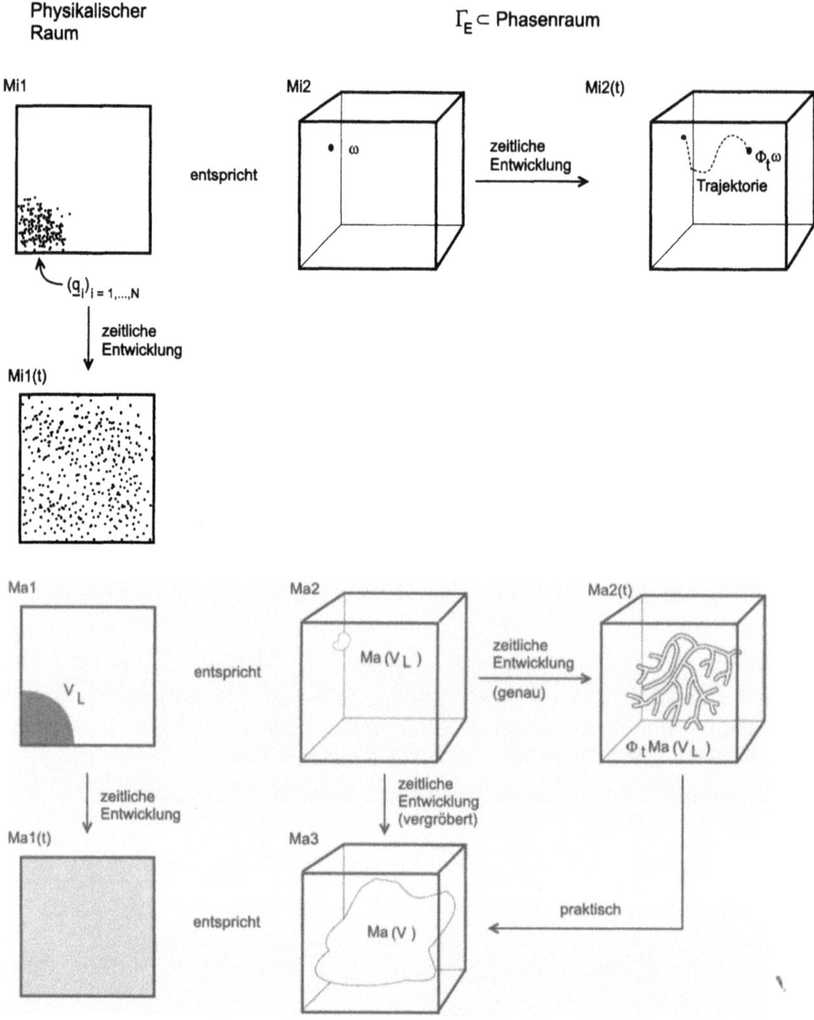

Abb. 4.6. Die Entwicklung ins Gleichgewicht: Im physikalischen Raum und im Phasenraum. Mikroskopisch und makroskopisch. Warnungen: Die wahre Größe des Gleichgewichtgebietes Ma(V) ist fast der ganze Phasenraum, die Nichtgleichgewichtszustände spielen vom Volumen her gesehen kaum eine Rolle, durchmischen aber vollkommen. In Mi2(t) ist auch die Trajektorie bis zum Endpunkt $\Phi_t(\omega)$ gezeichnet. In Ma2(t) ist nur die Menge aller Endpunkte skizziert

Das Volumen des Kastens sei V und das jetzt bevölkerte Volumen sei V_L. Wir gehen davon aus, daß die Gesamtenergie E ist und für das Gas in V_L

die statistische Hypothese gilt, d.h. die Phasenraumkoordinaten sind gemäß
der mikrokanonischen Gesamtheit verteilt. Nun sind Phasenraumvolumina
unter dem Hamiltonschen Fluß invariant! Das bedeutet, daß sich das Gas
zwar von V_L auf ganz V ausbreiten wird, aber das *Phasenraum*volumen, das
es in Wahrheit einnimmt, ist *nicht* größer geworden.

Also kann auch die Entropie nicht anwachsen! Haben wir hier einen gedanklichen Fehler gemacht? Nein, wir müssen nur erkennen, daß die Setzung
(4.10) der Entropie subtiler ist, als wir vielleicht zuerst verstanden haben.
Wir müssen immer vom Makrozustand ausgehen: Der neue Makrozustand
$M_a(V)$ ist einer, der ein weitaus größeres Phasenraumvolumen $W(M_a(V))$
besitzt, und die Menge der Phasenraumpunkte, die aus der zeitlichen Entwicklung von $M_a(V_L)$ entstehen, sind im Phasenraumgebiet $M_a(V)$ enthalten
und zwar hat es sich so filigran aufgefächert, daß es das ganze Phasenraumgebiet $M_a(V)$ durchwebt. Wir werden dazu nachher noch das simple Beispiel
(4.3.2) geben.

Praktisch ist dann das mit dem Hamiltonschen Fluß entwickelte Phasenraumgebiet $\Phi_t^H(M_a(V_L))$ von $M_a(V)$ nicht zu unterscheiden. Das versteht
man ganz leicht. Wir haben das ideale Gas im Kasten in V_L, die Trennwand
ist weggenommen worden, und das Gas breitet sich aus. Nach einer gewissen
Zeit sieht das Gas so aus wie im *Gleichgewicht*. Nichts erinnert mehr daran,
daß es einmal ganz in V_L war. Nichts? Das ist offenbar nicht richtig. Wir
wissen, wenn wir die Geschwindigkeiten aller Gasmoleküle umkehren würden
(und könnten, was praktisch allerdings so gut wie unmöglich ist) – das entspräche einer Umkehr der Zeitrichtung –, dann würde sich das Gas wieder
in V_L versammeln. (Das ist das Gleiche wie oben noch mal: Das tatsächliche
Phasenraumvolumen ändert sich nicht.) Für einen typischen Gleichgewichtszustand von Gasmolekülen wäre das natürlich nicht der Fall. Das Gas trägt
also diese Information, was mit ihm geschehen ist (wir haben immer ein
ideales *isoliertes* System im Kopf), mit sich – im Idealfall für alle Zeiten.
Wir müssen also bei der mikroskopischen Entropiedefinition diese *praktische
Ununterscheidbarkeit* des zeitentwickelten Phasenraumgebietes, das im wesentlichen einen neuen Makrozustand realisiert, vom, für die Definition der
Entropie relevanten Phasenraumgebiet, das genau diesen Makrozustand realisiert, im Kopf behalten. Aber um es noch einmal deutlich hervorzuheben:
Die Mikrozustände, die sich aus speziellen Mikrozuständen ergeben, bleiben
speziell (immer unter der Voraussetzung: Isolation von der Umgebung), auch
wenn der zugehörige Makrozustand ein Gleichgewichtszustand ist.

Anmerkung 4.2.2. Der Umkehreinwand
Angenommen wir hätten eine phänomenologische Beschreibung der Ausbreitung des Gases von V_L auf ganz V durch eine Gleichung. Wir haben als Beispiel die Wärmeleitungsgleichung im Kopf (die besprechen wir im nächsten
Kapitel), aber es gibt auch die (irreversible) Boltzmanngleichung, die direkt die zeitliche Entwicklung der Dichte dieses Gases und den Übergang ins
Gleichgewicht beschreibt. Wesentlich ist, daß der Anfangszustand des Gases,

der sich effektiv „richtig" entwickelt, nicht *beliebig* sein kann. Das haben wir oben gerade diskutiert: Läßt man den speziellen Anfangszustand sich eine gewisse Zeit entwickeln und kehrt dann alle Geschwindigkeiten um, dann bekommen wir Anfangszustände, deren Entwicklung effektiv „falsch" verläuft. Das ist so und damit muß man leben. Die effektive Beschreibung durch *irreversible* Gleichungen beruht allein auf *speziellen* Anfangszuständen – die allerdings dann so speziell auch wieder nicht sind: Es ist eher so, daß sich aus dem Gleichgewichtszustand, der in V_L bestand, ein Zustand entwickelt, der speziell ist, was wir an der Geschwindigkeitsumkehr sehen können. Bei der Boltzmanngleichung, die den irreversiblen Charakter des Übergangs in das Gleichgewicht beschreibt (z. B. bei Gasen nicht zu hoher Dichte), sind die Anfangszustände des Gases, die dieser Beschreibung zuträglich sind, z.B. durch die Bedingung des „molekularen Chaos" beschreibbar: Sie besagt grob, daß Teilchen, die sich stoßen, völlig unkorreliert aufeinandertreffen, d.h. sie sind wie ideale Gasteilchen (vor dem Stoß!), nach dem Stoß ist das natürlich nicht mehr der Fall, denn dann hängen die neuen Geschwindigkeiten von beiden Anfangsgeschwindigkeiten ab, und i.a werden dadurch die Geschwindigkeiten abhängig voneinander sein. Wir sind damit einer Kritik begegnet, die gegen Boltzmanns Gedanken, alles irreversible Geschehen aus der zeitreversiblen klassischen Mechanik zu erklären, gerichtet war: Der **Umkehreinwand** von Zermelo. Der Einwand beruht genau auf der Beobachtung, die wir gerade gemacht haben und erzwingt Klarheit darüber, daß die effektive irreversible Beschreibung spezielle Anfangsbedingungen der mechanischen Bewegung erfordert. Boltzmann hatte dies sehr klar vor Augen, seine Kritiker weniger.

Anmerkung 4.2.3. Der Wiederkehreinwand
Es gab einen zweiten Einwand gegen Boltzmanns „Reduktionismus" und mechanistische Weltsicht. Dieser Einwand ist berühmt als Poincarés Wiederkehreinwand und beruht auf einer einfachen Eigenschaft *endlicher dynamischer Systeme* $(\Omega, \mathcal{B}(\Omega), \Phi, \mathbb{P})$: Es lohnt sich, dies gleich so abstrakt zu formulieren, denn alles was wir in diesem Kapitel zu sagen haben, gilt in einer angepaßten Form für *jede* Theorie. Anders gesagt, die Betrachtungen, die wir hier anstellen, sind nicht dem Wandel physikalischer Theorien unterworfen. Sie sind von dauerhaftem Wert. Die Abstraktion ist daher eine notwendige. Man nennt das Quadrupel $(\Omega, \mathcal{B}(\Omega), \Phi, \mathbb{P})$, bestehend aus Ω dem Zustandsraum und $\mathcal{B}(\Omega)$ der Borelalgebra[12], Φ einer (nicht notwendig invertierbaren) meßbaren Abbildung[13] und $\mathbb{P}$, einem stationären Maß (gemäß Bemerkung (2.1.2): $\mathbb{P}(\Phi^{-1}(M)) = \mathbb{P}(M)$), ein dynamisches System.

Durch $\Phi_n := \underbrace{\Phi \circ \cdots \circ \Phi}_{n \text{ mal}}$, $n \in \mathbb{Z}$ wird ein (zeitdiskreter) Fluß auf Ω erzeugt[14]. Durch Setzung von $\Phi_{t=1} = \Phi$ entspricht der zeitkontinuierliche

---

[12] Siehe unter (4.17).
[13] d.h. $\Phi : \Omega \longrightarrow \Omega$ und $\Phi^{-1}(M)$ (=Urbild von M) $\in \mathcal{B}(\Omega)$ für alle $M \in \mathcal{B}(\Omega)$. Meßbarkeit von Funktionen im physikalischen Kontext ist von ähnlichem Status wie Stetigkeit.

Hamiltonsche Fluß dem Begriff des abstrakten dynamischen Systems, also $(\Gamma_E, \mathcal{B}(\Gamma_E), \Phi_{t=1}, \lambda_E)$ ist ein Beispiel. Wir sollten im Kopf behalten, daß *jede physikalische Theorie* (in irgendeiner Form) ein dynamisches System beschreibt.

Mit endlichem dynamischen System meine ich $\mathbb{P}(\Omega) < \infty$, denn $\mathbb{P}$ braucht weder normiertes, noch normierbares Maß zu sein, wenn es uns nur um Stationarität geht. Die Grundeinsicht des Wiederkehreinwandes ist sehr einfach. Betrachte $(\Phi^n(A))_{n \in \mathbb{Z}}$ (wir betrachten hier ein abstraktes zeitdiskretes System – der Einfachheit halber mit invertierbarem Φ –, denn jeder stetige Fluß Φ_t erzeugt durch Φ_1 einen zeitdiskreten Fluß), und

$$\bigcup_{n \geq 0} \Phi^n(A).$$

Das ist der ganze „Schlauch", den A im Laufe der Zeit durchfahren ist. Wegen der Stationarität ist

$$\mathbb{P}\left(\Phi\left(\bigcup_{n \geq 0} \Phi^n(A)\right)\right) = \mathbb{P}\left(\bigcup_{n \geq 0} \Phi^n(A)\right), \quad \text{also}$$

$$\mathbb{P}\left(\bigcup_{n \geq 1} \Phi^n(A)\right) = \mathbb{P}\left(A \cup \bigcup_{n \geq 1} \Phi^n(A)\right).$$

Also muß A auch bis auf Nullmengen in $\bigcup_{n \geq 1} \Phi^n(A)$ liegen oder umgekehrt: Der Schlauch $\bigcup_{n \geq 1} \Phi^n(A)$ muß A überdecken. Nun denke man an A als das kleine anfängliche Phasenraumgebiet, aus dem heraus die irreversible Entwicklung stattfindet. Dann besagt doch dieses Argument, daß jeder Mikrozustand in A sich zeitlich so entwickelt, daß er zu A zurückkkehrt. In der Tat geschieht das unendlich oft. Für unser Gas im Kasten heißt das, daß irgendwann das Gas auf jeden Fall wieder ganz in V_L sein wird, da alle Mikrozustände den Zustand „V_L besetzt und $V - V_L$ leer" anfangs realisierten. In Unterkapitel 4.4, Anmerkung 4.4.3 formuliere ich diesen **Poincaréschen Wiederkehrsatz** allgemein und beweise ihn, denn der Beweis ist schön einfach.

An dem Wiederkehrsatz kommt man nicht vorbei. Was war Boltzmanns Antwort auf die Kritik, daß seine Einsicht in die Erklärung des irreversiblen Ablaufes nach hinten losgehe, daß nämlich dieser spezielle Anfangszustand Mal wiederkehrt (immer wieder und zwar unendlich oft)? „Solange müßten Sie erst mal leben!" Also, die Zeit, die vergeht, bis dieser spezielle Anfangszustand wiederkehrt, ist so enorm lang, so unglaublich lang, daß die Wiederkehr praktisch nicht stattfindet – sie findet statt, aber dieses Ereignis liegt außerhalb

---

[14] Das dynamische System kann auch mit einem kontinuierlichen Fluß Φ_t definiert werden. Da aber oft zeitdiskrete Modelle vorkommen, haben wir hier die zeitdiskrete Version gewählt.

des Erlebnishorizontes des Universums. Um dies in irgendeiner Form quantitativ zu fassen, führte Boltzmann eine weitere Eigenschaft dynamischer Systeme ein, aus der sich ein fruchtbares mathematisches Gebiet entwickelt hat: Ergodizität[15]. Man sollte sich – das war Boltzmanns Gedanke – vorstellen, daß ein System im Laufe der Zeit im Prinzip alle möglichen Phasenraumgebiete durchläuft und die relative Zeit, die es in Mikrozuständen verbringt, die zu Makrozuständen von kleinem Phasenraumvolumen gehören, das heißt die relative Zeit, die das System in kleinen Phasenraumzellen verbringt, ist klein, und die Zeit, die es in großen Phasenraumzellen verbringt, ist groß. Und da die Phasenraumvolumina bei großen Abweichungen von Gleichgewichtszuständen extrem klein sind, sind die zugehörigen Zeiten extrem – um viele Größenordnungen – kleiner.

Um einen Eindruck von den Größenordnungen zu haben, können wir auf eine simple Abschätzung verweisen. Vergleiche

$$\frac{1}{2^n} \binom{n}{\frac{n}{2}} \quad \text{mit} \quad \frac{1}{2^n} \binom{n}{\frac{n}{2}(1-\varepsilon)}.$$

Das sind die relativen Anzahlen von Möglichkeiten, n Teilchen in einem Volumen, sagen wir auf die beiden Hälften des Volumens, aufzuteilen. Dabei ist $\frac{1}{2^n}\binom{n}{n/2}$ die Gleichverteilung (Gleichgewicht) und $\frac{1}{2^n}\binom{n}{(1-\varepsilon)n/2}$ entspricht einer Fluktuation, bei der, sagen wir rechts, um den Bruchteil ε weniger Teilchen sind. Das Verhältnis dieser Zahlen ist mit der Stirlingformel (siehe Fußnote 28) $\approx \exp\left(-2n\varepsilon^2\right)$ und für $n \approx 10^{24}$ (also eine realistische Anzahl von Gasteilchen) etwa $\exp\left(-10^{24}\varepsilon^2\right)$. Das kann uns eine Vorstellung von den möglichen Größenordnungen[16] der Zeitunterschiede vermitteln, einmal die Zeit, die ein Gas in Mikrozuständen verbringt, in denen ein „deutliches" Teilchenungleichgewicht besteht, verglichen mit der Zeit, in der Gleichverteilung herrscht. Übrigens ist im Gegensatz zu den Bildern Ma1 und Ma3, die ja auch die Entwicklung von einem Zustand geringer Entropie in einen großer Entropie zeigen, für die Materie in unserem Universum eine Bildfolge von zufälliger, aber immer zunehmender Klumpenbildung angemessen, bedingt durch die immer präsente Massenanziehung (die singuläre Gravitationswechselwirkung) [32]. Ein spezieller Nichtgleichgewichtszustand ist also ein Zustand räumlich sehr homogen verteilter Massen.

4.2.1 Ergodisch und Mischend

Wir müssen die Eigenschaften der Ergodizität und mit ihr verwandte Eigenschaften ansprechen, weil sie oft mißverstanden als grundlegend für die

---

[15] Als „Ergoden" hatte Boltzmann ursprünglich die mikrokanonische Gesamtheit bezeichnet.

[16] Man beachte, daß $n\varepsilon^2$ im Exponenten auftritt, d.h. die Abschätzung ist durch $\varepsilon \approx \frac{1}{\sqrt{n}}$ begrenzt, also Fluktuationen sind bestenfalls von der Größenordnung $\sqrt{n}$. Dies ist ein Beispiel für die Wahrscheinlichkeit einer Gleichgewichtsfluktuation (vgl. Fußnote (10)).

Begründung der statistischen Hypothese angesehen werden. In der Tat bezeichnet man als gute ergodische Eigenschaften solche, die sich aus chaotischen Dynamiken ergeben, und wir haben ja von Smoluchowski gelernt, daß solche Eigenschaften im Gesetz der großen Zahlen eine Rolle spielen. Wir werden dieses Gesetz nachher formulieren und beweisen, allerdings mit einer Voraussetzung, die man intuitiv immer ansetzt, nämlich der *Unabhängigkeit*, welche man, wenn man so will, als stärkste ergodische Eigenschaft ansehen kann.

Zunächst zum Begriff: Boltzmann verwies bei seiner Antwort auf den Wiederkehreinwand auf den Zusammenhang zwischen der relativen Zeitdauer, die das System in einem Phasenraumgebiet A verbringt, und der Größe des Phasenraumvolumens. In Formeln, für den Hamiltonschen Fluß:

$$\lim_{t \to \infty} \frac{1}{t} \int_0^t \mathbf{1}_A \left(\Phi_s^H \omega \right) \mathrm{d}s = \int_A \varrho_E(\omega) \mathrm{d}\omega = \mathbb{P}_E(A). \qquad (4.11)$$

Boltzmann verband mit dieser Formel die Vorstellung, daß der Orbit $\left(\Phi_s^H(\omega) \right)_{s \in \mathbb{R}}$ eines jeden Phasenraumpunktes ω die Energiefläche „dicht" einwickelt, damit jedes Phasenraumgebiet auch heimgesucht wird. Auf jeden Fall war es ein mathematisches Problem, die Existenz des $\lim_{t \to \infty}$ auf der linken Seite zu zeigen. Sie wurde von Birkhoff ganz allgemein für abstrakte dynamische Systeme $(\Omega, \mathcal{B}(\Omega), \Phi, \mathbb{P})$ sichergestellt. Und zwar existiert der Limes für alle ω bis auf eine Ausnahmemenge vom Maß null. Man sagt auch, der Limes existiert $\mathbb{P}$–fast sicher. Dies ist der Inhalt des Birkhoffschen Ergodensatzes, der uns in dieser allgemeinen Form nicht weiter zu interessieren braucht. Der Ergodensatz ist nicht so einfach zu beweisen. Da geht ja auch nichts ein, außer der Stationarität des Maßes. Die Ergodizität kommt nur herein, um den Limes bestimmen zu können, nämlich, daß dieser gleich der rechten Seite ist. Die wird dann durch den „Erwartungswert" der Indikatorfunktion der Menge A gegeben (der wird nachher noch definiert), also durch das Gleichgewichtsmaß dieser Menge.

Als Ergodizität bezeichnet man folgendes:
Defintion: Ein dynamisches System $(\Omega, \mathcal{B}(\Omega), \Phi, \mathbb{P})$ (mit $\mathbb{P}(\Omega) = 1$) heißt **ergodisch**, wenn die invarianten Mengen nur Maß Null oder volles Maß haben:

$$\text{Für } A \in \mathcal{F} \text{ mit } \Phi^{-1}A = A \Longrightarrow \mathbb{P}(A) = 0 \text{ oder } \mathbb{P}(A) = 1. \qquad (4.12)$$

(Beachte wieder $\Phi^{-1}A = A$. Wenn Φ invertierbar ist, können wir äquivalent fordern $\Phi A = A$. Aber Stationarität des Maßes fordert $\mathbb{P}\left(\Phi^{-1}A \right) = \mathbb{P}(A)$.)

Also, der Birkhoffsche Ergodensatz besagt im Falle eines Hamiltonschen Flusses, daß der Limes auf der linken Seite von (4.11) für fast alle ω existiert (in Anmerkung 4.2.4 steht die zeitdiskrete Formulierung). Diese Menge der ω ist offenbar invariant und falls der Limes verschiedene Werte annimmt, dann sind die Urbilder dieser Werte ebenfalls invariant, aber im Falle der

Ergodizität kann es bis auf Nullmengen nur ein Urbild geben. Daß nun der Wert des Limes gerade der in (4.11) gegebene ist, ist einsichtig, indem man die linke Seite (man verschließt die Augen vor dem Limes) mit (dem normierten Maß!) $\mathbb{P}_E$ integriert[17].

Ergodizität wird sehr häufig in einem Atemzug mit der Begründung der Gleichgewichtsphänomene genannt. Manchmal hört man, daß die Mittelwerte irgendwelcher makroskopischen Phasenraumfunktionen gleichgewichtsmäßig ausfallen, läge an der Ergodizität, daran, daß im Grunde „jeder" Phasenraumpunkt die ganze Energiefläche „dicht einwickelt". Es lohnt sich aber nicht dies genauer zu verstehen, weil die Zeitskala des Einwickelns lächerlich groß ist: Man denke an die Poincaréschen Zyklen der Wiederkehr, ist das Einwickeln der Energiefläche durch eine Bahn nicht genau solchen Wiederkehrungen entsprechend? Und diese Wiederkehrzeiten sind viel zu groß, um erlebt zu werden. Im Grunde ist also der Begriff der Ergodizität ein für die statistische Physik total unwesentlicher Begriff, und nur, weil dies oft nicht deutlich gesagt wird, oder gar das ganze Gegenteil gesagt wird, sah ich mich gezwungen, darüber zu reden. Ich tue das also, um diesem Mißverständnis, daß Ergodizität etwas mit dem „Übergang ins Gleichgewicht" und damit letztlich mit der Begründung von Gleichgewichtsphänomenen zu tun hat, zu begegnen (siehe dazu Anmerkung 4.2.6). Es gibt einerseits folgende Aussage, durch die sich Stationarität von Maßen durch Ergodizität weiter qualifizieren läßt, aber das nur am Rande:

Anmerkung 4.2.4. Über die Eindeutigkeit eines „ergodischen" stationäres Maßes.
Seien $(\Omega, \mathcal{B}(\Omega), \Phi, \mathbb{P})$ und $(\Omega, \mathcal{B}(\Omega), \Phi, Q)$ ergodische Systeme, d.h. wir betrachten also die Möglichkeit verschiedener stationärer Verteilungen. Dann gilt entweder $Q = \mathbb{P}$ oder Q lebt nur auf den Nullmengen von $\mathbb{P}$ und umgekehrt. (Man sagt: Q und $\mathbb{P}$ sind orthogonal.) Sei nämlich $\mathbb{P} \neq Q$, d.h. es gibt eine Menge B mit $\mathbb{P}(B) \neq Q(B)$. Betrachte $f(\omega) = \chi_B(\omega)$. Der Ergodensatz versichert, daß für alle ω aus einer Menge A mit $\mathbb{P}(A) = 1$

$$\lim_{N \to \infty} \frac{1}{N} \sum_{n=0}^{N} f(\Phi_n \omega) = \int f \mathrm{d}\mathbb{P} = \mathbb{P}(B).$$

Da aber auch

$$\lim_{N \to \infty} \frac{1}{N} \sum_{n=0}^{N} f(\Phi_n \omega) = \int f dQ = Q(B)$$

für Q-fast alle ω gilt und $Q(B) \neq \mathbb{P}(B)$, müssen Q-fast alle ω im Komplement A' von A liegen, aber $\mathbb{P}(A') = 1 - \mathbb{P}(A) = 0$. Unter den möglicherweise vielen stationären Verteilungen sind die ergodischen also ausgezeichnet.

---

[17] Ich sage das hier einfach so, und benutze auch die Notation $\int f \mathrm{d}\mathbb{P}$. Was die genau bedeutet, wird in Abschnitt 4.3.1 erklärt.

Mehr kann ich dazu nicht sagen. Übergang ins Gleichgewicht wird des weiteren mit einer Verschärfung der Ergosizität in Verbindung gebracht: dem „Mischen", und weil da ein irreführendes Bild von Gibbs sich in den Köpfen tummelt, schlägt sich das wohl auch auf die irreführende Vorstellung über die Relevanz von Ergodizität nieder. Bevor ich dazu komme, will ich noch kurz das ergodische Mittel (4.11) von einem rein technischen Standpunkt aus diskutieren.

Die Existenz des Limes bei empirischen Mitteln – und das ergodische Mittel (4.11) ist so eines – ist nämlich auch als „Gesetz der großen Zahlen" bekannt. Das beweisen wir nachher unter stärkeren Vorussetzungen mit großer Leichtigkeit. Es ist übrigens wichtig und keinesfalls nur technisches Beiwerk, daß man beim Limes eine Menge vom Maß Null ausläßt: Es gilt eben nur für typische Bahnen, und es gibt durchaus auch untypische. Das wissen wir inzwischen ja ganz gut (man denke z.B. an den Kugellauf im Galtonschen Brett, in dem alle Kugeln auf Platz 4 landen könnten, warum nicht?) Wesentliche Voraussetzung wird sein, daß gewisse makroskopische relevante Größen gute Unabhängigkeitseigenschaften haben und die Details der zugrunde liegenden Dynamik unter den Teppich gekehrt werden können. Was ich also jetzt im Kopf habe, ist Ergodizität als schwächste Form von Unabhängigkeit. Ich betone also den chaotischen Aspekt.

Je nach Versuchsausführung kann man an ein zeitliches Mittel denken, d.h. z.B. an die Teilchenzahl X (gemessen in einem Raumgebiet) in einem gasgefüllten großen Raum zu verschiedenen Zeiten. Daraus erhalten wir eine Meßreihe – ein Ensemble von Meßwerten - und aus den typischen relativen Häufigkeiten – den typischen empirischen Mitteln – die Wahrscheinlichkeiten.

Wir können uns nun aber auch – und das ist in vielen Fällen realistischer – ein Ensemble verschaffen, indem wir z.B. die Teilchenzahl an verschiedenen örtlichen Stellen messen. Dies bedeutet, daß wir den (im Idealfall unendlich großen) Raum in Zellen unterteilen und von Zelle zu Zelle fortschreitend die Teilchenkonfiguration $f_i(\omega)$ in jeder Zelle i betrachten. Anstatt von Zelle zu Zelle zu gehen, können wir auch in einer Zelle bleiben und die Konfiguration ω entgegengesetzt verschieben (vgl. Abbildung 4.7). Das liefert uns einen Shift $\Phi : \Omega \longrightarrow \Omega$ (zur Vereinfachung betrachten wir nur Zellen, die durch Aufteilung der x-Achse entstehen, d.h. wir brauchen nur in x-Richtung zu schieben). Sei f z.B. die Konfiguration in Zelle 0, dann ist $f(\Phi_i\omega)$ die Konfiguration in Zelle i.

Es ist intuitiv klar, daß $\mathbb{P}_E$ bzgl. dieser Raumtranslation ebenfalls invariant ist (diese Vorstellung ist eigentlich noch natürlicher als die Invarianz bei zeitlichem Fortschreiten, denn genauso stellen wir uns einen Gleichgewichtszustand vor). Wir haben also wieder ein dynamisches System vorliegen, diesmal mit einem räumlichen Fluß Φ, und alles Gesagte überträgt sich auf das „räumliche Ensemble". Die Abstraktion zählt sich aus. Wir werden diesen Dingen nachher im Abschnitt (4.3.2) beispielhaft noch einmal begegnen, in viel einfacherer und klarerer Form.

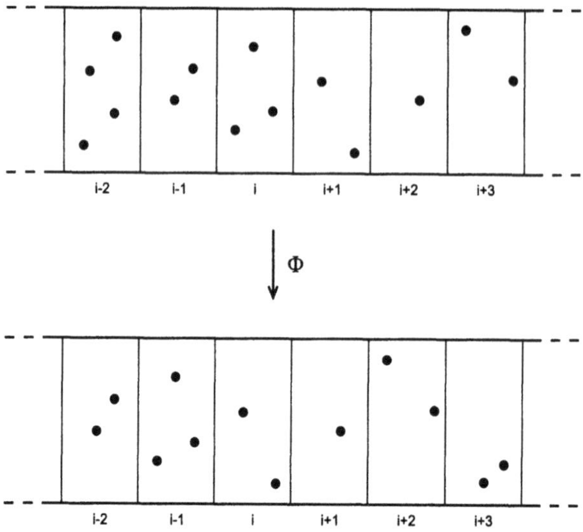

Abb. 4.7. Räumlicher Shift

Um zu verstehen, wie sich Ergodizität in die Hierarchie von Begriffen der Unabhängigkeit von Ereignissen, insbesondere dem Vorgang des Mischens (was ich anschließend bespreche) einordnet, erwähne ich noch, daß ergodische Systeme im wesentlichen nur irrationale Drehungen sind:

Anmerkung 4.2.5. Ein typisches ergodisches System.
Betrachte den Kreis $\Omega = \{\omega \in \mathbb{R}^2, |\omega| = 1\} \cong [0,1)$ ($\omega = (\cos 2\pi x, \sin 2\pi x)$) und

$$\Phi : [0,1) \longrightarrow [0,1)$$
$$x \longmapsto x + \alpha|_{\mathrm{mod}\ 1}.$$

Sei $\mathbb{P} = \lambda$ (Lebesguemaß, kommt in Abschnitt 4.3.1, aber es ist nur die Intervall-Länge, also der normale Mengeninhalt). Dann ist für rationales α das dynamische System $([0,1), \mathcal{B}([0,1))\Phi, \lambda)$ nicht ergodisch, aber es ist ergodisch für irrationales α. Man tut sich schwer, dies (ich meine die Ergozität,

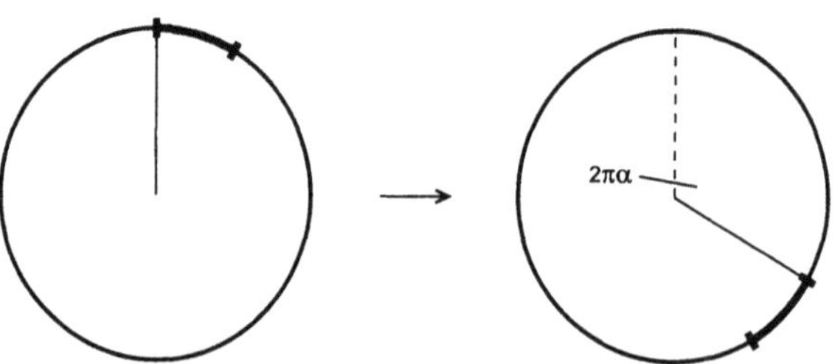

Abb. 4.8. Drehung auf dem Kreis.

denn die Nichtergodizität bei rationalem α ist doch klar) direkt an invarianten Mengen gemäß der Definition (4.12) zu zeigen. Es geht jedoch leicht mit einer äquivalenten Definition der Ergodizität. $(\Omega, \mathcal{B}(\Omega), \Phi, \mathbb{P})$ ist ergodisch, wenn jede beschränkte invariante meßbare Funktion f auf Ω $\mathbb{P}$-fast überall konstant ist, also

$$f \circ \Phi = f \implies f = \text{const.} \qquad \mathbb{P}\text{-fast überall.}$$

Dies benützen wir jetzt. Sei also $f \in L^2[0,1]$, dann können wir fourierzerlegen:

$$f(x) = \sum_{n=-\infty}^{\infty} c_n e^{inx2\pi}$$

mit

$$\begin{aligned}
(f \circ \Phi)(x) &= f(x + \alpha|_{\text{mod } 1}) \\
&= \sum_{n=-\infty}^{\infty} c_n e^{in2\pi(x+\alpha)} \\
&= \sum_{n=-\infty}^{\infty} c_n e^{in2\pi\alpha} e^{in2\pi x} \\
&\overset{!}{=} \sum_{n=-\infty}^{\infty} c_n e^{in2\pi x}.
\end{aligned}$$

Daraus folgt:

$$\sum_{n=-\infty}^{\infty} c_n \left(1 - e^{in2\pi\alpha}\right) e^{in2\pi x} = 0,$$

also

$$c_n \left(1 - e^{in2\pi\alpha}\right) = 0,$$

d.h. $c_n = 0$ oder $\left(1 - e^{in2\pi\alpha}\right) = 0$. Aber Letzteres kann außer für $n = 0$ bei irrationalem α nicht passieren. Wenn α rational ist, z.B. $\alpha = p/q$, dann wähle $c_q = 1$ und sonst Null. Das entsprechende f ist dann invariant, aber nicht konstant.

Nun kehren wir zur Vorstellung zurück, daß diese Dinge etwas mit dem Übergang ins Gleichgewicht zu tun haben könnten, also mit der theoretischen Beschreibung von dem Vorgang in Abbildung 4.6: Eine solche irrationale Drehung entspricht überhaupt nicht der Vorstellung des Überganges Ma2→Ma3 (Abbildung 4.6). Insbesondere findet keine Zerfaserung statt, d.h. benachbarte Punkte bleiben beieinander (vgl. Abbildung 4.8).

Anmerkung 4.2.6. Zum Übergang ins Gleichgewicht
Um vorab die Sache deutlich zu sagen: Interessant ist einzig und allein der Übergang von für Ma1 typische Mi1 in Gleichgewichtspunkte Mi1(t). Wie

dieser Übergang zu beschreiben ist und wie vor allem die zugehörige Zeitskala ist, dazu gibt es bisher nur die phänomenologische Beschreibung durch die Boltzmann-Gleichung für verdünnte Gase. Im allgemeinen wird man erwarten können, daß so ein Übergang relativ schnell vonstatten geht, denn der anfängliche Phasenraumpunkt muß ja nur in das Gebiet eintreten, das zum Gleichgewichtszustand Ma(V) gehört und dieses Gebiet ist enorm groß, es füllt fast den ganzen Phasenraum aus. Also wird der Nichtgleichgewichtspunkt, wenn er nicht „besonders" schlecht ist, sehr bald in das Gleichgewichtsgebiet eintreten – wo soll er sonst hin? Und dann ist Gleichgewichtsverhalten angesagt. Das hat nichts mit Ergodizität zu tun.

Wie sieht aber Ma2→Ma3 (Abbildung 4.6) nun mikroskopisch aus? Ein *völlig irreführendes Bild* ist das von Gibbs stammende: Nehme ein Glas Wasser und füge einen Tropfen Tinte dazu (Ma2, kleines blaues Gebiet), mische (rühre) vorsichtig, dann sieht man Ma3 (alles hellblau) entstehen. Setzt man dies auf die abstrakte Ebene des dynamischen Systems um, kommt man zu folgender Definition:

Ein dynamisches System $(\Omega, \mathcal{B}(\Omega), \Phi, \mathbb{P})$ heißt **mischend**, wenn für je zwei integrierbare Funktionen f und g gilt[18]:

$$\int f(\Phi_n \omega) g(\omega) \mathrm{d}\mathbb{P} \xrightarrow{n \to \infty} \int f \mathrm{d}\mathbb{P} \int g \mathrm{d}\mathbb{P}. \qquad (4.13)$$

Für Mengen:

$$\mathbb{P}(\underbrace{A \cap \Phi_n B}) \xrightarrow{n \to \infty} \underbrace{\mathbb{P}(A)\mathbb{P}(B)} . \qquad (4.14)$$

Anteil von Blau
in beliebiger
Menge A proportional zur
Größe A, d.h.
hellblau durch-
weg

Mischend ist stärker als ergodisch: Sei A invariant, d.h. $\Phi(A) = A$. Es folgt

$$\mathbb{P}(\Phi_n A \cap A) = \mathbb{P}(A \cap A) = \mathbb{P}(A).$$

Aber andererseits, falls mischend vorliegt, gilt

$$\mathbb{P}(\Phi_n A \cap A) \xrightarrow{n \to \infty} \mathbb{P}(A)^2,$$

d.h. $\mathbb{P}(A) = \mathbb{P}(A)^2$, also $\mathbb{P}(A) = 0$ oder $\mathbb{P}(A) = 1$.

Aus der Mischungseigenschaft folgt in einem oberflächlichen Sinne „Übergang ins Gleichgewicht": Sei $(\Omega, \mathcal{B}(\Omega), \Phi, \mathbb{P})$ ein mischendes System und Q eine andere Wahrscheinlichkeit, die aber „absolut stetig" bzgl. $\mathbb{P}$ ist, d.h. es gibt eine Dichtefunktion $\varrho(\omega) \geq 0$ mit $\int \varrho \mathrm{d}\mathbb{P} = 1$, so daß

$$\int f \mathrm{d}Q = \int f \varrho \mathrm{d}\mathbb{P} \qquad (4.15)$$

---

[18] Die Bedeutung der Integrale über $\mathrm{d}\mathbb{P}$ wird im nächsten Abschnitt erklärt.

für alle integrierbaren f. Q stellt man sich gerne als „Nichtgleichgewichtsverteilung" vor, aber das ist bestenfalls nur eine besondere Gewichtung womöglich sehr kleiner Teilmengen des Gleichgewichtsgebietes, die sich dann ganz im Gleichgewichtgebiet ausbreiten: $\mathbb{P}$ verkörpert Gleichgewicht. Nun gilt:

$$Q_n := Q \circ \Phi_{-n} \; {}^{n \longrightarrow \infty} \mathbb{P}$$

in schwachem Sinne, d.h.

$$\int f(\Phi_n\omega)dQ \; {}^{n \longrightarrow \infty} \int f\mathrm{d}\mathbb{P}$$

für alle integrierbaren f. Das folgt sofort aus (4.13) und (4.15),

$$\int f(\Phi_n\omega)dQ = \int f(\Phi_n\omega)\varrho(\omega)\mathrm{d}\mathbb{P}$$

$$\overset{n \longrightarrow \infty}{\longrightarrow} \int f\mathrm{d}\mathbb{P} \int \varrho\,\mathrm{d}\mathbb{P} = \int f\mathrm{d}\mathbb{P}. \tag{4.16}$$

Dies berührt also nicht den Übergang vom Nichtgleichgewicht ins Gleichgewicht. Außerdem habe ich gesagt, daß das ganze Bild irreführend ist. Warum? Weil im Phasenraum niemand rührt! Deswegen ist es irreführend. Das wirkliche Durchmischen im Phasenraum ist doch zunächst auch nur so ein Vorgang wie die ständige Wiederkehr: Die Phasenraumbahnen laufen umher und durchmischen sich und andere. Dabei laufen die Bahnen „rein zufällig" in das Gleichgewichtsgebiet. Es gibt ja keine Wechselwirkung der Bahnen im Phasenraum! Andererseits – denkt man etwas länger nach – müssen die Phasenraumbahnen zum filigranen Auffächern des anfänglichen Gebietes nicht wirklich die Energiefläche wie bei der Ergozität „einwickeln", sie brauchen sich nicht wirklich zu „verknoten", und deswegen kann die Zeitskala des Mischens tatsächlich von der Größenordnung des wirklichen Überganges ins Gleichgewicht sein, aber darüber ist nichts bekannt.

Ein guter Weg, um den Übergang ins Gleichgewicht zu erfassen ist der von Boltzmann eingeschlagene, nämlich die empirische Dichtefunktion (ganz analog zu (4.9) gebildet)

$$f(\boldsymbol{q},\boldsymbol{p}) \approx \text{mittlere Anzahl der Teilchen mit Koordanaten nahe } \boldsymbol{q},\boldsymbol{p}$$

im Einteilchen-Phasenraum zu verfolgen. Das hatte ich oben schon bemerkt. Diese erfüllt unter vernünftigen Bedingungen (deren mathematisch rigorose Überprüfung auf einem ganz anderen Blatt steht) die irreversible Boltzmann-Gleichung und zeigt einen vernünftigen Übergang ins Gleichgewicht. Diese Einteilchen-Boltzmannfunktion ist – als empirisches Mittel – gerade die richtige Sichtweise eines Makrozustandes der sich im Laufe der Zeit einem Gleichgewicht annähert, also das, was Ma2→Ma3 ausmacht. Die Mischungseigenschaft der Bahnen im N-Teilchen-Phasenraum, wie sie in der Definition von „mischend" auftreten, tritt hierbei nicht explizit hervor.

Die mathematischen Begriffe wie Ergodizität und Mischend und später auch Bernoulli (Unabhängigkeit) sind Konzepte, die gut sein können, um chaotische Bewegung zu erfassen. Und sie sind gemäß Smoluchowski wichtig, damit das Gesetz der großen Zahlen zum Zuge kommt. Aber sie haben keine direkte Berührung mit dem Problem, die Gleichgewichtshypothese zu begründen.

Alle diese auf Ensembles beruhenden Argumente sind ohne Bedeutung, wenn wir zum Großen zurückkehren, und zu unserer a priori Einsicht, daß die Begründung jeglicher statistischen Hypothese auf der Ebene des Universums geschehen werden muß. Denn unser Universum ist nur eines und kein Ensemble. Das Ensemble von Universen, von dem wir eingangs sprachen, hat nur einen Sinn: Zu definieren, was ein typisches Universum ist. Die statistische Hypothese ist dann über die typische relative Häufigkeit in *Ensemblen von Teilsystemen* eines Universums, und das ist das Gesetz der großen Zahlen.

Anmerkung 4.2.7. Über die Durchmischung von guter und schlechter Menge Es gibt also eine schlechte Menge von Anfangsbedingungen ($t = 0$), die untypischen, und es gibt die gute Menge von typischen Anfangsbedingungen. Man würde jetzt wohl gerne sagen können, daß die schlechte Menge klar erkennbar im Phasenraum ist („die kleine eckige rechts unten"), aber das ist nicht der Fall. Bei mischenden Systemen (und wir können durchaus annehmen, daß reale Systeme gute Mischungseigenschaften haben), sind die gute und schlechte Menge ideal vermischt (man denke an B nicht als blau, sondern als „bad", was den ganzen Phasenraum durchmischt); das ist eine Art wie wir mischend interpretieren können.

4.3 Wahrscheinlichkeitstheorie

Nun haben wir sehr ausführlich und intensiv die Empirik physikalischer Theorie besprochen, aber es muß klar sein, daß nichts von alldem für irgendein halbwegs realistisches physikalisches System wirklich gezeigt werden kann. Der Wert der Überlegungen ist vielmehr darin zu sehen, daß in vielen praktischen Anwendungen und Abstraktionen – in denen oft nichts mehr von der zu Grunde liegenden physikalischen Theorie zu spüren ist – doch letztlich im Kern Instabilität und Gleichgewichtsverteilung (die unbegründete statistische Hypothese!) verantwortlich sein müssen. Die Abstraktionen und praktischen Anwendungen, die wir im Kopf haben, sind Wahrscheinlichkeitsmodelle. Wenn wir eine Münze werfen, dann betrachten wir nicht mehr das physikalische System Münze+Arm+Luft+Erde…, was ja auch gar nicht sinnvoll wäre, sondern reduzieren auf die wesentlichen Aspekte: Kopf oder Zahl, und wir haben ein gutes Gefühl für die Wahrscheinlichkeit, mit der diese beim Wurf auftreten. Die finden wir dann in den relativen Häufigkeiten bei einer Münzwurfreihe bestätigt. Genau das wollen wir deutlicher machen. Dazu brauchen wir mehr Mathematik. Wir müssen auch klären, was genau mit dem Integral-Symbol $\int f \, d\mathbb{P}$ gemeint ist.

4.3.1 Lebesguemaß und Vergröberungen

Das Lebesgueintegral ist ein Gewichtsintegral, denn mit λ als Lebesguemaß (der Inhalt von Mengen) haben wir als „Definition"

$$\int f\mathrm{d}\lambda \approx \sum_i f_i\lambda(U_i) = \sum_{i=0}^{\infty} \frac{i}{n}\lambda\left(f^{-1}\left[\frac{i}{n}, \frac{i+1}{n}\right]\right). \qquad (4.17)$$

Dies bedeutet anschaulich (Abbildung 4.9), daß eine Unterteilung der y-Achse vorliegt, wobei die Werte von f mit dem Gewicht ihres Urbildes summiert werden. Es ist relativ leicht zu sehen, daß die rechte Seite (4.17) für[19] $f \geq 0$ (möglicherweise gegen ∞) konvergiert, so daß man $f = f_+ - f_-$ schreibt und die Integrale für beide Anteile existieren müssen, damit f integrierbar ist.

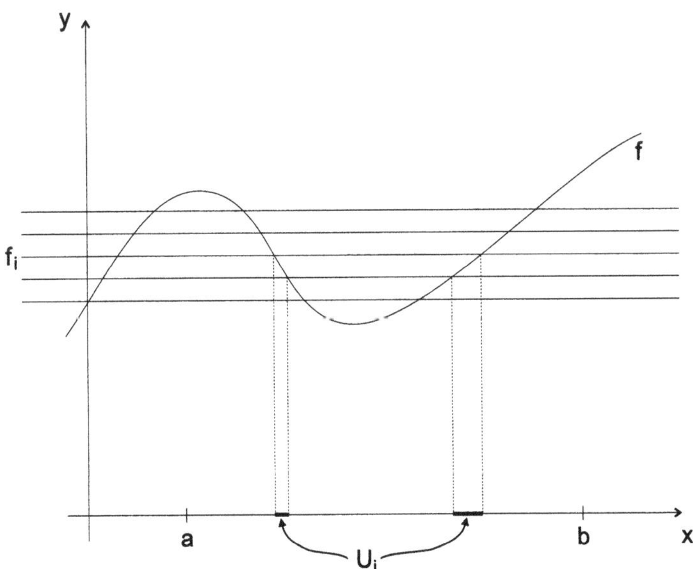

Abb. 4.9. Beim Lebesgueintegral wird die y-Achse eingeteilt, z.B. in Abschnitte der Länge $\frac{1}{n}$, und die Funktionswerte ($f_i = \frac{i}{n}$) werden mit dem Inhalt, dem Lebesguemaß der Urbilder ($U_i = f^{-1}[\frac{i}{n}, \frac{i+1}{n}]$), gewichtet

Nun sind nicht alle Teilmengen von $\mathbb{R}$ meßbar (d.h. nicht allen Teilmengen kann ein Inhalt zugewiesen werden: Man kann mit großer Leichtigkeit die Existenz von nichtmeßbaren Mengen aus der Unendlichkeit mit Hilfe des Auswahlaxioms der Mengentheorie zeigen), und mit der Konstruktion des Lebesguemaßes kommt eine σ-Algebra von „meßbaren" Mengen $\mathcal{B}(\mathbb{R})$. Die

---

[19] Hier muß man sagen: Meßbare f, wobei „meßbar" eben nur bedeutet, daß die Funktion f Urbilder hat, für die das Lebesguemaß erklärt ist. Dazu wird gleich etwas gesagt.

Mengenalgebra nehmen wir zweckmäßigerweise als Borelalgebra, daß ist die kleinste σ-Algebra[20], die von den elementaren Mengen, für die man das Lebesguemaß kennt – die Intervalle in diesem Falle – erzeugt wird. Also die Borelalgebra enthält die konstruierbaren Mengen: Aus (beliebig vielen) Durchschnitten, Vereinigungen und Komplementen von Intervallen.

Damit wird $(\mathbb{R}, \mathcal{B}(\mathbb{R}), \lambda)$ die relevante Struktur. $([0,1], \mathcal{B}([0,1]), \lambda)$ ist der fundamentale Wahrscheinlichkeitsraum $(\lambda([0,1]) = 1!)$. Kolmogoroff hatte die Einsicht[21], daß genau diese Struktur abstraktionsfähig ist, und damit „Wahrscheinlichkeit" mathematisierbar. Also hat man einen Raum Ω gegeben und in Ω „elementare Mengen", für die man ein Wahrscheinlichkeitsmaß $\mathbb{P}$ $(\mathbb{P}(\Omega) = 1)$ – d.h. deren normierten Inhalt – kennt. Dann kann man durch Kopie der Lebesguekonstruktion $\mathbb{P}$ auf $\mathcal{B}(\Omega)$, die von den Intervallen analogen Mengen erzeugten Borelalgebra, „ausdehnen". Also haben wir den „abstrakten" Wahrscheinlichkeitsraum $(\Omega, \mathcal{B}(\Omega), \mathbb{P})$, und diese Struktur ist *durchgängig*, das bedeutet, wir können konsistent über Wahrscheinlichkeit auf verschiedenen Ebenen reden: Sei $(\Omega, \mathcal{B}(\Omega), \mathbb{P})$ gegeben (fundamental, z.B. der Phasenraum), und wir nehmen an, wir interessieren uns für eine *vergröbernde* Variable, das ist eine Funktion, deren Bildbereich „wesentlich kleiner" ist als der Definitionsbereich, wie z.B. die Entropie oder andere thermodynamische Funtionen oder wie die phänomenologische Beschreibung des Münzwurfes, bei der wir nur noch auf Kopf oder Zahl schauen (das diskutieren wir gleich ein wenig mehr):

$$X : \; \Omega \longrightarrow \Omega'.$$

Der Bildraum kann nun vermittels X wieder als Wahrscheinlichkeitsraum

$$(\Omega', \mathcal{B}(\Omega'), \mathbb{P}')$$

gewählt werden, mit dem Bildmaß $\mathbb{P}' = \mathbb{P}_X$, gegeben durch

$$(\Omega', \mathcal{B}(\Omega'), \mathbb{P}_X) = (\Omega', \mathcal{B}(\Omega'), \mathbb{P}'),$$

$$\mathbb{P}_X(M) \qquad = \mathbb{P}(X^{-1}(M)). \tag{4.18}$$

Aber das geht nur, wenn

$$X^{-1}(M) \in \mathcal{B}(\Omega) \tag{4.19}$$

---

[20] Eigenschaften einer σ-Algebra $\mathcal{A}(\Omega)$:
(i) $\Omega \in \mathcal{A}$, (ii) $A \in \mathcal{A} \Longrightarrow \bar{A} \in \mathcal{A}$, (iii) $(A_i)_{i \in \mathbb{N}} \subset \mathcal{A} \Longrightarrow \bigcup A_i \in \mathcal{A}$.

[21] Das Lebesgueintegral ist vom mathematischen Standpunkt eine vollkommene Schöpfung, verglichen mit dem Riemannschen Integralbegriff. Die Lebesguesche Integration ist wirkliche Integrationstheorie und ist das Paradigma von Maßintegration. Die Grundidee dieser Integration, die den Funktionen „freien Lauf" läßt, indem sich ja die gewichteten Urbilder dem Funktionsverlauf anpassen, läßt schon vermuten, daß viel mehr Funktionen (die meßbaren) integriert werden können (als beim Riemannintegral), und die technisch wichtigen Sätze von Vertauschung von Integration und Limesbildung bei Funktionenfolgen sind Ausdruck davon.

für alle $M \in \mathcal{B}(\Omega')$. Das ist nun eine Forderung, die die vergröbernde Funktion erfüllen muß, und man nennt diese Forderung Meßbarkeit, X muß meßbar sein (jede „konstruierbare" Funktion erfüllt das). Dann können die Werte von X nicht nur mit dem Gewicht der Urbilder bewertet werden, sondern wir können das Gewicht der Urbilder als Bildmaß $\mathbb{P}_X$ nehmen und gewinnen so den neuen Wahrscheinlichkeitsraum. Wir können nun mit $(\Omega', \mathcal{B}(\Omega'), \mathbb{P}')$ als *a priori* hantieren und alles Vorhergehende vergessen. (Aus X ist nun die Identität „id" geworden.)

Man nennt solche meßbaren Funktionen auch Zufallsgrößen, aber das ist ein schlechter Name, weil sie überhaupt nichts mit dem Zufall zu tun haben. Es sind einfach Funktionen, die in der Regel stark vergröbern.

Der sogenannte Erwartungswert $\mathbb{E}(X)$ ist das (dem Lebesgueintegral) entsprechende Maßintegral,

$$
\begin{aligned}
\mathbb{E}(X) &= \int X(\omega)\, d\mathbb{P}(\omega) \\
&\approx \sum_{k=0}^{\infty} \frac{k}{n}\mathbb{P}\left(X^{-1}\left[\frac{k}{n}, \frac{k+1}{n}\right]\right) \\
&\approx \sum_{k=0}^{\infty} \frac{k}{n}\mathbb{P}_X\left(\left[\frac{k}{n}, \frac{k+1}{n}\right]\right) \\
&= \int \omega'\, d\mathbb{P}_X(\omega'),
\end{aligned}
\tag{4.20}
$$

mit (4.18). Wir werden nachher sehen, daß der Erwartungswert das empirische Mittel voraussagt (deswegen der Name), genau wie die Bildwahrscheinlichkeit die relativen Häufigkeiten (man bilde den Erwartungswert von der Indikatorfunktion $\chi_A(x)$ von der Menge A, um $\mathbb{P}_X(A)$ zu erhalten).

X kann auch vektorwertig sein, $\boldsymbol{X} = (X_1, \ldots, X_k)$, mit beispielsweise $X_i : \Omega \longrightarrow \tilde{\Omega}$, $i = 1, \ldots, k$, dann ist $\mathbb{P}_{\boldsymbol{X}} = \mathbb{P}_{(X_1, \ldots, X_k)}$ ein Maß auf

$$
\Omega' = \underbrace{\tilde{\Omega} \times \tilde{\Omega} \times \ldots \times \tilde{\Omega}}_{k \text{ mal}}
$$

und

$$
\begin{aligned}
&\mathbb{P}_{(X_1, \ldots, X_k)}(M_1 \times \ldots \times M_k) \\
&= \mathbb{P}(\{X_1^{-1}(M_1) \cap X_2^{-1}(M_2) \cap \ldots \cap X_k^{-1}(M_k)\}).
\end{aligned}
\tag{4.21}
$$

$\mathbb{P}_{(X_1, \ldots, X_k)}$ heißt gemeinsame Verteilung der Zufallsgrößen X_i. Setzt man einige der $M_i = \tilde{\Omega}$, so daß nur noch $X_{i_1}, \ldots, X_{i_l}$ spezifiziert sind, dann nennt man die so entstandene Verteilung $\mathbb{P}_{X_{i_1}, \ldots, X_{i_l}}$ l-Punkt-Verteilung, und $\mathbb{P}_{X_i}$ marginale oder Rand-Verteilung[22].

---

[22] Beachte, daß $X_i^{-1}(\tilde{\Omega}) = \Omega$.

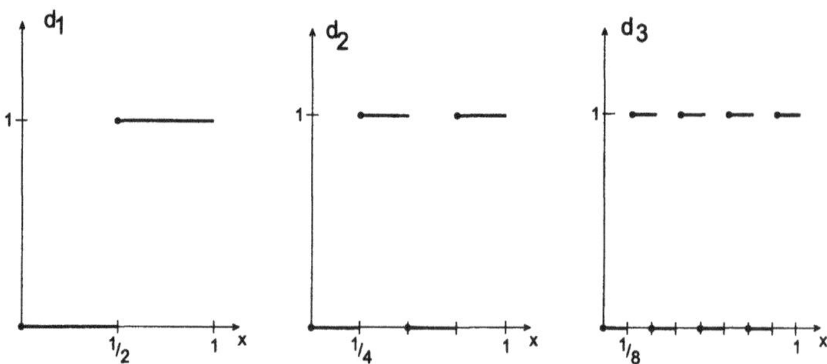

Abb. 4.10. Chaos pur: Unabhängige Zufallsgrößen

Der Prototyp aller Wahrscheinlichkeitsräume ist $([0,1), \mathcal{B}([0,1)), \lambda)$. Beispielhaft interessieren wir uns für die Vergröberungen $X_1 = d_1(x) = 1$. Zahl nach dem Komma in der Dualdarstellung von $x \in [0,1)$. Dies ist eine enorme Vergröberung des Zustandsraumes $[0,1)$, denn $d_1(x) \in \{0,1\}$ nimmt also nur zwei Werte an. Der Bildraum ist nun ganz einfach, $(\{0,1\}, \mathcal{P}(\{0,1\}), \mathbb{P}_{d_1})$, wobei $\mathcal{P}(\{0,1\})$ die Potenzmenge von $\{0,1\}$ ist und

$$\mathbb{P}_{d_1}(0) = \lambda(\{d_1^{-1}(0)\}) = \lambda\left([0, \tfrac{1}{2})\right) = \frac{1}{2},$$

$$\mathbb{P}_{d_1}(1) = \lambda(\{d_1^{-1}(1)\}) = \lambda\left([\tfrac{1}{2}, 1)\right) = \frac{1}{2}.$$

Dies ist der W-Raum des einfachen Münzwurfes: „Kopf" $= 0$ und „Zahl" $= 1$, a-priori-Wahrscheinlichkeit[23] jeweils $1/2$.

Jetzt weiter mit $d_1(x), d_1(x), \ldots, d_n(x), \ldots, d_k(x) = k$-te Dualstelle von x (vgl. Abbildung 4.10).

Wir sehen sofort für $(\delta_1, \delta_2, \delta_3) \in \{0,1\}^3$:

$$\mathbb{P}_{(d_1, d_2, d_3)}(\delta_1, \delta_2, \delta_3) = \lambda(d_1^{-1}(\delta_1) \cap d_2^{-1}(\delta_2) \cap d_3^{-1}(\delta_3)),$$

$$\lambda(\{x | d_1(x) = \delta_1\} \cap \{x | d_2(x) = \delta_2\} \cap \{x | d_3(x) = \delta_3\})$$

$$= \frac{1}{8} = \left(\frac{1}{2}\right)^3 = \mathbb{P}_{d_1}(\delta_1) \mathbb{P}_{d_2}(\delta_2) \mathbb{P}_{d_2}(\delta_2).$$

Man macht sich leicht klar, daß

$$\mathbb{P}_{(d_{i_1}, \ldots, d_{i_n})}(\delta_{i_1}, \ldots, \delta_{i_n}) = \left(\frac{1}{2}\right)^n = \prod_{k=1}^{n} \mathbb{P}_{d_{i_k}}(\delta_{i_k}), \tag{4.22}$$

---

[23] Auf der Bildraumebene vergißt man gerne, daß es sich um eine vergröbernde Beschreibung eines tieferliegenden Geschehens handelt. Dann redet man auf dem Bildraum ignoranterweise gerne von „a-priori"-Wahrscheinlichkeit, die man einfach „seiner Information gemäß" ansetzt.

und diese erstaunliche Eigenschaft nennt man *Unabhängigkeit der Zufallsgrößen* $d_{i_1}, \dots, d_{i_n}$.

Allgemein *definieren* wir Zufallsgrößen $X_1, \dots, X_n$ als unabhängig, wenn deren gemeinsame Verteilung[24] in ein Produkt der $\mathbb{P}_{X_i}$ zerfällt. Die Konsequenz ist, daß sich der Erwartungswert von Produkten der X_i als Produkt der Erwartungswerte ergibt. Insbesondere für Funktionen $f_i(X_i)$ gilt

$$\mathbb{E}(f_{i_1} \cdots f_{i_k}) = \mathbb{E}(f_{i_1}) \cdots \mathbb{E}(f_{i_k}). \tag{4.23}$$

Dies bedeutet insbesondere, daß

$$\int \prod_{n=1}^{k} f_{i_n} \, d\mathbb{P} = \prod_{n=1}^{k} \int f_{i_n} \, d\mathbb{P}, \tag{4.24}$$

und dies ist (wenn wir an die Integration aus der Analysis erinnern, egal ob wir Riemann- oder Lebesgue-Integration im Kopf haben) etwas ganz Seltenes und Spezielles. (Wir sollten uns auch an Mischend (4.13) erinnern.)

Anmerkung 4.3.1. Über Bildraum und fundamentalem Raum
Der von $(d_1, \dots, d_n)$ erzeugte Wahrscheinlichkeitsraum, also der Bildraum, wenn man so will,

$$\left(\{0,1\}^n, \mathcal{P}(\{0,1\})^n, \prod_{i=1}^{n} \mathbb{P}_{d_i} \right)$$

ist ein Modell für den n-fachen Münzwurf. Wie groß ist die Wahrscheinlichkeit, daß in n unabhängigen Münzwürfen l mal Zahl kommt? Nun, auf dem *Bildraum* ist das ein einfache kombinatorische Übung: Es gibt $\binom{l}{n}$ n-Tupel mit 1 an l Stellen und sonst Nullen und jedes n-Tupel hat a-priori-Wahrscheinlichkeit (vergleiche Fußnote 23) $\frac{1}{2^n}$, und wie es sich für Inhalte von disjunkten Mengen gehört, werden diese addiert. Aber wir können auch anders, und einmal die *fundamentale* Ebene ernst nehmen. Dann ist die Frage gleichbedeutend mit (Kopf=0, Zahl=1) dem Inhalt des Ereignisses

$$A_l = \left\{ x \mid \sum_{i=1}^{n} d_i(x) = l \right\}.$$

Also berechne

$$\lambda(A_l) = \int \chi_{A_l}(x) \, dx$$

---

[24] Sei $(\Omega, \mathcal{B}(\Omega), \mathbb{P})$ gegeben. Man nennt die Elemente aus $\mathcal{B}(\Omega)$, also Teilmengen von Ω, Ereignisse. Ereignisse $A_i \in \mathcal{B}(\Omega)$, $i = 1, \dots, n$, heißen unabhängig, wenn

$$\mathbb{P}\left(\bigcap_j A_{i_j} \right) = \prod_j \mathbb{P}(A_{i_j})$$

für jede Schnittkombination.

mit

$$\chi_{A_l}(x) = \frac{1}{2\pi} \int\limits_0^{2\pi} \mathrm{d}y\, e^{i(\sum_{i=1}^n d_i(x) - l)y}.$$

Mit Vertauschung der Integration,

$$\lambda(A_l) = \frac{1}{2\pi} \int\limits_0^{2\pi} \mathrm{d}y \int\limits_0^1 \mathrm{d}x\, e^{i(\sum_{i=1}^n d_i(x) - l)y}$$

$$= \frac{1}{2\pi} \int\limits_0^{2\pi} \mathrm{d}y\, e^{-ily} \int\limits_0^1 \mathrm{d}x \prod_{i=1}^n e^{id_i(x)y},$$

was unter Beachtung von (4.24) zu

$$\frac{1}{2\pi} \int\limits_0^{2\pi} \mathrm{d}y\, e^{-ily} \prod_{i=1}^n \int\limits_0^1 \mathrm{d}x\, e^{id_i(x)y}$$

wird. Nun ist

$$\int\limits_0^1 \mathrm{d}x\, e^{id_i(x)y} = \frac{1}{2} + \frac{1}{2} e^{iy},$$

und wir bekommen

$$\lambda(A_l) = \left(\frac{1}{2}\right)^n \frac{1}{2\pi} \int\limits_0^{2\pi} \mathrm{d}y\, e^{-ily} \left(1 + e^{iy}\right)^n$$

$$= \left(\frac{1}{2}\right)^n \binom{n}{l}$$

als Antwort. Ohne Kombinatorik oder doch mit Kombinatorik?

4.3.2 Das schwache Gesetz der großen Zahlen

Nun weiter: die empirischen Aussagen der physikalischen Theorie ergeben sich, wenn man die Theorie als dynamisches System interpretiert mit einem Shift Φ (zeitlich oder örtlich). Dafür haben wir ein einfaches Modell. Und zwar betrachten wir $([0,1], \mathcal{B}([0,1)), \Phi, \lambda)$ mit (vgl. Abbildung 4.11)

$$\begin{aligned} \Phi: \ [0,1) &\longrightarrow [0,1) \\ x &\longmapsto 2x|_{\mathrm{mod}\ 1}. \end{aligned} \tag{4.25}$$

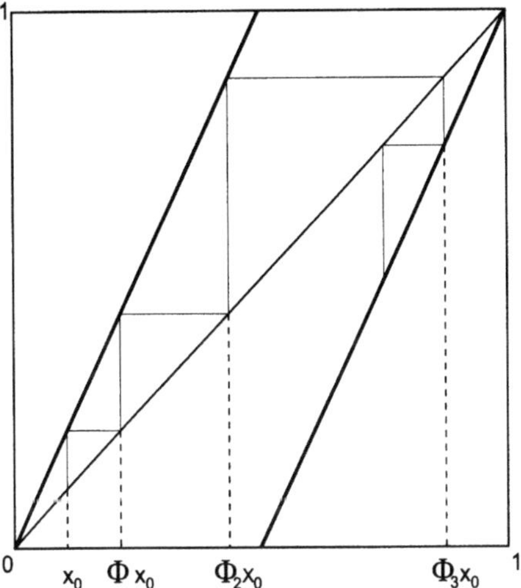

Abb. 4.11. Die Bernoulli-Abbildung

Zunächst müssen wir einsehen, daß λ stationär ist, also ein Gleichge-wichtsmaß,

$$\lambda(\Phi^{-1}A) = \lambda(A). \tag{4.26}$$

(Beachte, daß Φ nicht invertierbar ist, d.h. wir haben nicht $\Phi^{-1} = \Phi_{-1}$. Dies ist im Sinne eines Hamiltonschen Systems unschön, aber die Einfach-heit ist hier ausschlaggebend.) Nun, um (4.25) und (4.26) zu diskutieren (die graphische Darstellung zeigt bereits, daß es sich um eine chaotische Abbil-dung handelt), ist es zweckmäßig, einen isomorphen W-Raum anzuschauen, nämlich den der Dualfolge $\{0,1\}^{\mathbb{N}}$. In diesem Raum wirkt Φ als Verschiebung Φ^s nach links,

$$\Phi^s : \{0,1\}^{\mathbb{N}} \longrightarrow \{0,1\}^{\mathbb{N}}$$
$$\omega = (\delta_1, \delta_2, \ldots, \delta_n, \ldots) \longmapsto \Phi^s \omega = (\delta_2, \delta_3, \ldots, \underbrace{\delta_n}_{\substack{(n\text{-}1)\text{-te} \\ \text{Stelle}}}, \ldots). \tag{4.27}$$

Wir können hier schön die Konstruktion der Borelalgebra $\mathcal{B}(\{0,1\}^{\mathbb{N}})$ ver-folgen, denn wir kennen das zugehörige Maß $\mathbb{P}_B$ auf Zylindermengen, das sind Mengen, die durch endlich viele Koordinaten definiert werden (wohingegen die übrigen Koordinaten frei sind und Anlass für den Namen Zylinder sind):

$$Z_{i_1,\ldots,i_n}(\delta_1,\ldots,\delta_n) = \{\omega \in \{0,1\}^{\mathbb{N}}, \ \omega = (\ldots, \underbrace{\delta_1}_{\substack{i_1\text{-te} \\ \text{Stelle}}}, \ldots, \underbrace{\delta_n}_{\substack{i_n\text{-te} \\ \text{Stelle}}}, \ldots)\}.$$

Dies bedeutet, daß in den Folgen die i_1-te bis i_n-te Stelle festgelegt und die anderen Stellen beliebig sind ($\delta_1, \ldots, \delta_n$ bilden die Basis, die anderen Stellen sind frei). Es ist nun nurmehr ein Spiel mit Worten: das Maß der Zylindermenge ist gleich der Wahrscheinlichkeit für das Eintreten des Ereignisses, daß

$$(d_{i_1}, \ldots, d_{i_n}) = (\delta_1, \ldots, \delta_n) = \lambda(d_{i_1}^{-1}(\delta_1) \cap \ldots \cap d_{i_n}^{-1}(\delta_n)).$$

Kurz mit (4.22):

$$\mathbb{P}_{\mathcal{B}}(Z_{i_1,\ldots,i_n}(\delta_1, \ldots, \delta_n)) = \mathbb{P}_{(d_{i_1},\ldots,d_{i_n})}(\delta_1, \ldots, \delta_n) = \left(\frac{1}{2}\right)^n, \qquad (4.28)$$

d.h. wir haben ein Produktmaß. Die Borelalgebra $\mathcal{B}(\{0,1\}^{\mathbb{N}})$ ist nun die von den Zylindermengen $Z_{\ldots}(\ldots)$ erzeugte, und es ist nicht schwierig zu sehen, daß sie die „Dualdarstellung" von $\mathcal{B}([0,1))$ ist. Das Maß $\mathbb{P}_{\mathcal{B}}$ auf $\mathcal{B}(\{0,1\}^{\mathbb{N}})$ ist also ein Produktmaß, Bernoullimaß genannt. Es ist das Lebesguemaß, ausgewertet auf meßbaren Mengen in Dualdarstellung.

Damit ist nun (4.26) klar: (4.26) entspricht für Zylindermengen

$$\mathbb{P}_{\mathcal{B}}((\Phi^s)^{-1}Z_{i_1,\ldots,i_n}(\delta_1, \ldots, \delta_n)) = \mathbb{P}_{\mathcal{B}}(Z_{i_1+1,\ldots,i_n+1}(\delta_1, \ldots, \delta_n)) = \left(\frac{1}{2}\right)^n$$

$$= \mathbb{P}_{\mathcal{B}}(Z_{i_1,\ldots,i_n}(\delta_1, \ldots, \delta_n)), \qquad (4.29)$$

und da Zylindermengen alles erzeugen, machen wir uns keine weiteren Gedanken. Also haben wir zwei isomorphe (durch Dualdarstellung) dynamische Systeme:

$$([0,1), \mathcal{B}([0,1)), \Phi, \lambda) \cong (\{0,1\}^{\mathbb{N}}, \mathcal{B}(\{0,1\}^{\mathbb{N}}), \Phi^s, \mathbb{P}_{\mathcal{B}}) \qquad (4.30)$$

und

$$\begin{aligned}
d_{i+1} &\cong k_{i+1}\text{-te Koordinate von } \omega \in \{0,1\}^{\mathbb{N}} \\
&= d_1(\Phi_i x) \\
&= k_1(\Phi_i^s \omega).
\end{aligned} \qquad (4.31)$$

Die Zufallsgrößen d_i oder k_i kommen also aus der Dynamik Φ oder aus dem Shift Φ^s. Wir könnten dies als Modell für zeitliche als auch für räumliche „Verschiebung" ansehen (vgl. Abbildung 4.7).

(4.30) sollten wir beispielhaft für ein fundamentales Modell einer Münzwurfreihe mit $d_1(\Phi_k(x))$ als Ergebnis des k-ten Wurfes nehmen. Wir nehmen an, wir haben in den ersten n Würfen $\delta_1, \ldots, \delta_n$ erzielt. Was sagt die Theorie für den $n+1$-ten Wurf voraus? Anders: wir kennen $d_1(\Phi_i(x))$, $i = 1, \ldots, n$, was lernen wir daraus über x, so daß wir über den nächsten Wurf $d_1(\Phi_{n+1}(x))$ etwas sagen können? Nichts! Ganz egal, wie oft wir werfen, in dieser Theorie verbleiben wir mit *absoluter Ungewißheit*, was die nächsten Würfe angeht. Ein *typisches* $x \in [0,1]$ verkörpert in diesem Sinne *absolute Ungewißheit*.

Das können wir auch formal schnell sehen. Was wir wissen wollen, ist die bedingte Wahrscheinlichkeit, daß, falls $Z(\delta_1, \ldots, \delta_n)$ vorliegt[25] ($d_1 = \delta_1, \ldots, d_n = \delta_n$ vorliegen), $Z(\delta_1, \ldots, \delta_n, \delta_{n+1})$ eintritt ($d_{n+1} = \delta_{n+1}$ eintritt).

---

[25] Falls Z nicht indiziert ist, sind die ersten Stellen gemeint.

$$\mathbb{P}(A/B) = \frac{\mathbb{P}(A \cap B)}{\mathbb{P}(B)} \tag{4.32}$$

ist allgemein und logischerweise die bedingte Wahrscheinlichkeit des Eintreffens von A unter der Bedingung, daß B eingetroffen ist. Also suchen wir

$$\frac{\mathbb{P}_B(Z(\delta_1,\ldots,\delta_n,\delta_{n+1})}{Z(\delta_1,\ldots,\delta_n))} = \frac{\mathbb{P}_B(Z(\delta_1,\ldots,\delta_n,\delta_{n+1}) \cap Z(\delta_1,\ldots,\delta_n))}{\mathbb{P}_B(Z(\delta_1,\ldots,\delta_n))}$$
$$= \frac{\mathbb{P}_B(Z(\delta_1,\ldots,\delta_n,\delta_{n+1}))}{\mathbb{P}_B(Z(\delta_1,\ldots,\delta_n))}$$
$$= \frac{1}{2}. \tag{4.33}$$

Wir schreiben in gleicher Bedeutung:

$$\lambda(d_{n+1} = \delta_{n+1}|d_1 = \delta_1,\ldots,d_n = \delta_n) = \frac{1}{2}. \tag{4.34}$$

Anmerkung 4.3.2. Über Instabilität

Die Bernoulli-Abbildung oder der shift machen Folgendes deutlich: Wenn wir wissen, daß eine Zahl, sagen wir, im Intervall $[0, \frac{1}{2}]$ liegt und wir möchten eingrenzen, woher diese Zahl unter der Abbildung gekommen ist, dann stellen wir fest, daß desto weiter wir ihre Herkunft verfolgen, sie von „überall hergekommen sein könnte". Gleiches gilt auch bei genauerem Wissen, in welchem kleineren Intervall die Zahl liegt. Dies ist analog zur Instabilität, die Smoluchowski im Kopf hatte, und es ist auch die filigrane Auffächerung, die wir in Abbildung 4.6 besprochen haben. Das dynamische Münzwurfmodell $\Omega = [0;1], \Phi = 2\omega \mathrm{mod} 1, \mathbb{P}(d\omega) = d\omega$, zeigt das; allerdings ist die Analogie unvollständig, denn die Abbildung Φ ist nicht invertierbar und insbesondere gilt nicht

$$\mathbb{P}(\Phi(A)) = \mathbb{P}(A),$$

sondern nur (das allerdings für die Maßerhaltung wichtigere)

$$\mathbb{P}(\Phi^{-1}(A)) = \mathbb{P}(A),$$

wobei mit $\Phi^{-1}(A)$ das Urbild von A gemeint ist. Aber verfolgen wir dennoch die Urbilder, so sehen wir darin die filigrane Auffächerung, die man auch für invertierbare Abbildungen in Vorwärtsrichtung erwarten würde:

$$\Phi^{-1}\left(\left[0;\frac{1}{2}\right]\right) = \left[0;\frac{1}{4}\right] \cup \left[\frac{2}{4};\frac{3}{4}\right],$$

$$\Phi^{-1}\left(\left[0;\frac{1}{4}\right]\right) = \left[0;\frac{1}{8}\right] \cup \left[\frac{2}{8};\frac{3}{8}\right] \cup \left[\frac{6}{8};\frac{7}{8}\right]$$

und so weiter.

Nach n Schritten ist das ursprüngliche $[0;\frac{1}{2}]$ auf ganz $[0;1]$ „gleichmäßig" verteilt. Wir können verabreden, daß wir die Intervalle nicht mehr trennen können, wenn ihre Grenzen um weniger als $1/2^{1000}$ auseinander liegen (wir können die Grenzen mit unseren Augen nicht mehr auflösen). Dann ist der Makrozustand nach 1000 Schritten einfach die Konstante 1 und das zugehörige Phasenraumgebiet $[0;1]$. Wenn wir dem Ausgangszustand die „Entropie" $S = \ln 1/2 = -\ln 2$ zuteilen, dann ist nach 1000 Schritten die „Entropie" $S = \ln 1 = 0$.

Bevor wir uns nun weiteren empirischen Aussagen zuwenden, wollen wir die folgende Abstraktion ziehen.

Anmerkung 4.3.3. Bemerkung zur Unabhängigkeit
Eine Folge $(X_i)_{i \in \mathbb{Z}}$ ($\mathbb{Z}$ ist bequemer als $\mathbb{N}$) von identisch verteilten unabhängigen Zufallsgrößen auf $(\Omega, \mathcal{B}(\Omega), \mathbb{P})$ heißt Bernoullifolge. Die X_i heißen identisch verteilt, wenn sie die gleiche Verteilung $\mathbb{P}_{X_i} = \mathbb{P}_{X_0}$ besitzen. Zu jeder Bernoullifolge kann ein dynamisches System konstruiert werden. Sei $X_0 \in E$. Dann bilde

$$(E^{\mathbb{Z}}, \mathcal{B}(E^{\mathbb{Z}}), \Phi^s, \mathbb{P}_{\mathcal{B}})$$

mit

$$\Phi^s : E^{\mathbb{Z}} \longrightarrow E^{\mathbb{Z}}$$

(Shift um eine Position nach links) und

$$\mathbb{P}_{\mathcal{B}} = \prod_{i \in \mathbb{Z}} \mathbb{P}_{X_i}.$$

Auf dem neuen Raum wird aus X_i nun $k_i((e_n)_{n \in \mathbb{Z}})$, $e_n \in E$ für alle $n \in \mathbb{Z}$ oder $k_0(\Phi_i^s((e_n)_{n \in \mathbb{Z}}))$. Mit $(X_i)_{i \in \mathbb{N}}$ ist natürlich auch für beliebiges f: $(f(X_i))_{i \in \mathbb{N}}$ eine Bernoullifolge.

Wir kommen nun zum Gesetz der großen Zahlen oder etwas vornehmer ausgedrückt, zu den ergodischen Eigenschaften des dynamischen Systems. Was uns in unserem Münzwurfbeispiel interessiert, ist die empirische Verteilung $\varrho_{\text{emp}}^{(N)}$ der d_k, d.h. wir interessieren uns für die Verteilung sehr spezieller Funktionen (eben hier der d_k und i.a. relevanten Vergröberungen) auf dem Zustandsraum.

Die **empirische Verteilung** ist die Zufallsgröße
   „Dichtefunktion" = relative Häufigkeit

$$
\begin{aligned}
\varrho_{\text{emp}}^{(N)}(y, x) &= \frac{1}{N} \sum_{k=1}^{N} \delta(d_k(x) - y) \\
&\overset{(4.31)}{=} \frac{1}{N} \sum_{k=0}^{N-1} \delta(d_1(\Phi_k(x)) - y),
\end{aligned}
$$

oder, mit Blick auf die Abstraktion,

$$\varrho_{\text{emp}}^{(N)}(y,\omega) \overset{(4.31)}{=} \frac{1}{N} \sum_{k=0}^{N-1} \delta(k_1(\Phi_k^s(\omega)) - y).$$

Die Formalität der Ausdrücke sollte nicht verängstigen, man integriere die δ-Funktion mit einer uns interessierenden Funktion, z.B. der Indikatorfunktion einer Menge (das gibt uns dann die relative Häufigkeit) oder einfach der Identität:

$$\varrho_{\text{emp}}^{(N)}(f,x) = \int f(y)\varrho_{\text{emp}}^{(N)}(y,x)\mathrm{d}y$$

$$= \frac{1}{N} \sum_{k=1}^{N} f(d_k(x))$$

$$= \frac{1}{N} \sum_{k=0}^{N-1} f(d_1(\Phi_k(x)))$$

$$\hat{=} \frac{1}{N} \sum_{k=0}^{N-1} f(k_1(\Phi_k^s(\omega))). \tag{4.35}$$

Dies sieht aus wie ein „ergodisches Mittel" (vgl. (4.11)). Wir erwarten, daß

$$\varrho_{\text{emp}}^{(N)}(f) \overset{N\to\infty}{\Longrightarrow} \frac{1}{2}f(1) + \frac{1}{2}f(0) \tag{4.36}$$

für λ-fast alle x, $\mathbb{P}_B$-fast alle ω, d.h. die zufällige Dichte konvergiert („schwach", weil gegen f integriert) gegen

$$\frac{1}{2}\delta(1-y) + \frac{1}{2}\delta(0-y).$$

Dies wäre dann also eine Vorhersage der *Theorie*, also des dynamischen Systems, und zwar die einzig im Experiment zugängliche Größe, die empirischen Dichte $\varrho_{\text{emp}}^{(N)}(y)$ für große N.

In der Abstraktion der Anmerkung 4.3.3 interessieren wir uns also für

$$\varrho_{\text{emp}}^{(N)}(y,\omega) = \frac{1}{N} \sum_{k=1}^{N} \delta(X_k(\omega) - y),$$

was mit dem Bernoullishift ebenfalls als „ergodisches Mittel" geschrieben werden kann, und man könnte zeigen, daß für identisch verteilte X_i (und Integration gegen eine Funktion f)

$$\frac{1}{N} \sum_{k=1}^{N} f(X_k(\omega)) \overset{N\to\infty}{\Longrightarrow} \int f\mathrm{d}\mathbb{P}_{X_0} \tag{4.37}$$

für $\mathbb{P}$-fast alle ω gilt. Das ist Inhalt des starken Gesetzes der großen Zahlen, eine mathematisch interessante Aussage. Wir brauchen dieses jedoch gar nicht. Uns reicht aus, wenn die Theorie vorhersagt, daß

$$\mathbb{P}\left(\left\{\omega \,\middle|\, \left|\frac{1}{N}\sum_{k=1}^{N} f(X_k(\omega)) - \int f\,\mathrm{d}\mathbb{P}_{X_0}\right| > \varepsilon\right\}\right) \xrightarrow{N \to \infty} 0 \qquad (4.38)$$

für beliebiges $\varepsilon > 0$. Das bedeutet ja, daß für die meisten (enorm meisten) Punkte ω (d.h. für einen *typischen* Punkt ω) die empirische Verteilung vorhergesagt wird. Das ist Inhalt des schwachen Gesetzes der großen Zahlen, und dieses ist enorm einfach zu zeigen.

Schwaches Gesetz der großen Zahlen. *Sei $(X_i)_{i\in\mathbb{N}}$ eine Bernoullifolge identisch verteilter Zufallsgrößen X_i auf $(\Omega, \mathcal{B}(\Omega), \mathbb{P})$. Sei $\mathbb{E}(X_i^2) = \mathbb{E}(X_0^2) < \infty$. Dann gilt für jedes $\varepsilon > 0$, daß*

$$\mathbb{P}\left(\left\{\omega \,\middle|\, \left|\left(\frac{1}{N}\sum_{k=1}^{N} X_k(\omega)\right) - \mathbb{E}(X_0)\right| > \varepsilon\right\}\right) \le \frac{1}{N\varepsilon^2}\left(\mathbb{E}(X_0^2) - \mathbb{E}(X_0)^2\right).$$

$$(4.39)$$

Eine Bemerkung dazu: $\mathbb{E}(X_0) = \int X_0\,\mathrm{d}\mathbb{P} = \int X_i\,\mathrm{d}\mathbb{P} = \mathbb{E}(X_i)$ wegen der Gleichverteilung. Statt X_i hätten wir natürlich auch $f(X_i)$, (vgl. Anmerkung 4.3.3), nehmen können.

Beweis: Wir bemerken, daß die Menge

$$A_\varepsilon^N = \left\{\omega \,\middle|\, \left|\left(\frac{1}{N}\sum_{k=1}^{N} X_k(\omega)\right) - \mathbb{E}(X_0)\right| > \varepsilon\right\}$$

$$= \left\{\omega \,\middle|\, \left(\frac{1}{N}\sum_{k=1}^{N}(X_k - \mathbb{E}(X_k))\right)^2 > \varepsilon^2\right\},$$

und somit:

$$\mathbb{P}(A_\varepsilon^N) = \mathbb{E}\left(\chi_{A_\varepsilon^N}\right) = \int \chi_{A_\varepsilon^N}\,\mathrm{d}\mathbb{P}$$

$$\le \int \frac{\left(\frac{1}{N}\sum_{k=1}^{N}(X_k - \mathbb{E}(X_k))\right)^2}{\varepsilon^2}\,\mathrm{d}\mathbb{P}$$

$$= \frac{1}{N^2\varepsilon^2}\mathbb{E}\left(\left(\sum_{k=1}^{N} X_k - \mathbb{E}(X_k)\right)^2\right)$$

$$= \frac{1}{N^2\varepsilon^2}\mathbb{E}\left(\sum_{k=1}^{N}(X_k - \mathbb{E}(X_k))^2\right)$$

$$+ \frac{1}{N^2\varepsilon^2}\mathbb{E}\left(\sum_{\substack{k,j=1\\k\neq j}}^{N}(X_k - \mathbb{E}(X_k))(X_j - \mathbb{E}(X_j))\right)$$

$$\overset{(4.23)}{=} \quad \frac{1}{N\varepsilon^2}\mathbb{E}\left((X_0 - \mathbb{E}(X_0))^2\right)$$

$$+ \frac{1}{N^2\varepsilon^2}\sum_{\substack{k,j=1 \\ k\neq j}}^{N}\mathbb{E}(X_k - \mathbb{E}(X_k))\mathbb{E}(X_j - \mathbb{E}(X_j))$$

$$= \quad \frac{1}{N\varepsilon^2}\left(\mathbb{E}(X_0^2) - \mathbb{E}(X_0)^2\right).$$

Dies ist ohne Frage eine instruktive Rechnung, die man beherrschen sollte[26]. Insbesondere zeigt sie, daß die Varianz einer Summe von N unabhängigen Zufallsgrößen nicht quadratisch in N, sondern linear mit N wächst.

Wir haben ein Korollar für Zahlen in $[0, 1]$, nämlich daß

$$\lambda\left(\left\{x\,\middle|\,\left|\frac{1}{N}\sum_{k=1}^{N}d_k(x) - \frac{1}{2}\right| > \varepsilon\right\}\right) \overset{N\to\infty}{\longrightarrow} 0$$

für alle ε. Die relativen Häufigkeiten von 0 und 1 in der Dualdarstellung einer typischen Zahl nähert sich $1/2$.

Und nun: das dynamische System (4.30) sagt für den Münzwurf voraus, daß mit relativer Häufigkeit $1/2$ jeweils Kopf und Zahl kommt. Trauen Sie dem dynamischen System – dem Modell? Haben Sie so viel Vertrauen, daß Sie bereit sind, ein Experiment zu machen? Das bedeutet, sind Sie bereit, die Voraussage der Theorie zu testen? Wollen Sie die Theorie bestätigt wissen? Dann nehmen Sie eine Münze und werfen Sie, aber bitte unkontrolliert, denn nach wie vor muß gelten: kleine Ursache, große Wirkung.

Jetzt können Sie sagen, daß wir ja unser Münzwurfmodell gerade aus unserer Erfahrung heraus so gemacht haben, daß wir unsere Erfahrung beschrieben haben, daß also gar keine Vorhersage, sondern eine Nacherzählung vorliegt. Das würden wir erst recht sagen, wenn wir uns nur auf der Bildebene bewegt hätten! Das ist der Preis der Abstraktion! Sie macht uns vergessen! Die Abstraktion war ja gerade gemacht, um uns auf das Wesentliche beschränken zu können, um nicht den mühsamen, praktisch unmöglichen Weg von der grundlegenden physikalischen Theorie – dem fundamentalen dynamischen System -, bis zum Münzwurfereignis gehen zu müssen. Aber *prinzipiell* ist dieser Weg möglich (die „Durchgängigkeit" der Abstraktion). Wir müssen daran denken, daß der Münzwurf ein physikalischer Prozeß ist, der einer physikalischen Theorie unterliegt, die natürlich fundamentaler ist als (4.30). (4.30) ist nur ein grobes Abbild dieser tieferen Theorie. Das müssen Sie sehen.

---

[26] Die erste Ungleichung ist die Chebychev-Ungleichung, und man sollte sich von der Einfachheit nicht täuschen lassen: Sie ist sehr wichtig in Anwendungen. Ersetzt man die quadratische Funktion durch eine exponentielle, kommen wir zur Abschätzung von Fußnote (16)

Schlußbemerkung. Wir haben insgesamt also Folgendes über Wahrscheinlichkeit zu sagen. Die (allumfassende!) physikalische Theorie ist ein (instabiles) dynamisches System $(\Omega, \mathcal{B}(\Omega), \Phi, \mathbb{P})$ mit einem (möglichst eindeutigen) stationären Maß $\mathbb{P}$, und was immer für die (in Bezug auf $\mathbb{P}$) enorm meisten ω gilt, gilt „typischerweise" oder für ein typisches ω, d.h. für ein typisches Universum. Wir erfahren „Wahrscheinlichkeit" durch relative Häufigkeiten, d.h. durch die empirischen Verteilungen relevanter Größen, und die werden für ein typisches Universum von der Theorie vorausgesagt. Es ist sicher so, daß man über den Erklärungswert, der in dem Begriff des „Typischen" enthalten ist, nachzudenken hat. Nicht jetzt und nicht hier, das ist keine schnelle Sache, sondern eine philosophische Frage, die nicht geklärt ist. Aber ich kann soviel sagen: Was immer man beklagenswert oder als unglaublich an dieser Begrifflichkeit erscheint: Man wird nicht ohne sie auskommen können!

Nun zurück zu „einfacheren Dingen": Eigentlich müßten wir für unsere statistische Analyse davon ausgehen, daß unser Universum – wir haben nur eines, dasjenige, in dem wir leben – ein typisches ist. Aber in Abschnitt 4.2 sagten wir gerade das Gegenteil, daß nämlich unser Universum – das der klassischen Mechanik – untypisch ist. Das ist das Dilemma der Begründung der statistischen Voraussagen der klassischen statistischen Mechanik. Wie wir sehen werden, ist Bohmsche Mechanik eine Theorie, die dieses statistische Dilemma in einem gewissen Sinne überkommt.

4.4 Äußere Anmerkungen

Anmerkung 4.4.1. Zusammenhang zwischen mikrokanonischer Verteilung und kanonischer Verteilung
Folgendes ist allgemeines Wissen aber es wird oft im Zusammenhang mit Entropie-Maximierung und das wieder im Zusammenhang mit Informations-Entropie gebracht und da kann sich Einiges an begrifflicher Verwirrung einstellen. Darum sage ich das hier nochmal, ohne jeglichen Ballast, und es wird nur gerechnet.

Ich will vorführen, wie die berühmte Maxwellsche Geschwindigkeitsverteilung ins Spiel kommt. Dies liefert uns eine Einsicht in die Rolle der Verteilung (4.1): Sie ist nämlich in Situationen, in denen nur wenige „Freiheitsgrade" eine Teilmenge der Energieschale bestimmen, eine Näherung für das mikrokanonische Maß dieser Teilmenge. Man spricht hier auch von der Äquivalenz der Ensembles im thermodynamischen Limes. Dieser thermodynamische Limes ist ein Kunstgriff, um genähertes Verhalten scharf zu fokussieren. Erstaunlicherweise verwechseln manche diese scharfe Fokussierung, das ein rein mathematisches Hilfsmittel ist, mit den physikalischen Gegebenheiten. Selbst in der Analyse zu Schröndigers Katze hat man den Eindruck, daß der Hinweis auf den „analogen" thermodynamischen Limes ausreiche, um die Katze entweder lebendig oder tot zu haben. Diese Leute haben sich eben nicht jenen Satz zu Herzen genommen, der Schrödinger so wichtig war (in den Auszügen): *Es ist ein Unterschied zwischen einer verwackelten oder unscharf eingestellten Photographie und einer Aufnahme von Wolken und Nebelschwaden.*

Nun aber weiter mit Rechnungen. Im idealen Gas wechselwirken die Gasmoleküle nicht miteinander. Diese Situation idealisiert die physikalische Situation, in der ein Subsystem eines großen Systems nur eine „geringe Wechselwirkung" mit seiner Umgebung hat, und in der man dann die Umgebung als „Wärmebad" interpretiert. Für ein N–Teilchen–Gas ist daher die kinetische Energie der Teilchen mit den Geschwindigkeiten $(v_1, \ldots, v_n) \in \mathbb{R}^{3N}$

$$E = \frac{1}{2} \sum_{i=1}^{N} m_i v_i^2$$

erhalten ($v_i \in \mathbb{R}^3$, das heißt wir betrachten hier das dreidimensionale Gas). Wir absorbieren die Massen in die v_i und erhalten (mit leichtem Mißbrauch der Notation)

$$E = \sum_{i=1}^{N} v_i^2,$$

das heißt die v_i–Werte müssen alle auf der $(3N - 1)$–dimensionalen Kugeloberfläche vom Radius $R = \sqrt{E}$ liegen. Als zugrunde liegenden Zustandsraum nehmen wir

$$\Omega = \left\{ v = (v_1, \ldots, v_n) \in \mathbb{R}^{3N} \mid \sum_{i=1}^{N} v_i^2 = E \right\},$$

wobei ich die Orte außer Acht gelassen habe, das heißt wir haben schon über die Orte integriert und den sich ergebenden Volumenfaktor einfach weggelassen. Das mikrokanonische Maß $\mathbb{P}_E$ ist nun einfach das Oberflächenmaß auf der Kugeloberfläche, das heißt für $B \subseteq \Omega$

$$\mathbb{P}_E(B) = \frac{\text{Volumen von } B}{|\Omega|}. \tag{4.40}$$

Natürlich ist nun die Frage, wie das Maß $d\Omega$ auf Ω aussieht? Die der Kugeloberfläche angepaßten Koordinaten sind zunächst die $3N$–dimensionalen Kugelkoordinaten (mit $r = R$), $r, \varphi, \vartheta_1, \ldots, \vartheta_{n-2}$, $n = 3N$, $r > 0$, $\varphi \in [0; 2\pi)$, $\vartheta_i \in [0; \pi]$, und die kartesischen Koordinaten $x_1, \ldots, x_n$ ergeben sich aus

$$\begin{aligned}
x_1 &= r \cos\varphi \sin\vartheta_1 \sin\vartheta_2 \ldots \sin\vartheta_{n-2} \\
x_2 &= r \sin\varphi \sin\vartheta_1 \ldots \\
x_3 &= r \cos\vartheta_1 \sin\vartheta_2 \ldots \\
& \vdots \\
x_{n-1} &= r \cos\vartheta_{n-3} \sin\vartheta_{n-2} \\
x_n &= r \cos\vartheta_{n-2} \,.
\end{aligned}$$

Hieraus erhalten wir das Maß (wie oben vorgeführt) auf der Kugeloberfläche wie folgt: Wir betrachten das Kugelschalenvolumen zwischen den Radien R und $R + \Delta R$:

$$|K_{R,R+\Delta R}| = \int_{K_{R,R+\Delta R}} \mathrm{d}x_1 \ldots \mathrm{d}x_n = \int_R^{R+\Delta R} \mathrm{d}r \int_{\mathrm{alle\,Winkel}} \mathrm{d}\Omega(r).$$

Daraus bestimmen wir $\mathrm{d}\Omega(R)$, das Oberflächenmaß auf der Kugelfläche vom Radius R. Das Volumen in Kugelkoordinaten ist

$$\det \left| \frac{\partial x}{\partial(r, \varphi, \vartheta_1, \ldots, \vartheta_{n-2})} \right| \mathrm{d}r \mathrm{d}\varphi \mathrm{d}\vartheta_1 \ldots \mathrm{d}\vartheta_{n-2}$$

$$= r^{n-1} \sin \vartheta_1 \sin^2 \vartheta_2 \ldots \sin^{n-2} \vartheta_{n-2} \mathrm{d}r \mathrm{d}\varphi \mathrm{d}\vartheta_1 \ldots \mathrm{d}\vartheta_{n-2} \,,$$

und es ergibt sich

$$\mathrm{d}\Omega(R) = R^{n-1} \sin \vartheta_1 \sin^2 \vartheta_2 \ldots \sin^{n-2} \vartheta_{n-2} \mathrm{d}r \mathrm{d}\varphi \mathrm{d}\vartheta_1 \ldots \mathrm{d}\vartheta_{n-2} \,.$$

(Die Determinante kann man leicht ausrechnen, weil die Jacobimatrix fast Dreiecksgestalt hat.)

Uns interessiert nun die Wahrscheinlichkeitsverteilung von, sagen wir $v_{1,x}$ und $v_{2,x}$, also den x-Komponenten der Geschwindigkeiten von Teilchen 1 und 2. Die können wir nun leicht berechnen. B sei das Ereignis

$$B = \{v_{1,x} \in I_x \text{ und } v_{2,x} \in I_y\} \subseteq \Omega$$

und wir wählen der Einfachheit halber das Koordinatensystem passend zur Fragestellung und zwar $v_{1,x} = x_{n-1} = x$ und $v_{2,x} = x_n = y$. Damit wird

$$|B| = \int_B \mathrm{d}\Omega = \int_0^{2\pi} \mathrm{d}\varphi \int_0^{\pi} \mathrm{d}\vartheta_1 \ldots \int_0^{\pi} \mathrm{d}\vartheta_{n-4}$$

$$\times \int_{x \in I_x, y \in I_y} \mathrm{d}\vartheta_{n-3} \mathrm{d}\vartheta_{n-2} R^{n-1} \sin \vartheta_1 \sin^2 \vartheta_2 \ldots \sin^{n-2} \vartheta_{n-2}.$$

Die freien Integrationen geben eine von n abhängige Konstante $C(n)$, und es bleibt

$$|B| = C(n) R^{n-1} \int_{x \in I_x, y \in I_y} \sin^{n-3} \vartheta_{n-3} \sin^{n-2} \vartheta_{n-2} \mathrm{d}\vartheta_{n-3} \mathrm{d}\vartheta_{n-2}.$$

Um dies zu berechnen, führen wir x und y als Variable ein:

$$x = R \cos \vartheta_{n-3} \sin \vartheta_{n-2}, \quad y = R \cos \vartheta_{n-2} \,. \tag{4.41}$$

Hierfür ist die Determinante der Jacobimatrix einfach

$$\left| \begin{matrix} R \sin \vartheta_{n-3} \sin \vartheta_{n-2} & -R \cos \vartheta_{n-3} \cos \vartheta_{n-2} \\ 0 & R \sin \vartheta_{n-2} \end{matrix} \right| ,$$

also

$$\mathrm{d}x\mathrm{d}y = R^2 \sin\vartheta_{n-3}\sin^2\vartheta_{n-2}\mathrm{d}\vartheta_{n-3}\mathrm{d}\vartheta_{n-2}.$$

Weiter ist nach (4.41)

$$\sin\vartheta_{n-2} = \sqrt{1-\frac{y^2}{R^2}} \quad \text{und} \quad \sin\vartheta_{n-3} = \sqrt{1-\frac{x^2}{R^2}\left(1-\frac{y^2}{R^2}\right)^{-1}},$$

das heißt wir erhalten oben, durch Ersetzen von $\mathrm{d}\vartheta_{n-3}\mathrm{d}\vartheta_{n-2}$ durch $\mathrm{d}x\mathrm{d}y$,

$$|B| = C(n)R^{n-1}\int_{I_x}\int_{I_y}\mathrm{d}x\mathrm{d}y\frac{1}{R^2}\sqrt{1-\frac{y^2}{R^2}}^{\,n-4}\sqrt{1-\frac{x^2}{R^2}\left(1-\frac{y^2}{R^2}\right)^{-1}}^{\,n-4}$$

$$= C(n)R^{n-3}\int_{I_x}\int_{I_y}\mathrm{d}x\mathrm{d}y\sqrt{1-\frac{y^2}{R^2}-\frac{x^2}{R^2}}^{\,n-4}.$$

Nun zurück zu (4.40), da fallen $C(n)$ und R^{n-3} heraus und

$$\mathbb{P}(B) = \frac{1}{Z}\int_{I_x}\int_{I_y}\mathrm{d}x\mathrm{d}y\sqrt{1-\frac{y^2}{R^2}-\frac{x^2}{R^2}}^{\,n-4} \tag{4.42}$$

mit Z als Normierung:

$$Z = \int\int_{R^2\geq x^2+y^2}\mathrm{d}x\mathrm{d}y\sqrt{1-\frac{y^2}{R^2}-\frac{x^2}{R^2}}^{\,n-4}.$$

Nun weiter mit dem thermodynamischen Limes, in dem $\mathbb{P}(B)$ eine einfache Form annimmt. Wir lassen die Teilchenzahl N gegen ∞ gehen und proportional dazu die Gesamtenergie $E\ (=R^2)$, das heißt wir betrachten eine Situation, in der

$$\frac{E}{N} = \text{const}, \quad N\to\infty$$

geht, und aus rechentechnischen Gründen wählen wir

$$R^2 = E = \frac{3}{2}\frac{1}{\beta}N,$$

mit $\beta > 0$, und da $n = 3N$, ist

$$R^2 = \frac{1}{\beta}\frac{n}{2}.$$

Wenn wir das in Z einsetzen, ergibt sich

$$Z(n) = \int\int_{\frac{1}{\beta}\frac{n}{2}\geq x^2+y^2}\mathrm{d}x\mathrm{d}y\left(1-\frac{\beta y^2}{\frac{n}{2}}-\frac{\beta x^2}{\frac{n}{2}}\right)^{\frac{n}{2}-2}.$$

Formal liefert der Limes $n \to \infty$ sofort

$$Z(\infty) = \int_{\mathbb{R}} \int_{\mathbb{R}} \mathrm{d}x \mathrm{d}y e^{-\beta(x^2+y^2)} = \frac{\pi}{\beta} \,,$$

und um dies rigoros zu machen, bräuchten wir einen der Lebesgueschen Konvergenzsätze (den von der domierten Konvergenz). Gleiches gilt für den Zähler in (4.42), so daß wir schließlich erwarten dürfen, daß

$$\lim \mathbb{P}_n(B) = \frac{\beta}{\pi} \int_{I_x} \int_{I_y} \mathrm{d}x \mathrm{d}y \exp\left(-\beta(x^2+y^2)\right) .$$

Um von hier zur Maxwellschen Geschwindigkeitsverteilung zu kommen, müssen wir nur noch auf die physikalischen Größen zurücktransformieren:

$$x^2 = \frac{1}{2} m_1 v_{1,x}^2, \quad y^2 = \frac{1}{2} m_2 v_{2,x}^2 \,,$$

und wir erhalten im thermodynamischen Limes die Verteilung

$$\mathbb{P}(v_{1,x} \in \mathrm{d}v_{1,x}, v_{2,x} \in \mathrm{d}v_{2,x}) = \frac{\exp\left(-\frac{\beta}{2}(m_1 v_{1,x}^2 + m_2 v_{2,x}^2)\right)}{Z(\beta, m_1, m_2)} \mathrm{d}v_{1,x} \mathrm{d}v_{2,x}$$

mit der Normierung

$$Z(\beta, m_1, m_2) = \sqrt{\frac{2\pi}{\beta \sqrt{m_1 m_2}}}^2 \,,$$

woraus wir leicht die Normierung für M Teilchen erraten können. Was wir hier für die x–Komponenten der Geschwindigkeiten von zwei Teilchen gerechnet haben, geht natürlich für alle Komponenten von beliebig vielen Teilchen mit dem Ergebnis, das als **Maxwellsche Geschwindigkeitsverteilung** bekannt ist; wir erhalten nämlich die Dichte

$$\varrho = \frac{\exp\left(-\beta\left(\frac{1}{2}\sum_{i=1}^{M} m_i \boldsymbol{v}_i^2\right)\right)}{Z(\beta, m_1, \ldots, m_M)} . \tag{4.43}$$

Indem wir nun statt der kinetischen Energie im allgemeinen Fall die Gesamtenergie benutzen, erhalten wir durch Analogie (indem wir in den Exponenten der Dichte die Energie ersetzen und entsprechend normieren) die kanonische Verteilung (4.1).

Die mikrokanonische und kanonische Verteilung liefern nicht nur für Teilsysteme die gleichen Werte, sondern sie sind auch in einem gewissen Sinne im Großen kaum zu unterscheiden. Ein Grund dafür ist das seltsame Verhalten vom Volumeninhalt in hochdimensionalen Räumen. Betrachte das Volumen der Kugelschale der Dicke h in n Dimensionen (n sei groß)

$$K_R - K_{R-h} \sim R^n - (R-h)^n = R^n \left(1 - \left(1 - \frac{h}{R}\right)^n\right) \approx R^n,$$

also für enorm großes n (10^{24}) sehen wir, daß das gesamte Volumen eigentlich in der Schale sitzt. Also ist es egal, ob wir die ganze Kugel betrachten oder nur eine Schale, so daß wir an passenden Stellen das Kugelvolumen durch die Oberflächenschale $|K_E| \approx |\Omega_E|h$ ersetzen können (siehe die Entropieformel (4.7)).

Anmerkung 4.4.2. Über die Boltzmann-Entropie (4.10) als extensive Größe Hier gibt es eine kleine Schwierigkeit, die immer für sehr viel Verwirrung sorgt. Wir überlegen erstmal, wie das Phasenraumvolumen eines Makrozustandes eines idealen Gases aussieht. Am einfachsten spezifizieren wir einen Makrozustand durch folgende Vorschrift: Das Phasenraumvolumen eines Teilchens[27] wird in gleich große Zellen $|\alpha_i| = \alpha, i = 1, ..., m$ unterteilt, und dann verteilen wir N Teilchen auf diese m Zellen. Wie groß ist das zugehörige Phasenraumvolumen des N-Teilchen-Systems, wenn folgender Makrozustand realisiert wird: N_i Teilchen in $\alpha_i, i = 1, ..., m$? Ganz einfach: Es gibt

$$\binom{N}{N_1, \ldots, N_m} = \frac{N!}{N_1! N_2! ... N_m!}$$

Möglichkeiten, die Teilchen über die Zellen zu verteilen. Jede solcher Möglichkeit läßt zudem jedem Teilchen die Freiheit, sich in seiner Zelle, sagen wir α_k, zu bewegen, d.h. Integration über diese Freiheit liefert α für jedes Teilchen, also ist das Phasenraumvolumen

$$W(M_a) = \frac{N!}{N_1! N_2! ... N_m!} \alpha^N. \tag{4.44}$$

Dazu gehört die Entropie

$$\mathcal{S}(\mathcal{E}, V) = S_{\mathrm{B}}(M_i(M_a)) = k_{\mathrm{B}} \ln W(M_a).$$

Aber jetzt beachte man folgendes: Es gilt mit der Stirlingformel[28]

$$\begin{aligned}
\ln \binom{N}{N_1, \ldots, N_m} &= \ln \frac{N!}{N_1! ... N_m!} \\
&\approx \left(N \ln N - \sum_{i=1}^m N_i \ln N_i\right) = -\sum_{i=1}^m N_i(\ln N_i - \ln N) \\
&= -\sum_{i=1}^m N_i \ln \frac{N_i}{N}.
\end{aligned}$$

---

[27] eine Teilmenge des 6-dimensionalen Einteilchen-Phasenraumes, die z.B. durch das Volumen V und den Geschwindigkeitsbereich Δv gegeben sein kann

[28] Die Stirlingformel liefert eine sehr gut Approximation von $n!$ für große n:

$$n! (\frac{e}{n})^n = \sqrt{2\pi n} + \mathcal{O}\left(\frac{1}{\sqrt{n}}\right),$$

aber meistens reicht davon $n! \approx n^n$.

Die thermodynamische Entropie ist eine extensive Größe, d.h. sie ist additiv: Entfernt man die Trennwand in einem Gasbehälter, die zwei thermodynamisch gleiche ideale Gase getrennt hat, dann ist die Entropie des Gesamtsystems die Summe der Entropie beider Einzelsyteme. Das kommt bei unserer Definition nicht so raus: Indem wir im zweiten System die Phasenraumunterteilung von $m + 1$ bis $2m$ laufen lassen, sehen wir, daß

$$\ln(W(M_a)) + \ln(W(M'_a)) = -\sum_{i=1}^{2m} N_i \ln \frac{N_i}{N}$$

$$\neq -\sum_{i=1}^{2m} N_i \ln \frac{N_i}{2N} = \ln\left(W\left(M_a^{\text{Gesamt}}\right)\right) .$$

Die Additivität erhalten wir, wenn wie die Anzahl der Realisierungen mit $N!$ normieren: $\frac{W(M_a)}{N!}$, wie man leicht sieht, denn dann fällt die Gesamtteilchenzahl heraus. Also muß man die Formel (4.10) für das ideale Gas um den Term $\approx -k_{\text{B}} N \ln N$ verkleinern, um wirklich die thermodynamische Entropie zu haben. Aber das ändert ja nichts an der Moral. Die maximale Entropie erhält man bei Gleichverteilung: Auf jede Zelle α_k entfallen $\frac{N}{m}$ Teilchen. Wenn man die Zellen nur nach dem Volumen V unterteilt, also

$$\alpha = \frac{V}{m} \cdot \text{Volumen der Impulskugel} \left(\sum \frac{p_i^2}{2m} \leq E\right) ,$$

bekommt man die Gleichgewichts-Entropie des idealen Gases [29].

Anmerkung 4.4.3. Poincaréscher Wiederkehrsatz
Sei $(\Omega, \mathcal{B}(\Omega), \Phi, \mathbb{P})$ ein dynamisches System und $\mathbb{P}(\Omega) < \infty$. Sei $M \subset \Omega$. Dann gilt für fast alle $\omega \in M$ (das heißt ausgenommen ist nur eine Menge von Punkten vom $\mathbb{P}$–Maß null), daß der Orbit $(\Phi^n \omega)_{n \in \mathbb{N}}$ (das heißt die Menge von Punkten $(\Phi^n(\omega))_{n \in \mathbb{N}}$) unendlich oft in M ist.

Beweis: Sei N die schlechte Menge, das heißt die Menge aller Punkte in M, die nie mehr nach M (und damit nach N) zurückkehren:

$$\Phi^n N \cap M = \emptyset \quad \text{für alle } n > 1.$$

---

[29] Man kann übrigens den Wert der Entropie auch über eine Gibbssche Formel berechnen, die die kanonische Gesamtheit benutzt: $S = -k_{\text{B}} \sum_{i=1}^{m} p_i \ln p_i$, wobei die p_i Besetzungswahrscheinlichkeiten im Gibbsschen Ensemble sind. Die Gibbssche Formel gibt keine Funktion auf dem Phasenraum, sondern ein Funktional der Wahrscheinlichkeitsmaße auf diesem Raum. Dies ist also eine sehr abstrakte Größe, die aber eben den Wert der Gleichgewichtsentropie liefert, und das in einfacherer Weise. Man darf aber deshalb nicht den Fehler begehen, diese Möglichkeit der Berechnung als grundlegende Definition anzusetzen, denn die Entropie muß ja als physikalische Größe eine Funktion auf dem Phasenraum sein.

Weiter gilt für $n > k$

$$\Phi^n(N) \cap \Phi^k(N) = \Phi^k\left(\Phi^{n-k}(N) \cap N\right) = \emptyset$$

und deshalb addieren sich die Inhalte der entwickelten Mengen, und mit der Stationarität des Maßes folgt dann zuletzt:

$$\infty > \mathbb{P}\left(\bigcup_{n=0}^{\infty} \Phi^n(N)\right) = \sum_{n=0}^{\infty} \mathbb{P}\left(\Phi^n(N)\right) = \sum_{n=0}^{\infty} \mathbb{P}(N),$$

woraus sich $\mathbb{P}(N) = 0$ ergibt.

Jetzt zu „unendlich oft". $\Phi^{-n}(N)$ ist die Menge aller Punkte, die nach n Schritten in N sind, die also danach dann *nicht mehr* nach M zurückkehren. Dann muß für $\omega \in M \setminus \bigcup_{n \geq 0} \Phi^{-n}(N)$ der Orbit $\left(\Phi^k(\omega)\right)_{k \geq 0}$ unendlich oft nach M zurückkehren. (Das ist klar aufgrund der Definition.)Aber

$$\mathbb{P}\left(M \setminus \bigcup_{n \geq 0} \Phi^{-n}(N)\right) = \mathbb{P}(M) - \mathbb{P}\left(M \cap \bigcup_{n \geq 0} \Phi^{-n}(N)\right) = \mathbb{P}(M),$$

denn

$$\mathbb{P}\left(M \cap \bigcup_{n \geq 0} \Phi^{-n}(N)\right) \leq \mathbb{P}\left(\bigcup_{n \geq 0} \Phi^{-n}(N)\right) \leq \sum_{n \geq 0} \mathbb{P}\left(\Phi^{-n}(N)\right)$$
$$= \sum_{n \geq 0} \mathbb{P}(N) = 0.$$

Anmerkung 4.4.4. Über unser untypisches Universum
Warum müssen wir davon ausgehen, daß unser Universum ein (Newtonsches beziehungsweise Hamiltonsches) Nichtgleichgewichts-Universum ist? Wieso kann es nicht einfach eine simple *Gleichgewichtsfluktuation* sein? Boltzmann hat einmal gedacht – eigentlich konsequent, wenn man daran festhalten will, daß nur ein typisches Universum Erklärungswert hat, –, daß wir uns mit unserem Umfeld, das wir erleben, in einer Gleichgewichtsfluktuation befinden. Das bedeutet Folgendes: Beim Münzwurf gibt es eine regellose $\{0; 1\}$-Folge, und wir wissen, daß große „Durststrecken" – nur Nullen hintereinander – in einer typischen Münzwurfreihe zwar selten, aber durchaus vorkommen können. Etwa in einem Münzwurfspiel mit unserer besten Freundin, die uns mit Gewißheit nicht betrügen würde, komme nach einem „regulären Verlauf" von regellosen 0 und 1 in 10 Würfen die Folge 00000000, und was würden wir sagen? Die Münze ist unfair? Betrug? Oder würden wir davon ausgehen, daß wir eine zwar unwahrscheinliche, aber doch mögliche Fluktuation erleben?

So ähnlich müssen wir uns Boltzmanns Bild (Abbildung 4.12) unseres Universums vorstellen.

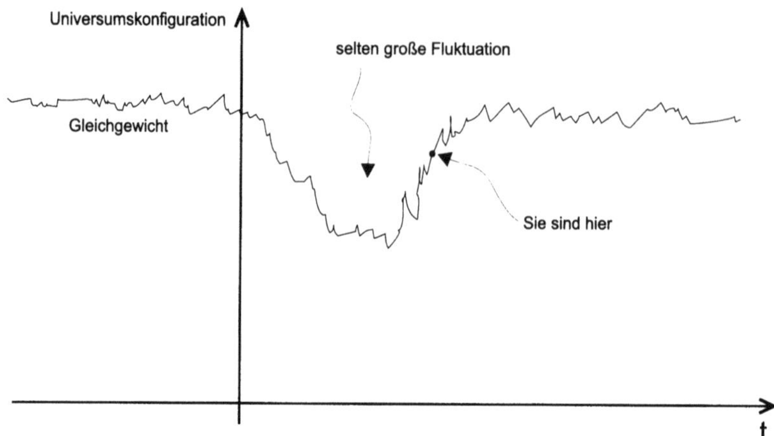

Abb. 4.12. Die Welt ist auf der Rückkehr aus einer tiefen Fluktuation

Feynman nannte Boltzmanns Fluktuationshypothese lächerlich[36]. Eine harte Kritik, aber sie muß einen Grund haben. Kehren wir zu unserer „Durstreihe" im Münzwurf zurück. Wenn wir davon ausgehen, daß es sich um eine Fluktuation handelt, wie entscheiden wir uns beim nächsten Wurf? Natürlich wetten wir so, als ob Gleichgewicht vorliege, das heißt wir gehen davon aus, daß der nächste Wurf 0 oder 1, jeweils mit Wahrscheinlichkeit 1/2, bringt.

Jetzt stellen wir uns folgende Situation vor: Wir haben eine Momentaufnahme eines Gases in einem isolierten Kasten vorliegen (Abbildung 4.13). Die Momentaufnahme ($t = 0$) zeigt, daß die rechte Seite des Kastens leer ist und sich alle Gasatome in der linken Hälfte befinden. Würden wir gefragt, wie die nächste, zeitlich spätere Momentaufnahme ($t = t_0 > 0$) aussehen wird, was würden wir sagen? Würden wir sagen:

(a) 3/4 des Kastens ist leer und nur 1/4 links im Kasten ist voll? Oder würden wir sagen:

(b) 3/4 des Kastens sind voll und nur 1/4 rechts im Kasten ist leer?

Wir würden wohl alle (b) sagen. Aber wer (b) sagt, muß auch (a) sagen. Wenn wir gefragt würden, wie die Momentaufnahme vorher ($t = -t_0 < 0$) ausgefallen ist, dann würden wir (a) sagen, obwohl wir konsequenterweise (b) sagen sollten. Denn würden wir annehmen, daß es sich um eine Gleichgewichtsfluktuation handelt, dann müssen wir davon ausgehen, daß das Bild zu $t = 0$ die Größe der Fluktuation zeigt. Es ist das Wesen einer Fluktuation, gerade so groß zu sein, wie sie ist: Beim Münzwurf: Würden wir gefragt: „Was war vor 0000000 bei dem Wurf der *fairen* Münze?", dann würden wir sagen: „0 oder 1 jeweils mit Wahrscheinlichkeit 1/2".

Wir beurteilen die Situation beim Gas anders, weil wir erfahrungsgemäß durch das vorliegende globale Nichtgleichgewicht, Gleichgewichte kontrolliert verändern können und wir einen solchen Nichtgleichgewichtszustand des Gases im Kopf haben, bei dem das Gas durch Einschieben einer beweglichen

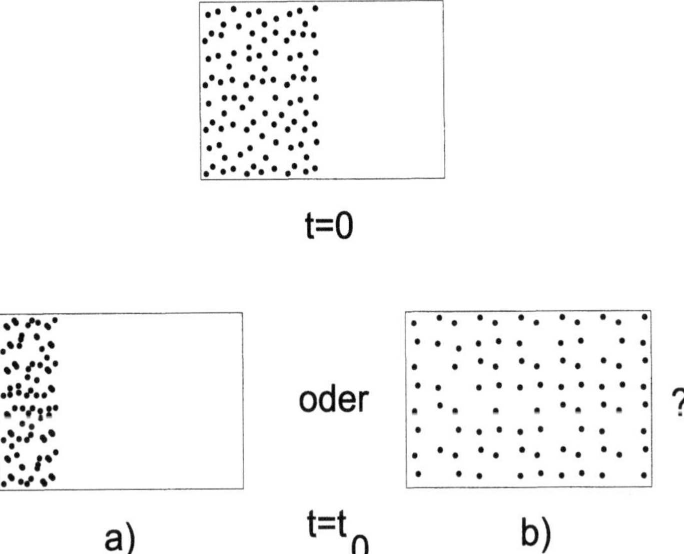

Abb. 4.13. Entwicklung eines Gases in einem Volumen

Trennwand zum Beispiel ganz auf die linke Seite geschoben wird und dann die Trennwand entfernt wird. (Es ist unglaubwürdig, daß der $t = 0$–Zustand aus einer Fluktuation entstand.) Aber so inkonsequent sind alle unsere Wahrscheinlichkeitsurteile. Manchmal, insbesondere bei kleinen Systemen, argumentieren wir gleichgewichtsmäßig, und manchmal nicht. Wenn immer es uns gelingt, über unseren jetzigen Horizont hinauszuschauen und wir sehen kein Gleichgewicht im neu Entdeckten, sondern Nichtgleichgewicht, noch spezieller, noch unwahrscheinlicher als es unser jetziger Horizont erwarten lassen würde, dann sind wir bereit, die vermutete Fluktuation (die Boltzmannsche große Fluktuation meine ich) doch größer anzusetzen als wir ursprüglich dachten. Aber das ist lächerlich. Wir verhalten uns nicht so, als ob die Fluktuationshypothese wahr sei. Wir verhalten uns so, daß in die Vergangenheit zurück die Entropie immer abnimmt, bis zum Anfang des Universums, wo sie einen lächerlich kleinen Wert hatte und wo ein ganz spezieller Anfangszustand vorliegt. (Archäologen verhalten sich ganz auffällig so: Wenn irgendwo in der Wüste ein Knochen gefunden wird, dann sollte man gemäß der Fluktuationshypothese davon ausgehen, daß dieser Knochen „dahin fluktuiert" ist, er ist mit einer Fluktuation entstanden. Das ist auf jeden Fall wahrscheinlicher als die Möglichkeit, daß in der Nähe des Fundortes noch mehr Knochen liegen – ja, womöglich ein ganzes Skelett. Aber genau das würden Archäologen vermuten (und hoffen). Und von diesem speziellen Anfangszustand an nimmt die Entropie zu, solange bis sie ihren maximalen Wert erreicht hat, aber dann leben wir nicht mehr.

Dieser Anfang des Universums ist nicht Resultat einer Fluktuation, er ist ein Nichtgleichgewichtszustand, untypisch, und das müssen wir akzeptieren. Das bedeutet, wir müssen akzeptieren, daß es ein Problem gibt: Was erklärt den speziellen Anfangszustand unseres Universums? Und wie ist dieser Anfangszustand charakterisiert? In einem Newtonschen Universum mit Gravitation ist z.B. eine Möglichkeit, daß dieser Anfangszustand durch eine besonders hohe Homogenität ausgezeichnet ist; die Materie ist sehr homogen verteilt. Dann wird die Materie beginnen, unter dem Einfluß der Gravitation Klumpen zu bilden, also der Wärmetod ist ein großer Klumpen sehr heißer Materie.

Der Anfangszustand unseres Universums ist nach unserem Wissen sehr viel spezieller als das Gasbeispiel deutlich machen könnte. Es ist so speziell, wie eine Dualzahl, die mit ungeheuer vielen Nullen beginnt, mit lächerlich vielen Nullen, so daß man meinen sollte, die Zahl ist einfach Null, bei der dann aber doch noch irgendwann eine typische 0-1-Folge kommt. Penrose versucht in [32], die aus den physikalischen Gesetzen nicht erklärbare Spezialität unseres Universums bildhaft deutlich zu machen, indem er die "Schöpferin" mit scharfem Blick und einer feinen Nadel versieht, mit der sie die Anfangskonfiguration des Universums auswählt: Unser Universum ist im Großen nicht typisch (und wir haben keine physikalische Erklärung dafür), aber diese Tatsache gegeben, ist alles wieder typisch – typisch im Untypischen. Typischerweise nimmt die Entropie zu, und typischerweise findet Übergang ins Gleichgewicht statt. Für dieses typische Verhalten eines Gases etwa, hat Boltzmann seine berühmte Boltzmann-Gleichung abgeleitet.

5. Brownsche Bewegung

Ich konnte nicht umhin, dieses Kapitel auszuführen. Es gibt mir Gelegenheit, mehrere Dinge anzusprechen, die einerseits technisch wichtig sind (Gaußintegrale, zentraler Grenzwertsatz und Pfadintegrale) und die andererseits auch Einsicht geben, wie man irreversibles Verhalten durch Skalierung studieren kann.

Die Gewißheit, daß die Welt aus Atomen besteht, haben wir eigentlich erst seit Einsteins Arbeit über die Brownsche Bewegung. Boltzmann (und Maxwell) waren überzeugt, daß das Gaskontinuum (oder auch das Flüssigkeitskontinuum) aus Teilchen besteht, den Newtonschen Gesetzen gehorchend in einer „Wärmebewegung" hin und her fliegen. Die Theorie war gut, sie erklärte die Phänomenologie der Flüssigkeiten und Gase einheitlich, aber die Theorie machte keine neuen Voraussagen, die diese zu Grunde liegende Struktur überprüfbar machten. (Außerdem erhielt Boltzmann die falsche spezifische Wärme für Gase, was nicht an der Grundidee, sondern an der falschen Mechanik lag). Dann kam 1905 Einstein mit seiner Arbeit, in der er ausgehend von der Boltzmannschen Teilchenhypothese vorhersagte, daß ein (gemessen an den Flüssigkeitsatomen) makroskopisches Teilchen durch die Stöße mit den Flüssigkeitsatomen eine unter dem Mikroskop sichtbare irreguläre Bewegung ausführte. Er beschrieb zudem diese Bewegung quantitativ. Was Einstein voraussagte, war als Phänomen lange bekannt (seit $\sim$1650), im Prinzip seit der Erfindung des Mikroskops. Ausführlich beschrieben und untersucht wurde sie von dem Biologen Robert Brown (1773–1858) – daher Brownsche Bewegung. Man vermutete, daß die zittrige Bewegung dieser mikroskopisch kleinen, auf der Flüssigkeit schwimmenden Teilchen lebendigen Ursprungs sei, dann wieder, daß irreguläre Strömungen in der Flüssigkeit den Transport verursachten. Die Einsteinsche Voraussage wurde kurz darauf von Perrin im Experiment bestätigt, wofür dieser den Nobelpreis erhielt.

Das phänomenologische Gesetz, nach dem sich Brownsche Teilchen bewegen, ist ein Diffusionsgesetz. Die Bahnen sind durch die hohe Anzahl von Stößen extrem irregulär, und man beschreibt sie am besten durch einen stochastischen Prozeß, im wesentlichen durch die Übergangswahrscheinlichkeit $p(x, t; x_0)$. Sie gibt die Wahrscheinlichkeit an, das Teilchen zur Zeit t bei x zu finden, wenn es zur Zeit 0 bei x_0 war (bedingte Wahrscheinlichkeit). $p(x, t; x_0)$ löst die Diffusionsgleichung

$$\frac{\partial}{\partial t}p(\boldsymbol{x},t;\boldsymbol{x}_0) = \frac{1}{2}D\frac{\partial^2}{\partial \boldsymbol{x}^2}p(\boldsymbol{x},t;\boldsymbol{x}_0) \tag{5.1}$$

und

$$p(\boldsymbol{x},0;\boldsymbol{x}_0) = \delta(\boldsymbol{x}-\boldsymbol{x}_0). \tag{5.2}$$

Die Konstante D heißt Diffusionskonstante. Die Anfangsbedingung (5.2) definiert die Fundamentallösung von (5.1):

$$\varrho(\boldsymbol{x},t) = \int p(\boldsymbol{x},t;\boldsymbol{x}_0)\varrho(\boldsymbol{x}_0)\mathrm{d}^3 x_0$$

löst (5.1) offenbar ebenfalls und ist die Wahrscheinlichkeitsdichte, das Teilchen zur Zeit t bei $\boldsymbol{x}$ zu finden, wenn es zur Zeit 0 gemäß $\varrho(\boldsymbol{x}_0)$ verteilt ist ($\int \varrho(\boldsymbol{x}_0)\mathrm{d}^3 x_0 = 1$). An (5.1) fällt auf, daß die Gleichung unter Zeitumkehr nicht invariant ist. Sie beschreibt das irreversible Ausbreiten von vielen diffusiven Vorgängen, z.B. auch den Temperaturausgleich. Sie hat daher auch den Namen Wärmeleitungsgleichung. Man löst (5.1) durch Fourierzerlegung

$$\hat{p}(\boldsymbol{k},t;\boldsymbol{x}_0) = (2\pi)^{-3/2}\int \mathrm{e}^{-\mathrm{i}\boldsymbol{k}\cdot\boldsymbol{x}}p(\boldsymbol{x},t;\boldsymbol{x}_0)\mathrm{d}^3 x$$

und erhält ohne Mühe:

$$\begin{aligned}
\hat{p}(\boldsymbol{k},t;\boldsymbol{x}_0) &= \mathrm{e}^{-k^2\frac{D}{2}t}\hat{p}(\boldsymbol{k},0;\boldsymbol{x}_0)\\
&= (2\pi)^{-3/2}\mathrm{e}^{-k^2\frac{D}{2}t}\mathrm{e}^{-\mathrm{i}\boldsymbol{k}\cdot\boldsymbol{x}_0},
\end{aligned} \tag{5.3}$$

also

$$p(\boldsymbol{x},t;\boldsymbol{x}_0) = \frac{1}{(2\pi)^3}\int \mathrm{e}^{\mathrm{i}\boldsymbol{k}\cdot\boldsymbol{x}}\mathrm{e}^{-k^2\frac{D}{2}t}\mathrm{e}^{-\mathrm{i}\boldsymbol{k}\cdot\boldsymbol{x}_0}\mathrm{d}^3 k. \tag{5.4}$$

Nun, dies ist eine Gaußsche Integration, die jedem leicht fallen sollte:

$$\begin{aligned}
p(\boldsymbol{x},t;\boldsymbol{x}_0) &= \frac{1}{(2\pi)^3}\int \mathrm{e}^{\mathrm{i}\boldsymbol{k}\cdot(\boldsymbol{x}-\boldsymbol{x}_0)}\mathrm{e}^{-k^2\frac{D}{2}t}\mathrm{d}^3 k\\
&= \frac{1}{(2\pi)^3}\left(\frac{2}{Dt}\right)^{3/2}\exp\left(-\frac{(\boldsymbol{x}-\boldsymbol{x}_0)^2}{2Dt}\right)\int \mathrm{e}^{-y^2}\mathrm{d}^3 y\\
&= (2\pi Dt)^{-3/2}\exp-\frac{(\boldsymbol{x}-\boldsymbol{x}_0)^2}{2Dt},
\end{aligned} \tag{5.5}$$

wobei man wissen sollte (und rechnen können sollte), daß

$$\int \mathrm{e}^{-y^2}\mathrm{d}^3 y = \int \mathrm{e}^{-x^2}\mathrm{d}x \int \mathrm{e}^{-y^2}\mathrm{d}y \int \mathrm{e}^{-z^2}\mathrm{d}z = \pi^{3/2} \tag{5.6}$$

ist. In einer Dimension:

$$p(x,t;x_0) = \frac{1}{\sqrt{2\pi Dt}}\mathrm{e}^{-\frac{(x-x_0)^2}{2Dt}}. \tag{5.7}$$

Wir können uns auch die Brownschen Bahnen vorstellen. Die irregulären Zickzackkurven des Teilchens. Die Verteilung $p(\boldsymbol{x}, t; \boldsymbol{x}_0)$ ist dann die Bildverteilung der Zufallsgrößen $\boldsymbol{X}(t)$, dem Ort des Brownschen Teilchens zur Zeit t, der sich aus dem Anfangsort $\boldsymbol{x}_0$ entwickelt hat. Dieser verhält sich *diffusiv*, d.h. der Erwartungswert von $\boldsymbol{X}^2(t)$ ist proportional zu t:

$$\mathbb{E}((\boldsymbol{X}(t) - \boldsymbol{x}_0)^2) = \frac{1}{\sqrt{2\pi Dt}^3} \int (\boldsymbol{x} - \boldsymbol{x}_0)^2 e^{-\frac{(\boldsymbol{x} - \boldsymbol{x}_0)^2}{2Dt}} \, d^3 x$$

$$= \frac{3}{\sqrt{2\pi Dt}^3} \left(\int e^{-\frac{z^2}{2Dt}} dz \right)^2 \int y^2 e^{-\frac{y^2}{2Dt}} \, dy$$

$$= \frac{3 \cdot 2\pi Dt}{\sqrt{2\pi Dt}^3} (-2Dt) \frac{d}{d\alpha} \int e^{-\frac{\alpha y^2}{2Dt}} \, dy \bigg|_{\alpha=1}$$

$$= 3Dt.$$

Anmerkung 5.0.5. Zum Wert der Diffusionskonstanten D.
Für Brownsche Teilchen vom Radius a, die in einer Flüssigkeit der Viskosität η schwimmen, fand Einstein (mit einem bemerkenswert einfachen Argument) als Diffusionskonstante

$$D = \frac{k_{\mathrm{B}} T}{6\pi\eta a}$$

(k_{B} = Boltzmannkonstante). Nun kann man a durch Präparation vorgeben, T und η können gemessen werden, und D kann aus der mittleren Schwankung von X ermittelt werden. Also ergibt sich eine Methode zur Messung von k_{B} oder der Avogadroschen Zahl [37].

Uns geht es aber um folgendes: erstens, wie kann ein irreversibler Vorgang aus einer fundamentalen reversiblen (d.h. zeitumkehrinvarianten) Theorie entstehen und zweitens, woher kommt die Gaußverteilung (Normalverteilung), oder besser die Wärmeleitungsgleichung, die ja sehr universell ist? Antworten hierauf gebe ich durch Studium eines Modells: Es ist wichtig, daß man das einmal gesehen hat und bis zum Ende durchrechnet. Erst dann versteht man! Für das irreversible Verhalten wissen wir bereits, daß die Poincarézyklen – die Wiederkehrzyklen – aufgebrochen werden müssen. Das machen wir, indem wir das System als unendlich groß idealisieren. Dann betrachten wir noch die zeitliche Entwicklung einer speziellen „Nichtgleichgewichts"-Anfangsbedingung, so daß wir den irreversiblen Übergang ins Gleichgewicht verfolgen können. Was hinter der Gaußverteilung steckt sehen wir, wenn wir am Modell rechnen.

Hier nun ein (mathematisches) Modell der Brownschen Bewegung. Das ganze System ist eindimensional, d.h. alle Teilchen bewegen sich auf der x-Achse. Zur Zeit „0" ist das System in folgendem Zustand: das System besteht aus unendlich vielen identischen Teilchen mit Koordinaten $\{q_i, v_i\}_{i \in \mathbb{Z}}$, $q_i = il$ (d.h. $q_i \in l\mathbb{Z}$), $v_i \in \{-v, v\}$. Die v_i werden unabhängig von allem aus

$\{-v, v\}$ mit jeweils Wahrscheinlichkeit 1/2 bestimmt. (D.h. wir haben als Ereignisraum $\Omega = \{\omega | \omega = (il, \pm v)_{i \in \mathbb{Z}}\}$ mit Produktwahrscheinlichkeit $\mathbb{P}_B$). Die Teilchen wechselwirken durch elastische Kollisionen, das gibt in diesem Falle ein ganz simples Bahnenbild in einem Raum-Zeit-Bild, siehe Abbildung 5.1.

Jetzt verfolgen wir das Teilchen, das bei „0" startet, d.h. wir malen es schwarz und verfolgen die schwarze Bahn X_t – eine Zickzackbahn. Das schwarze Teilchen ist das Brownsche Teilchen, die anderen Teilchen repräsentieren die Flüssigkeit oder das Gas. $(X_t)_{t \geq 0}$ ist natürlich eine Funktion von ω, $(X_t(\omega))_{t \geq 0}$, ein stochastischer Prozeß[1] und genau darauf wollen wir fokussieren.

Was ist daran Nichtgleichgewicht? Es ist die Kennzeichnung des zur Zeit $t = 0$ bei Null befindlichen Teilchens! Das Modell ist überdies in folgendem Sinne idealisiert:

- Die Dynamik der elastischen Kollisionen gehorcht nicht einer Differentialgleichung, ist also streng genommen nicht Newtonsch. Sie ist eine gute Idealisierung der Newtonschen Bewegung.
- Systeme sind in Wahrheit nicht *unendlich groß*, aber sehr groß. Die unendliche Größe ist also eine (milde) Idealisierung.
- Das schwarze Teilchen – das Brownsche Teilchen – ist von von den Gasbzw. Flüssigkeitsteilchen nicht *dynamisch* zu unterscheiden. In Wahrheit ist das Brownsche Teilchen sehr viel schwerer als die Flüssigkeitsteilchen, also dynamisch sehr stark unterschieden. Die Verteilung der Flüssigkeitsteilchen wäre besser modelliert durch eine thermische Gleichgewichtsverteilung (zur Zeit „0"). Der diffusive Aspekt aber, auf den es uns ankommt, tritt in unserem sehr einfachen Modell im wesentlichen genauso auf wie im realen Modell.

Nun weiter mit dem stochastischen Prozeß $X_t(\omega)$, der schwarzen Bahn. Wir können sie so beschreiben: Richtungsänderungen finden – mit Wahrscheinlichkeit 1/2 – jede $\Delta t = l/2v$ statt, und

$$X_t \approx \sum_{1 \leq k \leq [\frac{t}{\Delta t}]} \Delta x_k, \qquad (5.8)$$

mit der Gauß-Klammer $[\,.\,]$ ($[a]$ = größte ganze Zahl $\leq a$) und den $\Delta x_k \in \{-l/2, l/2\}$ als unabhängig identisch verteilten Zufallsgrößen, die jeweils mit Wahrscheinlichkeit 1/2 die Werte $\Delta x_k = \pm l/2$ annehmen. Das „$\approx$"-Zeichen in (5.8) bezieht sich auf das letzte Zeitintervall $[[t/\Delta t]\Delta t, t]$ und ist, was unsere Betrachtung betrifft, relativ unwichtig. Es macht nur wenig Mühe, es mitzuschleppen.

---

[1] $X(t), t \geq 0$, ist eine überabzählbare Folge von Zufallsgrößen, deswegen schreibt man oft auch X_t

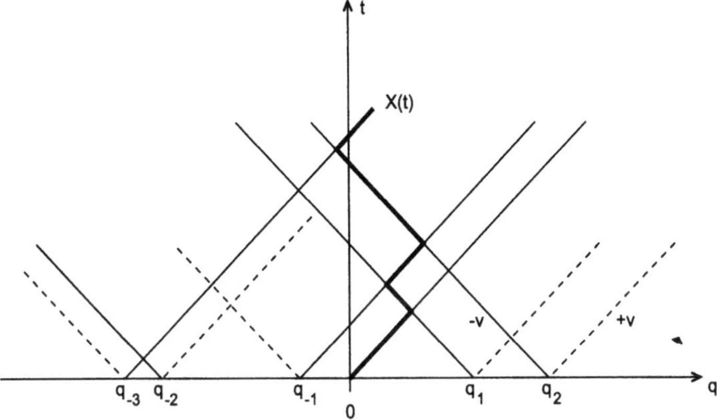

Abb. 5.1. Ein Brownscher Pfad

Also, X_t ist eine Summe von unabhängigen Zufallsgrößen. Der Mittelwert von X_t ist

$$
\begin{aligned}
\mathbb{E}\left(X_t\right) &= \mathbb{E}\left(\sum_{1 \le k \le [\frac{t}{\Delta t}]} \Delta x_k\right) \\
&= \sum_{1 \le k \le [\frac{t}{\Delta t}]} \mathbb{E}\left(\Delta x_k\right) \\
&= \left[\frac{t}{\Delta t}\right]\left(\frac{1}{2}\frac{(-l)}{2} + \frac{1}{2}\frac{l}{2}\right) \\
&= 0 \, ,
\end{aligned}
\tag{5.9}
$$

und die Varianz (vgl. die Formel für die Varianz beim Gesetz der großen Zahlen)

$$
\begin{aligned}
\mathbb{E}(X_t^2) &= \sum_{1 \le k \le [\frac{t}{\Delta t}]} \mathbb{E}(\Delta x_k^2) \\
&= \left[\frac{t}{\Delta t}\right]\left(\frac{1}{2}\frac{l^2}{4} + \frac{1}{2}\frac{l^2}{4}\right) \\
&= \frac{l^2}{4}\left[\frac{t}{\Delta t}\right] \\
&\sim t \, .
\end{aligned}
\tag{5.10}
$$

Also wächst X_t im Mittel wie $\sqrt{t}$. Das allein interessiert uns. Uns interessieren nicht die Effekte der einzelnen Stöße, sondern nur der globale Effekt, das Abwandern mit $\sqrt{t}$. Die makroskopische Skala erreichen wir mit *Skalierung*: wir betrachten alles auf einer großen Zeitskala und renormieren entsprechend den Ort. Das bedeutet,wir schauen uns für $\varepsilon \longrightarrow 0$

$$X_t^\varepsilon = \varepsilon X_{t/\varepsilon^2} \tag{5.11}$$

(einer Sekunde für X_t^ε entsprechen $1/\varepsilon^2$ Sekunden auf der schwarzen Bahn, d.h. $\sim 1/\varepsilon^2$ Stöße) an:

$$\mathbb{E}\left((X_t^\varepsilon)^2\right) = \varepsilon^2 \mathbb{E}(X_{t/\varepsilon^2}^2) \sim \varepsilon^2 \frac{t}{\varepsilon^2} = t.$$

Wie sieht nun die Verteilung $p^\varepsilon(x,t)$ von X_t^ε aus? Diese kriegen wir am einfachsten aus der Fouriertransformierten $\hat{p}^\varepsilon(k,t)$, die so wichtig ist, daß sie einen eigenen Namen trägt: charakteristische Funktion. Also

$$\hat{p}^\varepsilon(k,t) = \int e^{-ikx} p^\varepsilon(x,t)dx = \mathbb{E}(e^{-ikX_t^\varepsilon}),$$

und wir sehen sofort, warum das gut ist: Einsetzen von (5.8) bringt

$$\begin{aligned}
\hat{p}^\varepsilon(k,t) &= \mathbb{E}\left(\exp\left(-ik\sum_{n\le[\frac{t}{\varepsilon^2\Delta t}]} \varepsilon\Delta x_n\right)\right) \\
&= \mathbb{E}\left(\prod_{n\le[\frac{t}{\varepsilon^2\Delta t}]} e^{-ik\varepsilon\Delta x_n}\right) \\
&= \prod_{n\le[\frac{t}{\varepsilon^2\Delta t}]} \mathbb{E}\left(e^{-ik\varepsilon\Delta x_n}\right) \\
&= \prod_{n\le[\frac{t}{\varepsilon^2\Delta t}]} \mathbb{E}\left(1 - ik\varepsilon\Delta x_n - \frac{1}{2}k^2\varepsilon^2(\Delta x_n)^2 + o(\varepsilon^2)\right) \\
&= \prod_{n\le[\frac{t}{\varepsilon^2\Delta t}]} \left(1 - \frac{1}{2}k^2\varepsilon^2\frac{l^2}{4} + o(\varepsilon^3)\right).
\end{aligned} \tag{5.12}$$

Dabei haben wir nun die rechten Seiten von (5.9) und (5.10) benutzt. Wir wählen nun ε einfach so, daß $t/\varepsilon^2\Delta t = N \in \mathbb{N}$, und damit erhalten wir

$$\hat{p}^\varepsilon(k,t) = \left(1 - \frac{1}{N}\frac{k^2l^2t}{8\Delta t} + o\left(\frac{1}{N}\right)\right)^N,$$

und das geht für $N \longrightarrow \infty$ (d.h. $\varepsilon \longrightarrow 0$) gegen

$$\hat{p}(k,t) = e^{-\frac{k^2l^2}{8\Delta t}t},$$

und mit $\Delta t = l/2v$ ergibt sich daraus

$$\hat{p}(k,t) = e^{-\frac{k^2lv}{4}t}.$$

Wir brauchen nur mit (5.3) zu vergleichen und sehen, daß

$$D = \frac{1}{2}lv,$$

so daß

$$p(x,t) = \frac{1}{\sqrt{2\pi D t}}e^{-\frac{x^2}{2Dt}} = \frac{1}{\sqrt{\pi l v t}}e^{-\frac{x^2}{l v t}}. \qquad (5.13)$$

Setze $\varrho = 1/l$ als „Dichte der Flüssigkeit". Das Ergebnis $D = v/2\varrho$ ist klar. Die Diffusion wird größer mit abnehmender Dichte und größerer Geschwindigkeit. Wir sehen also, wie im Skalierungslimes aus der mikroskopischen Dynamik ein makroskopisches phänomenologisches Gesetz zustande kommt.

Anmerkung 5.0.6. Zentraler Grenzwertsatz
Wir können die Rechnung auch rigoros durchführen, ohne neue Einsichten. Wir erkennen ohne weiteres, daß die Rechnung für jede Summe zentrierter unabhängiger Zufallsgrößen gemacht werden kann, wobei die Zufallsgrößen nicht zu sehr schwanken dürfen, d.h. daß z.B. das dritte Moment $\mathbb{E}(|X|^3)$ endlich sein muß. Die Aussage heißt zentraler Grenzwertsatz[2] und kann allgemein so formuliert werden: Sei $(X_i)_{i\in\mathbb{N}}$ eine Folge unabhängiger, identisch verteilter, zentrierter Zufallsgrößen (d.h. $\mathbb{E}(X_i) = 0$) mit $\mathbb{E}(X_i^2) < \sigma^2$ (definiert auf $(\Omega, \mathcal{B}(\Omega), \mathbb{P})$). Mit

$$\frac{1}{\sqrt{n}}S_n = \sum_{i=1}^{n} X_i$$

gilt dann

$$\lim_{n\to\infty} \mathbb{P}\left(\left\{\omega \Big| \frac{1}{\sqrt{n}}S_n(\omega) \in [a,b]\right\}\right) = \int_a^b \frac{1}{\sqrt{2\pi\sigma}}e^{-\frac{x^2}{2\sigma}}\,\mathrm{d}x,$$

d.h. die mit $1/\sqrt{n}$ skalierte Summe S_n ist asymptotisch normalverteilt (gaußverteilt). Der zentrale Grenzwertsatz gilt in viel größerer Allgemeinheit als es hier angesprochen wurde. Insbesondere kann die Unabhängigkeit zugunsten einer „schwachen Abhängigkeit" aufgegeben werden.

Anmerkung 5.0.7. Pfadintegration
Wir haben in (5.13) nur den skalierten Ort des Brownschen Teilchens zur skalierten Zeit t betrachtet. Was kann man über den gesamten skalierten Prozeß $(X_t^\varepsilon)_{t\in[0,\infty)}$ aussagen? Dazu betrachten wir Zylindermengen im Raum der stetigen Pfade (= stetige Funktionen) $C([0,T])$, $T < \infty$. Seien $t_1,\ldots,t_n$ beliebig vorgegeben sowie $\Delta_i \subset \mathbb{R}$, $i = 1,\ldots,n$, vorzustellen als Tore (vgl. Abbildung 5.2). Dann ist

---

[2] Man sollte in diesem Zusammenhang auch Fußnote 16 sehen.

$$Z_{t_1,\ldots,t_n}(\Delta_1,\ldots,\Delta_n) = \{\omega(t) \in C([0,T]) | \omega(t_1) \in \Delta_1,\ldots,\omega(t_n) \in \Delta_n\},$$

mit der durch X_t^ε induzierten Wahrscheinlichkeit

$$\mathbb{P}^\varepsilon(Z_{t_1,\ldots,t_n}(\Delta_1,\ldots,\Delta_n)) = \mathbb{P}_\mathcal{B}(\{\omega | X_{t_1}^\varepsilon(\omega) \in \Delta_1,\ldots,X_{t_n}^\varepsilon(\omega) \in \Delta_n\}). \tag{5.14}$$

Das lesen wir so: ein Pfad, der in $Z_{t_1,\ldots,t_n}(\Delta_1,\ldots,\Delta_n)$ liegt, startet bei Null und geht nach $X_1 \in \Delta_1$, von da aus nach $X_2 \in \Delta_2$, und so weiter. Wir können nun (5.13) als Wahrscheinlichkeit interpretieren, daß ein Pfad von 0 nach x_1 geht in der Zeit t_1,

$$p(x_1,t_1;0) = \frac{1}{\sqrt{2\pi D t_1}} e^{-\frac{x_1^2}{2D t_1}}.$$

Nun betrachten wir den Prozeß X_t^ε mit Startpunkt x_1 zur Zeit t_1. Es ist relativ leicht einzusehen, daß dann als Verteilung von $X_{t_2}^\varepsilon$

$$p(x_2,t_2;x_1,t_1) = \frac{1}{\sqrt{2\pi D(t_2 - t_1)}} e^{-\frac{(x_2-x_1)^2}{2D(t_2-t_1)}}$$

herauskommen muß. Bauen wir das zusammen, so erwarten wir für (5.14) im Limes $\varepsilon \longrightarrow 0$ eine n-dimensionale Normalverteilung

$$\mathbb{P}(Z_{t_1,\ldots,t_n}(\Delta_1,\ldots,\Delta_n)) \tag{5.15}$$

$$= \int_{\Delta_1} dx_1 \int_{\Delta_2} dx_2 \cdots \int_{\Delta_n} dx_n \frac{e^{-\frac{x_1^2}{2D t_1}}}{\sqrt{2\pi D t_1}} \frac{e^{-\frac{(x_2-x_1)^2}{2D(t_2-t_1)}}}{\sqrt{2\pi D(t_2-t_1)}} \cdots \frac{e^{-\frac{(x_n-x_{n-1})^2}{2D(t_n-t_{n-1})}}}{\sqrt{2\pi D(t_n-t_{n-1})}}.$$

Nun erzeugen wir aus den Zylindermengen eine Borelalgebra $\mathcal{B}(C[0,T])$. Dies

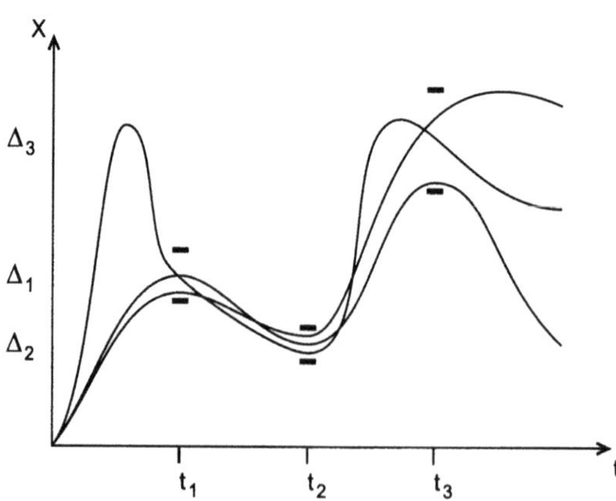

Abb. 5.2. Eine Zylindermenge

ist ganz ähnlich zu der Borelalgebra, die von den Zylindermengen der Dual-
entwicklung (vgl. (4.30)) erzeugt wird, und die isomorph (über die Dualent-
wicklungsvorschrift) zur Borelalgebra über $[0,1)$ ist, welche von den offenen
Intervallen erzeugt wird. Hier nun erhalten wir in der Tat, daß $\mathcal{B}(C[0,T])$
gleich der Borelalgebra ist, die von den offenen Mengen in der Supremums-
norm

$$|\omega|_\infty = \sup_{t\in[0,T]} |\omega(t)|$$

erzeugt wird. Als Maß auf dem Funktionenraum $C([0,T])$ erhalten wir das
Wienermaß μ_W. Dieses ist ein Gaußsches Maß auf dem Funktionenraum.
Der Prozeß $(W_t)_{t\in[0,\infty)}$, dessen Verteilung durch (5.15) gegeben wird, heißt
Wienerprozeß oder Brownsche Bewegung. Wir können nun Funktionen von
$C([0,T]) \longrightarrow \mathbb{R}^n$ (die man manchmal auch Funktionale nennt) mit dem Wie-
nermaß integrieren – analog dem Lebesgueintegral. Solche Integrale nennt
man auch Funktionalintegrale oder in gewissen physikalischen Situationen
Feynman-Kac-Wegintegrale bzw. Pfadintegrale.

6. Die Anfänge der Quantentheorie

Wir wollen dies kurz machen. Die klassische Physik – Newtonsche Gesetze und Maxwell-Lorentz-Theorie (vgl. Kapitel 2) – versagt bei der Erklärung vieler mikroskopischer Phänomene. Das bedeutet, daß die Annahmen und die Modellierung für etwaige Erklärungsversuche „atomarer Phänomene" unnatürlich und nicht mehr nachvollziehbar sind. Anders gesagt: der offenbare und natürliche Weg der Erklärung führt zu falschen, d.h. den Phänomenen widersprechenden Ergebnissen. (Newtonsche Mechanik ist etwa der Theorie der Epizyklen zur Rettung der Ptolemäischen geozentrischen Astronomie vorzuziehen, weil ihre Erklärung der Himmelsbahnen einfacher und natürlicher ist.) Das Versagen spiegelt sich in der Benennung der Effekte wider. Der normale Zeeman-Effekt bezeichnet die von Lorentz mit der klassischen Theorie vorhergesagte Dreifachaufspaltung gewisser Spektrallinien im Magnetfeld. Der anomale Zeeman-Effekt hingegen bezeichnet die im Experiment ebenfalls beobachtbaren komplizierteren Aufspaltungen, die nicht ohne weiteres aus der Lorentzschen Theorie folgen.

Wir wollen einige Beispiele ansprechen, beginnend mit der Hohlraumstrahlung des „schwarzen Strahlers". Das ist die elektromagnetische Strahlung in einem Kasten, dessen Wände auf einer bestimmten Temperatur T gehalten werden, wobei sich ein thermisches Gleichgewicht zwischen Strahlung und Wand einstellt. Dann ist die Gleichgewichtsverteilung der Energie H der Strahlung gerade gemäß (4.1) die kanonische,

$$\frac{\mathrm{e}^{-\frac{1}{k_{\mathrm{B}}T}H}}{Z(T)}.$$ (6.1)

Nun, (2.34) mit $j^\mu = 0$ (und $c = 1$) ist einfach

$$\left(\frac{\partial^2}{\partial t^2} - \Delta\right) A^\mu = 0,$$ (6.2)

und mit Fouriertransformation

$$A^\mu(\boldsymbol{x}, t) = \frac{1}{(2\pi)^3} \int \mathrm{d}^3 k\, \mathrm{e}^{-\mathrm{i}\boldsymbol{k}\cdot\boldsymbol{x}} \hat{A}^\mu(\boldsymbol{k}, t)$$ (6.3)

erhalten wir aus (6.2) für die Fourieramplituden

$$\ddot{\hat{A}}^{\mu}(\boldsymbol{k}, t) = -k^2 \hat{A}^{\mu}(\boldsymbol{k}, t). \qquad (6.4)$$

Nun sei $\boldsymbol{k}$ fest gewählt, dann ist (6.4) eine Gleichung für einen harmonischen Oszillator der Frequenz $\omega(\boldsymbol{k}) = \|\boldsymbol{k}\|$,

$$\ddot{q} = -k^2 q \quad (= -\omega^2 q). \qquad (6.5)$$

Darum besteht die freie elektromagnetische Strahlung aus lauter ungekoppelten harmonischen Schwingungen[1]. Jede „$\boldsymbol{k}$-Mode" $\hat{A}^{\mu}(\boldsymbol{k}, t)$ besitzt die Frequenz $\omega = \|\boldsymbol{k}\|$. Die Abhängigkeit $\omega(\boldsymbol{k})$ nennt man Dispersionsrelation.

Nun betrachten wir einen Oszillator (6.5) und überlegen, welche Energie er im „Mittel" bei Temperatur T besitzt:

$$H = \frac{1}{2m} p^2 + \frac{1}{2} m\omega^2 q^2$$

und

$$\begin{aligned}
E(\omega) &= \frac{\int e^{-\beta H} H \, dq \, dp}{\int e^{-\beta H} dq \, dp} \\
&= -\frac{d}{d\beta} \ln \left(\int e^{-\beta\left(\frac{1}{2m} p^2 + \frac{1}{2} m\omega^2 q^2\right)} dq \, dp \right) \\
&= -\frac{d}{d\beta} \ln \frac{2\pi}{\omega} \frac{1}{\beta} \\
&= \frac{1}{\beta} \\
&= k_{\mathrm{B}} T.
\end{aligned}$$

Also hat jede ω-Mode im Mittel die Energie $k_{\mathrm{B}} T$, und die Anzahl der Moden in $[\omega, \omega + d\omega]$ wird gegeben durch die Anzahl der $\boldsymbol{k}' \in [\boldsymbol{k}, \boldsymbol{k} + d\boldsymbol{k}]$, also $4\pi k^2 dk$, d.h. $4\pi\omega^2 d\omega$. So kriegen wir ganz leicht für die mittlere Energie $U(\omega, T)$ der Strahlung bei der Temperatur T:

$$U(\omega, T) d\omega \sim k_{\mathrm{B}} T \omega^2 d\omega, \qquad (6.6)$$

die sogenannte Rayleigh-Jeans-Verteilung. Die experimentell gefundene Verteilung ist für große ω ganz anders und entspricht in der Tat der bereits früher erschienenen Wienschen Arbeit (1896) über das Stefan-Boltzmann-Gesetz, wonach

$$U(\omega, T) d\omega \sim \omega f\left(\frac{\omega}{T}\right) \omega^2 d\omega,$$

und Wien argumentierte

$$f\left(\frac{\omega}{T}\right) = \hbar e^{-\frac{\hbar\omega}{k_{\mathrm{B}} T}},$$

so daß

---

[1] j^{μ} in (2.34) können wir uns als „Schwingungserzeuger" denken.

$$U(\omega, T)\mathrm{d}\omega \sim \hbar\omega\, \mathrm{e}^{-\frac{\hbar\omega}{k_\mathrm{B}T}}\omega^2 \mathrm{d}\omega. \qquad \text{(Wiensches Gesetz)} \qquad (6.7)$$

Hierin ist $\hbar = h/2\pi$ eine durch das Experiment zu bestimmende Konstante. Planck kam dann mit einer Interpolationsformel, die dem empirischen Verlauf von $E(\omega)$ entsprach. Dabei nahm er an, daß ein „Hohlraumwand-Oszillator" nur Energien $n\hbar\omega$, $n = 0, 1, 2, \ldots$ aufnehmen bzw. abgeben kann. Das Argument war umständlich. Einstein nahm das Feld – die Strahlung – als physikalische Realität, dessen Gesetz ein anderes sein mußte, als bisher angenommen. Dabei brauchte man das neue Gesetz gar nicht genau zu kennen. Es reichte aus, daß nun die Strahlungsenergie zur Frequenz ω nur ein Vielfaches von $\hbar\omega$ sein kann. Und damit ist plötzlich alles ganz einfach. Dieselbe Statistik[2] (6.1) wie immer, aber eine „andere Dynamik" (von der man nur weiß, daß $E_n(\omega) = n\hbar\omega$ ist), ergibt

$$
\begin{aligned}
E(\omega) &= -\frac{\mathrm{d}}{\mathrm{d}\beta} \ln \sum_{n=0}^{\infty} \mathrm{e}^{-\beta E_n} \\
&= -\frac{\mathrm{d}}{\mathrm{d}\beta} \ln \sum_{n=0}^{\infty} \mathrm{e}^{-\beta n\hbar\omega} \\
&= -\frac{\mathrm{d}}{\mathrm{d}\beta} \ln \left(\frac{1}{1 - \mathrm{e}^{-\beta\hbar\omega}} \right) \\
&= \frac{\hbar\omega\, \mathrm{e}^{-\beta\hbar\omega}}{1 - \mathrm{e}^{-\beta\hbar\omega}},
\end{aligned}
$$

die Plancksche Strahlungsformel

$$U(\omega, T)\mathrm{d}\omega \sim \frac{\hbar\omega\, \mathrm{e}^{-\frac{\hbar\omega}{k_\mathrm{B}T}}}{1 - \mathrm{e}^{-\frac{\hbar\omega}{k_\mathrm{B}T}}}\omega^2 \mathrm{d}\omega. \qquad (6.8)$$

Nun sieht man, für $k_\mathrm{B}T \gg \hbar\omega$ (hohe Temperatur, kleine Frequenz) kommt näherungsweise

$$E(\omega) \approx \frac{\hbar\omega\left(1 - \frac{\hbar\omega}{k_\mathrm{B}T}\right)}{\hbar\omega} k_\mathrm{B}T = k_\mathrm{B}T$$

(dies in (6.8) eingesetzt ergibt (6.6)), und für $k_\mathrm{B}T \ll \hbar\omega$ ist $E(\omega) \approx \hbar\omega\, \mathrm{e}^{-\frac{\hbar\omega}{k_\mathrm{B}T}}$, und wir bekommen (6.7).

---

[2] Warum dieselbe Statistik benutzt werden kann, ist natürlich überhaupt nicht klar und wird jetzt nur durch den Erfolg gerechtfertigt. Man sollte das einfach der Genialität Einsteins zurechnen, daß dieser Weg so beschritten wurde. Ein wenig kann man auch so denken: Energie ist eine zur Newtonschen (Hamiltonschen) Mechanik gehörige Größe, wofür (6.1) die Gleichgewichtsstatistik darstellt. Und wenn also für die neue Theorie, was immer die auch sein mag, eine der Energie entsprechende Größe zugeteilt werden kann, dann sollte auf dieser Ebene der Beschreibung die Statistik auch die übliche sein.

Die neue Beschreibung des Feldes durch Feldenergiequanten – Photonen (der Energie $\hbar\omega$) – erklärte auch den 1880 von Hertz entdeckten photoelektrischen Effekt auf erstaunlich simple Weise. Das war die zweite der fundamentalen Arbeiten von Einstein aus dem Jahre 1905, wofür er den Nobelpreis erhielt. Es mag dabei amüsant sein, zu bemerken, daß wir eigentlich immer noch nicht wissen, was „Photonen" wirklich sind (d.h. was elektromagnetische Strahlung wirklich ist). Dies ändert natürlich nichts an der Leistungsfähigkeit von „$E = n\hbar\omega$".

Vom Ansatz her ähnlich ist die Bohrsche Quantenbedingung (1913) für den Drehimpuls,

$$L = n\hbar, \quad n \in \mathbb{N}, \tag{6.9}$$

und die Bohr-Sommerfeldsche Quantenbedingung für die Wirkung periodischer Bahnen,

$$\oint p\mathrm{d}q = n\hbar. \tag{6.10}$$

Damit bekommt man die Spektrallinien des Wasserstoffatoms und wasserstoffähnlicher Atome mit erstaunlicher Präzision und Einfachheit. Das ist gut bekannt, und wir konzentrieren uns lieber auf Wellen und de Broglies Idee aus dem Jahre 1923. Der Begriff der ebenen Welle $\mathrm{e}^{i\boldsymbol{k}\cdot\boldsymbol{x}}$, $\boldsymbol{k} \in \mathbb{R}^3$ ist klar. Als Wellenpaket bezeichnet man eine um $\boldsymbol{k}_0$ zentrierte Überlagerung von ebenen Wellen

$$f(\boldsymbol{x}) = \int \mathrm{e}^{i\boldsymbol{k}\cdot\boldsymbol{x}} \hat{f}_{\boldsymbol{k}_0}(\boldsymbol{k})\mathrm{d}^3 k, \tag{6.11}$$

mit einer um $\boldsymbol{k}_0$ konzentrierten Funktion $\hat{f}_{\boldsymbol{k}_0}(\boldsymbol{k})$, z.B.

$$\hat{f}_{\boldsymbol{k}_0}(\boldsymbol{k}) = \frac{1}{(2\pi)^{\frac{3}{2}}\sigma^3}\mathrm{e}^{-\frac{(\boldsymbol{k}_0-\boldsymbol{k})^2}{2\sigma^2}}. \tag{6.12}$$

Damit ist

$$f(\boldsymbol{x}) = \mathrm{e}^{i\boldsymbol{k}_0\cdot\boldsymbol{x}}\mathrm{e}^{-\frac{x^2\sigma^2}{2}}.$$

Dies bedeutet, daß f auf einen Bereich der Größenordnung $1/\sigma$ konzentriert ist. Daran ist nichts Spezielles. Der Wellencharakter tritt erst zu Tage, indem wir die zeitliche Entwicklung von Wellen betrachten. Ihre Besonderheit ist, daß die zeitliche Frequenz ω eine Funktion von $\boldsymbol{k}$ ist, d.h. der Wellencharakter ist durch Existenz der „Dispersionsrelation" $\omega(\boldsymbol{k})$ bedingt. Sie ist ganz entscheidend für alle Wellenphänomene. Denn sie regelt, wie gleich besprochen wird, das Auseinanderlaufen von Wellenpaketen, die sich um verschiedene Wellenlängen gruppieren, was für Bohmsche Mechanik von größter Bedeutung ist. Allein aus dem ergibt sich nämlich das Verständnis der Newtonschen Begriffe wie Impuls und Enegergie. Das kommt alles noch einmal in Unterkapitel 9.4. Die Dispersionsrelation für elektromagnetische Wellen im Vakuum ist dagegen $\omega^2 = c^2 k^2$, und das bedeutet, daß sich Lichtwellenpakete verschiedener Wellenlängen im Vakuum nicht trennen. In Materie ist sie in der

Regel komplizierter, und die Dispersionsrelation wird als phänomenologisches Gesetz modellmäßig angesetzt.

Also, die zeitliche Entwicklung von (6.11) ist nun

$$f(\boldsymbol{x},t) = \int e^{i(\boldsymbol{k}\cdot\boldsymbol{x}-\omega(\boldsymbol{k})t)}\, \hat{f}_{\boldsymbol{k}_0}(\boldsymbol{k})\mathrm{d}^3k. \tag{6.13}$$

Wir wollen nun die $(\boldsymbol{x},t)$-Werte aussondern, bei denen $f(\boldsymbol{x},t)$ von Null verschieden ist. Dazu entwickeln wir die Phase $S(\boldsymbol{k})$ im Integral von (6.13) um $\boldsymbol{k}_0$:

$$\begin{aligned} S(\boldsymbol{k}) &= \boldsymbol{k}\cdot\boldsymbol{x} - \omega(\boldsymbol{k})t \\ &\quad -\boldsymbol{k}_0\cdot\boldsymbol{x} - \omega(\boldsymbol{k}_0)t + (\boldsymbol{k}-\boldsymbol{k}_0)\cdot\boldsymbol{x} - (\boldsymbol{k}-\boldsymbol{k}_0)\cdot\mathrm{grad}\omega(\boldsymbol{k}_0)t \\ &\quad -\frac{1}{2}\left((\boldsymbol{k}-\boldsymbol{k}_0)\cdot\omega''(\boldsymbol{k}_0)(\boldsymbol{k}-\boldsymbol{k}_0)\right)t + \dots, \end{aligned}$$

mit der Hesse-Matrix $\omega''(\boldsymbol{k}_0)$ (Matrix der zweiten Ableitungen). $S(\boldsymbol{k})$ variiert am stärksten im linearen $\boldsymbol{k}$-Term, d.h. wenn wir $\boldsymbol{x}$· und t so wählen $(\boldsymbol{x}_0,t_0)$, daß dieser Term verschwindet, gibt es kaum „destruktive Interferenz", d.h. $f(\boldsymbol{x},t)$ wird dort die größte Amplitude haben. Wir können dabei ruhig große $(\boldsymbol{x}_0,t_0)$-Werte im Kopf haben. Dabei stört der Phasenfaktor vor dem Integral nicht, weil man in der Regel am Absolutquadrat der Wellenamplitude interessiert ist. (Man nennt das ganze auch das Argument der stationären Phase, das insbesondere in Bemerkungen 9.4.1,15.2.4,15.2.5 behandelt wird.) Also definiert man als Gruppengeschwindigkeit der Welle[3] $f(\boldsymbol{x},t)$

$$v_g := \frac{\boldsymbol{x}_0}{t_0} = \frac{\partial w}{\partial \boldsymbol{k}}(\boldsymbol{k}_0), \tag{6.14}$$

so daß $f(v_g t, t)$ immer maximale Amplitude hat. Indem wir (in der Nähe von $v_g t = \boldsymbol{x}$) die Entwicklung von $S(\boldsymbol{k})$ in (6.13) einsetzen,

$$f(\boldsymbol{x},t) \approx e^{i\boldsymbol{k}_0\cdot\boldsymbol{x}-\omega(\boldsymbol{k}_0)t} \int e^{-\frac{i}{2}((\boldsymbol{k}-\boldsymbol{k}_0)\cdot\omega''(\boldsymbol{k}_0)(\boldsymbol{k}-\boldsymbol{k}_0))t}\, \hat{f}_{\boldsymbol{k}_0}(\boldsymbol{k})\mathrm{d}^3k, \tag{6.15}$$

sehen wir, daß sich die $\boldsymbol{k}$-Breite verändert: Wir setzen einfach für $\omega''(\boldsymbol{k}_0)$ die Zahl γ an und die $\boldsymbol{k}$-Breite wird ungefähr ($\Re$ steht für Realteil)

$$\sqrt{\Re\frac{1}{\frac{1}{\sigma^2}+it\gamma}} = \sqrt{\frac{1}{\sigma^{-2}+\sigma^2 t^2\gamma^2}}.$$

Die Ortsbreite (der Gaußverteilung (6.11)) ist davon das Inverse, also

---

[3] Die Gruppengeschwindigkeit ist die „phänomenologische" Geschwindigkeit einer Welle. Die „Phasengeschwindigkeit", bestimmt durch die $(\boldsymbol{x},t)$-Punkte gleicher Phase, $\boldsymbol{k}_0\cdot\boldsymbol{x} - \omega(\boldsymbol{k}_0)t = 0$, beachtet nicht die Veränderung der Welle, die durch Interferenz der „Wellenzüge" entsteht.

$$\sqrt{\sigma^{-2} + \sigma^2 t^2 \gamma^2} \approx \sigma\gamma t, \text{ für } t \to \infty. \tag{6.16}$$

Dies ist das „Zerfließen" des Wellenpaketes. Es zerfließt schnell, wenn die anfängliche Ortsbreite klein ist (σ also groß ist). Dies und die Statistik der neuen Bohmschen Mechanik sind die Wurzel der berühmten Heisenbergschen Unschärferelation.

Aber weiter mit de Broglies Ideen. Elektromagnetische Strahlung breitet sich auf Lichtkegeln aus, d.h. „Photonenbahnen", falls existent, liegen auf Lichtkegeln. Für sie ist also $ds^2 = 0$, und damit ist eine Parametrisierung gemäß der „Eigenzeit", die sich ja nicht ändert, nicht möglich. Um ein konsistentes Bild von „Photonen als Teilchen" zu haben, kann die Energie-Impuls-Relation nur $E^2/c^2 - p^2 = 0$ lauten, d.h. die Photonenruhemasse ist Null. Für ein Photon, zugehörig zu einer Welle der Frequenz ω, ergibt $E = \hbar\omega$ also $\hbar^2\omega^2/c^2 - p^2 = 0$. Daher erscheint es auf Grund der Dispersionsrelation $\omega = c|\boldsymbol{k}|$ sofort natürlich, $\boldsymbol{p} = \hbar\boldsymbol{k}$ zu setzen. Somit ist der Energie-Impuls-Vierervektor für Photonen einfach

$$\left(\frac{\hbar\omega}{c}, \hbar\boldsymbol{k} \right).$$

Nun haben wir Hamiltons Gedanken, Newtonsche Mechanik als „geometrische Optik" einer Wellentheorie zu lesen, Einsteins Idee, die Photonen als Teilchen der bis dahin reinen Wellentheorie zu sehen, und dies brachte de Broglie 1923 dazu, nochmals zu versuchen, Welle und Teilchen zusammenzubringen. Anders aber als Hamilton. De Broglie wollte pro Teilchen eine Welle oder besser ein Wellenpaket. Eigentlich ist alles vorgezeichnet. Setze in der Energie-Impuls-Relation für ein Teilchen der Masse m,

$$\frac{E^2}{c^2} - p^2 = m^2 c^2,$$

$E = \hbar\omega$ und $\boldsymbol{p} = \hbar\boldsymbol{k}$, d.h. die Dispersionsrelation ist nun

$$\omega(k) = \sqrt{\frac{m^2 c^4}{\hbar^2} + k^2 c^2}. \tag{6.17}$$

Der erste Erfolg stellt sich sofort ein: die Bohrsche Quantenbedingung ergibt sich ganz natürlich aus der Bedingung, daß die Elektronenbahn eine stehende Welle ist. Sei $\lambda = 2\pi/k$ die Wellenlänge, dann setze

$$2\pi r = n\lambda = n\frac{2\pi}{k} = n\frac{2\pi\hbar}{p}$$

oder

$$L = rp = n\hbar.$$

Es gibt wohl nichts Überzeugenderes! Nun sollte aber i.a. mit dem Teilchen eine Wellengruppe assoziiert sein und nicht eine einzige ebene Welle (wie das bei Photonen der Fall ist). Also konzentriert sich alles um ein $\boldsymbol{k}_0$ eines Wellenpaketes, wobei vernünftigerweise die Teilchengeschwindigkeit der Gruppengeschwindigkeit $\boldsymbol{v}_g$ (6.14) gleich zu sein hat. Da stellt sich die Frage, ob das sich alles konsistent zusammenfügen läßt. Einerseits setzt man einfach $\boldsymbol{p} = \hbar \boldsymbol{k}_0$, andererseits soll aber auch

$$\hbar \boldsymbol{k}_0 = \boldsymbol{p} = \tilde{m} \boldsymbol{v}_g = \tilde{m} \frac{\partial w}{\partial \boldsymbol{k}}(\boldsymbol{k}_0) \tag{6.18}$$

sein, wobei jedoch durch $E = \hbar \omega(\boldsymbol{k}_0)$ die Dispersionsrelation (6.17) bereits festgelegt ist. So erscheint es überraschend, daß (6.17) die Gleichung (6.18) löst! Nach (6.17) ist

$$\tilde{m} \frac{\partial w}{\partial \boldsymbol{k}}(\boldsymbol{k}_0) = \frac{\tilde{m} \boldsymbol{k}_0 c^2}{\omega(\boldsymbol{k}_0)} = \frac{\tilde{m} c^2}{\hbar \omega(\boldsymbol{k}_0)} \hbar \boldsymbol{k}_0 = \frac{\tilde{m} c^2}{E} \boldsymbol{p} = \boldsymbol{p}.$$

Gleichung (6.17) ist die relativistische Dispersionsrelation für ein Teilchen der Masse m. Der Newtonsche Limes davon gibt die Galileische Dispersionsbeziehung (wir lassen wie bei der Energie die konstante Phase weg)

$$\omega(\boldsymbol{k}) = \frac{1}{2} \frac{\hbar k^2}{m}. \tag{6.19}$$

Sie stellt für uns den Schlüssel zur Schrödingergleichung dar.

Der aufmerksame Leser wird nicht verstanden haben, was nun eigentlich genau de Broglies Idee war: Wie Teilchen und Welle genau zusammengebracht werden. Das habe ich auch gar nicht gesagt, und werde das auch nicht weiter ausführen. De Broglie hatte einmal auf der Solvay-Konferenz 1927 die Gleichungen der Bohmschen Mechanik hingeschrieben, aber das machte er nur in vorläufiger Weise, weil seine eigene Idee, wie Teilchen und Welle vereint werden sollten, für ihn noch nicht ganz zuende gedacht war. Mein Verständnis der Geschichte ist so, daß de Broglie die Bohmsche Mechanik, die er dann in der Bohmschen Veröffentlichung 1952 als seine Gleichungen von 1927 wiedererkannte, nie als physikalische Theorie ernst genommen hat. Angriffen gegen seine damalige Präsentation, vor allem durch Pauli, wußte de Broglie nichts entgegenzusetzen, und er schlug sich schnell ganz auf die Seite der damals schon sehr beherrschenden Kopenhagener Deutung, die im wesentlichen besagt: Bloß nicht nachfragen, was genau passiert.

7. Die Schrödingergleichung

Ziemlich gleichzeitig entwickelten 1925-1926 Heisenberg, Born, Jordan, Dirac
und Schrödinger die Quantentheorie. Bemerkenswert sind die völlig verschiedenen Ansätze. Schrödinger nahm de Broglies Idee der Materiewellen auf
und verband sie mit dem Eigenwertproblem partieller Differentialoperatoren,
gerade ein aktuelles Gebiet der mathematischen Physik. Eigenschwingungen
und diskrete Eigenwerte, das paßte mit diskreten Spektrallinien zusammen.
Schrödinger fand die Gleichung, der die Welle gehorchen muß. Auch Heisenberg war auf die Erklärung der Spektrallinien aus, aber er dachte überhaupt
nicht an Wellen. Heisenberg sah die Energiewerte aus bestimmten Rechen-
regeln für Zahlenschemata entstehen – Matrizenrechnung mit unendlichen
Matrizen. Dirac schuf dann den leistungsstarken Formalismus der Quantisierung: einerseits das Ersetzen der Poissonklammer bei Hamiltonschen Syste-
men durch $[\,\cdot\,,\cdot\,]/i\hbar$, wobei $[\,\cdot\,,\cdot\,]$ der Kommutator auf einer Operatorenalgebra
ist, und andererseits die Transformation zwischen beliebigen Orthogonalba-
sen. Nachdem Schrödinger die Äquivalenz seiner Wellenfunktionsbeschrei-
bung mit Heisenbergs Matrizenmechanik nachgewiesen hatte, fand alles im
Diracschen Formalismus Platz.

Während Heisenberg anfangs noch glaubte, daß sich Schrödingers Wellen als Irrweg herausstellen würden, erkannte Born dagegen sofort die Leistungsfähigkeit der Schrödingergleichung für das Berechnen von physikalischen Vorgängen. Born machte damit Streutheorie und erkannte darin die
empirische Bedeutung der ψ-Funktion als Wahrscheinlichkeitsamplitude.

Zunächst dachte er, $|\psi(x)|$ als Wahrscheinlichkeitsdichte für den Ort des
Teilchens interpretieren zu können, aber $\int |\psi(x,t)|\mathrm{d}^3 x$ (die Gesamtwahr-
scheinlichkeit) ist keine unter der Schrödingerschen Zeitentwicklung erhaltene
Größe – wie Schrödinger mitteilte, wohingegen $\int |\psi(x,t)|^2 \mathrm{d}^3 x$ dies erfüllte,
und damit war die sogenannte Bornsche statistische Deutung der Wellenfunktion als Wahrscheinlichkeitsamplitude, deren Absolutquadrat die Wahrscheinlichkeitsdichte für den Aufenthaltsort des Teilchens lieferte, geboren.
Diese Wahrscheinlichkeit werden wir im nächsten Kapitel in aller Ausführ-
lichkeit besprechen.

Es setzte dann eine unglückliche Diskussion über die Frage ein, ob die
Schrödingersche Wellenfunktion die vollständige Beschreibung eines System-
zustandes darstellt. Weder Schrödinger[1] noch Einstein dachten das, aber

Bohr, Heisenberg, Dirac und die meisten Physiker hielten dies für absolut notwendig. Unglücklich nenne ich die Diskussion deswegen, weil mit unklaren philosophischen Argumenten Physik neu begriffen werden sollte. Die Frage was „wirklich passiert", die in diesem Zusammenhang eine Frage nach detaillierteren Bestimmungsstücken neben der Wellenfunktion ist, wurde zum Paradigma der Unphysik. Dabei Born bei seiner Behandlung des Streuprozesses ein Bahnenbild im Kopf, sonst hätte er ja gar nicht auf die Interpretation der Wahrscheinlichkeitsamplitude kommen können, aber er läßt in einer merkwürdig unpräzisen Art offen, ob es nun diese Partikel gibt oder nicht [38]:

> *„Ich möchte also versuchsweise die Vorstellung verfolgen: Das Führungsfeld, dargestellt durch eine skalare Funktion der Koordinaten aller beteiligten Partikeln und der Zeit, breitet sich nach der Schrödingerschen Differentialgleichung aus. Impuls und Energie aber werden so übertragen, als wenn Korpuskeln (Elektronen) tatsächlich herumfliegen. Die Bahnen dieser Korpuskeln sind nur so weit bestimmt, als Energie- und Impulssatz sie einschränken; im übrigen wird für das Einschlagen einer bestimmten Bahn nur eine Wahrscheinlichkeit durch die Werteverteilung der Funktion ψ bestimmt. Man könnte das, etwas paradox, etwa so zusammenfassen: Die Bewegung der Partikeln folgt Wahrscheinlichkeitsgesetzen, die Wahrscheinlichkeit selbst aber breitet sich im Einklang mit dem Kausalgesetz aus."*

Übrigens, „alle" hatten in gewisser Weise irgendwie Recht: Bohr mit seiner Insistenz, daß „Observable" nur im Zusammenhang mit dem Experiment Bedeutung haben und keine vorhandenen „Eigenschaften" des Systems darstellen. Einstein und Schrödinger hatten Recht mit ihrer Überzeugung, daß die Wellenfunktion nicht die vollständige Zustandsbeschreibung sein kann. Und auch Born mit seiner Einsicht, daß schließlich von der Zustandsbeschreibung nur die $|\psi|^2$-Statistik zugänglich ist. Bohmsche Mechanik vereinigt alle diese Standpunkte. Wir werden dazu hier nicht mehr sagen und uns nun der Schrödingergleichung zuwenden.

Zunächst nur für ein Teilchen (der Masse m). Dazu betrachten wir die Welle

$$\psi(\boldsymbol{q},t) = \int f(\boldsymbol{k})e^{i(\boldsymbol{k}\cdot\boldsymbol{q}-\omega(\boldsymbol{k})t)}\mathrm{d}^3k.$$

Offenbar gilt mit der Dispersionsrelation (6.19)

$$i\frac{\partial\psi}{\partial t} = -\frac{\hbar}{2m}\frac{\partial^2}{\partial\boldsymbol{q}^2}\psi.$$

---

[1] Schrödinger mag anfangs noch daran gedacht haben, daß es sich bei der Wellenfunktion um ein (seltsames) Materiefeld handelt, das die gesamte atomistische Physik beschreibt. Allerdings sah er sofort das unauflösbare Problem dieser Idee: Denkt man nämlich daran, ein Elektron etwa durch ein Wellenpaket zu beschreiben, dann zerfließt dieses Paket, im Gegensatz zu experimentellen Befunden, in denen ein Elektron immer als Punktteilchen gesehen wird. Siehe Abschnitt 7.1.

Nun machen wir hiermit weiter und weisen darauf hin, daß $\hbar\omega = H$ ist[2].
Dann liegt es nahe, für

$$H = \frac{p^2}{2m} + V(\boldsymbol{q})$$

$$i\hbar\frac{\partial}{\partial t}\psi(\boldsymbol{q},t) = \left(-\frac{\hbar^2}{2m}\frac{\partial^2}{\partial\boldsymbol{q}^2} + V(\boldsymbol{q})\right)\psi(\boldsymbol{q},t) \tag{7.1}$$

zu schreiben. Wenn wir so vorgehen, ist die Wellengleichung für N Teilchen
fast vorgeschrieben, nämlich

$$i\hbar\frac{\partial}{\partial t}\psi(\boldsymbol{q},t) = \left(\sum_{i=1}^{N} -\frac{\hbar^2}{2m_i}\frac{\partial^2}{\partial\boldsymbol{q}_i^2} + V(\boldsymbol{q})\right)\psi(\boldsymbol{q},t). \tag{7.2}$$

Weder in Schrödingers (er hatte eine Eigenwertgleichung im Kopf) noch in
unserer Ableitung können Zweifel aufkommen, wie ein N-Teilchensystem zu
beschreiben ist: durch eine Wellenfunktion $\psi(\boldsymbol{q}_1,\ldots,\boldsymbol{q}_N,t)$, d.h. durch eine
Funktion auf dem *Konfigurationsraum*. Das widerspricht ganz deutlich der
de Broglieschen Vorstellung: pro Teilchen eine Welle. Aber, und das wollen
wir hier schon anmerken, die eigentliche Neuerung gegenüber der klassischen
Physik ist diese notwendige „Verschränkung" der Teilchen durch die gemeinsame Wellenfunktion auf dem Konfigurationsraum. Ich will hier aber nicht
sagen, daß die „Ableitungen" der Schrödingergleichung einsichtig sind. *Wenn
man allerdings auf eine Wellengleichung auf dem Konfigurationsraum aus ist
und diese „galileisch" sein soll, dann ist die Schrödingergleichung (7.1) die
wohl einfachste in Frage kommende.* Die Galileiinvarianz der Schrödingergleichung müssen wir uns aber etwas genauer anschauen.

Zunächst muß das Potential V galileiinvariant sein (für eine Einteilchenwelt muß $V = $ const. sein, vgl. Kapitel 3), aber dann können wir es im
folgenden einfach fortlassen, da es am Prinzip nichts ändert. Also betrachten
wir (für ein Teilchen)

$$i\hbar\frac{\partial\psi}{\partial t}(\boldsymbol{q},t) = -\frac{\hbar^2}{2m}\Delta\psi(\boldsymbol{q},t). \tag{7.3}$$

Translationsinvarianz in Raum ($\boldsymbol{q}' = \boldsymbol{q} + \boldsymbol{a}$) und Zeit ($t' = t + s$) sowie
Rotationsinvarianz ($\boldsymbol{q}' = R\boldsymbol{q}, t' = t$) sind einfach zu sehen:

$$\psi'(\boldsymbol{q}',t') = \psi(\boldsymbol{q}' - \boldsymbol{a}, t' - s)$$

und

$$\psi'(\boldsymbol{q}',t') = \psi(R^t\boldsymbol{q}',t)$$

---

[2] $\omega(\boldsymbol{k})$ entspricht $H(\boldsymbol{p})$. $\dot{\boldsymbol{q}} = \boldsymbol{v}_g = \partial\omega/\partial\boldsymbol{k}$ können wir als 1. Hamiltonsche Gleichung lesen. So erscheint die Setzung $\omega(\boldsymbol{k},\boldsymbol{q}) = \hbar k^2/2m + V(\boldsymbol{q})$ auf der Ebene
der Differentialgleichung natürlich.

erfüllen wieder (7.3) in den gestrichenen Variablen. (Beachte, daß $\Delta = \nabla^t \nabla = \nabla \cdot \nabla$ als Skalar automatisch rotationsinvariant ist.) Bei der Zeitumkehrinvarianz müssen wir schon mehr Register ziehen. Da die Gleichung nur eine einfache Zeitableitung enthält, ändert die linke Seite von (7.3) bei Zeitumkehr das Vorzeichen, während die rechte Seite unverändert bleibt. Kapitel 3 hilft nun weiter: wir lassen mit $t \longrightarrow -t, (q' = q)$ die komplexe Konjugation einhergehen, also i $\longrightarrow$ $-$i, d.h. $\psi \longrightarrow \psi^*$. (Dies bedeutet, daß ψ i.a. komplexwertig ist). Also setze

$$\psi'(q', t') = \psi^*(q', -t'),$$

und man sieht sofort, daß ψ' wieder (7.3) (mit den gestrichenen Variablen) erfüllt. Aber nun zur Invarianz gegenüber „Boosts",

$$q' = q + ut \quad (v' = v + u). \tag{7.4}$$

Dann ist es zunächst natürlich,

$$\psi'(q', t') = \psi(q' - ut', t') \tag{7.5}$$

(mit $t' = t$) anzusetzen. Aber dann kommt (für q in den folgenden Gleichungen ist $q' - ut'$ zu setzen)

$$
\begin{aligned}
\mathrm{i}\hbar \frac{\partial}{\partial t'}\psi'(q', t') &= \mathrm{i}\hbar \frac{\partial}{\partial t'}\psi(q' - ut', t') \\
&= \mathrm{i}\hbar \frac{\partial}{\partial t}\psi(q, t) - \mathrm{i}\hbar u \cdot \nabla\psi(q, t) \\
&= -\frac{\hbar^2}{2m}\Delta\psi(q, t) - \mathrm{i}\hbar u \cdot \nabla\psi(q, t) \\
&= -\frac{\hbar^2}{2m}\Delta'\psi'(q', t') - \mathrm{i}\hbar u \cdot \nabla'\psi'(q', t'),
\end{aligned}
\tag{7.6}
$$

d.h. wir erhalten einen Extraterm in der Schrödingergleichung. Die Transformation von ψ unter Boosts muß also komplizierter sein als (7.5). Wir könnten nun daran denken, daß ein Teilchen, das sich mit Geschwindigkeit u bewegt, im wesentlichen durch ein Wellenpaket mit $k_0 = mu/\hbar$ und der Dispersion (6.19) beschrieben werden sollte, und das legt nahe, statt (7.5)

$$\psi'(q', t') = \Phi_{k_0}(q', t')\psi(q' - ut', t') \tag{7.7}$$

mit der ebenen Welle

$$\Phi_{k_0}(q', t') = e^{\mathrm{i}(k_0 \cdot q' - \omega(k_0)t')} \tag{7.8}$$

($k_0 = mu/\hbar$) zu schreiben. Aus (7.6) wird nun

$$
\begin{aligned}
\mathrm{i}\hbar \frac{\partial}{\partial t'}\psi'(q', t') &= \mathrm{i}\hbar \frac{\partial}{\partial t'}\left(e^{\mathrm{i}(k_0 \cdot q' - \omega(k_0)t')}\psi(q' - ut', t') \right) \\
&= e^{\mathrm{i}(k_0 \cdot (q+ut) - \omega(k_0)t)} \\
&\quad \times \left(\hbar\omega\psi(q, t) - \frac{\hbar^2}{2m}\Delta\psi(q, t) - \mathrm{i}\hbar u \cdot \nabla\psi(q, t) \right),
\end{aligned}
$$

und dies fügt sich alles zu $-\hbar^2\Delta'\psi'(q',t')/2m$ zusammen, denn

$$
\begin{aligned}
-\frac{\hbar^2}{2m}\Delta'\psi'(q',t') &= -\frac{\hbar^2}{2m}\Delta'\left(\Phi_{k_0}(q',t')\psi(q'-ut',t')\right)\\
&= -\frac{\hbar^2}{2m}\left(\Delta'\Phi_{k_0}(q',t')\right)\psi(q'-ut',t')\\
&\quad -\frac{\hbar^2}{2m}\Phi_{k_0}(q',t')\Delta'\psi(q'-ut',t')\\
&\quad -\frac{\hbar^2}{m}\left(\nabla'\Phi_{k_0}(q',t')\right)\cdot\left(\nabla'\psi(q'-ut',t')\right)\\
&= e^{\mathrm{i}(k_0\cdot(q+ut)-\omega(k_0)t)}\\
&\quad \times\left(\hbar\omega\psi(q,t)-\frac{\hbar^2}{2m}\Delta\psi(q,t)-\frac{\mathrm{i}\hbar^2 k_0}{m}\cdot\nabla\psi(q,t)\right)\\
&= \mathrm{i}\hbar\frac{\partial}{\partial t'}\psi'(q',t'),
\end{aligned}
$$

wobei wir im letzten Schritt $u=\hbar k_0/m$ und (6.19) benutzt haben.

In der Transformation (7.5'),

$$
\psi'(q',t')=e^{\mathrm{i}k_0\cdot q'}\psi(q'-ut',t')e^{-\mathrm{i}\omega(k_0)t'},
$$

ist $e^{-\omega(k_0)t'}$ ein Phasenfaktor, der in der Gleichung nur die Konstante $\hbar\omega(k_0)$ zum Potential V addiert, welches ja genau diese Eichfreiheit besitzt. Damit ist dieser Phasenfaktor im Grunde irrelevant. Des Weiteren können wir die rechte Seite von (7.5') mit irgendeiner komplexen Zahl $c\neq 0$ multiplizieren, ohne etwas am Argument zu ändern. Wenn wir also die Galileigruppe auf $\psi(q,t)$ wirken lassen wollen, dann ergibt sich eigentlich eine „projektive Darstellung", d.h. nur die Äquivalenzklasse „Strahl(ψ)" $=\{c\psi,c\in\mathbb{C},c\neq 0\}$ spielt eine Rolle. Das geht natürlich einher mit der Linearität der Schrödingergleichung. Wir können noch ein Argument geben, warum die Darstellung der Galileigruppe durch die Wirkung auf $\psi(q,t)$ projektiv sein muß: Translation T_a und Boost B_u vertauschen in der Galileigruppe, aber

$$
\begin{aligned}
B_u T_a \text{ liefert } & e^{\mathrm{i}k_0\cdot q'}\psi(q'-a-ut',t')\\
&= \psi'(q',t')\\
T_a B_u \text{ liefert } & e^{-\mathrm{i}k_0\cdot a}e^{\mathrm{i}k_0\cdot q'}\psi(q'-a-ut',t')\\
&= e^{-\mathrm{i}k_0\cdot a}\psi'(q',t'),
\end{aligned}
$$

so daß wir $\psi'(q',t')$ und $e^{-\mathrm{i}k_0\cdot a}\psi'(q',t')$ als äquivalent ansehen müssen.

Das Transformationsverhalten der Wellenfunktion ist vielleicht ein wenig kompliziert. Man mag das leichter akzeptieren, wenn man wüsste, daß es sich dabei um eine abgeleitete (sekundäre) Größe handeln sollte, ähnlich dem Falle des magnetischen Feldes, das bei Zeitumkehr ein Minuszeichen erhält, damit das Transformationsverhalten der Teilchenorte genau richtig ist. Im nächsten Kapitel tritt dies auch deutlich zu Tage: in der Bohmschen Mechanik, die wir als nächstes besprechen, ist die Wellenfunktion ein Führungsfeld für die Teilchen.

7.1 Interpretation

Das ist auch so eine Sache. Da wird eine Theorie entwickelt – die Schrödingersche Theorie der atomaren Phänomene – mit der Wellenfunktion als grundlegende Größe. Und dann überlegt man sich, was diese Größe wohl bedeuten könnte. Das kann ja so nicht ganz richtig sein. Und so war es wohl auch nicht, zumindest nicht für Schrödinger, der zunächst an *Materiewelle* dachte, d.h. die ψ-Funktion ist alles was ist, die Materie wird beschrieben durch ψ. Aber das ist nicht aufrecht zu erhalten, um keinen Preis. Doch um einen Preis: Aufgabe der Linearität der Schrödingergleichung oder vielleicht gleich Aufgabe von allem, was mit der Schrödingerwelle zusammenhängt. Es sind mehrere Dinge, die eine Interpretation der Schrödingerschen Wellenfunktion als Materiefeld unmöglich machen. Und ich sage das hier schon einmal vorläufig und nachher immer mal wieder, bis es klar ist. Ein Elektron würde man durch ein Wellenpaket beschreiben. Wenn dies Wellenpaket durch einen Spalt geschickt wird, dann wird sich hinter dem Spalt die Welle nach dem Huygensschen Prinzip ausbreiten und den Raum als Kugelwelle ausfüllen. Fängt man das Elektron dann aber auf einer Photoplatte auf, ergibt sich eine ganz lokale punktuelle (als ob ein Punktteilchen angekommen ist) Schwärzung. Wiederholt man das Experiment unter identischen Bedingungen ergibt sich das gleiche Bild, aber die Punkte kommen woanders, zufällig verteilt, gemäß dem Bornschen Gesetz. Darüber reden wir im nächsten Kapitel und sagen hier nicht mehr dazu. Nur soviel: Die zufälligen Ausgänge von Experimenten, die unter identischen Bedingungen ausgeführt werden, also in denen die Wellenfunktion total kontrolliert wird (wie das geht, ist eine andere Sache), sind nicht erklärbar durch die Schrödingersche Entwicklung, die deterministisch ist.

Dem aufmerksamen Leser wird nicht entgangen sein, daß ich mich hier wiederholt habe. Das habe ich alles schon in der Einleitung gesagt. Aber das einmalige Sagen fruchtet ja nichts, denn ich bin nicht der erste, der diese Dinge sagt, und ich sage die Dinge sicher nicht in der bestmöglichen Form. Also widerhole ich die Sachen sooft, bis man nicht mehr daran vorbei kann, bis man gezwungen ist, endlich einmal mehr als 20 Minuten über die Sache nachzudenken, die in der Tat so einfach ist, daß eigentlich 1 Minute ausreicht, um zu sehen, daß die Schrödingergleichung allein nicht die Phänomene beschreiben kann. Aber manche Physiker glauben das einfach nicht und hoffen auf eine komplizierte Lösung des Ganzen, und ich wiederhole mich weiter: Es wird ins Spiel gebracht, daß die Wellenfunktion ja ein ganz seltsames Materiefeld ist! Es ist ein Materiefeld auf einem ganz seltsam hochdimensionalen

Raum (auf dem Konfigurationsraum, aber das sollte man nicht sagen, denn man hat keine Teilchen (bisher jedenfalls nicht) deren Koordinaten den Konfigurationsraum begründen könnten). Aber das sei nun erstmal so. Dann kann man Folgendes denken. Das Experiment ist als ganzes zu beschreiben, es gibt nur die Wellenfunktion vom Gesamtsystem Teilchen, Spalt und Schirm[3]. Und dann denkt man an Chaos und wie der Zufall durch Instabilität in komplexen Systemen zustande kommt (kommt er das? Nein!) und man denkt (zu Recht), daß man bei einem solchen komplizierten System die Wellenfunktion ja gar nicht kennen kann, und daher soll dann der Zufall kommen, irgendwie, und auch das Punktförmige auf dem Schirm ist Resultat der Kompliziertheit des Ganzen. Aber all dies ist nur Augenwischerei, denn die Schrödingergleichung ist *linear*, ganz egal wie groß das System ist, und da gibt es nichts, was man tun kann. Bei einer linearen Entwicklungsgleichung bleiben *Superpositionen* von Wellenfunktionen erhalten, d.h. gibt eine Wellenfunktion ein Resultat und eine andere ein anderes, dann ergibt die Überlagerung beider das Eine und das Andere. Man nennt dies das Meßproblem der Quantenmechanik und wir werden das im übernächsten Kapitel besprechen. Also belassen wir es hier vorerst dabei. Alles, was wir sehen sollten, ist, daß es keinen Ausweg gibt: Man würde in jedem Falle dann mehrere Punkte zugleich als Schwärzungen wahrnehmen, sollte Instabilität und Komplexität in irgendeiner Form für den punktuellen Ausgang verantwortlich sein.

Schrödinger hat dies alles natürlich gesehen und am Ende zugeben müssen, daß die Materiefeld-Interpretation nicht aufrecht zu erhalten ist (man kehre zu dem Schrödingerzitat in den Auszügen zurück).

---

[3] Was rede ich hier eigentlich? Vorher sagte ich, es gibt kein Teilchen und nichts sonst, nur die Wellenfunktion. Aber was soll es, wir reden einfach mal so, „wohl wissend", daß wir nicht meinen, was wir reden.

8. Bohmsche Mechanik

Wir stellen eine neue Theorie für die Bewegung von Teilchen auf, die in gewissem Sinne minimal ist, die die Galileische Raum-Zeit-Symmetrie respektiert und die die Newtonsche Mechanik als Näherung enthält. Die statistische Mechanik dieser Theorie liefert in idealisierten Situationen den quantenmechanischen Formalismus zur Beschreibung der statistischen Ausgänge von Experimenten (David Bohm, 1952). Aber darüber reden wir später. Die Gleichungen der Mechanik sind die neue(8.12) und die Schrödingergleichung (8.15). Da (8.12) nicht schön aussieht, ist es sinnvoll, etwas über ihre inneren Werte zu sagen, damit die Schönheit zu Tage tritt. Es gibt viele Wege, auf diese neue Mechanik zu kommen. Ich gehe zunächst einen etwas kompliziert aussehenden und beschreibe nachher in der Anmerkung 8.1.5 einen einfacher anmutenden Weg.

8.1 Ableitung der Theorie

Jetzt geht es erstmal um Teilchen. Zunächst sind Teilchen nur durch ihre Koordinaten $Q_1, \ldots, Q_N$ bestimmt, d.h. durch ihre Konfiguration $Q = (Q_1, \ldots, Q_N) \in \mathbb{R}^{3N}$, d.h. die Orte sind die primitiven Größen. Nun sollen sich die Teilchen bewegen. Die einfachste Möglichkeit ist, daß ihre Geschwindigkeiten vorgeschrieben werden,

$$\frac{\mathrm{d}Q}{dt} = v(Q, t), \tag{8.1}$$

wobei v ein Geschwindigkeitsvektorfeld auf dem Konfigurationsraum $\mathbb{R}^{3N}$ darstellt. Diese Vorschrift muß galileiinvariant sein. Es wird uns helfen, dabei an die Hamilton-Jacobi Formulierung (2.26),(2.27) zu denken. Die Diskussion ist zudem etwas einfacher, wenn wir uns zunächst auf eine Einteilchenwelt beschränken.

Da v ein Vektor ist, wird sich am schwierigsten die Rotationsinvarianz gestalten. Aber aus Kapitel 3 wissen wir, daß der Gradient einer skalaren Funktion (denke an (2.26)) sich gerade richtig transformiert. Also liegt es nahe, das Geschwindigkeitsfeld durch eine Funktion ψ erzeugen zu lassen:

$$v^\psi(q, t) \sim \nabla\psi(q, t). \tag{8.2}$$

Nun zur Zeitumkehrinvarianz. Die linke Seite von (8.2) muß dabei ihr Vorzeichen ändern und daher auch die rechte Seite. Denken wir nun an (2.27), dann kommen wir wohl nicht weiter als das, was Hamilton bereits gemacht hat. Darum versuchen wir einen neuen Weg. Wir wissen inzwischen auch, wie wir Zeitumkehrinvarianz bewerkstelligen können: Wir lassen mit $t \longrightarrow -t$ komplexe Konjugation einhergehen, $\psi(\boldsymbol{q}, t) \longrightarrow \psi^*(\boldsymbol{q}, -t)$, und nehmen in (8.2) den Imaginärteil:

$$\boldsymbol{v}^\psi(\boldsymbol{q}, t) \sim \Im \nabla \psi(\boldsymbol{q}, t) \tag{8.3}$$

Sollte sich die neue Theorie als physikalisch relevant erweisen, bekommen die komplexen Zahlen erstmalig eine physikalische Realität! Das wäre dann neu.

Nun bleibt noch der Boost zu diskutieren. Der wirkt ja direkt auf $\boldsymbol{v}$: $\boldsymbol{v}^\psi \longrightarrow \boldsymbol{v}^\psi + \boldsymbol{u}$. Hier zeigt sich, daß man am einfachsten ψ als projektive Größe auffaßt, denn

$$\text{„}\Im \nabla \psi + \boldsymbol{u} = \Im \nabla' \psi'\text{"}$$

legt natürlich „$\psi' = \mathrm{e}^{\mathrm{i}\boldsymbol{q}' \cdot \boldsymbol{u}}\psi$" nahe, aber dann müssen wir

$$\boldsymbol{v}^\psi(\boldsymbol{q}, t) = \alpha \Im \frac{\nabla \psi}{\psi}(\boldsymbol{q}, t) \tag{8.4}$$

schreiben und

$$\psi' = \mathrm{e}^{\mathrm{i}\frac{1}{\alpha}\boldsymbol{q}' \cdot \boldsymbol{u}}\psi, \tag{8.5}$$

wobei nun $1/\alpha$ eine reelle Konstante der Dimension [Länge^2/Zeit] ist. $\boldsymbol{v}^\psi$ ist demnach eine homogene Form vom Grade 0 als Funktion von ψ: $\boldsymbol{v}^{c\psi} = \boldsymbol{v}^\psi$ für jedes $c \in \mathbb{C}$.

Gleichung (8.4) also ist die Form von $\boldsymbol{v}^\psi$. Aber das ist nur ein Teil. Wir brauchen noch ein Gesetz – ein galileiinvariantes Gesetz für ψ. Naheliegend ist ja der Gedanke, einfach die Poissongleichung (für das Newtonsche Gravitationspotential) anzusetzen, d.h. keine Dynamik für ψ zu haben. Aber nun kann ich gut auf (2.27) verweisen, wo etwas Anderes schon vorgemacht wurde, allerdings sieht die Gleichung extrem kompliziert aus, zu unschön, um wirklich grundlegend zu sein. Auch Folgendes ist zu sagen: Die Tatsache, daß sich das Feld ψ unter Zeitumkehr seltsam transformiert, mag nahelegen, daß ψ selbst einer Dynamik gehorcht (man denke etwa an das magnetische Feld). Also kommt die Wellengleichung

$$\mathrm{i}\frac{\partial \psi}{\partial t}(\boldsymbol{q}, t) = \beta \Delta \psi(\boldsymbol{q}, t)$$

als sehr einfache Gleichung ins Spiel. Im vorherigen Kapitel haben wir die Gleichung mit $\beta = -\hbar/2m$ diskutiert. Der Boost um $\boldsymbol{u}$ wurde mit $\mathrm{e}^{\mathrm{i}\frac{m}{\hbar}\boldsymbol{u} \cdot \boldsymbol{q}}$, also mit $\mathrm{e}^{-\mathrm{i}\frac{1}{2\beta}\boldsymbol{u} \cdot \boldsymbol{q}}$ implementiert, also

$$\psi' = \mathrm{e}^{-\mathrm{i}\frac{1}{2\beta}\boldsymbol{u} \cdot \boldsymbol{q}}\psi.$$

Vergleich mit (8.5) zeigt nun, daß $\alpha = -2\beta$ ist. Als Gleichungen der *Bohmschen Mechanik* haben wir also

$$\frac{\mathrm{d}\boldsymbol{Q}}{\mathrm{d}t} = \boldsymbol{v}^{\psi}(\boldsymbol{Q},t) = \alpha\Im\frac{\nabla\psi}{\psi}(\boldsymbol{Q},t) \tag{8.6}$$

für den Teilchenort, wobei $\psi(\boldsymbol{q},t)$ Lösung von

$$\mathrm{i}\frac{\partial\psi(\boldsymbol{q},t)}{\partial t} = -\frac{\alpha}{2}\Delta\psi(\boldsymbol{q},t) \tag{8.7}$$

ist. Bevor wir dies für mehrere Teilchen verallgemeinern, was nur mehr Formsache ist, schauen wir, ob wir α noch näher spezifizieren können. Wir brauchen nun die Anknüpfung dieser Theorie an die „klassische Teilchentheorie", Newtonsche Mechanik, damit wir α festlegen können. Dies gestaltet sich nicht so einfach wie etwa beim klassischen Limes der relativistischen Mechanik. Wir müssen erkennen, unter welchen Bedingungen das Gesetz (8.6), (8.7) in das der Newtonschen Mechanik übergeht. Dies geht formal ganz einfach. Man wird schon denken, daß klassische Mechanik und Bohmsche Mechanik wohl am einfachsten über die Hamilton-Jacobi-Formulierung zusammenkommen – zumindest für kurze Zeiten. Wir schreiben also

$$\psi(\boldsymbol{q},t) = R(\boldsymbol{q},t)\mathrm{e}^{\frac{\mathrm{i}}{\hbar}S(\boldsymbol{q},t)} \tag{8.8}$$

mit reellen Funktionen R und S. Der Faktor $1/\hbar$ ist zunächst nur ein Skalierungsfaktor, so daß S die Dimension einer Wirkung hat. Aus (8.6) wird dann nämlich

$$\frac{\mathrm{d}\boldsymbol{Q}}{\mathrm{d}t} = \frac{\alpha}{\hbar}\nabla S, \tag{8.9}$$

und liest man dies als erste Hamilton-Jacobi-Gleichung, dann ist die Wahl $\alpha/\hbar = 1/m$ (vgl. (2.26)) mit m als Teilchenmasse ziemlich klar. Mit dieser Wahl identifizieren wir offenbar (8.7) als Einteilchen-Schrödingergleichung.

Wir können noch das Anologon zur 2. Hamilton-Jacobi-Gleichung aufschreiben. Aus (8.7) wird

$$\mathrm{i}\frac{\partial R}{\partial t} - \frac{1}{\hbar}R\frac{\partial S}{\partial t} = -\frac{\alpha}{2}\left(\Delta R + 2\mathrm{i}\nabla R\frac{1}{\hbar}\nabla S - R\left(\frac{1}{\hbar}\nabla S\right)^2 + \mathrm{i}R\frac{1}{\hbar}\Delta S\right).$$

Der Imaginärteil gibt

$$\frac{\partial R}{\partial t} = -\frac{\alpha}{2}\left(2\nabla R\frac{1}{\hbar}\nabla S + R\frac{1}{\hbar}\Delta S\right)$$

oder

$$\frac{\partial R^2}{\partial t} = -\alpha\frac{1}{\hbar}\nabla\cdot\left(R^2\nabla S\right) = -\nabla\cdot\left(\boldsymbol{v}^{\psi}R^2\right), \tag{8.10}$$

und der Realteil gibt

$$\frac{\partial S}{\partial t} - \frac{\alpha}{2}\hbar\frac{\Delta R}{R} + \frac{1}{2}\frac{\alpha}{\hbar}(\nabla S)^2 = 0. \tag{8.11}$$

Wieder sehen wir im Vergleich von (8.11) mit (2.27), daß die Wahl $\alpha = \hbar/m$ zu sein hat, aber der Term $-\alpha\hbar\Delta R/2R$ stellt einen Extraterm dar, der in (2.27) gelesen als „Potential" bezeichnet werden kann: Quantenpotential hat es Bohm genannt. Also können wir sagen, daß unter Bedingungen, unter denen das Quantenpotential vernachlässigbar ist oder gar verschwindet, die Trajektorien den klassischen Gleichungen gehorchen. Das Potential wird klein, wenn wir für ψ ein Wellenpaket nehmen, im wesentlichen eine ebene Welle $\psi = \mathrm{e}^{\mathrm{i}\boldsymbol{k}\cdot\boldsymbol{q}}$. Dann ist $S = \hbar\boldsymbol{k}\cdot\boldsymbol{q}$ und offenbar

$$\boldsymbol{v}^\psi = \frac{\hbar\boldsymbol{k}}{m},$$

d.h. das Teilchen hat die konstante Geschwindigkeit $\hbar\boldsymbol{k}/m$. Im nächsten Kapitel sage ich mehr dazu.

Man könnte sich die Bestimmung von $\hbar$ und der Masse m so vorstellen: Man hat ein Bohmsches Teilchen, das von einer fast ebenen Welle geführt wird. Dann stelle man sich einen Stoß mit einem klassischen Teilchen bekannter Masse vor, indem der Impuls übertragen wird. Den Impulsübertrag können wir am klassischen Teilchen messen und bekommen daraus $\hbar$, wenn die Wellenlänge der ebenen Welle bekannt ist. Man kann weiter daran denken, die Geschwindigkeit des Wellenpaketes zu messen und bekommt daraus dann die Masse des quantenmechanischen Teilchens.

Anmerkung 8.1.1. Klassische Bahnen

Die wichtigsten Bohmschen Bahnen sind die klassischen. Ein solcher Satz ist wie Öl ins Feuer der Inquisition, die in allen Versuchen, den atomaren Phänomenen auf die Spur zu kommen, die verdammte Rückkehr zur klassischen Physik vermutet. Ich sage gleich, daß Bohmsche Mechanik nicht Newtonsch ist. Aber die wichtigsten Bahnen sind Newtonscher Natur. Es sind die, die man sehen und anfassen kann. Die anderen Bohmschen Bahnen kann man nicht sehen und anfassen, jedenfalls nicht so richtig, denn man stört sie gewaltig beim Sehen und Anfassen. Es gibt in der moderneren Zeit Leute, die glauben möchten, daß alles was man nicht sehen und anfassen kann, auch nicht „IST" – im Parmenidischen Sinne. Dabei lautete doch die alte Rechtschreibregel nur: Alles was man nicht sehen und anfassen kann, wird klein geschrieben. Von „ Nicht Sein" ist nicht die Rede.

Wir haben übrigens die Gleichung (8.10) uninterpretiert gelassen. In der Tat ist sie der Schlüssel zur Newtonschen Mechanik und zur Empirik der Theorie überhaupt. Darauf kommen wir gleich mit Betrachtung der Kontinuitätsgleichung zurück.

Aber jetzt wollen wir ersteinmal die Bohmsche Mechanik für ein N-Teilchensystem mit „Massen" $m_1,\ldots,m_N$ sofort aufschreiben: ψ ist eine Funktion auf dem Konfigurationsraum, und für $\boldsymbol{Q}_k$, den Ort des k-ten Teilchens, gilt

$$\frac{\mathrm{d}\boldsymbol{Q}_k}{dt} = \frac{\hbar}{m_k}\Im\frac{\nabla_k\psi}{\psi}(\boldsymbol{Q},t), \quad k = 1,\ldots,N, \tag{8.12}$$

d.h. in Konfigurationsraumnotation ist

$$\boldsymbol{v}^{\psi}(\boldsymbol{q}, t) = \hbar m^{-1} \Im \frac{\nabla \psi}{\psi}(\boldsymbol{q}, t) \tag{8.13}$$

und

$$\frac{\mathrm{d}\boldsymbol{Q}}{\mathrm{d}t} = \boldsymbol{v}^{\psi}(\boldsymbol{Q}, t). \tag{8.14}$$

ψ gehorcht der Wellengleichung (Schrödingergleichung)

$$\mathrm{i}\hbar\frac{\partial \psi}{\partial t}(\boldsymbol{q}, t) = -\sum \frac{\hbar^2}{2m_k} \Delta_k \psi(\boldsymbol{q}, t) + V(\boldsymbol{q})\psi(\boldsymbol{q}, t), \tag{8.15}$$

wobei V eine galileiinvariante Funktion ist. Diese kann natürlich zunächst komplexwertig sein. Dann aber müssen wir an die Zeitumkehrvarianz denken, bei der $t \longrightarrow -t$ mit komplexer Konjugation (i $\longrightarrow$ $-$i) einhergeht. Damit $\psi^*(\boldsymbol{q}, -t)$ wieder Lösung derselben Gleichung ist, muß $V^* = V$ sein, d.h. V muß eine reelle Funktion sein. Wir haben übrigens die Gleichung mit $\hbar$ multipliziert, damit V sofort im „klassischen Limes" als klassisches Potential interpretierbar wird, d.h. in (8.11) wird V wie in der Hamilton-Jacobi-Gleichung (2.27) auftauchen. In (8.15) ist V also zunächst eine galileiinvariante Funktion. Es ist klar, daß in idealisierten Beschreibungen auch allgemeinere Potentiale V auftreten können. Z.B. kann man in einem Zweiteilchensystem die Masse m_2 gegen Unendlich gehen lassen, so daß das Teilchen als ruhend angenommen werden kann und wir effektiv ein Einteilchensystem mit Potential bekommen.

Anmerkung 8.1.2. Der Nicht-Newtonsche Charakter der neuen Mechanik
David Bohm und viele andere stellen diese Mechanik „Newtonsch" dar, d.h. (8.12) wird nach t differenziert und dann erscheint auf der rechten Seite zusätzlich zu $-\nabla V$ noch $-\nabla(\text{Quantenpotential})$ als „Kraft". Diese Darstellung ist schlecht. Das Differenzieren nach t von (8.12) ist überflüssig, denn im Gegensatz zur Hamilton-Jacobi-Theorie (man differenziere (2.26) nach t, um zu sehen, daß $\dot{\boldsymbol{Q}}$ in der Tat eine freie Variable ist) ist in dieser Theorie $\dot{\boldsymbol{Q}}$ *keine* freie Variable, d.h. die Wellenfunktion ist eigentlich analog zur Hamiltonfunktion zu sehen, deren Aufgabe es ist, das Geschwindigkeitsvektorfeld im Phasenraum, der hier der Konfigurationsraum ist, zu erzeugen. Die neue Mechanik ist nicht Newtonsch, und zwar ganz und gar nicht Newtonsch und deswegen nennen wir sie Bohmsch. Die neue Mechanik ist eine Mechanik erster Ordnung. Sie ist die direkteste Art und damit minimale Art ein Differentialgleichungsgesetz für die Bewegung von Teilchen aufzustellen. Zur tieferen Natur dieses Gesetzes gehört ein tieferes Verständnis der Natur der Wellenfunktion, z.B. in [43])

Weiter mit den Bahnen. Man wird gewillt sein, für gewisse interessant anmutende Situationen die Bahnen auszurechnen, um sie im Experiment zu überprüfen. Man wird auch die Heisenbergsche Unschärfe-Relation im Kopf haben und vielleicht sogar daran denken, daß sie in einem Widerspruch zur Bohmschen Mechanik steht. In jedem Falle aber, wird man zu allerletzt an die statistische Mechanik dieser Theorie denken, denn das ist ja in der Newtonschen Mechanik genauso. Statistische Mechanik kommt zu allerletzt, warum sollte es hier anders sein. Es ist hier anders, es ist hier so, wie die Newtonsche Mechanik des Münzwurfs: Den wird man immer statistisch beschreiben (mit dem Hintergedanken der statistischen Mechanik). Warum das hier anders ist? Nun das ist einfach gesagt: Die Teilchenorte sind im *Quantengleichgewicht*. Das werden wir aber erst später beweisen. Jetzt nehmen wir das einfach als Postulat, und überlegen erstmal, wie das Quantengleichgewicht aussehen könnte.

Also, was wir eigentlich suchen, ist wie üblich ein ausgezeichnetes Maß, das uns sagt, was *typisch* ist. Aber gemäß dem Boltzmann-Gibbsschen Ansatz suchen wir einfach ein ausgezeichnetes Maß für ein Untersystem, mit dem wir die statistische Hypothese formulieren, und anschließend zeigt man (oder auch nicht), daß die Hypothese die typischen relativen Häufigkeiten wiedergibt. Da, wie ich oben bemerkt habe, die Wellenfunktion eine analoge Rolle zur Hamilton-Funktion spielt, wird man erwarten, daß das Maß von der Wellenfunktion abhängt, ähnlich wie die mikrokanonische Verteilung von der Hamilton-Funktion abhängt. Also zunächst die Kontinuitätsgleichung (vgl. Anmerkung 2.1.1) für den Bohmschen Teilchen-Fluß $\Phi_t^\psi, t \in \mathbb{R}$:

$$\Phi_t^\psi \boldsymbol{Q} = \boldsymbol{Q}^\psi(t, \boldsymbol{Q})$$

(= Lösung von (8.14) mit Anfangsbedingung $\boldsymbol{Q}$), der ja schon auf dem Konfigurationsraum definiert ist:

$$\frac{\partial \varrho(\boldsymbol{q}, t)}{\partial t} + \nabla \cdot \left(\boldsymbol{v}^\psi(\boldsymbol{q}, t)\varrho(\boldsymbol{q}, t)\right) = 0. \tag{8.16}$$

Wir können nun nicht einfach nach einem stationären Maß suchen, denn das Geschwindigkeitsfeld ist i.a. zeitabhängig. Wir müssen also zulassen, daß das Maß als Funktion der zeitabhängigen Wellenfunktion deren Zeitabhängigkeit erbt. Der funktionale Zusammenhang zwischen Maß und Wellenfunktion ist natürlich nicht zeitabhängig, sonst gäbe es keine Auszeichnung des Maßes. Wir nennen diesen etwas allgemeineren stationären Charakter des Maßes *Äquivarianz* und das Maß *äquivariant*. Dieses Maß hatte Born bereits gefunden: Es hat die Dichte $\varrho = |\psi|^2 = \psi^*\psi$, denn in der Tat gilt, daß eine Lösung $\psi(\boldsymbol{q}, t)$ der Schrödingergleichung auch die Gleichung (8.10), nämlich

$$\frac{\partial |\psi|^2}{\partial t} + \nabla \cdot \left(\boldsymbol{v}^\psi |\psi|^2\right) = 0 , \tag{8.17}$$

identisch erfüllt. Das ist ein schönes Analogon zum Liouvilleschen Satz. Dies ist so wichtig, daß wir es noch einmal beweisen, und zwar so, wie es in den Büchern steht. Also

$$i\hbar\frac{\partial\psi}{\partial t} = -\sum\frac{\hbar^2}{2m_k}\Delta_k\psi + V\psi$$

und durch komplexe Konjugation

$$-i\hbar\frac{\partial\psi^*}{\partial t} = -\sum\frac{\hbar^2}{2m_k}\Delta_k\psi^* + V\psi^* \,. \tag{8.18}$$

Multiplikation der ersten Gleichung mit ψ^* und der zweiten mit ψ und Subtraktion der beiden Gleichungen liefert

$$i\hbar\frac{\partial|\psi|^2}{\partial t} = -\sum\frac{\hbar^2}{2m_k}(\psi^*\Delta_k\psi - \psi\Delta_k\psi^*)$$

$$= -\sum\frac{\hbar^2}{2m_k}\nabla_k(\psi^*\nabla_k\psi - \psi\nabla_k\psi^*)$$

oder

$$\frac{\partial|\psi|^2}{\partial t} = -\nabla\cdot\boldsymbol{j}^\psi, \tag{8.19}$$

mit

$$\boldsymbol{j}_k^\psi = \frac{\hbar}{2im_k}(\psi^*\nabla_k\psi - \psi\nabla_k\psi^*) = \frac{\hbar}{m_k}\Im\psi^*\nabla_k\psi. \tag{8.20}$$

$\boldsymbol{j}^\psi = (\boldsymbol{j}_1^\psi,\ldots,\boldsymbol{j}_N^\psi)$ ist der sogenannte *Quantenfluß*. Er ist von herausragender Bedeutung, das werden wir bald sehen. Wir erhalten (8.17), indem wir erkennen, daß

$$\boldsymbol{v}^\psi = \frac{\boldsymbol{j}^\psi}{|\psi|^2} \tag{8.21}$$

ist.

Anmerkung 8.1.3. Die Quantengleichgewichts-Verteilung
Wenn also $\boldsymbol{Q}_0$ gemäß der Dichte $|\psi|^2(\cdot,0)$ verteilt ist, dann ist $\Phi_t^\psi\boldsymbol{Q}_0 = \boldsymbol{Q}(\boldsymbol{Q}_0,t)$ gemäß $|\psi|^2(\cdot,t)$ verteilt, wobei ψ die Wellenfunktion des Systems ist. Aber das ist ja das Bornsche statistische Gesetz, welches besagt, daß $\varrho^\psi(\boldsymbol{q},t) = |\psi|^2(\boldsymbol{q},t)$ die Wahrscheinlichkeitsdichte ist, die Teilchenkonfiguration $\boldsymbol{Q} = \boldsymbol{q}$ zu finden. Dafür muß natürlich ψ zu $\int|\psi|^2(\boldsymbol{q},t)\mathrm{d}^{3N}q = 1$ normiert werden. Insbesondere ist $\int|\psi|^2(\boldsymbol{q},t)\mathrm{d}^{3N}q$ unabhängig von der Zeit[1].

---

[1] Um die „Erhaltung der Wahrscheinlichkeit" zu haben, müssen wir genau genommen zeigen, daß nach dem Satz von Gauß

$$\int\frac{\partial|\psi|^2}{\partial t}\mathrm{d}^{3N}q = -\int\nabla\cdot\boldsymbol{j}^\psi\mathrm{d}^{3N}q = -\lim_{R\to\infty}\int_{K_R}\boldsymbol{j}^\psi\cdot\mathrm{d}\boldsymbol{\sigma} \tag{8.22}$$

ist, wobei K_R eine Kugel vom Radius R darstellt. Natürlich nehmen wir vernünftigerweise an, daß das Oberflächenintegral verschwindet. Dennoch, dies gehört zu den mathematischen Aufgaben, die wir später zu erledigen haben, nämlich sicherzustellen, daß die „Randterme" verschwinden. Dies fällt in das Kapitel über Selbstadjungiertheit des Schrödingeroperators.

Also formulieren wir vorab sdie naheliegende statistischen Hypothese. Diese lautet jetzt in Analogie zur Gibbsschen Hypothese für das thermische Gleichgewicht:

   „*Quantengleichgewichtshypothese:* Das Bornsche statistische Gesetz gilt.“

Die gesamten empirischen Aussagen der Bohmschen Mechanik basieren auf der Quantengleichgewichtshypothese. Dies sollten wir, wie ich oben sagte, analog zur Gleichgewichtshypothese der statistischen Mechanik lesen: die Phasenraumverteilung eines mechanischen Systems im Gleichgewicht ist die (kanonische oder mikrokanonische o.ä.) Gibbsverteilung. Aber die Gleichgewichtshypothese der statistischen Mechanik gilt nicht immer, und wir hatten in Abschnitt 4.2 bemerkt, wie schwierig es angesichts dessen ist, die Gleichgewichtshypothese zu begründen[2]. Im Kapitel 11 werden wir die Quantengleichgewichtshypothese dagegen relativ leicht begründen können, insbesondere werden wir noch einmal genau sagen, was die Bornsche statistische Hypothese genau ist. Das bedeutet insbesondere, daß wir keinen Grund haben, das Nichtgleichgewichtsverhalten der Bohmschen Mechanik zu studieren. Diese Mechanik offenbart sich nur im Quantengleichgewicht.

Anmerkung 8.1.4. Über die Existenz und Eindeutigkeit von Lösungen
Wir haben also eine neue Theorie für die Bewegung von atomistischen Teilchen. Man wird nun im Kopf haben wollen, daß damit ja was nicht stimmen kann, und in der Tat sieht (8.12) verdächtig aus, denn da wird durch die Wellenfunktion dividiert, und die kann Nullstellen haben. Also muß da doch etwas mit den Bahnen schief laufen. Sie laufen in die Nullstellen der Wellenfunktion, und dann hat man ein Problem. Aber das tun sie nicht. Das Gegenteil ist der Fall: Die Bohmschen Bahnen machen alles genau richtig und vermeiden bestmöglich diese Nullstellen (Knoten) der Wellenfunktion. Man hat Existenz und Eindeutigkeit der Bohmschen Bahnen für alle Zeiten für fast alle Anfagsbedingungen (im Sinne der Anmerkungen 2.0.1 und 2.1.3), wobei das ausgezeichnete Maß die obige Quantengleichgewichtsverteilung ist [42].

Anmerkung 8.1.5. Eine schnelle Ableitung der Bohmschen Mechanik
Es bietet sich eine weitere sehr einfache Ableitung von Bohmscher Mechanik aus der Schrödingergleichung an. Die Kontinuitätsgleichung (8.19) ist ja eine Konsequenz der Schrödingergleichung, also liegt es nahe, die Kontinuitätsgleichung als solche auch zu nehmen, und aus dem Fluß j^ψ direkt auf v^ψ zu schließen, d.h. (8.21) als Definition von v^ψ zu lesen.
   Wir können die Bohmsche Mechanik demnach als die minimale Vervollständigung der Schrödingerschen Theorie ansehen, denn die Wellenfunktion allein kann ja nicht die Empirik von den Experimenten beschreiben, weil sie sich, wie wir besprochen haben, verbreitert. Außerdem führt die Linearität der Schrödingerentwicklung zu nicht beobachteten Zuständen, wir haben das

---

[2] Vor allem aber wie schwierig es ist, Nichtgleichgewicht zu begründen.

ja schon im vorherigen Kapitel erwähnt, und wir gehen später noch einmal ausführlich darauf ein. Wir werden sehen, daß Bohmsche Mechanik alles nun richtig vorhersagt. Die Vervollständigung besteht im wesentlichen also nur darin, daß wir auch „Teilchen" meinen, wenn wir „Teilchen" sagen. Indem das so gesagt wird, kann man den Eindruck bekommen, daß die Teilchen eher unwichtig sind, denn eine Vervollständigung kann ja eigentlich nur an Wesentlichem geschehen. Darum sind wir auch anfangs einen anderen Weg gegangen, der die Teilchen als grundlegend herausstellt.

8.2 Elektronen-Bahnen

Vielleicht interessiert am meisten, wie die Bohmsche Bahn eines „Elektrons" im Grundzustand des Wasserstoffatoms aussieht. (Den bekommt man aus der zeitunabhängigen Einteilchen-Schrödingergleichung mit $V(\boldsymbol{q})$ als Coulombpotential. Das bedeutet, man betrachtet die Eigenwertgleichung

$$-\frac{\hbar^2}{2m}\Delta\psi + V(\boldsymbol{q})\psi = E\psi.$$

Die quadratintegrierbaren Lösungen (Eigenvektoren) heißen stationäre Zustände. Als Grundzustand bezeichnet man einen stationären Zustand mit niedrigstem „Eigenwert" E.) Nun, der Grundzustand ist eine reelle (überall positive) Funktion, und das reicht schon: $\dot{\boldsymbol{Q}} = 0$, d.h. $\boldsymbol{Q} = \boldsymbol{Q}_0$, nichts bewegt sich! (Das gilt übrigens ganz allgemein: Grundzustände sind immer als überall positiv (d.h. insbesondere reell) wählbar.) Dies widerspricht vollkommen dem Bohrschen Bild des kreisenden Elektrons und zeigt sehr schön die Radikalität der Neuerung, die durch Bohmsche Mechanik zu Tage tritt. Was wissen wir über $\boldsymbol{Q}_0$? Nur, daß es mit $|\psi_0|^2$ verteilt ist, wobei ψ_0 die Grundzustandswellenfunktion darstellt. Das bedeutet: in einem Ensemble von Wasserstoffatomen im Grundzustand (vgl. Abbildung 8.1) ist $\boldsymbol{Q}_0$ mit $|\psi_0|^2$ verteilt. Diese Bohmsche Bahn ist also auch beobachtbar: Wenn man die Statistik der Verteilung der Elektronen in einem Wasserstoffatom-Grundzustand ausmißt, dann mißt man also der Bohmschen Mechanik entsprechend die tatsächlichen Bahnen, sofern man die tatsächlichen Orte mißt.

Ein angeregter stationärer Zustand wird von der Form $\psi_1 = f(r,\vartheta)\mathrm{e}^{\mathrm{i}\varphi}$ sein (das liegt an der speziellen Art, wie die Winkelvariable φ im Laplace-Operator auftritt), wobei $\boldsymbol{q}$ in sphärische Koordinaten (r,ϑ,φ) zerlegt ist. Dann ist $S = \hbar\varphi$ und

$$\boldsymbol{v}^{\psi}(\boldsymbol{q}) = \frac{1}{m}\nabla S = \frac{\hbar}{m}\frac{1}{r\sin\vartheta}\boldsymbol{e}_{\varphi}\frac{\partial}{\partial\varphi}\varphi = \frac{\hbar}{m}\frac{1}{r\sin\vartheta}\boldsymbol{e}_{\varphi},$$

und wir finden periodische Bahnen (das ist für den harmonischen Oszillator ganz ähnlich):

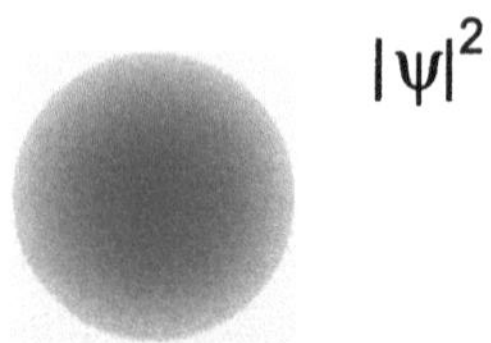

Abb. 8.1. Der Grundzustand des Wasserstoffatoms

$$Q(t) = \left(r = r_0, \vartheta = \vartheta_0, \varphi = \frac{\hbar}{m} \frac{1}{r^2 \sin^2 \vartheta} t + \varphi_0 \right). \qquad (8.23)$$

Aber das ist nichts, was uns in irgendeiner Form begeistern sollte. Nun kann man denken, daß bei der Überlagerung zweier reeller Wellenfunktionen, ψ_1, ψ_2, für die ja jeweils $v = 0$ ist, nicht viel passieren kann. Aber

$$\psi = \psi_1 + \alpha\psi_2, \quad \alpha \in \mathbb{C}$$

kann eine beliebig komplizierte Bewegung verursachen. Sollten wir überhaupt Bohmsche Bahnen für gewisse Modelle genau ausrechnen? Grob gesagt: nein! Manchmal jedoch ist das asymptotische Bild der Bahnen – im wesentlichen dasjenige freier Teilchen – recht nützlich. Aber davon später mehr. Nun zum groben Nein. Alles was wir aus den Bahnen lernen können, ist ja nur, daß zu jeder Zeit t Teilchen vorhanden sind, deren Orte nach der Quantengleichgewichtshypothese mit $|\psi|^2(q, t)$ verteilt sind. Zudem haben wir eine Theorie erster Ordnung:

$$\dot{Q} = v^\psi(Q, t).$$

Und das bedeutet, daß sich Teilchenbahnen niemals kreuzen können (was in der Newtonschen Mechanik durchaus möglich ist)[3]. Also können eindimensionale und zweidimensionale Bewegungen nicht allzu chaotisch sein. Damit ist das Bahnenbild im berühmten Zweispaltexperiment (vgl. Abbildungen 8.2 und 8.3) ganz klar. Darin werden Teilchen, eins nach dem anderen, durch

---

[3] Bahnen im Phasenraum können sich nie kreuzen, weil das Vektorfeld eindeutig ist. Hier ist der Phasenraum der Konfigurationsraum.

einen Doppelspalt geschickt, und wie bei Licht erzeugt die zugehörige ψ-Welle eines jeden Teilchens nach dem Huygensschen Prinzip ein Beugungsbild hinter dem Spalt, und diese Welle bestimmt dann die möglichen Bahnen des Teilchens. Die Teilchen werden eins nach dem anderen auf einer Photoplatte hinter dem Spalt aufgefangen und erscheinen dort als einzelne Punkte – wie es sich für Teilchen auch gehört. Charakteristisch für das Doppelspaltexperiment ist dann das Interferenzmuster, das sich nach dem Auftreffen sehr vieler Teichen ergibt [39]. Dieses, aus den einzelnen Punkten entstehende Interferenzmuster, ist mit der Bohmschen Mechanik leicht zu verstehen. Das ist bemerkenswert, weil das Doppelspaltexperiment oft als Experiment zitiert wird, das eine Teilchenerklärung der atomistischen Physik unmöglich machen würde. Hier nun die Erklärung: 1. Die Bahnen können die Symmetrieachse nicht übertreten. 2. Die Bahnen laufen vorzugsweise entlang der Maxima (Hyperbeln) von $|\psi|^2$ und verweilen (wenn überhaupt) nur kurz in den Tälern von $|\psi|^2$ ($|\psi|^2 \approx 0$). 3. Die Bahnen durchkreuzen die Täler, weil sie einerseits an den Spaltöffnungen „radialsymmetrisch" aufgefächert austreten (denn die Wellenfunktionsteile sind an den Spalten enstehende Kugelwellen vgl. Abbildung 8.2)

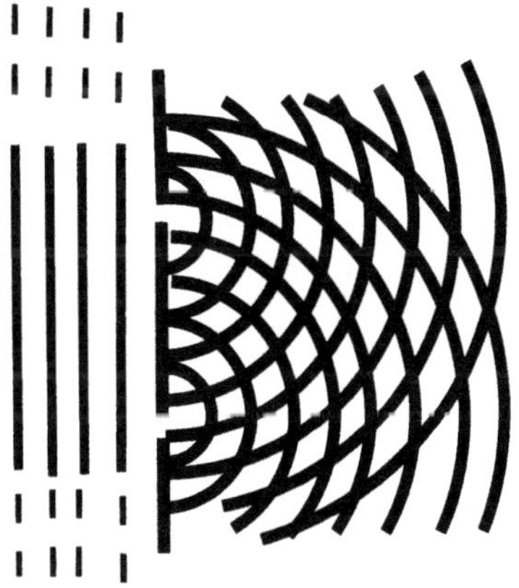

Abb. 8.2. Kugelwelleninterferenz nach einem Doppelspalt

und sich zunächst in die nächstgelegenen Maximahyperbeln einfädeln, dann aber den relativen Höhen der Maxima durch ihre „Dichte" gerecht werden müssen. Dabei entfallen auf das Hauptmaximum (um die Symmetrieachse, das am Schirm am ausgeprägtesten ist) der wesentlich größte Anteil der Bahnen, d.h. Bahnen kreuzen von den Nebenmaxima über auf das Hauptmaximum und so fort[4]. Der Auftreffpunkt auf dem Schirm ist zufällig, d.h. der Spalt, durch welchen das Teilchen kommt, ist zufällig. Er ist bestimmt

---

[4] Das Doppelspaltbild Abbildung 8.3 kann man auf diese Weise per Hand malen, oder auch rechnen wie Dewdney et al. siehe etwa [41].

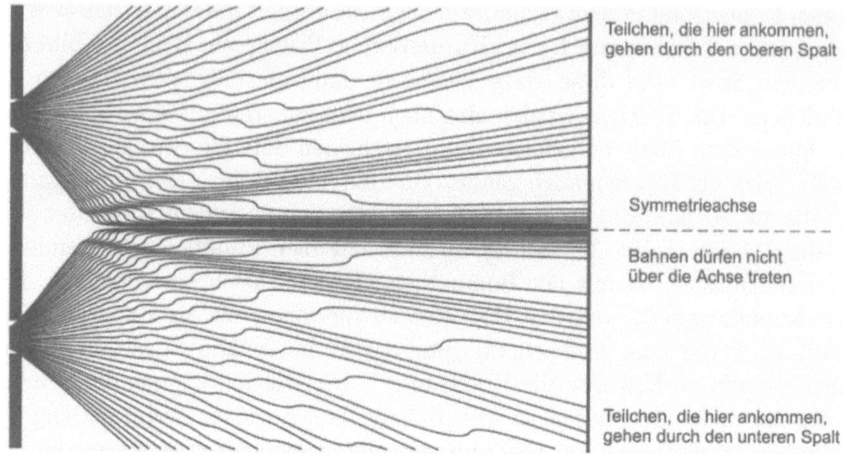

Abb. 8.3. Mögliche Bahnen durch den Doppelspalt

durch die Anfangsposition Q_0 des Teilchens im Anfangswellenpaket. Diese ist zufällig, gemäß der Verteilung, die durch die Anfangswellenfunktion, die von der „Teilchenquelle" präpariert wird, gegeben ist.

In vielen quantenmechanischen Situationen verschafft man sich Zahlenwerte aus stationären Wellenbildern. Man muß sich klar machen, was der Wert dieser stationären Rechnungen ist. Sie haben oft ihre Tücken. In der stationären Analyse eines Teilchenstroms durch eine Barriere (ein Potential der Höhe V) in einer Dimension geht man üblicherweise wie folgt vor (vgl. Abbildung 8.4). Man löst die zeitunabhängige Schrödingergleichung in den drei Bereichen separat:

$$1) \qquad x \leq 0: \quad -\frac{\hbar^2}{2m}\Delta\psi = E\psi, \qquad \psi = \mathrm{e}^{\mathrm{i}kx} + A\mathrm{e}^{-\mathrm{i}kx}$$

$$2) \quad 0 < x < a: \quad -\frac{\hbar^2}{2m}\Delta\psi + V\psi = E\psi, \quad \psi = B\mathrm{e}^{lx} + C\mathrm{e}^{-lx}, l = \sqrt{V-E}$$

$$3) \qquad a \leq x: \quad -\frac{\hbar^2}{2m}\Delta\psi = E\psi, \qquad \psi = D\mathrm{e}^{\mathrm{i}kx}$$

Die Konstanten A, B, C, D bestimmen sich aus den Anschlußbedingungen, die besagen, daß die Bohmschen Bahnen keine Knicke haben, daß also j^ψ stetig ist. Im Bereich $x \leq 0$ haben wir zwei Wellenfunktionen überlagert, eine einfallende und eine reflektierte, das ergibt einen „komplizierten" Strom. Für $x \geq a$ kommt nur ein einfacher Strom in Frage. Nun ist die ganze Bewegung eindimensional, d.h. die Teilchenbahnen können sich nicht überschneiden. Es kann also auf der linken Seite (auf Grund der Periodizität der Wellenfunktion) keine zwei Arten von Trajektorien (auf die Barriere zulaufende und von

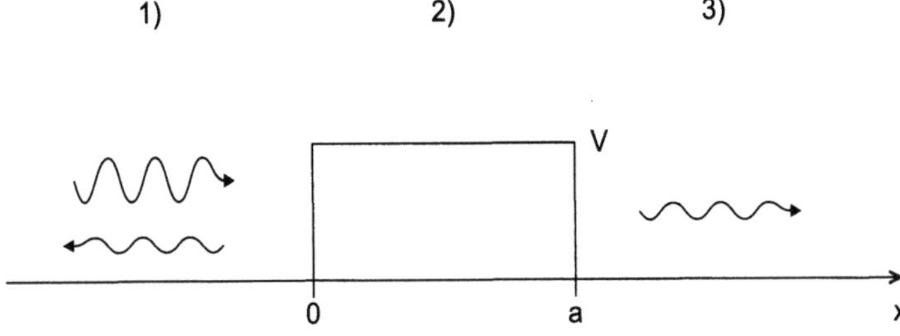

Abb. 8.4. Tunneln durch eine Barriere

ihr weglaufende) geben. Man findet leicht, daß alle Trajektorien auf die Barriere zulaufen. Also widerspricht Bohmsche Mechanik in dieser Situation der Erfahrung, daß Teilchen an einer Barriere rückgestreut werden! Die ganze Sache wird noch deutlicher, wenn man die Potentialstufe unendlich hoch werden läßt, so daß nichts mehr durchkommt und alles reflektiert wird (A wird -1). Dann steht links eine rein imaginäre Wellenfunktion und nichts bewegt sich mehr! Daran wird nun klar, daß Bohmsche Mechanik nicht falsch ist, sondern daß die ebene Welle – das stationäre Bild – eine Idealisierung darstellt, in der man gut die Transmissions- und Reflexionskoeffizienten A und D ausrechnen kann. Daß aber A und D genau diese Bedeutung haben, versteht man nur an der physikalischen Situation, in der ein Wellenpaket ψ_p auf die Stufe zuläuft und dann daran ein Teil reflektiert wird und ein Teil durchtunnelt. Wenn ψ_p das Wellenpaket zur Anfangszeit darstellt (das tatsächlich „präparierte"), dann können wir den Träger von ψ_p in zwei Intervalle T und R aufteilen. T ist der Bereich aller Anfangspositionen des Teilchens, für welche die Trajektorien in den Bereich $x \geq a$ gelangen (und das sind alle im „vorderen Teil" liegenden Positionen), und R ist das Intervall ($Q_0 \in R, \tilde{Q}_0 \in T \implies Q_0 \leq \tilde{Q}_0$) von Anfangspunkten, deren Trajektorien asymptotisch gegen $-\infty$ gehen. Die Wahrscheinlichkeit, daß das Teilchen in T startet, ist

$$\int_T |\psi_p|^2 \mathrm{d}q = D^2.$$

So haben wir ein klares Bild bekommen.

8.3 Spin

Nun komme ich nicht umhin, auch den „Spin" zu erwähnen. Es ist leicht zu sagen, was der Spin ist; es ist nicht so leicht zu sagen, wie man den Spin eines Elektrons z.B. begründet[5]. Die „nichtklassische Zweiwertigkeit" (Wolf-

---

[5] Da er nur im Zusammenhang mit dem magnetischen Moment auftaucht, ist klar, daß eine Begründung nur im Rahmen einer relativistischen Quantentheorie geschehen kann.

gang Pauli) des Spin-1/2-Teilchens (Elektron) ist etwas Neues – Quantenmechanisches. Im Experiment erfährt ein, durch einen Stern-Gerlach-Magneten (stark inhomogenes Magnetfeld) fliegendes Elektron im idealisierten Gedankenexperiment eine Ablenkung wie ein magnetischer Dipol, der sich parallel („Spin-(+1/2)") oder antiparallel („Spin-(−1/2)") zum Gradienten des Feldes einstellt. Eine in z-Richtung aufgestellte Stern-Gerlach-Apparatur präpariert auf diese Weise „Spin-(+1/2)"-Teilchen bzw. „Spin-(−1/2)"-Teilchen in z-Richtung (z-Spin-(+1/2)- bzw. z-Spin-(−1/2)-Teilchen). Schickt man ein z-Spin-(+1/2)-Teilchen in eine in y-Richtung ausgewiesene Stern-Gerlach-Apparatur, wird daraus mit Wahrscheinlichkeit 1/2 ein y-Spin-(+1/2)- bzw. ein y-Spin-(−1/2)-Teilchen (siehe Anmerkung 8.3.1). Wählt man eine beliebige andere Richtung, werden nur die Wahrscheinlichkeiten für die Aufspaltungen beeinflußt. Das ist ein experimenteller Befund. Das Führungsfeld des Teilchens muß also diese Aufspaltung mitmachen, und die einfachste Art das zu bewerkstelligen ist es, der ψ- Funktion selbst zwei Freiheitsgrade zu ermöglichen, durch *Spinorwellenfunktionen*:

$$\psi(\boldsymbol{q}) = \begin{pmatrix} \psi_1(\boldsymbol{q}) \\ \psi_2(\boldsymbol{q}) \end{pmatrix}, \quad \psi_i \in \mathbb{C}.$$

Die Bohmsche Mechanik für Spinorwellenfunktionen ist ganz einfach. Zunächst für ein Teilchen: schreibe in (8.13)

$$\boldsymbol{v}^\psi = \frac{\hbar}{m} \Im \frac{(\psi, \nabla\psi)}{(\psi, \psi)} \tag{8.24}$$

mit

$$(\psi, \psi) = \begin{pmatrix} \psi_1^* \\ \psi_2^* \end{pmatrix} \cdot \begin{pmatrix} \psi_1 \\ \psi_2 \end{pmatrix} = \sum_{i=1,2} \psi_i^* \psi_i,$$

d.h. wir bilden das Spinorskalarprodukt.

Die Schrödingergleichung für ein Teilchen wird nun zur „Pauli-Gleichung", d.h. sie beschreibt die Spinorentwicklung, wobei das „Potential" V eine hermitesche Matrix wird, und eine solche ist immer schreibbar als $V(\boldsymbol{q})E_2 + \boldsymbol{B}(\boldsymbol{q})\cdot\sigma$ mit $V \in \mathbb{R}, \boldsymbol{B} \in \mathbb{R}^3, \sigma = (\sigma_x, \sigma_y, \sigma_z)$ und den Paulimatrizen

$$\sigma_x = \begin{pmatrix} 0 & 1 \\ 1 & 0 \end{pmatrix}, \quad \sigma_y = \begin{pmatrix} 0 & -i \\ i & 0 \end{pmatrix}, \quad \sigma_z = \begin{pmatrix} 1 & 0 \\ 0 & -1 \end{pmatrix}.$$

Die Pauli-Gleichung (sie entsteht auch als nichtrelativistischer Limes der relativistischen Dirac-Gleichung) für ein Teilchen in einem Magnetfeld $\boldsymbol{B}$ (wobei wir hier nur die Spinwechselwirkung berücksichtigen) lautet:

$$i\hbar\frac{\partial\psi}{\partial t}(\boldsymbol{q},t) = -\frac{\hbar^2}{2m}\Delta\psi(\boldsymbol{q},t) - \mu\sigma \cdot \boldsymbol{B}(\boldsymbol{q})\psi(\boldsymbol{q},t), \tag{8.25}$$

wobei μ eine „Kopplungskonstante" ist, der gyromagnetische Faktor.

Durch die Form der Gleichung wird sichergestellt, daß $\varrho^\psi = (\psi, \psi)$ eine „äquivariante" Dichte ist, d.h. sie erfüllt die Kontinuitätsgleichung bzw. Quantenflußgleichung identisch oder mit anderen Worten, der Viererstrom $(\varrho^\psi, v^\psi \varrho^\psi)$ ist divergenzfrei[6]. ϱ^ψ ist damit wieder das Quantengleichgewicht.

Ich sage noch etwas zum Begriff Spinor. Das neue Gesetz muß ja nach wie vor invariant unter galileischen Symmetrietransformationen sein, und dazu gehört wieder die Drehung; also muß man die Drehung auf Spinoren darstellen. Das liefert eine zweidimensionale Darstellung (die $SU(2)$, die unitären 2×2-Matrizen mit Determinante 1) der Drehgruppe $SO(3)$. Spinoren sind also jetzt geometrische Objekte, die die Darstellung ermöglichen. Allerdings ist die Rolle der Spinoren in diesem nichtrelativistischen Falle nicht gut verstehbar. Man beachte, daß der Vektorcharakter der Geschwindigkeit in (8.24) wie üblich durch den Gradienten erzeugt wird und der Spinorcharakter einfach durch das Skalarprodukt zu einer skalaren Größe wird, und im Sinne einer schönen physikalischen Theorie, sieht das alles ein wenig ad hoc aus. Das ist im relativistischen Falle der Dirac-Gleichung anders. Dort wird aus Spinoren ein Vektor gebastelt, und zwar ist dieser bilinear in den Spinoren, wie auch (8.24) zeigt. Wir brauchen aber für unsere Überlegungen eigentlich nicht mehr Details, und darum lassen wir das so stehen. Noch Folgendes vielleicht: Die einfache komplexwertige Wellenfunktion ist in diesem Sinne eine triviale Darstellung der Drehgruppe, was einen dazu verleiten könnte, alle (irreduziblen) Darstellungen der Drehgruppe zu studieren, aber das wäre nur ein Entgleiten in mathematische Strukturen, und das wollen wir nicht, weil es keine physikalische Notwendigkeit gibt.

Anmerkung 8.3.1. Zum Stern-Gerlach-Magneten.
Wir wollen uns halb heuristisch überlegen, wie die Aufspaltung durch die Pauli-Gleichung vonstatten geht. Wir nehmen eine Situation, in der das inhomogene Magnetfeld von der Form $B = (0, 0, bz)$ ist, und die Anfangswellenfunktion des Spinteilchens sei

$$\Phi_0 = \varphi_0(z)\psi_0(x, y)\left(\alpha\begin{pmatrix}1\\0\end{pmatrix} + \beta\begin{pmatrix}0\\1\end{pmatrix}\right) \tag{8.26}$$

mit $\begin{pmatrix}1\\0\end{pmatrix}, \begin{pmatrix}0\\1\end{pmatrix}$ als Eigenfunktionen von σ_z zu den Eigenwerten[7] $1, -1$. (Es ist allein aus Gründen der Einfachheit der Notation, daß wir hier die Ortswellenfunktionen für beide Spinoren gleichgesetzt haben. Die folgende Rechnung benutzt das überhaupt nicht.) In dieser Situation entkoppeln die x, y-Bewegungen des Wellenpaketes von der z-Bewegung, d.h. wir erhalten zwei Pauli-Gleichungen, von denen die x, y-Gleichung im wesentlichen die normale Schrödingergleichung ist, und nur in der Gleichung für z das Magnetfeld

---

[6] Die Hermitizität der Potentialmatrix geht einher mit der Hermitizität des Hamiltonoperators, auf die wir an späterer Stelle ausführlicher eingehen werden.

[7] Wir haben oben von Spin-$\frac{1}{2}$ geredet. Diese Maßzahl ist eine für unsere Belange unwichtige Konvention und im Faktor μ enthalten.

und der Spin eine Rolle spielen. Weiter denken wir an eine Welle, die, sagen wir, sich schnell in x-Richtung bewegt, und wir stellen uns vor, daß das Magnetfeld nur eine kurze Ausdehnung in x-Richtung hat. Diese x-Abhängigkeit haben wir in der Formel für das Magnetfeld unterschlagen, in der Vorstellung, daß das nicht viel ausmachen soll: Diese Inhomogenität ist zwar groß, aber sie wirkt nur eine solch kleine Zeit, daß man daran denken kann, diese zu vernachlässigen. Auf jeden Fall wird dann die x-Bewegung des Paketes die Zeitdauer bestimmen, die das Teilchen im inhomogenen (bezogen auf die z-Richtung) Magnetfeld verbringt. Diese Zeit sei τ. Wir betrachten nun nur die z-Bewegung im Magnetfeld. Und zu guter Letzt vergessen wir auch die Verbreiterung der Welle in dieser Richtung, die durch den Laplace-Anteil in der Pauli-Gleichung entsteht. Wegen der Linearität haben wir uns nur auf die $\Phi^{(1)} = \varphi(z)\binom{1}{0}, \Phi^{(2)} = \varphi(z)\binom{0}{1}$-Anteile zu konzentrieren. Dabei sei das Wellenpaket

$$\varphi_0(z) = \int e^{ikz} f(k)\,dk, \ f(k) \text{ konzentriert um } k_0 = 0. \qquad (8.27)$$

Damit haben wir das Problem reduziert auf die Lösungen von:

$$i\hbar \frac{\partial \Phi^{(n)}}{\partial t}(\boldsymbol{q},t) = \mu(-1)^n bz\Phi^{(n)}(\boldsymbol{q},t) \ n = 1,2.$$

Also

$$\Phi^{(n)} = e^{-i(-1)^n \frac{\mu b \tau}{\hbar} z} \Phi_0^{(n)},$$

und nach Verlassen des Magnetfeldes, also wieder im freien Raum, haben die z-Wellen des Wellenfunktionspaketes (8.27) nun Wellenzahlen $\tilde{k} = k - (-1)^n \frac{\mu b \tau}{\hbar}$, und als Lösung der freien Wellengleichung muß die Frequenz wie üblich $\omega(\tilde{k}) = \frac{\hbar^2 \tilde{k}^2}{2m}$ sein. Die Gruppengeschwindigkeit dieser Welle ist dann (beachte daß $k_0 = 0$ ist!)

$$\frac{\partial \omega(\tilde{k})}{\partial \tilde{k}} = -(-1)^n \frac{\hbar \mu b \tau}{m},$$

also geht das Wellenpaket $\Phi^{(1)}$ in positive z-Richtung (in Richtung des Gradienten von $\boldsymbol{B}$) (*Spin auf*) und $\Phi^{(2)}$ läuft in negative z-Richtung (*Spin runter*). Nun wird in der anfänglichen Wellenfunktion (8.26), die eine Superposition der beiden Pakete darstellt, diese Superposition bestehen bleiben, d.h. im Quantengleichgewicht läuft das Teilchen mit Wahrscheinlichkeit $|\alpha|^2$ nach oben, und man sagt, es habe Spin auf mit Wahrscheinlichkeit $|\alpha|^2$; und mit Wahrscheinlichkeit $|\beta|^2$ läuft es nach unten, und man sagt, es habe Spin runter mit Wahrscheinlichkeit $|\beta|^2$. Welchen „Spin das Teilchen nachher hat“, wird allein aus dem Anfangsort des Teilchens entschieden, den es im Träger der Wellenfunktion hatte! Nun zum Schluss noch eine Bemerkung für später: Der „Erwartungswert des Spins“, also der Erwartungswert der Aufspaltung ist ja, (wenn wir den Spinwert als 1 ansehen), $|\alpha|^2 - |\beta|^2$, und das kann man auch berechnen, indem man das folgende „Skalarprodukt", von dem noch die Rede in späteren Kapiteln sein wird, bildet:

$$|\alpha|^2 - |\beta|^2 = \langle \Phi | \sigma_z \Phi \rangle = \int \mathrm{d}x\mathrm{d}y\mathrm{d}z\, \Phi^* \cdot \sigma_z \Phi.$$

Das geht leicht zu verifizieren.

Die a-Spin-1/2-Spinoren sind die Eigenvektoren von $a \cdot \frac{1}{2}\sigma$, der a-Spin-$(+1/2)$-Spinor und der a-Spin-$(-1/2)$-Spinor sind zueinander orthogonal (a drückt irgendeine Richtung aus). Wenn wir wie oben

$$\begin{pmatrix} 1 \\ 0 \end{pmatrix} \quad \text{und} \quad \begin{pmatrix} 0 \\ 1 \end{pmatrix}$$

als z-Spinoren wählen, dann ergibt sich für die allgemeine normierte Wellenfunktion

$$\begin{pmatrix} \psi_1(x) \\ \psi_2(x) \end{pmatrix}$$

der z-Spin $+1/2$ mit der Wahrscheinlichkeit (auf Grund der Äquivarianz)

$$\int \mathrm{d}x \left| \begin{pmatrix} \psi_1(x) \\ \psi_2(x) \end{pmatrix} \cdot \begin{pmatrix} 1 \\ 0 \end{pmatrix} \right|^2 = \int \mathrm{d}x |\psi_1|^2(x).$$

Nun machen wir zur nochmaligen Warnung Folgendes. Wir senden ein y-Spin-$(-1/2)$-Teilchen durch eine Stern-Gerlach-Apparatur in z-Richtung. Dann spaltet sich die Wellenfunktion in zwei „gleichgewichtete" Teile, zum z-Spin-$(+1/2)$-Teilchen und zum z-Spin-$(-1/2)$-Teilchen gehörig. Beide Wellenzüge passieren dann einen um 180° gedrehten Stern-Gerlach-Apparat, so daß die Wellenzüge wieder aufeinander zulaufen, sich durchdringen und dann auf einen Schirm auftreffen (vgl. Abbildung 8.5). Trifft nun ein Teilchen oberhalb der Symmetrieachse S auf (o), dann muß das Teilchen z-Spin $-1/2$ haben und trifft es bei u auf, so hat es den z-Spin $+1/2$. Andererseits ist die Symmetrieachse nach wie vor (bei genügend symmetrischer Anordnung) eine „topologische Barriere" für die Trajektorien, d.h. man könnte sich hinter dem ersten Stern-Gerlach-Magneten einen Doppelspalt denken, und wenn das Teilchen bei o auftrifft, muß es durch den oberen Spalt gegangen sein. Darum noch einmal ganz deutlich: Spin ist *keine* Eigenschaft des Teilchens, d.h. die Redeweise „Teilchen mit halbzahligem Spin" ist gefährlich nachlässig. Spin ist nur eine Eigenschaft der Wellenfunktion – des Führungsfeldes sozusagen. Die Wellenfunktion ist ein Spinor. Das Teilchen hat nur eines: Einen Ort.

In dem beschriebenen Gedankenexperiment trägt ein Teilchen also einmal den z-Spin $+1/2$ und einmal den z-Spin- $-1/2$, d.h. es wird einmal durch einen z-Spin-$(+1/2)$-Spinor und einmal durch einen z-Spin-$(-1/2)$-Spinor geführt. Was die „Spineinstellung" des Teilchens beim Durchgang durch den Stern-Gerlach-Magneten entscheidet, ist ganz klar der Ort des

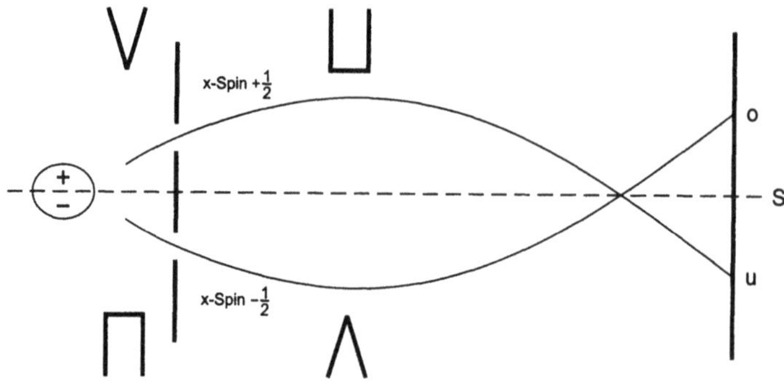

Abb. 8.5. Hintereinanderschaltung zweier Stern-Gerlach-Experimente. Die gekrümmten Linien repräsentieren die Wellenzüge

Teilchens im Träger der y-Spin-Anfangswellenfunktion. In unserer total symmetrischen Anordnung werden Anfangswerte in „+" nach oben wandern (z-Spin $+1/2$) und alle Anfangswerte in „−" nach unten (z-Spin $−1/2$).

Jetzt weiter mit diesem Gedanken. Man stelle sich solche Apparaturen im Wechsel hintereinander aufgereiht vor: x-Richtung, y-Richtung, x-Richtung, y-Richtung, wobei wir irgendeinen Ausgang jeweils weiter aufspalten. Dann haben wir offenbar die quantenmechanische Version eines Galtonschen Kugellaufes, und ganz egal, wieviele Apparate hintereinander gestellt werden, der Anfangsort des Teilchens kann nicht festgestellt werden – in jedem neuen Apparat gibt es eine zufällige Aufspaltung.

Eine letzte Bemerkung: Um mehrere Teilchen zu betrachten, müssen wir den Tensor-Spinorraum[8] betrachten. Eine typische N-Teilchenwellenfunktion ist dabei dann eine lineare Superposition von N-fachen Produkten von Einteilchen-Spinorwellenfunktionen.

8.4 Identische Teilchen

In der Formulierung der Bohmschen Mechanik für viele Teilchen haben wir die Teilchen numeriert, so daß wir von Q_i, der Teilchenposition des i-ten Teilchens reden konnten. Eine solche Numerierung ist natürlich unphysikalisch, wenn die Teilchen nicht dynamisch unterschieden sind (z.B. durch unterschiedliche Massen). Wenn also die Teilchen durch das physikalische Gesetz für ihre Bewegung nicht unterschieden werden, d.h. wenn wir *identische* Teilchen betrachten, dann müssen wir dafür Sorge tragen, daß die Numerierung die physikalische Gleichartigkeit der Teilchen nicht stört. Das bedeutet, daß die Beschreibung des Systems invariant unter Umnumerierung sein muß, insbesondere müssen ψ und die zur neuen Konfiguration gehörige Wellenfunktion ψ', die durch Permutation σ der Teilchennummern $1, \ldots, N$ zustande

---

[8] Der Begriff des Tensorraumes wird in Kapitel 12 erläutert.

kommt, das gleiche Geschwindigkeitsfeld erzeugen. Aus der Form von $\boldsymbol{v}^\psi$ entnehmen wir dann, daß die Invarianz mit der Wahl

$$\psi'(\boldsymbol{q}') = \gamma(\sigma)\psi(\hat{\sigma}^{-1}\boldsymbol{q}'), \qquad \gamma \in \mathbb{C} \tag{8.28}$$

gewährleistet ist, wobei die Permutation $\sigma \in S_N$ durch $\hat{\sigma}$ auf die Koordinaten wirkt:

$$\hat{\sigma}\boldsymbol{q} := (\boldsymbol{q}_{\sigma(1)}, \ldots, \boldsymbol{q}_{\sigma(N)}) = (\boldsymbol{q}'_1, \ldots, \boldsymbol{q}'_N) = \boldsymbol{q}'.$$

Man erhält dann sofort, daß die $\gamma(\sigma)$ eine eindimensionale Darstellung der Permutationsgruppe S_N ergeben ($\gamma(\sigma \circ \sigma') = \gamma(\sigma)\gamma(\sigma')$), man nennt das die Darstellung durch Charaktere. Indem wir σ in Transpositionen τ ($\tau^2 = \mathrm{id}$) zerlegen und beachten, daß $1 = \gamma(\mathrm{id}) = \gamma(\tau^2) = \gamma(\tau)^2$, finden wir sofort, daß es nur zwei Charaktere gibt, nämlich solche mit $\gamma(\tau) = 1$ und solche mit $\gamma(\tau) = -1$, also

$$\text{(i)} \quad \gamma(\sigma) = 1$$

oder

$$\text{(ii)} \quad \gamma(\sigma) = (-1)^{|\sigma|} \qquad |\sigma| = \begin{cases} 0 \text{ für } \sigma \text{ gerade} \\ 1 \text{ für } \sigma \text{ ungerade} \end{cases}$$

sind. Es gibt also zwei eindimensionale Darstellungen, wodurch die Menge der Wellenfunktionen, die ein N-Teilchensystem beschreiben, in zwei Klassen zerfällt, die symmetrischen (Fall (i), „Bosonen") und die antisymmetrischen (Fall (ii), „Fermionen"). Ich will nur erwähnen, daß diese Argumentation auch für Spinwellenfunktionen durchgeführt werden kann [9].

Anmerkung 8.4.1. Zur topologischen Natur der Trennung von Bosonen und Fermionen

Ich will nicht verschweigen, daß es eigentlich von vornherein unnatürlich ist, identische Teilchen erst durch *Numerierung* zu unterscheiden und dann dafür zu sorgen, daß diese Unterscheidung physikalisch irrelevant ist. Darum beginnt eine ernsthafte Auseinandersetzung mit dieser Frage, mit der richtigen Wahl des Konfigurationsraumes von N identischen Teilchen: einfach die Menge aller N-elementigen Teilmengen des $\mathbb{R}^3$. Diese Menge läßt sich als

$$(\mathbb{R}^{3N} - \Delta^{3N})/S_N$$

schreiben: von $\mathbb{R}^{3N}$ entferne die Diagonale im $\mathbb{R}^{3N}$, d.h. die Menge

$$\{(\boldsymbol{q}_1, \ldots, \boldsymbol{q}_N) \in \mathbb{R}^{3N} \mid \boldsymbol{q}_i = \boldsymbol{q}_j \text{ für mindestens ein } i \neq j\},$$

und „faktorisiere" S_N, die Permutationsgruppe von N Objekten. Dies bedeutet, daß je zwei N-Tupel aus $(\mathbb{R}^{3N} - \Delta^{3N})$ als äquivalent gesehen werden, wenn sie durch Permutation auseinander hervorgehen. Dieser Raum ist, so

---

[9] Es ist eine Art Hauptsatz aus der relativistischen Quantenphysik, daß Fermionen Teilchen mit halbzahligem Spin sind.

einfach er von der Idee und der Konstruktion her auch ist, topologisch nicht einfach! Man denke z.B. an den Faktorraum $\mathbb{R}/\mathbb{Z}$. $\mathbb{R}$ selbst ist ja topologisch so einfach wie es nur sein kann, aber durch die Idenfikation aller ganzen Zahlen, sind in der neuen Menge nun geschlossene Wege vorhanden, die nicht mehr stetig auf Null geschrumpft werden können (die nicht „nullhomtop" sind): $\mathbb{R}/\mathbb{Z}$ ist topologisch ein Kreis (diffeomorph zum Kreis)! Etwas komplizierter, aber analog von der Idee her, ist nun diese Homotopiestruktur des Konfigurationsraums, bestehend aus den N-elementigen Teilmengen des $\mathbb{R}^d$. Besonders kompliziert ist dabei der Fall $d = 2$, weil allein das Entfernen der Diagonalen ein „Loch" hervorruft (die Codimension der Diagonalen ist d, also 2 in diesem Falle, das ist analog zu dem Entfernen einer Geraden aus dem $\mathbb{R}^3$ wohingegen in $d = 3$ Dimensionen die Situation analog zum Entfernen eines Punktes aus dem $\mathbb{R}^3$ ist) und so schon für eine mehrfach zusammenhängende Struktur sorgt. Die Zusammenhangsstruktur führt auf die sogenannte Zopfgruppe (die Fundamentalgruppe dieser Mannigfaltigkeit).

Im Falle $d = 3$ ergeben sich bei N Teilchen $N!$ Klassen von zueinander homotopen geschlossenen Wegen (die können stetig ineinander überführt werden.) Also, bei $\mathbb{R}/\mathbb{Z}$ bilden alle Wege mit der gleichen Umlaufzahl (man denke an den Kreis) eine Klasse von zueinander homotopen Wegen. Ähnlich hier: Bei $N = 2$ z.B. kommt zu den üblichen nullhomotopen Wegen (die alle auf einen Punkt geschrumpft werden können) ein neuer – durch die Identifikation permutierter Teilchenkoordinaten geschlossener – Weg ins Spiel, der eine Permutation der beiden Teichenorte beschreibt. Dieser Weg kann nicht zum Nullweg geschrumpft werden, weil die voneinander entfernten Teilchen ja in der Tat ihre Plätze tauschen müssen, also in jedem Falle einen Weg zurücklegen. Ich will das gar nicht genauer sagen und nur die Denkrichtung anzeigen. Auf jeden Fall ist es so, daß die Klassen von zueinander homotopen Wegen eine Gruppe bilden (Hintereinanderdurchlauf von zwei Wegen ist die Gruppenverknüpfung), und diese Gruppe ist in $d = 3$ Dimensionen isomorph zur Permutationsgruppe von N Objekten.

Und wenn nun solch ein mehrfach zusammenhängender Konfigurationsraum gegeben ist, dann ist es einfacher, die Dynamik auf einem einfachen topologischen Raum zu konstruieren, der eine „Überdeckung" des zugrunde liegenden Raumes darstellt[10]. Die Zusammenhangsstruktur des zugrundeliegenden Raumes ist dann in sogenannten Deck-Transformationen im Überlagerungsraum enthalten, bezüglich derer die Wellenfunktion dann ein Transformationverhalten zeigen muß, so daß das Vektorfeld im tatsächlichen Konfigurationsraum wohldefiniert ist. Man kommt auf diese Weise ebenfalls auf die Beschreibung durch symmetrische und antisymmetrische Wellenfunktionen. Allerdings ergeben sich auf Grund der komplizierteren Topologie im Falle von nur zwei Raumdimensionen neue Möglichkeiten des Transformationsverhaltens der Wellenfunktion, es können beliebige Phasenfaktoren anstelle von

---

[10] Man betrachtet am einfachsten die sogenannte universelle Überdeckung; im Falle $d = 3$ ist das $\mathbb{R}^{3N} - \Delta^{3N}$.

+1, −1 treten, und das ist etwas, was man an der reinen Permutationsanalyse oben nicht sehen konnte. Das Ganze ist aber dennoch nur eine andere – tiefer liegende, weil topologische – Sichtweise der physikalischen Ununterscheidbarkeit der Teilchen. Die topologische Sichtweise der Vertauschung von Teilchennummern findet man wohl zuerst in [44], aber mittlerweile ist das allgemein bekannt und beschrieben, siehe auch [45].

9. Die klassische Welt

Wir haben ein ungewolltes Erbe von sprachlichen Eigenheiten der orthodoxen Quantentheorie zu verwalten, nämlich die Phrase, daß Physik über Messungen ist und über nichts anderes. Wie immer man zu dieser Aussage steht, man muß sich darüber im Klaren sein, daß sie jeglicher Grundlage entbehrt. Dennoch, „Messungen" sind Teil der klassischen Welt, darum sage ich hier etwas dazu. Die klassische Welt ist aber offenbar mehr als nur Beschreibung von „Messung" und die wahre Frage ist: Wie kommt die klassische Welt in einem Bohmschen Universum zustande? Ich behandle also zwei Dinge, die zusammengehören: Wie löst Bohmsche Mechanik das „Meßproblem"? Wie entsteht die klassische Welt aus Bohmscher Mechanik? Nebenbei bemerke ich folgendes: Ich werde – mit Ausnahme dieses Satzes – niemals von $\hbar \to 0$ reden, weil das eine mathematisch zwar korrekte Limesprozedur ist, die aber physikalisch unsinnig ist weil $\hbar$ eine Zahl ungleich null ist. Der Leser sollte dies ebenfalls nachdenklich bemerken.

9.1 Zeigerstellungen

Die erste Frage ist nur rhetorisch, denn in Bohmscher Mechanik kann es kein „Meßproblem" geben, da es sich um eine physikalische handelt. Sie beschreibt alles. Sie kann falsch sein. Aber das ist sie nicht. Was wir nun tun können, ist, den Meßprozeß der der üblichen Quantenmechanik in Bohmscher Mechanik analysieren und uns so ein klares Bild verschaffen. Nun ist Meßprozeß ein schlechtes Wort- es suggeriert, daß eine „Messung" vorgenommen wird, „Messung" von was? Wenn wir etwas „messen", dann verschaffen wir uns genaue Kenntnis von diesem „etwas" – etwas *Vorhandenem*. In Bohmscher Mechanik ist *nichts* vorhanden, außer den Teilchenorten bzw. -bahnen und der Wellenfunktion. Die Teilchen selbst haben weiter keine Eigenschaften. Bohmsche Mechanik ist fürwahr minimal! Die Wellenfunktion tut zwei Dinge: Erstens bestimmt sie die Bewegung der Teilchen und zweitens gibt sie die Information über die statistische Verteilung der Teilchenorte. Indem ich nun dieses über die Wellenfunktion sage, sollte zumindest die Statistik experimentell überprüfbar sein, d.h. wir gehen davon aus, daß wenigstens die Teilchenorte meßbar sind, z.B. durch Auffangen auf einer Photoplatte. Aber berühmt ist ja nicht nur die „Ortsmessung", sondern auch die „Impulsmessung" in der

Quantenmechanik. Und deswegen, und wegen vieler solcher anderen „Bilderbuchmessungen", muß ich mehr dazu sagen, als mir lieb ist, weil wir das alles gar nicht zu wissen bräuchten. Wir müssen das jetzt alles nur wissen, um zu sehen, wie bedeutungslos das ganze Gerede von „Messungen" ist. Wir werden das an späterer Stelle ausführlich behandeln und sagen jetzt erstmal nur: Quantenmechanische „Messungen" sind Experimente – Wechselwirkungen –, in denen meistens nichts gemessen wird, sondern in denen am Ende etwas angezeigt wird. Wir müssen Bohr ernst nehmen: das typische Meß-Experiment mißt nichts. Dies wird nirgends so deutlich wie in Bohmscher Mechanik.

Nun aber weiter nach dieser vorläufigen Warnung und hin zur Formulierung des Meßproblems: wir betrachten eine typische „Meßsituation", d.h. ein Experiment, in dem Systemwellenfunktion und Zeigerwellenfunktion (= Apparatewellenfunktion) korreliert werden. Die Zeigerwellenfunktionen sind typischerweise makroskopische Wellenfunktionen, d.h. sie bestehen (gedanklich) aus einer zufälligen Überlagerung von makroskopisch ($\sim 10^{26}$) vielen Einteilchenwellenfunktionen, und ihr Träger ist im wesentlichen auf den klassischen Ort (im Konfigurationsraum $\mathbb{R}^{3 \cdot 10^{26}}$) des Zeigers konzentriert. Zu verschiedenen Zeigerstellungen gehören also „makroskopisch disjunkte" Wellenfunktionen, d.h. ihre Träger sind im Konfigurationsraum makroskopisch getrennt (vgl. Abbildung 9.1).

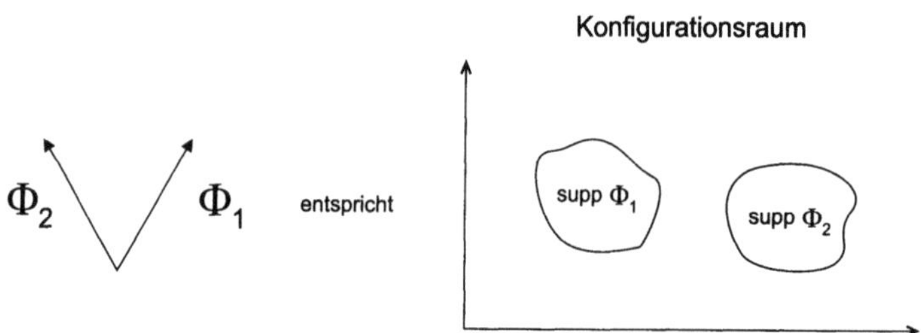

Abb. 9.1. Zeigerwellenfunktionen

Makroskopisch heißt hier einfach, daß klassisch verschiedene Zeigerstellungen vorliegen. Nun betrachten wir ein System (Koordinaten X, Dimension m), dessen Wellenfunktionen nur aus Überlagerungen von zwei Wellenfunktionen $\psi_1(x)$ und $\psi_2(x)$ bestehen, und eine Wechselwirkung mit einem Apparat (Koordinaten Y, Dimension n), vertreten durch die Zeigernullstellung $\Phi_0(y)$ ($\cong Y_0$) und den beiden möglichen[1]

---

[1]   Indem wir mit einer „Produktfunktion" $\Psi(q) = \Psi(x, y) = \psi_i(x)\Phi_0(y)$ starten, entsprechen wir der Vorstellung der physikalischen Unabhängigkeit des Systems und der Apparate vor Beginn der Wechselwirkung. Die Schrödingergleichung (8.15) für eine Produktwellenfunktion zerfällt in zwei unabhängige Schrödingergleichungen für jeden Faktor, wenn die Wechselwirkung $V(x, y) \approx 0$ ist. Aber Vorsicht: wenn $V(x, y) \approx 0$ ist, also eine dynamische Unabhängigkeit von der

Anzeige-Zeigerstellungen $\Phi_1(\boldsymbol{y})$ ($\cong \boldsymbol{Y}_1$) und $\Phi_2(\boldsymbol{y})$ ($\cong \boldsymbol{Y}_2$), derart, daß die Schrödingersche Entwicklung

$$\psi_i\Phi_0 \xrightarrow{t\longrightarrow T} \psi_i\Phi_i \qquad i = 1,2 \tag{9.1}$$

ergibt (T groß), d.h. die Zeigerstellungen korrelieren jeweils mit den Wellenfunktionen ψ_1 bzw. ψ_2. Die Zeiger „zeigen entweder ψ_1 oder ψ_2 an".

Das Meßproblem (siehe auch Anmerkung 9.1.1) ist die Konsequenz aus (9.1), wenn nun

$$\psi(\boldsymbol{x}) = \alpha_1\psi_1(\boldsymbol{x}) + \alpha_2\psi_2(\boldsymbol{x})$$

als Systemwellenfunktion vorliegt. Dann nämlich ergibt (9.1) durch die Linearität der Schrödingergleichung

$$\sum_{i=1,2} \alpha_i\psi_i\Phi_0 \xrightarrow{t\longrightarrow T} \sum_{i=1,2} \alpha_i\psi_i\Phi_i, \tag{9.2}$$

und rechts steht nun eine „makroskopische Superposition" von Wellenfunktionen.

Uns interessiert natürlich hauptsächlich welche Zeigerstellung vorliegt, d.h. welche die aktuelle Konfiguration $\boldsymbol{Y}(T)$ der Zeigerteilchen ist (vgl. Abbildung 9.2), d.h. uns interessiert, was Bohmsche Mechanik ergibt. Wenn die rechte Seite von (9.2) die Wellenfunktion ist, dann ist gemäß der Quantengleichgewichtshypothese die Wahrscheinlichkeit dafür, daß die Zeigerstellung $\boldsymbol{Y}_i$ vorliegt,

$$\int\limits_{\{\boldsymbol{x},\boldsymbol{y}|\boldsymbol{y}\in\mathrm{supp}\Phi_i\}} \left| \sum_{i=1,2} \alpha_i\psi_i(\boldsymbol{x})\Phi_i(\boldsymbol{y}) \right|^2 \mathrm{d}^m x \mathrm{d}^n y = |\alpha_i|^2, \tag{9.3}$$

Schrödingergleichung aus gegeben ist, bedeutet das nicht, daß die einzelnen Systeme unabhängig sind, denn die Wellenfunktion braucht keine Produktstruktur zu haben. Zur physikalischen Unabhängigkeit brauchen wir auch, daß das Geschwindigkeitsfeld $\boldsymbol{v}^\Psi$ des Systems allein eine Funktion von $\boldsymbol{x}$ ist, und mit Blick auf (8.13) beachte man, daß

$$\frac{\nabla\Psi}{\Psi} = \nabla\ln\Psi,$$

so daß

$$\begin{aligned} \nabla\ln\Psi(\boldsymbol{x},\boldsymbol{y}) &= \nabla\ln(\psi_i(\boldsymbol{x})\Phi_0(\boldsymbol{y})) \\ &= \nabla\ln\psi_i(\boldsymbol{x}) + \nabla\ln\Phi_0(\boldsymbol{y}) \\ &= \begin{pmatrix} \nabla_{\boldsymbol{x}}\ln\psi_i(\boldsymbol{x}) \\ \nabla_{\boldsymbol{y}}\ln\Phi_0(\boldsymbol{y}) \end{pmatrix}, \end{aligned}$$

die Teilchenkoordinaten $\boldsymbol{x}$ in der Tat im Falle der Produktwellenfunktion durch die Systemwellenfunktion ψ_i geführt werden. Der Pfeil in (9.1) beschreibt nun die zeitliche Entwicklung bei einer dynamischen Kopplung ($V(\boldsymbol{x},\boldsymbol{y}) \neq 0$), und am Ende entsteht wieder eine physikalische Entkopplung.

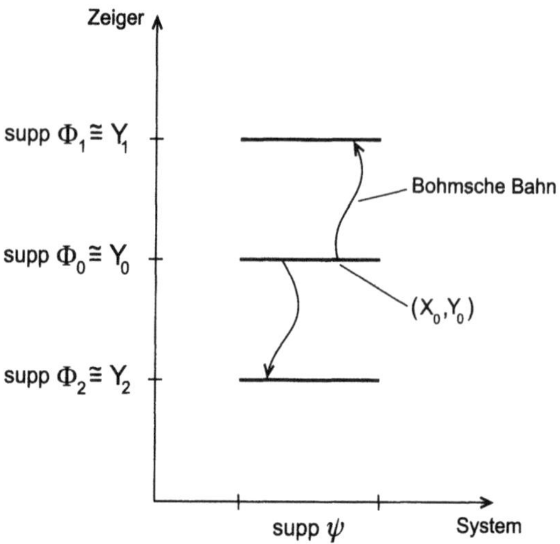

Abb. 9.2. Entwicklung der System-Zeiger-Konfiguration beim Meßprozess. Die Bahn endet zur Zeit T, abhängig von den Anfangsdaten (X_0, Y_0), entweder in der oberen oder unteren Menge des System-Zeiger-Konfigurationsraumes

wobei die „gemischten Terme" wegfallen, denn $\mathrm{supp}\Phi_1 \cap \mathrm{supp}\Phi_2 \cong \emptyset$ und deshalb ist

$$\int \Phi_1(\boldsymbol{y})\Phi_2(\boldsymbol{y})\mathrm{d}^n y = 0 \ .$$

Also mit Wahrscheinlichkeit $|\alpha_1|^2$ wird der Zeiger auf Stellung „1" gehen und mit Wahrscheinlichkeit $|\alpha_1|^2$ auf Stellung „2". Welche Zeigerstellung am Ende vorliegt, wird allein aus den Anfangsorten der Teilchenkoordinaten bestimmt. Die Entwicklung der Teilchenorte ist gemäß der Bohmschen Mechanik nicht zufällig. Es ist überdies gut zu wissen, daß in der Tat die Zeiger-Endstellung im allgemeinen nur von den Teilchenorten des Systems, und nicht von den Teilchenkoordinaten der Zeigernullstellung, bestimmt wird. Zum Beispiel bei der „Spin-Messung" im Stern-Gerlach-Magneten (Bemerkung 8.3.1) wird die Zeigerstellung ja nur durch ein Detektieren der bereits aufgetrennten Teilchenbahnen bestimmt.

Anmerkung 9.1.1. Zum Meßproblem
Ohne Bohmsche Mechanik, ist das Ergebnis (9.2) nicht sinnvoll, es sei denn, man interpretiert die Wellenfunktion zur Zeigerstellung vorliegt. Was bedeutet dabei dann „ohne Bohmsche Mechanik"? Nun, das kann nur bedeuten, daß es diese Zeigerstellungen gibt, womöglich ebenfalls erzeugt durch Teilchenorte, aber diese Teilchenorte gehorchen eben nicht der Bohmschen Mechanik. Viele Physiker hätten am liebsten so eine Aussage wie: *es gibt zwar diese Teilchenorte, aber die können keiner Mechanik gehorchen, sondern nur ihre Statistik ist bestimmt.* Das, denkt man dann, gereicht der Bohrschen Naturphilosophie zur Ehre und ist Ausdruck der Neuerung der Naturansicht, die

durch die Quantentheorie erfolgte. So etwas liest man ja auch aus dem Born-Zitat in Kapitel 7. Aber so ganz geheuer kann das einem ja auch nicht sein, denn die Teilchen bewegen sich ja offenbar (der Zeiger bewegt sich!), und am liebsten wäre es einem wohl doch, wenn es einfach keine Teilchen gäbe, so daß man über deren Entwicklung gar nicht erst nachzudenken bräuchte. Aber dann hat man nur die Wellenfunktion, und dann ist (9.2) nicht das, was man beobachtet. Das ist das Meßproblem der orthodoxen Quantentheorie: Man bekommt außer Frage und Zweifel (9.2), und nun muß man darum einen philosophischen Eiertanz veranstalten, wenn man nicht von Bohmscher Mechanik reden will: *Physik ist...nur die Vorhersage von Meßergebnissen. Was ist eine Messung? Das weiß der Experimentator! Physik ist nicht... das theoretische Begreifen dessen, was geschieht, denn da ist nichts...Wann ist (9.2)als das „statistische Gemisch" von zwei Wellenfunktionen zu lesen, d.h. wie groß muß der Konfigurationsraum (d.h. seine Dimension) der Zeiger sein, damit die Interpretation, daß nun keine Superposition mehr vorliegt, gültig wird...da muß man den Heisenberg-Schnitt einführen...Was geht denn genau vor? Das ist keine wissenschaftliche Frage!... Ist die Katze nun tot oder lebendig? Diese Frage ist physikalisch nicht erlaubt. Sie ist keine sinnvolle Frage...Ist der Mond da, auch wenn man nicht hinschaut?...* Wir haben sicher alle einmal solche Diskussionen geführt und vielleicht sogar selbst solche Gedanken entwickelt. Und man neigt dazu, solche Gedanken zu entwickeln, wenn einem die völlig naheliegende Bohmsche Mechanik verweigert wird oder wenn einem suggeriert wird, daß eine solche Mechanik *mathematisch nicht existieren kann*. Natürlich wird nicht nur philsophisch Anmutendes gesagt, sondern es werden auch physikalische Lösungen präsentiert, die alle in der empirischen Unmöglichkeit wurzeln, makroskopische Zustände interferieren zu lassen. Das wird einerseits im nächsten Abschnitt besprochen und das damit verbundene Mißverständnis noch einmal deutlich in Anmerkung 9.5.3. Es geht immer um den Schrödingerschen Satz aus den Auszügen: „Es ist ein Unterschied zwischen einer verwackelten oder unscharf eingestellten Photographie und einer Aufnahme von Wolken und Nebelschwaden."

Die einzige andere Möglichkeit, dem Meßproblem zu entgehen ist, die Entwicklung (9.2) theoretisch unmöglich zu machen, d.h. die Schrödingersche Zeitentwicklung zu verneinen, und durch eine andere Zeitentwicklung zu ersetzen, die solche Superpositionen nicht zuläßt. Solche „Reduktionsmodell-Theorien" sind die einzigen ernstzunehmenden Denkrichtungen (siehe z.B. das GRW-Modell, schön beschrieben in [46, 48]).

Anmerkung 9.1.2. Zur Nichtmeßbarkeit der Wellenfunktion
Wir werden die Frage der Meßbarkeit von Größen noch genauer studieren, aber (9.2) zeigt so schön, daß die Wellenfunktion keine Meßgröße im Sinne der orthodoxen Quantentheorie ist, daß ich nicht umhin kann, daß hier schon mal zu sagen: Wir stellen uns einen Apparat vor, der Wellenfunktionen mißt, also im Sinne von (9.1), wobei der Zeiger eben anzeigt, welches die System-Wellenfunktion ist. Ein solcher Apparat existiert nicht! Er kann nämlich die

Superposition zweier Wellenfunktionen, die ja wieder eine Wellenfunktion ist nicht anzeigen (denn herauskommt ja die linke Seite von (9.2))! Da haben wir also ein Größe kennengelernt, die nicht meßbar ist. Das bedeutet nicht, daß wir nicht in der Lage sind, die Wellenfunktion zu kennen. Natürlich werden wir das können, aber eben durch Hintertüren über die Kenntnis der Teilchenorte und *unter Ausnutzung der Theorie*.

9.2 Effektiver Kollaps

Nun aber weiter und hin zu Wichtigem: wir können, wenn Y_1 vorliegt, den Wellenanteil $\psi_2\Phi_2$ vergessen! Zunächst ist nach (8.14) ganz klar, daß

$$
v^{\psi_1\Phi_1+\psi_2\Phi_2} = \begin{cases} v^{\psi_1\Phi_1} = \begin{pmatrix} v_x^{\psi_1} \\ v_y^{\Phi_1} \end{pmatrix} & y \in \mathrm{supp}\Phi_1 \\[4mm] v^{\psi_2\Phi_2} = \begin{pmatrix} v_x^{\psi_2} \\ v_y^{\Phi_2} \end{pmatrix} & y \in \mathrm{supp}\Phi_2 \end{cases} \tag{9.4}
$$

(und supp $v^{\Phi_1} \cap$ supp $v^{\Phi_2} = \emptyset$), so daß nur Φ_1 „führt", wenn Y_1 vorliegt. Kann Φ_2 (unter zeitlicher Entwicklung) wieder effektiv werden und die Zeigerkoordinaten führen? Nein, denn das würde bedeuten, daß Φ_1 und Φ_2 zur Interferenz gebracht werden könnten, entweder durch experimentelle Kontrolle – was bei 10^{26} zufälligen „Phasen" ein geradezu lächerlicher Versuch wäre – oder durch Poincaré-Wiederkehr (siehe die Anmerkung 9.5.6) – was geradezu lächerlich lange dauern würde. Also können wir Φ_2 für die weitere Entwicklung der Welt vergessen, und wir erhalten aus Bohmscher Mechanik eine kollabierte Wellenfunktion! Wenn Y_2 vorliegt, ist die effektive Wellenfunktion $\psi_2\Phi_2$, d.h. die des Systems ist ψ_2, d.h. *ψ ist auf ψ_2 „kollabiert"*. Dieser „Kollaps" ist kein physikalischer Prozeß, sondern ein Akt der Bequemlichkeit. Er findet nur durch unsere Wahl der Beschreibung statt, wozu wir uns gerechtfertigt fühlen, weil der Preis für das Vergessen der anderen, nicht effektiven Wellenanteile enorm gering ist, da zukünftige Interferenz praktisch ausgeschlossen ist. Aber das ist noch nicht alles. Wir müssen noch einsehen, daß die Gründe dafür, Φ_2 zu vergessen, noch wesentlich weitreichender sind als beschrieben. Denn der Ablauf (9.2) ist eigentlich nichts Besonderes, vor allem wenn wir an Ortsmessungen denken. Also zunächst ein Beispiel einer Ortsmessung: Wir betrachten ein Teilchen mit einer Wellenfunktion bestehend aus zwei Anteilen $\psi_L(x) + \psi_R(x)$, wobei ψ_L ein nach links laufendes Wellenpaket ist und ψ_R ein nach rechts laufendes (vgl. Abbildung 9.3). Rechts steht auch eine Photoplatte, die das Auftreffen des Teilchens durch Schwärzung verzeichnet. Die Photoplatte ist also eine Apparatur, die messen sollte, ob das Teilchen im nach links laufenden oder im nach rechts laufenden

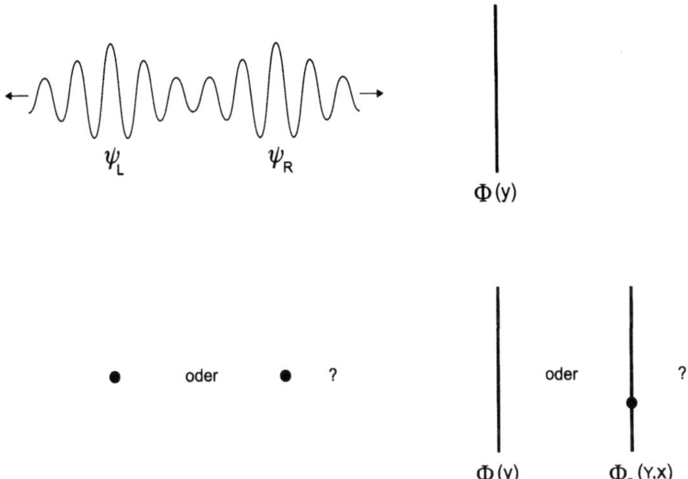

Abb. 9.3. Der Meßprozeß. Befindet sich das Teilchen links oder rechts?

Wellenberg sitzt. Analog zu (9.2) ergibt sich dann unter der Schrödingerschen Zeitentwicklung

$$(\psi_L(x) + \psi_R(x))\Phi(y) \overset{t \rightarrow T}{\longrightarrow} \psi_L(x,T)\Phi(y) + \Phi_S(y,x,T). \qquad (9.5)$$

Kann es passieren, daß der Ort X des Teilchens im Träger von ψ_L ist und dennoch die Platte geschwärzt wird? Nein, auf Grund der Quantengleichgewichtshypothese, denn $\Phi(y)$ und $\Phi_S(y,x,T)$ haben ja disjunkte Träger[2], so daß die Wahrscheinlichkeit dafür Null ist, daß $X \in \mathrm{supp}\psi_L(T)$ und $Y \in \mathrm{supp}\Phi_S(T)$ (vgl. Abbildung 9.4). Nun haben wir eine Ortsmessung mit einer photographischen Platte beschrieben. Was ist an der Photoplatte speziell? Nichts! Genauso gut hätten wir Lichtstrahlen nehmen können, die „messen, wo das Teilchen ist"! Wir erhalten also je nach dem, ob das Teilchen links oder rechts saß, verschieden gestreute Lichtstrahlen und damit als effektive Wellenfunktion für das Teilchen nach Durchgang der Strahlen entweder eine „scharf" lokalisierte, nach links laufende Welle oder umgekehrt. In diesem Falle wirken also die Lichtstrahlen als Zeiger (vgl. Abbildung 9.5). Und nun weiter: die Lichtstrahlen wechselwirken mit anderen Dingen und bewirken Veränderungen in deren Konfiguration, so daß immer mehr Systeme einbezogen werden und die Dimension des an das Teilchen gekoppelten Konfigurationsraumes unerläßlich wächst, unaufhaltsam und unkontrollierbar. Dieses sich ewig fortpflanzende Verschränken der Wellenfunktionen hat einen Effekt: unaufhaltsame Dekohärenz. Der effektive Kollaps wird immer ausgeprägter. Denn will man ψ_L und ψ_R nach geraumer Zeit zur Interferenz bringen, dann hängen daran alle inzwischen angekoppelten Wellenfunktionen

---

[2] Warum eigentlich? Nun, zumindest bei Licht besehen, hinterlassen geschwärzte und nicht geschwärzte Photoplatten sichtbar verschiedene Eindrücke.

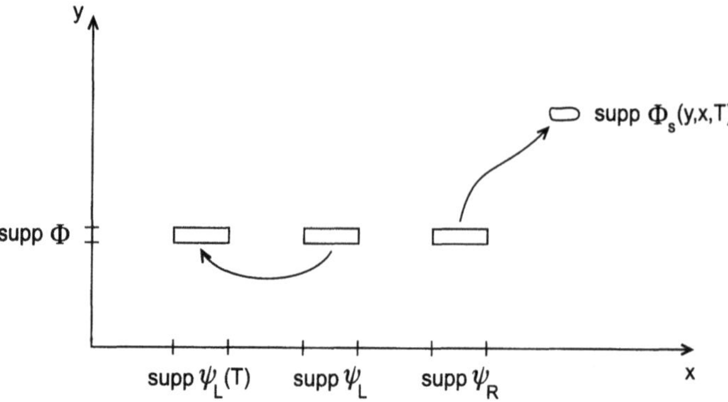

Abb. 9.4. Der Meßprozeß im Konfigurationsraum. Befindet sich das Teilchen links oder rechts?

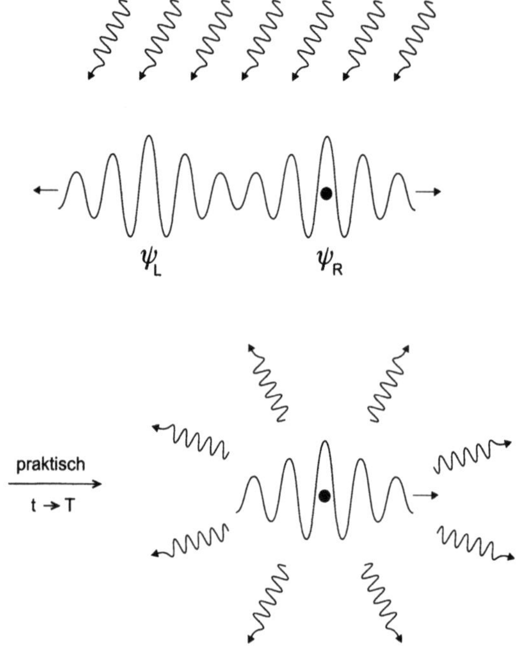

Abb. 9.5. Lichtstrahlen als „Zeiger"

von Licht, Luft, Auge, Gehirn, von Geschriebenem, und all das muß dann zur Interferenz gebracht werden, und das ist unmöglich. Und so geht es jedem Zeiger und jedem Teilchensystem, alles ist immer und zu jeder Zeit in Wechselwirkung, unter „Beobachtung", ständig werden Orte „gemessen" – und Kohärenz zerstört. Diese „Dissipation" oder *Dekohärenz*, die Zerstörung der Kohärenz, ist umso effektiver, je größer bzw. je „wechselwirkungsfreudiger" das Teilchensystem ist. Und das ist ein wesentlicher Bestandteil am zustan-

dekommen unserer klassischen Welt. In Anmerkung 9.1.1 erwähnte ich, daß
ein Ausweg aus dem Meßproblem, die Ablösung der Schrödingerschen Zeitentwicklung durch eine vom Zufall behaftete nichtlineare Entwicklung ist,
die keine makroskopischen Superpositionen erlaubt. Diese Entwicklung wird
also den Kollaps der Wellenfunktion als Naturgesetz und nicht als phänomenologisches Element enthalten. Was wir gerade gesagt haben, zeigt uns,
daß es schwer sein dürfte, die Kollapstheorie von Bohmscher Mechanik experimentell zu unterscheiden, denn eine solche Unterscheidung wird auf eine
Superposition (Interferenz) von makroskopischen Wellenfunktionen auslau-
fen, aber deren Interferenzfähigkeit wird durch die Umgebung sehr schnell
und empfindlich heruntergesetzt.

9.3 Bewegung von konzentrierten Wellenpaketen

Wir können das Teilchen in Abbildung 9.5 eine Weile verfolgen. Nehmen wir
an, das Teilchen ist allein auf der Welt, „in einem Wellenpaket" der Form
(6.13),

$$\psi(\boldsymbol{x}, t) = \int e^{i(\boldsymbol{k}\cdot\boldsymbol{x} - \omega(\boldsymbol{k})t)} \hat{f}_{\boldsymbol{k}_0}(\boldsymbol{k}) \mathrm{d}^3 k \, ,$$

mit $\omega(\boldsymbol{k}) = \hbar k^2/2m$. Dies ist die Lösung der Einteilchenschrödingergleichung
(8.15) mit $V = 0$. Die Welle bewegt sich mit der Gruppengeschwindigkeit
$(\partial\omega/\partial\boldsymbol{k})(\boldsymbol{k}_0) = \hbar\boldsymbol{k}_0/m$, und der $\boldsymbol{k}$-Integrationsbereich nimmt gemäß dem
stationären Phasenargument (vgl. Kapitel 6, unter (6.13)) mit t ab, so daß
sich die Welle verbreitert und zwar nimmt die Breite linear mit t zu. Dieses
Verbreitern, das Vergrößern der Kohärenz, ist typisch quantenmechanisch.
Aber gemäß (6.16) ist die Rate des Verbreiterns umso geringer, je größer die
Masse ist, d.h. für sehr massive Teilchen ist die Wellenfunktion über lange
Zeit sehr konzentriert. Nun betrachten wir erst einmal ein solches, nicht stark
zerfließendes Wellenpaket und verfolgen die Bewegung des mittleren Bohm-
schen Ortes $\boldsymbol{X}$ des Teilchens im sehr lokalisierten Paket, dann folgt $\boldsymbol{X}(t)$ dem
Paket. Das ist so wegen des Quantengleichgewichtes. Wie aber bewegt sich
das Paket? Das Paket entwickelt sich gemäß der Schrödingergleichung

$$i\hbar\frac{\partial\psi}{\partial t}(\boldsymbol{x}, t) = -\frac{\hbar^2}{2m}\Delta\psi(\boldsymbol{x}, t) + V(\boldsymbol{x})\psi(\boldsymbol{x}, t) = H\psi(\boldsymbol{x}, t) \tag{9.6}$$

mit

$$H = -\frac{\hbar^2}{2m}\Delta + V(\boldsymbol{x}) \tag{9.7}$$

als „Schrödingeroperator". Für den Ort $\boldsymbol{X}(t, \boldsymbol{x})$ des Teilchens ($\boldsymbol{x}$ ist der An-
fangswert) haben wir

$$\dot{\boldsymbol{X}}(t, \boldsymbol{x}) = \frac{\hbar}{m}\mathrm{Im}\frac{\nabla\psi}{\psi}(\boldsymbol{X}(t, \boldsymbol{x}), t).$$

Da das Paket um $\boldsymbol{X}(t,\boldsymbol{x})$ konzentriert sein soll, können wir genauso gut den Erwartungswert $\mathbb{E}(\boldsymbol{X}(t))$ betrachten. Gemäß der Quantengleichgewichtshypothese ist

$$
\begin{aligned}
\langle \boldsymbol{X}\rangle(t) &= \mathbb{E}(\boldsymbol{X}(t)) \\
&= \int \boldsymbol{X}(t,\boldsymbol{x})|\psi(\boldsymbol{x},0)|^2 \mathrm{d}^3 x \\
&= \int \boldsymbol{x}|\psi(\boldsymbol{x},t)|^2 \mathrm{d}^3 x,
\end{aligned}
\tag{9.8}
$$

und mit (8.19) bekommen wir

$$
\begin{aligned}
\frac{\mathrm{d}}{\mathrm{d}t}\langle \boldsymbol{X}\rangle(t) &= \int \boldsymbol{x}\frac{\partial}{\partial t}|\psi(\boldsymbol{x},t)|^2 \mathrm{d}^3 x \\
&= -\int \boldsymbol{x}\nabla\cdot\boldsymbol{j}(\boldsymbol{x},t)\mathrm{d}^3 x \\
&= \int \boldsymbol{j}(\boldsymbol{x},t)\mathrm{d}^3 x \\
&= \langle \boldsymbol{v}^{\psi}(\boldsymbol{X}(t),t)\rangle
\end{aligned}
\tag{9.9}
$$

nach partieller Integration (und Nullsetzen der Randterme). Da wir auf klassische Physik aus sind, bilden wir $\mathrm{d}^2\langle \boldsymbol{X}\rangle/dt^2$. Wir brauchen also

$$
\frac{\partial}{\partial t}\boldsymbol{j} = -\frac{i\hbar}{2m}\frac{\partial}{\partial t}\left(\psi^*\nabla\psi - \psi\nabla\psi^*\right),
$$

nach (8.20). Mit (8.17') und (9.6) bekommen wir

$$
\frac{\partial}{\partial t}\boldsymbol{j} = \frac{1}{2m}\left((H\psi^*)\nabla\psi - \psi^*\nabla(H\psi) + (H\psi)\nabla\psi^* - \psi\nabla(H\psi^*)\right).
$$

Also

$$
\frac{\mathrm{d}^2}{\mathrm{d}t^2}\langle \boldsymbol{X}\rangle(t) = \int\left(\frac{\partial}{\partial t}\boldsymbol{j}(\boldsymbol{x},t)\right)\mathrm{d}^3 x,
$$

und wie man leicht sieht (partielle Integration), gilt für Wellenpakete ψ, φ

$$
\int \psi^* H\varphi\,\mathrm{d}^3 x = \int (H\psi^*)\varphi\,\mathrm{d}^3 x
$$

(eine Eigenschaft, die wir später im Zusammenhang mit (8.21') noch diskutieren werden), so daß

$$
\begin{aligned}
\frac{\mathrm{d}^2}{\mathrm{d}t^2}\langle \boldsymbol{X}\rangle(t) &= \frac{1}{2m}\int \psi^* H\nabla\psi - \psi^*\nabla(H\psi) + \psi H\nabla\psi^* - \psi\nabla(H\psi^*)\mathrm{d}^3 x \\
&\overset{(9.7)}{=} \frac{1}{2m}\int \psi^* V\nabla\psi - \psi^*\nabla(V\psi) + \psi V\nabla\psi^* - \psi\nabla(V\psi^*)\mathrm{d}^3 x \\
&= \frac{1}{2m}\int \left(-(\nabla V)\psi^*\psi - (\nabla V)\psi\psi^*\right)\mathrm{d}^3 x \\
&= \frac{1}{m}\langle -\nabla V(\boldsymbol{X})\rangle(t).
\end{aligned}
$$

Also bekommen wir die Newtonschen Gleichungen „im Mittel" – eine Version
des Ehrenfest-Theorems –

$$m\langle \ddot{\boldsymbol{X}}\rangle = \langle -\nabla V(\boldsymbol{X}(t))\rangle, \qquad (9.10)$$

und wir hätten den klassischen Grenzfall – und endlich die Identifikation des
Parameters m als „Masse" –, wenn nun noch

$$\langle \nabla V(\boldsymbol{X}(t))\rangle = \nabla V(\langle \boldsymbol{X}(t)\rangle) \qquad (9.11)$$

wäre, was i.a. nur gilt, wenn $\mathrm{Var}(\boldsymbol{X}) = \langle (\boldsymbol{X} - \langle \boldsymbol{X}\rangle)^2\rangle \approx 0$ gilt, d.h. wenn
$\psi(\boldsymbol{x}, t)$ eine sehr konzentrierte Funktion ist. Das kann man besser qualifizie-
ren. Indem wir V um $\langle \boldsymbol{X}\rangle$ entwickeln, kommt bis zur 3. Ordnung

$$V(\boldsymbol{X}) \approx V(\langle \boldsymbol{X}\rangle) + (\boldsymbol{X} - \langle \boldsymbol{X}\rangle)\nabla V(\langle \boldsymbol{X}\rangle) + \frac{1}{2}((\boldsymbol{X} - \langle \boldsymbol{X}\rangle)\cdot\nabla)^2 V(\langle \boldsymbol{X}\rangle)$$

$$+ \; \frac{1}{3!}((\boldsymbol{X} - \langle \boldsymbol{X}\rangle)\cdot\nabla)^3 V(\langle \boldsymbol{X}\rangle), \qquad (9.12)$$

und darum ist der Gradient

$$\nabla V(\langle \boldsymbol{X}\rangle) + \frac{1}{2}\langle ((\boldsymbol{X} - \langle \boldsymbol{X}\rangle)\cdot\nabla)^2\rangle \nabla V(\langle \boldsymbol{X}\rangle),$$

und wir sehen, daß grob gesprochen die Breite der Wellenfunktion

$$\mathrm{Var}(\boldsymbol{X}) \ll \sqrt{\frac{V'}{V'''}} \qquad (9.13)$$

sein muß, damit der mittlere Ort sich klassisch bewegt.

Man kann nun daran denken, daß das Teilchen nicht allein auf der Welt,
sondern in eine Umgebung eingebettet sich bewegt, so daß eine ständige
Wechselwirkung – letztlich eine Störung, die einer „Messung" des Teilchenortes gleichkommt – dafür sorgt, daß der Verbreiterung des Wellenpaketes
immer der effektive Kollaps der Wellenfunktion entgegensteht. Das „kollabierte" Wellenpaket bleibt ein um das Teilchen konzentriertes Paket, so daß
man meinen könnte, es gälte (9.11), und dann mit (9.10) die klassische Physik. Aber das geht so nicht, denn wir würden dann annehmen, daß sich auch
die kollabierte Wellenfunktion gemäß der Schrödingergleichung verhält, d.h.
bei der Bewegung haben wir die Wechselwirkung mit der Umgebung, das
„Kollabieren", außer Acht gelassen!

In Wirklichkeit wird die „kollabierte" Wellenfunktion sich nicht mehr nach
der Schrödingergleichung entwickeln, sondern nach einer phänomenologischen
Gleichung, die im Wesentlichen zwei Dinge erfaßt: geringe Verbreiterung, geringe Reibung, die die klassische Bewegung bremst und im Mittel gilt (9.10)
(und wegen der geringen Ausdehnung – geringer Kohärenz – der Welle gilt
(9.11)). Ich werde dazu noch etwas im Anhang zu diesem Kapitel in Anmerkung 9.5.4 sagen.

9.4 Der klassische Limes der Bohmschen Mechanik

Hier gäbe es viel zu sagen, aber das meiste wäre nur gesagt, ohne mathematische Substanz, weil die noch fehlt. Die Frage ist einfach, unter welchen physikalischen Bedingungen sind die Bohmschen Bahnen nahe an Newtonschen Bahnen? Wir haben im vorherigen Abschnitt eine Möglichkeit kennengelernt, nämlich die Entwicklung konzentrierter Wellenpakete. Aber das ist nur eine Möglichkeit und nicht einmal die fundamentale! Denn Bohmsche Mechanik ist die Mechanik von Teilchenbahnen, und was wir wissen wollen ist, wann diese Teilchenbahnen sich klassisch verhalten. Und das hat erst einmal nichts mit der Bewegung eines konzentrierten Paketes zu tun. Diese spielt sicher eine Rolle, aber eine sekundäre. Sie wird eine Rolle spielen, wenn man die klassischen Bahnen beobachten möchte, wenn also Wechselwirkungen ins Spiel kommen. Aber das Paradigma für klassische Bewegung bietet vielmehr das ganze Gegenteil: Die freie asymptotische Entwicklung eines sich ausbreitenden Wellenpaketes eines Bohmschen Teilchens $\psi(\boldsymbol{x}, t)$. Asymptotisch heißt, daß wir die Wellenfunktion auf einer makroskopischen Skala – denn wo sonst sollten wir klassische Bahnen sehen – betrachten (die Wellenfunktion ist dann ganz ausgebreitet!):

$$\boldsymbol{X}_\varepsilon(t) = \varepsilon \boldsymbol{X}\left(\frac{t}{\varepsilon}\right) \tag{9.14}$$

ist der makroskopische Ort des Bohmschen Teilchens zur makroskopischen Zeit (vergleiche dazu (5.11) bei der Brownschen Bewegung!). Hier fließt schon unsere Vorstellung ein, daß sich das Teilchen „newtonsch" mit einer „vernünftigen " Geschwindigkeit bewegt, denn $\dot{\boldsymbol{X}}_\varepsilon = \boldsymbol{v}(\frac{t}{\varepsilon})$, ist also von der Ordnung 1. Die Wellenfunktion auf dieser Skala ist

$$\psi_\varepsilon(\boldsymbol{x}, t) = \varepsilon^{-3/2}\psi\left(\frac{\boldsymbol{x}}{\varepsilon}, \frac{t}{\varepsilon}\right)$$

wobei die Quantengleichgewichtsverteilung (die auf 1 normierte!) $|\psi_\varepsilon(\boldsymbol{x}, t)|^2$ ist. Dies ist leicht zu sehen. Rechne zum Beispiel irgendeinen Erwartungswert aus. Mit einer simplen Transformation der Variablen kommt

$$\mathbb{E}[f(\boldsymbol{X}_\varepsilon(t))] = \int |\psi(\boldsymbol{x}, t/\varepsilon)|^2 f(\varepsilon\boldsymbol{x})\, \mathrm{d}^3 x = \int \varepsilon^{-3}\left|\psi\left(\frac{\boldsymbol{x}}{\varepsilon}, \frac{t}{\varepsilon}\right)\right|^2 f(\boldsymbol{x})\mathrm{d}^3 x\,.$$

Was man ebenfalls auf jeden Fall nachrechnen sollte, ist, daß die Wellenfunktion auf der makroskopischen Skala der Schrödingergleichung

$$i\hbar\varepsilon\frac{\partial\psi_\varepsilon}{\partial t} = \frac{\hbar^2\varepsilon^2}{2m}\Delta\psi_\epsilon \tag{9.15}$$

gehorcht. Und nun breche ich meinen Vorsatz, nichts mehr zum Limes $\hbar \to 0$ sagen zu wollen: ε taucht nur im Produkt $\varepsilon\hbar$ auf. Das bedeutet, daß man den unphysikalischen Limes $\hbar \to 0$ als makroskopischen Limes $\varepsilon \to 0$ deuten kann. Und wenn die Schrödingergleichung mit einem Potential V vorliegt, dann taucht in (9.15) noch $V(\varepsilon\boldsymbol{x})\psi_\varepsilon$ auf der rechten Seite auf. Um nun klassische Bewegung zu erhalten, wird man ein Potential nehmen, daß auf der makroskopischen Skala variert: $V_\varepsilon(\boldsymbol{x}) := V(\varepsilon\boldsymbol{x})$, aber in diesem Falle legt das *von der Physik vorgegebene Potential* fest, was diese Skala ist, d.h. in dem Falle ist ε das Verhältnis zweier Längenskalen, die sich aus der Breite oder der Wellenlänge der Wellenfunktion und der charakteristischen Länge über der das Potential variert ergibt. Aber das will ich hier gar nicht ausführen sondern weitermachen mit der freien Bewegung.

Wir sind auf einen Ausdruck für $\psi_\varepsilon(\boldsymbol{x},t)$ für $\varepsilon \to 0$ aus. Die Lösung von (9.15) ist eine Überlagerung von ebenen Wellen, mit unwesentlicher mathematischer Präzision wird das in Anmerkung 15.2.3 vorgeführt, denn dahinter steckt nichts anderes als das Lösen der Gleichung via Fouriertransformation, wie schon bei der Wärmeleitungsgleichung. Das sollte man können! Man sollte auf keinen Fall meinen, man müsse Spektralsatz und all das, was vor Anmerkung 15.2.3 noch kommt beherrschen, um die Schrödingergleichung lösen zu können. Beim Spektralsatz geht es darum den Zweiflern zu sagen, daß man auf keinen Fall falsch liegt, wenn man einfach so rechnet. Also Augen zu und durch, wie bei der Brownschen Bewegung:

$$
\begin{aligned}
\psi_\varepsilon(\boldsymbol{x},t) &= (\varepsilon)^{-3/2}\psi\left(\frac{x}{\varepsilon},\frac{t}{\varepsilon}\right) \\
&= (2\pi\varepsilon)^{-3/2}\int \exp\left(-\mathrm{i}(\boldsymbol{k}\cdot\frac{\boldsymbol{x}}{\varepsilon}-\frac{1}{2m\varepsilon}\hbar k^2 t)\right)\widehat{\psi}(\boldsymbol{k})\mathrm{d}^3 k \\
&= (2\pi\varepsilon)^{-3/2}\int \exp\left(\frac{\mathrm{i}}{\varepsilon}\left(\frac{1}{2m}\hbar k^2 t-\boldsymbol{k}\cdot\boldsymbol{x}\right)\right)\widehat{\psi}(\boldsymbol{k})\mathrm{d}^3 k.
\end{aligned}
\tag{9.16}
$$

Anmerkung 9.4.1. Das Argument der stationären Phase
Nun weiter mit dem Argument der stationären Phase, denn im Limes $\varepsilon \to 0$ kann nur der $\boldsymbol{k}$-Wert beitragen, für den die Phase

$$
S(\boldsymbol{k}) = \left(\frac{\hbar k^2}{2m}t - \boldsymbol{k}\cdot\boldsymbol{x}\right)
$$

stationär ist. Das ist der Wert $\boldsymbol{k}_0 = m\boldsymbol{x}/\hbar t$. Entwickle um den stationären Punkt:

$$
S(\boldsymbol{k}) = \frac{mx^2}{2t\hbar\varepsilon} + \frac{mt}{2\hbar\varepsilon}\frac{\hbar^2}{m^2}(\boldsymbol{k}-\boldsymbol{k}_0)^2
$$

und setze das in das Integral von (9.16) ein, wobei ich den Phasenfaktor auf die rechte Seite gebracht habe:

$$
\exp\left(\frac{\mathrm{i}m}{\hbar\varepsilon}\frac{x^2}{2t}\right)\int \exp\left(\frac{\mathrm{i}}{\varepsilon}S(\boldsymbol{k})\right)\widehat{\psi}(\boldsymbol{k})\mathrm{d}^3 k
$$

$$= (2\pi\varepsilon)^{-3/2} \int \exp\left(-\frac{imt}{2\hbar\varepsilon}\frac{\hbar^2}{m^2}(\boldsymbol{k}-\boldsymbol{k}_0)^2\right)\widehat{\psi}(\boldsymbol{k})\mathrm{d}^3k$$

$$= (2\pi\varepsilon)^{-3/2} \int \exp\left(-\frac{imt}{2\hbar\varepsilon}\left(\boldsymbol{p}-\frac{\boldsymbol{x}}{t}\right)^2\right)\widehat{\psi}\left(\frac{m}{\hbar}\boldsymbol{p}\right)\frac{m^3}{\hbar^3}\mathrm{d}^3p$$

$$= (2\pi\varepsilon)^{-3/2} \int \exp\left(-\frac{imt}{2\hbar\varepsilon}\boldsymbol{u}^2\right)\widehat{\psi}\left(\frac{m}{\hbar}\boldsymbol{u}+\frac{m}{\hbar}\frac{\boldsymbol{x}}{t}\right)\frac{m^3}{\hbar^3}\mathrm{d}^3u$$

$$= \left(\frac{m}{\pi\hbar t}\right)^{3/2} \int \exp\left(-i\boldsymbol{u}^2\right)\widehat{\psi}\left(\frac{\sqrt{2\hbar\varepsilon}}{\sqrt{mt}}\frac{m}{\hbar}\boldsymbol{u}+\frac{m}{\hbar}\frac{\boldsymbol{x}}{t}\right)\mathrm{d}^3u. \qquad (9.17)$$

Nun machen wir die Augen zu und lassen $\epsilon \to 0$ gehen. Wir können und das hier leisten, denn in Anmerkung 15.2.4 berechnen wir die Asysmptotik noch einmal auf einem anderen Weg, und dort rigoros (auch hier geht as leicht rigoros zu machen, nur zuviel Rigorosität ist ungesund. Vom Integral bleibt dann nur noch das Gaußsche Integral

$$\int \exp\left(-iu^2\right)\mathrm{d}^3u = \left(\frac{\pi}{i}\right)^{3/2} \qquad (9.18)$$

übrig, denn das ist mit einer simplen Veränderung des Integrationsweges (der Integrand ist ja holomorph) zu einem echten Gauß-Integral (siehe (5.6)) umformbar. Damit kommt

$$\psi_\varepsilon(\boldsymbol{x},t) \approx \left(\frac{m}{it\hbar}\right)^{3/2}\widehat{\psi}\left(\frac{m}{\hbar}\frac{\boldsymbol{x}}{t}\right) \ .$$

Mit $S_{\text{klass}}(\boldsymbol{x},t) := mx^2/2t$ und $R(\boldsymbol{x},t) := \left(\frac{m}{it\hbar}\right)^{3/2}\widehat{\psi}(\frac{m}{\hbar}\frac{\boldsymbol{x}}{t})$ ist also

$$\psi_\varepsilon(\boldsymbol{x},t) \approx R(\boldsymbol{x},t)\exp\left(-\frac{i}{\hbar\varepsilon}S(\boldsymbol{x},t)\right), \qquad (9.19)$$

wobei das asymptotische Geschwindigkeitsfeld nun (beachte, daß die Geschwindigkeit von der Größenordnung 1 sein muß)

$$\boldsymbol{v}(\boldsymbol{x},t) = \frac{\varepsilon\hbar}{m}\Im\frac{\nabla\psi}{\psi} \approx \frac{\hbar}{m}\nabla S(\boldsymbol{x},t) = \frac{\boldsymbol{x}}{t} \qquad (9.20)$$

ist, weil der Beitrag von $\widehat{\psi}$ (das ja durchaus komplex ist und auch zur Ableitung beiträgt) im Geschwindigkeitsfeld mit der Ordnung ε verschwindet.

Damit werden die Bahnen asymptotisch geradlinig verlaufen, und es ist genauso, wie man sich das vorstellt. Insbesondere in der Streuung, die wir ausführlich in Kapitel 16 behandeln, wird das gestreute Teilchen nach Verlassen des Streupotentials aysmptotisch auf einer klassischen (geradlinigen) Bahn verlaufen, wie man das auch in Nebelkammern sehen kann.

In der Skalierung ($\varepsilon \to 0$), die wir hier betrachtet haben, schrumpft die Ausdehnung der Wellenfunktion auf null, aber die asymptotischen Geschwindigkeiten, die im „klassischen" Limes die Anfangsgeschwindigkeiten der klassischen Bahnen darstellen, sind gemäß $|\widehat{\psi}|^2$ verteilt: Das sieht man an der

Quantengleichgewichtsverteilung von $\boldsymbol{X}_\varepsilon(t)/t$, und zwar jetzt ganz schnell und grob, indem wir den Mittelwert einer Fuktion $f(\boldsymbol{X}_\varepsilon(t)/t)$ anschauen und substituieren. Dabei benutzen wir die Eigenschaften der Quantengleichgewichtsverteilung in Anmerkung 8.1.3

$$f\left(\frac{\boldsymbol{X}_\varepsilon(t)}{t}\right)|\psi(\boldsymbol{x},t)|^2\mathrm{d}^3x = f\left(\frac{\boldsymbol{X}(t)}{t}\right)|\psi_\varepsilon(\boldsymbol{x},t)|^2\mathrm{d}^3x$$

$$\approx f\left(\frac{\boldsymbol{X}(t)}{t}\right)\left|\widehat{\psi}\left(\frac{m}{\hbar}\frac{\boldsymbol{x}}{t}\right)\right|^2\left(\frac{m}{\hbar t}\right)^3\mathrm{d}^3x$$

$$= f(\boldsymbol{v})\left|\widehat{\psi}\left(\frac{m}{\hbar}\boldsymbol{v}\right)\right|^2\left(\frac{m}{\hbar}\right)^3\mathrm{d}^3v. \qquad (9.21)$$

Das wird alles in Kapitel 15 in (15.15), wo richtig integriert wird und in der Anmerkung 15.2.4 ganz schön vorgeführt, und wem dieser Gedankengang hier zweifelhaft erscheint, kann ja da schon einmal nachschauen. Übrigens ist dieser asymptotische Zusammenhang in der mathematisch physikalischen Literatur als für die Streutheorie grundlegendes „scattering into cones"-Resultat bekannt [67]. Die wirkliche Grundlegung diskutieren wir aber, wie gesagt, in Kapitel 16.

Wie sehen aber durchaus schon, daß die asymptotische Geschwindigkeit $|\widehat{\psi}|^2$−verteilt ist, aber das ist gemäß unserer makroskopischen Skalierung die Geschwindigkeit der geraden makroskopischen Bahn zu jeder Zeit: $\boldsymbol{X}_\varepsilon(t)/t = \boldsymbol{X}(t/\varepsilon)/(t/\varepsilon)$.

Wir sehen makroskopisch also eins vom Ort Null ausgehendes Geradenbüschel von Bahnen, mit der Geschwindigkeitsverteilungsdichte $|\widehat{\psi}|^2$. Gehoben ausgedrückt: Das klassische Phasenraum-Ensemble $\delta(\boldsymbol{x})|\widehat{\psi}|^2(\boldsymbol{k})$ wird entlang den klassischen kräftefrei sich bewegenden Trajektorien transportiert. Will man an anderen Ortspunkten $\boldsymbol{x}_0$ starten, wird man die Wellenfunktion um den gewünschten makroskopischen Punkt ansiedeln: $\psi(\cdot - \boldsymbol{x}_0/\varepsilon)$. Man kann den Bogen noch weiter spannen. All dies ist ja im Grunde als Konsequenz der Dispersion von Wellengruppen zu sehen, wie ich es in Kapitel 6 schon andeutete. Und das aus dem gerade Gesagtem die Heisenbergsche Unschrferelation für Ort und Impuls folgt, ist letztere erstens eine Konsequenz der Bohmschen Mechanik und zweitens nur ein simples Wellenphänomen, daß auf der Dispersion, d.h. dem Zerfließen von Wellen verschiedener Wellenlängen (weil auf Grund der Dispersionsrelation die Geschwindigkeiten verschieden sind) beruht.

Lassen wir es dabei und weiter damit, daß $S(\boldsymbol{x},t) := m\boldsymbol{x}^2/2t$ die Hamilton-Jacobi-Funktion des klassischen freien Teilchens der Masse m ist. Die Form (9.19) nennen wir lokales „ebenes " Wellenpaket, von denen jedes eine geradlinig verlaufende Bahn produziert. Und dieses Bild läßt sich nun leicht auf den Fall eines auf der makroskopischen Skala variierenden Potentials übertagen (dabei ist die Längenskala des Potentials z.B. durch die linke Seite von (9.13) gegeben): Man wird wieder auf die Form (9.19) kommen aber nun mit der Hamilton-Jacobi-Funktion S, die zum Potential gehört, und die lokalen „ebenen" Wellenpakete werden durch das Potential geführt und ändern dabei ihre Wellenlänge, wie man sich das auch bei einer Lichtwelle in einem optischen Medium vorstellt. Das klassische Phasenraum-Ensemble $\delta(x - x_0)|\hat{\psi}|(k)^2$ wird nun gemäß den klassischen Bahnen, die der Hamilton-Jacobi-Funktion S gehorchen, transportiert.

Nun hatte ich in Unterkapitel 2.1.1 die Hamilton-Jacobi-Funktion als eine nutzlose Funktion beklagt, da sie nicht immer eindeutig definiert ist: Wenn nämlich mehrere Bahnen zwei Orte verbinden, wie im Falle der dort erwähnten reflektierenden Wand. Und das treffen wir hier wieder: Wenn zwei verschiedene klassische Bahnen von einem Ort zu einem anderen laufen können, dann bedeutet das, daß zwei „ebene" Wellenpakete von einem Ort ausgehend an dem anderen Ort wieder aufeinanderstoßen. Das gibt dort zwei interferierende Wellenzüge! Die klassischen Bahnen laufen in dieser Situation einfach durcheinander durch, die Bohmschen Bahnen können das nicht. Also gibt es in dieser Situation an diesen Orten, wo Interferenz zuschlägt, keine klassischen Bahnen. Das ist auch schon in einer Raumdimension so, denn Bohmsche Bahnen können sich nicht durchkreuzen, aber in einer Dimension werden i.a. Newtonsche Bahnen sich örtlich durchkreuzen. Es gibt also (häufig) Situationen, in denen sich die klassische Bewegung nicht aus den ebenen Wellenpaketen ergibt. Ist das ein Grund zum Verzweifeln? Nein, sicher nicht! Wir haben bei dieser Diskussion ja ganz außer acht gelassen, daß die Teilchen in eine Umgebung eingebunden sind, die produziert Dekohärenz und dann vermischen sich die Bilder: Dekohärenz auf der einen Seite sorgt für Verschwinden der Interferenzfähigkeit, die Führung durch fast ebene Wellenpakete sorgt für klassische Bahnen. Zugegeben, das ist alles soweit nur gesagt, ich habe nichts gerechnet. Niemand hat dazu bisher etwas Ernsthaftes gerechnet. Die zugehörige Mathematik läuft unter dem Namen „semiklassische Analyis".

9.5 Äußere Anmerkungen

9.5.1 Dirac-Formalismus, Dichte-Matrix, reduzierte Dichtematrix und Dekohärenz

Wenn die Dekohärenz effektive Wellenfunktionen erzeugt, wäre es sinnvoll nach einer phänomenologischen Gleichung für die zeitliche Entwicklung der kollabierten Wellenfunktion Ausschau zu halten. Beispielhaft kann man die der sogenannten Reduktionsmodelle [46] betrachten. Was jedoch im allgemeinen untersucht wird, ist das viel weniger aussagekräftige „Dekohärenzverhalten" der Dichtematrix (die auch statistischer Operator genannt wird), aus deren Verlauf aber die zeitliche Entwicklung der kollabierten Wellenfunktion nicht herausgelesen werden kann. Die phänomenologische Gleichung der zeitlichen Entwicklung der Dichtematrix ist analog zur Wäremeleitungsgleichung zu sehen, und die Brownschen Pfade sind analog zu Entwicklungen der kollabierten Wellenfunktionen.

Die Entwicklung der Dichtematrix und das Verschwinden ihrer „nichtdiagonalen Einträge" wird am häufigsten als „innerquantenmechanische Lösung" des Meßproblems zitiert, aber das ist nichts anderes, als zu sagen, daß die Wellenfunktionen von Zeigerstellungen nicht mehr zur Interferenz gebracht werden können. Das wissen wir ja längst. Nur wird diese Dichtematrix-Sache für Modelle „gerechnet", da gibt es seitenlange Formeln und da hat man den Eindruck, daß die Mathematik wirklich etwas produziert. Tut sie auch, aber was und in welcher Art, das will ich hier offenbaren.

Wir führen dabei gleich den Diracformalismus ein, der ganz schön zum quantenmechanischen Rechnen geeignet ist, und wir werden in den Mathematikkapiteln etwas zu seiner rigorosen Bedeutung sagen. Jetzt ist das nur spielerisch zu sehen und zu lernen.

Anmerkung 9.5.1. Über den Dirac-Formalismus
Der Dirac-Formalismus ist eine Symbolik, die gerade der Erwartungswertberechnung mit dem Quantengleichgewicht angepaßt ist. Wellenfunktionen werden symbolhaft mit $|\psi\rangle$ bezeichnet und die „Projektion von ψ auf φ" mit

$$\langle\psi|\varphi\rangle = \int \psi^*(\boldsymbol{x})\varphi(\boldsymbol{x})\mathrm{d}^3x,$$

d.h. $\langle\cdot|\cdot\rangle$ steht für das unitäre Skalarprodukt. $|\boldsymbol{x}\rangle$ ist die Wellenfunktion, die um $\boldsymbol{x}$ scharf lokalisiert ist, und man liest

$$\begin{aligned}
\sqrt{\langle\psi|\psi\rangle} &= \|\psi\| = \text{Norm von } \psi \\
\langle\boldsymbol{x}|\psi\rangle &= \psi(\boldsymbol{x}) = \text{Wert von } \psi \text{ an der Stelle } \boldsymbol{x} \\
\langle\psi|\boldsymbol{x}\rangle &= \psi^*(\boldsymbol{x}) \\
\langle\boldsymbol{x}'|\boldsymbol{x}\rangle &= \delta(\boldsymbol{x}' - \boldsymbol{x}) \\
|\boldsymbol{x}\rangle\langle\boldsymbol{x}| &= \text{Orthogonalprojektion auf } |\boldsymbol{x}\rangle.
\end{aligned}$$

Die Wellenfunktion ψ liest sich als (kohärente) Superposition der $|\boldsymbol{x}\rangle$:

$$|\psi\rangle = \int |\boldsymbol{x}\rangle\langle\boldsymbol{x}|\psi\rangle\mathrm{d}^3x, \tag{9.22}$$

das ist also einfach als *Koordinatendarstellung des Vektors* $|\psi\rangle$ *in der Basis der* $|\boldsymbol{x}\rangle$ zu lesen, d.h. insbesondere ist die „Eins"

$$\int |\boldsymbol{x}\rangle\langle\boldsymbol{x}|\mathrm{d}^3x = E, \tag{9.23}$$

und das Skalarprodukt ist einfach das „euklidische"

$$\langle\psi|\psi\rangle = \int <\psi|\boldsymbol{x}\rangle\langle\boldsymbol{x}|\psi\rangle\mathrm{d}^3x.$$

Wir führen noch den „Operator" $\hat{\boldsymbol{x}}$ ein, durch die Wirkung

$$\hat{x}|x\rangle = x|x\rangle \tag{9.24}$$

oder in Matrixelementen ausgedrückt

$$\langle x'|\hat{x}|x\rangle = x\delta(x' - x).$$

Genauso wird der ∇-Operator in Matrixelementen

$$\langle x'|\nabla|x\rangle = \delta(x' - x)\partial_x. \tag{9.25}$$

Die Schrödingergleichung ist nunmehr

$$i\hbar\frac{\partial}{\partial t}|\psi_t\rangle = H|\psi_t\rangle,$$

mit H als Hamiltonoperator, d.h.

$$|\psi_t\rangle = |\psi\rangle(t) = e^{-\frac{i}{\hbar}Ht}|\psi_0\rangle.$$

Nun wird

$$\begin{aligned}
\langle x\rangle(t) &= \mathbb{E}(\boldsymbol{X}(t))\\
&= \int x|\psi(\boldsymbol{x},t)|^2\mathrm{d}^3x\\
&= \langle\psi_t|\hat{x}|\psi_t\rangle\\
&= \int \mathrm{d}^3x\langle x|\hat{x}|\psi_t\rangle\langle\psi_t|x\rangle\\
&= \mathrm{tr}(\hat{x}|\psi_t\rangle\langle\psi_t|)\\
&= \mathrm{tr}(\hat{x}\rho_t), \tag{9.26}
\end{aligned}$$

mit $\rho_t = |\psi_t\rangle\langle\psi_t|$ als „Dichtematrix" und $\mathrm{tr}(\cdot)$ als „Spurbildung". Übrigens gilt

$$\begin{aligned}
\frac{\partial}{\partial t}\rho_t &= \frac{\partial}{\partial t}\left(|\psi_t\rangle\langle\psi_t|\right)\\
&= \left(\frac{\partial}{\partial t}|\psi_t\rangle\right)\langle\psi_t| + |\psi_t\rangle\left(\frac{\partial}{\partial t}\langle\psi_t|\right)\\
&= -\frac{i}{\hbar}H|\psi_t\rangle\langle\psi_t| + |\psi_t\rangle\langle\psi_t|\left(\frac{i}{\hbar}H\right)\\
&= -\frac{i}{\hbar}[H,\rho_t], \tag{9.27}
\end{aligned}$$

(die quantenmechanische Liouvillegleichung) mit $[A,B] = AB - BA$ als Kommutator der Operatoren A und B. Nun zum Punkt. $\rho = |\psi\rangle\langle\psi|$ hat die „Matrixelemente"

$$\rho(\boldsymbol{x},\boldsymbol{x}') = \langle\boldsymbol{x}|\psi\rangle\langle\psi|\boldsymbol{x}'\rangle = \psi(\boldsymbol{x})\psi^*(\boldsymbol{x}'), \tag{9.28}$$

und dies lesen wir gemäß (9.22) als „kohärente" Überlagerung von „scharfen" Wellenfunktionen $|x\rangle$ (als sogenannten „reinen Zustand")[3]:

$$\rho = |\psi\rangle\langle\psi| = \int\int \mathrm{d}^3 x\, \mathrm{d}^3 x'\, \psi(x)\psi^*(x')|x\rangle\langle x'|. \tag{9.29}$$

Im Gegensatz dazu wäre

$$\rho = \int \mathrm{d}^3 x\, |\psi(x)|^2 |x\rangle\langle x| \tag{9.30}$$

als statistisches Gemisch von scharfen Wellenfunktionen $|x\rangle$ lesbar, wobei auf jede die Wahrscheinlichkeit $|\psi(x)|^2$ entfällt. Der statistische Operator oder die Dichtematrix ist also manchmal die Wahrscheinlichkeitsverteilung (Ignoranz) von Wellenfunktionen. Das ändert dann nichts an der Berechnung des Erwartungswertes (9.26), wenn wir nur die letzte Gleichheit anschauen. Wenn ρ ein statistisches Gemisch von Wellenfunktionen ist, dann wird eben darüber wie üblich gemittelt. Das ist alles logisch.

Anmerkung 9.5.2. Über die reduzierte Dichtematrix
Manchmal aber ist die Dichtematrix kein statistisches Gemisch und kein reiner Zustand: Wir denken noch einmal an Abbildung 9.5, und die gestreuten Lichtstrahlen, die ja für $\psi_L = |l\rangle$ und $\psi_R = |r\rangle$ verschieden sind, ersetzen wir, um dem Prinzip näher zu kommen, durch Zeigerstellungen $\Phi_L = |L\rangle$, $\Phi_R = |R\rangle$. Dann können wir die Wechselwirkung im Laufe der Zeit so beschreiben. Anfangs liege $(\alpha_L|l\rangle + \alpha_R|r\rangle)|0\rangle$ vor (die Umgebung wird durch den ungestreuten Zustand $|0\rangle$ dargestellt) und daraus wird $\alpha_L|l\rangle|L\rangle + \alpha_R|r\rangle|R\rangle$. Die Systemwellenfunktionen sind dabei durchaus als zeitabhängig anzusehen, also l steht für linkslaufend und r für rechtslaufend. Die zugehörige Dichtematrix ist ein reiner Zustand, nämlich von der Form (9.29), und im Verlaufe der Zeit haben wir dafür dann die Entwicklung

$$
\begin{aligned}
\rho \quad = \quad & |\alpha_L|^2|l\rangle|0\rangle\langle l|\langle 0| + |\alpha_R|^2|r\rangle|0\rangle\langle r|\langle 0| \\
+ \quad & \alpha_L\alpha_R{}^*|l\rangle|0\rangle\langle r|\langle 0| + \alpha_R\alpha_L{}^*|l\rangle|0\rangle\langle r|\langle 0| \\
& \overset{t \longrightarrow T}{\Longrightarrow} \\
\rho_T \quad = \quad & |\alpha_L|^2|l\rangle|L\rangle\langle l|\langle L| + |\alpha_R|^2|r\rangle|R\rangle\langle r|\langle R| \\
+ \quad & \alpha_R{}^*\alpha_L|l\rangle|L\rangle\langle r|\langle R| + \alpha_R\alpha_L{}^*|l\rangle|L\rangle\langle r|\langle R|.
\end{aligned} \tag{9.31}
$$

Das sieht nur kompliziert aus, ist es aber nicht. Nun machen wir Folgendes: Wir fokussieren nur auf den Ort des Teilchens, d.h. uns interessieren nur Erwartungswerte von Funktionen vom Ort des Teilchens, so daß in (9.26) in der Spurbildung die Spur über die Umgebungszustände $|Y\rangle$ einfach durchgeführt werden kann. Durch Ausführen dieser partiellen Spur bekommt man die sogennante *reduzierte Dichtematrix*, mit der wir dann die uns interessierenden Erwartungswerte berechnen können:

---

[3] Für den reinen Zustand gilt:$\rho^2 = \rho$, für ein Gemisch wie (9.30) nicht.

$$\rho_T^{\mathrm{red}}(x, x') = \mathrm{tr}_y \rho_T(x, x')$$

$$= \int \mathrm{d}Y \langle Y | \{ |\alpha_L|^2 \langle x|l\rangle |L\rangle \langle l|x'\rangle \langle L|$$

$$+ |\alpha_R|^2 \langle x|r\rangle |R\rangle \langle r|x'\rangle \langle R|$$

$$+ \alpha_R^* \alpha_L \langle x|l\rangle |L\rangle \langle r|x'\rangle \langle R|$$

$$+ \alpha_R \alpha_L^* \langle x|l\rangle |L\rangle \langle r|x'\rangle \langle R| \} |Y\rangle$$

$$= |\alpha_L|^2 \langle x|l\rangle \langle l|x'\rangle \int \mathrm{d}Y |\langle L|Y\rangle|^2$$

$$+ |\alpha_R|^2 \langle x|r\rangle \langle r|x'\rangle \int \mathrm{d}Y |\langle R|Y\rangle|^2$$

$$+ \alpha_R^* \alpha_L \langle x|l\rangle \langle r|x'\rangle \int \mathrm{d}Y \langle Y|R\rangle \langle L|Y\rangle$$

$$+ \alpha_R \alpha_L^* \langle x|l\rangle \langle r|x'\rangle \int \mathrm{d}Y \langle Y|L\rangle \langle R|Y\rangle. \tag{9.32}$$

Nun müssen wir folgendermaßen denken. Die Streuzustände $|R\rangle$ und $|L\rangle$ sind bildlich zu denken, nämlich als Zeigerstellungs-Wellenfunktionen, die also (im mathematischen Idealfall) im Konfigurationsraum getrennte Träger haben: Hier laufen die Lichtstrahlen verschieden, wenn sie an einem rechten oder an einem linken Teilchen gestreut werden. Deswegen liefern $\langle Y|R\rangle$ nur Beiträge von Konfigurationen Y, die im Träger von $|R\rangle$ sind (wir stellen uns ja die „Basiszustände" $|Y\rangle$ als scharf lokalisiert „um Y" vor) und $\langle Y|L\rangle$ entsprechend nur Beiträge von Konfigurationen Y, die im Träger von $|L\rangle$ liegen. Nun, das zeigt uns, daß die beiden letzten Integrale von (9.32) null sind, oder zumindest sehr klein, entsprechend eben der Größe des Überlapps von den Wellenfuktionen $|L\rangle$ und $|R\rangle$. Damit bekommen wir ein Resultat, das wohl zu den am häufigsten mißverstandenen Resultaten der Naturwissenschaft zählt. Die reduzierte Dichtematrix bekommt „Diagonalform", sie sieht aus wie ein Gemisch der Wellenfunktionen $|l\rangle$, $|r\rangle$ mit Gewichten $|\alpha_L|^2$, $|\alpha_R|^2$, wobei wir die Normierung $\int \mathrm{d}Y |\langle Y|R,L\rangle|^2 = 1$ benutzt haben:

$$\rho_T^{\mathrm{red}} = \mathrm{tr}_y \rho_T \approx |\alpha_L|^2 |l\rangle \langle l| + |\alpha_R|^2 |r\rangle \langle r|. \tag{9.33}$$

Anmerkung 9.5.3. Warum das Resultat (9.33) oft mißverstanden wird
Es liege ein System vor, dessen Wellenfunktion mir nicht genau bekannt ist und meine Ignoranz darüber möge durch Wahrscheinlichkeiten ausgedrückt sein: Mit Wahrscheinlichkeiten $|\alpha_L|^2$ liege $|l\rangle$ vor und mit $|\alpha_R|^2$ liege $|r\rangle$ vor. Die zugehörige Dichtematrix wäre dann genau die rechte Seite von (9.33). Darum kann man auf die Idee verfallen, daß die linke Seite von (9.33), die ja ungefähr gleich der rechten Seite ist, dieser Ignoranzinterpretation entspricht. Aber unser Resultat (9.33) ist völlig analog zu (9.2), es ist die gleiche Aussage. Der Unterschied besteht nur in der mathematischen Formulierung, nur im Formalismus. Wir haben das alles nur noch mal in einem neuen Formalismus aufgeschrieben, mehr nicht! Dieser Formalismus ist ungewohnt und lässt

auf einen mathematischen Überbau hoffen. Das scheint (9.33) zu einem echten Ergebnis zu machen. Kurzum, üblicherweise wird gedacht, daß (9.33)die Lösung des Meßproblems darstellt. Es wird gedacht, daß Schrödinger diese Zeilen, die zu (9.33) führen, nicht kannte oder nicht hinschreiben konnte, weil er damit sein berüchtigtes Katzenparadoxon hätte selbst auflösen können. In Wahrheit ist es anders: Schrödinger nahm dieses Verschwinden der Interferenzmöglichkeit als Basis für seine kleine Katzengeschichte. Wir haben in Bemerkung 9.1.1 alles dazu gesagt: Mit Bohmscher Mechanik wird (9.33) in der Tat als Gemisch interpretierbar!

Anmerkung 9.5.4. Über die phänomenologische Entwicklungsgleichung der reduzierten Dichtematrix

Mit Bohmscher Mechanik wissen wir, daß das Ergebnis (9.33) bedeutet, daß nur eine der Wellenfunktionen das Teilchen weiterhin führen wird. Und wenn sich diese Führungsfunktion verbreitern will, dann liest die Umgebung wo das Teilchen ist, und so wird das Teilchen immer durch eine scharf lokalisierte Wellenfunktion geführt. Dieser Prozess der Dekohärenz ist in der Sprache des statistischen Operators durch ein „Verschwinden der Diagonalterme der reduzierten Dichtematrix" sichtbar, dazu diente unsere obige Überlegung. Man wird also eine der Wärmeleitungsgleichung analoge phänomenologische Gleichung für die reduzierte Dichtematrix aufschreiben, und diese Gleichung muß zwei Dinge erfüllen, sie muß erstens dafür sorgen, daß die Nichtdiagonalelemente gegen null gehen und zweitens, daß im Mittel die Newtonschen Gleichungen (9.10) gelten. Das muß ja mindestens so sein, wenn die Bohmschen Bahnen sich klassisch bewegen. Das sind also Minimalforderungen, die mit der klassischen Bewegung der Bohmschen Bahnen im Einklang sind. Es ist eine Konsistenz und nichts mehr! Außerdem wird in einem realen Modell die Wechselwirkung, die für die Dekohärenz verantwortlich ist, auch eine Reibung verursachen. Dekohärenz ist aber wesentlich empfindlicher, d.h. sie geschieht auf einer Zeitskala, auf der Reibung noch gar nicht sichtbar ist. Im folgenden wird also Reibung ignoriert.

Die vielleicht einfachste derartige Gleichung für ρ_t ist

$$\frac{\partial}{\partial t}\rho_t = -\frac{i}{\hbar}[H, \rho_t] + \Sigma_t \tag{9.34}$$

und

$$\langle x|\Sigma_t|x'\rangle = -\Lambda(x - x')^2 \rho_t(x, x'). \tag{9.35}$$

Für $H = 0$ ist $\rho_t(x, x') = e^{-\Lambda t(x-x')^2}\rho_0(x, x')$ eine Lösung, und man sieht, daß mit der Rate Λ die Nichtdiagonalelemente gegen null gehen. Man kann den Parameter Λ, der den Einfluß der Umgebung verkörpert (als „Streuquerschnitt"), für ein großes Molekül (vom Radius $\sim 10^{-6}$ cm) in verschiedenen „Umgebungen", die verschieden „effektiv" sind, grob abschätzen [47].

(9.34) mit (9.35) beschreiben also grob gesehen das Zustandekommen eines statistischen Gemisches.

Nun müssen wir noch prüfen, ob die Newtonschen Gleichungen im Mittel gelten. Wir differenzieren die letzte Gleichheit von (9.26) und mit (9.34) kommt

$$
\begin{aligned}
\frac{\mathrm{d}}{\mathrm{d}t}\langle \boldsymbol{X}(t)\rangle &= \frac{\mathrm{d}}{\mathrm{d}t}\mathrm{tr}(\hat{\boldsymbol{x}}\rho_t) \\
&= \mathrm{tr}\left(\hat{\boldsymbol{x}}\frac{\partial}{\partial t}\rho_t\right) \\
&= -\frac{i}{\hbar}\mathrm{tr}(\hat{\boldsymbol{x}}[H,\rho_t]) + \mathrm{tr}(\hat{\boldsymbol{x}}\Sigma_t),
\end{aligned}
$$

und nach (9.9) und (9.27) muß

$$
-\frac{i}{\hbar}\mathrm{tr}(\hat{\boldsymbol{x}}[H,\rho_t]) = \int \boldsymbol{j}(\boldsymbol{x},t)\mathrm{d}^3x
$$

sein, von dem wir wissen, daß sich nach nochmaligem Differenzieren (9.10) ergeben muß, wobei die Mittelwertbildung natürlich jetzt auf ρ bezogen ist. Das ist einsichtig. Nun haben wir aber Zusatzterme und zwar liefert das nochmalige Differenzieren

$$
\frac{\mathrm{d}^2}{\mathrm{d}t^2}\langle \boldsymbol{X}(t)\rangle = \langle -\nabla V(\boldsymbol{X}(t))\rangle - \frac{i}{\hbar}\mathrm{tr}(\hat{\boldsymbol{x}}[H,\Sigma_t]) + \mathrm{tr}\left(\hat{\boldsymbol{x}}\frac{\partial}{\partial t}\Sigma_t\right),
$$

und wir bekommen die Konsistenz mit der klassischen Bewegung, wenn

$$
\mathrm{tr}\left(\hat{\boldsymbol{x}}\frac{\partial}{\partial t}\Sigma_t\right) = 0 \tag{9.36}
$$

und

$$
\mathrm{tr}(\hat{\boldsymbol{x}}[H,\Sigma_t]) = \mathrm{tr}(\hat{\boldsymbol{x}}H\Sigma_t) - \mathrm{tr}(\hat{\boldsymbol{x}}\Sigma_t H) = 0 \tag{9.37}
$$

sind. Für (9.36) reicht aus, daß

$$
\mathrm{tr}(\hat{\boldsymbol{x}}\Sigma_t) = \int \mathrm{d}\boldsymbol{x}\,\boldsymbol{x}\langle \boldsymbol{x}|\Sigma_t\boldsymbol{x}\rangle = 0 \tag{9.38}
$$

ist. Dabei haben wir die Spur ausgeführt und (9.24) verwendet. Der Kern $\langle \boldsymbol{x}'|\Sigma_t|\boldsymbol{x}\rangle$ muß also auf der Diagonalen verschwinden. Um (9.37) zu erfüllen, beachte man, daß in der Spur zyklisch vertauscht werden kann:

$$
\mathrm{tr}(\hat{\boldsymbol{x}}\Sigma_t H) = \mathrm{tr}(H\hat{\boldsymbol{x}}\Sigma_t),
$$

so daß aus (9.37)

$$
\mathrm{tr}(\hat{\boldsymbol{x}}[H,\Sigma_t]) = \mathrm{tr}([\hat{\boldsymbol{x}},H]\Sigma_t) = 0 \tag{9.39}
$$

wird. Mit Einschieben der Identität (9.23) berechnen wir völlig gradlinig unter Beachtung des Diracformalismus (insbesondere (9.25)) daraus die Forderung:

$$\mathrm{tr}\left([\hat{x}, H]\Sigma_t\right) = \int \mathrm{d}^3x \int \mathrm{d}^3x' \langle x|[\hat{x}, H]|x'\rangle \langle x'|\Sigma_t|x\rangle$$

$$= \int \mathrm{d}^3x \int \mathrm{d}^3x'\delta\left(x - x'\right)\left(-\frac{\hbar}{m}\right)\partial_{x'}\langle x'|\Sigma_t|x\rangle = 0,\quad(9.40)$$

wobei man benutzt, daß für Schrödingeroperatoren H

$$\langle x|[\hat{x}, H]|x'\rangle = -\frac{\hbar^2}{2m}\langle x|[\hat{x}, \Delta_x]|x'\rangle + \langle x|[\hat{x}, V(\hat{x})]|x'\rangle$$

und dabei der letze Kommutator einfach null ist, da V als Operator eine Funktion vom Ortsoperator ist, und der erste Kommutator ergibt dann mit Einschieben der Identität – wie oben – das Resultat (9.40). Also muß auch noch die Ableitung des Kerns $\langle x'|\Sigma_t|x\rangle$ nach der ersten Variablen auf der Diagonalen verschwinden, um (9.39) und damit (9.37) zu erfüllen, d.h. um klassische Bewegung zu erlauben. Wir sehen, daß die Wahl (9.35) dies alles erfüllt. Natürlich war die Rechung eine heuristische, aber das macht ja nichts.

Anmerkung 9.5.5. Über Verallgemeinerungen, die aber nicht so wichtig sind Gleichung (9.34) mit (9.35) ist ein Spezialfall einer allgemeineren Klasse von Evolutionsgleichungen für Dichtematrizen, die als Gleichungen von der „Lindbladform" bekannt sind [46, 47]. Das sind Evolutionsgleichungen, die garantieren, daß der statistische Operator ρ_t als dieser Gleichung gehorchend, immer positiv definit ist, so daß er immer mit der Wahrscheinlichkeitsinterpretation konsistent ist und als reduzierte Dichtematrix gelesen werden kann. Das sage ich einfach einmal so. Auf jeden Fall ist die allgemeine Form von Σ

$$\Sigma = A\rho A - \frac{1}{2}(A^2\rho + \rho A^2),\qquad(9.41)$$

wobei A ein (beliebiger) linearer Operator ist. Für die Wahl $A = \sqrt{2\Lambda}\hat{x}$ erhält man (nur zur Übung des Diracformalismus noch mal):

$$\langle x|\Sigma|x'\rangle = \langle x|A\rho A - \frac{1}{2}(A^2\rho + \rho A^2)|x'\rangle$$

$$= \Lambda x \cdot x'\langle x|\rho|x'\rangle - \Lambda x^2\langle x|\rho|x'\rangle - \Lambda x'^2\langle x|\rho|x'\rangle$$

$$= -\Lambda(x - x')^2\langle x|\rho|x'\rangle.$$

Auch im allgemeinen Fall muß der Operator A mit $\hat{x}$ vertauschen (also eine Funktion von $\hat{x}$ sein), damit die klassischen Bewegungsgleichungen im Mittel gelten. Zunächst ist (9.38) erfüllt: Mit zyklischer Vertauschung in der Spur und der Vertauschbarkeit von A mit $\hat{x}$ kommt nämlich

$$\mathrm{tr}\left(\hat{x}\Sigma_t\right) = \mathrm{tr}\left(\hat{x}\left(A\rho A - \frac{1}{2}\left(A^2\rho + \rho A^2\right)\right)\right)$$

$$= \mathrm{tr}\left(A\hat{x}A\rho - \frac{1}{2}\hat{x}A^2\rho - \frac{1}{2}A^2\hat{x}\rho\right)$$

$$= \mathrm{tr}\left(A^2\hat{x}\rho - \frac{1}{2}A^2\hat{x}\rho - \frac{1}{2}A^2\hat{x}\rho\right) = 0.$$

Für (9.37) beachte man, daß mit der Form (9.41) und zyklischer Vertauschung in der Spur

$$\mathrm{tr}([\hat{x}, H]\Sigma_t) = -\frac{1}{2}[A, [A, [\hat{x}, H]]]$$

herauskommt, und wie in (9.40) benutzt man, daß $[\hat{x}, H] = -\frac{\hbar}{m}\nabla$ ist.

Wenn nun A ein Funktion des Ortsoperators ist, dann ist auch $[A, [\hat{x}, H]] = \frac{\hbar}{m}A'$ eine Funktion des Ortsoperators (A' ist die abgeleitete Funktion), und damit ist der weitere Kommutator dann null. Es lohnt sich nicht, dies genauer auszuführen, da es nur eine Bemerkung am Rande ist.

Der „Dekohärenzmechanismus", der sich aus dem Zusammenspiel von Umgebung und System ergibt, wurde von David Bohm in seiner Arbeit von 1952 deutlich hervorgehoben, und in letzter Zeit für das Entstehen der klassischen Welt als relevant wiederentdeckt, allerdings wird ihr Rolle im zustandekommen der klassischen Welt oft zu stark überhöht [47, 49].

9.5.2 Wiederkehr

Anmerkung 9.5.6. Über die Poincarésche Wiederkehr in der Quantentheorie
Die Poincarésche Wiederkehr gilt auch für die Quantenmechanik im folgenden Sinne [50]. Man betrachte ein System mit diskreten „Energieeigenwerten" E_n. Sei ψ_0 die Wellenfunktion des Systems zur Zeit 0 und $\varepsilon\rangle 0$ beliebig, dann existiert eine Zeit $T\rangle 0$, so daß die „Norm"

$$\|\psi(T) - \psi_0\|\langle\varepsilon.$$

Dieser „Abstandsbegriff" ist gerade der Quantengleichgewichtshypothese angepaßt. Wellenfunktionen, die in diesem Sinne nahe beieinander sind, machen gleiche statistische Aussagen. Die Analogie zum klassischen Wiederkehreinwand kommt durch den Hinweis zustande, daß „kontinuierliche Energieeigenwerte" nur zu Systemen gehören können, die räumlich unbeschränkt sind. (Wir werden dies später bei der Diskussion des „Spektrums" deutlicher sehen.)

Nun kurz ein formaler Beweis. Es gelte

$$H|n\rangle = E_n|n\rangle$$

und die $|n\rangle$ mögen die orthogonale „Energieeigenfunktionsbasis" bilden. Dann ist

$$\begin{aligned}
|\psi_t\rangle &= e^{-\frac{i}{\hbar}Ht}|\psi_0\rangle \\
&= \sum_{n=0}^{\infty} e^{-\frac{i}{\hbar}Ht}|n\rangle\langle n|\psi_0\rangle \\
&= \sum_{n=0}^{\infty} e^{-\frac{i}{\hbar}E_n t}|n\rangle\langle n|\psi_0\rangle.
\end{aligned}$$

Also ist

$$|\psi_t - \psi_0\rangle = |\psi_t\rangle - |\psi_0\rangle = \sum_{n=0}^{\infty} \left(e^{-\frac{i}{\hbar} E_n t} - 1 \right) |n\rangle\langle n|\psi_0\rangle$$

und

$$\||\psi_t - \psi_0\||^2 = \sum_{n=0}^{\infty} \left| e^{-\frac{i}{\hbar} E_n t} - 1 \right|^2 |\langle n|\psi_0\rangle|^2$$

$$= 2 \sum_{n=0}^{\infty} \left(1 - \cos\left(\frac{E_n}{\hbar} t \right) \right) |\langle n|\psi_0\rangle|^2.$$

Für entsprechendes N ist

$$\sum_{n=N}^{\infty} \left(1 - \cos\left(\frac{E_n}{\hbar} t \right) \right) |\langle n|\psi_0\rangle|^2$$

beliebig klein wegen

$$\sum_{n=0}^{\infty} |\langle n|\psi_0\rangle|^2 = \langle\psi_0|\psi_0\rangle = \||\psi_0\|| = 1,$$

und darum müssen wir nurmehr zeigen, daß

$$2 \sum_{n=0}^{N-1} \left(1 - \cos\left(\frac{E_n}{\hbar} T \right) \right) |\langle n|\psi_0\rangle|^2$$

für entsprechendes T beliebig klein wird. Dies ist ein Approximationsargument, das auf der Approximierbarkeit der Frequenzen durch rationale Frequenzen beruht. Da T beliebig groß gewählt werden kann, ist die Aussage relativ klar. Genauer ist dies eine Eigenschaft fastperiodischer Funktionen [51].

10. Nichtlokalität

Alles bisher gesagte war gut, es paßte auf unsere Welt, aber alles könnte
natürlich auch ein bißchen anders sein: keine Teilchen, nur Wellen, mal Teilchen und mal Wellen oder sonst etwas. Nun kommen wir zu etwas Neuem,
etwas Prinzipiellem von ewiger Gültigkeit: die Nichtlokalität der Natur. Dies
bedeutet, daß die fundamentalen Gesetze der Naturbeschreibung in irgendeiner Form eine Fernwirkung beinhalten müssen, das ist eine Wirkung, die
mit Überlichtgeschwindigkeit agiert. Die Newtonsche Mechanik ist eine Fernwirkungstheorie – sie besitzt eine absolute Gleichzeitigkeit, die eine momentane Wirkung erlaubt-, die übliche elektromagnetische Theorie ist es nicht.
Aber die Feynman-Wheeler-Theorie des Elektromagnetismus ist eine (bizar-
re) Fernwirkungstheorie, ganz im Gegensatz zum folkloristischen Verständnis,
daß die relativistische Physik eine lokale Physik sein muß, also eine Physik
ohne Fernwirkung. Es ist allerdings oberflächlich richtig, daß lokale relativistische Theorien einfacher oder weniger bizarr anmuten als nichtlokale Theorien.
Für Einstein jedenfalls war das Lokalitätsprinzip fast synonym mit Physik
schlechthin – alles andere wäre verknüpft mit „Geisterfeldern", und die waren
für ihn als Beschreibung der Natur nicht vorstellbar.

Die Nichtlokalität der Newtonschen Mechanik ist noch milde: die Wechselwirkungen fallen mit dem Abstand rasch gegen null. Bohmsche Mechanik
hingegen ist eklatant nichtlokal: die ganze Mechanik ist auf dem Konfigurationsraum definiert; mit einer (verschränkten) Wellenfunktion auf dem Konfigurationsraum, alle Teilchen werden zugleich und miteinander geführt. In
einem Zweiteilchensystem mit Koordinaten $\boldsymbol{X}_1(t)$ und $\boldsymbol{X}_2(t)$ ist

$$\dot{\boldsymbol{X}}_1(t) = -\frac{\hbar}{m_1}\frac{\partial}{\partial \boldsymbol{x}}\mathrm{Im}\ln\psi(\boldsymbol{x},\boldsymbol{X}_2(t))|_{\boldsymbol{x}=\boldsymbol{X}_1(t)},$$

so daß die Bewegung von $\boldsymbol{X}_2$ direkt und sofort $\boldsymbol{X}_1$ beeinflußt, wenn die
Wellenfunktion $\psi(\boldsymbol{x},\boldsymbol{y})$ eine „verschränkte" ist, d.h. nicht in ein Produkt
$\psi(\boldsymbol{x},\boldsymbol{y}) = \varphi(\boldsymbol{x})\varPhi(\boldsymbol{y})$ zerfällt – was im allgemeinen nicht der Fall ist. Jede „lokale" Änderung der Wellenfunktion ist überall und sofort spürbar. Und wenn
man durch genügend Kontrolle Dekohärenz ausschaltet, geht die kohärente
Verschränkung über beliebig große Distanzen. Also, Bohmsche Mechanik ist
durch die verschränkte Wellenfunktion manifest nichtlokal. Aber die ist quantenmechanisch, und *darum ist Quantenmechanik nichtlokal,* und ganz deutlich
so, wenn die Wellenfunktion die *vollständige* Beschreibung der physikalischen

Realität darstellt. Darin herrscht soviel Verwirrung, daß es gut ist, sich die letzte Bemerkung langsam auf der Zunge zergehen zu lassen. Einstein war nun immer der Überzeugung, daß die Quantenmechanik eine unvollständige Theorie ist, in dem Sinne, daß man zur Naturbeschreibung noch andere Größen zur Hilfe nehmen muß, als die Wellenfunktion. Dies stand im Gegensatz zum Bohrschen Dogma, daß eine detailliertere Beschreibung *nicht existiert*. Einstein hatte viele Versuche unternommen, die Physiker davon zu überzeugen, daß das Dogma zu Problemen führt. Er dachte nun daran auszunutzen, daß die Verschränkung der Wellenfunktion eine nichtlokale Naturbeschreibung ergibt, und damit nicht fundamental sein kann – denn die Natur war seiner Überzeugung nach lokal. Darüber geht der berühmte Artikel von Einstein, Podolsky und Rosen (EPR, [52]), in dem gezeigt wird, wie aus der Annahme der Lokalität die Unvollständigkeit der quantenmechanischen Beschreibung folgt. Nun haben wir bereits ausführlich besprochen, daß die Schrödingersche Wellenfunktion nicht die vollständige Beschreibung sein kann (ebenfalls wegen der „Verschränkung", das Meßproblem!), und Bohmsche Mechanik ist ja gerade das Paradigma der Vervollständigung[1]. Also hatte Einstein einerseits völlig Recht mit seiner Überzeugung, daß die quantenmechanische Beschreibung unvollständig ist! Nur hat das nichts mit Lokalität zu tun. Eine neue Frage entsteht jedoch: Bohmsche Mechanik ist eine nichtlokale Naturbeschreibung. Ist das notwendig so, oder könnte man, immer noch im Sinne von Einstein, auch eine lokale Naturbeschreibung (die natürlich richtig sein sollte) haben. Die Frage ist weniger prosaisch die: Ist Natur lokal oder nichtlokal?

Eine waghalsige Frage[2], aber J. S. Bell hatte den Mut, diese Frage aufzugreifen und einen experimentellen Test vorzuschlagen, der in der Lage sein könnte, die Nichtlokalität der Natur ein für alle mal festzuschreiben! Wir müssen hier das Ungewöhnliche sehen: ein Experiment, das uns sagen kann, wie Natur *auf jeden Fall zu beschreiben* ist – eine Wahrheit, die jeder Theorie übergeordnet ist (es geht natürlich auch um die Bestätigung einer Theorie, aber das ist nebensächlich).

Das wollen wir uns anschauen. Wir benutzen dazu die von Bohm vorgeschlagene Version des EPR-Experimentes, die auch Bell benutzte und die im Prinzip auch im realen Experiment benutzt wird. Man kann ein spezielles Paar („EPR-Paar") von Spin-1/2-Teilchen präparieren[3], die in entgegengesetzte Richtung auseinanderfliegen und folgende Eigenschaften haben. Läßt man die Teilchen durch gleichgerichtete Stern-Gerlach-Apparate fliegen, so passiert immer Folgendes: die Teilchen erfahren genau entgegengesetzte Ablenkung, d.h. in der üblichen Redeweise, daß, wenn Teilchen 1 den a-Spin $+1/2$ hat, dann hat Teilchen 2 den a-Spin $-1/2$, wobei a die Ausrichtung

---

[1] Bohmsche Mechanik war zur Zeit des EPR-Papiers noch nicht bekannt.

[2] „crackpottish" würde man im Amerikanischen sagen, d.h. wer so etwas fragt, muß „einen Sprung in der Schüssel" haben.

[3] Man beachte den Sprachgebrauch: Spin ist nicht real, nur die Wellenfunktion ist ein Spinor, und der Spin liegt vor im Sinne der Anmerkung 8.3.1.

der Apparate angibt (siehe Abbildung 10.1). Die Wahrscheinlichkeit für z.B.
a-Spin-$(-1/2)$ für Teilchen 1 ist dabei 1/2. Diese Zweiteilchenwellenfunktion
heißt Singlettzustand (10.3). Sie beschreibt einen Zustand vom Gesamtspin
Null. Das ist so, und daran scheint zunächst nichts Verdächtiges zu sein. Aber
nun können wir die Stern-Gerlach-Magnete $SGM1$ und $SGM2$ beliebig weit
voneinander trennen (im Prinzip zumindest, denn immer lauert und agiert
Dekohärenz).

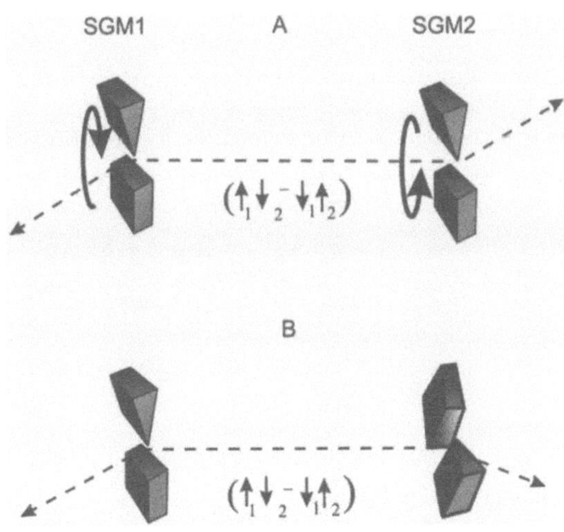

Abb. 10.1. Das EPR Experiment. Zwei Teilchen im Singlettzustand (10.3) fliegen auseinander und auf die verdrehbaren Stern-Gerlach-Apparaturen SGM1 und
SGM2 zu. In A haben die Stern-Gerlach-Magnete gleiche Ausrichtung. In B werden die Magnete möglichst während der Flugzeit der Teilchen verdreht und zwar
so schnell, daß kein Lichtsignal die Einstellungen der Magnete dem jeweils anderen
Teilchen mitteilen kann. Das ist experimentel etwas aufwendig

Dann ist klar: Wenn $SGM1$ und $SGM2$ und die Teilchen (in der Nähe
der jeweiligen Magneten) so weit getrennt sind, daß ein lichtschnelles Signal
von 1 nach 2 „einige Zeit braucht", dann ist 2 einige Zeit von lichtschnellen
Wirkungseinflüssen, die durch Änderungen an der physikalischen Situation
an Teilchen 1 verursacht werden, entzogen.

Nun machen wir ein Experiment. Wir wählen jeweils unabhängig voneinander Richtungen a, b an $SGM1$ und $SGM2$ aus und beobachten die
Anti-Koinzidenzen, d.h. wir notieren die relativen Häufigkeiten der Paare,
bei denen a-Spin von Teilchen 1, z.B. gleich dem negativen b-Spin von Teilchen 2 ist usw.. Bells Frage ist: Können diese Korrelationen durch eine lokale
physikalische Theorie erklärt werden?

Nehmen wir also an, Natur sei lokal! Ohne in die Tiefen gehen zu müssen,
können wir dann minimal folgendes sagen: Es muß eine Familie von Zufalls-

größen $X_a^{(1)}, X_a^{(2)} \in \{-1, 1\}$, a beliebig mit $X_a^{(1)} = -X_a^{(2)}$ geben, deren Werte die Resultate der „Spin-Messungen" an 1 und 2 in den verschiedenen Richtungen sind, und deren Korrelationen so sind, daß sich die gemessenen relativen Häufigkeiten ergeben. Wir nehmen also nichts über die Struktur der zugrunde liegenden lokalen Theorie an, die kann deterministisch sein oder stochastisch und hässlich und über alle Maßen kompliziert[4].

Wir wählen drei Richtungen – a, b, c – und betrachten die Werte

$$(X_a^{(1)}, X_b^{(1)}, X_c^{(1)}) = (-X_a^{(2)}, -X_b^{(2)}, -X_c^{(2)}). \qquad (10.1)$$

Wir suchen nun die Wahrscheinlichkeiten von Anti-Koinzidenzen $X_a^{(1)} = -X_b^{(2)}$, $X_b^{(1)} = -X_c^{(2)}$ usw. auf und addieren diese:

$$\mathbb{P}(X_a^{(1)} = -X_b^{(2)}) + \mathbb{P}(X_b^{(1)} = -X_c^{(2)}) + \mathbb{P}(X_c^{(1)} = -X_a^{(2)})$$

$$\stackrel{(10.1)}{=} \mathbb{P}(X_a^{(1)} = X_b^{(1)}) + \mathbb{P}(X_b^{(1)} = X_c^{(1)}) + \mathbb{P}(X_c^{(1)} = X_a^{(1)})$$

$$\geq \mathbb{P}(X_a^{(1)} = X_b^{(1)} \text{ oder } X_b^{(1)} = X_c^{(1)} \text{ oder } X_c^{(1)} = X_a^{(1)})$$

$$= \mathbb{P}(\text{„sicheres Ereignis"})$$

$$= 1,$$

denn $X_{a,b,c}^{(i)}$ kann nur die Werte $+1$ oder -1 annehmen. Dies ist eine Version der berühmten Bellschen Ungleichung :

$$\mathbb{P}(X_a^{(1)} = -X_b^{(2)}) + \mathbb{P}(X_b^{(1)} = -X_c^{(2)}) + \mathbb{P}(X_c^{(1)} = -X_a^{(2)}) \geq 1. \qquad (10.2)$$

Sie ist offenbar eine absolut triviale Konsequenz der Existenz der Zufallsgrößen. Nun braucht man nur noch das Experiment zu machen. Eigentlich sollte kein großes Interesse bestehen, ein solches Experiment zu machen – die Aussage ist zu trivial und kann eigentlich nur bestätigt werden. Aber Bohmsche Mechanik ist eine nichtlokale Theorie, und wenn Nichtlokalität auf dem Prüfstand steht, dann ist die Existenz der Elemente der Größen $X_a^{(1),(2)}$ in Frage gestellt und dann können sich die gemessenen relativen Häufigkeiten zu etwas kleinerem als Eins summieren. In der Tat, wie sich das Experiment lohnt! Man erhält als Summe der gemessenen relativen Häufigkeiten eine Zahl deutlich kleiner als Eins. (Inzwischen gibt es viele verschiedene Experimente zur Bellschen Ungleichung . Am bekanntesten wurden die von Aspect für korrelierte Photonen [53, 54, 55].) Das Experiment entscheidet in der Tat für Nichtlokalität! Das ist die eine Sache. Die andere Sache ist, daß die Experimente zudem die quantenmechanischen Voraussagen – das sind die Bohmschen – bestätigten. Das sind folgende.

---

[4] Manchmal trifft man auf die Meinung, daß dies eine Annahme lokaler verborgener Parameter ist, deren Existenz im folgenden ausgeschlossen wird. Diese Meinung ist richtig. Aber daraus werden oftmals blödsinnige Schlüsse gezogen, die ich nachher noch kommentiere.

Die Spin-Singlettwellenfunktion ist (wir unterdrücken hier die Orts-abhängigkeit $\psi(x_1, x_2)(= \psi(x_2, x_1))$, die einfach anmultipliziert wird

$$\psi_s = \frac{1}{\sqrt{2}}(|\uparrow\rangle_1 |\downarrow\rangle_2 - |\downarrow\rangle_1 |\uparrow\rangle_2). \tag{10.3}$$

Dabei steht $|\,\rangle_1$ im Produkt für das erste Teilchen, und $|\,\rangle_2$ für das zweite Teilchen. $|\uparrow\rangle$ ist der Spinor für „Spin auf" („$+1/2$") in irgendeine Richtung.

Anmerkung 10.0.7. Zum Singlettzustand
Diese Wellenfunktion sieht also für jede Richtung gleich aus. Das ist eine ganz interessante Tatsache und basiert auf einer ganz einfachen Rechnung, die man mal machen sollte. Indem wir $|\uparrow\rangle_k, |\downarrow\rangle_k$ in einer neuen verdrehten Orthogonal-Basis, sagen wir i_k, j_k, ausdrücken:

$$|\uparrow\rangle_k = \cos(\alpha)i_k + \sin(\alpha)j_k$$

$$|\downarrow\rangle_k = -\sin(\alpha)i_k + \cos(\alpha)j_k$$

erhalten wir ganz einfach $\psi_s = \frac{1}{\sqrt{2}}(i_1 j_2 - j_1 i_2)$.

Der Gesamtspin ist null (wir unterdrücken im folgenden die Indizes 1,2 und E steht für die Einheitsmatrix), und wir zeigen dies unter Zuhilfenahme der Spinmatrizen, ganz so, wie in Bemerkung 8.3.1 am Schluss noch angefügt wurde ($a \cdot \sigma^{(1)} \otimes E$ ist so zu lesen: der erste Operator-Faktor wirkt auf die Wellenfunktion mit Index 1, der zweite auf die mit Index 2. Man beachte dabei, daß $\langle\uparrow|E|\downarrow\rangle = 0$ ist) :

$$\langle\psi_s|(a \cdot \sigma^{(1)} \otimes E + E \otimes a \cdot \sigma^{(2)})^2|\psi_s\rangle$$

$$= \frac{1}{2}(\langle\uparrow|(a \cdot \sigma^{(1)})^2|\uparrow\rangle\langle\downarrow|E^2|\downarrow\rangle + \langle\downarrow|(a \cdot \sigma^{(1)})^2|\downarrow\rangle\langle\uparrow|E^2|\uparrow\rangle)$$

$$+ \frac{1}{2}(\langle\uparrow|E^2|\uparrow\rangle\langle\downarrow|(a \cdot \sigma^{(2)})^2|\downarrow\rangle + \langle\downarrow|E^2\langle\uparrow|(a \cdot \sigma^{(1)})^2|\uparrow\rangle)$$

$$+ \langle\uparrow|(a \cdot \sigma^{(1)})E|\uparrow\rangle\langle\downarrow|E(a \cdot \sigma^{(2)})|\downarrow\rangle + \langle\downarrow|(a \cdot \sigma^{(1)})E|\downarrow\rangle\langle\uparrow|E(a \cdot \sigma^{(2)})|\uparrow\rangle$$

$$= \frac{1}{2}((-1)^2 + 1^2) + \frac{1}{2}(1^2 + (-1)^2) - 1 - 1$$

$$= 0.$$

Nun berechnen wir den Erwartungswert der Koinzidenzen,

$$E_{a,b} = \langle\psi_s|a \cdot \sigma^{(1)} \otimes b \cdot \sigma^{(2)}|\psi_s\rangle.$$

Dieser Ausdruck ist bilinear in a, b sowie rotationsinvariant, also ein Vielfaches von $a \cdot b$, d.h. $E_{a,b} = \lambda a \cdot b$, wobei wir λ aus der Wahl $a = b$ bestimmen können, denn da muß $E_{a,b} = -1/4$ sein. Also

$$E_{a,b} = -\frac{1}{4}a \cdot b. \tag{10.4}$$

Andererseits gilt mit

$$P_{a,b} = P(X_a^{(1)} = -X_b^{(2)})$$

als Anti-Koinzidenzwahrscheinlichkeit

$$E_{a,b} = -\frac{1}{4}P_{a,b} + \frac{1}{4}(1 - P_{a,b}) = -\frac{1}{2}P_{a,b} + \frac{1}{4},$$

also

$$P_{a,b} = \frac{1}{2} + \frac{1}{2}a \cdot b.$$

Für die Wahl a, b, c mit Zwischenwinkeln $120°$ kommt

$$P_{a,b} = \frac{1}{2} - \frac{1}{4} = \frac{1}{4}, \qquad P_{a,c} = \frac{1}{4}, \qquad P_{b,c} = \frac{1}{4}.$$

Also ergibt sich für die linke Seite von (10.2) die Zahl 3/4, deutlich kleiner als Eins.

Anmerkung 10.0.8. Über Lesarten dieses Experimentes
Wir haben hier auch gleichzeitig ein Beispiel einer „no hidden variables"-Aussage. $E_{a,b}$ (a, b beliebig) sind quantenmechanische Korrelationsfunktionen für gemeinsame Spinmessungen $a \cdot \sigma^{(1)}, b \cdot \sigma^{(2)}$. Auf die Frage, ob man den „Spinobservablen" $a \cdot \sigma^{(1)}, b \cdot \sigma^{(2)}$ „realen" Gehalt zuschreiben kann, d.h. ob es Spinvariable $X_a^{(1)}, X_b^{(2)}$ gibt, die gemessen werden, antwortet Bells Ungleichung mit einem klaren Nein: es gibt keine Zufallsgrößen $X_a^{(1)}, X_b^{(2)}$, die die quantenmechanische Korrelation (10.4) haben.

Das Experiment wird von manchen als Bestätigung zitiert, daß verborgene Paramter ausgeschlossen wurden und „Quantenmechanik doch richtig ist" und damit Bohmsche Mechanik ausgeschlossen wird. Dazu sage ich gar nichts.

Andere wiederum sind über die Nichtlokalitätsaussage so schockiert, daß sie die Experimente als nicht aussagekräftig ansehen wollen. Also in folgendem Sinne etwa: Quantenmechanik wird bestätigt, aber das ist jetzt Zufall, oder besser, Ausfluß einer äußerst hinterlistigen Natur, die die Ausgänge so erscheinen lassen, als sei Quantenmechanik richtig, aber in Wahrheit passiert etwas Anderes, Lokales. Dazu sage ich auch nichts.

Es gibt auch solche, die meinen, daß Quantenmechanik lokal sei und daß dies von den Experimenten bestätigt wird. Alles, was es zu dieser Einsicht bedarf, ist zu akzeptieren, daß man nicht wie so reden darf, wie ich es tat. Wenn man das nämlich nicht darf, darf man auch die Schlüsse nicht ziehen. Ich darf dazu nichts sagen.

In Bohmscher Mechanik ist der Ausgang des Spinexperimentes durch die zufällige Anfangskonfiguration der Teilchen bestimmt *und* durch den gesamten experimentellen Ablauf, der sich in der verschränkten Wellenfunktion niederschlägt, d.h. bestimmt vom Kontext, der das Experiment definiert. Deswegen dürfen wir eine neue Sprachschöpfung, die man in diesem Zusammenhang öfter liest, belächeln: Da redet man von kontextuellen Zufallsgrößen oder ganz schlimm von Eigenschaften, die vom Kontext abhängen.

Anmerkung 10.0.9. Zur Signalsendung mit Fernwirkung

EPR hatten also Unrecht mit ihrer Annahme der Lokalität der Naturbeschreibung. Was liegt nun näher, als zu versuchen, mit EPR-Paaren schneller als Licht, Signale (Information) zu senden. Aber das geht nicht. Es kann nicht gehen, weil sonst in der relativistischen Raumzeit kausale „Loops" möglich wären, d.h. Information aus unserer Zukunft uns erreichen könnte (das kann man sich leicht überlegen), so daß die relativistische Theorie mathematisch inkonsistent wäre. Letzteres sage ich in der naiven Vorstellung, daß ich Information aus der Zukunft als solche erkenne und dann mit meinem freien Willen diese Zukunft anders gestalten kann.

Ganz praktisch geht es nicht wegen der Quantengleichgewichtshypothese. Die Fernwirkung ist absolut zufällig verschlüsselt. Mit anderen Worten: wir haben keine Möglichkeit, bei gewählter Richtung a an $SGM1$, den a-Spin zu beeinflussen. Der ist mit Wahrscheinlichkeit $1/2$ entweder $+1/2$ oder $-1/2$, und unser „Gesprächspartner" an $SGM2$ mißt, in welcher Richtung auch immer, Spin-$(+1/2)$ oder Spin-$(-1/2)$ mit Wahrscheinlichkeit $1/2$. Man sollte sich ruhig einmal überlegen, warum das auch für allgemeine verschränkte Zustände gilt, wo die Wahrscheinlichkeiten nicht immer $1/2$ sind. Ein allgemeiner Zustand hat die Form

$$a|\uparrow\rangle_1|\downarrow\rangle_2 + b|\downarrow\rangle_1|\uparrow\rangle_2 + c|\downarrow\rangle_1|\downarrow\rangle_2 + d|\uparrow\rangle_1|\uparrow\rangle_2$$

mit $|a|^2 + |b|^2 + |c|^2 + |d|^2 = 1$. An SGM2 mißt man mit Wahrscheinlichkeit $|b|^2 + |d|^2$ den Spinzustand $|\uparrow\rangle_2$. Daran ändert sich nichts, wenn man an SGM1 zuerst den Spin in eine beliebige Richtung, z.B. α mißt. Dann ist nämlich in den entprechenden Basisvektoren

$$|\uparrow\rangle_1 = \cos(\alpha)i_1 + \sin(\alpha)j_1$$

$$|\downarrow\rangle_1 = -\sin(\alpha)i_1 + \cos(\alpha)j_1$$

und der obige Zustand wird

$$i_1(\cos(\alpha)(a|\downarrow\rangle_2 + d|\uparrow\rangle_2) - \sin(\alpha)(b|\uparrow\rangle_2 + c|\downarrow\rangle_2))$$
$$+j_1(\sin(\alpha)(a|\downarrow\rangle_2 + d|\uparrow\rangle_2) + \cos(\alpha)(b|\uparrow\rangle_2 + c|\downarrow\rangle_2)).$$

Wenn nun an SGM1 zuerst gemessen wird, dann wird ja die Kohärenz des Singlett-Zustandes zerstört, oder anders: Es bleibt dann eine effektive Wellenfunktion übrig, die nämlich, in dessen Träger sich das Teilchen bei SGM1 befindet, wie in Bemerkung 8.3.1 ausgeführt wurde. Egal, wie man es sieht, auf jeden Fall gilt dann Folgendes für die Wahrscheinlichkeit $W_{i_1,j_1}(|\uparrow\rangle_2)$ das Teilchen bei SGM2 im Träger von $|\uparrow\rangle_2$ zu finden:

$$W_{i_1,j_1}(|\uparrow\rangle_2) = W(i_1)W(|\uparrow\rangle_2|i_1) + W(j_1)W(|\uparrow\rangle_2|j_1)\,,$$

wobei die bedingten Wahrscheinlichkeiten $W(\cdot|\cdot)$ auftreten, daß die Zustände i_1 bzw. j_1 vorliegen. Da kürzen sich dann die Wahrscheinlichkeiten raus, und die gemeinsame Wahrscheinlichkeit, daß sich Teilchen 1 im Träger vom i_1-Anteil und Teilchen 2 im Träger vom $|\uparrow\rangle_2|$-Anteil befinden, ist gemäß der Quantengleichgewichtshypothese einfach $|\cos(\alpha)d - \sin(\alpha)b|^2$ und genauso kommt für die andere Möglichkeit, daß sich Teilchen 1 im Träger vom j_1-Anteil befindet die gemeinsame Wahrscheinlichkeit $|\cos(\alpha)b + \sin(\alpha)d|^2$. Man sieht, daß die Wahrscheinlichkeit für SGM2, den Zustand $|\uparrow\rangle_2$ zu erhalten, sich nicht geändert hat: $|\cos(\alpha)d - \sin(\alpha)b|^2 + |\sin(\alpha)d + \cos(\alpha)b|^2 = |b|^2 + |d|^2$. Also kann (man kann darüber etwas nachdenken) nichts mitgeteilt werden.

10.1 Mißverständnis

Noch gibt es jene, die sagen, daß dies alles ja gar nichts mit Nichtlokalität oder Fernwirkung zu tun habe – was für eine Wirkung sollte das denn auch sein –, sondern daß das ein ganz simpler Effekt sei, ein Varietéstück bestenfalls, denn es ist ja nichts anderes als wenn.... Für alle, die also eine Analogie mit „wenn ich jetzt nach meiner Ankunft in Tokio in meine Tasche schaue und sehe, daß ich das blaue Buch habe, dann weiß ich in diesem Moment, daß mein Freund in München das braune Buch in seiner Tasche hat" zu konstruieren versuchen, hat Bell eine Arbeit geschrieben: „Bertlmann's socks and the nature of reality", die in [18] abgedruckt ist. Es gibt sogar Leute, die diesen Artikel mißverstehen und meinen, Bell erkläre dort, daß Natur lokal sei, weil die Spinkorrelationen eben nichts anderes wären als Bertlmanns mit Feinsinn ausgewählte Farbkorrelationen seiner Socken [15]. Die müssen dann damit leben.

11. Die Wellenfunktion

Wir sind genau richtig vorgegangen. Wir haben die neue Theorie „Bohmsche Mechanik" entworfen und uns gleich um ihre Einbettung in die uns bekannte Physik gekümmert und gesehen, daß alles ganz richtig herauskommt. Nun aber müssen wir uns über Bohmsche Mechanik ernsthafte Gedanken machen. Und vor allem müssen wir begründen, was wir bisher als Axiom fraglos und immer angewandt haben: die Quantengleichgewichtshypothese. Das machen wir in diesem Kapitel. Wir brauchen dafür keine vorbereitende Rede, denn in Kapitel 4 haben wir alles Notwendige besprochen. Was wir hier nun sehen werden, ist, daß in Bohmscher Mechanik die statistischen Regularitäten (die Empirik) mit großer Leichtigkeit folgen, daß Bohmsche Mechanik sozusagen als Modellsystem genommen werden kann, für das der Weg von den fundamentalen Gleichungen zu den empirischen Regularitäten, den empirischen Verteilungen gemäß dem Gesetz der großen Zahlen „leicht" gehbar ist. Gleichzeitig ist dies die einzige Möglichkeit die Theorie, mit Empirik zu verknüpfen.

11.1 Quantengleichgewichtsmaß

Die Gleichungen (8.12) und (8.15) definieren Bohmsche Mechanik für ein N-Teilchen-Universum. Es ist klar, daß wir nur von diesem (umfassenderen) Standpunkt die statistische Hypothese des Quantengleichgewichts begründen können. Also betrachten wir

$$(\mathcal{Q}, \Phi_t^{\Psi}, \mathbb{P}^{\Psi}) \tag{11.1}$$

als dynamisches System, mit $\mathcal{Q}$ als Konfigurationsraum, Ψ als Wellenfunktion des „Universums" und Φ_t^{Ψ} als Bohmschen Fluß auf $\mathcal{Q}$:

$$\forall t \in \mathbb{R} \qquad \Phi_t^{\Psi}(Q) = Q(t, Q) = \text{Lösung von (8.12)},$$

wobei wir die Lösung von (8.15) brauchen sowie $\mathbb{P}^{\Psi}$ als „äquivariantes Maß" oder „Quantengleichgewichtsmaß", und das heißt nun folgendes. Sei Ψ_t Lösung von (8.15) mit „Anfangsbedingung Ψ". Dann sollte für das durch Ψ bestimmte Maß $\mathbb{P}^{\Psi}$ (Funktional von Ψ) gelten

$$\mathbb{P}_t^{\Psi}(A) = \mathbb{P}^{\Psi} \circ (\Phi_t^{\Psi})^{-1}(A) = \mathbb{P}^{\Psi}((\Phi_t^{\Psi})^{-1}(A)) = \mathbb{P}^{\Psi_t}(A), \qquad (11.2)$$

oder für Erwartungswerte (f beliebig)

$$\mathbb{E}^{\Psi}(f(Q(t))) = \mathbb{E}^{\Psi_t}(f(Q)). \qquad (11.3)$$

Dies bedeutet, daß die Vorschrift, mit der aus Ψ das $\mathbb{P}^{\Psi}$ gebildet wird, unter der Zeitentwicklung invariant ist: $\mathbb{P}_t^{\Psi} = \mathbb{P}^{\Psi_t}$. Das nennen wir Äquivarianz. Im Diagramm:

$$\Psi \longrightarrow \mathbb{P}^{\Psi}$$

$$U_t \downarrow \qquad \downarrow \circ(\Phi_t^{\Psi})^{-1}$$

$$\Psi_t \longrightarrow \mathbb{P}^{\Psi_t} .$$

Hierin ist U_t die Schrödingersche Zeitentwicklung der Wellenfunktion, $\Psi_t = U_t\Psi$, und der rechte $\downarrow$ beschreibt $\mathbb{P}^{\Psi} = \mathbb{P}_t^{\Psi}$, nämlich die durch die Bohmschen Trajektorien induzierte Zeitentwicklung der Maße. Nun wissen wir bereits durch (8.17) bis (8.22), was $\mathbb{P}^{\Psi}$ ist:

$$\mathbb{P}^{\Psi}(A) = \int_A |\Psi|^2(q)\mathrm{d}q, \qquad (11.4)$$

mit

$$\int |\Psi|^2(q)\mathrm{d}q = 1. \qquad (11.5)$$

Anmerkung 11.1.1. Zum Quantengleichgewicht
Äquivarianz tritt an die Stelle von Stationarität und definiert das Quantengleichgewichtsmaß. Wir können i.a. kein stationäres Maß haben, denn das Geschwindigkeitsfeld $v^{\Psi}(q,t)$ (vgl. (8.13)) ist i.a. explizit zeitabhängig und nicht stationär – weil die universelle Wellenfunktion i.a. zeitabhängig und nicht stationär ist. Ein Grund dafür, i.a. anzunehmen, daß die Wellenfunktion des Universums zeitabhängig ist, liegt in der Irreversibilität – im globalen thermischen Nichtgleichgewicht des Universums. Durch die Möglichkeit einer „Nichtgleichgewichtswellenfunktion" des Universums – d.h. die „Anfangswellenfunktion" ist eine ganz spezielle (worüber wir uns natürlich auch irgendwann einmal Rechenschaft ablegen müssen) – können wir das Problem der statistischen Begründung verlagern: die Wellenfunktion ist verantwortlich für das thermische Nichtgleichgewicht, die Teilchenkonfigurationen aber sind im *Quantengleichgewicht* mit der Wellenfunktion. Wir können – um dies einmal anders zu sagen – die (universelle) Wellenfunktion als Teil des Gesetzes ansehen (zumindest ist sie ja dazu da, das Gesetz für die Teilchenbewegung auszudrücken), und dann ist die für uns relevante Teilchenkonfiguration eine für das Gesetz *typische*. Die Annahme einer Nichtgleichgewichtswellenfunktion

ist plausibel, aber nicht zwingend - so schön die statistische Begründung auch daraus folgt. Wenn also die universelle Wellenfunktion eine stationäre (zeitunabhängige) ist[1], haben wir analog zur Situation in der Newtonschen Mechanik ein übliches Gleichgewichtsmaß, also ein stationäres, aber wir müssen dann von einer ganz speziellen, „untypischen" Anfangskonfiguration der Orte ausgehen, die dann das thermische Nichtgleichgewicht verantwortet. Gegeben aber diese Spezialität der Anfangskonfigurationen können wir dennoch hoffen, daß sich typischerweise (bezogen auf das Quantengleichgewichtsmaß, was als einziges ausgezeichnet ist) empirische verwertbare Aussagen ergeben, wie analog in Bemerkung 4.2.1 angesprochen (z.B. dort die Gültigkeit der Boltzmann-Gleichung), (vgl. auch Anmerkung 11.4.1). Die besondere Einfachheit der Verknüpfung von Maß und Dynamik in Bohmscher Mechanik erlaubt uns, sehr einfach statistische Voraussagen zu machen.

11.2 Bedingte Wellenfunktion

Nun haben wir das große System – das Universum – vorliegen, und wir müssen von da zu den Untersystemen kommen – zu den Dingen, zu denen wir Zugang haben. Wenn wir in Newtonscher Mechanik einen solchen Schritt vollziehen, ist das ganz einfach und zumindest ohne Überlegung möglich: wir wenden Newtonsche Mechanik einfach auf ein Untersystem an – und ignorieren dabei in der Regel die Einflüsse vom „Rest" der Welt, der Umgebung. Nun, in Bohmscher Mechanik würden wir vielleicht gerne genauso vorgehen, nur ist die Mechanik nun eine andere. Die Wellenfunktion ist zunächst eine Funktion auf dem Konfigurationsraum des ganzen Universums, und es ist gar nicht so klar, was „Vernachlässigen der Einflüsse der Umgebung" überhaupt bedeuten soll. Also macht uns Bohmsche Mechanik mehr als andere Theorien deutlich, daß die „Anwendbarkeit auf Untersysteme" keine a-priori-Gegebenheit ist, sondern aus einer Analyse der Theorie folgen muß. Dazu betrachten wir ein m-dimensionales Untersystem (x-System) von Teilchen mit Konfiguration X, und schreiben die n-dimensionale Teilchenkonfiguration vom Rest der Welt (Umgebung, y-System) als Y, d.h.

$$Q = (X, Y) \qquad (q = (x, y)). \tag{11.6}$$

Als typisches x-System haben wir ein physikalisches System im Kopf, das wir beschreiben wollen, an dem wir experimentieren usw., also üblicherweise nicht uns selbst, sondern etwas Labortypisches. Dies bedeutet, daß wir uns selbst zur Umgebung zählen. Was wir niederschreiben oder sonst irgendwie konservieren oder wissen, zählt alles zu Y. Wir kennen also Y einigermaßen gut - makroskopisch gesehen - aber das ist auch alles. Wir kennen weder

---

[1] Eine in der Quantengravitation betrachtete Bedingung – die sogenannte Wheeler-de Witt-Gleichung der Quantengravitation – kann z.B. nur von einer stationären Wellenfunktion erfüllt werden.

Ψ, die Wellenfunktion des Universums, noch den genauen Wert von Y. Wir brauchen also ein Konzept zur Beschreibung des x-Systems. Die sofort sich anbietende Größe – betrachtet man das Geschwindigkeitsfeld des x-Systems

$$\dot{X}(t) = v_x^{\Psi}(X(t), Y(t)) \sim \Im \left. \frac{\nabla_x \Psi(x, Y(t))}{\Psi(x, Y(t))} \right|_{x=X(t)}$$

oder einfach die Wellenfunktion des Gesamtsystems – ist die *bedingte* Wellenfunktion des x-Systems

$$\varphi^Y(x) = \frac{\Psi(x, Y)}{\|\Psi(Y)\|} \tag{11.7}$$

mit

$$\|\Psi(Y)\| = \left(\int |\Psi(x, Y)|^2 \mathrm{d}^m x \right)^{\frac{1}{2}}$$

als „Normierung". Wir erhalten sie, indem wir in der universellen Wellenfunktion in $q = (x, y)$ die Variable y durch die tatsächliche Konfiguration Y ersetzen (und normieren). Die bedingte Wellenfunktion kennen wir natürlich i.a. nicht. Wir haben i.a. auch keinen Grund, anzunehmen, daß die „bedingte Wellenfunktion" sich gemäß einer üblichen Schrödingergleichung für das x-System entwickelt (betrachte aber das Beispiel in Anmerkung 11.3.1). Aber nun denken wir daran, daß wir im allgemeinen von einer $\mathbb{P}^{\Psi}$-typischen Konfiguration ausgehen können, d.h. wir sehen vielleicht die Möglichkeit, die bedingte Wellenfunktion wenigstens statistisch in den Griff zu kriegen. Wir müssen dabei allerdings etwas bedenken. Wir haben schon bei der Diskussion über die klassische Welt gesehen – und die bedingte Wellenfunktion zeigt dies nochmals deutlich – daß wir die Beschreibung des x-Systems relativ zur Umgebung verstehen müssen. Die *Umgebung* enthält die makroskopischen Daten der *Geschichte und der Identität* des x-Systems. Wenn z.B. an dem x-System hantiert wurde, z.B. die Ortskonfiguration gemessen wurde, dann sind diese Daten möglicherweise irgendwo aufgeschrieben worden und sind damit dann Teil der Umgebungskonfiguration. Also müssen wir uns von allen möglichen Anfangskonfigurationen Q auf die „Fasern" im Konfigurationsraum konzentrieren, die der gegebenen Umgebungskonfiguration entsprechen. Das bedeutet, daß nicht $\mathbb{P}^{\Psi}$ die relevante Wahrscheinlichkeit ist, sondern die *bedingte Wahrscheinlichkeit* $\mathbb{P}^{\Psi}(\ \cdot\ /Y)$, (vgl. (4.32)), in der wir unter dem Ereignis „Y liegt vor" bedingen[2]. Wir haben auch in Bemerkung 11.1.1 die Situation erwähnt, in der wir unter der speziellen Menge von Anfangskonfigurationen

---

[2] Ich weise auf ein kleines technisches Problem hin: einem gegebenen Y-Wert wird i.a. eine $\mathbb{P}^{\Psi}$-Nullmenge entsprechen, so daß die entsprechende Division in (4.32) Schwierigkeiten bereitet. Der Limes $\Delta \longrightarrow \{Y\}$ (mit Δ als einer kleinen Menge um Y) funktioniert i.a. nur, wenn alle Wahrscheinlichkeiten durch Dichten $\rho(x, y)$ gegeben sind; dann brauchen wir in der Tat nur das Natürlichste zu tun: für y müssen wir Y einsetzen und normieren.

bedingen müßten, wenn die universelle Wellenfunktion sich als stationär erweisen sollte.

Wir erhalten sofort die gefragte bedingte Wahrscheinlichkeitsverteilung von X für eine gegebene Umgebung Y als

$$\mathbb{P}^{\Psi}(\{Q = (X,Y), X \in \mathrm{d}^m x\}/Y) =: \mathbb{P}^{\Psi}(X \in \mathrm{d}^m x/Y) = |\varphi^Y(x)|^2 \mathrm{d}^m x.$$

(11.8)

Nun beinhaltet die Spezifizierung der (gesamten) Umgebung des x-Systems auf die Konfiguration Y viel zu viel Information – mehr als wir jemals zu erlangen in der Lage sein werden. Darum erscheint die Formel zunächst wertlos. Aber die rechte Seite hängt nur von der bedingten Wellenfunktion ab, und wir können die Spezifizierung der Umgebung soweit vergröbern, solange das im Einklang mit der bedingten Wellenfunktion ist. Wir können soweit vergröbern, daß nur noch unter dem Ereignis, daß die bedingte Wellenfunktion $\varphi^Y = \varphi$ ist, (d.h. unter der Menge der Qs, für die die bedingte Wellenfunktion die Form φ hat), bedingt wird[3]. Wir haben also auch

$$\mathbb{P}^{\Psi}(X \in \mathrm{d}^m x/\varphi^Y = \varphi) = |\varphi|^2 \mathrm{d}^m x .$$

(11.9)

Daraus müssen wir uns nun etwas empirisch Verwertbares verschaffen. Einerseits sollte die bedingte Wellenfunktion keine unkontrollierbare Abhängigkeit von Y haben, d.h. das x-System sollte sich zumindest für eine gewisse Zeit autonom entwickeln, und andererseits müssen wir (11.8) auf ein Ensemble von gleichbeschaffenen x-Systemen ausdehnen können, denn nur dafür können wir empirische Aussagen machen. Das Konzept, welches wir anstreben, ist das einer *effektiven Wellenfunktion* für das x-System, eine Beschreibung also, in der das x-System sich zumindest für eine gewisse Zeit wie ein isoliertes Bohmsches System entwickelt.

11.3 Effektive Wellenfunktion

Wir haben bereits bei der Diskussion des Meßprozesses und der klassischen Welt gesehen, daß, wenn die universelle Wellenfunktion Produktgestalt hat (vgl. (9.4)),

$$\Psi(x,y) = \psi(x)\Phi(y) \implies v_x^{\Psi} = v_x^{\psi}$$

(11.10)

gilt, d.h., daß das Geschwindigkeitsfeld für das x-System durch ψ bestimmt ist. Aber (11.10) ist eine viel zu spezielle Struktur, denn jede Wechselwirkung, die immer irgendwann einmal da sein wird, wird die Produktstruktur zerstören und zu einer verschränkten Wellenfunktion führen.

---

[3] (11.9) kommt aus (11.8) durch eine einfache Eigenschaft der bedingten Wahrscheinlichkeit: Sei $B = \bigcup B_i$, eine paarweise disjunkte Zerlegung und sei $\mathbb{P}(A/B_i) = a$ für alle B_i. Dann ist

$$\mathbb{P}(B)a = \sum \mathbb{P}(A/B_i)\mathbb{P}(B_i) = \sum \mathbb{P}(A \cap B_i) = \mathbb{P}(A \cap B)$$

also auch $\mathbb{P}(A/B) = a$.

Wir wissen auch, daß für makroskopisch getrennte Wellenfunktionsteile
(als Funktion der makroskopischen Umgebungsvariable y)

$$\Psi(x, y) = \Psi_1(x, y) + \Psi_2(x, y) \tag{11.11}$$

entweder nur Ψ_1 (falls $y \in \mathrm{supp}\Psi_1$) oder nur Ψ_2 (falls $y \in \mathrm{supp}\Psi_2$) effektiv
ist (vgl. (9.4)) und der nicht effektive Anteil vergessen werden kann. Nun
kombinieren wir (11.10) und (11.11), um zur relevanten Struktur zu kommen, denn „jede" Wechselwirkung mit der Umgebung erlaubt ja in grober
Sichtweise eine makroskopische Trennung im Sinne des früher im Kapitel 8
beschriebenen „Meßvorganges" wie in (11.11)[4]. Darum führen wir folgendes
Konzept ein, das uns sofort mit der Kollaps-Wellenfunktion der orthodoxen
Quantentheorie verbindet: das x-System hat eine *effektive Wellenfunktion* φ,
wenn

$$\Psi(x, y) = \varphi(x)\Phi(y) + \Psi^\perp(x, y), \tag{11.12}$$

wobei Φ und $\Psi^\perp$ *makroskopisch* getrennte y-Träger haben, und

$$Y \in \mathrm{supp}\,\Phi. \tag{11.13}$$

Wir wollen dies noch einmal sagen. Die Aufspaltung (11.12) entspricht der
Aufspaltung, wie sie beim „Meßvorgang" passiert (makroskopisch getrennte Zeigerstellungen), wobei wir in (11.12) nur den für uns relevanten Teil
$\varphi(x)\Phi(y)$ herausgezogen haben, und vom Rest nur benutzen, daß ihm makroskopisch andere Umgebungen entsprechen. Und genau wie die Dekohärenz
beim Meßprozess effektiv wird und zunimmt, so daß wir die ineffektiven Wellenfunktionsanteile vergessen können, genauso können wir nun, wenn die
Umgebung der Wellenfunktion Φ entspricht ($Y \in \mathrm{supp}\,\Phi$), den disjunkten Anteil $\Psi^\perp$ vergessen – praktisch für immer. Dann sehen wir an $v^{\varphi\Phi}$,
daß das x-System durch φ geführt wird. Wenn der „Wechselwirkungsteil"
$V(x, y)\varphi(x)\Phi(y)$ in der Schrödingergleichung vernachlässigt werden kann
(zumindest für eine gewisse Zeit), dann sind das x-System und die Umgebung
dynamisch entkoppelt, φ entwickelt sich gemäß einer eigenen Schrödingergleichung, und das x-System stellt sich als „isoliertes Bohmsches System" dar.
Man beachte, daß die bedingte Wellenfunktion immer existiert und präzise definiert ist, wohingegen die effektive Wellenfunktion überhaupt nicht zu
existieren braucht oder nur manchmal, aber dann ist die bedingte Wellenfunktion gleich der effektiven („gleich" ist hier im Sinne der projektiven

---

[4] Wir müssen die Aufspaltung (11.11) cum grano salis nehmen, die makroskopische
Disjunktheit ist nicht wörtlich für die tatsächliche Wellenfunktion zu nehmen.
Sie kann approximativ (aber dann ungeheuer gut) für makroskopisch getrennte
relevante Y erfüllt sein, wobei die Art der Approximation, z.B. im Sinne von L^2,
d.h. im Sinne von

$$\Psi \approx \tilde{\Psi} \Longleftrightarrow P^\Psi \approx P^{\tilde{\Psi}},$$

zu rechtfertigen ist. Dabei kann es durchaus unsere Sichtweise sein, was wir als
makroskopisch relevante Trennung ansehen.

Gleichheit gemeint, d.h. gleich bis auf zeitabhängige Phasenfaktoren). Wir hätten auch einfach sagen können, daß, wann immer die bedingte Wellenfunktion $\varphi^{\mathbf{Y}}(x) = \varphi(x)$ sich gemäß einer autonomen Schrödingergleichung entwickelt ($\varphi_t(x)\hat{=}\Psi_t(x,\mathbf{Y}_t)$), die das x-System beschreibt, das x-System eine eigene Wellenfunktion besitzt. Insbesondere ist die übliche Wellenfunktion der Quantenmechanik eine bedingte Wellenfunktion und in der üblichen Diskussion der Meßsituation eine effektive. Das heißt, die effektive Wellenfunktion ist der präzise Vertreter der „kollabierten" Wellenfunktion der orthodoxen Quantentheorie.

Anmerkung 11.3.1. Beispiel zur bedingten und effektiven Wellenfunktion
Hier ist ein einfaches Beispiel für eine effektive Wellenfunktion, an dem wir durch die sensible Abhängigkeit von den Umgebungskoordinaten sehen, daß sie eine statistische Größe ist. Wir betrachten ein Zweiteilchenuniversum mit Massen $m_1 = m_2 = m$ und $\mathbf{q} = (x,y) \in \mathbb{R}^2$. Die Wellenfunktion sei *stationär* und

$$\Psi(x,y) = R_1(x+y)R_2(y)\mathrm{e}^{ik(x-y)} + R_3(x)R_4(y)$$

mit reellen Funktionen R_1, R_2, R_3, R_4 und $R_2(y) = 0$ für $y \geq 0$ sowie $R_4(y) = 0$ für $y < 0$. Nun haben wir

$$Y_1(t) = Y_0 - \frac{\hbar k}{m}t$$

für $Y_0 < 0$ und

$$Y_2(t) = Y_0$$

für $Y_0 \geq 0$, und wir erhalten mit Wahrscheinlichkeit $p_1 = \int R_2^2(y)dy$ für das x-System die bedingte Wellenfunktion (beachte, daß zeitabhängige Phasen im Sinne der projektiven Darstellung keine Rolle spielen)

$$\varphi_1(x,t) = \frac{\Psi(x,Y_1(t))}{\left(\int R_1(x+Y_1(t))^2 R_2(Y_1(t))^2\right)^{\frac{1}{2}}}$$

$$= c_1 R_1\left(x + Y_0 - \frac{\hbar k}{m}t\right)\mathrm{e}^{ik(x-Y_0+\frac{\hbar k}{m}t)}$$

$$\hat{=} c_1 R_1\left(x + Y_0 - \frac{\hbar k}{m}t\right)\mathrm{e}^{ikx}$$

für $Y_0 < 0$ und

$$\varphi_2(x,t) = \Psi(x,Y_2(t)) = c_2 R_3(x)$$

für $Y_0 \geq 0$ (c_1 und c_2 sind die Normierungen). Wenn wir die Normierung einmal außer Acht lassen, können wir es sogar einrichten, daß $\varphi_1(x,t)$ eine Schrödingergleichung erfüllt. Für beispielsweise

$$R_1(x) = \cos kx$$

erfüllt

$$\varphi_1(x,t) = \cos\left(kx + kY_0 - \frac{\hbar k^2}{m}t\right) e^{ikx}$$

die Schrödingergleichung für ein freies Teilchen

$$i\hbar\frac{\partial}{\partial t}\varphi_1 = -\frac{\hbar^2}{2m}\frac{\mathrm{d}^2}{\mathrm{d}x^2}\varphi_1.$$

An dieser Bemerkung ist noch Folgendes interessant: Die universelle Wellenfunktion ist stationär, und im Hinblick auf die sogenannte Wheeler de Witt Gleichung der Quantengravitation ist eine solche Eigenschaft der universellen Wellenfunktion gar nicht so abwegig [43]. Nun steht man in der orthodoxen Quantentheorie, der Theorie ohne Teilchen und ohne alles, vor einem Rätsel, wie denn da etwas zeitlich sich entwickeln soll, denn unser Universum macht ja offenbar eine zeitliche Veränderung durch. In Bohmscher Theorie sind es die Realzustände, die Dinge, die unsere Welt ausmachen, wie z.B. Teilchen in der Bohmschen Mechanik. Das zeigt das Beispiel auch sehr schön.

11.4 Typische empirische Verteilungen

Wir beweisen jetzt die Bornsche statistische Hypothese oder auch Quantengleichgewichtshypothese aus Anmerkung 8.1.3. Aber nun präzise formuliert, denn in Anmerkung 8.1.3 haben wir einfach übergangen, wie Subsysteme eigentlich zu behandeln sind: *Wenn ein Teilsystem die effektive Wellenfunktion ψ hat, dann sind die Teilchenkoordinaten $|\psi|^2$-verteilt.* Und wir wissen sogar, was das bedeutet[5]: In einem Ensemble von gleichartigen Teilsystemen, die alle die effektive Wellenfunktion ψ haben, werden Ortsmessungen an den Systemen des Ensembles Werte ergeben, deren relative Häufigkeiten sich der $|\psi|^2$-Verteilung annähern. Die Theorie muß uns also liefern, daß das typischerweise für die empirische Verteilungsdichte gilt, gemäß dem Gesetz der großen Zahlen.

Also betrachten wir den Fall, daß das x-System selbst aus vielen mikroskopischen Untersystemen $x_1, \ldots, x_N$ ($x = (x_1, \ldots, x_N)$) besteht, die alle „gleich" sein sollen – ein Ensemble eben. Jedes dieser x_i-Systeme habe (gleichzeitig) die effektive Wellenfunktion φ_i. Wenn N nicht zu groß ist (makroskopisch groß), dann gilt, daß das x-System die effektive Wellenfunktion

$$\varphi(x_1, \ldots, x_N) = \prod_{i=1}^{N} \varphi_i(x_i) \tag{11.14}$$

besitzt. Dies ist eine bemerkenswerte Tatsache, die man wie folgt sieht. Für jedes i gilt gemäß (11.12) und (11.13)

---

[5] Mir ist bewußt, daß dies ein komischer Satz ist, aber man sagt leicht Dinge, deren Bedeutung unklar ist!

$$\Psi(x,y) = \varphi_i(x_i)\Phi_i(y_i) + \Psi_i^\perp(x_i,y_i),$$

wobei Φ_i und $\Psi_i^\perp$ makroskopisch disjunkte y_i-Träger haben und $Y_i \in \operatorname{supp}\Phi_i$. Da aber die x_i mikroskopisch sind und weil die Anzahl N nicht zu groß ist, haben Φ_i und $\Psi_i^\perp$ schon disjunkte y-Träger, wobei $q = (x_1,\ldots,x_N,y)$, und außerdem ist dann

$$Y \in \operatorname{supp}\Phi_1 \cap \operatorname{supp}\Phi_2 \cap \ldots \cap \operatorname{supp}\Phi_N.$$

Daher gilt für diese Y und für alle i

$$\Psi(x_1,\ldots,x_N,Y) = \varphi_i(x_i)\Phi_i(Y,\hat{x}_i) \tag{11.15}$$

mit

$$\hat{x}_i = (x_1,\ldots,x_{i-1},x_{i+1},\ldots,x_N).$$

Also schreiben wir (als Ansatz)

$$\Psi(x_1,\ldots,x_N,Y) = \prod_{i=1}^{N} \varphi_i(x_i)\tilde{\Phi}(Y,x),$$

und Division durch $\prod \varphi_i(x_i)$ zeigt mit (11.15), daß

$$\tilde{\Phi}(Y,x) = \Phi(Y)$$

gelten muß. Darum gilt die Aussage (11.14).

Nun weiter mit der Situation eines Ensembles von N Untersystemen, die alle die gleiche effektive Wellenfunktion φ (relativ zum x_i-System) haben. Dann gilt wegen (11.14) für die Verteilung der Koordinaten $x_1,\ldots,x_N$ gemäß (11.8) oder (11.8$'$)

$$\mathbb{P}^Y(X_1 \in dx_1,\ldots,X_N \in dx_N)$$

$$:= \mathbb{P}^\Psi(X_1 \in dx_1,\ldots,X_N \in dx_N/Y) = \prod_{i=1}^{N} |\varphi(x_i)|^2 dx_i, \tag{11.16}$$

wobei Y die zugehörige Umgebung des Gesamtsystems $(x_1,\ldots,x_N)$ darstellt. $\mathbb{P}^Y$ ist hier das bedingte Maß bei der gegebenen Umgebung Y. Damit können wir in der Tat die empirischen Verteilungen der Koordinaten eines „$|\varphi|^2$-Ensembles" theoretisch voraussagen: die $(X_i)_{i=1,\ldots,N}$ bilden gemäß (11.16) unter dem $\mathbb{P}^Y$-Maß eine Bernoullifolge $|\varphi|^2$-verteilter Zufallsgrößen, und für eine solche haben wir in (4.38) gezeigt, daß die relativen Häufigkeiten für $\mathbb{P}^Y$-typische Konfigurationen gegen die $|\varphi|^2$-Verteilung konvergieren. Genau das, was die Quantengleichgewichtshypothese beinhaltet! Damit haben wir eine Möglichkeit, die effektive Wellenfunktion einigermaßen zu bestimmen, nämlich durch Messung der Teilchenorte. Deren relative Häufigkeiten geben, wenn die Theorie stimmt, gerade das Betragsquadrat der effektiven Wellenfunktion. Wir haben also jetzt die Möglichkeit die Theorie im Experiment zu überprüfen.

Wir können die statistische Aussage genau formulieren. Zur Zeit t bestehe das x-System aus N Systemen $\boldsymbol{x}_1, \ldots, \boldsymbol{x}_N$ (relativ zu einem geeignetem Bezugssystem eines jeden Systems), d.h. $\boldsymbol{X}_t = (\boldsymbol{X}_1, \ldots, \boldsymbol{X}_N)$, und die effektive (oder bedingte) Wellenfunktion sei das Produkt

$$\varphi_t(\boldsymbol{x}) = \varphi(\boldsymbol{x}_1) \cdots \varphi(\boldsymbol{x}_N).$$

Dann gilt, wenn $\boldsymbol{Y}_t = \boldsymbol{Y}$ die Umgebung des Systems zu dieser Zeit darstellt, daß

$$\mathbb{P}^{\Psi_t}\left(\left\{\boldsymbol{Q}\Big|\left|\frac{1}{N}\sum_{i=1}^{N} f(\boldsymbol{X}_i) - \int f(\boldsymbol{x})|\varphi|^2(\boldsymbol{x})\mathrm{d}\boldsymbol{x}\right| < \varepsilon\right\}/\boldsymbol{Y}_t = \boldsymbol{Y}\right)$$

$$= \mathbb{P}_t^{\boldsymbol{Y}}\left(\left\{\boldsymbol{Q}\Big|\left|\frac{1}{N}\sum_{i=1}^{N} f(\boldsymbol{X}_i) - \int f(\boldsymbol{x})|\varphi|^2(\boldsymbol{x})\mathrm{d}\boldsymbol{x}\right| < \varepsilon\right\}\right)$$

$$= 1 - \delta(\varepsilon, f, N) \tag{11.17}$$

und $\delta(\varepsilon, f, N) \longrightarrow 0$ für $N \longrightarrow \infty$.

Hierbei stellen wir uns f z.B. als Indikatorfunktion χ_A vor, d.h. wir haben eigentlich die Aussage (11.17) für eine Familie (f_α) von Indikatorfunktionen χ_{A_α} im Kopf, die uns z.B. die relativen Häufigkeiten der Meßwerte ($\in A_\alpha$) verschafft, und dann muß N groß genug sein, damit z.B.

$$\sum_\alpha \delta(\varepsilon, f_\alpha, N) \ll 1$$

wird. Die „*schlechte Menge*" von Anfangskonfigurationen $\boldsymbol{Q}$, für die die empirischen Verteilungen nicht der Quantengleichgewichtshypothese entsprechen, hat also ein beliebig kleines $\mathbb{P}_t^{\boldsymbol{Y}}$-Maß; es sind also nur „wenig" Punkte $\boldsymbol{Q} \in \boldsymbol{Q}_t^{\boldsymbol{Y}} = \{\boldsymbol{Q}/\boldsymbol{Y}_t = \boldsymbol{Y}\}$, der „relevanten Umgebumgsmenge", die versagen.

Wir müssen hierbei die Stärke der Aussage beachten. Das *bedingte* Maß $\mathbb{P}_t^{\boldsymbol{Y}}$ der Konfigurationen, für die die relativen Häufigkeiten von $|\varphi|^2$ abweichen, ist klein. Das ist wichtig, denn wäre nur die $\mathbb{P}^{\Psi}$-Wahrscheinlichkeit für die Abweichung klein, hätten wir nichts in der Hand: allein die Konfigurationen, zu denen die für uns relevante Umgebung $\boldsymbol{Y}$ gehört, können ja bereits kleines Maß besitzen, wie es der Fall wäre, wenn die Irreversibilität durch spezielle Anfangskonfigurationen zu verantworten wäre und nicht durch eine spezielle zeitabhängige Wellenfunktion des Universums. Für uns ist es wichtig, daß für die *relevanten* Umgebungen, für die eben effektive Wellenfunktionen existieren, Vorhersagen gemacht werden können. Und noch eines muß beachtet werden: im Grunde reicht es wie in (11.8') aus, die bedingte Wahrscheinlichkeit $\mathbb{P}^{\Psi_t}(\cdot/\varphi_1, \ldots, \varphi_N)$ zu betrachten, in der von der Umgebung nur die Information benutzt wird, daß das x_i-System ($i = 1, \ldots, N$)

die effektive Wellenfunktion φ $(i = 1, \ldots, N)$ hat. Indem wir unter Y bedingen, ohne an der empirischen Aussage etwas zu ändern, sehen wir, daß, was immer in der Umgebung uns noch so wichtig erscheinen würde, um unsere Information über das x-System (über die effektive Wellenfunktion hinaus) zu vergrößern, überhaupt keinen Effekt hat. Im Prinzip können wir unter allen möglichen Ereignissen bedingen, solange diese Ereignisse mit der Existenz der effektiven Wellenfunktion verträglich sind, d.h. diese nicht einschränken. So könnten wir eben auch unter der zusätzlichen speziellen Anfangskonfiguration des Universums bedingen, wenn es denn notwendig wäre, die Irreversibilität der Weltentwicklung aus einer *„speziellen Menge"* von Teilchenkonfigurationen zu begründen. Allerdings muß diese spezielle Menge $\mathcal{N}$ von Q-Werten, die für das Nichtgleichgewicht verantwortlich ist (z.B. im Falle des Beispiels 11.3.1 ist das die Menge der positiven Y_0 Werte), dann nicht gerade die schlechte Menge von Q-Werten sein, für die die Bornsche Hypothese nicht zutrifft. Dazu eine Bemerkung.

Anmerkung 11.4.1. Über Quanten-Nichtgleichgewicht
Im besagten Falle einer stationären Wellenfunktion des Universums müssen wir also das bedingte Gleichgewichtsmaß betrachten, unter der Bedingung, daß eben die Faser $\{Q, y = Y : \phi^Y = \phi\} \in \mathcal{N}$ liegt. Wir haben keinen Grund anzunehmen, daß auf dieser Menge die Bornsche Hypothese nicht gilt, denn die beiden Bedingungen, *termisches Nichtgleichgewicht gilt* und *Bornsche statistische Hypothese gilt*, sind „kategorisch" unabhängig voneinander. Mehr noch, wenn wir daran denken, daß Bohmsche Mechanik sehr gute chaotische Eigenschaften besitzt (man denke nur an das Bild 8.3, wo die Teilchenbahnen nach dem Verlassen des Spaltes maximal aufspreizen), dann können wir daran denken, daß Bohmsche Mechanik als dynamisches System gute Mischungseigenschaften hat. Das würde darauf hindeuten, daß die Ereignisse des Nichtgleichgewichtes und das gute Ereignis, daß die statistische Hypothese gilt, ideal durchmischt sind, also unabhängig sind. Dann fällt die Extrabedingung des Nichtgleichgewichtes elementarerweise aus der bedingten Wahrscheinlichkeit heraus.

Aber weiter mit realen Problemen: unsere statistische Analyse betrifft ja nur eine räumliche Stichprobe, ein Ensemble $(x_1, \ldots, x_N)$ zu einer Zeit. Was aber wirklich abläuft, sind Stichproben zu verschiedenen Zeiten und möglicherweise an verschiedenen Orten. Zum Beispiel kann eine Versuchsreihe immer am selben System gemacht werden, so daß man sich ein zeitliches Ensemble verschafft. Aber da müssen wir auf einen feinen Punkt achten: man würde denken, daß die „Zeiten", zu denen man die Experimente ausführt, einfach vorgegeben werden können. Aber das geht nicht, denn es würde ja bedeuten, daß wir eine Welt betrachten, in der zu irgendwelchen vorgegebenen Zeiten Experimente gemacht werden, was der Realität widerspricht. Ganz extrem im folgenden Fall. Ein Experimentator möchte eine Elektron-ortsmessung am Grundzustand eines – von ihm gefangenen – Wasserstoffatoms durchführen, d.h. er plant, eine Zeitreihe der Meßwerte aufzustellen.

Nun ist der erste Meßwert so unmöglich groß (was zwar unwahrscheinlich, aber doch möglich ist), daß der Experimentator in einen Welthaß verfällt und die ganze Erde durch den berühmten Knopfdruck vernichtet. Nicht ganz so extrem kann der Experimentator auf Grund bereits gemachter Messungen meinen, noch einmal den ganzen Meßaufbau überprüfen zu müssen, wofür er viel Zeit braucht. Kurzum, die Zeiten (sowie die Orte), an denen effektive Wellenfunktionen entstehen (um etwa ein Experiment durchzuführen), sind *zufällig* wie die effektive Wellenfunktion selbst, d.h. alle diese Größen sind (vergröberte) Funktionen der Anfangskonfiguration Q des Universums.

Das also müssen wir beachten und entsprechend formulieren. Und noch eines: bei der räumlichen Stichprobe haben wir von „Messung" überhaupt nicht zu reden, die X_i sind einfach die Orte der Konfiguration des i-ten Systems. Auch in der Zeitreihe werden die Orte einfach die Orte sein, aber nun ist es *wesentlich*, daß der Ort auch gemessen wird[6]: für die Orte $X(t_1), X(t_2), \ldots, X(t_N)$ des Elektrons im Grundzustand φ gilt $X(t_1) = X(t_2) = \ldots = X(t_N)$, sie sind also offenbar überhaupt nicht unabhängig. Aber wenn $X(t_i)$ gemessen wird, dann wird das System gestört, und es muß erst wieder in den Grundzustand φ, damit man wieder von „Neuem" starten kann, und Bohmsche Mechanik ist so chaotisch, daß $X(t_2)$ dann eine unabhängige $|\varphi|^2$-verteilte Variable ist (wie die Quantengleichgewichtshypothese vorschreibt). Es gehört aber gar nicht viel dazu, daß zu zeigen. Am einfachsten ist es wohl, sich Apparate mit „Anzeigewellenfunktionen" $\Phi_1, \ldots, \Phi_N(Z_1, \ldots, Z_N)$ vorzustellen, die die jeweils gemessenen Werte anzeigen können. Am Ende hat man eine effektive Produktwellenfunktion $\prod \Phi_i$ vorliegen, und die Wahrscheinlichkeit für die Anzeigen von Werten $X_1, \ldots, X_N$ ist wieder eine Produktwahrscheinlichkeit, und dann haben wir wieder im Wesentlichen die Situation von vorher[7].

Das Prinzip sollte damit klar sein. Auf die genaue Darstellung der „Mehrfachzeitanalyse" wollen wir hier verzichten und auf die Analyse in [56] verweisen.

Also haben wir die Quantengleichgewichtshypothese verstanden und begründet. Die Wellenfunktion ψ, von der in ihr die Rede ist, ist eine bedingte bzw. die effektive, und die statistische Verteilung ist die empirische eines Ensembles von Systemen mit der „gleichen" bedingten Wellenfunktion. Und das ist alles, mehr gibt Bohmsche Mechanik nicht her. Die Quantengleichgewichtshypothese verkörpert damit eine absolute Ungewißheit: ein Untersystem wird, wenn es dynamisch eine eigene Identität besitzt, durch eine (bedingte) Wellenfunktion φ beschrieben, und über die Teilchenkoordinaten

---

[6] Wird ein Ort gemessen, dann verändert sich gemäß dem Quantengleichgewicht die Wellenfunktion. Immer muß man das im Kopf haben, viele übersehen das und kommen zu falschen Schlüssen.

[7] Es mag für manche beunruhigend sein, daß hier nicht irgendetwas Chaotisches über Bohmsche Mechanik zu zeigen ist. Aber man durchdenke (bevor man zu falschen Schlüssen kommt) noch einmal das Konzept der effektiven Wellenfunktion und man beachte die bedingte Wahrscheinlichkeitsformel (11.8).

können wir dann nicht mehr wissen als durch die $|\varphi|^2$-Verteilung bestimmt. Umgekehrt können wir aus dem (sicheren) Wissen über den ungefähren Ort eines Teilchens auf den Träger der Wellenfunktion (falls sie existiert) schließen; der Träger wird mit der Eingrenzung des ungefähren Ortes übereinstimmen.

11.5 Mißverständnisse

Ist jemand vielleicht auf die Idee gekommen, daß der Inhalt des Kapitels zirkulär ist? Zum Beispiel so: Wir stecken eine $|\Psi|^2$-Verteilung rein und bekommen eine $|\varphi|^2$-Verteilung raus, und nur um das Ganze etwas zu komplizieren, haben wir die Wellenfunktionen umbenannt. Das ist das sogenannte „Müll rein, Müll raus Argument": Wenn das Ensemble der Universen $|\Psi|^2$-verteilt ist, dann ist ein Subensemble $|\varphi|^2$-verteilt. Nun, dies ist irrelevanter Unsinn und nicht Inhalt des Kapitels! Daß ein Subsystem durch eine effektive Wellenfunktion beschreibbar ist, ist a priori, d.h. gegeben die Bohmschen Gleichungen, nicht klar. Das hätte so nicht zu sein brauchen. Da es aber so ist, ist es vernünftig, die gleiche Symbolik zu benutzen. Weiter: Wir betrachten ein Subensembles eines *einzigen* Universums, allerdings eines *typischen* Universums. Daß die empirischen Verteilungen in einem typischen Universum durch die effektive Wellenfunktion als $|\varphi|^2$ bestimmt sind, ist nicht a priori klar, d.h. wenn wir das Maß $\mathbb{P}^\Psi$ zu Grunde legen, um typisch zu definieren. Es hätte auch anders sein können, wie z.B. im Falle des mikrokanonischen Maßes, wo die typischen relativen Häufigkeiten eines Subensembles durch eine kanonische Verteilung approximiert werden. Wir betrachten in keinster Weise ein Subensemble eines Ensembles von Universen. Machen wir nicht! Kein Gedanke daran. Wäre ja auch Unsinn.

Wir *modellieren* auch kein Ensemble von Subsystem durch unabhängige Zufallsgrößen, und zeigen dann, daß das Gesetz der großen Zahlen gilt. Das wäre trivial und nicht der Rede wert. Das machen wir also auch nicht.

Wir sagen auch nicht, daß es nur typische Universen gibt und keine untypischen. Wenn immer der Eindruck besteht, daß das, was wir gezeigt haben in irgendeiner Form zirkulär ist, dann ist der Eindruck falsch, wie auch immer diese Zirkularität phrasiert wird [57]. Und dann es ist gut, sich noch einmal durch das Kapitel zu kämpfen. Wie sonst kann man Mißverständnissen begegnen ?

12. Physik und Mathematik

Mathematische Grundlagen der Quantentheorie gehen üblicherweise über Hilberträume, Operatoren, Selbstadjungiertheit und Spektren. Nichts von alledem fließt in die fundamentalen Gleichungen der Bohmschen Mechanik ein, und nichts von alledem scheint relevant zu sein. Von Operatoren war eigentlich nie die Rede, bis auf die Schrödingergleichung natürlich, in der ein Differentialoperator steht. Aber das ist auch alles. Wenn wir aber die Situation etwas genauer anschauen, so ergeben sich gegenüber den klassischen physikalischen Theorien doch Neuerungen: die empirische, alles bestimmende Größe ist die effektive Wellenfunktion φ eines Systems, die „kollabierte" Wellenfunktion, die mal existiert und mal nicht, aber an der wir, wenn sie existiert, eine statistische Information über die Orte der Teilchen erhalten *und nur eine solche*. Sie sind $|\varphi|^2$-verteilt, im Sinne des vorangegangenen Kapitels. Das ist die Wurzel der Besonderheiten der Empirik. Wenn wir empirische Aussagen betrachten wollen, dann werden das statistische Aussagen über Teilchenorte sein, und wir werden zudem die effektive Wellenfunktion verfolgen müssen. Im folgenden erkläre ich die Notationen nur grob, ich will nur eine schnelle Übersicht über das, was wir zu vertiefen haben. Wenn man Quantenmechanik kennt, wird dieses Kapitel bereits zur Offenbarung.

12.1 Ein schlimmer Begriff: Observable

Wir können damit gleich einen kurzen Hinweis geben, wie damit die Operatoren-Observablen ins Spiel kommen. Dies ist einerseits lehrreich, aber andererseits gefährlich (aber vielleicht deswegen umso lehrreicher): Eigentlich spielen diese Operatoren-Observablen in der Allgemeinheit, wie wir sie gleich bekommen, weiterhin keine Rolle, sie waren und bleiben unwesentlich. Darum soll man das Folgende mit kritischem Abstand lesen. Der Hauptgrund, weswegen sie hier überhaupt auftauchen, ist die mathematische Struktur, die sich nebenbei miteinschleicht, und die uns einen guten Rahmen andeutet, indem wir uns mit der effektiven Wellenfunktion und der $|\varphi|^2$-Statistik elegant bewegen können. Darum geht es uns in diesem Kapitel. Wir wollen auf die mathematischen Abstraktionen und Begriffe kommen, die wir nacher ausführlicher beprechen werden. Wir beginnen also mit einem Gedankenexperiment und einer Argumentation, die uns schon früher begegnet sind. Wir betrachten ein Experiment $\mathcal{E}$, in dem System (x, m-dimensional) und ein Apparat (y, n-dimensional) mit diskreten Zeigerstellungen verkoppelt werden, und in dem sich Korrelationen von Zeigerwellenfunktionen und gewissen effektiven Wellenfunktionen des Systems φ_α unter der Schrödingerschen Entwicklung der Gesamtwellenfunktion einstellen. Damit meinen wir Folgendes:

$$\varphi_\alpha(\boldsymbol{x})\Phi(\boldsymbol{y}) \xrightarrow{\text{Schrödingerentwicklung}} \varphi_\alpha(\boldsymbol{x})\Phi_\alpha(\boldsymbol{y}). \tag{12.1}$$

Hieraus folgt für $\varphi = \sum c_\alpha \varphi_\alpha$

$$\varphi(\boldsymbol{x})\Phi(\boldsymbol{y}) \xrightarrow{\text{Schrödingerentwicklung}} \sum_\alpha c_\alpha \varphi_\alpha(\boldsymbol{x})\Phi_\alpha(\boldsymbol{y}), \tag{12.2}$$

d.h. aus der anfänglichen effektiven Wellenfunktion $\varphi = \sum c_\alpha \varphi_\alpha$ des Systems wird mit Wahrscheinlichkeit $|c_\alpha|^2$ die effektive Wellenfunktion φ_α. Warum? Weil nach der Quantengleichgewichtshypothese die Zeigerstellung $Y \in \operatorname{supp} \Phi_\beta$ mit Wahrscheinlichkeit (im folgenden steht $\mathrm{d}^m x$ bzw. $\mathrm{d}^n y$ für die entsprechenden mehrdimensionalen Integrationselemente)

$$\int\limits_{\{\boldsymbol{x},\boldsymbol{y}\,|\,\boldsymbol{y}\in\operatorname{supp}\Phi_\beta\}} \left|\sum_\alpha c_\alpha \varphi_\alpha(\boldsymbol{x})\Phi_\alpha(\boldsymbol{y})\right|^2 \mathrm{d}^m x \mathrm{d}^n y$$

$$= |c_\beta|^2 \int |\varphi_\beta|^2(\boldsymbol{x})\mathrm{d}^m x \int |\Phi_\beta|^2(\boldsymbol{y})\mathrm{d}^n y = |c_\beta|^2 \tag{12.3}$$

vorkommt, wobei wir ausnutzen, daß $\operatorname{supp}\Phi_\alpha \cap \operatorname{supp}\Phi_\beta \approx \emptyset$ für $\alpha \neq \beta$ ist. Und wenn $Y \in \operatorname{supp}\Phi_\beta$, d.h. wenn der Zeiger auf, sagen wir, $\lambda_\beta \in \{\lambda_1, \ldots, \lambda_N\}$ steht, dann ist nach unserer Einsicht und Definition φ_β die neue effektive Wellenfunktion des Systems; die anderen Wellenanteile Φ_α, $\alpha \neq \beta$, können wir auf Grund der Dekohärenz (Verlust der Interferenzfähigkeit) vergessen.

Das Experiment $\mathcal{E}$ (12.1) verschafft also eine lineare Abbildung $\varphi \longrightarrow \varphi_\alpha$ mit Wahrscheinlichkeiten $|c_\alpha|^2$, und beide Aspekte müssen wir gut handhaben können.

Bei der Schrödingerentwicklung soll die Wahrscheinlichkeit, und das lesen wir gleich als „Norm" $\|\cdot\|$, erhalten bleiben, d.h.

$$\|\varphi\Phi\|^2 := \int |\varphi(\boldsymbol{x})\Phi(\boldsymbol{y})|^2 \mathrm{d}^m x \mathrm{d}^n y$$

$$\overset{*}{=} \int \left|\sum_\alpha c_\alpha \varphi_\alpha(\boldsymbol{x})\Phi(\boldsymbol{y})\right|^2 \mathrm{d}^m x \mathrm{d}^n y$$

$$= \int \left|\sum_\alpha c_\alpha \varphi_\alpha(\boldsymbol{x})\Phi_\alpha(\boldsymbol{y})\right|^2 \mathrm{d}^m x \mathrm{d}^n y$$

$$= \sum_\alpha |c_\alpha|^2 \int |\varphi_\alpha|^2(\boldsymbol{x}) \int |\Phi_\alpha|^2(\boldsymbol{y})\mathrm{d}^m x \mathrm{d}^n y$$

$$= \sum_{\alpha} |c_{\alpha}|^2, \tag{12.4}$$

so daß wir (indem wir die rechte Seite von $*$ ausmultiplizieren und integrieren)

$$\sum_{\alpha \neq \alpha'} c_{\alpha}^* c_{\alpha'} \int \varphi_{\alpha}^*(\boldsymbol{x}) \varphi_{\alpha'}(\boldsymbol{x}) \mathrm{d}^m x = 0$$

haben, und für beliebige c_{α} kriegen wir

$$\int \varphi_{\alpha}^*(\boldsymbol{x}) \varphi_{\alpha'}(\boldsymbol{x}) \mathrm{d}^m x = 0 \ ,$$

für $\alpha \neq \alpha'$, und da sehen wir „Orthogonalität" ins Spiel kommen durch das „Skalarprodukt"

$$\langle \varphi | \psi \rangle := \int \varphi^*(\boldsymbol{x}) \psi(\boldsymbol{x}) \mathrm{d}^m x \ ,$$

weil Φ_{α} und $\Phi_{\alpha'}$ *makroskopisch verschiedene* Zeigerstellungen repräsentieren! Das hat offenbar die Orthogonalität der φ_{α} zur Folge. Mit anderen Worten, um (12.1) zu bekommen, müssen die φ_{α} orthogonal sein. Und damit ist

$$c_{\alpha} = \int \varphi_{\alpha}^*(\boldsymbol{x}) \varphi(\boldsymbol{x}) \mathrm{d}^m x$$

als Orthogonalprojektion von φ auf φ_{α} berechenbar, und wenn $P_{\varphi_{\alpha}}$ die Orthogonalprojektion auf die Richtung bedeutet – $P_{\varphi_{\alpha}} \varphi = \varphi_{\alpha} \langle \varphi_{\alpha} | \varphi \rangle$ –, dann beschreiben wir das Experiment (12.1) kurz mit $(P_{\varphi_{\alpha}})_{\alpha}$. Aber wir sollten noch die Werte $\lambda_{\alpha} \in \{\lambda_1, \ldots, \lambda_N\}$ berücksichtigen. Was uns vielleicht interessiert, sind Mittelwert und Varianz der λ-Werte. Das können wir ganz kompakt haben. Der „Operator"

$$\hat{A} = \sum \lambda_{\alpha} P_{\varphi_{\alpha}} \tag{12.5}$$

enthält alles, was wir brauchen: die Wahrscheinlichkeit für den Wert λ_{α}, die wir gemäß (12.2) so schreiben können:

$$\begin{aligned}
W^{\varphi}(\lambda_{\alpha}) &= \|P_{\varphi_{\alpha}} \varphi\|^2 \\
&= \langle P_{\varphi_{\alpha}} \varphi, P_{\varphi_{\alpha}} \varphi \rangle \\
&= \int |\varphi_{\alpha}(x)|^2 |\langle \varphi_{\alpha} | \varphi \rangle|^2 \mathrm{d}x \\
&= \langle \varphi | \varphi_{\alpha} \rangle \langle \varphi_{\alpha} | \varphi \rangle,
\end{aligned} \tag{12.6}$$

den Mittelwert der λ-Werte,

$$\mathbb{E}^{\varphi}(\lambda) = \sum_{\alpha} \lambda_{\alpha} W^{\varphi}(\lambda_{\alpha})$$

$$= \sum_\alpha \lambda_\alpha \|P_{\varphi_\alpha}\varphi\|^2$$

$$= \sum_\alpha \lambda_\alpha \langle\varphi|\varphi_\alpha\rangle\langle\varphi_\alpha|\varphi\rangle$$

$$= \langle\varphi|\sum_\alpha \lambda_\alpha P_{\varphi_\alpha}\varphi\rangle$$

$$= \langle\varphi|\hat{A}|\varphi\rangle, \tag{12.7}$$

und die „Varianz" der λ-Werte

$$\mathbb{E}^\varphi(\lambda^2) = \sum_\alpha \lambda_\alpha^2 W^\varphi(\lambda_\alpha)$$

$$= \langle\varphi|\sum_\alpha \lambda_\alpha^2 P_{\varphi_\alpha}\varphi\rangle$$

$$= \langle\varphi|\hat{A}^2|\varphi\rangle, \tag{12.8}$$

wobei wir benutzen, daß

$$P_{\varphi_\alpha}P_{\varphi_{\alpha'}} = 0 \quad \text{für } \alpha \neq \alpha'$$

und

$$P_{\varphi_\alpha}^2 = P_{\varphi_\alpha}P_{\varphi_\alpha} = P_{\varphi_\alpha}$$

ist: $(P_{\varphi_\alpha})_\alpha$ ist eine *Familie von Orthogonalprojektionen*. Ohne daß wir es extra bemerken mußten, fließt mit ein, daß diese Projektionen selbstadjungiert sind, d.h. $\langle P\varphi, \psi\rangle = \langle\varphi, P\psi\rangle$, also $P^+ = P$. Das wird in Kapitel 15 ausführlich besprochen. Aber ich kann schon folgendes voraus schicken, was nämlich den Operator Observablen solch einen ungeheuren Vorschub geleistet hat: Die Wahrscheinlichkeiten (12.6) enthalten ja nur die *Spektralprojektionen* P_{φ_α}, das sind die mathematischen Größen, die sich aus dem Experiment ergeben. Andererseits, gegeben $\hat{A}$, dann kann man daraus auf die P_{φ_α} kommen, indem man die Eigenvektoren von $\hat{A}$ aufsucht. Also kann man vergessen, woher $\hat{A}$ ursprünglich kam, und plötzlich haben die Observablen ein Eigenleben und stiften allerhand Verwirrung.

Mit dem Experiment (12.1) können wir also den Operator $\hat{A}$ identifizieren – schön, kurz, kompakt und mehr nicht. Wir haben ein Beispiel davon in Bemerkung 8.3.1 über den Spin kennengelernt: Wenn wir die effektive Wellenfunktion $\binom{\psi_1(\boldsymbol{x})}{\psi_2(\boldsymbol{x})}$ in der Eigen-Basis von σ_z vorliegen haben, und der Stern-Gerlach-Magnet ist in Richtung $\boldsymbol{a}$ ausgerichtet, dann wird sich die Wellenfunktion in zwei Spinanteile ϕ_+, ϕ_- aufspalten, nämlich gerade die Eigenfunktionen von $\boldsymbol{a} \cdot \sigma$, wie uns das Beispiel lehrt. Dabei wird mit Wahrscheinlichkeit $\int \mathrm{d}^3x |\phi_\pm \cdot \binom{\psi_1(\boldsymbol{x})}{\psi_2(\boldsymbol{x})}|^2 = \|P_\pm \binom{\psi_1}{\psi_2}\|^2$ das Teilchen im $\pm$-Anteil sein, wobei $P_\pm$ der Projektor auf die jeweilige Spinorkomponente darstellt. Der zugehörige Operator ist dann einfach $\hat{A} = +\frac{1}{2}P_+ - \frac{1}{2}P_- = \frac{1}{2}\boldsymbol{a} \cdot \sigma$, der Spinoperator in Richtung $\boldsymbol{a}$.

An diesem Beispiel ist nun Folgendes interessant. Wir haben gar nicht von einem Meßapparat reden müssen, um die Orthogonalität der möglichen effektiven Wellenfunktionen zu bekommen, dafür sorgte schon die Schrödingersche Entwicklung des Systems alleine. Man braucht am Ende nur noch zu detektieren, in welchem Wellenzug das Teilchen sitzt, und dieser Vorgang legt dann nur noch die effektive Wellenfunktion fest. Natürlich darf der Detektierungsvorgang nicht zu eingreifend sein und die Wellenfunktion nicht noch stark verändern. Denn gemäß dem Quantengleichgewicht wird ja die effektive Wellenfunktion in dem Moment verändert, wo eine Messung eine genauere Kenntnis der Ortskoordinaten liefert. Weiterhin ist interessant, daß man dann in einen neuen Sprachgebrauch verfallen kann: Man nennt $\frac{1}{2}a\cdot\sigma$ die *a-Spin-Observable*, die man „messen" kann, indem man einen Stern-Gerlach-Magneten in Richtung a orientiert. Und wenn man schon so spricht, dann ist es naheliegend zu meinen, was man sagt, und dann beginnt man die Spin-Observable als „Meßgröße" ernst zu nehmen, und am Ende denkt man, man mißt da tatsächlich etwas[1]. Und das bringt einen dann zu der Frage, wie eine Observable beschaffen sein muß, damit man sie „messen" kann. Dumme Frage! Aber egal, (12.5) besagt, daß $\hat{A}$ ein selbstadjungierter Operator ist, die rechte Seite ist dessen Spektralzerlegung, und diese ist eindeutig!

Die Situation beim Ort ist nicht analog zum Spin, nicht nur, weil wir nun keine diskrete Zerlegung der Wellenfunktion mehr haben, sondern insbesondere, weil wir bei einer Ortsmessung tatsächlich den Ort messen. Warum? Weil ich das sonst nicht Ortsmessung nennen würde. Das werde ich gleich noch einmal in Unterkapitel 12.1.2, Anmerkung 12.1.2 sagen und auch in Anmerkung 15.1.2.

Die Moral ist zunächst, daß wir bei vielen wichtigen Experimenten Observablen-Operatoren einführen können, und dabei nicht von einem Apparat zu sprechen brauchen: Die „orthogonale" Aufspaltung hat man umsonst, der Apparat ist nur noch da, um am Ende zu detektieren, wo das Teilchen ist. Die Frage ist darum eigentlich eher diese: In welchen physikalischen Situationen bekommt man diese „orthogonale Aufspaltung", in der nur noch der Teilchenort detektiert werden muß? Und dann: Ist diese „orthogonale Aufspaltung" wiklich wichtig, um eine Anzeige am Ende stehen zu haben?

Jetzt fassen wir aber erst einmal ein wenig die mathematischen Strukturen zusammen: Der Raum der Wellenfunktionen wird also ein linearer Raum (die Linearität der Schrödingergleichung!) mit Skalarprodukt sein—am angenehmsten wird ein Hilbertraum sein. Im allgemeinen wird es ein unendlich dimensionaler Raum sein, die Menge der λ aber, wird in der realen Welt endlich sein. Darum wird man i.a. statt eindimensionalen orthogonalen Projektoren, Orthogonal-Projektionen $P_\alpha\,(P_\alpha^2 = P_\alpha)$ (die sind immer selbstadjungiert) auf Unterräume $\mathcal{H}_{\lambda_\alpha}$ haben, in denen die Wellenfunktionen liegen, die mit den entsprechenden Zeigerstellungen korrelieren, d.h. die zu den Anzeigen λ_α führen. Allgemein ist also

---

[1] Was man am Ende auch tut: Man misst den Teilchenort.

$$\hat{A} = \sum \lambda_\alpha P_\alpha \quad \text{mit} \quad \sum P_\alpha = E. \tag{12.9}$$

Wir gewinnen also auf triviale Weise die Operatoren aus den Projektoren. Man beachte, daß die $\mathcal{H}_{\lambda_\alpha}$ die Eigenräume zu den Eigenwerten λ_α des Operators $\hat{A}$ sind. Die Umkehrung, d.h. die eindeutige Zuordnung von Projektoren zu Operatoren (also die Diagonalisierung) ist Inhalt des Spektralsatzes, die zugehörigen orthogonalen Projektionen heißt dann *die Spektralschar* von $\hat{A}$. Gerade diese umgekehrte Richtung wird bei der Analyse des Schrödingeroperators natürlich eine wesentliche Rolle spielen, wie man in der linearen Algebra gelernt hat: Man begreift einen (hermitischen) Operator am besten in seiner Eigenbasis.

Nun rücken wir die statistische Aussage $\rho^\varphi = |\varphi|^2$ in den Vordergrund und betrachten das Ganze etwas allgemeiner. Wir führen alles auf eine vergröbernde Variable F zurück, eine Zufallsvariable, die auf die für uns relevanten Werte (Skala) fokussiert. Das können Werte der Systemkoordinaten sein oder aruas ableitbare Werte. Wir berücksichtigen dabei, daß ein Apparat oft gar nicht notwendig ist, weil er oft im Prinzip nur am Ende detektiert, wo die Teilchen sind. Das Allgemeinste, was wir an Struktur aus der $|\varphi|^2$- Statistik ziehen können, ergibt sich aus der folgenden abstrakten Abbildungs-Sequenz

$$\varphi(\boldsymbol{x}) \xrightarrow{\text{System koppelt (möglicherweise) an Apparat}} \Psi(\boldsymbol{x}, \boldsymbol{y}) = \varphi(\boldsymbol{x})\Phi(\boldsymbol{y})$$

$$\xrightarrow{\text{Schrödinger Entwicklung}} \Psi_T(\boldsymbol{x}, \boldsymbol{y})$$

$$\xRightarrow{\text{Quantengleichgewichtshypothese}} \rho^{\Psi_T} = |\Psi_T|^2(\boldsymbol{x}, \boldsymbol{y}) \tag{12.10}$$

$$\xrightarrow{\text{uns interessiert nur}} W^\varphi(\mathrm{d}^N\lambda) = \mathbb{P}^{\Psi_T}(F^{-1}(\mathrm{d}^N\lambda)), \tag{12.11}$$

wobei die Einfach-Pfeile lineare Abbildungen bedeuten und der Doppelpfeil als eine *bilineare* (genauer sesquilineare) Abbildung gelesen werden soll. Dabei bedeutet das „möglicherweise" über dem ersten Pfeil, daß wir eben auch die Situation erfassen wollen, in der kein Apparat an das System gekoppelt wird und die Statistik der Systemkoordinaten alleine studiert werden soll. T ist i.a. eine (große) Zeit, und die vergröbernde Variable F geht vom Konfigurationsraum nach Λ, einem relevanten Wertebereich. In (12.1) ist

$$F(\boldsymbol{x}, \boldsymbol{y}) = F(\boldsymbol{y}) \in \{\lambda_1, \dots, \lambda_N\} = \Lambda,$$

im Stern-Gerlach-Versuch ist $F(\boldsymbol{x}, \boldsymbol{y}) = F(\boldsymbol{x}) \in [-\frac{1}{2}, \frac{1}{2}]$, und ein ganz einfaches Beispiel ist ein Teilchen $\boldsymbol{x} \in \mathbb{R}^3$ ohne Apparat und $T = 0$, d.h. $\Psi_T = \varphi$ und was bleibt ist

$$\varphi(\boldsymbol{x}) \Longrightarrow \rho^\varphi(\boldsymbol{x})$$

mit $F = \mathrm{id}$, d.h. Λ ist der Konfigurationsraum des Systems und $W^\varphi(\mathrm{d}^3x) = \rho^\varphi \mathrm{d}^3x$. Andere Beispiele für F betrachten wir später, aber was wir bereits herauslesen können, ist die bilineare Abbildung vom „Wellenfunktionsraum"auf

Maße – im Falle von (12.1) ein diskretes Punktmaß auf dem Werteraum Λ, also ein Maß auf dessen Teilmengen:

$$
\begin{aligned}
W^\varphi(\{\lambda_{\alpha_1}, \ldots, \lambda_{\alpha_n}\}) &= \mathbb{P}^{\Psi_T}(F^{-1}(\{\lambda_{\alpha_1}, \ldots, \lambda_{\alpha_n}\})) \\
&= \mathbb{P}^{\Psi_T}(\{(x,y)|F(x,y) \in \{\lambda_{\alpha_1}, \ldots, \lambda_{\alpha_n}\}\}) \\
&= \sum_i \|P_{\varphi_{\alpha_i}}\varphi\|^2 \\
&= \sum_i \langle\varphi|P_{\varphi_{\alpha_i}}\varphi\rangle \\
&= \sum_i \langle\varphi|\varphi_{\alpha_i}\rangle\langle\varphi_{\alpha_i}|\varphi\rangle \\
&= \langle\varphi| \sum_i P_{\varphi_{\alpha_i}}\varphi\rangle.
\end{aligned}
\tag{12.12}
$$

Und im allgemeinen ist es ein stetiges Maß, wie z.B. im trivialen Fall,

$$
\begin{aligned}
W^\varphi(A) = \mathbb{P}^\Psi(A) &= \int \chi_A|\varphi|^2 \mathrm{d}^3x \\
&= \int_A \langle\varphi|\chi_{\{\mathrm{d}^3x\}}|\varphi\rangle \\
&= \langle\varphi|\chi_A|\varphi\rangle.
\end{aligned}
\tag{12.13}
$$

Hierin wirkt $\chi_{\{\mathrm{d}^3x\}}$ zwar wie P_{φ_α}, d.h. ebenfalls wie eine Projektion, aber sie ist nun in Wahrheit keine mehr auf eine Wellenfunktion.

Anmerkung 12.1.1. Bemerkung zum Diracformalismus
Im Dirac-Formalismus (Bemerkung 9.5.1) schreibt man für die rechte Seite von (12.13)

$$
\int_A \langle\varphi|x\rangle\langle x|\varphi\rangle \mathrm{d}^m x,
$$

so daß die Analogie zwischen den rechten Seiten von (12.12) und (12.13) noch vollkommener zu sein scheint, jedoch ist $|x\rangle$ keine Wellenfunktion. Wir sollten uns auch nicht darum bemühen, $|x\rangle$ als Wellenfunktion einen mathematischen Sinn zu geben: Moralisch aber können wir $|x\rangle$ als Wellenfunktion lesen, in der das Teilchen mit Sicherheit am Ort x ist; in der Tat ist das Produkt $\langle x|x'\rangle = \delta(x - x')$ die δ-Funktion. Aber wir sollten uns nicht scheuen, den Dirac-Formalismus als schlagkräftigen Symbolismus einzusetzen, wobei dann inhaltlich nicht mehr als (12.12) und (12.13) ausgedrückt wird. Und wir werden in der Tat nachher dem Diracformalismus eine mathematische Grundlage geben, die auf der Maßeigenschaft beruht.

Genauso aber, wie die $(P_{\varphi_\alpha})_\alpha$ eine Familie von Orthogonalprojektionen ist, ist $(O_{A_i})_{A_i \in \mathcal{B}(\mathbb{R})}$ eine Familie von Orthogonalprojektionen, gegeben durch

$$O_A : \varphi \longmapsto \chi_A \varphi(x) = \begin{cases} \varphi(x) & x \in A \\ 0 & \text{sonst .} \end{cases} \qquad (12.14)$$

Was sich hier in der Tat natürlicherweise ergibt, sind *operatorwertige Maße* : Das Maß bewertet Teilmengen des uns interessierenden Wertebereiches – das Bild von F. Nur im Unterschied zu uns bisher bekannten Maßen, ist das Maß operatorwertig. Und zwar sind es positive Operatoren, die angenommen werden, weil sich Wahrscheinlichkeiten ergeben müssen. Man nennt diese Maße kurz POV (positive operator valued). Das werden wir alles besprechen. Unsere Beispiele zu (12.10) sind dabei eigentlich viel zu speziell, denn die sie weisen nur auf projektorwertige Maße hin, wo die positiven Operatoren Projektoren sind: PV (projector valued measure). Die relevante Struktur, die sich aus (12.10) ergibt, ist allgemeiner: alles was wir haben, ist ein positives Bilinearformmaß, und wie wir bald sehen werden, gehört dazu immer ein POV.

Ein beliebtes Beispiel für ein wirkliches POV ist Folgendes: Wir verwandeln unser Orts-PV in ein echtes POV. Wir stellen uns einen Detektor vor, der eine intrinsische Meßungenauigkeit besitzt. Das bedeutet, daß die Meßwerte mit einem Fehler, vom Apparat herrührend, belastet sind. Sei $p(x)$ eine Wahrscheinlichkeitsdichte auf $\mathbb{R}^3$, die die Meßungenauigkeit des Apparates beschreibt. Der gemessene Ort $\tilde{X}$ besteht also aus der Summe zweier Zufallsgrößen $X + Y$ mit dem $|\varphi|^2$-verteilten Ort X und dem p-verteilten Meßfehler Y. In der Regel wird man davon ausgehen können, daß X und Y unabhängig sind, d.h. die Verteilungsdichte von $\tilde{X}$ ist die Faltungsfunktion[2]

$$\tilde{\rho}(x) = \int p(x - y)|\varphi|^2(y)d^n y \; .$$

Also ist die Wahrscheinlichkeit

$$W(\tilde{X} \in A) = \int_A \tilde{\rho}(x)d^n x \;\; = \;\; \int_A \int p(x - y)|\varphi|^2(y)d^n y \, d^n x$$

$$= \int \left(\int \chi_A(x)p(x - y)d^n x \right) |\varphi|^2(y)d^n y$$

$$= \langle \varphi | \tilde{O}_A \varphi \rangle \, , \qquad (12.15)$$

und es ist alles übliche Wahrscheinlichkeitsrechnung. Dann ist der Multiplikationsoperator

$$\tilde{O}_A = \int p(y - x)\chi_A(y)d^n y,$$

---

[2] Betrachte die Fouriertransformierte

$$\hat{\tilde{\rho}} = \mathbb{E}(e^{i\lambda \cdot \tilde{X}}) = \mathbb{E}(e^{i\lambda \cdot (X+Y)}) = \mathbb{E}(e^{i\lambda \cdot X})\mathbb{E}(e^{i\lambda \cdot Y}) = \widehat{|\varphi|^2}\hat{p}.$$

und beachte, daß die Fouriertransformierte eines Produktes eine Faltung ist, wie man leicht sieht.

d.h.

$$\tilde{O}_A : \varphi \longmapsto \int_A p(\boldsymbol{y} - \boldsymbol{x}) d^n y \, \varphi(\boldsymbol{x}) \qquad (12.16)$$

ein POV, und i.a. gilt

$$\tilde{O}_A^2 \neq \tilde{O}_A,$$

die Gleichheit gilt nur im Falle $p(\boldsymbol{x}) = \delta(\boldsymbol{x})$; und dann ist das POV ein PV. Wenn wir z.B. an der Schwankung der Größe $\tilde{X}$ interessiert sind, dann berechnen wir diese natürlich gemäß

$$\mathbb{E}(\tilde{\boldsymbol{X}}^2) = \int \boldsymbol{x}^2 \tilde{\rho}(\boldsymbol{x}) d^n x = \int \boldsymbol{x}^2 \langle \varphi | \tilde{O}_{\{d^n x\}} \varphi \rangle$$
$$= \int \boldsymbol{x}^2 p(\boldsymbol{x} - \boldsymbol{y}) |\varphi|^2 (\boldsymbol{y}) d^n y d^n x, \qquad (12.17)$$

und mehr gibt es nicht dazu zu sagen, außer daß man dies mit (12.8) vergleichen sollte.

Da haben wir also genug Begriffe, die ungeheuer anmuten und die man deutlicher besprechen muß. Wir können die Mathematik dazu nicht einfach außer Acht lassen – allein schon aus methodischen Gründen, denn der Spektralsatz ist ein kraftvolles Instrument. Dazu werde ich viel sagen.

Wir müssen auch ein wenig Gefühl für das „Meßbare" in der Theorie entwickeln, allein um nicht entsetzt zu sein, daß nicht wir es sind, die entscheiden, was meßbar ist, sondern daß das die Theorie entscheidet. So lautet eine Bemerkung Einsteins, die er in der Diskussion um die Grundlagen der Quantentheorie immer wieder betonte. Diese Einsicht ist sehr verwandt mit der Einsicht, daß der Begriff Realität ein ziemlich sinnloser Begriff ist. Was wir in der Physik real nennen, hängt von der Theorie ab, mit der wir über unsere Welt sprechen. Darum noch dieses.

12.1.1 Die Gretchenfrage
oder
Erst die Theorie entscheidet, was meßbar ist

Ich will nun diese Frage erledigen, weil sie an das Vorhergehende nicht schlecht anknüpft und weil sie aus dem Weg geräumt werden muß (irgendwann muß das geschehen). Die Frage ist eine, die durch eine gewisse philosophische Haltung der Physiker zustande kommt und die sich an der Bohr-Heisenbergschen Grundhaltung zur Quantentheorie orientiert: *Sind denn alle deine Größen, die in deine Theorie eingehen meßbar?* Wir wissen bereits aus Anmerkung 9.1.2, daß die Wellenfunktion keine Meßgröße ist, aber gut, das nimmt man nicht so gern zur Kenntnis, und man hat ja die Observablen-Operatoren, die man „messen" kann! Aber ich werde nicht müde, wieder zu sagen: Das ist eine ganz dumme Phrase: „den Operator messen", als ob man ein Lineal an den Ortsoperator anlegt. Ich habe das beim Spin bemerkt. Noch einmal: Es gibt

Experimente, und die Statistik der Anzeigen kann man mit Operatoren erfassen, aber da wird in der Regel *nichts* gemessen, keine Eigenschaft jedenfalls, wie man sich das bei der üblichen Bedeutung des Wortes vorstellen würde. Und das ist eben ganz deutlich beim Spin. Und im nächsten Abschnitt sage ich das noch mal. Deswegen nun weiter. Die Frage, die ich im Kopf habe, weil ich sie immer als die Kernfrage überhaupt gestellt bekommen habe, ist folgende: Kann man die Bohmsche Geschwindigkeit und die Bohmsche Bahn eines Teilchens messen? Was bedeutet das? Kann man einen Apparat konstruieren, der eine vorliegende Bohmsche Bahn ausmißt und anzeigt oder die Geschwindigkeit mißt und anzeigt?

Ist das klar? Die Bahn eines Teilchens in einer Nebelkammer ist eine Bohmsche Bahn, die Veränderung eines Zeigers an einem Apparat geht ebenso entlang Bohmschen Bahnen, aber das meint man nicht mit der Frage. Man meint: Gegeben ein Bohmsches Teilchen, das von seiner Wellenfunktion ψ_t geführt wird. Es kann gemäß den Bohmschen Gleichungen verschiedene Geschwindigkeiten haben und verschiedene Bahnen durchlaufen. Die kann man berechnen. Und gemäß der Theorie wird es in der Tat auf einer Bahn laufen. Kann man durch Messung feststellen, auf welcher Bahn es gerade läuft? Diese Frage stellt man liebend gern im Zusammenhang mit dem Zweispaltexperiment: Kann man die Teilchen auf ihren Bahnen durch einen der Schlitze laufen sehen und dann verfolgen, wie sich am Schirm das Interferenzmuster aufbaut? Wir werden das nicht können. Das wissen wir ja längst. Wenn man das Teilchen beobachtet, dann ist es mit dem beobachtenden System verschränkt, die Wellenfunktion ist nun eine auf dem Konfigurationsraum aller beteiligten Teilchen, auch denen des Apparates, und da gibt es keine Interferenz mehr, sondern Dekohärenz. Das haben wir besprochen. Also nichts Neues. Entweder das Teilchen am Spalt beobachten oder am Schirm. Nur im letzteren Experiment gibt es das Interferenzmuster. Welchen Schluß sollten wir daraus ziehen? Daß das Teilchen keine Bahn hat? Daß das Teilchen nicht *ist*, oder daß es *ist und nicht ist*? Oh, diese Philosophen!

Zurück zur Frage, ob wir die Geschwindigkeit messen können. Die mathematische und damit präzise Antwort: Nicht durch eine Messung im Sinne der Sequenz (12.10). Eine solche hat nämlich immer zur Folge, daß die angezeigten Meßwerte mit einem Wahrscheinlichkeitsmaß (z.B. (12.12))

$$W^{\psi}(A) = \text{Biliniearform}(\psi)(A)$$

auf den Teilmengen A des Wertebereiches verteilt sind. Daran ist für die Beantwortung der Frage interessant, daß dies eine *Bilinearform* ist. Dafür gilt nämlich ganz einfach (wie bei der binomischen Formel):

$$W^{\psi_1+\psi_2}(A) \leq 2W^{\psi_1}(A) + 2W^{\psi_2}(A). \tag{12.18}$$

Das kann man anwenden! Nehmen wir die Geschwindigkeit v^{ψ} des Bohmschen Teilchens: Eine komplexe Superposition von zwei reellen Wellenfunktionen liefert eine komplexwertige Wellenfunktion, deren Geschwindigkeitsfeld i.a. nicht überall null ist. Aber das Geschwindigkeitsfeld von reellen Wellenfunktionen ist überall null. Das ist ein Widerspruch zur Beziehung (12.18), wenn wir für A eine Teilmenge nehmen, die nicht null enthält. Klar?

Es sollte klar sein, nach etwas nachdenken. Übrigens die Anmerkung 9.1.2 zur Nichtmeßbarkeit der Wellenfunktion beruhte auf dem gleichen Argument. Also kann man die Geschwindigkeit nicht messen.

Also was ist nun? Die Theorie enthält Größen, die nicht meßbar sind. Jedenfalls nicht in dem Sinne, wie ein Physiker seine Kragenweite mißt. Ist die Theorie deswegen zu verwerfen? Es gibt keinen Grund, denn warum sollten überhaupt alle Größen in der Theorie meßbar sein? Was ist überhaupt eine physikalische Theorie? Mit einer physikalischen Theorie versuchen wir unsere Welt zu begreifen. Sie ist eine Art über unsere Welt zu sprechen. Das muß man begreifen. Wir haben eine Welt vorliegen, keine Frage, aber wie wir über diese Welt sprechen, ja, was diese Welt überhaupt *ist*, das ist *die Theorie*. Die Theorie sagt uns erst, was eine Messung ist und was gemessen werden kann! Ohne die Faradayschen Feldlinien, besser: ohne die Theorie des elektromagnetischen Feldes, werden wir kein elektromagnetisches Feld messen! (Wir werden dennoch einen Stromschlag bekommen – keine Frage – bloß würden wir das möglicherweise „Katalung" nennen oder nur fluchend nach einer Erklärung verlangen.) Das ist so, und das sollte man irgendwann wirklich verinnerlicht haben. Und dann weiter: Unter Zuhilfenahme der Theorie kann man die Geschwindigkeit bzw. die Bahn messen, indem man die Wellenfunktion kennt. (Woher, wenn man sie doch auch nicht messen kann? Aus der Theorie!) Zum Beispiel kann es die Grundzustandswellenfunktion des Elektrons im Wasserstoffatom sein. Dann ist die Geschwindigkeit null, weil die Funktion reell ist. Mißt man dann den Ort des Elektrons, dann kennen wir auch die Bahn bis zum Zeitpunkt der Messung, die war nämlich immer dieser Ort. Also es ist wichtig, sich klarzumachen, was man mit Messung bezwecken will und meint. Man kann durch Messung des Ortes zu einer Zeit T und bei bekannter Wellenfunktion die *vergangene Geschwindigkeit oder Trajektorie* durch die Theorie bestimmen, also auch „messen", d.h. in Erfahrung bringen. Also kann man auch beim Zweispaltexperiment messen, durch welchen Spalt das am Schirm aufgetroffene Teilchen gegangen ist. Trifft es oberhalb der Symmetrieachse (vergleiche dazu unsere Diskussion in Abschnitt 8.2) auf, ist es durch den oberen Spalt gegangen, trifft es unterhalb auf, durch den unteren Spalt. Und nochmal: Mißt man aber den Ort des Teilchens durch eine Apparatur an den Spalten, dann wird die Teilchenwellenfunktion mit der makroskopischen Wellenfunktion des Apparates verschränkt und die Wellenfunktionsanteile im hochdimensionalen Konfigurationsraum werden getrennt und Interferenz tritt nicht mehr auf. Mehr ist nicht dazu zu sagen.

12.1.2 Naiver Realismus über Operatoren und gemeinsame Wahrscheinlichkeiten

Ich erledige das am besten gleich hier. Ich könnte dies auch später machen, nachdem die Mathematik der Operatoren voll begriffen ist, aber im Grunde brauchen wir diese Mathematik nicht. Ich benutze die Kenntnisse aus der linearen Algebra. Es geht um den Wunsch, den Observablen-Operatoren doch einen realen Gehalt zu geben, denn wer mißt schon gerne: Nichts. Schon gar nicht, wenn es um den Impuls(operator) geht. (Den nehmen wir uns in Kapitel 15 vor.) Gleichzeitig habe ich Gelegenheit, noch etwas über gemeinsame Wahrscheinlichkeiten zu sagen. Aber ich mache das kurz.

Die Hidden-Variables-Frage[3] – die Frage nach verborgenen Parametern – wird üblicherweise in eine Form gegossen, in der nach einer *guten* Abbildung gefragt wird, die von der Menge der Operator-Observablen $\hat{A} = \sum \lambda_\alpha P_\alpha$ in die Menge von Zufallsgrößen X_A geht, deren Wertebereich die (Spektral)-Werte λ_α bilden. Denn wie bei Ort, Impuls oder auch Spin ist von Zeigerstellungen ja gar nicht die Rede, was den Eindruck vermittelt, daß die Operatoren-Observablen in irgendeiner Form (und die obige Formulierung bringt das auf den Punkt) „reale" physikalischen Größen sind. *Gut* bedeutet dabei, daß die Abbildung nicht eine beliebige ist, sondern daß die Wahrscheinlichkeitsverteilung der Zufallsgrößen mit den quantenmechanischen Wahrscheinlichkeiten übereinstimmt, wobei man darauf achten muß, was man mit „den" quantenmechanischen Wahrscheinlichkeiten genau meint. Aber intuitiv ist wohl genügend klar, was gemeint ist. Die no-go-Theoreme besagen dann, daß es keine solche Abbildung gibt. Bevor wir das detaillierter anschauen, sollten wir uns klar machen, was da eigentlich genau gedacht wird. Also gesucht ist eine gute Abbildung

$$\hat{A} \mapsto \mathcal{E}$$

von den Observablen in die „reale" Welt – dem Experiment, in dem man annimmt, daß diese Werte „vorhanden" sind und gemessen werden. Ist diese Suche nicht vollkommen daneben? Ich meine, wie kann es so etwas überhaupt geben? Ganz grob ist doch sofort klar: Es gibt beliebig viele Versuchsanordnungen – also beliebig viele Experimente $\mathcal{E}$ – deren Statistiken vom selben Operator $\hat{A}$ verwaltet werden: Denn nur als Statistik-Verwalter kommen die Operatoren ins Spiel. Die Abbildung

---

[3] Natürlich ist die a priori Vorstellung die, daß es keine verborgenen Parameter geben kann, so daß der Operator eben selbst als das nicht mehr weiter reduzierbare Element der Naturbeschreibung erscheint. Der Erste, der einen solchen Beweis versucht hat, war von Neumann, für dessen irrelevantes Theorem man sich heute gerne schämt. Allerdings war der von Neumannsche Beweis, der in seinem Buch enthalten ist, lange Zeit der vermeintliche Todesstoß für Bohmsche Mechanik – ein Beispiel, wo völlig unverstandene, weil irgendwie sehr abstrakt anmutende Mathematik und unverstandene Physik ignorant vermischt wurden. Übrigens hatte Bohm seine Theorie 1952 als Gegenbeispiel zu von Neumanns Aussage deklariert. Die Aufdeckung und Erklärung der wahren Hintergründe und Bedeutungen des Ganzen kommt jedoch John Bell zu [18] .

$$\mathcal{E} \mapsto \hat{A}$$

ist also außer Frage nicht „eins zu eins" sondern „viele zu eins" also natürlich nicht umkehrbar. Aber genau um diese Umkehrung geht es! Es ist fürwahr keine relevante Frage.

Anmerkung 12.1.2. Über die Messung eines Operators
Was also meint man, wenn man – trotz aller Warnungen und gegen alle Vernunft – von der Messung eines Operators $\hat{A}$ spricht? Man meint nichts anderes als ein Experiment, dessen Statistik von dem Operator $\hat{A}$, also insbesondere dessen Spektralmaß verwaltet wird. Also nichts anderes als $\mathcal{E} \mapsto \hat{A}$. Da kann es dann vorkommen, daß die Messung des Ortsoperators nicht die Messung des Ortes ist! Denn der Ort ist der Ort des Teilchens, aber wir können dieselbe statistische Verteilung von Meßwerten haben, wenn wir irgendetwas anderes messen, warum nicht? Bei der Messung des Ortsoperators kommt es ja nur darauf an, daß die Statistik die des Ortes ist. Ich mache in Anmerkung 15.1.2 ein Beispiel.

Na gut. Nur weil ich nun etwas zu gemeinsamen Wahrscheinlichkeiten sagen kann, gehe ich noch weiter auf die Frage ein und erkläre kurz, wie man diese Intuition der Nichtumkehrbarkeit der Zuordnung vom Experiment zur Observablen in eine mathematisch leicht handhabbare Form bringen kann. Wir „messen" hintereinander, also wir haben zwei Meßgeräte Φ_α, Ψ_β und wir „messen" erst, was die Φ_α anzeigen und dann, was die Ψ_β anzeigen. Das ist aber nur eine große Schrödingerentwicklung aller Beteiligten und deswegen nichts Anderes als in (12.2), nur daß am Ende

$$\sum_{\alpha,\beta} \varphi_{\alpha,\beta} \Phi_\alpha \Psi_\beta \tag{12.19}$$

steht, wobei ich der Einfachheit halber die neuen effektiven Wellenfunktionen $\varphi_{\alpha,\beta} := P_{\varphi_\beta} P_{\varphi_\alpha} \varphi$ unnormiert gelassen habe, deswegen tauchen keine $c_{\alpha,\beta}$ auf. Die Rechnung (12.3) kann nun wiederholt werden, um zu sehen, daß für Skalenwerte $\lambda_\alpha, \mu_\beta$

$$W^\varphi(\lambda_\alpha, \mu_\beta) = \|P_{\varphi_\beta} P_{\varphi_\alpha} \varphi\|^2 \tag{12.20}$$

kommt.

Man denke nun zuerst an ein Experiment $\mathcal{E}$, mit dem die Spektralschar $P_\alpha, \alpha \in I$, assoziiert ist, dann können wir natürlich mehrere Anzeigen haben eine mit Skala $\Lambda = \{\lambda_\alpha\}$ und eine mit Skala $\Lambda' = \{\lambda'_\alpha\}$, d.h. wir können simultan zwei Buchhalter haben: $\hat{A} = \sum \lambda_\alpha P_\alpha, \hat{A}' = \sum \lambda'_\alpha P_\alpha$. Dann ist zunächst mit (12.20) (die letzte Gleichheit rechne ich anschließend vor)

$$\begin{aligned} W^\varphi(\lambda_\alpha, \lambda'_\beta) &= \|P_\alpha P_\beta \varphi\| \\ &= \langle P_\alpha P_\beta \varphi, P_\alpha P_\beta \varphi \rangle \\ &= \langle \varphi, P_\alpha P_\beta \varphi \rangle. \end{aligned} \tag{12.21}$$

Hierin haben wir nämlich die Eigenschaften der Orthogonal-Projektoren ausgenutzt und zwar Idempotenz $P^2 = P$, Selbstadjungiertheit $P^+ = P$ und Vertauschbarkeit $[P_\alpha, P_\beta] =: P_\alpha P_\beta - P_\beta P_\alpha = 0$:

$$\langle P_\alpha P_\beta \varphi, P_\alpha P_\beta \varphi \rangle = \langle \varphi, (P_\alpha P_\beta)^+ P_\alpha P_\beta \varphi \rangle$$
$$= \langle \varphi, P_\beta^+ P_\alpha^+ P_\alpha P_\beta \varphi \rangle$$
$$= \langle \varphi, P_\beta P_\alpha P_\alpha P_\beta \varphi \rangle$$
$$= \langle \varphi, P_\beta P_\alpha P_\beta \varphi \rangle$$
$$= \langle \varphi, P_\alpha P_\beta P_\beta \varphi \rangle = \langle \varphi, P_\alpha P_\beta \varphi \rangle.$$

Natürlich kann die eine Skala Λ' gröber sein, d.h. weniger Werte enthalten als Λ, d.h. wir haben „Entartung der Eigenwerte" vorliegen bzw. Projektionen auf Unterräume mit höheren Dimensionen. Solange aber die Familien P_α und P'_β vertauschen, bleibt alles gleich: Alles was wir für simultane „Meßbarkeit" brauchen, ist Vertauschbarkeit der Familien:

$$[P_\alpha, P'_\beta] = 0 \text{ für alle } \alpha, \beta \ .$$

Leicht zu sehen: Die Familie $P_{\alpha,\beta} := P_\alpha P'_\beta$ ist dann selbst wieder eine Spektralschar, und weiter ist $[\hat{A}, \hat{A}'] = 0$ – die Observablen vertauschen. Andersherum, so wie man das aus der linearen Algebra kennt: Kommutierende selbstadjungierte Operatoren $\hat{A}, \hat{A}'$ haben eine gemeinsame Spektralschar, d.h. sie sind gemeinsam diagonalisierbar. Genauso einfach:

$$\sum_{\alpha \in I} P_{\alpha,\beta \in I'} = P'_\beta, \quad \sum_\beta P_{\alpha,\beta} = P_\alpha, \quad \sum_{\alpha \in I, \beta \in I'} P_{\alpha,\beta} = 1. \tag{12.22}$$

Das nun in (12.21) eingeführt und die Linearität des Skalarproduktes ausgenutzt, liefert

$$\sum_{\lambda_\alpha \in \Lambda} W^\varphi(\lambda_\alpha, \lambda'_\beta) = W^\varphi(\lambda'_\beta)$$
$$\sum_{\lambda'_\beta \in \Lambda'} W^\varphi(\lambda_\alpha, \lambda'_\beta) = W^\varphi(\lambda_\alpha)$$
$$\sum_{\lambda_\alpha \in \Lambda, \lambda'_\beta \in \Lambda'} W^\varphi(\lambda_\alpha, \lambda'_\beta) = 1. \tag{12.23}$$

Wir haben also eine ganz normale Familie von gemeinsamen Wahrscheinlichkeiten. Und das geht natürlich ohne Aufwand für N kommutierende Observable! Der Spruch lautet: Nur kommutierende Observable sind simultan bzw. gemeinsam „meßbar".

Also schauen wir uns nicht kommutierende Observable $\hat{A}, \hat{B}$ an und messen erst $\hat{A} = \sum_\alpha \lambda_\alpha P_\alpha^A$ und dann $\hat{B} = \sum_\beta \mu_\beta P_\beta^B$. Was für eine Sprechweise!

Noch mal: Ich meine nicht wirklich, was ich hier sage. Dennoch, die Wahrscheinlichkeiten (12.20) haben wir allemal, aber

$$W(\lambda_\alpha, \mu_\beta) = \|P_\beta^B P_\alpha^A \varphi\|^2 \neq \langle \varphi, P_\beta^B P_\alpha^A \varphi \rangle \quad \text{i.a.,} \qquad (12.24)$$

denn diesmal vertauschen die Familien P^A und P^B nicht[4]. Und diesmal gilt auch nicht (12.23), zumindest nicht bei Summation über α. Davon überzeuge man sich! Also liegt keine gemeinsame Wahrscheinlichkeitsfamilie vor: Die Randverteilungen entstehen nicht aus Summation der übrigen Werte. Das ist aufregend, oder nicht? Da summiert man über alle möglichen Werte der ersten Messung, also man „ignoriert" was da herauskam, und dennoch gibt das nicht die Wahrscheinlichkeit einer Messung von $\hat{B}$ alleine. Man kann eben durch einfache Ignoranz nicht das erste Experiment, indem nun mal eine Veränderung der Wellenfunktion durch „Messung" von $\hat{A}$ stattfand, ungeschehen machen. Die Formel (12.24) heißt manchmal Wignerformel[5]. Also Fakten sind: Es gibt quantenmechanische gemeinsame Wahrscheinlichkeiten für kommutierende Observable, es gibt keine für nicht kommutierende.

Damit schnell zurück zu der „no hidden variables" Frage und schnell zu Ende: Man nehme Observable $\hat{A}, \hat{B}, \hat{C}$ und zwar sollen $\hat{A}$ mit $\hat{B}$ und $\hat{B}$ mit $\hat{C}$ vertauschen, aber nicht $\hat{A}$ und $\hat{C}$. Dann haben in dieser unvorsichtigen Sprache $\hat{A}$ und $\hat{B}$ sowie $\hat{B}$ und $\hat{C}$ gemeinsame Wahrscheinlichkeiten, aber nicht $\hat{A}$ und $\hat{C}$. (Gibt es solche Observable? Sicher, z.B. Spin in $a-$ Richtung kommutiert i.a. nicht mit Spin in $b-$ Richtung, was man leicht nachrechnet. Dann können wir auf ein EPR-Experiment schauen und die Spins $a \cdot \sigma^1 \otimes 1$ und $1 \otimes b \cdot \sigma^2$ von Teilchen 1 und 2 betrachten. Die kommutieren. Aber $c \cdot \sigma^1 \otimes 1$ kommutiert i.a. nicht mit $a \cdot \sigma^1 \otimes 1$.)

Aber Zufallsgrößen X_A, X_B, X_C haben immer gemeinsame Wahrscheinlichkeiten, und wenn eine Abbildung von den Observablen auf Zufallsgrößen verlangt wird, die die quantenmechanischen gemeinsamen Wahrscheinlichkeiten respektiert, kann man sich vorstellen, daß man hier einen Konflikt herbeiführen kann[6]. Aber auch hier ist Platz für Mystik: Die Messung von $\hat{B}$ kann also gemeinsam mit der Messung von $\hat{A}$ stattfinden oder gemeinsam mit der Messung von $\hat{C}$, und je nach „Kontext" sagt man, sind die „Eigenschaften" verschieden – sonst gäbe es ja kein Problem. Kontextualität ist darum das Zauberwort, die „Eigenschaften", die gemessen werden sind „kontextuell". Welle-Teilchen-Dualismus, Komplementarität, kontextuelle Eigenschaften, Quantenlogik, intrinsische Wahrscheinlichkeit – wie kann es Leute geben, die meinen, *Bohmsche Mechanik sei metaphysisch*? Ich denke, ich werde dazu nichts mehr sagen.

---

[4] Diese Hintereinanderausführung von Messungen ist also nicht durch eine Spektralschar beschreibbar, also auch nicht durch eine Observable! Aber es ist eine Messung! Zumindest wird da was angezeigt. Und wir wissen schon, daß ein Experiment mit Anzeige zumindest auf ein POV führt.

[5] Sie ist der Ausgangspunkt für die „dekohärenten Historien"- Ansätze[19, 20]

[6] Es gibt eine Menge von solchen no hidden variables Aussagen [58]; die klarste Sprache dazu spricht Bell [18].

12.2 Die Dynamik der Wellenfunktion

Aber das Wichtigste haben wir noch gar nicht berührt. Wir sollten vielmehr ein paar Worte zur Schrödingergleichung sagen. Natürlich sind Fragen der Existenz und Eindeutigkeit von Lösungen einer Gleichung – zudem einer so fundamentalen Gleichung – interessant (und das Beispiel der Punktladung im elektromagnetischen Feld zeigt, wie negativ die Antwort sein kann). Aber i.a. gehen wir nicht davon aus – und gerade bei der Schrödingergleichung sehen wir gar keinen Grund dafür -, daß etwas Schlimmes passieren kann. Was wäre schlimm? Nun, *empirisch* schlimm wäre, wenn die Quantengleichgewichtshypothese „$\rho = |\psi|^2$" in Frage gestellt wäre. Wir erinnern nun an die Kontinuitätsgleichung (8.19),

$$\frac{\partial |\psi|^2}{\partial t} = -\nabla \cdot j^\psi = \frac{-\hbar}{2im} \nabla \cdot (\psi^* \nabla \psi - \psi \nabla \psi^*),$$

woraus die Normierung kommt, denn formal haben wir (über ein großes Volumen integriert)

$$\int \frac{\partial |\psi|^2}{\partial t} d^n x = -\int \nabla \cdot j^\psi d^n x = -\int j^\psi \cdot d\sigma = 0, \qquad (12.25)$$

da wir annehmen, daß auf der Berandung des großen Volumens die Wellenfunktion null ist. Gilt (12.25) wirklich ohne weiteres? Wir betrachten ein einfaches Beispiel, ein „freies" Teilchen auf der Halbachse $x > 0$. Das bedeutet, wir betrachten

$$i\hbar \frac{\partial}{\partial t} \psi = -\frac{\hbar^2}{2m} \frac{d^2}{dx^2} \psi, \qquad x \in (0, \infty). \qquad (12.26)$$

Der Einfachheit halber sei $\hbar/m = 1$. Eine Lösung von (12.26) ist (vgl. (5.7)) mit $D = 1$ und it statt t)

$$\psi(x, t) = \int dy \frac{1}{\sqrt{2\pi i t}} e^{i \frac{(x-y)^2}{2t}} \psi_0(y), \qquad (12.27)$$

wie man leicht verifiziert, wobei natürlich $\psi(y, 0) = \psi_0(y)$ eine Funktion ist, deren (sagen wir der Einfachheit halber: kompakter) Träger ganz in $\mathbb{R}^+$ ist, d.h. $\psi_0(y) = 0$ für $y \leq 0$. Aber man überlegt sich leicht, daß sich das Teilchen auch nach links vom Ursprung bewegen wird, da ja nichts vorhanden ist, was das Teilchen nur rechts vom Ursprung hält. Das heißt, $\psi(x, t)$ wird für $x \leq 0$ nicht null sein (eigentlich sobald $t > 0$ ist)[7].

---

[7] Daß in der Tat $\psi(x, t)$ i.a. auch für $x < 0$ nicht null ist, sieht man vielleicht am einfachsten an der wichtigen Formel (auf die wir später auf jeden Fall zurückkommen)

$$\psi(x, t) = \frac{1}{\sqrt{2\pi i t}} e^{i \frac{x^2}{2t}} \int dy e^{-i \frac{xy}{t}} e^{i \frac{y^2}{2t}} \psi_0(y)$$

Gleichung (12.26) ist offenbar für die Beschreibung des freien Teilchens auf der Halbachse $\mathbb{R}^+$ nicht ausreichend. Was fehlt, sind *Randbedingungen* bei $x = 0$, Randbedingungen, die dafür sorgen, daß das Teilchen nicht durch die Null läuft. Im Falle dieses einfachen Beispiels sind die Randbedingungen ziemlich schnell aus dem Geschwindigkeitsfeld ablesbar:

$$v \sim \mathrm{Im}\frac{\nabla\psi}{\psi}(x,t) = 0 \qquad \text{bei } x = 0,$$

also

$$\frac{\nabla\psi}{\psi}(0,t) \in \mathbb{R}$$

oder

$$\nabla\psi(0,t) = a\psi(0,t), \qquad a \in \mathbb{R} \tag{12.29}$$

wären offenbar „gute" Randbedingungen. Für jede Wahl von a ergibt sich eine lineare Bedingung, so daß auch für sie das lineare Superponieren von Lösungen der Schrödingergleichung gilt und alles miteinander verträglich ist. Wir könnten also daran denken, die Beschreibung (12.26) des Teilchens auf der Halbachse um eine Randbedingung von der Art (12.29) mit einer Wahl für a zu erweitern. Natürlich ist nicht von vornherein klar (und das müßten wir ausarbeiten), daß die Randbedingung (12.29) überhaupt respektiert wird, d.h. warum, wenn zur Zeit $t = 0$

$$= \frac{1}{\sqrt{2\pi\mathrm{i}t}}\mathrm{e}^{\mathrm{i}\frac{x^2}{2t}}\hat{\psi}_0\left(\frac{x}{t}\right)$$

$$+ \frac{1}{\sqrt{2\pi\mathrm{i}t}}\mathrm{e}^{\mathrm{i}\frac{x^2}{2t}}\int \mathrm{d}y\,\mathrm{e}^{-\mathrm{i}\frac{xy}{t}}\left(\mathrm{e}^{\mathrm{i}\frac{y^2}{2t}} - 1\right)\psi_0(y), \tag{12.28}$$

mit $\hat{\psi}_0$ als Fouriertransformierte von ψ_0. Die zwei Anteile auf der rechten Seite von (12.28) sind verschieden wichtig. Der erste ist für große t entscheidend, der zweite hingegen für große t relativ unwichtig, da der Integrand

$$\mathrm{e}^{\mathrm{i}\frac{xy}{t}}\left(\mathrm{e}^{\mathrm{i}\frac{y^2}{2t}} - 1\right)\psi_0(y)$$

für $t \longrightarrow \infty$ punktweise gegen null strebt und durch das integrable $2|\psi_0(y)|$ beschränkt ist (Lebesguescher Satz von der dominierten Konvergenz). Also konvergiert das Integral gegen null. Am ersten Term aber sehen wir nun, daß dieser für $x < 0$ i.a. nicht null sein wird. (Wir brauchen uns nur die Fouriertransformierte von $\chi_{[a,b]}$, $b > a > 0$, vorzustellen. Wir könnten überdies auch den (asymptotischen) Strom durch Null aus dem ersten Anteil berechnen). Und das heißt wiederum, daß irgendwann

$$\int\limits_0^\infty |\psi(x,t)|^2\mathrm{d}x \neq \int\limits_0^\infty |\psi_0(x)|^2\mathrm{d}x = 1$$

sein wird, oder daß (12.25) fehlschlägt: $j^\psi(0,t) \neq 0$.

$$\nabla \psi_0(0) = a\psi_0(0)$$

für ein a vorgegeben wird, dies für alle Zeiten gilt,

$$\nabla \psi(0, t) = a\psi(0, t)$$

mit $\psi(x, t)$ als Lösung von (12.26) und $\psi(x, 0) = \psi_0(x)$. Und noch etwas: wenn wir schon Randbedingungen stellen müssen, ist offenbar die Lösung des Problems (12.26) überhaupt nicht eindeutig. Da der Träger von $\psi_0(y)$ von $y = 0$ entfernt ist, „weiß" $\psi_0(y)$ vom Rand nichts. Dann gibt es beliebig viele Lösungen $\psi(y, t)$ des Problems (12.26) mit $\psi(y, 0) = \psi_0(y)$. Hier ist z.B. eine weitere zu (12.27),

$$\psi(x, t) = \int \mathrm{d}y \, \frac{1}{\sqrt{2\pi \mathrm{i}t}} \left(\mathrm{e}^{-\mathrm{i}\frac{(x-y)^2}{2t}} - \mathrm{e}^{-\mathrm{i}\frac{(x+y)^2}{2t}} \right) \psi_0(y), \qquad x \geq 0$$

für die offenbar $\psi(0, t) = 0$ für alle $t > 0$ gilt.

Wenn wir über die Situation etwas nachdenken, sehen wir etwas Merkwürdiges und zugleich Erfreuliches. Wenn wir das Problem der Randbedingungen in den Griff bekommen – was notwendig ist, um die empirische Bedeutung von „$\rho = |\psi|^2$" zu erhalten –, dann werden anscheinend Existenz und Eindeutigkeit von Lösungen der Schrödingergleichung gleich mitgeliefert. Es ist einigermaßen wichtig, diesen Punkt zu sehen, sonst denkt man womöglich noch, der Grund für die gehobene Mathematik ist es allein, die Existenz und Eindeutigkeit zu sichern – was zwar interessant ist, aber sicher nicht an erster Stelle stehen würde.

Die „Existenz und Eindeutigkeit" ist natürlich cum grano salis zu nehmen. Offenbar ist überhaupt nicht eindeutig, was unter „freies Teilchen auf der Halbachse" zu verstehen ist. Aber bei *gegebener* Randbedingung, die dann die physikalische Bedeutung (in irgendeiner Form) festlegt, ist das Problem dann eindeutig. Die Eindeutigkeit kommt durch die Vorgabe der Randbedingung, und das gilt ganz allgemein.

Nun ein Letztes. Der beschriebene Fall des Teilchens auf der Halbachse ist ziemlich unphysikalisch und wäre wohl kaum geeignet, den mathematischen Aufwand zu rechtfertigen, wäre er nicht ein Paradigma für den physikalisch relevanten Fall des Coulombpotentials. Die Schrödingergleichung für ein Teilchen im Coulombpotential $V(x) = -e_1 e_2/\|x\|$ ist

$$i\hbar \frac{\partial}{\partial t} \psi = \left(-\frac{\hbar^2}{2m} \Delta - \frac{e_1 e_2}{\|x\|} \right) \psi, \qquad x \neq 0,$$

d.h. sie ist nur für $x \neq 0$ definiert, und dafür suchen wir Lösungen und am liebsten solche, die nicht das Teilchen in die Null laufen lassen, sonst verschwindet das Elektron womöglich noch im Kern, gerade das, was in der Quantentheorie nicht passieren sollte. Hier ist also $x = 0$ ein natürlich gegebener singulärer Punkt und die Frage nach den Randbedingungen offenbar relevant.

Nun können wir getrost an die Mathematik gehen. Wir müssen die Wellenfunktion in einen Vektorraum mit *Skalarprodukt* einbetten, wir haben operatorwertige Maße, d.h. *lineare Operatoren* darauf zu betrachten, die, falls sie projektorwertig sind, Obervable definieren, die dann automatisch selbstadjungiert sind. Dann haben wir den Schrödingeroperator zu studieren, und wie der Zufall es will, die Randbedingungen führen auf die Frage der Selbstadjungiertheit dieses Operators.

13. Hilbertraum

Die Schrödingergleichung ist eine lineare Gleichung; lineare Superpositionen von Lösungen sind wieder Lösungen. Wir brauchen Quadratintegrierbarkeit der Lösungen, und dies führt auf einen Vektorraum mit Skalarprodukt als Raum der Wellenfunktionen. Hier ist die abstrakte Definition des Skalarproduktes:

Definition 13.0.1. *Ein inneres Produkt (Skalarprodukt) in einem komplexen Vektorraum $\mathcal{H}$ (der heißt dann unitärer Raum) ist eine auf $\mathcal{H} \times \mathcal{H}$ komplexwertige Funktion $\langle \ | \ \rangle$, (eine „positiv definite Sesquilinearform"), für die folgende Bedingungen für alle $\varphi, \psi \in \mathcal{H}$, $\alpha \in \mathbb{C}$ erfüllt sind:*

$$\text{(i)} \ \langle \varphi | \varphi \rangle \geq 0 \ \text{und} \ \langle \varphi | \varphi \rangle = 0 \iff \varphi = 0$$
$$\text{(ii)} \ \langle \varphi | \varphi + \psi \rangle = \langle \varphi | \varphi \rangle + \langle \varphi | \psi \rangle$$
$$\text{(iii)} \ \langle \varphi | \alpha \psi \rangle = \alpha \langle \varphi | \psi \rangle$$
$$\text{(iv)} \ \langle \varphi | \psi \rangle = \langle \psi | \varphi \rangle^*.$$

Als Beispiel haben wir $\mathbb{C}^n$ mit Skalarprodukt

$$\langle z | w \rangle = \sum_{i=1}^{n} z_i^* w_i, \qquad z_i, w_i \in \mathbb{C}$$

und $C([a, b])$, der Raum der stetigen komplexwertigen Funktionen auf dem Intervall $[a, b]$ mit

$$\langle f | g \rangle = \int_a^b f^*(x) g(x) \mathrm{d}x.$$

Die Rolle des Skalarproduktes ist es, den Begriff des Senkrechtstehens (Orthogonalität) in die Geometrie einzuführen. φ und ψ aus $\mathcal{H}$ heißen orthogonal, wenn $\langle \varphi | \psi \rangle = 0$ ist. Eine Folge $(\varphi_i)_{i \in \mathbb{N}} \in \mathcal{H}$ heißt Orthonormalfolge, wenn $\langle \varphi_i | \varphi_j \rangle = \delta_{ij}$ ist. Damit können wir „orthogonal zerlegen". Für jedes $\varphi \in \mathcal{H}$ und beliebiges $N \in \mathbb{N}$ gilt bezüglich einer beliebigen Orthogonalfolge $(\varphi_i)_{i \in \mathbb{N}}$

$$\varphi = \underbrace{\sum_{i=1}^{N} \langle \varphi_i | \varphi \rangle \varphi_i}_{\psi_N} + \underbrace{\varphi - \sum_{i=1}^{N} \langle \varphi_i | \varphi \rangle \varphi_i}_{\psi_N^{\perp}}, \tag{13.1}$$

wobei ψ_N und $\psi_N^\perp$ orthogonal sind. Damit erhalten wir

$$\|\varphi\|^2 := \langle\varphi|\varphi\rangle = \sum_{i=1}^{N} |\langle\varphi_i|\varphi\rangle|^2 + \|\varphi - \sum_{i=1}^{N} \langle\varphi_i|\varphi\rangle\varphi_i\|^2,$$

und wegen (i) ist

$$\|\varphi\|^2 \geq \sum_{i=1}^{N} |\langle\varphi_i|\varphi\rangle|^2. \qquad \text{(Besselsche Ungleichung)} \qquad (13.2)$$

Für $\varphi_1 = \psi/\|\psi\|$ und $N = 1$ bekommen wir daraus die wichtige Schwarzsche Ungleichung: Für alle $\varphi, \psi \in \mathcal{H}$:

$$|\langle\varphi|\psi\rangle| \leq \|\varphi\|\|\psi\|. \qquad (13.3)$$

Wir können nun leicht zeigen, daß $\|\cdot\| = \sqrt{\langle\,\cdot\,|\,\cdot\,\rangle}$ eine *Norm* ist, und damit wird $\mathcal{H}$ zu einem linearen normierten Raum. Wir haben dazu alles – bis auf die Dreiecksungleichung:

$$\|\varphi + \psi\| \leq \|\varphi\| + \|\psi\| \,.$$

Die folgt aber aus (13.3) als ganz leichte Übung. Solch ein linearer normierter Raum ist fast wie $\mathbb{R}$ (oder $\mathbb{C}$). Was fehlt? Rechnen wie in $\mathbb{R}$ bedeutet *Vollständigkeit* zu haben, sich nicht um unendliche Folgen drücken zu müssen. Der Preis für die Bequemlichkeit der Vollständigkeit – oder besser für den Abschluß des Raumes unter Folgenkonvergenz – ist allerdings hoch, wenn man an Wellenfunktionen denkt. Die meisten Elemente des vollständigen Wellenfunktions-Vektorraumes sind irrelevant abstrakt – sie kommen als Wellenfunktionen, d.h. als 'physikalische Zustände, nicht in Frage. Sie sind weder differenzierbar noch stetig.

13.1 Der Hilbertraum L^2

Ein *vollständiger* unitärer Raum heißt Hilbertraum, wenn seine Norm durch ein Skalarprodukt gegeben wird. Vollständigkeit bedeutet, daß jede Cauchyfolge $(\varphi_n)_{n\in\mathbb{N}} \in \mathcal{H}$ bezüglich der Norm $\|\cdot\|$ in $\mathcal{H}$ konvergiert. Selbstverständliche Beispiele sind $\mathbb{R}^n$ und $\mathbb{C}^n$. Offenbar sind wir aber an Vollständigkeit des Wellenfunktionsraumes bezüglich der Integralnorm

$$\|\psi\|^2 = \int\limits_{\mathbb{R}^n} \psi^*(\boldsymbol{x})\psi(\boldsymbol{x})\mathrm{d}^n\boldsymbol{x}$$

interessiert, und da läßt uns der Riemannsche Integralbegriff im Stich. Mit dem Lebesgueintegral jedoch bekommen wir in der Tat einen Hilbertraum (was wir gleich genauer anschauen)

$$L^2(\mathbb{R}^n, \mathrm{d}^n x) = \left\{ \varphi : \mathbb{R}^n \longrightarrow \mathbb{C} \text{ meßbar mit } \|\varphi\| = \sqrt{\int |\varphi|^2 \mathrm{d}^n x} < \infty \right\},$$

wobei das Integral nun ein Lebesgueintegral ist und das Skalarprodukt eben durch

$$\langle \varphi | \psi \rangle = \int \varphi^*(\boldsymbol{x}) \psi(\boldsymbol{x}) \mathrm{d}^n x$$

gegeben ist (was auf Grund der Schwarzschen Ungleichung (13.3) für alle $\varphi, \psi \in L^2$ existiert).

Anmerkung 13.1.1. Über Gleichheit im L^2
Die Gleichheit von Elementen in L^2 ist eine besondere. $\varphi = \psi$ im L^2 heißt $\|\varphi - \psi\| = 0$, und das wiederum bedeutet $\varphi = \psi$ fast sicher[1], die Gleichheit $\varphi(\boldsymbol{x}) = \psi(\boldsymbol{x})$ kann für eine Lebesguesche Nullmenge von $\boldsymbol{x}$-Werten verletzt sein. Der L^2 ist darum eigentlich ein Vektorraum von Äquivalenzklassen; jede Klasse besteht aus fast überall gleichen Funktionen. Das braucht aber gar nicht aufzufallen, man redet einfach über Funktionen $f \in L^2$, und das sind Vertreter von Äquivalenzklassen. Ein solcher Vertreter kann differenzierbar sein oder eine häßliche Funktion, aber man wird immer den glatten Vertreter vorziehen. Manchmal kommt das zum Tragen, aber meistens ist es unwichtig, daran zu denken.

Die Vollständigkeit des L^2 (und damit seine Qualifikation als Hilbertraum) , wie die eines jeden L^p,

$$L^p(\mathbb{R}^n, \mathrm{d}^n x) = \left\{ \varphi : \mathbb{R}^n \longrightarrow \mathbb{C} \text{ meßbar mit } \|\varphi\| = \left(\int |\varphi|^p \mathrm{d}^n x \right)^{\frac{1}{p}} < \infty \right\},$$

ist Inhalt des Satzes von Riesz und Fischer (für $p - 2$ wird die Norm durch ein Skalarprodukt gegeben, das zeichnet diesen Wert aus).

Theorem 13.1.1. *Der $L^2(\mathbb{R}^n, \mathrm{d}^n x)$ (wie jeder $L^p(\mathbb{R}^n, \mathrm{d}^n x)$, $1 \leq p \leq \infty$), ist vollständig, d.h. Cauchyfolgen bezüglich der L^2-Norm konvergieren in der L^2-Norm in L^2. Also sei $\{\varphi_n\} \in L^2$ eine Cauchyfolge, dann existiert ein Element $\psi \in L^2$, so daß $\lim_{n \to \infty} \|\varphi_n - \psi\| = 0$ gilt.*

Die Idee des Vollständigkeitsbeweises ist einfach. Die Konvergenz einer Unterfolge einer Cauchyfolge zieht die Konvergenz der Cauchyfolge nach sich. Also wähle man eine Unterfolge $(\varphi_k)_{k \in \mathbb{N}}$ einer gegebenen Cauchyfolge $(\varphi_n)_{n \in \mathbb{N}}$, für die

$$\|\varphi_k - \varphi_{k+1}\| < 2^{-k} \tag{13.4}$$

gilt. Dann setze

$$\psi_m(\boldsymbol{x}) = \sum_{k=1}^{m-1} |\varphi_k(\boldsymbol{x}) - \varphi_{k+1}(\boldsymbol{x})|$$

---

[1] „fast sicher" ist gleichbedeutend mit „fast überall".

und $\psi_\infty(x) = \lim \psi_m(x)$ ($(\psi_m(x))_m$ ist monoton wachsend), was Unendlich sein kann. Wegen (13.4) aber ist $\|\psi_m\| < 1$, d.h. $\int |\psi_m|^2 \mathrm{d}^n x \le 1$. Der Lebesguesche Satz der monotonen Konvergenz liefert, daß $|\psi_\infty|^2$ integrierbar ist, d.h. $\psi_\infty \in L^2$. Damit kann $|\psi_\infty|^2$ nur auf einer Lebesgue-Nullmenge unendlich sein. Also haben wir fast überall punktweise Konvergenz von

$$\varphi_m = \varphi_1 + \sum_{k=1}^{m-1} (\varphi_{k+1} - \varphi_k)$$

gegen eine Funktion φ, und weiter haben wir, daß

$$|\varphi_m|^2 \le 2(|\varphi_1|^2 + |\psi_m|^2) \le 2(|\varphi_1|^2 + |\psi_\infty|^2) \in L^1, \qquad (13.5)$$

so daß wir den Lebesgueschen Satz der dominierten Konvergenz verwenden können, um zu schließen, daß $|\varphi|^2 \in L^1$ (d.h. $\varphi \in L^2$) ist. Sei nun $h_n = \varphi_n - \varphi$. Diese Folge geht fast sicher gegen null, und indem man mit (13.5)

$$|h_n|^2 \le 2(|\varphi_n|^2 + |\varphi|^2) \le 2(2(|\varphi_1|^2 + |\psi_\infty|^2) + |\varphi|^2) \in L^1$$

beachtet, kann man noch einmal auf die dominierte Konvergenz verweisen, so daß $|h_n|^2 \longrightarrow 0$ in L^1 gilt, das bedeutet aber

$$h_n \longrightarrow 0 \operatorname{in} L^2, \varphi_n \longrightarrow \varphi \operatorname{in} L^2, \lim \int |\varphi_n - \varphi|^2 \mathrm{d}^n x = 0$$

und schließlich, daß die ursprüngliche Cauchyfolge gegen φ konvergiert.

13.1.1 Der Koordinatenraum l^2

Die Vollständigkeit erlaubt uns nicht nur das Rechnen wie in $\mathbb{R}$, sondern wir können unsere geometrische Vorstellung von endlich-dimensionalen Vektorräumen auf unendlich-dimensionale übertragen. Für uns sind dabei nur Hilberträume mit einer *abzählbaren* Orthonormalbasis interessant. Solche Hilberträume heißen separabel. Eine Orthonormalbasis $(\varphi_n)_{n \in \mathbb{N}} \in \mathcal{H}$ ist dadurch charakterisiert, daß die $(\varphi_n)_{n \in \mathbb{N}}$ eine Orthogonalfolge bilden und sich jedes $\varphi \in \mathcal{H}$ darin durch Orthogonalzerlegung darstellen läßt:

$$\varphi = \sum_{k \in \mathbb{N}} \langle \varphi_k | \varphi \rangle \varphi_k, \qquad (13.6)$$

wobei die unendliche Reihe auf der rechten Seite im $\mathcal{H}$-Sinne konvergent gegen φ ist. Das bedeutet das Gleichheitszeichen.

Anmerkung 13.1.2. Zum Begriff „separabel"
$\mathcal{H}$ heißt üblicherweise separabel, wenn es eine dichte abzählbare Teilmenge $(\psi_n)_{n \in \mathbb{N}}$ gibt. Das heißt, daß jedes Element $\phi \in \mathcal{H}$ in der Norm von $\mathcal{H}$ beliebig gut durch φ_n approximierbar ist. Dies ist nun äquivalent zur

Existenz einer abzählbaren Orthonormalbasis: wir können $(\psi_n)_{n\in\mathbb{N}}$ soweit „ausdünnen", $(\psi_{n_k})_{k\in\mathbb{N}}$, daß endliche Linearkombinationen der linear unabhängigen ψ_{n_k}, nämlich $\text{span}((\psi_{n_k})_{k\in\mathbb{N}}))$, die Menge $(\psi_n)_{n\in\mathbb{N}}$ wiederherstellen. Aus den $(\psi_{n_k})_{k\in\mathbb{N}}$ verschafft uns das Schmidtverfahren eine Orthogonalbasis $(\varphi_n)_{n\in\mathbb{N}}$, da dabei $\text{span}((\psi_{n_k})_{k\in\mathbb{N}}) = \text{span}((\varphi_n)_{n\in\mathbb{N}})$ gilt. Umgekehrt zeigt (13.6), daß wir, indem wir die Koeffizienten $\langle\varphi_k|\varphi\rangle$ durch (komplexe) rationale Werte approximieren, eine abzählbare dichte Teilmenge bekommen. (Wobei wir wissen, daß die abzählbare Vereinigung von abzählbaren Mengen wieder abzählbar ist.)

Nun ist (13.6) kein leicht nachprüfbares Kriterium für eine Basis. Jedoch muß $\varphi - \sum\langle\varphi_k|\varphi\rangle\varphi_k$ das Nullelement sein oder, äquivalent, haben wir folgendes

Anmerkung 13.1.3. Zur Orthonormalbasis.
Falls $\langle\varphi_k|\varphi\rangle = 0$ für alle $k \in \mathbb{N}$, dann muß φ das Nullelement sein.

Das ist nun ein verwertbares Kriterium. Man sieht daraus leicht (13.6) folgen: wegen (13.2) gilt für beliebige N

$$\infty > \|\varphi\|^2 \geq \sum_{k=1}^{N} |\langle\varphi_k|\varphi\rangle|^2,$$

also ist $(\tilde{\varphi_N})_N$ mit

$$\tilde{\varphi_N} = \sum_{k=1}^{N} \langle\varphi_k|\varphi\rangle\varphi_k$$

eine Cauchyfolge, die, sagen wir, gegen $\tilde{\varphi}$ konvergiert. Aber für alle k ist

$$\langle\tilde{\varphi} - \varphi|\varphi_k\rangle = \lim_{N\to\infty} \langle\tilde{\varphi_N} - \varphi|\varphi_k\rangle$$
$$= \lim_{N\to\infty} \langle\sum_{l=1}^{N}\langle\varphi_l|\varphi\rangle\varphi_l - \varphi|\varphi_k\rangle$$
$$= \lim_{N\to\infty} (\langle\varphi_k|\varphi\rangle^* - \langle\varphi|\varphi_k\rangle)$$
$$= 0.$$

Also muß $\tilde{\varphi} = \varphi$ sein.

Aus (13.6) folgt sofort der „Satz des Pythagoras", in dieser Verallgemeinerung nun so genannt:

$$\|\varphi\|^2 = \sum_{k=1}^{\infty} |\langle\varphi_k|\varphi\rangle|^2 \qquad \text{Parsevalsche Gleichung.} \qquad (13.7)$$

Das gibt uns die Gelegenheit, einen weiteren Hilbertraum einzuführen, der die Koordinatendarstellung jeden separablen Hilbertraumes ist: l^2 ist der Raum aller quadratsummierbaren Folgen,

$$l^2 = \left\{ (x_n)_{n \in \mathbb{N}}, x_n \in \mathbb{C}, \sum_{n=1}^{\infty} |x_n|^2 < \infty \right\},$$

mit dem Skalarprodukt

$$\langle x | y \rangle = \sum_{n=1}^{\infty} x_n^* y_n.$$

Es ist eine (nicht sehr schwere) Analysisübung zu zeigen, daß dieser Folgenraum tatsächlich vollständig ist, darum verzichten wir auf den Beweis. Aus (13.6) und (13.7) entnehmen wir, daß ein separabler, unendlich-dimensionaler Hilbertraum $\mathcal{H}$ zu l^2 *isomorph* ist ($\mathcal{H} \cong l^2$), d.h. es gibt eine umkehrbare Isometrie, das ist eine *unitäre* Abbildung, also einen linearen Operator $U : \mathcal{H} \longrightarrow l^2$ mit der Eigenschaft, daß für alle $\varphi, \psi \in \mathcal{H}$

$$\langle U\varphi | U\psi \rangle_{l^2} = \langle \varphi | \psi \rangle_{\mathcal{H}}$$

gilt. Zu einer gegebenen Orthonormalbasis ist U nichts anderes als die Koordinatendarstellung

$$U\varphi = (\langle \varphi_k | \varphi \rangle)_{k \in \mathbb{N}}.$$

Daß in der Tat (13.7) bereits ausreicht, um die Isomorphie zu sichern, liegt an der wichtigen „Polarisationsidentität",

$$\langle \varphi | \psi \rangle = \frac{1}{4}((\|\varphi + \psi\|^2 - \|\varphi - \psi\|^2) - i(\|\varphi + i\psi\|^2 - \|\varphi - i\psi\|^2)), \quad (13.8)$$

d.h. es reicht aus, daß U das Skalarprodukt auf der Diagonalen erhält. Ein berühmtes Beispiel einer solchen Koordinatendarstellung ist die Fourierreihe einer Funktion in $L^2[0, 2\pi]$, deren Fourierkoeffizientenfolge in l^2 liegt. Die Basiselemente sind die $\frac{1}{\sqrt{2\pi}} e^{ikx}$ $k \in \mathbb{Z}$. Also der L^2 über einer kompakten Teilmenge ist separabel.

Wir wollen uns nun überlegen, daß auch $L^2(\mathbb{R}^n, d^n x)$ separabel ist. Man könnte durchaus meinen, daß dies gar nicht der Fall ist, denn immerhin sind die Elemente $\varphi(x)$, $x \in \mathbb{R}^n$, also eigentlich „überabzählbare Vektoren" φ_x (mit x als „Index", analog zu i an x_i, $i = 1, \ldots, n$), so daß aus dieser Analogie nur eine überabzählbare Basis in Frage zu kommen scheint. (Man denke nur an (9.22), wo wir ja $\psi(x) = \int |x\rangle \langle x | \varphi \rangle dx$ geschrieben haben. Diese "Intuition" gilt natürlich auch für $L^2[0, 2\pi]$, also dem L^2 von Funktionen auf beschränkten Gebieten, wo wir bereits wissen, daß sie falsch ist). Aber die beliebige Zuordnung eines Wertes φ_x zu jedem Index x würde typischerweise sehr wilde Funktionen ergeben, und wir zeigen: ganz so wild sind die L^2-Funktionen nicht: Indem wir eine abzählbare Basis für den $L^2(\mathbb{R}, dx)$ angeben, sehen wir, daß er separabel ist. Dann gilt dies auch für $L^2(\mathbb{R}^n, d^n x)$ wegen der *Tensorraumstruktur*, auf die wir nachher eingehen werden. Wenn man einen Kandidaten für eine abzählbare Orthonormal-Basis sucht, kommt man relativ leicht auf die Idee, daß der Abschluß

$$\overline{\text{span}\left(\left\{x^n \mathrm{e}^{-\frac{x^2}{2}}\right\}_n\right)} = L^2(\mathbb{R}, \mathrm{d}x) \tag{13.9}$$

ist, denn die Monome x^n sind linear unabhängig und $\mathrm{e}^{-\frac{x^2}{2}}$ drückt bei $-\infty$ und ∞ alles integrierbar hinunter. (Aber Vorsicht: eine quadratintegrierbare Funktion braucht nicht nach Unendlich hin abzufallen.) Die Orthogonalisierung nach Schmidt liefert daraus die Hermitefunktionen als Orthogonalsystem,

$$\left\{H_n = P_n \mathrm{e}^{-\frac{x^2}{2}}\right\}_n$$

mit P_n als Polynom n-ten Grades. Damit $(H_n)_{n \in \mathbb{N}}$ wirklich eine Basis bildet, muß nun nach 13.1.3

$$\forall n \in \mathbb{N} \quad \langle H_n | \varphi \rangle = 0 \implies \varphi = 0 \tag{13.10}$$

gelten. Aber weil die P_n Polynome n-ten Grades sind, ist (13.10) äquivalent zu der Forderung, daß das ursprüngliche System eine Basis bildet:

$$\forall n \in \mathbb{N} \quad \langle x^n \mathrm{e}^{-\frac{x^2}{2}} | \varphi \rangle = 0 \implies \varphi = 0, \tag{13.11}$$

und wir konzentrieren uns auf (13.11). Es gelte also

$$\forall n \in \mathbb{N} \quad \langle x^n \mathrm{e}^{-\frac{x^2}{2}} | \varphi \rangle = 0.$$

Dann ist auch

$$\forall k \in \mathbb{R} \quad \langle \mathrm{e}^{\mathrm{i}kx} \mathrm{e}^{-\frac{x^2}{2}} | \varphi \rangle = 0,$$

denn

$$\mathrm{e}^{\mathrm{i}kx} \mathrm{e}^{-\frac{x^2}{2}} = \sum_{m=0}^{\infty} \frac{(\mathrm{i}k)^m}{m!} x^m \mathrm{e}^{-\frac{x^2}{2}}$$

im L^2-Sinne, weil

$$\sum_{m=0}^{N} \frac{(\mathrm{i}k)^m}{m!} x^m \mathrm{e}^{-\frac{x^2}{2}}$$

eine Cauchyfolge in N ist (weil das nur ziemlich klar ist, bemühen wir uns um ein Argument):

$$\left\| \frac{(\mathrm{i}k)^m}{m!} x^m \mathrm{e}^{-\frac{x^2}{2}} \right\|^2 = \frac{k^{2m}}{(m!)^2} \int_{-\infty}^{\infty} x^{2m} \mathrm{e}^{-x^2} \, \mathrm{d}x$$

$$= \frac{k^{2m}}{(m!)^2} 2^m m! \int_{-\infty}^{\infty} \left(\frac{x^2}{2}\right)^m \frac{1}{m!} \mathrm{e}^{-x^2} \, \mathrm{d}x$$

$$\leq \frac{k^{2m}}{(m!)} 2^m \int_{-\infty}^{\infty} \mathrm{e}^{-\frac{x^2}{2}} \, \mathrm{d}x$$

$$\leq C \frac{k^{2m}}{(m!)} 2^m$$

$$< \frac{1}{m^4}$$

für genügend großes m. (Die Abschätzung, die wir am Integral vorgenommen haben, sollte man leicht nachvollziehen können). Daraus folgt dann schnell die Cauchy-Eigenschaft.

Damit haben wir aber ausgesagt, daß die Fouriertransformierte von $\mathrm{e}^{-\frac{x^2}{2}}\varphi$

$$\left(\frac{1}{2\pi}\right)^{n/2} \langle \mathrm{e}^{\mathrm{i}kx}\mathrm{e}^{-\frac{x^2}{2}}|\varphi\rangle = \mathcal{F}\left(\mathrm{e}^{-\frac{x^2}{2}}\varphi\right)(k) = 0$$

sein muß. Nun benutzen wir, und das werden wir gleich anschließend untersuchen, daß die Fouriertransformation $\mathcal{F}: L^2 \longrightarrow L^2$ eine unitäre Abbildung ist, und damit muß $\varphi = 0$ sein. Also ist L^2 separabel.

13.1.2 Die Fouriertransformation auf L^2

Vorsicht ist angesagt: wenn wir $L^2([0,2\pi],\mathrm{d}x)$ haben, dann ist die Fouriertransformation einfach die Orthonormalzerlegung (die unitäre Abbildung zwischen $L^2([0,2\pi],\mathrm{d}x)$ und l^2, dem Raum der Fourierkoeffizientenfolge) bezüglich der Orthonormalbasis $\{\mathrm{e}^{\mathrm{i}kx}\}_{k\in\mathbb{Z}}$. Aber für $L^2(\mathbb{R},\mathrm{d}x)$ können wir die $\{\mathrm{e}^{\mathrm{i}kx}\}_{k\in\mathbb{Z}}$ nicht mehr als Basiselemente ansehen, denn sie sind offenbar keine L^2-Elemente (und sie sind außerdem „zu wenig"). Die Fouriertransformation ist nurmehr die unitäre Abbildung

$$\mathcal{F}: L^2 \longrightarrow L^2$$
$$f \longmapsto \widehat{f}$$

mit

$$\langle g|f\rangle = \langle \widehat{g}|\widehat{f}\rangle \qquad \text{Plancherelgleichung,} \tag{13.12}$$

wobei die Fouriertransformation auf integrierbaren Funktionen wie üblich definiert ist:

$$\mathcal{F}f = \widehat{f}(\boldsymbol{k}) = \left(\frac{1}{2\pi}\right)^{\frac{n}{2}} \int_{\mathbb{R}^n} \mathrm{e}^{-\mathrm{i}\boldsymbol{k}\cdot\boldsymbol{x}} f(\boldsymbol{x})\mathrm{d}^n x \tag{13.13}$$

und

$$\mathcal{F}^*\widehat{f} = \mathcal{F}^{-1}\widehat{f} = f(\boldsymbol{x}) = \left(\frac{1}{2\pi}\right)^{\frac{n}{2}} \int_{\mathbb{R}^n} \mathrm{e}^{\mathrm{i}\boldsymbol{k}\cdot\boldsymbol{x}} \widehat{f}(\boldsymbol{k})\mathrm{d}^n k. \tag{13.14}$$

Integrierbare Funktionen (f oder $\widehat{f}$) sind L^1-Funktionen. Auf unbeschränkten Gebieten fallen L^1 und L^2 aber auseinander: aus $\varphi \in L^2$ folgt nicht $\varphi \in L^1$, und die Umkehrung gilt selbst auf beschränkten Gebieten nicht.

Wenn wir also von Fouriertransformation auf L^2 reden, dann meinen wir für schöne L^2-Funktionen die übliche Transformation wie oben, und für typische L^2-Funktionen definieren wir die Transformation durch Approximation von schönen Funktionen. Die müssen also dicht liegen.

Wir betrachten die Fouriertransformation darum auf dem Schwartzraum $S \subset L^2$. Das ist der Raum aller C^∞-Funktionen (unendlich oft differenzierbarer Funktionen), die mit $|x| \longrightarrow \infty$ schneller abfallen als jede Potenz, und Gleiches gilt für ihre Ableitungen[2]. Die sind auf jeden Fall integrabel, und der Schwartzraum hat die Eigenschaft, unter Fouriertransformation invariant zu sein ([59][3][60]).

$$\mathcal{F} : S \quad\quad \longrightarrow S$$
$$\mathcal{F}^* = \mathcal{F}^{-1} : S \longrightarrow S \,. \tag{13.15}$$

Das folgt ziemlich geradlinig aus der Definition von S: Um (13.15) zu bekommen, muß man zuerst sehen, daß $k^\alpha D_k^\beta \widehat{f}(k)$ beschränkt ist, wobei wir die Multiindexnotation verwenden: $k^\alpha := k_1^{\alpha_1} \ldots k_n^{\alpha_n}$ und $D_y^\alpha := \frac{\partial^{|\alpha|}}{\partial y_1^{\alpha_1} \ldots \partial y_n^{\alpha_n}}$, $|\alpha| = \alpha_1 + \ldots + \alpha_n$.

Das rechnet man einfach nach:

$$k^\alpha D_k^\beta \widehat{f}(k) = \left(\frac{1}{2\pi}\right)^{n/2} \int k^\alpha \left(-\mathrm{i}x\right)^\beta \mathrm{e}^{-\mathrm{i}k \cdot x} f(x)\, \mathrm{d}^n x$$

$$= \left(\frac{1}{2\pi}\right)^{n/2} \int \mathrm{i}^{|\alpha|} \left(D_x^\alpha \left(\mathrm{e}^{-\mathrm{i}k \cdot x}\right)\right) \left(-\mathrm{i}x\right)^\beta f(x)\, \mathrm{d}^n x$$

mit $|\alpha|$ mal partieller Integration

$$= \left(\frac{1}{2\pi}\right)^{n/2} (-\mathrm{i})^{|\alpha|} \int \mathrm{e}^{-\mathrm{i}k \cdot x} D_x^\alpha \left((-\mathrm{i}x)^\beta f(x)\right) \mathrm{d}^n x,$$

so daß

$$\sup_{k} |k^\alpha D_k^\beta \widehat{f}(k)| \leq \left(\frac{1}{2\pi}\right)^{n/2} \int |D_x^\alpha \left(x^\beta f(x)\right)| \mathrm{d}^n x.$$

Mit ein wenig Überlegung sieht man daraus, daß $\mathcal{F}(\mathcal{F}^*) : S \longrightarrow S$. Was uns noch fehlt ist $\mathcal{F}^* = \mathcal{F}^{-1}$, und um das zu kriegen, greifen wir auf den Fall von unendlich oft differenzierbaren Funktionen mit kompaktem Träger (C_0^∞-Funktionen) zurück, weil wir dort mit Bekanntem aus der Analysis zusammentreffen. Wir werden benutzen, daß in diesem Falle die Fourierreihe einer solchen Funktion (als periodische Funktion auf $\mathbb{R}^n$ aufgefaßt) gleichmäßig gegen die Funktion (die ja beliebig oft differenzierbar ist) konvergiert. Die Idee

---

[2] Daß diese Funktionen dicht liegen im L^2, gehört zum Analysis Grundwissen, und dazu sage ich weiter nichts.

[3] Empfehlenswerte Lektüre

ist also Approximation von Funktionen aus $\mathcal{S}$ durch Funktionen aus C_0^∞. Das muß aber auch für $\mathcal{F}$ Nutzen bringen, d.h. $\mathcal{F}$ und $\mathcal{F}^*$ müssen auf $\mathcal{S}$ „stetig" operieren. Nun reicht obige Rechnung bereits aus, um das zu bekommen, aber ein wenig eleganter geht es mit der folgenden Fortführung der Abschätzung: Es liegt nahe, die Familie von „Halbnormen" ($\|x\| = 0$ hat nicht unbedingt $x = 0$ zur Folge)

$$\|f\|_{\alpha,\beta} := \sup_y |y^\alpha D_y^\beta f(y)|, \qquad \text{für beliebige Multiindices} \quad \alpha, \beta$$

anzuschauen, denn dafür gibt unser Resultat (man sollte den folgenden Trick für spätere Anwendungen wahrnehmen)

$$\|\mathcal{F}f\|_{\alpha,\beta} = \|\widehat{f}\|_{\alpha,\beta} \leq \left(\frac{1}{2\pi}\right)^{n/2} \int |D_x^\alpha \left(x^\beta f(x)\right)| \, \mathrm{d}^n x$$

$$\leq \left(\frac{1}{2\pi}\right)^{n/2} \int \frac{1 + x^{2n}}{1 + x^{2n}} |D_x^\alpha \left(x^\beta f(x)\right)| \, \mathrm{d}^n x$$

$$\leq \left(\frac{1}{2\pi}\right)^{n/2} \int \frac{1}{1 + x^{2n}} \mathrm{d}^n x \sup_x | \left(1 + x^{2n}\right) D_x^\alpha \left(x^\beta f(x)\right)|$$

$$\leq C(\alpha, \beta) \sum_{|\gamma| \leq |\beta| + 2n, |\delta| \leq |\alpha|} \|f\|_{\gamma,\delta}. \tag{13.16}$$

Gleiches gilt für $\mathcal{F}^*$. (Diese Familie von Halbnormen definiert übrigens eine Norm[4] auf $\mathcal{S}$, d.h. Konvergenz von Folgen in $\mathcal{S}$ bedeutet Konvergenz in $\|\cdot\|_{\alpha,\beta}$ für alle α und β., aber das ist für uns eigentlich nicht so wichtig [60].) Für uns ist es wichtig, daß wir $f \in \mathcal{S}$ durch $f_0 \in C_0^\infty$ so gut approximieren, daß wir auf das Verhalten unter $\mathcal{F}(\mathcal{F}^*)$ schließen können. Genauer: Wir wollen auf

$$\mathcal{F}^* \widehat{f} = f$$

hinaus, d.h.

$$\mathcal{F}^* \mathcal{F} f = f \qquad \text{oder} \qquad \mathcal{F}^* = \mathcal{F}^{-1} \qquad \text{auf} \quad \mathcal{S}.$$

Wir werden zeigen:

$$\mathcal{F}^* \widehat{f_0} = f_0, \qquad f_0 \in C_0^\infty,$$

und eine einfache Triangulierung:

$$\|\mathcal{F}^* \widehat{f} - f\|_{0,0} \leq \|\mathcal{F}^* \widehat{f} - \mathcal{F}^* \widehat{f_0}\|_{0,0} + \|\mathcal{F}^* \widehat{f_0} - f_0\|_{0,0} + \|f - f_0\|_{0,0}$$

zeigt uns mit (13.16) (für $\mathcal{F}^*$ und $\mathcal{F}$), wie gut wir f durch f_0, d.h. in welchen Halbnormen wir f durch f_0 approximieren müssen. Die Approximation ist dann eine ganz leichte Übung: Man nimmt eine C_0^∞- Funktion Φ, die aussieht

---

[4] Ich werde nachher noch einmal darauf Bezug nehmen, wenn ich über den Dualraum von $\mathcal{S}$ rede.

wie eine Schlange, die einen Elefanten verschlungen hat, also 1 ist für $|x| \leq 1$ und 0 für $|x| \geq 2$, und von 1 nach 0 glatt abfällt. Das ist leichte Bastelarbeit mit einem Werkzeug, wie z.B.

$$\exp\left(\frac{\exp\left(-\frac{1}{x}\right)}{x-1}\right), \quad 0 < |x| < 1,$$

was zwischen den Werten 1 für $x \leq 0$ und 0 für $x \geq 1$ unendlich oft differenzierbar interpoliert. Dann nimmt man $\Phi_n(x) := \Phi(\frac{x}{n})$ (es ist klar, was diese Folge macht), und dann ist $f\Phi_n$ eine gute f approximierende Folge von glatten kompakten Funktionen. Nun weiter mit $f_0 \in C_0^\infty$. Sei L so gewählt, daß $\mathrm{supp} f_0 \in (2L)^n$, dem Würfel um Null mit Kantenlänge $2L$. Wir fassen f_0 als periodische Funktion über der Würfelzerlegung des $\mathbb{R}^n$ auf und bekommen mit den Basiselementen $\phi_l = \left(\frac{1}{2L}\right)^{n/2} \exp\left(\mathrm{i}\frac{\pi}{L}l \cdot x\right)$, $l \in Z^n$ die Fourierkoeffizienten

$$c_l = \langle \phi_l | f_0 \rangle = \left(\frac{1}{2L}\right)^{n/2} \int_{(2L)^n} \exp\left(-\mathrm{i}\frac{\pi}{L}l \cdot x\right) f_0(x)\,\mathrm{d}^n x.$$

Wir wissen aus der Analysis, daß die Fourierreihe von f_0 gleichmäßig gegen f_0 konvergent ist[5].

Das benutzen wir nun. Wir wollen ja letztlich mit der Fouriertransformierten der Funktion f_0 verknüpfen, was sich aus dem $\lim_{L\to\infty}$ ergeben sollte, und darum beachten wir, daß

$$\widehat{f_0}\left(\frac{\pi}{L}l\right) = \left(\frac{2L}{2\pi}\right)^{\frac{n}{2}} c_l.$$

Nun weiter damit. Weil die Fourierreihe konvergiert, gilt

$$f_0(x) = \sum_l \phi_l(x)\, c_l$$

$$= \sum_l \left(\frac{1}{2L}\right)^{n/2} \exp\left(\mathrm{i}\frac{\pi}{L}l \cdot x\right)\left(\frac{2\pi}{2L}\right)^{n/2} \widehat{f_0}\left(\frac{\pi}{L}l\right)$$

$$= \left(\frac{1}{2\pi}\right)^{n/2} \left(\frac{\pi}{L}\right)^n \sum_l \exp\left(\mathrm{i}\frac{\pi}{L}l \cdot x\right) \widehat{f_0}\left(\frac{\pi}{L}l\right).$$

Aber die rechte Seite ist nun die Riemannsumme des Integrals $\mathcal{F}^* \widehat{f_0}$, wogegen sie für $\lim_{L\to\infty}$ konvergiert (da $\widehat{f_0} \in \mathcal{S}$). Also ist schließlich $f_0(x) = \mathcal{F}^* \widehat{f_0}$,

---

[5] Wer das nicht weiß, kann sich hinsetzen und das relativ schnell zeigen:(i) die Fourierreihe einer glatten periodischen Funktion ist gleichmäßig konvergent. (ii) Die Koeffizienten einer gegen f gleichmäßig konvergenten Fourierreihe werden durch die Fourierkoeffizienten von f gegeben.

und das wollten wir ja haben[6]. Das ist (13.15). Aber weiter. Damit folgt nun leicht(13.12)für $g, f \in \mathcal{S}$:

$$
\begin{aligned}
\langle g|f\rangle &= \int g^*(\boldsymbol{x}) f(\boldsymbol{x}) \mathrm{d}^n x \\
&= \int g^*(\boldsymbol{x}) \left(\frac{1}{2\pi}\right)^{\frac{n}{2}} \int \mathrm{e}^{\mathrm{i}\boldsymbol{k}\cdot\boldsymbol{x}} \widehat{f}(\boldsymbol{k}) \mathrm{d}^n k \mathrm{d}^n x \\
&= \int \widehat{g}^*(\boldsymbol{k}) \widehat{f}(\boldsymbol{k}) \mathrm{d}^n k \\
&= \langle \widehat{g}|\widehat{f}\rangle
\end{aligned}
$$

mit Vertauschung der Integrationsreihenfolge, was hier wegen absoluter Konvergenz der Integrale gerechtfertigt ist.

Eine Konsequenz von (13.12) ist, daß die Fouriertranformierte eines Produktes von Funktionen eine Faltung ist, bzw. die Fouriertransformation einer Faltung das Produkt der Fouriertransformierten:

Anmerkung 13.1.4. Zum Faltungsintegral
Seien $f, g \in \mathcal{S}$ dann gilt

$$
\mathcal{F}(fg)(\boldsymbol{k}) = \frac{1}{\sqrt{2\pi}^n} \int \widehat{f}(\boldsymbol{k} - \boldsymbol{k}') \widehat{g}(\boldsymbol{k}') \mathrm{d}^n k =: \frac{1}{\sqrt{2\pi}^n} \widehat{f} * \widehat{g},
$$

und

$$
\begin{aligned}
\mathcal{F}(f * g) &= \left(\frac{1}{2\pi}\right)^{\frac{n}{2}} \int \mathrm{d}^n x \, \mathrm{e}^{-\mathrm{i}\boldsymbol{k}\cdot\boldsymbol{x}} \int \mathrm{d}^n y f(\boldsymbol{x} - \boldsymbol{y}) g(\boldsymbol{y}) \\
&= \left(\frac{1}{2\pi}\right)^{\frac{n}{2}} \int \int \mathrm{e}^{-\mathrm{i}\boldsymbol{k}\cdot(\boldsymbol{z}+\boldsymbol{y})} f(\boldsymbol{z}) g(\boldsymbol{y}) \mathrm{d}^n z \mathrm{d}^n y \\
&= (2\pi)^{\frac{n}{2}} \widehat{f}\widehat{g}.
\end{aligned}
$$

Beachte, daß durch „richtiges Verteilen der Hüte" (und Ersetzen von $\mathcal{F}$ durch $\mathcal{F}^{-1}$) die zweite Formel auch die erste beweist.

Man sollte auch zur Kenntnis nehmen, daß das Faltungsintegral $f * g$ für $f, g \in L^2$ existiert.

Jetzt weiten wir durch approximierende Folgen die Fouriertransformation als unitäre Abbildung auf L^2 aus. Sei f_n nun eine Folge in $\mathcal{S}$, die in der L^2-Norm gegen ein $f \in L^2$ konvergiert, dann ist f_n eine Cauchfolge in L^2, und dann ist wegen (13.12) (was für Funktionen in $\mathcal{S}$ gilt) auch $\widehat{f}_n$ eine

---

[6] Das Ganze ist ein mathematischer Tanz um diese Wahrheit: $\frac{1}{\sqrt{2\pi}} \int \mathrm{e}^{\mathrm{i}kx} dk = \delta(x)$. Diese Formel liegt allem zugrunde, und ich werde das nachher noch ausführen.

Cauchyfolge in L^2, und wegen der Vollständigkeit existiert ein Element $\phi \in L^2$ mit $\phi = \lim \widehat{f_n}$. Dieses Element hängt nicht von der gewählten Folge f_n ab, wie man sich leicht klar macht. Also definiere für $f \in L^2$:

$$\widehat{f} = \mathcal{F}f := \phi.$$

Wenn nun $f_n \in \mathcal{S} \longrightarrow f \in L^2$ und $g_n \in \mathcal{S} \longrightarrow g \in L^2$, dann sind die Normen $\|f_n\|, \|g_n\|$ beschränkt, und die Schwarzsche Ungleichung (13.3) liefert

$$|\langle f_n, g_n \rangle - \langle f, g \rangle| \leq |\langle f_n - f, g \rangle| + |\langle f_n, g - g_n \rangle|$$
$$\leq \|f_n - f\|\,\|g\| + \|f_n\|\,\|g_n - g\|,$$

so daß auch $\langle f_n, g_n \rangle \longrightarrow \langle f, g \rangle$ folgt. Damit folgt (13.12) ohne weiteres, also wirkt $\mathcal{F}$ als unitäre Abbildung auf L^2.

Wenn man $\mathcal{F}f$ berechnen möchte und f ist wirklich nur eine L^2-Funktion, dann kann man daran denken, f zu approximieren, wobei es einfacher ist, an eine L^2-Approximation durch $L^1 \cap L^2$-Funktionen zu denken: z.B. indem man $f\chi_{[-l,l]^n}$ betrachtet und dann $\widehat{f}$ als Limes (in der L^2-Norm) berechnet:

$$\widehat{f} = \left(\frac{1}{2\pi}\right)^{\frac{n}{2}} \left(L^2 - \lim_{l\to\infty}\right) \int \chi_{[-l,l]^n}(\boldsymbol{x}) \mathrm{e}^{-\mathrm{i}\boldsymbol{k}\cdot\boldsymbol{x}} f(\boldsymbol{x})\mathrm{d}^n x.$$

Anmerkung 13.1.5. Über Distributionen

Einer der vielen Wege, die Fouriertransformation auf L^2 zu bekommen, ist über Distributionen. Temperierte Distributionen $\varphi \in \mathcal{S}'$ ($\mathcal{S}'$ ist der Dualraum von $\mathcal{S}$) sind die stetigen[7] *linearen Funktionale* auf $\mathcal{S}$. Ein lineares Funktional auf $\mathcal{S}$ ist eine skalare (d.h. $\mathbb{C}$-wertige) Funktion $\varphi(f)$, die für alle $f \in \mathcal{S}$ definiert ist und für die

$$\varphi(\alpha f + \beta g) = \alpha\varphi(f) + \beta\varphi(g) \qquad \text{(Linearität)} \qquad (13.17)$$

gilt. (Bei Distributionen unterscheidet man noch , ob sie zum Dualraum $\mathcal{S}'$ von $\mathcal{S}$ oder nur zu $\mathcal{D}'$, dem von C_0^∞, gehören. Im ersten Fall heißen die Distributionen temperiert (gemäßigt im Sinne des Verhaltens für $|\boldsymbol{x}| \to \infty$). Für Fouriertransformation eignen sich besonders temperierte Distributionen, zur Verallgemeinerung der Differentiation sind $\mathcal{D}'$-Distributionen auf C_0^∞ günstiger.)

Jede Funktion in $\mathcal{S}$ kann als Distribution gelesen werden : für $\varphi \in \mathcal{S}$ definiere (man bemerke die „Nähe" zu L^2)

---

[7] Im folgenden sieht es so aus, als sei nichts zu zeigen, und alles nur Definitionssache. Das ist auch richtig, aber wir müssen zur Kenntnis nehmen was *stetig* bedeutet: das wird natürlich zurückgeführt auf die Konvergenz in $\mathcal{S}$, wie in Fußnote 4 angesprochen. Also das ist nicht ganz simpel. Übrigens ist Stetigkeit in diesem Falle linearer Abbildungen gleichbedeutend mit Beschränktheit.

$$\forall f \in \mathcal{S} \qquad \varphi(f) := \int \varphi(\boldsymbol{x}) f(\boldsymbol{x}) \mathrm{d}^n x = \langle \varphi^* | f \rangle. \qquad (13.18)$$

Man definiert nun Fouriertransformation von $\mathcal{S}'$ nach $\mathcal{S}'$ (die Fouriertransformierte einer Distribution ist wieder eine Distribution) durch Dualität,

$$\mathcal{F}^{(-1)} \varphi(f) := \varphi(\mathcal{F}^{(-1)} f) \qquad (13.19)$$

oder symbolisch (für die „Hintransformation")

$$\widehat{\varphi}(f) := \varphi(\widehat{f}).$$

Man sieht, daß dies einfach die Erweiterung der Fouriertransformation auf $\mathcal{S}$ ist im Sinne von (13.18), denn für $\varphi, f \in \mathcal{S}$ gilt ja

$$\begin{aligned}
\varphi(\widehat{f}) &= \int \varphi(\boldsymbol{x}) \widehat{f}(\boldsymbol{x}) \mathrm{d}^n x \\
&= \langle \varphi^* | \widehat{f} \rangle \\
&\overset{(13.12)}{=} \langle \widehat{\varphi}^* | f \rangle \\
&= \int \widehat{\varphi}(\boldsymbol{x}) f(\boldsymbol{x}) \mathrm{d}^n x \\
&= \widehat{\varphi}(f).
\end{aligned}$$

Interessant ist $\varphi = \left(\frac{1}{2\pi}\right)^{n/2}$, also die Distribution $\varphi(f) = \left(\frac{1}{2\pi}\right)^{n/2} \int f \mathrm{d}^n x$, denn

$$\begin{aligned}
\widehat{\varphi}(f) = \varphi\left(\widehat{f}\right) &= \left(\frac{1}{2\pi}\right)^{n/2} \int \widehat{f} \mathrm{d}^n k \\
&= f(0) = \left(\frac{1}{2\pi}\right)^n \int \int e^{-i\boldsymbol{k}\cdot\boldsymbol{x}} f(\boldsymbol{x}) \, \mathrm{d}^n k \, \mathrm{d}^n x \\
&= \left(\int \delta(\boldsymbol{x}) f(\boldsymbol{x}) \, \mathrm{d}^n x \right),
\end{aligned}$$

so daß

$$\widehat{\varphi} = \left(\frac{1}{2\pi}\right)^n \int \mathrm{d}^n k \, e^{-i\boldsymbol{k}\cdot\boldsymbol{x}} = \delta(\boldsymbol{x}).$$

Das ist also die „heuristische Formel" $\mathcal{F}1 = \delta/(2\pi)^{n/2}$ oder einfacher

$$\int \mathrm{d}^n k \, e^{-i\boldsymbol{k}\cdot\boldsymbol{x}} = (2\pi)^n \delta(\boldsymbol{x}) \ .$$

Damit folgt die Inversion sofort:

$$\left(\mathcal{F}^* \widehat{f}\right)(\boldsymbol{x}) = \left(\frac{1}{2\pi}\right)^{\frac{n}{2}} \int e^{i\boldsymbol{k}\cdot\boldsymbol{x}} \widehat{f}(\boldsymbol{k}) \, \mathrm{d}^n k$$

$$= \left(\frac{1}{2\pi}\right)^n \int \int e^{i\mathbf{k}\cdot\mathbf{x}} e^{-i\mathbf{k}\cdot\mathbf{x}'} f(\mathbf{x}')\, \mathrm{d}^n k\, \mathrm{d}^n x'$$

$$= \left(\frac{1}{2\pi}\right)^n \int f(\mathbf{x}')\, \mathrm{d}^n x' \int e^{i\mathbf{k}\cdot(\mathbf{x}-\mathbf{x}')}\, \mathrm{d}^n k$$

$$= \int \mathrm{d}^n x'\, f(\mathbf{x}')\, \delta(\mathbf{x}-\mathbf{x}')$$

$$= f(\mathbf{x})\ .$$

Ebenso ist nun die Faltung in Anmerkung 13.1.4 auf $\mathcal{S}'$ ausweitbar, und zwar durch (13.18) lesen wir $\varphi \in \mathcal{S}$ als Element von $\mathcal{S}'$, und zwar ist für $f \in \mathcal{S}$

$$\varphi * f(g) = \varphi\left(f^- * g\right)$$

mit $f^-(x) = f(-x)$, wie eine einfache Variablensubstitution zeigt. Also definiert man das so für $\varphi \in \mathcal{S}'$. Also weiter mit (13.19), was uns sofort das Anologon von (13.1.4 liefert:

$$\mathcal{F}(\varphi * f)(g) = (\varphi * f)(\mathcal{F}g) = \varphi(f^- * \widehat{g})$$
$$= (2\pi)^{n/2}\varphi(\mathcal{F}^*(f^-)g) = (2\pi)^{n/2}\widehat{\varphi}\left(\widehat{f}g\right), \qquad (13.20)$$
$$\text{für alle } g \in \mathcal{S}.$$

Wir können auch $\varphi \in L^2(\mathbb{R}^n, \mathrm{d}^n x)$ als Distribution lesen, denn $\varphi(f) := \langle \varphi^*|f\rangle$ ist natürlich erklärt (sogar für $f \in L^2$), und damit haben wir gemäß (13.18) die Fouriertransformierte für $\varphi \in L^2$. Daß dies zum gleichen Ergebnis führt, muß man sich noch überlegen, und man wird wieder auf die Approximation von oben zurückgreifen: Mit $(f_n)_n \subset S$, einer L^2- Approximation von $\varphi \in L^2$. Dann ist $(\widehat{f}_n)_n \subset S$ gegen ein $\tilde{\varphi} \in L^2$ konvergent, und dann ist für alle $f \in \mathcal{S}$

$$\begin{array}{ccc}
\widehat{f}_n(f) & = & f_n(\widehat{f}) \\
\downarrow & & \downarrow \\
\tilde{\varphi}(f) & = & \varphi(\widehat{f}) = \widehat{\varphi}(f),
\end{array}$$

wobei wir wieder benutzen, daß $\langle f_n|f\rangle \longrightarrow \langle\varphi|f\rangle$, falls $f_n \longrightarrow \varphi$ in L^2. Analog folgt (13.12).

Anmerkung 13.1.6. Über den Abfall von L^2-Funktionen
Wir kehren noch mal zur Tatsache zurück, daß L^2–Funktionen nicht absolut integrierbar zu sein brauchen. Man kann ja durchaus denken, daß quadratintegrable Funktionen bei ∞ abfallen, was jedoch nicht stimmt, wie z.B. $e^{-x^2|\sin x|}$ zeigt. Richtungsweisend aber ist Folgendes für $L^2(\mathbb{R}, \mathrm{d}x)$: wenn φ und φ' in L^2 sind, dann geht $\varphi(x) \longrightarrow 0$ für $x \longrightarrow \pm\infty$. Bevor wir dies zeigen, müssen wir kurz zur Definition der Ableitung $\varphi' \in L^2$ bemerken, daß für $\varphi, \varphi' \in L^2$ der übliche Lebesguesche Zusammenhang

$$\varphi(x) = \int\limits^{x} \varphi'(y)\mathrm{d}y + C$$

gilt, wobei φ eine absolut stetige Funktion der oberen Grenze x ist [61]. Nun aber:

$$\frac{1}{2}\left|\varphi^2(b) - \varphi^2(a)\right| = \left|\int\limits_a^b \varphi(x)\varphi'(x)\mathrm{d}x\right|$$

$$\overset{(13.3)}{\leq} (\int\limits_a^b |\varphi(x)|^2\mathrm{d}x \int\limits_a^b |\varphi'(x)|^2\mathrm{d}x)^{\frac{1}{2}}$$

$$\longrightarrow 0$$

für $a, b \longrightarrow \infty$, da beide Integranden integrabel sind. Da aber die linke Seite

$$\frac{1}{2}\left|\varphi^2(b) - \varphi^2(a)\right|$$

ist, konvergiert $\varphi^2(x)$: Jede Teilfolge $\varphi(x_n)$ ist zunächst eine Cauchyfolge und damit konvergent. Der Limes aber muß null sein, weil sonst φ^2 nicht integrierbar wäre.

Wir haben hier stillschweigend die partielle Integrationsformel benutzt:

$$\int\limits_a^b (\varphi'\psi + \psi'\varphi)\mathrm{d}x = \varphi(b)\psi(b) - \varphi(a)\psi(a),$$

was mit Hilfe von

$$\eta(x) = \int\limits^{x} \eta'(y)\mathrm{d}y$$

und dem Satz von Fubini über die Vertauschbarkeit der Doppelintegration folgt.

Wir fügen noch eine Nebenbemerkung zur Definition der L^2-Ableitung an: Man sieht ebenfalls mit Hilfe dieser Formel, daß φ' gegeben durch

$$\varphi(x) = \int\limits^{x} \varphi'(y)\mathrm{d}y \quad \varphi, \varphi' \in L^2$$

auch Ableitung im Distributionssinne ist, wobei wir als „Testfunktion" nun C_0^∞-Funktionen nehmen. Dabei ist analog zu (13.18) (aber mit partieller Integration und darum C_0^∞, damit die Randterme verschwinden) φ' definiert als

$$\varphi'(f) := -\varphi(f') = -\langle \varphi^*|f'\rangle \quad \forall f \in C_0^\infty. \tag{13.21}$$

Im Hinblick auf die Fouriertransformation bemerken wir, daß für $\varphi \in L^2$ genau dann $\varphi' \in L^2$ ist, wenn $\widehat{\varphi}' \in L^2$ ist, und das ist der Fall, wenn $x\widehat{\varphi}(x) \in L^2$ ist. Das sieht man mit folgender Sequenz:

$$\widehat{\varphi'}(f) = \varphi'(\widehat{f}) = -\varphi(\widehat{f}') = -\varphi(\widehat{ixf}) = -\widehat{\varphi}(ixf) = -\int \widehat{\varphi}(x)ixf\,\mathrm{d}x$$

$$= -(ix\widehat{\varphi})(f).$$

13.2 Bilinearformen und beschränkte Operatoren

Nach dieser L^2-Betrachtung kehren wir zum abstrakten Hilbertraum zurück. Wir wollen darauf hinaus, daß mit Bilinearformen (besser Sesquilinearformen) (die Quantengleichgewichts-Statistik!) beschränkte symmetrische Operatoren assoziiert sind. Das ist ganz wie in der Linearen Algebra und beruht auf der „Selbstdualität" des Hilbertraumes. Ein lineares Funktional auf $\mathcal{H}$ ist eine skalare (d.h. $\mathbb{C}$-wertige) Funktion $l(\varphi)$, die für alle $\varphi \in \mathcal{H}$ definiert ist und für die die Linearität (13.17) gilt. l ist beschränkt, wenn es eine Konstante k gibt, so daß

$$\forall \varphi \in \mathcal{H} \quad |l(\varphi)| \le k\|\varphi\|.$$

Nun ist ganz klar: jedes $\psi \in \mathcal{H}$ definiert vermittels des Skalarproduktes $\langle \psi|\varphi \rangle$ ein beschränktes lineares Funktional, aber gibt es noch andere? Die Antwort ist nein.

Theorem 13.2.1. *Sei l ein beschränktes lineares Funktional auf $\mathcal{H}$, dann existiert ein eindeutiges Element ψ in $\mathcal{H}$, so daß $l(\varphi) = \langle \psi|\varphi \rangle$ für alle $\varphi \in \mathcal{H}$.*

Das bedeutet: zu jedem linearen Funktional korrespondiert genau ein Vektor, auf den orthogonal projiziert wird. Der Raum der beschränkten linearen Funktionale auf $\mathcal{H}$ heißt *Dualraum $\mathcal{H}^*$* zu $\mathcal{H}$. Durch die eineindeutige Zuordnung von $l \in \mathcal{H}^*$ und $\psi \in \mathcal{H}$ ist $\mathcal{H}^* \cong \mathcal{H}$, d.h. $\mathcal{H}$ ist zu sich selbst dual.

Der Beweis geht so: Man wähle ein beschränktes lineares Funktional l auf $\mathcal{H}$. Der Satz sagt aus, daß es einen zugehörigen Vektor gibt, auf den projiziert wird, also alle Vektoren orthogonal dazu werden auf Null projiziert. Darum betrachte den Kern der Abbildung

$$\mathcal{M} = \{\varphi \in \mathcal{H} | l(\varphi) = 0\}$$

($\mathcal{M}$ ist abgeschlossen, da l beschränkt ist). Wäre $\mathcal{M} = \mathcal{H}$, dann könnten wir $\psi = 0$ als entsprechendes Element wählen. Sei also $\mathcal{M} \ne \mathcal{H}$, dann ist das orthogonale Komplement $\mathcal{M}^\perp \ne \emptyset$, wobei

$$\mathcal{M}^\perp = \{\varphi \in \mathcal{H} | \langle \varphi|\psi \rangle = 0 \quad \forall \psi \in \mathcal{M}\},$$

denn es gibt mindestens ein Basiselement einer orthonormalen Basis $\psi_0 \in \mathcal{H}$, $\psi_0 \ne 0$, $\psi_0 \notin \mathcal{M}$. In der Tat ist $\mathcal{M}^\perp$ eindimensional (das ist gerade die Aussage des Satzes), denn sei mit ψ_0 auch noch $\psi_1 \in \mathcal{M}^\perp$, dann ist

$$l(\psi_0 - \alpha\psi_1) = l(\psi_0) - \alpha l(\psi_1) = 0$$

für $\alpha = l(\psi_0)/l(\psi_1)$, d.h.

$$\psi_0 - \frac{l(\psi_0)}{l(\psi_1)}\psi_1 \in \mathcal{M}(\cap\mathcal{M}^\perp),$$

und das kann nur für die Null gelten, d.h.

$$\psi_0 = \frac{l(\psi_0)}{l(\psi_1)}\psi_1. \tag{13.22}$$

Sei ψ_0 normiert. $\varphi \in \mathcal{H}$ ist zerlegbar in[8]

$$\varphi = m + \langle\psi_0|\varphi\rangle\psi_0$$

mit $m \in \mathcal{M}$ und

$$l(\varphi) = l(m) + l\left(\langle\psi_0|\varphi\rangle\psi_0\right) = \langle\psi_0|\varphi\rangle l(\psi_0),$$

was ja für ein $\psi \in \mathcal{H}$ und für alle φ gleich $\langle\psi|\varphi\rangle$ sein soll, also setze (man beachte, daß die Antilinearität des Skalarproduktes den komplex konjugierten Faktor notwendig macht)

$$\psi = l^*(\psi_0)\psi_0. \tag{13.23}$$

Damit ist die Sache bewiesen.

Nun weiter zur Bilinearform oder genauer Sesquilinearform mit dem

Theorem 13.2.2. *Sei $B(\,\cdot\,,\,\cdot\,)$ eine Funktion von $\mathcal{H} \times \mathcal{H}$ nach $\mathbb{C}$ mit den folgenden Eigenschaften: für alle $\varphi, \psi, \chi \in \mathcal{H}$ und $\alpha, \beta \in \mathbb{C}$ gilt*

(i) $B(\varphi, \alpha\psi + \beta\chi) = \alpha B(\varphi, \psi) + \beta B(\varphi, \chi)$
(ii) $B(\varphi, \psi) = B(\psi, \varphi)^*$
(iii) $|B(\varphi, \psi)| \leq C\|\varphi\|\|\psi\|$.

Dann existiert ein eindeutiger beschränkter symmetrischer linearer Operator $\widehat{A}$ von $\mathcal{H}$ nach $\mathcal{H}$, so daß für alle $\varphi, \psi \in \mathcal{H}$ gilt

$$B(\varphi, \psi) = \langle\hat{A}\varphi|\psi\rangle.$$

Dies folgt aus (13.2.1), weil offenbar $B(\varphi,\,\cdot\,)$ ein beschränktes lineares Funktional ist, und darum ist die Wirkung von $B(\varphi,\,\cdot\,)$ gleich der von einem eindeutigen $\tilde\varphi$ im Skalarprodukt,

$$B(\varphi, \psi) = \langle\tilde\varphi|\psi\rangle.$$

---

[8] m ist in der Tat der Abstandvektor von φ zum Unterraum, der durch ψ_0 aufgespannt wird.

Damit definiert die Abbildung $\varphi \longrightarrow \tilde{\varphi}$ die Transformation $\hat{A}$ mit $\hat{A}\varphi = \tilde{\varphi}$. Insbesondere gilt also $\langle \hat{A}\varphi | \psi \rangle = B(\varphi, \psi)$, und daraus erhält man mit (i)-(iii) von oben die genannten Eigenschaften von $\hat{A}$: Daß $\hat{A}$ linear ist, sieht man, daß $\hat{A}$ beschränkt ist, folgt aus

$$\|\hat{A}\varphi\|^2 = \langle \hat{A}\varphi | \hat{A}\varphi \rangle = B(\varphi, \hat{A}\varphi) \leq C\|\varphi\|\|\hat{A}\varphi\|,$$

so daß

$$\|\hat{A}\varphi\| \leq C\|\varphi\|.$$

Die Norm[9] ist das kleinste dieser C (die Normeigenschaften sind ziemlich einfach zu sehen):

$$\|\hat{A}\| := \sup_{\psi} \frac{\|\hat{A}\psi\|}{\|\psi\|} = \sup_{\|\psi\|=1} \|\hat{A}\psi\|. \tag{13.24}$$

Wegen (ii) ist $\hat{A}$ symmetrisch, das bedeutet $\forall \varphi, \psi \in \mathcal{H}$ gilt

$$\langle \hat{A}\varphi | \psi \rangle = (B(\varphi, \psi) = B(\psi, \varphi)^* = \langle \hat{A}\psi | \varphi \rangle^*) = \langle \varphi | \hat{A}\psi \rangle. \tag{13.25}$$

13.3 Tensorraum

Nun kommen wir zur Verschränkung der Wellenfunktion von N Teilchen. Wir denken einmal „rein axiomatisch": Für ein Teilchen ist der „Zustandsraum" der Hilbertraum (der „Wellenfunktionsraum") $L^2(\mathbb{R}^3, \mathrm{d}^3 x)$. Für zwei Teilchen[10] haben wir – gingen wir blind axiomatisch vor, ohne die physikalische Theorie zur Kenntnis zu nehmen – mehrere Möglichkeiten. Naheliegend wäre es dann zum Beispiel, die *direkte* Summe der Einteilchenräume $\mathcal{H}_1$ und $\mathcal{H}_2$ zu nehmen:

$$\mathcal{H}_1 \oplus \mathcal{H}_2 = \left\{ \begin{pmatrix} \varphi_1 \\ \varphi_2 \end{pmatrix}, \varphi_1 \in \mathcal{H}_1, \varphi_2 \in \mathcal{H}_2, \right\} \tag{13.26}$$

mit dem inneren Produkt

---

[9] Die Operatornorm wird ebenfalls mit $\| \cdot \|$ notiert, weil wir konsequent mit $\hat{A}$ Operatoren notieren, und $\|\hat{A}\|$ kann dann nur die Norm des Operators sein. Ausnahmen werden sein: H, der Schrödingersche Hamiltonoperator (kurz Schrödingeroperator), (weil ihm Schrödinger keinen Hut aufgesezt hat), und wenn wir allgemeine Operatoren studieren, heißen sie meistens T. Auf jeden Fall wird aus dem Kontext klar, wann die Operatornorm gemeint ist.

[10] Ich überlasse es dem Leser, die Dinge dieses Abschnittes für N Teilchen zu formulieren. Wegen der etwas einfacheren Notation, benutze ich hier beispielhaft 2 Teilchen.

$$\left\langle \begin{pmatrix} \varphi_1 \\ \varphi_2 \end{pmatrix} \middle| \begin{pmatrix} \psi_1 \\ \psi_2 \end{pmatrix} \right\rangle = \langle \varphi_1 | \psi_1 \rangle_{\mathcal{H}_1} + \langle \varphi_2 | \psi_2 \rangle_{\mathcal{H}_2}.$$

Das entspricht physikalisch der de Broglieschen Vorstellung einer Welle pro Teilchen (die Dimensionen der Räume addieren sich). Aber nun wissen wir bereits, daß die Wellenfunktion auf dem Konfigurationsraum lebt, also in $L^2(\mathbb{R}^6, \mathrm{d}^6 x)$ ist, und dies ergibt sich in der axiomatischen Verallgemeinerung aus dem Einteilchenraum als das *Tensorprodukt* der Einteilchenräume, den Raum der linearen Superpositionen von Produkten $\varphi_1(\boldsymbol{x}_1)\varphi_2(\boldsymbol{x}_2)$. Geht man diesen abstrakten Weg der Bildung des Tensorraumes aus gegebenen Räumen $\mathcal{H}_1$ und $\mathcal{H}_2$, kommt man darauf, einfach „formale Produkte" $\phi_1 \otimes \phi_2$, $\phi_i \in \mathcal{H}_i$ und Linearkombinationen davon anzuschauen, und dann Addition und Skalarprodukt (in natürlicher Weise) zu erklären. Das ist dann so formal, daß man Gefahr läuft, gar nicht mehr zu wissen, was die Dinge nun eigentlich sollen. Man sollte an dieser Stelle sowieso fragen, warum wir überhaupt Interesse daran haben, den Mehrteilchen-L^2 auf solch abstrakte Weise bekommen zu wollen. Der Grund ist, wie so oft, daß man in Modellen verschiedene Systeme ganz unterschiedlicher Freiheitsgrade koppelt und man mit der Tensorraumbildung aus den Räumen der Einzelsysteme schnell den neuen Raum hinschreiben kann, und so kann man z.B. Spinfreiheitsgrade und räumliche Freiheitsgrade (fast gedankenlos) gemeinsam beschreiben. Das bemerke ich nachher noch einmal deutlicher, aber die Moral ist, daß es uns gar nicht so sehr um den Mehrteilchen-L^2 geht (denn der wird uns grundlegend durch die Physik gegeben), als vielmehr um eine Möglichkeit, mit neuen Freiheitsgraden bequem zu hantieren. Dennoch haben wir kein Interesse, total formal vorzugehen, und schlagen einen etwas konkreteren Weg ein: Wir definieren für $\varphi_1 \in \mathcal{H}_1$ und $\varphi_2 \in \mathcal{H}_2$ die bilineare (bei N Teilchen eine in N Argumenten multilineare) Abbildung

$$\varphi_1 \otimes \varphi_2 : \mathcal{H}_1 \times \mathcal{H}_2 \longrightarrow \mathbb{C},$$

$$\varphi_1 \otimes \varphi_2(\psi_1, \psi_2) = \langle \psi_1 | \varphi_1 \rangle_{\mathcal{H}_1} \langle \psi_2 | \varphi_2 \rangle_{\mathcal{H}_2}. \tag{13.27}$$

Dann nehmen wir alle endlichen Linearkombinationen, d.h.

$$\mathrm{Span}(\otimes) = \mathrm{span}(\varphi_1 \otimes \varphi_2, \varphi_1 \in \mathcal{H}_1, \varphi_2 \in \mathcal{H}_2)$$

und definieren darauf das innere Produkt durch die lineare Erweiterung von

$$\langle \varphi_1 \otimes \varphi_2 | \psi_1 \otimes \psi_2 \rangle_{\otimes} = \langle \varphi_1 | \psi_1 \rangle_{\mathcal{H}_1} \langle \varphi_2 | \psi_2 \rangle_{\mathcal{H}_2}. \tag{13.28}$$

Was fehlt zum Hilbertraum? Der Abschluß unter Cauchykonvergenz! Also definieren wir als Tensorraum $\mathcal{H}_{\otimes} = \mathcal{H}_1 \otimes \mathcal{H}_2$, die Vervollständigung von $\mathrm{Span}(\otimes)$ unter $\langle \, \cdot \, | \, \cdot \, \rangle_{\otimes}$.

Anmerkung 13.3.1. Über Vervollständigung

Vielleicht sollten ein paar Worte zur Vervollständigung gesagt werden. Das ist ja ein ganz allgemeines Programm: Die Vervollständigung (speziell) eines unitären Raumes $\mathcal{M}$ bedeutet, daß man einen vollständigen unitären Raum $\mathcal{H}$ findet, in dem $\mathcal{M}$ dicht isometrisch, d.h. mit Erhaltung des Skalarproduktes eingebettet ist. Das kanonische Verfahren ist, Cauchyfolgen $f_n, g_n \in \mathcal{M}$ gleich zu nennen, wenn $\lim_{n\to\infty} \|f_n - g_n\| = 0$ ist, und dann $\mathcal{H}$ als den Raum aller Äquivalenzklassen von gleichen Cauchyfolgen zu nehmen. Man überlegt sich, daß das Skalarprodukt in $\mathcal{H}$ als $\lim_{n\to\infty}\langle f_n|g_n\rangle$ genommen werden kann, d.h. es ist unabhängig davon, welcher Vertreter der Äquivalenklasse genommen wird. Das ist ein einfaches Argument. Zuletzt kann man die Vollständigkeit zeigen, indem man aus einer Cauchyfolge $F_n \in \mathcal{H}$ die Diagonalfolge $f - (F_{n,n})_n$ als Cauchyfolge (mit Anwendung der Dreiecksungleichung) erkennt, d.h. $f \in \mathcal{H}$, und dann sieht, daß f der Limes der Cauchyfolge F_n ist. $\mathcal{M}$ findet man wieder, indem man $f \in \mathcal{M}$ als die konstante Cauchyfolge $f_n = f$ in $\mathcal{H}$ liest. Diese liegen dicht (per Konstruktion von $\mathcal{H}$), und die Isometrieeigenschaft ist evident.

Wir waren aber ein wenig hastig. Wir müssen ja (13.28) durch Linearität auf $\mathrm{Span}(\otimes)$ (bzw. $\mathcal{H}_\otimes$) ausdehnen, und da ist von vornherein vielleicht gar nicht klar, ob (13.28) eine eindeutige Vorschrift ist, d.h. wenn wir $\langle \Phi|\Psi\rangle_\otimes$ für $\Phi, \Psi \in \mathrm{Span}(\otimes)$ auswerten, darf dies nicht von der Darstellung von Φ und Ψ abhängen. Das bedeutet, wenn Φ die „Nullform " ist, dann muß in der Tat $\langle \Phi|\Psi\rangle_\otimes = 0$ für alle $\Psi \in \mathrm{Span}(\otimes)$ gelten. Um das Prinzip zu sehen, zeigen wir das einmal. Also sei

$$\Psi = \sum_{k=1}^{N} \alpha_k \varphi_k \otimes \eta_k,$$

dann ist (wegen der Linearität)

$$\left\langle \sum_{k=1}^{N} \alpha_k \varphi_k \otimes \eta_k \Big| \Phi \right\rangle_\otimes = \sum_{k=1}^{N} \alpha_k^* \langle \varphi_k \otimes \eta_k|\Phi\rangle_\otimes = \sum_{k=1}^{N} \alpha_k^* \Phi(\varphi_k, \eta_k) = 0,$$

da ja Φ die „Nullform" ist.

Und noch etwas. Das innere Produkt muß positiv definit sein, d.h. $\langle \Psi|\Psi\rangle_\otimes > 0$ für $\Psi \neq 0$. Das zeigen wir auch noch. Sei also

$$\Psi = \sum_{k=1}^{N} \alpha_k \varphi_k \otimes \eta_k.$$

Indem wir die $(\varphi_k)_{k=1,\ldots,N}$ und $(\eta_k)_{k=1,\ldots,N}$ in Orthogonalbasen $(\tilde{\varphi}_k)$ und $(\tilde{\eta}_k)$ der betreffenden Teilräume $(\mathrm{span}(\varphi_k) \subset \mathcal{H}_1, \mathrm{span}(\eta_k) \subset \mathcal{H}_2)$ zerlegen, bekommen wir die Form

$$\Psi = \sum_{k,l=1}^{N} \alpha_{kl} \tilde{\varphi}_k \otimes \tilde{\eta}_l$$

und

$$\langle \Psi | \Psi \rangle_\otimes = \left\langle \sum_{k,l=1}^{N} \alpha_{kl} \tilde{\varphi}_k \otimes \tilde{\eta}_l \,\Big|\, \sum_{n,m=1}^{N} \alpha_{nm} \tilde{\varphi}_n \otimes \tilde{\eta}_m \right\rangle_\otimes$$

$$= \sum_{k,l,m,n=1}^{N} \alpha_{kl}^* \alpha_{nm} \langle \tilde{\varphi}_k \otimes \tilde{\eta}_l | \tilde{\varphi}_n \otimes \tilde{\eta}_m \rangle_\otimes = \sum_{k,l,m,n=1}^{N} \alpha_{kl}^* \alpha_{nm} \langle \tilde{\varphi}_k | \tilde{\varphi}_n \rangle_{\mathcal{H}_1} \langle \tilde{\eta}_l | \tilde{\eta}_m \rangle_{\mathcal{H}_2}$$

$$= \sum_{k,l,m,n=1}^{N} \alpha_{kl}^* \alpha_{nm} \delta_{kn} \delta_{ln} = \sum_{k,l=1}^{N} \alpha_{kl}^* \alpha_{kl} = \sum_{k,l=1}^{N} |\alpha_{kl}|^2 > 0.$$

Anmerkung 13.3.2. Warnung: Produktfunktionen sind untypisch
Aus $\Psi \in \mathcal{H}_\otimes$ folgt i.a. nicht $\Psi = \varphi_1 \otimes \varphi_2$, sondern i.a. ist

$$\Psi = \sum_{i,j=1}^{\infty} \alpha_{ij} \varphi_i \otimes \varphi_j,$$

die Dimension des Tensorraumes ist das Produkt der Dimensionen der Einzelräume – was bei endlich- dimensionalen Räumen eine klare Aussage ist und für unendlich-dimensionale Räume ebenfalls gilt.

Theorem 13.3.1. *Wenn (φ_k) und (ψ_l) orthonormale Basen von $\mathcal{H}_1$ und $\mathcal{H}_2$ sind, dann ist $(\varphi_k \otimes \psi_l)_{kl}$ eine orthonormale Basis von $\mathcal{H}_1 \otimes \mathcal{H}_2$.*

Hier ist es nun am einfachsten zu zeigen, daß Span($\otimes$) im Abschluß S des durch $(\varphi_k \otimes \psi_l)_{kl}$ aufgespannten Raumes liegt, denn die $(\varphi_k \otimes \psi_l)_{kl}$ bilden klarerweise ein Orthonormalsystem. Also reicht es aus, ein $\varphi \otimes \psi$ zu betrachten. Nun gilt

$$\varphi = \sum_{k=1}^{\infty} \alpha_k \varphi_k, \; \psi = \sum_{l=1}^{\infty} \beta_l \psi_l$$

und sei

$$\varphi(N) = \sum_{k=1}^{N} \alpha_k \varphi_k, \; \psi(N) = \sum_{l=1}^{N} \beta_l \psi_l.$$

Dann ist $\varphi(N) \otimes \psi(N) = \sum_{k,l=1}^{N} \alpha^* \beta \varphi_k \otimes \psi_l$, und nun wollen wir

$$\|\varphi \otimes \psi - \varphi(N) \otimes \psi(N)\|$$

abschätzen:

$$\|\varphi \otimes \psi - \varphi(N) \otimes \psi(N)\| = \|(\varphi - \varphi(N)) \otimes \psi - \varphi(N) \otimes (\psi(N) - \psi)\|$$

$$\leq \|\varphi - \varphi(N)\| \|\psi\| + \|\varphi(N)\| \|\psi(N) - \psi\|$$

$$\leq \|\varphi - \varphi(N)\| + \|\psi(N) - \psi\| \to 0$$

für $N \to \infty$.

Soweit das Abstrakte. Nun ein Beispiel. $L^2(\mathbb{R}, \mathrm{d}x) \otimes L^2(\mathbb{R}, \mathrm{d}y)$ kann als natürlich isomorph zu $L^2(\mathbb{R}^2, \mathrm{d}x\mathrm{d}y)$ angesehen werden. Die Elemente aus $L^2(\mathbb{R}, \mathrm{d}x) \otimes L^2(\mathbb{R}, \mathrm{d}y)$ können wir dabei einfach mit den Linearkombinationen von Produkten von Funktionen identifizieren:

$$\Psi(x,y) = \sum_{k,l} \alpha_{kl} \varphi_k \otimes \psi_l \,\hat{=}\, \sum_{k,l} \alpha_{kl} \varphi_k(x)\psi_l(y).$$

Das werden wir gleich anschließend genauer durchführen, nachdem wir uns versichert haben, daß für Orthonormalbasen $(\varphi_k)_k$ und $(\psi_l)_l$ in $L^2(\mathbb{R}, \mathrm{d}x)$, $(\varphi_k(x)\psi_l(y))_{kl}$ eine Orthonormalbasis von $L^2(\mathbb{R}^2, \mathrm{d}x\mathrm{d}y)$ ist. Dies sieht man nun folgendermaßen mit unserem Kriterium für Orthonormalbasen. Sei $\Psi \in L^2(\mathbb{R}^2, \mathrm{d}x\mathrm{d}y)$, so daß

$$\forall k,l \quad \int\int \Psi^*(x,y)\varphi_k(x)\psi_l(y)\mathrm{d}x\mathrm{d}y = 0$$

ist, d.h. wir suchen ein zu $(\varphi_k(x)\psi_l(y))_{kl}$ orthogonales Element. Wir wollen zeigen, daß nur $\Psi = 0$ in Frage kommt. Dies besorgt uns der Satz von Fubini:

$$\int \left(\int \Psi^*(x,y)\varphi_k(x)\mathrm{d}x \right) \psi_l(y)\mathrm{d}y = 0 \quad \forall l$$

bedeutet, daß die Funktion

$$g_k(y) = \int \Psi^*(x,y)\varphi_k(x)\mathrm{d}x \in L^2(\mathbb{R}, \mathrm{d}y)$$

außerhalb einer Nullmenge N_k null sein muß. Dies bedeutet, daß für $y \notin \bigcup N_k$

$$\int \Psi^*(x,y)\varphi_k(x)\mathrm{d}x = 0 \quad \forall k$$

ist. Daher muß $\Psi^*(x,y)$ fast überall (bzgl. „$\mathrm{d}x$") Null sein, und daher ist $\Psi(x,y)$ fast überall null bzgl. „$\mathrm{d}x\mathrm{d}y$". Und so haben wir $(\varphi_k(x)\psi_l(y))_{kl}$ als Orthonormalbasis $L^2(\mathbb{R}^2, \mathrm{d}x\mathrm{d}y)$.

Damit ergibt sich nun die Abbildung

$$U : \varphi_k \otimes \psi_l \longrightarrow \varphi_k(x)\psi_l(y),$$

die die Orthonormalbasis von $L^2(\mathbb{R}, \mathrm{d}x) \otimes L^2(\mathbb{R}, \mathrm{d}y)$ eindeutig auf die Orthonormalbasis von $L^2(\mathbb{R}^2, \mathrm{d}x\mathrm{d}y)$ abbildet und die wir eindeutig durch Linearität als unitäre Abbildung von ganz $L^2(\mathbb{R}, \mathrm{d}x) \otimes L^2(\mathbb{R}, \mathrm{d}y)$ nach ganz $L^2(\mathbb{R}^2, \mathrm{d}x\mathrm{d}y)$ fortsetzen können. Für $\varphi(x)\psi(y)$ ist

$$U(\varphi \otimes \psi) = U\left(\sum_k \alpha_k \varphi_k \otimes \sum_l \beta_l \psi_l \right)$$

$$= U\left(\sum_{k,l} \alpha_k \beta_l \varphi_k \otimes \psi_l\right)$$

$$= \sum_{k,l} \alpha_k \beta_l U(\varphi_k \otimes \psi_l)$$

$$= \sum_k \alpha_k \varphi_k(x) \sum_l \beta_l \psi_l(x)$$

$$= \varphi(x)\psi(y).$$

Also können wir, wie oben gesagt, $L^2(\mathbb{R}, \mathrm{d}x) \otimes L^2(\mathbb{R}, \mathrm{d}y)$ als natürlich isomorph zu $L^2(\mathbb{R}^2, \mathrm{d}x\mathrm{d}y)$ ansehen und allgemein

$$\bigotimes_{i=1}^{3N} L^2(\mathbb{R}, \mathrm{d}x_i) \cong L^2(\mathbb{R}^{3N}, \mathrm{d}^{3N}x). \tag{13.29}$$

Nach unserer Analyse der Bohmschen Mechanik beschreiben die Produktfunktionen $\varphi(x)\psi(y)$ (oder $\varphi \otimes \psi$) im Tensorraum statistische und metaphysische Unabhängigkeit von x- und y-System. Im allgemeinen hingegen wird die Wellenfunktion (durch Wechselwirkungspotentiale in der Schrödingergleichung) nur als typisches Element des Tensorraumes schreibbar sein,

$$\sum_{k,l} \alpha_{kl} \varphi_k \otimes \psi_l \,\widehat{=}\, \sum_{k,l} \alpha_{kl} \varphi_k(x)\psi_l(y) = \Psi(x,y).$$

Anmerkung 13.3.3. Zur Spinorwellenfunktionen
Betrachten wir spinorwertige Wellenfunktionen $\binom{\varphi_1}{\varphi_2}$, dann ergibt sich auch hier eine natürliche Isomorphie zwischen Tensorraum und Spinorwellenfunktionsraum,

$$L^2(\mathbb{R}^3, \mathrm{d}^3x;\ \mathbb{C}^2) \cong L^2(\mathbb{R}^3, \mathrm{d}^3x) \otimes \mathbb{C}^2,$$

indem man die Zuordnung

$$U : \varphi_k \otimes e_k \longrightarrow \varphi_k(x)e_k$$

für $\varphi_k \in L^2(\mathbb{R}^3, \mathrm{d}^3x)$ und die Orthonormalbasis $(e_k)_{k=1,2}$ in $\mathbb{C}^2$ trifft und dann durch Linearität unitär ausweitet. An die Stelle von $\mathbb{C}^2$ kann in der Tat ein beliebiger Hilbertraum gesetzt werden. Insbesondere sind N-Teilchen-Spinoren naturgemäß Elemente aus

$$\bigotimes_{k=1}^{N} \mathbb{C}^2.$$

Oftmals reduziert man in Problemen, die mit dem Spin zu tun haben, die Beschreibung nur noch auf den Spinanteil, wenn die Problemstellung das erlaubt. Vom L^2-Anteil weiß man dann, daß der als Tensorfaktor $L^2(\mathbb{R}^{3N}, \mathrm{d}^{3N}\mathrm{d}x)$ mitläuft, ohne daß das ausgesprochen wird.

Anmerkung 13.3.4. Zur Schmidt-Basis im Tensorraum
Eine gegebene Funktion $\psi(x, y)$ kann immer in einer „Biorthogonalbasis"
diagonal dargestellt werden:

$$\psi(x, y) = \sum_n \alpha_n \tilde{\varphi}_n(x) \tilde{\psi}_n(y), \tag{13.30}$$

wobei sowohl $(\tilde{\varphi}_n)$ als auch $(\tilde{\psi}_n)$ Orthonormalbasen sind. Dies wird oft
im Zusammenhang mit der Darstellung der Wellenfunktion des Universums
erwähnt, weil (13.30) formale Ähnlichkeit mit der Superposition hat, wie sie
beim Meßprozeß entsteht und daher zu Spekulationen Anlaß gibt. Mathematisch geht das auf eine Arbeit von Schmidt zurück [62]. Es ist einigermaßen
interessant, daß die Darstellung (13.30) möglich ist, und deswegen gehen wir
kurz darauf ein.

Allgemein gilt ja für Orthogonalbasen (φ_n) und (ψ_n), daß

$$\psi(x, y) = \sum_{n,m} \alpha_{nm} \varphi_n(x) \psi_m(y)$$

ist, und der Einfachheit halber beschränken wir uns auf eine endliche Summe

$$\psi(x, y) = \sum_{n,m=1}^N \alpha_{nm} \varphi_n(x) \psi_m(y)$$

und lineare Algebra. Unter unitärer Transformation S und T mit

$$S^+ \varphi_n = \tilde{\varphi}_n, \quad T^+ \psi_n = \tilde{\psi}_n$$

und

$$S^+ S = T^+ T = E$$

sind $(\tilde{\varphi}_n)$ und $(\tilde{\psi}_n)$ Orthogonalbasen. Mit $A = (\alpha_{nm})$ schreiben wir

$$\psi(x, y) = \sum_{n,m=1}^N (SAT)_{nm} \tilde{\varphi}_n(x) \tilde{\psi}_m(y),$$

so daß (13.30) gesichert ist, wenn solche S und T existieren, die A „diagona-
lisieren",

$$SAT = D, \tag{13.31}$$

mit einer Diagonalmatrix D. Daß solche Matrizen existieren, sieht man folgendermaßen. Sei (e_k) die kanonische Basis im $\mathbb{R}^N$. Mit $Te_k =: t_k$ und
$Ss_k := e_k$ können wir (13.31) so ausführen:

$$SATe_k = SAt_k = S\delta_k s_k = \delta_k e_k,$$

wenn

$$At_k = \delta_k s_k, \tag{13.32}$$

wobei $D = (\delta_k)$.

Also ist die Frage, ob es Orthonormalbasen s_k und t_k gibt, so daß (13.32)gilt.

Und die gibt es: Mit der adjungierten A^* sind A^*A und AA^* positive symmetrische Matrizen; sie sind also diagonalisierbar mit positiven Eigenwerten α_k^2 und $\tilde{\alpha}_n^2$ und einem orthonormalen Eigensystem t_k und s_n. Aber aus

$$A^*At_k = \alpha_k^2 t_k$$

folgt

$$AA^*At_k = \alpha_k^2 At_k,$$

also ist At_k Eigenvektor von AA^*, dessen Eigenwerte sind aber $\tilde{\alpha}_n^2$ mit den Eigenvektoren s_n. Eventuelles Umnumerieren liefert also $\tilde{\alpha}_k^2 = \alpha_k^2$ und $At_k = \delta_k s_k$, wobei

$$\delta_k^2 = (\delta_k s_k, \delta_k s_k) = (At_k, At_k) = (A^*At_k, t_k) = \alpha_k^2 (t_k, t_k) = \alpha_k^2,$$

d.h. $\delta_k = \alpha_k$.

Von nun ab sagen wir, daß die Wellenfunktion ein Element eines Hilbertraumes $\mathcal{H}$ ist und meinen dabei meistens

$$\mathcal{H} = L^2(\mathbb{R}^{3N}, \mathrm{d}^{3N}x).$$

Wir wissen, daß nur die glatten, guten Funktionen darin – die wirklichen Wellenfunktionen – physikalisch relevant sind.

14. Der Schrödingeroperator

Die Dynamik der Bohmschen Mechanik ist durch die Schrödingergleichung (8.15) für die Wellenfunktion und durch die Führungsgleichung (8.12) für die Teilchenorte gegeben. Damit nun die Teilchenbahnen für „alle Zeiten" existieren, muß zumindest für „alle Zeiten" die Gesamtwahrscheinlichkeit – die Norm – $\int |\psi_t|^2 \mathrm{d}^n x = 1$ sein. Aber für singuläre Potentiale, wie z.B. das physikalisch relevante Coulombpotential, gibt es Lösungen der Schrödingergleichung, bei denen die Norm ab- bzw. zunimmt und wo erst durch *Randbedingungen* die durch die Gleichungen beschriebene physikalische Situation eindeutig wird. Mit dem Konzept der Selbstadjungiertheit selektiert man alle möglichen Lösungen der Schrödingergleichung, für die die Norm erhalten bleibt. Wie behandeln das Problem als mathematisches Thema und die physikalischen Dimensionen sind dabei unwesentlich: Wir setzen also $\hbar = m = 1$ und betrachten die Schrödingergleichung

$$\mathrm{i}\frac{\partial \psi}{\partial t} = -\frac{1}{2}\Delta\psi + V\psi =: H(\Delta, V)\psi \qquad (14.1)$$

mit Anfangsbedingung $\psi(t = 0) = \psi_0$. Heuristisch erhalten wir $\psi(t) = \mathrm{e}^{-\mathrm{i}tH}\psi_0$ als Lösung, und da H „reell" ist, haben wir mit dem i im Exponenten von $U(t) = \mathrm{e}^{-\mathrm{i}tH}$ ebenso heuristisch einen beschränkten linearen Operator auf dem Hilbertraum $\mathcal{H}$. Außerdem soll noch $\|\psi(t)\| = \|\psi(0)\|$ gelten. Daher zunächst die abstrakte Definition.

Definition 14.0.1. *Eine unitäre einparametrige Gruppe ist eine Familie*

$$U(t) : \mathcal{H} \longrightarrow \mathcal{H}$$

von linearen Operatoren (für jedes $t \in \mathbb{R}$ ein Operator) auf einem Hilbertraum $\mathcal{H}$, so daß gilt:

    (i) $t \longrightarrow U(t)\psi$ *ist stetig für jedes $\psi \in \mathcal{H}$*

    (ii) $U(t + s) = U(t)U(s)$, $U(0) = E$

    (iii) $\|U(t)\psi\| = \|\psi\|$ *für alle $t \in \mathbb{R}$ und alle $\psi \in \mathcal{H}$.*

(i) bedeutet, daß $\|U(t)\psi - U(s)\psi\| \longrightarrow 0$ für $t \longrightarrow s$. (iii) ist mit der Polarisationsidentität (13.8) äquivalent zu

$$\langle U(t)\varphi | U(t)\psi \rangle = \langle \varphi | \psi \rangle \quad \text{für alle } \varphi, \psi \in \mathcal{H}.$$

Offenbar fängt die Definition alles ein, was wir von dem „Schrödingerfluß" im Raum der Wellenfunktion erwarten: Existenz, Eindeutigkeit und Normerhaltung. Nun fehlt nur noch, daß

$$\mathrm{i}\frac{\mathrm{d}}{\mathrm{d}t}U(t) = HU(t)$$

gilt mit H als Hamiltonoperator auf $\mathcal{H}$. Und hier müssen wir nun aufpassen und etwas Gefühl in die Sache bringen. Wir müssen unterscheiden zwischen $H(\Delta, V)$ in (14.1) und dem Hamiltonoperator H. Warum?

Nun, $H(\Delta, V)$ ist nur ein formaler *Differentialoperator*, d.h. er ist nur auf einer (wenn auch *dichten*) Menge von L^2-Funktionen erklärt (z.B. auf C_0^∞), d.h. $H(\Delta, V)$ ist sicher kein Operator auf ganz L^2. Also müssen wir genau sagen, auf welcher Menge er definiert ist, wir müssen den *Definitionsbereich* $\mathcal{D}(H)$ mit angeben[1]. Das allein ist natürlich keine Begründung dafür, das Symbol H einzuführen. Aber nun denken wir an unser triviales Beispiel des Teilchens auf der Halbachse. Da ist die Vorschrift, „Löse die Schrödingergleichung nur für $x > 0$ und für Anfangsdaten ψ_0 mit $\mathrm{supp}\,\psi_0 \in (0, \infty)$" nicht eindeutig. Wir müssen *Randbedingungen* stellen – das heißt aber doch nichts anderes, als daß wir mit jeder Randbedingung $a \in \mathbb{R}$, die wir stellen (vgl. (12.29)), einen Definitionsbereich $\mathcal{D}(H_a)$ aussondern, d.h. daß wir über einen Operator H_a reden, und das ist nun das, was wir mit der Einführung des *Schrödingeroperators* H, der durch seinen Definitionsbereich $\mathcal{D}(H)$ gegeben ist, beachten wollen.

Aber was genau sind Randbedingungen? Was müssen sie erfüllen? Allein H mit Angabe von $\mathcal{D}(H)$ heißt ja nicht, daß wir alle Probleme gelöst haben und bereits unser triviales Beispiel zeigt das. Indem ich einfach $\mathcal{H} = L^2((0, \infty), \mathrm{d}x)$, $H = -\mathrm{d}^2/2\mathrm{d}x^2$ und $\mathcal{D}(H) = \{\varphi \in C_0^\infty((0, \infty))\}$ setze, habe ich zwar alles ganz präzise gesagt, aber nichts gewonnen, denn die zeitliche Entwicklung für ein Anfangs-$\varphi \in \mathcal{D}(H)$ ist *nicht* eindeutig. Und wenn wir verlangen, daß $\varphi(t) \in \mathcal{D}(H)$ sein soll, dann gibt es schon gar keine Lösung.

Wir wollen uns die Bedeutung von Randbedingungen, die uns dann eindeutige Zeitentwicklungen liefern, schrittweise klarmachen, indem wir erst einmal an ein Anfangs-$\varphi \in \mathcal{D}(H)$ denken und dessen Zeitentwicklungen diskutieren. Wir gehen dabei insgesamt einen ganz unüblichen Weg, indem wir – wie es scheint – alles von den Beinen auf den Kopf stellen. Aber nur weil wir sehen werden, daß es in Wirklichkeit so herum gehört, zumindest was Bohmsche Mechanik (also Quantenmechanik) angeht. Wir müssen also ganz klar solche H herausstellen, für die

---

[1] Operatoren, die nicht auf dem ganzen Hilbertraum definiert werden können, heißen unbeschränkte Operatoren; in der Norm beschränkte Operatoren sind definitonsgemäß auf dem ganzen Hibertraum definiert.

$$i\frac{\mathrm{d}}{\mathrm{d}t}U(t) = HU(t)$$

eine eindeutige Lösung $U(t)$ hat. Wir betrachten nur Operatoren H, deren Definitionsbereich $\mathcal{D}(H)$ dicht in $\mathcal{H}$ ist. Solche Operatoren heißen *dicht definiert*. Was wir haben wollen fängt die folgende Definition ein.

Definition 14.0.2. *Ein Operator H heißt Erzeuger (bzw. erzeugend) genau dann, wenn eine unitäre einparametrige Gruppe U_t existiert, so daß Folgendes gilt:*

$$\text{(i)} \quad \mathcal{D}(H) = \{\varphi \in \mathcal{H}, t \mapsto U(t)\varphi \text{ ist differenzierbar}\}$$

$$\text{(ii)} \quad i\tfrac{\mathrm{d}}{\mathrm{d}t}U(t)\varphi = HU(t)\varphi, \text{ für alle } \varphi \in \mathcal{D}(H).$$

Hinweis. Die Aussage, daß $t \mapsto U(t)\varphi$ differenzierbar ist, bedeutet (unter Berücksichtigung der Gruppeneigenschaft), daß es ein Element $\psi \in \mathcal{H}$ gibt, so daß

$$\lim_{t \to 0} \left\| \frac{U(t)\varphi - \varphi}{t} - \psi \right\| = 0$$

ist und 14.0.2(ii) besagt, daß dieses $\psi = -iH\varphi$ ist. In der Tat ist $U_t = \mathrm{e}^{-itH}$ (siehe 14.0.7). Insbesondere können wir auch im Skalarprodukt differenzieren:

$$\frac{\mathrm{d}}{\mathrm{d}t}\langle U(t)\varphi|\psi\rangle\Big|_{t=0} = \lim_{t \to 0}\left\langle \frac{U(t)\varphi - \varphi}{t}\Big|\psi\right\rangle =$$

$$= \lim_{t \to 0}\left\langle \frac{U(t)\varphi - \varphi}{t} - H\varphi\Big|\psi\right\rangle + \langle H\varphi|\psi\rangle = \langle H\varphi|\psi\rangle,$$

wobei man den ersten Summanden z. B. mit Schwarzscher Ungleichung als null erkennt.

Die Definition ist sehr kompakt. Man beachte z.B., daß $\mathcal{D}(H)$ invariant ist, d.h. für alle $t \in \mathbb{R}$ gilt $U(t)\mathcal{D}(H) = \mathcal{D}(H)$. Weiter gilt $U(t)H\varphi = HU(t)\varphi$ für alle $t \in \mathbb{R}$, denn

$$U(t)H\varphi = U(t)i\frac{\mathrm{d}}{\mathrm{d}s}U(s)\varphi|_{s=0} = i\frac{\mathrm{d}}{\mathrm{d}s}U(s)U(t)\varphi|_{s=0} = HU(t)\varphi.$$

Also ist $\|HU(t)\varphi\| = \|H\varphi\|$. Wir überlegen uns weiter, daß die Gruppe $U(t)$ eindeutig bestimmt ist. Dazu sei $\tilde{U}(t)$ ebenfalls von H erzeugt, und wir betrachten

$$\frac{\mathrm{d}}{\mathrm{d}t}\|(U(t) - \tilde{U}(t))\varphi\|^2 = 2\frac{\mathrm{d}}{\mathrm{d}t}(\|\varphi\|^2 - \Re\langle U(t)\varphi|\tilde{U}(t)\varphi\rangle)$$

$$= -2\Re(\langle -iHU(t)\varphi|\tilde{U}(t)\varphi\rangle + \langle U(t)\varphi| - iH\tilde{U}(t)\varphi\rangle)$$

$$= -2\Re(i\langle HU(t)\varphi|\tilde{U}(t)\varphi\rangle - i\langle U(t)\varphi|H\tilde{U}(t)\varphi\rangle),$$

und das ist null, wenn H *symmetrisch* ist, und dann hätten wir Eindeutigkeit, denn dann ist

$$\|(U(t) - \tilde{U}(t))\varphi\| = \|(U(0) - \tilde{U}(0))\varphi\| = 0,$$

wegen (ii) in 14.0.1. Also

Definition 14.0.3. *Ein Operator H heißt symmetrisch (hermitesch) genau dann, wenn $\langle\varphi|H\psi\rangle = \langle H\varphi|\psi\rangle$ ist für alle $\varphi, \psi \in \mathcal{D}(H)$.*

Und in der Tat gilt:

$$H \text{ erzeugend} \implies H \text{ symmetrisch,} \tag{14.2}$$

denn

$$\begin{aligned}
0 = \frac{\mathrm{d}}{\mathrm{d}t}\langle\varphi(t)|\psi(t)\rangle \ &= \ \frac{\mathrm{d}}{\mathrm{d}t}\langle U(t)\varphi|U(t)\psi\rangle \\
&= \langle -\mathrm{i}HU(t)\varphi|U(t)\psi\rangle + \langle U(t)\varphi| - \mathrm{i}HU(t)\psi\rangle \\
&= \mathrm{i}\langle HU(t)\varphi|U(t)\psi\rangle - \mathrm{i}\langle U(t)\varphi|HU(t)\psi\rangle \\
&= \mathrm{i}(\langle H\varphi|\psi\rangle - \langle\varphi|H\psi\rangle).
\end{aligned}$$

Also, wenn der Schrödingeroperator erzeugend ist, haben wir alles was wir wollen – Existenz, Eindeutigkeit und Normerhaltung für die Schrödingersche Zeitentwicklung. Und alles, was wir nun noch benötigen, ist ein ordentliches *Kriterium* für die Erzeugereigenschaft. Darum erinnern wir an (12.25), das Verschwinden des Flußintegrals, das uns die Erhaltung der Wahrscheinlichkeit liefert:

$$\begin{aligned}
\int \frac{\partial|\psi|^2}{\partial t}\mathrm{d}x &= \int (\psi^* H(\Delta, V)\psi - \psi H(\Delta, V)\psi^*)\mathrm{d}x \\
&= -\int \nabla \cdot j^\psi \mathrm{d}x = -\int j^\psi \cdot \mathrm{d}\sigma = 0, \tag{14.3}
\end{aligned}$$

und daher können wir darauf kommen, als Kriterium

$$\int \psi^* H(\Delta, V)\psi \mathrm{d}x = \int \psi H(\Delta, V)\psi^* \mathrm{d}x \tag{14.4}$$

anzusehen. Das ist aber gerade die Symmetrie, die wir ohnehin haben. Und es ist ganz klar, daß dies nicht alles sein kann. In unserem trivialen Beispiel ist $H = -\mathrm{d}^2/2\mathrm{d}x^2$ auf $\mathcal{D}(H) = C_0^\infty((0, \infty))$ symmetrisch, (siehe (14.10), gleichwohl kann H nicht Erzeuger sein, denn die zeitliche Entwicklung ist ja nicht eindeutig.

Aber wie kann (14.4) gelten und (14.3) nicht? In unserem Beispiel haben wir ja gerade, daß die linke Seite von (14.3) negativ sein kann, wenn man über die Halbachse integriert, weil es Lösungen gibt, in denen das Teilchen über den Ursprung nach links verschwindet. Nun, da müssen wir nur deutlicher schreiben, denn in (14.4) steht genau genommen $\psi(t)$, und offenbar kann $\psi_0 \in \mathcal{D}(H)$ sein, aber $\psi(t) \notin \mathcal{D}(H)$ – wir brauchen nur unser triviales Beispiel im Auge zu haben. Also gilt (14.4) auch nicht. Worauf wir also achten müssen, ist doch wohl, die Domäne $\mathcal{D}(H)$ von H so zu wählen, daß sie unter der Zeitentwicklung invariant bleibt. Nun gut, das sagt ja bereits die Definition 14.0.2, aber wir sind auf dem richtigen Weg, das Defizit zwischen „symmetrisch" und „erzeugend" aufzudecken. Wenn wir nun aber H, d.h. $\mathcal{D}(H)$ gewählt haben, wo liegen alle die Lösungen der Schrödingergleichung (14.1), die die Domäne von H verlassen? Für kleine t kommt mit dem Mittelwertsatz

$$\langle \varphi(t)|\varphi(t)\rangle = \left\langle \varphi(0) + t\frac{\partial\varphi}{\partial t}(\tilde{t})|\varphi(0) + t\frac{\partial\varphi}{\partial t}(\tilde{t})\right\rangle$$

$$\approx \langle \varphi(0)|\varphi(0)\rangle + t\left\langle \frac{\partial\varphi}{\partial t}(\tilde{t})|\varphi(0)\right\rangle + t\left\langle \varphi(0)|\frac{\partial\varphi}{\partial t}(\tilde{t})\right\rangle$$

$$= \langle \varphi(0)|\varphi(0)\rangle + t\left\langle -\mathrm{i}H(\Delta,V)\varphi(\tilde{t})|\varphi(0)\right\rangle$$

$$+ t\left\langle \varphi(0)| -\mathrm{i}H(\Delta,V)\varphi(\tilde{t})\right\rangle. \tag{14.5}$$

Wir wissen nun zwar, daß $\varphi_0 \in \mathcal{D}(H)$ liegt, aber $\varphi(\tilde{t})$ braucht nicht mehr in der Domäne $\mathcal{D}(H)$ zu liegen: Wo liegt es dann? In der Domäne des *adjungierten* Operators H^*, den wir nun mit Blick auf (14.5) entsprechend definieren! Dadurch, daß wir $\mathcal{D}(H)$ vorgeben, wird H^* mit $\mathcal{D}(H^*)$ zur entscheidenden Größe.

Definition 14.0.4. *Sei H ein dicht definierter linearer Operator auf $\mathcal{H}$. Sei $\mathcal{D}(H^*)$ die Menge aller $\varphi \in \mathcal{H}$, für welche es ein $\eta \in \mathcal{H}$ gibt mit der Eigenschaft, daß für alle $\psi \in \mathcal{D}(H)$*

$$\langle H\psi|\varphi\rangle = \langle \psi|\eta\rangle$$

gilt. Für jedes $\varphi \in \mathcal{D}(H^*)$ definieren wir $H^*\varphi = \eta$. H^* heißt der zu H adjungierte Operator. Es gilt also $\langle H\psi|\varphi\rangle = \langle \psi|H^*\varphi\rangle$ für alle $\psi \in \mathcal{D}(H)$ und $\varphi \in \mathcal{D}(H^*)$.

Die Eindeutigkeit des Operators H^* wird durch die Dichtheit von $\mathcal{D}(H)$ garantiert. Die Notation entspricht der der komplexen Konjugation, denn die Adjungierte einer komplexen Zahl ist einfach die konjugiert komplexe. Nun können wir offenbar äquivalent zu 14.0.3 sagen, daß H genau dann symmetrisch ist, wenn $\mathcal{D}(H) \subset \mathcal{D}(H^*)$ und $H\varphi = H^*\varphi$ für alle $\varphi \in \mathcal{D}(H)$ gilt; und das schreiben wir als $H \subset H^*$. Und nun formulieren wir als Satz, was wir mit der Überlegung (14.5) im Kopfe haben.

Theorem 14.0.2. *H ist Erzeuger genau dann, wenn $H = H^*$ ist, d.h. wenn H symmetrisch ist und $\mathcal{D}(H) = \mathcal{D}(H^*)$ gilt. Ein solches H heißt üblicherweise selbstadjungiert.*

Dies ist wesentlicher Inhalt des Satzes von Stone [63]. Die Selbstadjungiertheit von Operatoren ist eine Eigenschaft von übergeordnetem mathematischem Interesse, die völlig unabhängig von der Erzeugereigenschaft des Operators gesehen werden kann und meistens auch so gesehen wird. Darum haben wir diesen Namen nicht nur eingeführt, wir werden ihn auch weiterhin, aber als Synomym für „erzeugend", verwenden. Man sieht recht einfach, daß aus der Erzeugereigenschaft von H die Gleichheit $H = H^*$ folgt: Sei $\varphi \in \mathcal{D}(H^*)$, dann gilt für alle $\psi \in \mathcal{D}(H)$

$$\langle \varphi | H\psi \rangle = \left\langle \varphi | i\frac{\mathrm{d}}{\mathrm{d}t} U(t)\psi \right\rangle \bigg|_{t=0} = i\frac{\mathrm{d}}{\mathrm{d}t} \langle \varphi | U(t)\psi \rangle \bigg|_{t=0} = i\frac{\mathrm{d}}{\mathrm{d}t} \langle U(-t)\varphi | \psi \rangle \bigg|_{t=0}.$$

Da aber $\varphi \in \mathcal{D}(H^*)$ist, muß ein $\eta \in \mathcal{H}$ existieren, so daß $\langle \varphi | H\psi \rangle = \langle \eta | \psi \rangle$, also

$$i\frac{\mathrm{d}}{\mathrm{d}t} \langle U(-t)\varphi | \psi \rangle \bigg|_{t=0} = \text{,,} \left\langle i\frac{\mathrm{d}}{\mathrm{d}t} U(t)\varphi | \psi \right\rangle \bigg|_{t=0} = \langle H\varphi | \psi \rangle \text{ ``} = \langle \eta | \psi \rangle$$

gilt. Dies ist also genau dann der Fall, wenn $U(t)\varphi$ bei $t = 0$ differenzierbar ist, und das haben wir in den Anführungszeichen oben angedeutet. Damit ist aber auch $\varphi \in \mathcal{D}(H)$, und daher gilt $\mathcal{D}(H) = \mathcal{D}(H^*)$, d.h. $H^* = H$. Daß die Umkehrung (also H selbstadjungiert $\implies$ H erzeugend) gilt, werden wir am Schluß leicht verstehen (siehe 14.0.7), nachdem wir Selbstadjungiertheit etwas aufgearbeitet haben. Also, wir suchen jetzt nach einem leicht anwendbaren Kriterium für Selbstadjungiertheit, denn der Definitionsbereich ist eine sehr grundlegende Größe, deren Überprüfung nicht so leicht von der Hand geht.

Wir gehen die Sache so an: Wir haben (14.1) gegeben, und wir nehmen eine möglichst „einfache" Menge glatter Funktionen (z.B. $C_0^\infty(\mathbb{R}^n)$) als (dichten) Teil des Definitionsbereiches $\mathcal{D}(H)$. Nun kann man diesen Teil sofort erweitern, so daß z.B. auch zweimal differenzierbare Funktionen φ mit $H(\Delta, V)\varphi \in L^2$ zum Definitionsbereich gehören und dann alles, was sich weiter durch Limiten konvergenter Folgen darin ergibt, sollte in $\mathcal{D}(H)$ liegen, gerade so, daß noch $H\varphi \in L^2$ ist. Es wäre gut, wenn diese Vergrößerung in einem gewissen Sinne maximal ist, so daß einerseits der Definitionsbereich des adjungierten Operators „ausgeschöpft" wird, und sich andererseits nichts Wesentliches am Operator dabei ändert, so daß der anfängliche gut beherrschbare dichte Teilbereich bereits eine klare Charakterisierung des Operators darstellt. Man studiert diese Frage am besten an der kompaktesten Formulierung eines Operators, dem Graphen.

Definition 14.0.5. *Der Graph eines Operators H ist die lineare Teilmenge*

$$\Gamma(H) = \{(\varphi, H\varphi) | \varphi \in \mathcal{D}(H)\} \subset \mathcal{H} \oplus \mathcal{H}.$$

H heißt abgeschlossen, wenn $\Gamma(H)$ eine in $\mathcal{H} \oplus \mathcal{H}$ abgeschlossene Menge ist (wenn sie also alle Häufungspunkte enthält).

Offenbar sind zwei Operatoren genau dann gleich, wenn ihre Graphen übereinstimmen.

Definition 14.0.6. *Seien H_1 und H Operatoren auf $\mathcal{H}$. Wenn $\Gamma(H) \subset \Gamma(H_1)$, dann heißt H_1 eine Erweiterung von H, d.h. $H \subset H_1$. Der Operator H heißt abschließbar, wenn er eine abgeschlossene Erweiterung besitzt. Die kleinste solche abgeschlossene Erweiterung, bezeichnet als $\overline{H}$, heißt Abschluß von H, d.h. $\overline{\Gamma(H)} = \Gamma(\overline{H})$.*

In einem gewissen Sinne nimmt ja H^* das auf, was wir bei H zu wenig vorgegeben haben – wir geben ja zunächst $\mathcal{D}(H)$ vor. Dann ist es nicht verwunderlich, daß folgender Satz gilt.

Theorem 14.0.3. *Sei H ein dicht definierter Operator auf $\mathcal{H}$, dann ist H^* abgeschlossen.*

Zum Beweis: Nach Definition 14.0.4 gilt

$$(\varphi, \eta) \in \Gamma(H^*) \iff \langle \varphi | H\psi \rangle = \langle \eta | \psi \rangle$$

für alle $\psi \in \mathcal{D}(H)$, d.h.

$$\langle \varphi | H\psi \rangle - \langle \eta | \psi \rangle = 0$$

oder mit dem Skalarprodukt auf $\mathcal{H} \oplus \mathcal{H}$ (vgl. (13.26)),

$$\langle (\varphi, \eta) | (-H\psi, \psi) \rangle = 0 \quad \text{für alle } \psi \in \mathcal{D}(H), \tag{14.6}$$

d.h. (φ, η) ist orthogonal zu $(-H\psi, \psi)$, was ja im wesentlichen der Graph von H ist: Um das gut sagen zu können, führt man die unitäre Abbildung

$$W : \mathcal{H} \oplus \mathcal{H} \longrightarrow \mathcal{H} \oplus \mathcal{H}$$

$$W(\varphi, \psi) = (-\psi, \varphi)$$

ein. Dann besagt (14.6), daß $(\varphi, \eta) \in \Gamma(H^*)$ genau dann gilt, wenn $(\varphi, \eta) \in W(\Gamma(H))^\perp$, d.h. aber

$$\Gamma(H^*) = W(\Gamma(H))^\perp. \tag{14.7}$$

Nun sind orthogonale Komplemente immer abgeschlossen[2], also ist $\Gamma(H^*)$ abgeschlossen.

Nun, wenn H symmetrisch ist, dann ist H abschließbar, da dann $H \subset H^*$ ist. Aber H^* braucht nicht der Abschluß $\overline{H}$ von H zu sein und H nicht der adjungierte Operator von H^*.

Korollar 14.0.1. *Sei H abschließbar und H und H^* dicht definiert, dann ist $\overline{H} = H^{**} := (H^*)^*$ und $\overline{H}^* = H^{***} = H^*$.*

---

[2] Leicht zu sehen!

Beweis: Wir benutzen, daß $W(M^\perp) = W(M)^\perp$ ist, was man leicht sieht. Aus (14.7) entnehmen wir

$$\Gamma(H^{**}) = W(\Gamma(H^*))^\perp = W(W(\Gamma(H))^\perp)^\perp = W((W(\Gamma(H))^\perp)^\perp)$$
$$= W(W(\Gamma(H)^\perp)^\perp) = W(W((\Gamma(H)^\perp)^\perp)).$$

Nun gilt

$$(\Gamma(H)^\perp)^\perp = \overline{\Gamma(H)}$$

(nicht $\Gamma(H)$, sondern der Abschluß, weil orthogonale Komplemente eben abgeschlossen sind) und $W^2 = -\mathrm{id}$, also

$$\Gamma(H^{**}) = \overline{\Gamma(H)} = \Gamma(\overline{H}).$$

Genauso ist auch

$$\Gamma(H^{***}) = \overline{\Gamma(H^*)} = \Gamma(H^*) \,,$$

da H^* abgeschlossen.

Damit haben wir für symmetrisches H die Eigenschaften

$$(i)\, H \subset H^{**} = \overline{H} \subset H^*, (ii)\, \overline{H}^* = H^* \tag{14.8}$$

und, falls H selbstadjungiert ist,

$$H = H^{**} = H^*. \tag{14.9}$$

Wie geschickt müssen wir H, d.h. $\mathcal{D}(H)$ wählen, damit beim Abschluß nichts mehr schief geht?

Definition 14.0.7. *Ein symmetrischer Operator H heißt wesentlich selbstadjungiert, wenn sein Abschluß $\overline{H}$ selbstadjungiert ist.*

Korollar 14.0.2. *Ein symmetrischer Operator H ist genau dann wesentlich selbstadjungiert, wenn H^* symmetrisch ist. Dann ist $\overline{H} = H^*$.*

Beweis: Sei H wesentlich selbstadjungiert, also $\overline{H} = \overline{H}^*$. Mit (14.8(ii)) ist $\overline{H}^* = H^*$ und mit (i) $\overline{H} = H^{**}$, also ist $H^* = H^{**}$, also selbstadjungiert und deshalb symmetrisch. Wenn H^* symmetrisch ist, gilt $H^* \subset H^{**}$ (wegen (14.8(i)) für H^* statt H), und daher $H^* = H^{**}$. Also ist H^* selbstadjungiert, und wegen (14.8(i)) ist $\overline{H} = H^*$, also selbstadjungiert.

Wesentliche Selbstadjungiertheit ist also ausreichend, um den Operator genügend zu charakterisieren. Wir brauchen vom selbstadjungierten Operator H nur die Domäne der wesentlichen Selbstadjungiertheit zu wissen, den „determinierenden Bereich" von H. $\mathcal{D} \subset \mathcal{D}(H)$ ist ein determinierender Bereich von H, wenn

$$\overline{H|\mathcal{D}} = H$$

ist, wenn also der Abschluß der Einschränkung von H auf $\mathcal{D}$ gleich H selbst
ist.

Hier zwei Beispiele:

$$H_0 = -\frac{\mathrm{d}^2}{\mathrm{d}x^2} \quad \text{auf} \quad \mathcal{D}(H_0) = C_0^\infty(\mathbb{R}) \tag{14.10}$$

ist wesentlich selbstadjungiert. Für $\psi \in C_0^\infty$ gilt

$$\langle\varphi|H_0\psi\rangle = \int_{-\infty}^{\infty} \varphi^* H_0\psi\,\mathrm{d}x = -\int_{-\infty}^{\infty} \varphi^*\psi''\mathrm{d}x = \int_{-\infty}^{\infty} \varphi^{*'}\psi'\mathrm{d}x - \varphi^*\psi'\Big|_{-\infty}^{\infty}$$

$$= -\int_{-\infty}^{\infty} \varphi^{*''}\psi\,\mathrm{d}x + \varphi^{*'}\psi\Big|_{-\infty}^{\infty} - \varphi^*\psi'\Big|_{-\infty}^{\infty}. \tag{14.11}$$

Daran sieht man:

1. H_0 ist symmetrisch auf $C_0^\infty(\mathbb{R})$, weil alle Randterme null sind und als
   Ergebnis $\langle H_0\varphi|\psi\rangle$ herauskommt.

2. H_0^* hat $\mathcal{D}(H_0^*) = \{\varphi \in L^2|\varphi'' \in L^2\} = \{\varphi \in L^2|\ |k|^2\hat{\varphi} \in L^2\}$.

3. H_0^* ist symmetrisch, d.h. H_0^* ist selbstadjungiert und der Abschluß von
   H_0, denn

$$\langle\varphi|H_0^*\psi\rangle = \langle\hat{\varphi}|\widehat{H_0^*\psi}\rangle = \langle\hat{\varphi}|k^2\hat{\psi}\rangle = \langle k^2\hat{\varphi}|\hat{\psi}\rangle = \langle H_0^*\varphi|\psi\rangle.$$

Wir können (iii) auch analog zu (14.11) beweisen. Aus Anmerkung 13.1.6
entnehmen wir, daß
$$\varphi' \in L^2 \Longleftrightarrow k\hat{\varphi} \in L^2,$$

und da $k^2\hat{\varphi} \in L^2$ und $\hat{\varphi} \in L^2$ ist, gilt

$$\langle\hat{\varphi}|k^2\hat{\varphi}\rangle = \langle k\hat{\varphi}|k\hat{\varphi}\rangle = \|k\hat{\varphi}\|^2,$$

d.h. $k\hat{\varphi} \in L^2$ und somit ist $\varphi' \in L^2$. Daraus sehen wir: $\varphi, \varphi', \varphi'' \in L^2$ sowie
$\varphi(x) \longrightarrow 0$ und $\varphi'(x) \longrightarrow 0$ jeweils für $|x| \longrightarrow \infty$. Damit folgt dann das
Verschwinden der Randterme.

Aber

$$H_0 = -\frac{\mathrm{d}^2}{\mathrm{d}x^2} \quad \text{auf} \quad \mathcal{D}(H_0) = C_0^\infty((0,\infty)) \subset L^2(\mathbb{R}^+,\mathrm{d}x) \tag{14.12}$$

ist nicht wesentlich selbstadjungiert. Für $\psi \in C_0^\infty((0,\infty))$ gilt

$$\int\limits_0^\infty \varphi^* H_0 \psi \, dx = -\int\limits_0^\infty \varphi^* \psi'' \, dx$$

$$= -\int\limits_0^\infty \varphi^{*\prime\prime} \psi \, dx + \varphi^{*\prime}\psi \Big|_0^\infty - \varphi^* \psi' \Big|_0^\infty . \qquad (14.13)$$

Daran sieht man:

1. H_0 ist symmetrisch auf $C_0^\infty((0,\infty))$.

2. H_0^* hat $\mathcal{D}(H_0^*) = \{\varphi \in L^2(\mathbb{R}^+, dx) | \varphi'' \in L^2(\mathbb{R}^+, dx)\}$.

3. H_0^* ist nicht symmetrisch auf $\mathcal{D}(H_0^*)$ (weil die Randterme bei 0 nicht verschwinden). (Daß die Randterme bei ∞ verschwinden, folgert man wie oben, indem man den $L^2(\mathbb{R}^+, dx)$ als Teilmenge von $L^2(\mathbb{R}, dx)$ ansieht.)

4. Für jedes $a \in \mathbb{R}$ ist

$$H_{0,a} = -\frac{d^2}{dx^2}$$

mit

$$\mathcal{D}(H_{0,a}) = \{\varphi \in L^2(\mathbb{R}^+, dx) | \varphi'' \in L^2(\mathbb{R}^+, dx), \varphi'(0) = a\varphi(0)\}$$

selbstadjungiert (vgl. (12.29)), denn für $\psi \in \mathcal{D}(H_{0,a})$ ist

$$\int\limits_0^\infty \varphi^* H_{0,a} \psi \, dx = -\int\limits_0^\infty \varphi^{*\prime\prime} \psi \, dx - \varphi^{*\prime}(0)\psi(0) + \varphi^*(0)\psi'(0)$$

$$= -\int\limits_0^\infty \varphi^{*\prime\prime} \psi \, dx - \varphi^{*\prime}(0)\psi(0) + \varphi^*(0)a\psi(0).$$

Also muß, damit $\varphi \in \mathcal{D}(H_{0,a}^*)$ ist, $\varphi^{*\prime}(0) = a\varphi^*(0)$ sein, d.h.

$$\varphi'(0) = a\varphi(0) .$$

Also gilt $\mathcal{D}(H_{0,a}^*) = \mathcal{D}(H_{0,a})$.

Nun sind wir ein ganzes Stück weiter, aber ein gutes Kriterium für Selbstadjungiertheit fehlt noch immer. Was wir bisher haben, ist noch zu indirekt. Was wir vermeiden müssen, ist „Masseverlust" von $\psi(t)$. Beispielsweise liefert (14.1) mit einem imaginären Eigenwert,

$$H(\Delta, V)\psi_b = \pm i\psi_b,$$

die Lösung

$$\psi_b(t) = \mathrm{e}^{\pm t}\psi_b(0), \quad b \text{ für „bad".}$$

Mit der Zeit geht also „Masse" verloren oder wird erzeugt, und gerade das soll ja die Selbstadjungiertheit vermeiden. Und unsere Moral ist ja, daß solche Lösungen – wenn überhaupt – in $\mathcal{D}(H^*)$ liegen. Unser entscheidendes Kriterium ist daher der folgende Satz, mit dem Fokus auf der Aussage (ii):

Theorem 14.0.4. *Sei H ein symmetrischer Operator, der auf dem Hilbertraum $\mathcal{H}$ dicht definiert ist. Dann sind äquivalent:*

>(i) *H ist selbstadjungiert.*
>
>(ii) *H ist abgeschlossen und* $\mathrm{Kern}(H^* \pm \mathrm{i}) = \{0\}$.
>
>(iii) $\mathrm{Bild}(H \pm \mathrm{i}) = \mathcal{H}$.

Beweis: (i) $\Longrightarrow$ (ii). Sei H selbstadjungiert. Dann ist H abgeschlossen und $H = H^*$. Angenommen es gäbe nun ein $\varphi \in \mathrm{Kern}(H^* - \mathrm{i})$, dann ist auch $H\varphi = \mathrm{i}\varphi$. Aber bekanntermaßen ist

$$\begin{aligned}-\mathrm{i}\langle\varphi|\varphi\rangle = \langle\mathrm{i}\varphi|\varphi\rangle \;&=\; \langle H\varphi|\varphi\rangle \;=\; \langle\varphi|H\varphi\rangle \;=\; \langle\varphi|\mathrm{i}\varphi\rangle\\ &=\; \mathrm{i}\langle\varphi|\varphi\rangle,\end{aligned}$$

und es kommt nur $\varphi = 0$ in Frage. (Manchmal hört man auch den Slogan „Der Hamiltonoperator muß selbstadjungiert sein, weil die Energiewerte reell sein müssen".)

(ii) $\Longleftrightarrow$ (iii). Die klare Forderung ist (ii). Aber (iii) ist eine einfache Umformulierung, die auf Folgendem basiert: Wenn für alle $\varphi \in \mathcal{D}(H)\langle(H - \mathrm{i})\varphi|\psi\rangle = 0\,\mathrm{gilt} \implies \psi \in \mathcal{D}(H^* + i)$, und in der Tat ist $(H^* + i)\psi = 0$, d.h. $\psi \in \mathrm{Kern}(H^* + i)$. Man beachte, daß also solche $\psi \in (\mathrm{Bild}(H - \mathrm{i}))^{\perp}$ liegen. Das ist der Zusammenhang zwischen $\mathrm{Kern}(H^* + i)$ und $\mathrm{Bild}(H - \mathrm{i})$. Die Dichtheit von $\mathrm{Bild}(H - \mathrm{i})$ ist also gleichbedeutend mit $\mathrm{Kern}(H^* + i) = \{0\}$. (Sonst gäbe es ein $\psi \in (\mathrm{Bild}(H - \mathrm{i}))^{\perp}$ und so weiter...).

Da H abgeschlossen ist, ist intuitiv klar, daß $\mathrm{Bild}(H - \mathrm{i})$ ebenfalls abgeschlossen ist: Für alle $\varphi \in \mathcal{D}(H)$ gilt

$$\|(H - \mathrm{i})\varphi\|^2 = \|H\varphi\|^2 + \|\varphi\|^2,$$

und wenn nun $(\varphi_n)_{n\in\mathbb{N}} \in \mathcal{D}(H)$ und $(H - \mathrm{i})\varphi_n \longrightarrow \psi_0$, dann müssen auch (φ_n) und $(H\varphi_n)$ konvergieren. Da aber H abgeschlossen ist, konvergiert (φ_n) gegen ein $\varphi_0 \in \mathcal{D}(H)$ mit $(H - \mathrm{i})\varphi_0 = \psi_0$, d.h. $\psi_0 \in \mathrm{Bild}(H - \mathrm{i})$, und das zeigt, daß $\mathrm{Bild}(H - \mathrm{i})$ abgeschlossen ist. Wenn es also dicht ist, ist es $\mathcal{H}$.

Nun noch (iii) $\Longrightarrow$ (i). Sei $\varphi \in \mathcal{D}(H^*)$. Da $\mathrm{Bild}(H - \mathrm{i}) = \mathcal{H}$ ist, gibt es ein $\eta \in \mathcal{D}(H)$, so daß

$$(H - \mathrm{i})\eta = (H^* - \mathrm{i})\varphi.$$

Aber $H \subset H^*$, so daß

$$(H^* - \mathrm{i})\eta = (H^* - \mathrm{i})\varphi \text{ oder } (H^* - \mathrm{i})(\eta - \varphi) = 0$$

gilt. Aber wie wir oben bemerkten, da wegen $\mathrm{Bild}(H - \mathrm{i}) = \mathcal{H}$ (dicht reicht aus) $\mathrm{Kern}(H^* - \mathrm{i}) = \{0\}$ sein muß, muß $\eta - \varphi = 0$ sein , also $\eta = \varphi$. Und das wiederum bedeutet $H\varphi = H^*\varphi$ für alle $\varphi \in \mathcal{D}(H^*)$, d.h. $\mathcal{D}(H) = \mathcal{D}(H^*)$, also $H = H^*$ und H ist selbstadjungiert.

Weil meistens nur ein determinierender Bereich (wenn überhaupt) angegeben wird, ist das Folgende relevant.

Korollar 14.0.3. *Sei H symmetrisch. Dann sind äquivalent:*

> (i) *H ist wesentlich selbstadjungiert.*
>
> (ii) *$\mathrm{Kern}(H^* \pm \mathrm{i}) = \{0\}$.*
>
> (iii) *$\mathrm{Bild}(H \pm \mathrm{i})$ ist dicht.*

Anmerkung 14.0.5. Statt $\pm\mathrm{i}$ hätten wir in Satz 14.0.4 (ii) und (iii) (bzw. Korollar 14.0.3 (ii) und (iii)) auch λ schreiben können mit dem Zusatz „für alle $\lambda \in \mathbb{C}\backslash\mathbb{R}$" (d.h. $\mathrm{Im}\lambda \neq 0$). Das sieht man am Beweis oder man überlegt sich, daß

$$H \text{ ist selbstadjungiert} \iff aH + b \text{ ist selbstadjungiert für } a, b \in \mathbb{R} \text{ auf } \mathcal{D}(H)$$

gilt.

Mit Korollar 14.0.3 (ii) können wir entscheiden, ob ein Operator nicht wesentlich selbstadjungiert ist, indem wir von der entsprechenden stationären Schrödingergleichung Lösungen finden. Solche Lösungen werden in aller Regel natürlich differenzierbare (die nennt man auch klassische) Lösungen sein, also differenzierbare Funktionen. Umgekehrt können wir aus der Nichtexistenz von klassischen Lösungen nicht auf die wesentliche Selbstadjungiertheit schließen, denn wir müßten ja sicher sein, daß es auch keine Distributionslösungen gibt.

Im Beispiel (14.10) sind uns aber alle Lösungen bekannt, und wir können einerseits aus der Symmetrie von H_0^* auf die wesentliche Selbstadjungiertheit von H_0 zu schließen, oder wir können andererseits einfach Korollar 14.0.3 anwenden, denn $\mathcal{D}(H_0^*) = \{\varphi \in L^2 \mid |k|^2\hat{\varphi} \in L^2\}$ und $-\varphi'' = i\varphi \iff k^2\hat{\varphi} = \hat{\varphi}$ hat nur die linear unabhängigen Lösungen (auch im Distributionssinne) $\exp(\pm\frac{1-\mathrm{i}}{\sqrt{2}}x)$, von denen keine in $L^2(\mathbb{R}, \mathrm{d}x)$ ist, also ist $\mathrm{Kern}(H_0^* \pm \mathrm{i}) = \{0\}$.

Im Beispiel (14.12) dagegen: $-\varphi'' = i\varphi$ hat die Lösungen

$$\exp\left(\pm\frac{1-\mathrm{i}}{\sqrt{2}}x\right) \qquad x \in (0, \infty)$$

und

$$\exp\left(-\frac{1-\mathrm{i}}{\sqrt{2}}x\right) \in L^2\left(\mathbb{R}^+, \mathrm{d}x\right),$$

d.h.

$$\exp\left(-\frac{1-\mathrm{i}}{\sqrt{2}}x\right) \in \mathrm{Kern}\left(H_0^* - \mathrm{i}\right).$$

Also ist H_0 nicht wesentlich selbstadjungiert. Wir können aber vermuten, daß dim Kern$(H_0^* - i) = $ dim Kern$(H_0^* + i)$.

Anmerkung 14.0.6. Man bezeichnet dim Kern$(H^* \pm i) = n_\pm$ als Defektindizes des Operators H. Wann hat ein symmetrischer Operator Erweiterungen, die selbstadjungiert sind? Nun, genau dann, wenn die Defektindizes gleich sind. (Dann existieren automatisch unendlich viele selbstadjungierte Erweiterungen. Dies ist die von Neumannsche Theorie der selbstadjungierten Erweiterungen [64].). Das ist – wie alles – recht einleuchtend, denn wenn $n_+ = n_-$ ist, kann man eine Balance zwischen „Masseschwundlösungen $(+$i$)$" und „Masseerzeugungslösungen $(-$i$)$" herstellen. Daß das Ganze mit Zeitumkehrinvarianz einhergeht, ist ebenfalls einleuchtend. Wenn H mit komplexer Konjugation vertauscht (d.h. wenn H „reell" ist), wenn also die Schrödingergleichung zeitumkehrinvariant ist, dann gilt $n_+ = n_-$.

Anmerkung 14.0.7. Über Selbstadjungiertheit und Erzeugereigenschaft
Wir werden nun, wie versprochen, noch auf die Umkehrung in Satz 14.0.2 eingehen, und sehr plausibel machen, daß aus der Selbstadjungiertheit die Erzeugereigenschaft von H folgt.

Wir zeigen, wie Satz 14.0.4 und insbesondere Bild $(H \pm i) = \mathcal{H}$ (was genauso gut ist wie Bild $(H \pm i\lambda) = \mathcal{H}$ mit $0 \neq \lambda \in \mathbb{R}$) in die Konstruktion der Gruppe $U(t)$ eingeht. $U(t)$ ist ja eigentlich als $U(t) = \mathrm{e}^{-\mathrm{i}tH}$ zu denken, d.h. wir müssen $\mathrm{e}^{-\mathrm{i}tH}$ erzeugen. Da gibt es viele Möglichkeiten, und eine simple formale ist die folgende

$$\mathrm{e}^{-\mathrm{i}tH} = \lim_{n \to \infty} \left(1 + \frac{\mathrm{i}tH}{n}\right)^{-n} = \lim_{n \to \infty} (\pm \mathrm{i})^{-n} \left(\frac{tH}{n} \mp \mathrm{i}\right)^{-n} \tag{14.14}$$

(den Grund für den negativen Exponenten $-n$ sehen wir gleich). Wegen Satz 14.0.4 sind, wenn $H^* = H$ gilt, Bild$(\alpha H \pm i) = \mathcal{H}$ und Kern$(\alpha H \pm i) = \{0\}$ für $\alpha \in \mathbb{R}$. Also ist $(\alpha H \pm i)$ invertierbar auf $\mathcal{H}$. Weiterhin ist

$$\|(\alpha H \mp \mathrm{i})\varphi\|^2 = \alpha^2 \|H\varphi\|^2 + \|\varphi\|^2 \geq \|\varphi\|^2,$$

d.h. für $\varphi = (\alpha H \mp i)^{-1}\psi$ gilt

$$\|(\alpha H \mp \mathrm{i})^{-1}\psi\| \leq \|\psi\|,$$

und das bedeutet, daß $(\alpha H \mp i)^{-1}$ durch 1 beschränkt ist. Da Bild$(\alpha H \mp i) = \mathcal{H}$ gilt, sind

$$(\alpha H \mp \mathrm{i})^{-1} : \mathcal{H} \longrightarrow \mathcal{D}(H)$$

sowie alle $(tH/n \mp i)^{-n}$ auf $\mathcal{H}$ definiert und beschränkt. Damit wird dann die Konvergenz in (14.14) in Ordnung gehen.

14.1 Der atomistische Schrödinger-Operator

Nun verstehen wir schon besser, worauf es ankommt, und wir sehen, wo die Schwierigkeit mit dem „atomistischen Hamiltonoperator", dem Coulombpotential liegt. Wir betrachten ($|x| = r$) (die elektrische Ladung habe ich auch einfach 1 gesetzt)

$$H_C = -\Delta - \frac{1}{r} \quad \text{auf } \mathcal{D}(H_C) = C_0^\infty(\mathbb{R}^3 \setminus \{0\}).$$

Warum $C_0^\infty(\mathbb{R}^3 \setminus \{0\})$? Weil offenbar $r = 0$ ein singulärer Punkt ist, denn die Schrödingergleichung gilt nur für $r \neq 0$. Das bringt uns dazu, aufzuhorchen, denn wir haben unser Beispiel des Teilchens auf der Halbachse immer im Kopf. Da durfte der Nullpunkt nicht überquert werden. Nun, das war in einer Dimension, hier beschäftigen wir uns mit drei Dimensionen und da ist das Auslassen eines Punktes vielleicht weniger problematisch. Aber das ist es nicht! Wir zerlegen gleich das Problem in Kugelkoordinaten, und da ist der Radialanteil analog dem freien Teilchen auf der Halbachse. Da werden wir also ein ähnliches Verhalten erwarten, aber dann können wir sagen, daß das nur an der schlechten Wahl der Koordinaten liegt – eine reine Koordinatensingularität sozusagen. Aber das ist es im Coulombfalle eben nicht. Die Koordiantensingularität ist hier gleichzeitig eine wahre Singularität des Coulomb-Hamiltonians. Und dadurch wird der Defekt des Radial-Operators zu einem Defekt des ganzen Hamiltonians. Wir zerlegen also den Laplaceoperator in Kugelkoordinaten (r, ϑ, φ), was sich durchaus empfiehlt, denn $r > 0$ ist für den Coulombfall keine unnatürliche Einschränkung, wie wir gerade bemerkten. Wir zerlegen also $L^2(\mathbb{R}^3)$ in $L^2(\mathbb{R}^+, r^2 dr) \otimes L^2(S^2, d\Omega)$ mit $L^2(S^2, d\Omega)$ als Raum der Winkelfunktionen, und wie man in jedem Quantenmechanikbuch nachliest, ergibt sich

$$L^2(\mathbb{R}^+, r^2 \mathrm{d}r) \otimes L^2(S^2, \mathrm{d}\Omega) = \bigoplus_{l=0}^\infty L_l,$$

wobei

$$L_l = L^2(\mathbb{R}^+, r^2 \mathrm{d}r) \otimes K_l,$$

und K_l ist der Eigenraum zum l-ten Eigenwert ν_l des Winkeloperators, der nur diskrete Eigenwerte aufweist. Insbesondere gibt es einen kleinsten Eigenwert $\nu_0 = 0$, und dafür bekommen wir als Radialoperator auf $C_0^\infty(\mathbb{R}^+) \subset L^2(\mathbb{R}^+, r^2 dr)$

$$-\frac{\mathrm{d}^2}{dr^2} - \frac{2}{r}\frac{\mathrm{d}}{dr} + V(r).$$

Uns interessiert, ob es Lösungen $\psi \in L^2(\mathbb{R}^+, r^2 dr)$ von

$$\left(-\frac{\mathrm{d}^2}{dr^2} - \frac{2}{r}\frac{\mathrm{d}}{dr} + V(r)\right)\psi = \mathrm{i}\psi \tag{14.15}$$

gibt (die dann automatisch in $\mathcal{D}(H^*)$ liegen). Wenn dies der Fall ist, so ist dieser Operator nicht wesentlich selbstadjungiert; und verfolgen wir die Zerlegung rückwärts, kommen wir darauf, daß dann der ganze Operator nicht wesentlich selbstadjungiert auf $C_0^\infty(\mathbb{R}^3 \setminus \{0\})$ ist. (14.15) formt man mit dem Ansatz $\psi = f/r$ um und erhält

$$-f'' + Vf = \mathrm{i}f$$

oder

$$f'' = -\mathrm{i}f + Vf. \tag{14.16}$$

Äquivalent zu (14.15) interessiert uns jetzt, ob es Lösungen $f \in L^2(\mathbb{R}^+, dr)$ gibt. Nun überlegen wir grob. Wenn $V(r) \longrightarrow 0$ für $r \longrightarrow \infty$, dann ist für große r nur mehr $f'' = -\mathrm{i}f$ entscheidend mit der Lösung $f = \exp\left(-\frac{1-\mathrm{i}}{\sqrt{2}}r\right)$, die bei ∞ quadratintegrierbar ist. Nun zu $r = 0$. Wenn V negativ singulär für $r \longrightarrow 0$ ist, wie im Coulombfall, dann haben wir nahe $r = 0$ moralisch

$$f'' \approx -\alpha f,$$

wobei α eine positive Größe ist, und das gibt Schwingungslösungen, also nichts, das bei $r = 0$ explodieren könnte, also $f \approx$ const. bei $r = 0$, was bei Null quadratintegrierbar ist, oder eben $\psi \approx 1/r$, was bei Null bezüglich $r^2 dr$ quadratintegrierbar ist. Also, bewiesen haben wir nichts, aber plausibel gemacht, daß (14.15) quadratintegrierbare Lösungen haben wird. Gerade für solche eindimensionalen Probleme wie (14.15) oder allgemeiner die wesentliche Selbstadjungiertheit von $-\mathrm{d}^2/\mathrm{d}x^2 + V(x)$ auf $C_0^\infty(\mathbb{R}^+)$ betreffend, gibt es die „limit-point"- oder „limit-circle"-Theorie, mit der man gute Kriterien für die Existenz von quadratintegrierbaren „Masseschwund"-Lösungen hat [64].

Dem aufmerksamen Leser wird nicht entgangen sein, daß bei unserer Betrachtung V keine große Rolle spielte. Insbesondere für $V = 0$ haben wir für (14.16) die Lösung $\exp\left(-\frac{1-\mathrm{i}}{\sqrt{2}}r\right)$. Also ist $-\Delta$ auf $C_0^\infty(\mathbb{R}^3 \setminus \{0\})$ nicht wesentlich selbstadjungiert. Das macht natürlich nichts.

Anmerkung 14.1.1. Über selbstadjungierte Erweiterungen
Was macht man nun? Wir haben für die Schrödingergleichung mit Coulombpotential im wesentlichen das gleiche Problem wie mit dem trivialen Beispiel (14.12), in dem wir aber mit Randbedingungen $a \in \mathbb{R}$ selbstadjungierte Erweiterungen auswählen konnten. Im Prinzip sollten wir im Coulombfall genauso verfahren, aber das wird aufwendiger sein als in dem trivialen Beispiel, weil das Potential am Rand singulär ist. Der Punkt „Null" ist ein singulärer Punkt des Potentials, in dem die Wellenfunktion nicht differenzierbar zu sein braucht und auch nicht sein wird. Beispiel: die Grundzustandswellenfunktion des Wasserstoffatoms ist $\psi(x) = \exp(-\frac{|x|}{2})$, welche bei $x = 0$ nicht differenzierbar ist. Wir sehen das sofort an (14.15) oder besser an

$$-f'' - \frac{1}{r}f = -\frac{1}{4}f\,,$$

wobei bei dieser Wahl der Einheiten die Grunzustandsenergie $E = -\frac{1}{4}$ ist, und $f_0 = re^{-\frac{1}{2}r}$ ist eine Lösung. Diese Lösung hat die Eigenschaft, bei Null beschränkt zu sein. Das ist auch eine Art Randbedingung. Es gibt auch andere Typen von Lösungen: Mit jeder Lösung f dieser Gleichung ist auch $F(f) = f \int^r \frac{1}{(f(r'))^2}$ eine Lösung, was man leicht verifiziert. Also ist $f_1 = F(f_0)$ eine Lösung, die bei Null nicht gegen null geht, d.h. $\psi \sim \frac{1}{r}$ nahe Null, das ist bei Null immer noch quadratintegrierbar. Allerdings ist $f_1 \sim e^r$ für $r \to \infty$, so daß erst $F(f_1)$ gutes Abfallverhalten bei unendlich zeigt und bei Null nicht gegen null geht. Die zugehörigen ψ-Funktionen werden in der physikalischen Literatur oft als unphysikalisch ausgeschlossen, weil sie bei Null nicht definiert sind (eben genauso wenig, wie der Schrödingeroperator selbst!). Man beachte zudem, daß die ψ-Funktionen mit dem $\frac{1}{r}$-Verhalten nahe Null unbeschränkt sind und deswegen nicht in $\mathcal{D}(H_0)$ liegen, denn $\varphi \in \mathcal{D}(H_0) = \{\varphi \in L^2 \mid |\boldsymbol{k}|^2 \hat{\varphi} \in L^2\}$ ist beschränkt, wie folgende geniale Rechnung zeigt: Mit

$$\varphi(x) = (2\pi)^{-\frac{3}{2}} \int e^{i\boldsymbol{k}\cdot\boldsymbol{x}} \hat{\varphi}(\boldsymbol{k})\mathrm{d}^3 k$$

folgt mit dem bereits bekannten Trick

$$
\begin{aligned}
\|\varphi\|_\infty &\leq (2\pi)^{-\frac{3}{2}} \int |\hat{\varphi}(\boldsymbol{k})|\mathrm{d}^3 k \\
&= (2\pi)^{-\frac{3}{2}} \int \frac{1}{1+k^2} |\hat{\varphi}(\boldsymbol{k})|(1+k^2)\mathrm{d}^3 k && (14.17) \\
&\overset{(i)}{\leq} C \left(\int |\hat{\varphi}(\boldsymbol{k})|^2 (1+k^2)^2 \mathrm{d}^3 k \right)^{\frac{1}{2}} \\
&\leq \sqrt{2}C \left(\int |\hat{\varphi}(\boldsymbol{k})|^2 (1+k^4)\mathrm{d}^3 k \right)^{\frac{1}{2}} \\
&\overset{(ii)}{=} \tilde{C}\left(\|\hat{\varphi}\|^2 + \|\widehat{H_0\varphi}\|^2 \right)^{\frac{1}{2}} && (14.18) \\
&\overset{(iii)}{\leq} \tilde{C}\left(\|\varphi\| + \|H_0\varphi\| \right). && (14.19)
\end{aligned}
$$

Dabei benutzen wir für (i) die Schwarzsche Ungleichung mit $\int \mathrm{d}^3 k/(1+k^2)^2 < \infty$, für (ii), daß $\mathcal{D}(H_0) = \{\varphi \in L^2 \mid |\boldsymbol{k}|^2 \hat{\varphi} \in L^2\}$ und für (iii) die Plancherelgleichung (13.12). Das bedeutet insbesondere, daß die selbstadjungierten Erweiterungen des Coulomb-Hamiltonians, die solche unbeschränkten Eigenfunktionen aufweisen, nicht auf dem „natürlichen" Definitionsbereich $\mathcal{D}(H_0) \cap \mathcal{D}(V)$ definiert werden können (wir werden gleich sehen, daß der gleich $\mathcal{D}(H_0)$ ist), sondern die Summe $H = H_0 + V$ hat einen komplizierten Definitionsbereich, wo moralisch das singuläre Verhalten von φ'' durch das singuläre Verhalten von $V\varphi$ aufgehoben wird, so daß insgesamt eine L^2 Funktion entsteht.

Jetzt aber weiter. Kato verfolgte die Idee, die Frage nach Randbedingungen nicht in den Vordergrund zu stellen, sondern, daß der natürliche Definitionsbereich eigentlich $\mathcal{D}(H_0) \cap \mathcal{D}(V)$ sein sollte, und darauf sollte „der" Coulomb-Hamiltonian selbstadjungiert sein. Wir überzeugen uns nun zuerst, daß $\mathcal{D}(V) \subset \mathcal{D}(H_0)$.

Dazu zerlegen wir $V = c/r = V_1 + V_2$ mit $\|V_1\| \leq \varepsilon$ und

$$\|V_2\|_\infty = \sup |V_2(x)| = a < \infty,$$

also

$$V_1 = -\frac{c}{r}\chi_{\{r<\varepsilon/4\pi c^2\}}$$

und

$$V_2 = -\frac{c}{r}\chi_{\{r\geq\varepsilon/4\pi c^2\}}.$$

Damit ist für $\varphi \in \mathcal{D}(H_0)$ gemäß (14.17):

$$\|V\varphi\| \leq \|V_1\varphi\| + \|V_2\varphi\| \leq \|V_1\|\|\varphi\|_\infty + \|V_2\|_\infty\|\varphi\|$$
$$\leq \varepsilon\tilde{C}\left(\|\varphi\| + \|H_0\varphi\|\right) + a\|\varphi\|. \tag{14.20}$$

Nun zu Ende damit. Wir versuchen also, $V(r)$ gleichsam als „Störung" des freien Hamiltonoperators $H_0 = -\Delta$ aufzufassen, wobei $\mathcal{D}(H_0)$, die Domäne des selbstadjungierten Operators H_0, alles bestimmt. Die Domäne $\mathcal{D}(V)$ von V (aufgefaßt als Multiplikationsoperator) umfaßt dabei, wie wir gesehen haben, $\mathcal{D}(H_0)$, so daß $H_0 + V$ auf $\mathcal{D}(H_0)$ als Operator definiert werden kann. Jetzt überlegen wir abstrakt weiter: Damit $H_0 + V$ selbstadjungiert ist, muß nach 14.0.5 für $\lambda \in \mathbb{R}$, $\lambda \neq 0$

$$\text{Bild}(H_0 + V + i\lambda) = \mathcal{H}$$

sein und $(H_0 + V + i\lambda)^{-1}$ existieren. Aber

$$(H_0 + V + i\lambda)^{-1} = \frac{1}{V(H_0 + i\lambda)^{-1} + 1}\frac{1}{H_0 + i\lambda}$$
$$= (V(H_0 + i\lambda)^{-1} + 1)^{-1}(H_0 + i\lambda)^{-1},$$

wobei wir uns über $(H_0 + i\lambda)^{-1}$ keine Gedanken machen müssen, da H_0 selbstadjungiert ist. Der Operator ist in Ordnung, denn

$$\text{Bild}(H_0 + i\lambda)^{-1} = \mathcal{H}$$

und

$$\text{Kern}(H_0 + i\lambda) = \{0\}.$$

Also weiter mit

$$\frac{1}{1-x} = \sum_{n=0}^{\infty} x^n,$$

d.h. heuristisch ist $(V(H_0 + i\lambda)^{-1} + 1)^{-1}$ als geometrische Reihe darstellbar, und das ist sogar rigoros, wenn $\|V(H_0 + i\lambda)^{-1}\| < 1$ ist, d.h. wenn $\|V(H_0 + i\lambda)^{-1}\varphi\| < \|\varphi\|$ für alle $\varphi \in \mathcal{H}$ gilt (das kommt im nächsten Kapitel noch ausführlicher dran). Setze nun $\psi = (H_0 + i\lambda)^{-1}\varphi$, dann ergibt sich

$$\|V\psi\| < \|(H_0 + i\lambda)\psi\|,$$

und da

$$\|(H_0 + i\lambda)\psi\|^2 = \|H_0\psi\|^2 + \lambda^2\|\psi\|^2$$

ist, können wir als Forderung

$$\|V\psi\|^2 \leq \tilde{\alpha}^2\|H_0\psi\|^2 + \tilde{\beta}^2\|\psi\|^2 \tag{14.21}$$

stellen, für alle $\psi \in \mathcal{D}(H_0)$ mit $\tilde{\alpha} < 1$. Nun ist (14.21) äquivalent zu

$$\|V\psi\| \leq \alpha\|H_0\psi\| + \beta\|\psi\| \tag{14.22}$$

für alle $\psi \in \mathcal{D}(H_0)$. Dazu: (14.21) $\Longrightarrow$ (14.22) ist einfach und (14.22) $\Longrightarrow$ (14.21) sieht man mit $\tilde{\alpha}^2 = (1 + \varepsilon)\alpha^2$ und $\tilde{\beta}^2 = (1 + 1/\varepsilon)\beta^2$ für beliebiges $\varepsilon > 0$. Man nennt Potentiale V H_0-beschränkt, wenn es $\alpha, \beta \in \mathbb{R}^+$ gibt, so daß (14.22) gilt (oder äquivalent (14.21) mit $\tilde{\alpha}, \tilde{\beta}$). Dann ist $\mathcal{D}(H_0) \subset \mathcal{D}(V)$. Wenn nun aber $\alpha < 1$ ist, gilt in der Tat der folgende Satz.

Theorem 14.1.1. *Sei H_0 auf $\mathcal{D}(H_0)$ selbstadjungiert. Sei V H_0-beschränkt mit $\alpha < 1$. Dann ist $H = H_0 + V$ auf $\mathcal{D}(H) = \mathcal{D}(H_0)$ selbstadjungiert.*

Auf den „rigorosen" Beweis verzichten wir [64].

Nun sage ich nur noch, daß (14.20) zeigt, daß in der Tat das Coulomb-potential H_0-beschränkt ist mit beliebig kleinem $\alpha < 1$, und wenn wir vom „Coulomb-Hamiltonian" reden, dann meinen wir genau den gemäß Satz 14.1.1.

15. Maße und Operatoren

Wir gehen jetzt auf den Operatoren-Kalkül ein, der in Kapitel 12 bereits angesprochen wurde. Dieser Kalkül ist ein leistungsfähiger Verwalter der Quantengleichgewichtsverteilung, und er führt uns in mathematische Gebiete, die zum Studium von Operatoren, wie dem Schrödinger-Operator, von großer Wichtigkeit sind.

Wir haben ja in (12.10) die Quantengleichgewichtsstatistik ganz allgemein in der Abbildung

$$\psi \mapsto \mathbb{P}^{\Psi_T}(F^{-1}(A)) = \int_A |\Psi_T|^2 (F^{-1}(d\lambda)) = B_A(\psi, \psi) \qquad (15.1)$$

zusammengefaßt. Darin ist ψ die effektive Wellenfunktion des Systems, und Ψ_T ist die Wellenfunktion des Gesamtsystems (mögliche „Apparate" einschließend) zu einer „großen" Zeit T (am Ende eines Experimentes, z.B. wenn eine Anzeige erfolgt ist). Und hierin ist am wichtigsten die Funktion F, welche eine Vergröberung und Skalierung des Konfigurationsraumes darstellt. Sie führt zu dem für uns relevanten Wertebereich Λ, d.h. $A \subset \Lambda$. $B_A(\psi, \psi)$ drückt aus, daß die Wahrscheinlichkeit eine Bilinearform im Sinne von Satz 13.2.2 ist, wobei wir $B_A(\psi, \varphi)$ durch Polarisation (vgl. (13.8)) definieren. Nach Satz 13.2.2 gibt es also einen beschränkten linearen Operator P_A, so daß

$$B_A(\psi, \varphi) = \langle P_A\psi|\varphi\rangle \quad \text{für alle } \psi, \varphi \in \mathcal{H} \ (= L^2) \qquad (15.2)$$

gilt, und da $B_A(\varphi, \varphi) \geq 0$ ist, ist $\langle P_A\varphi|\varphi\rangle \geq 0$, und solche Operatoren heißen positiv.

Wenn $\mathcal{H}$ ein Hilbertraum über $\mathbb{C}$ ist und P ein (beschränkter) positiver Operator darauf, dann ist P selbstadjungiert, denn

$$0 \leq \langle P\varphi|\varphi\rangle = \langle\varphi|P\varphi\rangle^* = \langle\varphi|P\varphi\rangle.$$

Das bedeutet, daß P auf jeden Fall symmetrisch auf der Diagonalen ist. Aber im komplexen Hilbertraum haben wir die Polarisationsidentität, so daß auch

$$\langle P\varphi|\psi\rangle = \langle\varphi|P\psi\rangle \quad \forall \varphi, \psi \in \mathcal{H}$$

gilt.

Nun ist $A \subset \Lambda$ (genau genommen $A \in \mathcal{B}(\Lambda)$ – die Meßbarkeit!). Also gibt es eine Familie $(P_A)_{A \in \mathcal{B}(\Lambda)}$, und die hat offenbar alle Eigenschaften eines Wahrscheinlichkeitsmaßes, nur, daß anstatt Werte in $[0, 1]$ angenommen werden, das Maß operatorwertig ist (Bemerkung 15.0.2 holt das wieder auf den Boden zurück) .

Definition 15.0.1. *Sei $\Lambda \subset \mathbb{R}^n$ eine meßbare Menge mit der zugehörigen σ-Algebra $\mathcal{B}(\Lambda)$. Ein positive-Operatoren-wertiges Maß (POV = positive operator valued measure) ist eine Familie $(P_A)_{A \in \mathcal{B}(\Lambda)}$ von beschränkten linearen Operatoren P_A, für die Folgendes gilt:*

(i) *Jedes P_A ist positiv.*

(ii) *$P_\emptyset = 0,\; P_\Lambda = E$.*

(iii) *Sei $\bigcup A_i = A$ und $A_i \cap A_j = \emptyset$ für $i \neq j$. Dann ist*

$$P_{\bigcup A_i} = \operatorname*{s\text{-}lim}_{N \to \infty} \sum_{i=1}^{N} P_{A_i},$$

wobei s-lim der starke Limes ist, d.h. der Limes

$$\lim_{N \to \infty} \left\| \left(P_{\bigcup A_i} - \sum_{i=1}^{N} P_{A_i} \right) \psi \right\| = 0 \quad \text{für alle } \psi \in \mathcal{H}.$$

Wir schreiben

$$P_A = \int\limits_A P_{\{d\lambda\}}.$$

Anmerkung 15.0.2. Zur Integration
Indem wir $W^\varphi(d\lambda) = \langle \varphi | P_{\{d\lambda\}} \varphi \rangle$ mit $\|\varphi\| = 1$ bilden, erhalten wir unsere üblichen Wahrscheinlichkeitsmaße, mit denen wir analog zum Lebesgueintegral integrieren können. (Gleichermaßen können wir mit einem POV integrieren, was wir anschließend auch tun werden).

Das einfachste Beispiel von (15.1) mit $\Psi_T = \psi, F = \text{id}$, führt auf das Orts-POV (12.14) $(O_A)_{A \in \mathcal{B}(\mathbb{R}^n)}$ auf $L^2(\mathbb{R}^n, d^n x)$, gegeben durch den Multiplikationsoperator

$$O_A : \varphi \longmapsto \chi_A(\boldsymbol{x})\varphi(\boldsymbol{x}) = \begin{cases} \varphi(\boldsymbol{x}) & \boldsymbol{x} \in A \\ 0 & \text{sonst} \end{cases} \tag{15.3}$$

und die Wahrscheinlichkeit, daß die Ortskoordinaten in A liegen

$$W^\psi(A) = \int\limits_A \langle \psi | O_{\{d^n x\}} \psi \rangle \;=\; \langle \psi | O_A \psi \rangle \;=\; \int |\psi|^2(\boldsymbol{x}) \chi_A(\boldsymbol{x}) d^n x$$

$$= \int\limits_A |\psi|^2(x) d^n x. \tag{15.4}$$

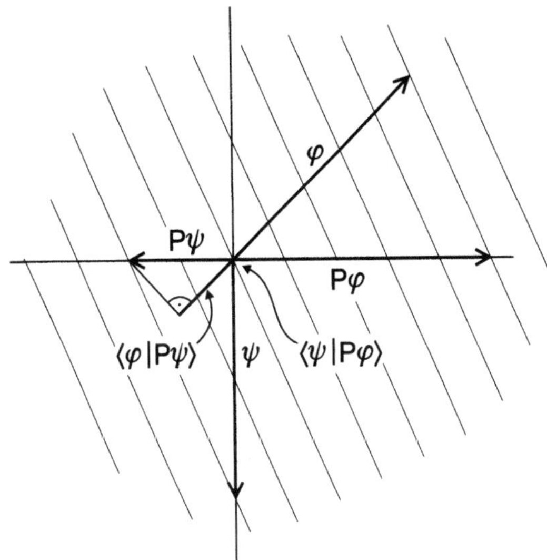

Abb. 15.1. Projektion ($\|\varphi\| = 1$)

Man sieht sehr leicht, daß Definition 15.0.1 (i)-(iii) gelten. Mit dem Orts-POV berechnen wir gemäß (15.4) die Wahrscheinlichkeitsverteilung der Systemkoordinaten, wenn die Wellenfunktion des Systems ψ ist. Nun hat dieses Orts-POV O_A eine zusätzliche Eigenschaft (auf die wir bereits in Kapitel 12 hingewiesen haben), nämlich daß

$$15.0.1 \text{ (iv)} \quad P_{A_1 \cap A_2} = P_{A_1} P_{A_2} \tag{15.5}$$

(also $O_{A_1 \cap A_2} = \chi_{A_1 \cap A_2} = \chi_{A_1} \chi_{A_2} = O_{A_1} O_{A_2}$), und insbesondere

$$15.0.1 \text{ (iv)}' \quad P_A^2 = P_A. \tag{15.6}$$

gilt.

Diese Struktur spielt eine große Rolle, denn sie ist für den Quantenformalismus verantwortlich, und darum können wir sie nicht außer Acht lassen.

Man nennt ganz allgemein lineare Operatoren P, für die $P^2 = P$ gilt, *Projektoren*, und man wird zunächst vielleicht gar nicht einsehen wollen, daß $P^2 = P$ nicht zur Folge hat, daß P positiv ist. Man denkt wohl

$$\langle\varphi|P\varphi\rangle = \langle\varphi|P^2\varphi\rangle = \langle P\varphi|P\varphi\rangle \geq 0,$$

aber dabei tut man natürlich so, als ob P selbstadjungiert sei. Aber das ist i.a. nicht erfüllt. Projektionen entlang einer Geradenschar auf eine Richtung sind beispielsweise nicht selbstadjungiert (vgl. Abbildung 15.1).

Die Selbstadjungiertheit (hier die Positivität) definiert gerade die *orthogonale* Projektion P : für diese gilt $P^2 = P$ und $P^* = P$.

Definition 15.0.2. *Eine Familie $(P_A)_{A\in\mathcal{B}(\Lambda)}$ heißt projektorwertiges Maß (PV = projection valued) genau dann, wenn (15.0.1)(i)-(iv) gelten (oder äquivalent (15.0.1)(i)-(iii) sowie (iv')).*

Anmerkung 15.0.3. Aus (15.0.1)(i)-(iii) sowie (iv') folgt (15.0.1)(i)-(iv). Dafür entscheidend ist, daß für $A \subset B$ gilt $P_A P_{B\cap\bar{A}} = 0$, und das sieht man aus

$$(P_A + P_{B\cap\bar{A}})^2 = P_B^2$$

oder, da $P_A^2 = P_A$,

$$P_A + P_A P_{B\cap\bar{A}} + P_{B\cap\bar{A}}P_A + P_{B\cap\bar{A}} = P_B,$$

also

$$P_A P_{B\cap\bar{A}} + P_{B\cap\bar{A}}P_A = 0.$$

Multipliziere dies mit P_A und da $P_A P_{B\cap\bar{A}}P_A = -P_{B\cap\bar{A}}P_A$ ist, bekommen wir

$$P_A P_{B\cap\bar{A}} - P_{B\cap\bar{A}}P_A = 0.$$

Also muß $P_A P_{B\cap\bar{A}} = 0$ sein.

Wir werden noch einiges zu PVs sagen, aber zuvor wollen wir noch einmal an unser POV-Beispiel (12.16) des unscharf gemessenen Ortes erinnern:

$$\tilde{O}_A = \int p(\boldsymbol{y} - \boldsymbol{x})\chi_A(\boldsymbol{y})\mathrm{d}^n y,$$

d.h.

$$\tilde{O}_A : \varphi \longmapsto \int_A p(\boldsymbol{y} - \boldsymbol{x})\mathrm{d}^n y \,\varphi(\boldsymbol{x}) \tag{15.7}$$

wobei i.a.

$$\tilde{O}_A^2 \neq \tilde{O}_A,$$

die Gleichheit gilt nur im Falle $p(\boldsymbol{x}) = \delta(\boldsymbol{x})$. Nach diesem Beispiel betone ich noch einmal, daß alle Experimente, die sich der allgemeinen Sequenz (15.1) unterordnen, durch POV-Statistiken beschrieben werden . Also alle Experimente, an deren Ende Zeigerstellungen ein Resultat verkünden, fallen darunter – so könnte man meinen. Darum mag es verwundern, daß diese POV's wenig bis gar nicht in der theoretischen Physik zum Zuge kommen. Der Grund ist folgender: Die PV's geben rechentechnisch zur Freude Anlaß, das werden wir gleich sehen. Die POV's geben Anlaß zu nichts. Sie sind nur die abstrakte Beschreibung einer gedanklichen Situation einer „Messung". Aber wenn wir schon von „Meßexperimenten" reden, dann sollten wir zur Kenntnis nehmen, daß es einfach nicht wahr ist, daß man in ein Experiment jede „beliebige" Wellenfunktion hineinstecken kann und hinten eine Zeigerstellung rauskommt. Beispiel Streuexperiment: Da interessieren nur Wellenfunktionen des zu streuenden Teilchens (das ist das System), die auf ein Streupotential (das Target) zulaufen. Die, die anfänglich schon vom Streuer weglaufen, also nie in die Nähe des Streuers kommen, spielen keine Rolle. Ebenso solche Teilchenzustände, in denen das Teilchen vom Streupotential gebunden wird, sind irrelevant. Also, was ich sagen will, ist, daß Experimente durchaus nur für ganz bestimmte Wellenfunktionen durchgeführt werden. Und darum ist diese allgemeine Struktur, die durch POV's erfaßt wird, eigentlich ziemlich uninteressant. Ich zumindest, empfinde das so.

Man wird zugeben müssen, daß die Einführung der Operatorenmaße wirklich nicht zwingend ist. Es ist eher ein Umschreiben von üblichen normalen statistischen Rechnungen auf eine abstrakte Operatoren-Ebene. Und die Rechtfertigung können wir nur in der idealen Beschreibung des Ablaufes eines Meßexperimentes wie in (12.1) bis (12.6) finden. Es sind die Statistik-Buchhalter-Operatoren, die sich aus speziellen POV's, nämlich PVs ergeben, welche einen schönen kompakten Algorithmus zur Berechnung von Mittelwert und Varianz (und höheren Momenten) liefern – ein Lehrbuchkalkül eben. Drei solcher Operatoren, die sich in realen Meßexperimenten ergeben, wollen wir gleich etwas ausführlicher diskutieren (ohne die Meßexperimente aufzubauen) und daran anschließend die Theorie der Operatoren im Hinblick auf den Schrödingeroperator vertiefen.

15.1 Projektorwertige Maße und Operatoren

Wir bemerkten, daß das Quantengleichgewicht, d.h. das Bornsche statistische Gesetz, auf die Hilbertraumelemente ausgeweitet, trivialerweise auf das Orts-PV (hier konktret für ein Teilchen) $(O_A)_{A \in \mathcal{B}(\mathbb{R}^3)}$ führt (vgl. Definition 15.0.2). Wir wollen dies nun ausnutzen, indem wir die Momente „$E^\varphi(\mathbf{X}^n)$" der Ortsverteilung ausrechnen. Da der Ort $x \in \mathbb{R}^3$ ein Vektor ist, müssen wir sagen, was wir mit $\mathbf{x}^n$ meinen. Nun, das Einfachste ist wohl, $\mathbf{x}^n$ als stellvertretend für jede sinnvolle Interpretation zu nehmen, z.B.

$$\mathbf{x}^n = x_1^l x_2^k x_3^m \quad \text{mit } l + k + m = n, \quad l, k, m \in \mathbb{N}$$

für $\mathbf{x} = (x_1, x_2, x_3)$ oder Linearkombinationen davon.

Mit einer Summenapproximation des Integrals und einer disjunkten Zerlegung Δ_k des $\mathbb{R}^3$ schreiben wir (formal)

$$E^\varphi(\mathbf{X}^n) = \int \mathbf{x}^n |\varphi|^2(\mathbf{x}) \mathrm{d}^3 x$$

$$= \lim_{N \to \infty} \sum_{k=1}^{N} \mathbf{x}_k^n \int |\varphi|^2(\mathbf{x}) \chi_{\Delta_k}(\mathbf{x}) \mathrm{d}^3 x$$

$$= \lim_{N \to \infty} \sum_{k=1}^{N} \mathbf{x}_k^n \langle \varphi | O_{\Delta_k} \varphi \rangle$$

$$= \lim_{N \to \infty} \left\langle \varphi \Big| \sum_{k=1}^{N} x_k^n O_{\Delta_k} \varphi \right\rangle$$

$$= \lim_{N \to \infty} \langle \varphi | \left(\sum_{k=1}^{N} x_k O_{\Delta_k} \right)^n \varphi \rangle, \tag{15.8}$$

denn $O_{\Delta_k} O_{\Delta_j} = \delta_{kj} O_{\Delta_j}$, und so kriegen wir

$$E^\varphi(\boldsymbol{X}^n) = \langle \varphi | \left(\int \boldsymbol{x} O_{\{\mathrm{d}^3 x\}} \right)^n \varphi \rangle =: \langle \varphi | \hat{\boldsymbol{x}}^n \varphi \rangle.$$

Dies veranlaßt uns, den selbstadjungierten Operator $\hat{\boldsymbol{x}}$ – den Ortsoperator – einzuführen, über dessen Definitionsbereich wir uns erst später Gedanken machen[1]:

$$\hat{\boldsymbol{x}} = \int \boldsymbol{x} \, O_{\{\mathrm{d}^3 x\}} \tag{15.9}$$

und es gilt

$$\hat{\boldsymbol{x}}^n = \int \boldsymbol{x}^n O_{\{\mathrm{d}^3 x\}}. \tag{15.10}$$

Anmerkung 15.1.1. Operator-Vektor
Wenn wir vom Ortsoperator $\hat{\boldsymbol{x}}$ sprechen, dann meinen wir immer die *Familie* $(\hat{x}_1, \hat{x}_2, \hat{x}_3)$ vertauschender selbstadjungierter Operatoren (siehe auch Unterkapitel 12.1.2)

$$\hat{x}_i = \int x_i O_{\{\mathrm{d}x_i\}}$$

mit

$$[\hat{x}_i, \hat{x}_j] = \hat{x}_i \hat{x}_j - \hat{x}_j \hat{x}_i = 0,$$

wie es sich aus (15.9) ergibt. Der Orstoperator $\hat{\boldsymbol{x}}$ wirkt auf $L^2(\mathbb{R}^3, \mathrm{d}^3 x)$ als Multiplikationsoperator:

$$\hat{\boldsymbol{x}} : \psi \longrightarrow (\boldsymbol{x}\psi(\boldsymbol{x}))_{\boldsymbol{x} \in \mathbb{R}^3}.$$

Man nennt dies die Ortsdarstellung des Ortsoperators, mehr darüber später.

Die abstrakte Eins-zu-Eins-Zuordnung (15.9) zwischen selbstadjungierten Operatoren und PVs ist Inhalt des Spektralsatzes, den wir nachher noch genauer ansehen wollen.

---

[1] Ich sage das hier so einfach! Dabei ist der Operator nicht beschränkt und da wissen wir, daß der Definitionsbereich eine sensible Größe ist. Der Operator ist ziemlich offenbar symmetrisch, und wenn wir den Definitionsbereich anschauen, sehen wir auch, daß er selbstadjungiert ist. Man sollte diese Selbstadjungiertheit aber auch nicht überbewerten. Ich meine, wenn man da etwas übersieht, ist das eigentlich egal, Hauptsache es ist moralisch richtig.

15.1.1 Heisenberg-Operator

Nun zum zweiten Operator. Er ergibt sich als nicht ganz triviales Beispiel aus der Sequenz (15.1), wo der Apparat auch wieder keine Rolle spielt, d.h. man betrachtet nur das System, aber diesmal zur Zeit $T = t$, d.h. $\Psi_T = \psi_t$ und $F = id$. Dann ist für $A \in \mathcal{B}(\mathbb{R}^3)$

$$\mathbb{P}^{\psi_t}(A) = \int_A \|\psi(\boldsymbol{x}, t)\|^2 \mathrm{d}^3 x$$

$$= \int \psi^*(\boldsymbol{x}, t) \chi_A(\boldsymbol{x}) \psi(\boldsymbol{x}, t) \mathrm{d}^3 x$$

$$= \int \psi^*(\boldsymbol{x}) U(t)^* \chi_A(\boldsymbol{x}) U(t) \psi(\boldsymbol{x}) \mathrm{d}^3 x,$$

also

$$O_A(t) = U(t)^* O_A U(t)$$

ist das POV, das, wie man leicht sieht, ebenfalls ein PV ist, weil O_A ein Projektor ist:

$$O_A(t)^2 = U(t)^* O_A U(t) U(t)^* O_A U(t) = U(t)^* O_A O_A U(t) = U(t)^* O_A U(t).$$

Und wie in (15.9) können wir einen selbstadjungierten Operator

$$\hat{\boldsymbol{x}}(t) = \int \boldsymbol{x} \, O_{\{\mathrm{d}^3 x\}}(t) = U^*(t) \hat{\boldsymbol{x}} U(t) \tag{15.11}$$

einführen, den sogenannten *Heisenberg-Orts-Operator* zur Zeit t.

Der Heisenberg-Orts-Operator zur Zeit t erfaßt die Statistik des Teilchenortes zur Zeit t, aber das ist uns jetzt gar nicht so wichtig. Wichtiger ist uns die Äquivarianz, die uns sagt, daß der (Bohmsche) Teilchenort $\boldsymbol{X}(t, \boldsymbol{x})$ zur Zeit t eine Zufallsgröße ist, für die

$$\mathbb{P}^{\psi_t}(A) = \mathbb{P}^{\psi}(\{\boldsymbol{x} \,|\, \boldsymbol{X}(t, \boldsymbol{x}) \in A\}) \tag{15.12}$$

gilt. (Der Ort zur Zeit t ist zufällig, weil der Anfangsort des Teilchens zufällig ist!) Das benützen wir gleich beim dritten Operator. Wir haben immer die gleiche Situation von (15.1) vorliegen, aber diesmal mit einem nicht trivialen F!

15.1.2 Asymptotische Geschwindigkeit, Impuls-Operator

Wir kehren zum Unterkapitel 9.4 zurück. Wir interessieren uns für die asymptotische Geschwindigkeit eines sich frei bewegenden Teilchens, also für $\boldsymbol{X}(t, \boldsymbol{x})/t$. Der Bequemlichkeit halber setzen wir wieder $\hbar/m = 1$, d.h. wir haben als Schrödingergleichung

$$\mathrm{i}\frac{\partial}{\partial t}\varphi(\boldsymbol{x},t) = -\frac{1}{2}\Delta\varphi(\boldsymbol{x},t), \quad \varphi(\boldsymbol{x},0) = \varphi_0(\boldsymbol{x}), \quad \boldsymbol{x}\in\mathbb{R}^3. \tag{15.13}$$

Wir sind auf den asymptotischen Ausdruck für $\varphi(\boldsymbol{x},t)$ für große $|\boldsymbol{x}|$ und t aus, den wir erst in Anmerkung 15.2.4 rigoros ableiten werden – was keine dicke Sache ist, es ist nur eine gute Illustration der Mathematik dort. Uns reicht im Augenblick das stationäre Phasenargument aus Anmerkung 9.4.1, in der wir die Asymptotik der Lösung von (15.13)

$$\varphi(\boldsymbol{x},t) \sim \frac{1}{(it)^{\frac{3}{2}}}\mathrm{e}^{\mathrm{i}\frac{\boldsymbol{x}^2}{2t}}\widehat{\varphi}_0\left(\frac{\boldsymbol{x}}{t}\right) \tag{15.14}$$

angegeben haben.

Die Bohmschen Trajektorien, die der asymptotischen Wellenfunktion gehorchen, verlaufen geradlinig und wir greifen noch einmal (9.21) auf und erinnern daran, wie man aus (15.14) nun folgendes, sehr schöne und relevante Beispiel bekommt, das uns zu (15.1) und PVs zurückführt. Wir betrachten die Skalierungsfunktion $F_t(\boldsymbol{x}) = \boldsymbol{x}/t$ und mit (15.12)

$$\begin{aligned}
\lim_{t\to\infty}\mathbb{P}^{\varphi_t}(F_t^{-1}(A)) &= \lim_{t\to\infty}\mathbb{P}^{\varphi_t}\left(\frac{\boldsymbol{X}}{t}\in A\right)\\
&= \lim_{t\to\infty}\mathbb{P}^{\varphi}\left(\left\{\boldsymbol{x}\,\Big|\,\frac{\boldsymbol{X}(t,\boldsymbol{x})}{t}\in A\right\}\right)\\
&= \lim_{t\to\infty}\int|\varphi|^2(\boldsymbol{x},t)\chi_A\left(\frac{\boldsymbol{x}}{t}\right)\mathrm{d}^3x\\
&\overset{(15.14)}{=} \lim_{t\to\infty}\int\frac{1}{t^3}\left|\widehat{\varphi}_0\left(\frac{\boldsymbol{x}}{t}\right)\right|^2\chi_A\left(\frac{\boldsymbol{x}}{t}\right)\mathrm{d}^3x\\
&= \lim_{t\to\infty}\int|\widehat{\varphi}_0(\boldsymbol{k})|^2\chi_A(\boldsymbol{k})\mathrm{d}^3k\\
&= \langle\widehat{\varphi}|O_A\widehat{\varphi}\rangle, \tag{15.15}
\end{aligned}$$

wobei wir $\boldsymbol{k}=\boldsymbol{x}/t$ substituiert haben. Dies ist nun ein überaus interessantes Ergebnis. Wenn wir (formal)

$$\lim_{t\to\infty}\frac{\boldsymbol{X}(t,\boldsymbol{x})}{t} = \boldsymbol{V}_\infty(\boldsymbol{x})$$

als asymptotische Geschwindigkeit interpretieren, dann haben wir zumindest gezeigt, daß $\boldsymbol{X}(t)/t$ „in Verteilung" gegen $\boldsymbol{V}_\infty$ konvergiert, wobei $\boldsymbol{V}_\infty$ eine Zufallsgröße ist, deren Dichte $\widehat{\varphi}^2(\boldsymbol{k})$ ist. Und damit kommen wir zum Impuls-Operator der Quantenmechanik.

Wir haben also die Zufallsgröße $\boldsymbol{V}_\infty$, die asymptotische Geschwindigkeit. Um genau wie in (15.8) vorgehen zu können, muß die Wahrscheinlichkeit

$$W(\boldsymbol{V}_\infty\in A) = \langle\widehat{\varphi}|O_A\widehat{\varphi}\rangle$$

ebenfalls durch ein PV, sagen wir $(V_A)_{A\in\mathcal{B}(\mathbb{R}^3)}$ gegeben sein. Nun ist mit der „Fouriertransformation" $\mathcal{F}$ (vgl. (13.12)), die ja unitär auf L^2 ist,

$$\langle\widehat{\varphi}|O_A\widehat{\varphi}\rangle = \langle\varphi|\mathcal{F}^*O_A\mathcal{F}\varphi\rangle =: \langle\varphi|V_A\varphi\rangle, \tag{15.16}$$

und nun sieht man $V_A = V_A^*$ (da $O_A = O_A^*$) und

$$\begin{aligned}
V_A^2 &= \mathcal{F}^*O_A\mathcal{F}\mathcal{F}^*O_A\mathcal{F} = \mathcal{F}^*O_A\mathcal{F}\mathcal{F}^{-1}O_A\mathcal{F} \\
&= \mathcal{F}^*O_A^2\mathcal{F} = \mathcal{F}^*O_A\mathcal{F} = V_A,
\end{aligned} \tag{15.17}$$

d.h. $(V_A)_{A\in\mathcal{B}(\mathbb{R}^3)}$ ist ein PV. Überdies ist die asymptotische Geschwindigkeit durchaus eine im Experiment zugängliche Größe, die man im Prinzip beliebig genau messen kann (mit Flugzeitmessungen über große Entfernung oder durch „Impulsübertrag auf ein „klassisches" Teilchen). Daher ist es sinnvoll, den selbstadjungierten asymptotischen Geschwindigkeitsoperator $\widehat{v_\infty}$ (oder auch Impulsoperator $\hat{p} = m\widehat{v_\infty}$) einzuführen, der mit $(V_A)_{A\subset\mathcal{B}}$ analog zu (15.9) durch (vgl. (15.1.1))

$$\widehat{v_\infty} = \int x V_{\{\mathrm{d}^3x\}} \tag{15.18}$$

definiert ist. Auch über dessen Definitionsbereich machen wir uns anschließend Gedanken. Die Momente $E^\varphi(\boldsymbol{V}_\infty^n)$ der asymptotischen Geschwindigkeit sind dann analog zu (15.8) durch

$$E^\varphi(\boldsymbol{V}_\infty^n) = \langle\varphi|\widehat{v_\infty}^n\varphi\rangle \tag{15.19}$$

gegeben, wobei natürlich

$$\widehat{v_\infty}^n = \int x^n V_{\{\mathrm{d}^3x\}}$$

ist. Also gilt mit (15.16)

$$\begin{aligned}
E^\varphi(\boldsymbol{V}_\infty^n) &= \int x^n\langle\varphi|V_{\{\mathrm{d}^3x\}}\varphi\rangle = \int x^n\langle\widehat{\varphi}|O_{\{\mathrm{d}^3x\}}\widehat{\varphi}\rangle \\
&= \int x^n|\widehat{\varphi}(x)|^2\mathrm{d}^3x.
\end{aligned} \tag{15.20}$$

Nun zu den Definitionsbereichen. Wir haben ja im vorherigen Kapitel betont, daß ein Operator erst dann ein Operator ist, wenn sein Definitionsbereich bestimmt ist, und dies ist im allgemeinen eine aufwendige Angelegenheit. Was also ist mit $\hat{x}$ und $\widehat{v_\infty}$? Nichts leichter als das! Jede Komponente $\hat{x}_i$ ($i = 1, 2, 3$) ist ein selbstadjungierter Operator auf $\mathcal{D}(\hat{x}_i)$, und die Wirkung von $\hat{x}_i$ auf $\psi \in \mathcal{D}(\hat{x}_i)$ ist

$$\hat{x}_i : \psi \longrightarrow x_i\psi(x), \tag{15.21}$$

d.h. $\mathcal{D}(\hat{x}_i) = \{\psi \in L^2|\ \|x_i\psi\| < \infty\}$ bzw. $\mathcal{D}(\hat{x}) = \{\psi \in L^2|\ |x|\psi\| < \infty\}$. Insofern müssen wir, wenn wir (15.8) rigoros machen wollen, φ in (15.8) entsprechend gut wählen, damit rechts etwas Endliches steht. Nun (mit (13.12))

$$\langle\varphi|\widehat{\boldsymbol{v_\infty}}\psi\rangle = \int \widehat{\varphi}^*(\boldsymbol{k})\boldsymbol{k}\widehat{\psi}(\boldsymbol{k})\mathrm{d}^3k = \left\langle \widehat{\varphi}|\widehat{(\frac{1}{i}\nabla\psi)}\right\rangle$$

$$= \left\langle \varphi|\frac{1}{i}\nabla\psi\right\rangle,$$

und damit ist für $\psi \in \mathcal{D}(\widehat{\boldsymbol{v_\infty}})$

$$\widehat{\boldsymbol{v_\infty}} : \psi \longrightarrow \frac{1}{i}\nabla\psi, \tag{15.22}$$

d.h. $\mathcal{D}(\widehat{\boldsymbol{v_\infty}}) = \{\psi \in L^2|$
$\||\boldsymbol{k}|\widehat{\psi}\| < \infty\} = \{\psi \in L^2| \frac{1}{i}\nabla\psi \in L^2\}$ bzw. $\mathcal{D}(\widehat{\boldsymbol{v}}_{\infty,i}) = \{\psi \in L^2| \|k_i\widehat{\psi}\| < \infty\} = \{\psi \in L^2|(1/i)(\partial/\partial x_i)\psi \in L^2\}$. $\hat{\boldsymbol{x}}$ und $\widehat{\boldsymbol{v_\infty}}$ sind also unbeschränkte Operatoren, und mehr ist nicht zu sagen. Wir wollen noch bemerken, daß zwischen den $|\varphi|^2$- und $|\widehat{\varphi}|^2$-Verteilungen eine bemerkenswerte Beziehung besteht. Die Varianzen sind in gewisser Weise invers zueinander. Für die Gaußverteilung ist dies leicht zu zeigen und bekannt: Die Fouriertransformierte einer Gaußverteilung ist wieder eine Gaußverteilung, und ihre Breiten sind umgekehrt proportional zueinander. Im allgemeinen ist das Produkt der Varianzen größer oder gleich 1/4. Hier ist ein eleganter Beweis. Für die Varianzen $\Delta\boldsymbol{x}$ und $\Delta\boldsymbol{v}_\infty$ gilt für $\varphi \in \mathcal{D}(\hat{\boldsymbol{x}}) \cap \mathcal{D}(\widehat{\boldsymbol{v_\infty}})$ (wir verstehen hier $\boldsymbol{xy}$ als Matrix $(x_iy_j)_{i,j}$)

$$(\Delta\boldsymbol{x})^2 \;= \langle\varphi|\hat{\boldsymbol{x}}^2\varphi\rangle - \langle\varphi|\hat{\boldsymbol{x}}\varphi\rangle^2 =: \langle(\hat{\boldsymbol{x}} - \langle\hat{\boldsymbol{x}}\rangle)^2\rangle =: \langle\bar{\boldsymbol{x}}^2\rangle, \tag{15.23}$$

$$(\Delta\boldsymbol{v}_\infty)^2 = \langle\varphi|\widehat{\boldsymbol{v_\infty}}^2\varphi\rangle - \langle\varphi|\widehat{\boldsymbol{v_\infty}}\varphi\rangle^2 =: \langle(\widehat{\boldsymbol{v_\infty}} - \langle\widehat{\boldsymbol{v_\infty}}\rangle)^2\rangle =: \langle\bar{\boldsymbol{v}}_\infty^2\rangle, \tag{15.24}$$

also

$$\Delta\boldsymbol{x} = \langle\bar{\boldsymbol{x}}^2\rangle^{\frac{1}{2}} \text{ und } \Delta\boldsymbol{v}_\infty = \langle\bar{\boldsymbol{v}}_\infty^2\rangle^{\frac{1}{2}}.$$

Wegen der Schwarzschen Ungleichung (und der Selbstadjungiertheit) ist

$$\langle\bar{\boldsymbol{x}}\bar{\boldsymbol{v}}_\infty\rangle \leq \langle\bar{\boldsymbol{x}}^2\rangle^{\frac{1}{2}}\langle\bar{\boldsymbol{v}}_\infty^2\rangle^{\frac{1}{2}}.$$

Nun haben wir nicht viel gewonnen, denn $\bar{\boldsymbol{x}}\bar{\boldsymbol{v}}_\infty$ ist nur ein weiterer Operator. Aber natürlich gilt auch

$$\langle\bar{\boldsymbol{v}}_\infty\bar{\boldsymbol{x}}\rangle \leq \langle\bar{\boldsymbol{x}}^2\rangle^{\frac{1}{2}}\langle\bar{\boldsymbol{v}}_\infty^2\rangle^{\frac{1}{2}},$$

und nun haben wir mehrere Möglichkeiten. Im Hinblick auf (15.22) empfiehlt sich

$$|\langle\bar{\boldsymbol{x}}\bar{\boldsymbol{v}}_\infty - \bar{\boldsymbol{v}}_\infty\bar{\boldsymbol{x}}\rangle| = |\langle[\bar{\boldsymbol{x}}, \bar{\boldsymbol{v}}_\infty]\rangle| = |\langle[\hat{\boldsymbol{x}}, \widehat{\boldsymbol{v_\infty}}]\rangle| \leq 2\langle\bar{\boldsymbol{x}}^2\rangle^{\frac{1}{2}}\langle\bar{\boldsymbol{v}}_\infty^2\rangle^{\frac{1}{2}},$$

denn mit der Einheitmatrix E_3 ist

$$[\hat{\boldsymbol{x}}, \widehat{\boldsymbol{v_\infty}}]\varphi = \boldsymbol{x}\left(\frac{1}{i}\nabla\varphi\right)(\boldsymbol{x}) - \frac{1}{i}\nabla(\boldsymbol{x}\varphi(\boldsymbol{x})) = -\frac{1}{i}\varphi(\boldsymbol{x})E_3. \tag{15.25}$$

Für $\varphi \in \mathcal{D}(\widehat{v_\infty}\hat{x}) \cap \mathcal{D}(\hat{x}\widehat{v_\infty}) = \mathcal{D}([\hat{x}, \widehat{v_\infty}])$ ist also

$$\Delta x \Delta v_\infty = \langle \bar{x}^2 \rangle^{\frac{1}{2}} \langle \bar{v}_\infty^2 \rangle^{\frac{1}{2}} \geq \frac{1}{2}E_3. \tag{15.26}$$

Nun hatten wir $\hbar/m = 1$ gesetzt, weil es ja in diesem Kapitel nur um Mathematik gehen sollte. Wenn wir aber $\hbar$ und m beibehalten, ist

$$\widehat{v_\infty} = \frac{1}{m}\frac{\hbar}{i}\nabla,$$

und mit dem Impulsoperator

$$m\widehat{v_\infty} = \frac{\hbar}{i}\nabla = \hat{p} \tag{15.27}$$

ist das Resultat (15.26) in den Orts-Impuls-Einheiten die Heisenbergsche Orts-Impuls-Unschärferelation. Die Relation (15.25) ist die berühmte Heisenbergsche Vertauschungsrelation:

$$[\hat{x}, \hat{p}] = i\hbar E_3. \tag{15.28}$$

Nun, dies ist mathematisch interessant, aber sonst nicht sonderlich aufregend, denn was physikalisch dahintersteckt, ist absolut simpel: das Zerfließen des Wellenpaketes, das umso dramatischer ist, je lokalisierter das Teilchen (d.h. je kleiner der Träger der Anfangswellenfunktion φ_0) ist. Je genauer man also den Ort des Teilchens zur Zeit $t = 0$ kennt (d.h. je geringer die „Breite" von $|\varphi_0|^2$ ist), umso breiter wird der asymptotische Ort des sich „frei entwickelnden" Teilchens verteilt sein. Mehr ist dazu nicht zu sagen.

Vielleicht noch dieses: Wir haben oben von dem Heisenberg-Ortsoperator gesprochen (15.11), und wenn wir den nach t differenzieren (unter Beachtung von $U(t) = \exp(-itH/\hbar)$), kommt ganz einfach

$$\frac{\mathrm{d}}{\mathrm{d}t}\hat{x}(t) = i[H, \hat{x}(t)] = iU^*(t)[H, \hat{x}]U(t)$$

und mit (15.27) ist $H = \frac{\hat{p}^2}{2m} + V(\hat{x})$. Also weiter mit dem Kommutator zwischen $\hat{x}$ und $\hat{p}$ (gemäß (15.25)und man berechnet leicht

$$i[H, \hat{x}] = \frac{\hat{p}}{m}.$$

Mit (15.28) können wir also für kleine t

$$[\hat{x}, \hat{x}(t)] \approx \frac{i\hbar t}{m}E_3$$

schreiben, und wir bekommen die Unschärfe zwischen Anfangsort (im wesentlichen dem Träger der Anfangswellenfunktion) und dem Ort nach kurzer

Zeit (dem Träger der sich daraus kurzzeitig entwickelten Wellenfunktion), ein Ausdruck des Zerfließens der Wellenfunktion. Läßt man die Wellenfunktion sich weiterhin frei entwickeln, zerfällt sie örtlich immer deutlicher in eine Superposition von Wellenpaketen „scharfer Geschwindigkeit", und wir haben die oben untersuchte Situation.

Noch mal differenzieren bringt genauso

$$\frac{\mathrm{d}}{\mathrm{d}t}\hat{p}(t) = \nabla V(\hat{x})(t),$$

eine Version des Ehrenfest-Theorems, auch Heisenbergesche Bewegungsgleichung genannt. Die Einfachheit und Klarheit dieser Operator-Beziehungen sind eindrucksvoll und mögen einen veranlassen, die Rolle der Operatoren neu zu überdenken: Sind sie nicht doch fundamentaler als bisher zugegeben? Warum kommen diese Beziehungen so schön heraus? Hat das Teilchen nicht doch einen Impuls? Nun, in der Bohmschen Mechanik hat es keinen. Auf der Newtonschen Beschreibungsebene hat es einen. Über den Rest sollte man nachdenken.

Anmerkung 15.1.2. Über den Ortsoperator beim harmonischen Oszillator
Nun ist die Heisenbergsche Bewegungsgleichung für den Ortsoperator des harmonischen Oszillators einfach die lineare Schwingungsgleichung, deren Lösung sofort anzugeben ist, nämlich eine periodische Funktion in der Zeit, so daß der Heisenberg Ortsoperator $\hat{x}(T) = \hat{x}(0)$ ist, mit T als Periodendauer. Das bedeutet, daß die Statistiken des Teilchenortes zu den Zeiten T und 0 identisch sind.

Also können wir gemäß Anmerkung 12.1.2 den Ortsoperator zur Zeit 0 durch den Ort zur Zeit T messen, wobei der Ort des Teilchens zur Zeit T aber nicht gleich dem Ort des Teilchens zur Zeit 0 zu sein braucht, wie man an dem Beispiel (8.23) sich leicht überlegen kann: Die Ortstrajektorie ist i.a. nicht $T-$periodisch. Also Moral: Die Messung des Ortsoperators (eine unsinnige Aussage schlechthin) ist nicht immer die Messung des Ortes. Das ist so unwichtig wie es nur sein kann, aber darüber gibt es immer wieder Verwirrungen, und deswegen muß man das einmal zur Kenntnis genommen haben.

15.2 Spektralsatz

15.2.1 Dirac-Formalismus

Nun zurück zum Kalkül der Statistik mit selbstadjungierten Operatoren. Wir erinnern uns an den „Buchhalter"-Operator (12.9),

$$\hat{A} = \sum \lambda_\alpha P_\alpha, \tag{15.29}$$

der die Statistik und effektive Wellenfunktion des Systems bei einem „Meß-vorgang" mit „Meßwerten" $\lambda_\alpha \in \Lambda$ erfaßt. Die P_α sind Orthogonalprojek-tionen auf orthogonale Unterräume $\mathcal{H}_\alpha$, und sofern die λ_α reell sind, ist $\hat{A}$ selbstadjungiert. (Warum sollten Meßwerte reelle Zahlen sein? Nun, man meint dabei wohl eher Zahl im Sinne von Anzahl, und man mißt die Anzahl einer Basiseinheit.)

Vergleichen wir (15.29) mit (15.9) oder (15.18) und nehmen wir im Mo-ment die P_α als eindimensionale Projektoren P_{λ_α}, sehen wir, daß die Struktur die gleiche ist: Auch die P_{λ_α} bilden ein PV, aber diesmal ist es ein diskretes Maß, ein Punktmaß:

$$W^\varphi(\lambda_\alpha) = \langle \varphi | P_{\lambda_\alpha} \varphi \rangle.$$

Im *Diracformalismus* schreibt man eindimensionale Orthogonalprojektoren $P_{\varphi_{\lambda_\alpha}}$ als

$$P_{\varphi_{\lambda_\alpha}} = |\varphi_{\lambda_\alpha}\rangle\langle\varphi_{\lambda_\alpha}|,$$

und

$$\langle\varphi_{\lambda_\alpha}|\varphi_{\lambda_\beta}\rangle = \delta_{\alpha,\beta},$$

und falls die φ_{λ_α} eine Basis bilden ist

$$\sum_{\lambda_\alpha} |\varphi_{\lambda_\alpha}\rangle\langle\varphi_{\lambda_\alpha}| = E.$$

Man sieht sofort, daß die λ_α Eigenwerte von $\hat{A}$ sind und die $\mathcal{H}_\alpha$ die zugehöri-gen Eigenräume bzw. die φ_{λ_α} Eigenvektoren. Und das mathematisch Schöne hieran ist, daß man Funktionen nehmen kann:

$$f(\hat{A}) = \sum f(\lambda_\alpha) P_{\lambda_\alpha}, \tag{15.30}$$

was ja gerade die Stärke der Diagonalisierung von Matrizen ausmacht[2]. Geht das auch für $\hat{x}$ oder $\hat{v}_\infty$? Wir können in der Tat den Diracformalismus als leistungsfähigen Symbolismus verwenden (vgl. (9.22)). Schreibe

$$O_{\{d^3x\}} = |x\rangle\langle x| d^3x, \tag{15.31}$$

$$\langle x|x'\rangle = \delta(x - x'),$$

$$\int O_{\{d^3x\}} = O_{\mathbb{R}^3} = E = \int |x\rangle\langle x| d^3x,$$

und

$$V_{\{d^3k\}} = |k\rangle\langle k| d^3k, \tag{15.32}$$

$$\langle k|k'\rangle = \delta(k - k'),$$

---

[2] Dies ist nur eine ander Art, die bekannte Diagonalisierung von symmetrischen Matrizen zu schreiben.

$$\int V_{\{\mathrm{d}^3 k\}} = V_{\mathbb{R}^3} = E = \int |\mathbf{k}\rangle\langle\mathbf{k}|\mathrm{d}^3 k,$$

wobei für $\psi, \varphi \in L^2(\mathbb{R}^3, \mathrm{d}^3 x)$

$$\langle\varphi|\mathbf{x}\rangle\langle\mathbf{x}|\psi\rangle = \varphi^*(\mathbf{x})\psi(\mathbf{x}) \tag{15.33}$$

und

$$\langle\varphi|\mathbf{k}\rangle\langle\mathbf{k}|\psi\rangle = \widehat{\varphi}^*(\mathbf{k})\widehat{\psi}(\mathbf{k}) \tag{15.34}$$

gesetzt wird. Man kann sich jetzt leicht überlegen, wie wohl $\langle\mathbf{x}|\mathbf{k}\rangle$ aussieht. Von hier ab kann nun jeder seinen eigenen Denkmodus schaffen, um mit (15.31) bis (15.34) gut umgehen zu können. Man kann z.B. so tun, als ob $|\mathbf{x}\rangle$ und $|\mathbf{k}\rangle$ Elemente in L^2 wären, um mit den Formeln die üblichen geometrischen Bilder zu verknüpfen. Wir schreiben dann also statt (15.9)

$$\hat{\mathbf{x}} = \int \mathbf{x}|\mathbf{x}\rangle\langle\mathbf{x}|\mathrm{d}^3 x \tag{15.35}$$

und statt (15.18)

$$\widehat{\mathbf{v}_\infty} = \int \mathbf{k}|\mathbf{k}\rangle\langle\mathbf{k}|\mathrm{d}^3 k, \tag{15.36}$$

und indem man (15.9') und (15.19') zeigt, sieht man, wie schön sich damit umgehen läßt. Wir haben (15.35) und (15.36) und alles sieht ähnlich zu (15.29)aus, und man kann formal im Diracformalismus auch die $\mathbf{x}$ (und die $\mathbf{k}$ analog) als Eigenwerte zu den Eigenvektoren $|\mathbf{x}\rangle$ des Ortsoperators $\hat{\mathbf{x}}$ betiteln, ohne das zu ernst zu nehmen, denn die „Eigenfunktionen" sind ja nicht in L^2 – darum nennt man sie häufig auch uneigentliche Eigenfunktionen.

Anmerkung 15.2.1. Über „fast" Eigenwerte
x ist aber fast ein Eigenwert des (eindimensionalen) Ortsoperators im folgenden Sinne (Analoges gilt für andere Operatoren mit kontinuierlichem Spektrum, denn das ist letztlich, was wir hier vorliegen haben und worüber wir gleich reden). Betrachte $\psi_x^\varepsilon \in L^2$ mit $\psi_x^\varepsilon = O_{[x-\varepsilon, x+\varepsilon]}\psi_x^\varepsilon$. Dann ist

$$\langle\psi_x^\varepsilon|(\hat{x} - xE)\psi_x^\varepsilon\rangle = \langle\psi_x^\varepsilon| \int x' O_{\{\mathrm{d}x'\}}\psi_x^\varepsilon\rangle - x$$

$$= \int_{x-\varepsilon}^{x+\varepsilon} x'|\psi_x^\varepsilon(x')|^2 \mathrm{d}x' - x$$

$$= (x_\varepsilon) \int_{x-\varepsilon}^{x+\varepsilon} |\psi_x^\varepsilon(x')|^2 \mathrm{d}x' - x$$

$$= (x_\varepsilon)\langle\psi_x^\varepsilon|O_{[x-\varepsilon, x+\varepsilon]}\psi_x^\varepsilon\rangle - x$$

$$= x_\varepsilon - x \quad \text{mit} \quad |x_\varepsilon - x| \to 0 \quad \text{für} \quad \varepsilon \to 0.$$

Man hat also eine einheitliche Sprache ohne einheitliche Bedeutung. Das ist in Ordnung, aber nicht frei von Gefahr der Verwirrung. Wir können aber auch einfach neue Namen einführen: Spektren, Spektralschar (= PV), Spektralmaß. Λ ist das Spektrum des Operators $\hat{A}$. $\mathbb{R}^3$ ist das Spektrum der Operatoren $\hat{x}$ und $\widehat{v_\infty}$. $(P_{\varphi_\alpha})_\alpha$ ist die Spektralschar des Operators $\hat{A}$. $O_{\{d^3x\}}$ bzw. $V_{\{d^3x\}}$ sind die Spektralscharen der Operatoren $\hat{x}$ bzw. $\widehat{v_\infty}$. $((\psi|P_{\varphi_\alpha}\psi))_\alpha$, $\langle\psi|O_{\{d^3x\}}\psi\rangle$ und $\langle\psi|V_{\{d^3x\}}\psi\rangle$ sind im Prinzip Spektralmaße, wobei $((\psi|P_{\varphi_\alpha}\psi))_\alpha$ ein diskretes Maß ist. Und noch etwas: $\hat{x}$ ist „diagonal", d.h. $\hat{x}$ wirkt als Multiplikationsoperator in $L^2(\mathbb{R}^3, d^3x)$, („Ortsdarstellung"). Genauso ist $\widehat{v_\infty}$ „diagonal" unter der unitären Fouriertransformation („Impulsdarstellung"), d.h.(vgl. (15.16))

$$\frac{1}{i}\frac{\partial}{\partial x} = \widehat{v}_\infty \text{ auf } L^2 \text{ entspricht } \widehat{x} = \mathcal{F}\widehat{v}_\infty\mathcal{F}^* \text{ auf } L^2,$$

und es ist eigentlich diese einfache Multiplikationswirkung des jeweiligen Operators in der zugehörigen „Operatordarstellung", die den Diracformalismus ausmacht.

15.2.2 Mathematik des Spektralsatzes

Nun denke man an die Schrödingergleichung und den Schrödingeroperator H, der ja auch selbstadjungiert sein muß. Und man denke an lineare Algebra und die Lehre, daß nichts so gewinnbringend ist, wie die Welt aus der Sicht des Operators zu sehen, den man gerade studiert. Und das heißt: Man gehe in die Eigenbasis des Operators. Und genau das ist die Spektraldarstellung. Darum die Frage: Geht das auch für den Schrödingeroperator? Gibt es für H auch ein Spektrum, ein PV und Spektralmaße? Also sollten wir uns darum bemühen, den Kalkül für selbstadjungierte Operatoren T allgemein zu haben („T-Darstellung"), einfach um leistungsfähig zu sein, z.B. in Rechnungen von Modellen. Der Zusammenhang zwischen selbstadjungierten Operatoren und PVs ist Inhalt des Spektralsatzes. Wir stellen diesen zunächst für *beschränkte* selbstadjungierte Operatoren vor und beginnen mit Namen. Dabei ist die zentrale Größe das Spektrum des Operators (die Verallgemeinerung der Eigenwertmenge einer Matrix), und da wir i.a. keine Eigenvektoren haben, müssen wir die Eigenwertgleichung geschickt verallgemeinern. Das sollte in der folgenden Definition offenbar sein:

Definition 15.2.1. *Sei T ein (abgeschlossener) Operator mit $\mathcal{D}(T)$ auf einem Hilbertraum $\mathcal{H}$. Die Resolventenmenge $r(T)$ ist die Menge aller $\lambda \in \mathbb{C}$, für die*

$$(\lambda E - T)^{-1} : \mathcal{H} \longrightarrow \mathcal{D}(T)$$

existiert und beschränkt ist. $R_T(\lambda) = (\lambda E - T)^{-1}$ heißt Resolvente von T in λ. Das Komplement $\sigma(T)$ von $r(T)$ in $\mathbb{C}$ heißt Spektrum von T.

Anmerkung 15.2.2. Zur Resolventen

(i) Für $\lambda > \|T\|$ (ich verweise auf Fußnote 9) hat man die Neumannsche Reihe als Darstellung der Resolventen.

$$R_\lambda(T) = \frac{1}{\lambda E - T} = \frac{1}{\lambda}\frac{1}{E - \frac{T}{\lambda}} = \frac{1}{\lambda}\left(E + \sum_{n=1}^{\infty}\left(\frac{T}{\lambda}\right)^n\right).$$

Beachte, daß mit $\|T^n\| \leq \|T\|^n$ (was man mit $\|T\| = \sup_{\|\psi\|=1}\|T\psi\|$ leicht sieht)

$$\|R_T(\lambda)\| \leq \frac{1}{|\lambda|}\sum_{n=0}^{\infty}\frac{\|T^n\|}{|\lambda|^n} \leq \frac{1}{|\lambda|}\sum_{n=0}^{\infty}\frac{\|T\|^n}{|\lambda|^n}. \tag{15.37}$$

Die Reihe ist also in der Operatornorm konvergent, und man kann dann analog zu

$$(1 - x)\sum_{n=0}^{N}x^n = 1 - x^{N+1} \to 1, N \to \infty$$

verfahren, um zu sehen, daß die Resolvente die Reihendarstellung hat.

(ii) $r(T)$ ist offen, so daß das Spektrum $\sigma(T)$ abgeschlossen ist. Das sieht man so: Sei $\lambda_0 \in r(T)$. Aus der Reihenentwicklung von

$$\frac{1}{\lambda - t} = \frac{1}{\lambda - \lambda_0 + \lambda_0 - t} = \frac{1}{\lambda_0 - t}\frac{1}{1 - \frac{\lambda_0 - \lambda}{\lambda_0 - t}}$$

kommt man darauf, den Operator

$$\tilde{R}_T(\lambda) = R_{\lambda_0}(T)\left(\sum_{n=0}^{\infty}(\lambda_0 - \lambda)^n R_{\lambda_0}(T)^n\right), \ n = 0 \text{ entspricht } E$$

zu definieren und zwar für $|\lambda - \lambda_0| \langle \|R_{\lambda_0}(T)\|^{-1}$, wofür er wohldefiniert ist. Man verifiziert (genau wie in (i)), daß $(\lambda - T)\tilde{R}_T(\lambda) = E = \tilde{R}_T(\lambda)(\lambda - T)$ gilt, so daß sich $\tilde{R}_T(\lambda) = R_T(\lambda)$ einstellt, und damit ist $\lambda \in r(T)$, also ist $r(T)$ offen. Gleichzeitig haben wir damit, daß $R_T(\lambda)$ analytisch auf der Resolventenmenge ist.

(iii) Wenn für $\lambda \in \sigma(T)$ ein $\varphi_\lambda \in \mathcal{H}$ existiert, so daß $T\varphi_\lambda = \lambda\varphi_\lambda$, dann gehört λ zum *Punktspektrum* $\sigma_p(T) \subset \sigma(T)$. Man nennt λ dann Eigenwert.

Theorem 15.2.1. *Sei T selbstadjungiert. Dann gilt:*

(i) $\sigma(T) \subset \mathbb{R}$.

(ii) $\sup_{\lambda \in \sigma(T)}|\lambda| = \|T\|$.

(iii) *Für $\lambda, \lambda' \in \sigma_{pp}(T)$ und $\lambda \neq \lambda'$ gilt $\langle\varphi_\lambda|\varphi_{\lambda'}\rangle = 0$.*

Beweis (skizzenhaft): (i) folgt leicht aus 14.0.4. (ii) ist intuitiv klar, denkt man an die Diagonalgestalt von Matrizen, wo auf der Diagonalen die Eigenwerte stehen. Allgemein folgt es aus der Tatsache, daß die Resolvente auf der Resolventenmenge analytisch ist; und die Neumannsche Reihe ist einfach die Laurententwicklung um den unendlichen fernen Punkt. ähnlich wie bei

$$\frac{1}{1-x} = \frac{-1}{x} \sum_{n=0}^{\infty} \left(\frac{1}{x}\right)^n ,$$

wobei die Konvergenz für alle $|\lambda| \geq \bar{\lambda}$ stattfindet, mit $\bar{\lambda} = \sup_{\lambda \in \sigma(T)} |\lambda|$. Sie ist aber auch konvergent für $|\lambda| > \|T\|$ und deshalb kann bestenfalls $\|T\| > \bar{\lambda}$ sein. Aber für $\|T\| > |\lambda| > \bar{\lambda}$ ist die Neumannsche Reihe absolut konvergent, d.h.

$$\sum_{n=0}^{\infty} \|T/\lambda\|^n < \infty.$$

Nun kommt uns zur Hilfe, daß für selbstadjungierte Operatoren

$$\|T^{2n}\| = \|T\|^{2n}, \tag{15.38}$$

(zeigen wir gleich) und deswegen gibt das einen Widerspruch:

$$\sum_{n=0}^{\infty} \|T/\lambda\|^n < \infty \Longrightarrow \sum_{n=0}^{\infty} (\|T\|/|\lambda|)^{2n} < \infty,$$

denn wir haben angenommen, daß $\|T\| > |\lambda|$ ist, so daß die letzte Reihe unendlich sein muß.

(15.38) folgt aus

$$\begin{aligned}
\|T\| = \sup_{\|\psi\|=1} |\langle \frac{T\psi}{\|T\|} | T\psi \rangle| &\leq \sup_{\|\varphi\|\leq 1, \|\psi\|=1} |\langle \varphi | T\psi \rangle| \\
&\leq \sup_{\|\varphi\|\leq 1, \|\psi\|=1} |\langle \frac{\varphi}{\|\varphi\|} | T\psi \rangle| \\
&= \sup_{\|\varphi\|=\|\psi\|=1} |\langle \varphi | T\psi \rangle| \leq \|T\|,
\end{aligned}$$

wobei wir im letzten Schritt die Schwarzsche Ungleichung benutzt haben.

Dann aber, da T selbstadjungiert,

$$\begin{aligned}
\|T\|^2 \geq \|T^2\| &= \sup_{\|\varphi\|=\|\psi\|=1} |\langle T\varphi | T\psi \rangle| \\
&\geq \sup_{\|\psi\|=1} |\langle T\psi | T\psi \rangle| \\
&(= \sup_{\|\psi\|=1} |\langle \psi | T^2 \psi \rangle|) = \|T\|^2
\end{aligned}$$

und damit also

$$\|T^2\| = \|T\|^2.$$

(iii) zeigt man wie in der linearen Algebra.

Nachtrag: Wir hatten gerade für selbstdjungierte T

$$\|T^2\| = \sup_{\|\psi\|=1} |\langle T\psi|T\psi\rangle|$$

und das legt nahe, daß

$$\|T\| = (\sup_{\|\psi\|=1} |\langle \sqrt{T}\psi|\sqrt{T}\psi\rangle|) = \sup_{\|\psi\|=1} |\langle\psi|T\psi\rangle| \qquad (15.39)$$

gilt, wobei der geklammerte Mittelteil im Augenblick nur eine moralische Hilfe darstellt. Diese Gleichheit gilt in der Tat und zwar kann man benutzen, daß (auf Grund der Realität der Norm)

$$\|T\| = \sup_{\|\psi\|=1} \Re\left\langle \frac{T\psi}{\|T\|} \Big| T\psi \right\rangle \le \sup_{\|\varphi\|=1,\|\psi\|=1} \Re\langle\varphi|T\psi\rangle.$$

Weiter ist für selbstadjungiertes T:

$$\begin{aligned}
\Re\langle\varphi|T\psi\rangle &= \frac{1}{4}(\langle\varphi+\psi|T(\varphi+\psi)\rangle - \langle\varphi-\psi|T(\varphi-\psi)\rangle) \\
&\le \frac{1}{4}(\|\varphi+\psi\|^2 + \|\varphi-\psi\|^2)\sup_{\|\eta\|=1}\langle\eta|T\eta\rangle \\
\text{und für } \|\varphi\| &= \|\psi\| = 1 \\
&= \sup_{\|\eta\|=1}\langle\eta|T\eta\rangle(\le \|T\|),
\end{aligned}$$

so daß (15.39) herauskommt.

Wir wollen nun auf das PV kommen, das zu dem selbstadjungierten Operator T gehört, wobei klar ist, daß es ein Maß auf $\sigma(T)$ sein wird. Die Idee ist ganz einfach. Mit Blick auf (15.30) streben wir an, die Indikatorfunktion $\chi_A(T)$ einer Teilmenge $A \in \sigma(T)$ von T zu bilden, denn $\chi_{\lambda_\alpha}(\hat{A}) = P_{\lambda_\alpha}$. Die Indikatorfunktionen aller Teilmengen vom Spektrum (genau genommen, die Borelschen Teilmengen) werden uns die Spektralfamilie (also das PV) liefern. Allerdings ist das etwas aufwendiger als man zunächst vielleicht im Kopf hat, denn man denkt sicher, daß man zuerst Polynome von T bildet – kein Problem damit – und dann Indikatorfunktionen in einem guten Sinne approximiert. Aber genau da liegt der Haken. Was ist dieser gute Sinn? Man hat wahrscheinlich die punktweise Konvergenz von Polynomen p_n gegen meßbare Funktionen χ im Kopf, und da müsste man jetzt auf die Existenz eines Operators schließen können, den man guten Gewissens $\chi(T)$ nennen kann. Es ist klar, daß diese Existenz auf Vollständigkeit beruht, d.h. der Vektorraum $\mathcal{L}(\mathcal{H})$ der linearen beschränkten Operatoren auf einem Hilbertraum sollte vollständig sein, wobei sich die Operator-Norm anbietet. Diese Vollständigkeit ist in der Tat schnell gezeigt. Das geht ganz analog wie im Beweis, daß z.B. der Raum der stetigen Funktionen auf einer kompakten Menge vollständig ist. Also $\mathcal{L}(\mathcal{H})$ mit der Operatornorm $\|\cdot\|$ ist vollständig. Aber nun muß diese Norm mit dem Konvergenzsinn der Polynome gegen die gewünschte Funktion zusammenpassen, und wenn man da ein wenig rumprobiert, sieht man schnell, daß moralisch alles irgendwie in Ordnung gehen muß, aber die Konvergenzidee ist nicht das Richtige. Sie ist richtig, solange wir stetige Funktionen im Kopf haben, aber leider sind die Indikatorfunktionen unstetig. Aber natürlich muß das reichen. Das Ganze ist dennoch so trickreich, daß ich ein paar Dinge sagen will. Also, die stetigen Funktionen $C(\sigma(T))$ sind gut, weil der Raum auch vollständig ist (das Spektrum ist eine kompakte Menge!) und die Polynome liegen in der supremums-Norm dicht. Zudem paßt diese Norm wunderbar zur Operator-Norm: Wir betrachten Polynome $p : \sigma(T) \longrightarrow \mathbb{C}$, dann gilt

$$\|p(T)\| = \|p\|_\infty = \sup_{\lambda \in \sigma(T)} |p(\lambda)|. \tag{15.40}$$

Der Beweis davon ist gar nicht so einfach, weil wir erlauben, daß p komplexe Koeffizienten haben darf. Das ist an dieser Stelle zwar nicht notwendig, aber wir werden später doch ganz gerne beim Begriff des zyklischen Vektors diese Allgemeinheit benutzen. Für reelle p ist $p(T)$ selbstadjungiert, aber nun ist erst $p^*(T)p(T)$ selbstadjungiert, und dafür habe ich bereits mit (15.39) vorgesorgt:

$$\begin{aligned}
\|p(T)\|^2 &= \sup_{\|\psi\|=1} \langle p(T)\psi | p(T)\psi \rangle = \sup_{\|\psi\|=1} \langle \psi | p^*(T)p(T)\psi \rangle \\
&\quad \text{da } p^*(T)p(T) \text{ selbstadjungiert} \\
&= \|p^*(T)p(T)\| = \sup_{\lambda \in \sigma(p^*(T)p(T))} |\lambda| = \sup_{\lambda \in \sigma(T)} |p^*(\lambda)p(\lambda)| \\
&= \|p\|_\infty^2.
\end{aligned}$$

Leider ist das noch nicht fertig, denn wir haben stillschweigend benutzt, daß für Polynome $p : \sup_{\lambda \in \sigma(p(T))} |\lambda| = \sup_{\lambda \in \sigma(T)} |p(\lambda)|$, aber das ist, so einfach es von der Feder geht, ein Argument wert: Also wir zeigen noch, daß

$$\sigma(p(T)) = p(\sigma(T)) := \{\mu | \mu = p(\lambda), \ \lambda \in \sigma(T)\}. \tag{15.41}$$

Das geht wie folgt: Sei $\lambda \in \sigma(T)$. Beachte, daß $p(x) - p(\lambda) = (x - \lambda)q(x)$ mit Faktor (Polynom) $q(x)$, da λ eine Nullstelle ist. Das heißt aber

$$p(T) - p(\lambda)E = (T - \lambda E)q(T),$$

und $(T - \lambda E)$ ist für $\lambda \in \sigma(T)$ nicht invertierbar, also auch nicht $p(T) - p(\lambda)E$. Also haben wir $p(\lambda) \in \sigma(p(T))$.

Umgekehrt sei nun $\mu \in \sigma(p(T))$. Betrachte mit dem Fundamentalsatz der Algebra die Nullstellenfaktorisierung von $p(x) - \mu$ und schreibe

$$p(T) - \mu E = \prod_{i=1}^{N}(T - \lambda_i E),$$

mit den Nullstellen $\lambda_1, \ldots, \lambda_N$. Da $p(T) - \mu E$ nicht invertierbar ist, muß mindestens ein λ_i existieren, so daß $T - \lambda_i E$ kein Inverses hat, so daß also $\lambda_i \in \sigma(T)$ ist und $p(\lambda_i) = \mu$.

Wir können nun genauer aussprechen, was wir im Kopf haben, nämlich Funktionen von Operatoren zu bilden, also Funktionen auf $\mathcal{L}(\mathcal{H})$:

Theorem 15.2.2. *Sei T selbstadjungiert auf $\mathcal{H}$. Dann existiert eine eindeutige Abbildung*

$$\mathcal{OP} : C(\sigma(T)) \longrightarrow \mathcal{L}(\mathcal{H})$$

mit

$$\mathcal{OP}(f) = \text{„}f(T)\text{“}$$

und

$$
\begin{aligned}
&(i) &&\mathcal{OP}(1) = E\\
&(ii) &&f(x) = x \Longrightarrow \mathcal{OP}(f) = T\\
&(iii) &&\mathcal{OP}(f + g) = \mathcal{OP}(f) + \mathcal{OP}(g)\\
&(iv) &&\mathcal{OP}(fg) = \mathcal{OP}(f)\mathcal{OP}(g)\\
&(v) &&\mathcal{OP}(\alpha f) = \alpha\mathcal{OP}(f)\\
&(vi) &&\sigma(\mathcal{OP}(f)) = f(\sigma(T)) := \{\mu | \mu = f(\lambda),\ \lambda \in \sigma(T)\}\\
&(vii) &&\|\mathcal{OP}(f)\| = \|f\|_{\infty}\\
&(viii) &&T\psi = \lambda\psi \Longrightarrow \mathcal{OP}(f)\psi = f(\lambda)\psi.
\end{aligned}
$$

Für Polynome gilt das: (i),(ii)und (iii) legen $\mathcal{OP}$ fest, und der Rest ist evident, bzw. wurde gezeigt. Von Polynomen kommen wir zu den stetigen Funktionen durch Dichtheit, denn die Polynome approximieren ja in der sup-Norm die stetigen Funktionen. Und wegen (vii) oben ist das in guter Übereinstimmung mit der Operatorennorm:

Lemma 15.2.1. *$\mathcal{OP}$ ist eindeutig von dem linearen Raum der Polynome auf dessen Abschluß $C(\sigma(T))$ erweiterbar.*

Kurze Beweisskizze: Sei p_n eine Cauchyfolge von Polynomen, die gegen $f \in C(\sigma(T))$ konvergiert, dann ist

$$\|\mathcal{OP}(p_n) - \mathcal{OP}(p_m)\| = \|\mathcal{OP}(p_n - p_m)\| = \|p_n - p_m\|_{\infty}$$

also ebenfalls eine Cauchyfolge, aber in dem vollständigen $\mathcal{L}(\mathcal{H})$. Das Limeselement definiert dann die Erweiterung „$f(T)$" auf $f \in C(\sigma(T))$.

Vielleicht ist nicht so klar, daß alle Eigenschaften (i)-(vii)in (Satz 15.2.2) gelten. Wir gehen das mal schnell durch: z.B. (iv). Da benutzt man $p_n \to f, q_n \to g \Longrightarrow p_n q_n \to fg$ und auf Polynomen gilt (iv). Eine einfache Triangulierung unter Benutzung der Tatsache, daß $\mathcal{OP}(p_n)$ uniform beschränkt ist, liefert dann das Ergebnis. Alles andere geht ebenfalls mit analogen Approximationen leicht von der Hand, allerdings ist (vi)(woraus dann (vii) folgt) etwas aufwendiger:

Man kann das so zeigen: (a) Wenn $\lambda \notin \mathrm{Bild}(f)$, dann ist auch $\lambda \notin \sigma(\mathcal{OP}(f))$, denn dann existiert $g = (f - \lambda)^{-1}$ und damit $\mathcal{OP}(g)\mathcal{OP}(f - \lambda) = \mathcal{OP}(1) = E$, also $\mathcal{OP}(g) = (\mathcal{OP}(f - \lambda))^{-1} = (\mathcal{OP}(f) - \lambda E)^{-1}$, also $\lambda \notin \sigma(\mathcal{OP}(f))$.

Umgekehrt sei nun $\lambda \in \mathrm{Bild}(f)$. Dann ist zu zeigen, daß $\lambda \in \sigma(\mathcal{OP}(f))$, aber dazu muß man sich etwas die Finger schmutzig machen, denn wie kann man ausnutzen, daß $\lambda \in \mathrm{Bild}(f)$ ist? Also es gelte $\lambda = f(\mu), \mu \in \sigma(T)$, dann ist $p_n(\mu) \in \sigma(\mathcal{OP}(p_n)) = \sigma(p_n(T))$, d.h. es gibt für ein vorgegebenes ϵ einen Fast-Eigenvektor $\psi_n, \|\psi_n\| = 1$ mit $\|(p_n(T) - p_n(\mu))\psi_n\| \leq \epsilon$, . Weiter wähle n so groß, daß $\|\mathcal{OP}(p_n) - \mathcal{OP}(f)\| \leq \epsilon$ und $|p_n(\mu) - \lambda| \leq \epsilon$, dann kommt

$$\|(\mathcal{OP}(f) - \lambda)\psi_n\|$$
$$= \|(\mathcal{OP}(f) - \mathcal{OP}(p_n) + \mathcal{OP}(p_n) - \lambda - p_n(\mu) + p_n(\mu))\psi_n\|$$
$$\leq \|\mathcal{OP}(f) - \mathcal{OP}(p_n)\| + \|(\mathcal{OP}(p_n) - p_n(\mu))\psi_n\| + |\lambda - p_n(\mu)|$$
$$\leq 3\epsilon.$$

Das wiederum bedeutet, daß ψ_n ein Fasteigenvektor von $\mathcal{OP}(f)$ zum Eigenwert λ ist, und das wollten wir zeigen, denn damit kann $(\mathcal{OP}(f) - \lambda)^{-1}$ nicht beschränkt sein.

Weiter mit den stetigen Funktionen. Die approximieren die meßbaren Funktionen (wo wir ja hinwollen), allerdings nicht mehr in der sup-Norm. Dennoch geht die Sache in Ordnung. Man erkennt, daß die Abbildung

$$l : \langle \psi | \cdot (T)\psi \rangle : C(\sigma(T)) \longrightarrow \mathbb{C}$$

$$f \longrightarrow l(f) = \langle \psi | f(T)\psi \rangle$$

beschränkt und linear ist, und da kann man einen klassischen Darstellungs-Satz zitieren – den Satz von Markoff-Riesz – der einem sagt, daß dieses lineare Funktional ein Maß μ_T^ψ auf $\sigma(T)$ festlegt:

$$l(f) := \langle \psi | f(T)\psi \rangle = \int_{\sigma(T)} f(\lambda)\mu_T^\psi(d\lambda), \tag{15.42}$$

und zwar ist es ein Borelmaß[3]. Den Beweis mache ich nicht vor, der ist etwas aufwendig, aber nicht sehr fordernd[4].

---

[3] Das Lebesguemaß mit dem uLebesgeintegral ist der Prototyp.

Und nun geht es so weiter: Für eine meßbare Funktion f ist wiederum

$$\int_{\sigma(T)} f(\lambda)\mu_T^\psi(d\lambda)$$

eine Bilinearform auf $\mathcal{H}$, wie man aus der Konstruktion des Maßes sofort abliest, und darum gibt es nach dem Darstellungsatz (13.2.2) einen beschränkten linearen Operator, den wir naheliegenderweise $f(T)$ nennen. Da wir nun alles über das Maßintegral laufen lassen, reicht uns die punktweise Approximation von meßbaren Funktionen durch stetige aus[5], um die Abbildungseigenschaften (i)-(viii) von $\mathcal{OP}$ auch auf $\mathcal{M}(\sigma(T))$, den meßbaren Funktionen auf dem Spektrum, zu haben. Jetzt Schluß damit! Am Ende betrachten wir also die Familie von Indikatorfunktionen $(\chi_A)_{A\subset\sigma(T)}$ von Borel-Teilmengen von $\sigma(T)$, und über die Integrale bekommen wir die erwünschte *spektrale Familie, die Spektralschar oder das PV* $P(d\lambda)$ als Familie $(\chi_A(T))_{A\subset\sigma(T)}$. Wir haben also

$$f(T) = \int_{\sigma(T)} f(\lambda)\chi_{\{d\lambda\}}(T) \,, \tag{15.43}$$

und wir formulieren den Spektralsatz für beschränkte Operatoren

Theorem 15.2.3. *Es besteht eine Eins-zu-Eins-Korrespondenz zwischen (beschränkten) selbstadjungierten Operatoren und (beschränkten) PVs, die durch*

$$T \longrightarrow (\chi_A(T))_{A\in\mathcal{B}(\sigma(T))} \quad \text{mit (15.43)}$$

und

$$(P_A)_{A\in\mathcal{B}(\Lambda)} \longmapsto T = \int \lambda P_{\{d\lambda\}}$$

gegeben wird.

Dazu kommt das Spektralmaß:

Definition 15.2.2. *Das durch (15.42) oder äquivalent durch*

$$\langle\varphi|\chi_A(T)\varphi\rangle = \mu_T^\varphi(A)$$

definierte Maß auf $\sigma(T)$ heißt Spektralmaß von T zum Zustand φ.

---

[4] Die Idee ist eigentlich ganz klar: Man kann mit stetigen Funktionen gut genug die Indikatorfunktionen von Borel-Teilmengen des Spektrums approximieren, so daß man leicht darauf kommt, das Maß „wie üblich" zu definieren (als äußeres Maß)

$$\mu_T^\psi(A) = \inf\{l(f)|f \in C(\tilde{\sigma}(T)), f \geq \chi_A\}, \text{ für abgeschlossene } A \subset C(\sigma(T)).$$

Die Maßeigenschaften selbst, also im wesentlichen die Additivität, sind einfache Folge der Linearität.

[5] Die Lebesgueschen Sätze für Maßintegrale kommen hier noch mal zum Einsatz.

Ist es wirklich klar, daß ein gegebenes PV auf einer kompakten Menge einen selbstadjungierten Operator gemäß der Aussage des Satzes erzeugt? Wenn ja, ist es gut. Wenn nicht, dann sage ich am Ende des Abschnittes über unbeschränkte Operatoren ein paar Dinge, die dann auch für diese Frage relevant sind.

15.2.3 Das Spektralmaß

Wir wollen nun noch etwas zum Spektralmaß sagen und der „Diagonalgestalt" von selbstadjungierten Operatoren T. Es geht dabei um die Möglichkeit, einen selbstadjungierten Operator T als Multiplikationsoperator (wie den Ortsoperator auf $L^2(\mathbb{R}^3, \mathrm{d}^3 x)$) auf einem entsprechenden Hilbertraum darstellen zu können. Das ist eine weitere Version des Spektralsatzes und eine Ausarbeitung von (15.42). Sei T auf $\mathcal{H}$ definiert. Dann suchen wir eine unitäre Abbildung $U : \mathcal{H} \longrightarrow \mathcal{H}' = L^2(\sigma(T), \mathrm{d}\mu)$, so daß UTU^{-1} auf $\mathcal{H}'$ als Multiplikation wirkt, also „diagonal" ist (analog der Eigenbasisdarstellung in der linearen Algebra). Was bietet sich an? Nun, im Falle des asymptotischen Geschwindigkeitsoperators haben wir das ja schon gesehen. U ist dort die Fouriertransformation („Darstellung in den e^{ikx}"), und so würde man auch im allgemeinen verfahren. Man sucht Eigenvektoren und „uneigentliche" Eigenvektoren, also allgemein „alle" Lösungen von $T\varphi = \lambda\varphi$ (φ ist nicht notwendig ein Element in $\mathcal{H}$), und bastelt sich daraus das PV und die unitäre Transformation. Ich werde das nachher noch mal aufgreifen. Hier ist eine etwas andere Art der Sichtweise, die insbesondere interessant ist, weil sie es uns erlaubt, von „dem" Spektralmaß zu reden.

Definition 15.2.3. *Sei T ein selbstadjungierter Operator auf $\mathcal{H}$. Ein Vektor $\eta \in \mathcal{H}$ heißt zyklischer Vektor für T, wenn $\mathrm{span}(T^n\eta)_{n=0}^{\infty}$ dicht in $\mathcal{H}$ ist.*

Wir werden gleich an einem Beispiel sehen, daß es keinen zyklischen Vektor zu geben braucht. Aber das geht in Ordnung. Man zerlegt $\mathcal{H}$ in Teilräume, für die es zyklische Vektoren gibt. Aber nun gebe es einen solchen zyklischen Vektor η. Das bedeutet, daß es für $\psi, \varphi \in \mathcal{H}$ meßbare Funktionen g und f gibt, so daß $\psi = g(T)\eta$ und $\varphi = f(T)\eta$ gilt. Dann ist

$$
\begin{aligned}
\langle \psi | T\varphi \rangle \;&=\; \langle g(T)\eta | Tf(T)\eta \rangle \;=\; \langle \eta | g(T)^* Tf(T)\eta \rangle \\
&\overset{(15.43)}{=} \int_{\sigma(T)} g(\lambda)^* \lambda f(\lambda) \langle \eta | \chi_{\{d\lambda\}}(T)\eta \rangle \\
&=: \int_{\sigma(T)} g(\lambda)^* f(\lambda) \lambda \mu_T^{\eta}(\mathrm{d}\lambda),
\end{aligned}
\tag{15.44}
$$

und $\mu_T^{\eta}(d\lambda)$ heißt das Spektralmaß (schlechthin) von T. Und damit haben wir alles erreicht. Wir definieren einfach

$$U : \mathcal{H} \longrightarrow L^2(\sigma(T), \mu_T^\eta(\mathrm{d}\lambda)) = \mathcal{H}'$$
$$\psi \qquad \longmapsto g$$

und sehen, daß U unitär ist,

$$\langle U\psi | U\psi \rangle_{\mathcal{H}'} = \int g^*(\lambda)g(\lambda)\mu_T^\eta(\mathrm{d}\lambda) \;=\; \langle \eta | g^*(T)g(T)\eta \rangle_{\mathcal{H}}$$
$$= \langle g(T)\eta | g(T)\eta \rangle_{\mathcal{H}}$$
$$= \langle \psi | \psi \rangle_{\mathcal{H}}. \tag{15.45}$$

Natürlich ist, wie man aus (15.44) sieht,

$$(UTU^{-1}g)(\lambda) = \lambda g(\lambda).$$

Das Spektralmaß ist nicht eindeutig, denn es kann viele zyklische Vektoren geben. Für $\hat{v}_\infty = \partial/i\partial x$ (dieser Operator ist zwar nicht beschränkt, aber dennoch instruktiv) können wir z.B. ein η als zyklischen Vektor wählen mit $\hat\eta(k) \neq 0$ für alle k. Warum? Weil wir ja wissen, daß dieser Operator den Definitionsbereich $\{\psi \in L^2 | k\hat\psi \in L^2\}$ hat und in der Fourierdarstellung diagonal ist, also ist $U = \mathcal{F}$, zumindest wenn $\hat\eta = 1$ gewählt wird, ein – in der Sprache der Spektralmaße – etwas entarteter Fall, weil es kein Element des Hilbertraumes ist. Falls $\int |\hat\eta|^2(k)\mathrm{d}k = 1$ gilt, ist das Spektralmaß

$$\mu_{\hat{v}_\infty}^\eta(\mathrm{d}k) = |\hat\eta|^2(k)\mathrm{d}k$$

endlich, und wie man sich leicht überlegt, muß dann

$$U : \varphi \longrightarrow \frac{\widehat\varphi(k)}{\hat\eta(k)}$$

gelten.

Nun wollen wir noch kurz erwähnen, daß die Existenz eines zyklischen Vektors oder besser die Notwendigkeit der Aufspaltung des Hilbertraumes in eine direkte Summe, für die es dann zyklische Vektoren gibt, mit der Entartung von Eigenwerten zusammenhängt. Hier ein ganz einfaches Beispiel. Betrachte $\mathcal{H} = \mathbb{R}^3$ und $T = P_{e_1}$, die Orthogonalprojektion auf den Basisvektor e_1. Dann ist

$$\mathrm{span}\left(P_{e_1}^n v\right)_{n=0}^\infty = \mathrm{span}(v, P_{e_1}v) = \mathrm{span}(v, e_1)$$

höchstens eine zweidimensionale Fläche, aufgespannt von v und e_1. Also gibt es keinen zyklischen Vektor. Das liegt offenbar daran, daß P_{e_1} den zweifach entarteten Eigenwert 0 hat. In der Tat brauchen wir zwei Vektoren v und $v \wedge e_1$ als „zyklische" Vektoren, so daß

$$\mathbb{R}^3 = \mathrm{span}\left(P_{e_1}^n v\right)_{n=0}^\infty \oplus \mathrm{span}\left(P_{e_1}^n (v \wedge e_1)\right)_{n=0}^\infty.$$

Anders, hätte T auf $\mathbb{R}^3$ nur verschiedene Eigenwerte mit Eigenvektoren v_i, dann wäre jedes $v = \sum \alpha_i v_i$ mit $\alpha_i \neq 0$ zyklisch. Und mehr brauchen wir dazu nicht zu sagen.

15.2.4 Unbeschränkte Operatoren

Also darüber würde ich am liebsten gar nicht reden, aber der Schrödingeroperator ist nun einmal unbeschränkt, und ich muß wenigstens kurz sagen, wie sich die Spektraldarstellung da ergibt. Wir haben ja oben durchaus benutzt, daß $\sigma(T)$ eine kompakte Menge ist, wenn T beschränkt ist. Aber nun sei T unbeschränkt, aber immer noch selbstadjungiert. Die Idee ist naheliegend: Suche einen selbstadjungierten beschränkten Operator (eine beschränkte invertierbare Funktion vom Operator T) und benutze dessen Spektraldarstellung, um auf die von T zu kommen. Aber diese Idee enthält eine gewisse Zirkularität, denn der Spektralsatz für unbeschränkte Operatoren würde es uns erst ermöglichen, über Funktionen von T zu reden. Man kann das auch anders sagen: Man muß zu jeder Zeit wissen, daß man über den Operator T redet, z.B. $R = \cos(T)$ sieht beschränkt aus, aber welcher Operator ist R denn? Man hält also nach einem beschränkten Operator Ausschau, der relativ offenbar mit T zusammenhängt. Man erinnert sich daran, daß $(T + \mathrm{i})^{-1}$ existiert und abgeschlossen ist, denn $T + \mathrm{i}$ ist abgeschlossen, und da $\mathrm{Bild}(T \pm i) = \mathcal{H} = \mathcal{D}((T + \mathrm{i})^{-1})$ (dies ist alles in (15.41) gesagt), ist es naheliegend, daß $(T + \mathrm{i})^{-1}$ beschränkt ist. Und das ist der Fall, wie der Satz vom abgeschlossenen Graphen versichert (siehe etwa [63]). Aber (man beachte im folgenden, daß die Definitionsbereiche in Ordnung gehen)

$$\langle (T - \mathrm{i})\psi|\varphi\rangle = \langle (T - \mathrm{i})\psi|(T + \mathrm{i})^{-1}(T + \mathrm{i})\varphi\rangle$$
$$= \langle ((T + \mathrm{i})^{-1})^*(T - \mathrm{i})\psi|(T + \mathrm{i})\varphi\rangle = \langle \psi|(T + \mathrm{i})\varphi\rangle,$$

und daher ist $((T + \mathrm{i})^{-1})^* = (T - \mathrm{i})^{-1}$, also nicht selbstadjungiert. Aber nicht nur selbstadjungierte Operatoren sind diagonalisierbar! Man denke an die sogenannten *normalen Operatoren*[6] und da $(T + \mathrm{i})^{-1}$ und $(T - \mathrm{i})^{-1}$ vertauschen (denn $T + \mathrm{i}$ und $T - \mathrm{i}$ vertauschen), ist $(T - \mathrm{i})^{-1}$ normal. Wir schenken uns die Konstruktion des Spektralmaßes von normalen Operatoren. Das, nehmen wir an, haben wir jetzt vorliegen. Aber nun ist die Situation etwas komplizierter als im beschränkten Falle, denn $(T - \mathrm{i})^{-1}$ ist eine Funktion der beiden selbstadjungierten Operatoren und wir werden dem in der Spektraldarstellung von $(T - \mathrm{i})^{-1}$ als Multiplikationsoperator gerecht werden müssen, indem $(T - \mathrm{i})^{-1}$ nicht als Multiplikation mit x wirkt, sondern als Multiplikation mit einer Funktion $f(x)$. Also sage ich das so: Im günstigsten Falle, also wenn es einen zyklischen Vektor gibt, dann gibt es für $(T - \mathrm{i})^{-1}$ auf $\mathcal{H}$ eine unitäre Abbildung

$$U : \mathcal{H} \to L^2(X, \mathrm{d}\mu)$$
$$U\varphi \;\; = g_\varphi$$

---

[6] Jeder beschränkte Operator R kann als Summe zweier selbstadjungierter Operatoren dargestellt werden $R = \frac{R + R^*}{2} + \mathrm{i}\frac{R - R^*}{2i}$. Die sind gemeinsam diagonalisierbar, wenn sie vertauschen, das ist genau dann der Fall, wenn $R^*R = RR^*$ ist. Solche R heißen *normal*.

mit dem Spektralmaß μ auf einer Menge X (dem Spektrum von den zerlegenden selbstadjungierten Operatoren), derart, daß

$$U^*(T+\mathrm{i})^{-1}U = f(x) \text{ als Multiplikation in } L^2(X,\mathrm{d}\mu),$$

wirkt, also

$$\langle\varphi|(T+\mathrm{i})^{-1}\varphi\rangle = \int_X g_\varphi^*(x)f(x)g_\varphi(x)\mathrm{d}\mu(x).$$

Von hier müssen wir nun auf T selbst kommen. Da $\mathrm{Kern}(T+\mathrm{i})^{-1} = \{0\}$ ist, ist $f(x) \neq 0$ für fast alle x, und wir können $h = 1/f - \mathrm{i}$ bilden, was den Operator T geben sollte. In der Tat, haben wir folgende Vorversion des Spektralsatzes

Lemma 15.2.2. *Sei T selbstadjungiert mit Definitionsbereich $D(T)$. Dann gibt es eine reelle Funktion h auf X, so daß*
(i) $\psi \in \mathcal{D}(T) \iff h(x)(U\psi)(x) \in L^2(X,\mathrm{d}\mu)$
(ii) $g \in U(\mathcal{D}(T)) \implies (UTU^*g)(x) = h(x)g(x)$.
Wir haben also T im Griff:

$$\langle\psi T|\varphi\rangle = \int_X g_\psi^*(x)h(x)g_\varphi(x)\mathrm{d}\mu(x) \ .$$

Das geht wie folgt: Das h haben wir schon identifiziert. (i). Sei dann also $\psi \in \mathcal{D}(T)$, dann gibt es ein φ, so daß $\psi = (T+\mathrm{i})^{-1}\varphi$ und darum ist $U\psi = fU\varphi$, und da $hfU\phi \in L^2(X,\mathrm{d}\mu)$, ist auch $h(x)(U\psi)(x) \in L^2(X,\mathrm{d}\mu)$.

Umgekehrt sei $h(x)(U\psi)(x) \in L^2(X,\mathrm{d}\mu)$. Damit $\psi \in \mathcal{D}(T)$ ist, d.h. $\psi \in \mathrm{Bild}(T+\mathrm{i})^{-1}$, muß es ein $\varphi \in \mathcal{H}$ geben, so daß $\psi = (T+\mathrm{i})^{-1}\varphi$, das wäre $U\psi = fU\varphi \in L^2$ oder $(h+\mathrm{i})U\psi = U\varphi \in L^2$ (denn $h+\mathrm{i} = \frac{1}{f}$). Also muß $(h+\mathrm{i})U\psi \in L^2$ sein, und das haben wir vorausgesetzt.

(ii). Sei $g \in U(\mathcal{D}(T))$, $\varphi = U^*g \in \mathcal{D}(T)$, d.h. es gibt ein $\psi \in \mathcal{H}$, so daß $(T+\mathrm{i})^{-1}\psi = \varphi$, also $fU\psi = U\varphi$. Nun ist $T\varphi = \psi - \mathrm{i}\varphi$, also

$$(UT\varphi)(x) = (U\psi)(x) - \mathrm{i}(U\varphi)(x) = \left(\left(\frac{1}{f}-\mathrm{i}\right)U\varphi\right)(x) = h(x)g(x).$$

Zum Schluß noch schnell überlegt, daß h in der Tat reell ist, denn wäre es komplex, dann könnte man in

$$\langle\psi|T\psi\rangle = \langle g|hg\rangle = \int |g|^2 h\mathrm{d}\mu(x)$$

g so wählen, daß der Imaginärteil des Skalarproduktes positiv wäre, aber da T selbstadjungiert ist, ist das Skalarprodukt reell. Also kann h nur reell sein.

Nun bilden wir durch die Integraldarstellung Funktionen $u(T)$, indem wir $u(h(x))$ integrieren, und für beschränkte meßbare Funktionen (insbesondere wieder für Indikatorfunktionen von Borelmengen) erhalten wir dann das Spektralmaß von T durch

$$\langle\varphi|\chi_A(T)\varphi\rangle = \int_X g_\varphi^*(x)\chi_A(h(x))g_\varphi(x)\mathrm{d}\mu(x)$$

und

$$T = \int \lambda \; \chi_{d\lambda}(T).$$

Dazu denke man an eine Zerlegung von $\mathbb{R}$ in Δ_i, also

$$\langle\varphi|T\varphi\rangle \approx \sum_i x_i\langle\varphi|\chi_{\Delta_i}(T)\varphi\rangle$$

$$= \sum_i \lambda_i \int_X g_\varphi^*(x)\chi_{\Delta_i}(h(x))g_\varphi(x)\mathrm{d}\mu(x)$$

$$= \int_X g_\varphi^*(x)g_\varphi(x) \sum_i \lambda_i\chi_{\Delta_i}(h(x))\mathrm{d}\mu(x)$$

$$\approx \int_X g_\varphi^*(x)g_\varphi(x)h(x)\mathrm{d}\mu(x).$$

Also, noch mal klar und deutlich als Spekralsatz:

Theorem 15.2.4. *Es besteht eine Eins-zu-Eins-Korrrespondenz zwischen selbstadjungierten Operatoren und PVs. Zu selbstadjungiertem T existiert eine Spektralschar (PV) $P_{\{d\lambda\}}$ als Maß auf $\mathbb{R}$, so daß*

$$g(T) = \int_\mathbb{R} g(\lambda)P_{\{d\lambda\}} \, ,$$

und ein solches PV ergibt auch durch

$$T = \int_\mathbb{R} \lambda P_{\{d\lambda\}} \tag{15.46}$$

einen selbstadjungierten Operator. Sein Definitionsbereich ist

$$\mathcal{D}(T) = \left\{\psi| \int \lambda^2\langle\psi|P_{\{d\lambda\}}\psi\rangle < \infty\right\} \, .$$

Bemerkungen dazu: Um in der Tat (15.46) zu bekommen, muß man argumentieren, denn wir haben zunächst alles nur für beschränkte Funktionen. Also was macht man? Immer dasselbe, man approximiert: Wir haben die Abbildung $\mathcal{OP}$, die die beschränkten meßbaren Funktionen f auf $\mathcal{OP}(f) = \,_{\!n}f(T)^{\!\prime\prime}$ abbilden, und nun nehmen wir eine Folge f_n, die punktweise gegen $g(x) = x$ geht und zwar mit $|f_n(x)| \leq |x|$. Dann

$$\|(\mathcal{OP}(f_n) - T)\psi\|^2 = \int (f_n(h(x)) - h(x))^2|g|^2\mathrm{d}\mu(x)$$

$$\leq 4 \int |h|^2|g|^2\mathrm{d}\mu(x)\infty.$$

Wir können also auf die dominierte Konvergenz für Maßintegrale verweisen, um den Limes $n \to \infty$ zu führen, so daß die linke Seite im Limes gegen null geht.

Der Definitionsbereich eines selbstadjungierten Operators T ist gegeben durch die Menge der ψ, für die $\|T\psi\| < \infty$ ist. Also rechne ich einmal vor:

$$\langle\psi|T\psi\rangle = \langle T\psi| \int \lambda P_{\{d\lambda\}}\psi\rangle$$

$$= \int d\lambda \int d\nu\,\lambda\nu\langle P_{\{d\nu\}}\psi|P_{\{d\lambda\}}\psi\rangle$$

$$\approx \sum_{i,j} \lambda_i\nu_j\langle\psi|P_{\Delta_i}P_{\Delta_j}\psi\rangle \text{ für eine disjunkte Zerlegung}$$

$$= \sum_i \lambda_i^2\langle\psi|P_{\Delta_i}\psi\rangle$$

$$\approx \int \lambda^2\langle\psi|P_{\{d\lambda\}}\psi\rangle.$$

Gegeben ein PV $P(d\lambda)$, dann definiert das Integral einen Operator T; der ist offenbar symmetrisch; ist er auch selbstadjungiert? Da ist es naheliegend, direkt die Definition der Selbstadjungiertheit anzuschauen und zu zeigen, daß der Definitionsbereich des adjungierten Operators genau der obige ist. Aber das geht nicht so einfach: Man sieht sofort, daß der Definitionsbereich mindestens $\{\psi| \int \lambda^2\langle\psi|P(d\lambda)\psi\rangle < \infty\}$ ist, das ist die Symmetrie! Aber dann? Eine Möglichkeit ist folgende: Integriert man eine beschränkte Funktion f, dann erhält man einen beschränkten Operator. Das ist einfach. Jetzt denke man an das Kriterium: T ist selbstadjungiert genau dann, wenn $\text{Bild}(T-\xi) = \mathcal{H}$, $\xi \notin \mathbb{R}$. Weiter beachte, daß $f(\xi) = \frac{1}{\lambda-\xi}$ beschränkt ist. Dann ist der Definitionsbereich des Operators $f(T)$ einfach $\mathcal{H}$. Dann kann man darauf kommen zu zeigen, daß $\text{Bild}(T - \xi) = \mathcal{D}(f(T))$ ist, also

(i) $\text{Bild}(T - \xi) \subset \mathcal{D}(f(T))$, das ist einfach: für alle $\psi \in \mathcal{D}(T)$

$$f(T)(T - \xi)\psi = \psi,$$

denn analog zur Vorgehensweise oben, ist

$$\int \frac{1}{\lambda-\xi}P_{\{d\lambda\}} \int (\nu - \xi)P_{\{d\nu\}}\psi = \int \frac{1}{\lambda-\xi}(\lambda - \xi)P_{\{d\lambda\}}\psi = \psi.$$

(ii) $\mathcal{D}(f(T)) \subset \text{Bild}(T - \xi)$, also wir müssen zeigen, daß

für alle $\psi \in \mathcal{D}(f(T))$ existiert ein $\varphi \in \mathcal{D}(T)$, so daß $\psi = (T - \xi)\varphi$.

Dies ist äquivalent zu $f(T)\psi = \varphi$, also haben wir zu zeigen, daß $\text{Bild}((f(T)) \subset \mathcal{D}(T)$. Deshalb sei nun $\varphi \in \text{Bild}f(T)$, d.h. es gibt ein ψ, so daß $f(T)\psi = \varphi$, und nun zeigen wir, daß dieses φ im Definitonsbereich von T liegt, von dem wir wissen, daß er $\{\psi \mid \int \lambda^2 \langle \psi | P(\mathrm{d}\lambda)\psi\rangle < \infty\}$ umfaßt. Mit der analogen Vorgehensweise von oben:

$$\int \lambda^2 \langle \varphi | P_{\{\mathrm{d}\lambda\}}\varphi\rangle = \int \lambda^2 \langle f(T)\psi | P_{\{\mathrm{d}\lambda\}} f(T)\psi\rangle$$

$$= \int \lambda^2 \langle \int f(\gamma) P_{\{\mathrm{d}\gamma\}}\psi | P_{\{\mathrm{d}\lambda\}} f(\nu) P_{\{\mathrm{d}\nu\}}\psi\rangle$$

$$= \int \lambda^2 f^*(\lambda) f(\lambda) \langle \psi | P_{\{\mathrm{d}\lambda\}}\psi\rangle$$

$$= \int \lambda^2 \frac{1}{|\lambda - \xi|^2} \langle \psi | P_{\{\mathrm{d}\lambda\}}\psi\rangle < \infty.$$

15.2.5 $H_0 = -\frac{1}{2}\Delta$

Nun haben wir da etwas halbwegs bewiesen, so daß wir wissen, daß es ein PV auch für den Schrödingeroperator H gibt und für jeden anderen selbstadjungierten Operator, der uns relavant erscheint. Was ist nun aber das PV für $H = H_0 + V$? Gute Frage! Im allgemeinen kennt man das nicht, denn was wir suchen, sind ja doch Eigenfunktionen, wenn auch in einem etwas verallgemeinerten Sinne, also nicht nur Eigenvektoren, die zu einem Eigenwert gehören, sondern auch solche, die zum kontinuierlichen Spektrum gehören. Also machen wir das erst mal im einfachsten Fall vor, und später (im nächsten Kapitel) sage ich noch etwas zum Schrödingeroperator mit Potential. Also die Aufgabe ist, vernünftige Lösungen von

$$H_0\varphi_k = -\frac{1}{2}\Delta\varphi = \lambda\varphi, \ \lambda \in \mathbb{R}$$

zu finden (die physikalischen Faktoren habe ich ignoriert), und die Lösungen sind die „Fourier-Basiselemente"

$$\mathrm{e}^{\pm i\boldsymbol{k}\cdot\boldsymbol{x}} \ \lambda = \frac{1}{2}k^2$$

und das ist gut, denn wir wissen, daß die Fouriertransformation auf L^2 isometrisch wirkt und daß die „Fourier-Basiselemente" orthogonal sind. Also ist schon klar, daß die Spektralschar

$$P^{H_0}(\mathrm{d}^3 k) = \mathrm{e}^{+i\boldsymbol{k}\cdot\boldsymbol{x}} \int \mathrm{d}^3 y\, \mathrm{e}^{-i\boldsymbol{k}\cdot\boldsymbol{y}}\mathrm{d}^3 k$$

lauten muß, wobei das Integral als lineare Abbildung auf eine Funktion $\psi(\boldsymbol{y})$ zu wirken hat. Ich erinnere an den Dirac-Formalismus: Da wird das suggestiv so geschrieben:

$$P^{H_0}(\mathrm{d}^3 k) = |\boldsymbol{k}\rangle\langle\boldsymbol{k}|\mathrm{d}^3 k$$

als Projektionen auf die abstrakten „Vektoren" $|\boldsymbol{k}\rangle$ und

$$P^{H_0}(\mathrm{d}^3 k)|\psi\rangle = |\boldsymbol{k}\rangle\langle\boldsymbol{k}|\psi\rangle\mathrm{d}^3 k = |\boldsymbol{k}\rangle \int \mathrm{d}^3 y\, \mathrm{e}^{-i\boldsymbol{k}\cdot\boldsymbol{y}}\psi(\boldsymbol{y})\mathrm{d}^3 k,$$

und damit das Ganze auch vollkommen aussieht, wird das Resultat in der $\boldsymbol{x}$-Darstellung des resultierenden Vektors ausgedrückt:

$$\langle\boldsymbol{x}|P^{H_0}(\mathrm{d}^3 k)|\psi\rangle = \langle\boldsymbol{x}|\boldsymbol{k}\rangle\langle\boldsymbol{k}|\psi\rangle\mathrm{d}^3 k = \mathrm{e}^{+i\boldsymbol{k}\cdot\boldsymbol{x}} \int \mathrm{d}^3 y\, \mathrm{e}^{-i\boldsymbol{k}\cdot\boldsymbol{y}}\psi(\boldsymbol{y}).$$

Man sollte, um das insgesamt verstanden zu haben, noch einmal zur Kenntnis nehmen, daß

$$\psi(\boldsymbol{x}) = \int \langle\boldsymbol{x}|P^{H_0}(\mathrm{d}^3 k)\psi\rangle = (\mathcal{F}^{-1}\hat{\psi})(\boldsymbol{x})$$

und dann weiter machen. Also

$$H_0 = \int \frac{1}{2}k^2|\boldsymbol{k}\rangle\langle\boldsymbol{k}|\mathrm{d}^3 k$$

oder in mathematischen Termen

$$H_0 = \mathcal{F}^{-1}\frac{1}{2}k^2\mathcal{F} \quad H_0\psi = \mathcal{F}^{-1}k^2\hat{\psi}.$$

Wir sollten die Darstellung benutzen, um ein paar Sachen auszurechnen, die uns wichtig sind.

Anmerkung 15.2.3. Freier Propagator
In n Dimensionen ist

$$\langle\boldsymbol{y}|\mathrm{e}^{-itH_0}|\boldsymbol{x}\rangle = \frac{1}{(2\pi it)^{\frac{n}{2}}}\mathrm{e}^{\frac{i|\boldsymbol{y}-\boldsymbol{x}|^2}{2t}}.$$

Dieser Kern liefert uns alle Lösungen der freien Schrödingerentwicklung: Wenn die Anfangswellenfunktion φ ist, bekommen wir

$$\varphi(\boldsymbol{x},t) = (\mathrm{e}^{-itH_0}\varphi)(\boldsymbol{x}) = L^2 - \lim \frac{1}{(2\pi it)^{\frac{n}{2}}} \int \mathrm{e}^{\frac{i|\boldsymbol{y}-\boldsymbol{x}|^2}{2t}} \varphi(\boldsymbol{y})\mathrm{d}^n y$$

$$\left(= \int \mathrm{d}^3 y\langle\boldsymbol{x}|\mathrm{e}^{-itH_0}|\boldsymbol{y}\rangle\langle\boldsymbol{y}|\varphi\rangle \right).$$

Den Kern berechnen wir so:

$$\mathrm{e}^{-itH_0} = \mathcal{F}^{-1}\mathrm{e}^{-it\frac{1}{2}k^2}\mathcal{F},$$

und für $\varphi \in \mathcal{S}$ rechnet man einfach aus:

$$\mathrm{e}^{-itH_0}\varphi(\boldsymbol{x}) \qquad\qquad = \mathcal{F}^{-1}\mathrm{e}^{-it\frac{1}{2}k^2}\widehat{\varphi}(\boldsymbol{k})$$

$$= (2\pi)^{-n/2} \int \mathrm{e}^{i(\boldsymbol{k}\cdot\boldsymbol{x}-\frac{1}{2}k^2 t)}\widehat{\varphi}(\boldsymbol{k})\mathrm{d}^n k$$

$$= (2\pi)^{-n/2} \mathrm{e}^{\mathrm{i}\frac{\mathrm{i}x^2}{2t}} \int \mathrm{e}^{-\mathrm{i}\frac{t}{2}(\boldsymbol{k}-\frac{\boldsymbol{x}}{t})^2} \widehat{\varphi}(\boldsymbol{k}) \mathrm{d}^n k$$

$$= (2\pi)^{-n/2} \mathrm{e}^{\mathrm{i}\frac{\mathrm{i}x^2}{2t}} \int \mathrm{e}^{\mathrm{i}\frac{t}{2}y^2} \widehat{\varphi}(\boldsymbol{y} + \frac{\boldsymbol{x}}{t}) \mathrm{d}^n y$$

und mit $(2\pi)^{-n/2}$ mal Faltung = Fouriertransformation vom Produkt (13.20)

$$= \mathrm{e}^{\mathrm{i}\frac{\mathrm{i}x^2}{2t}} \int \mathrm{e}^{\mathrm{i}\frac{\boldsymbol{x}}{t}\cdot\boldsymbol{y}} \frac{1}{(it)^{\frac{n}{2}}} \mathrm{e}^{\mathrm{i}\frac{y^2}{2t}} \varphi(\boldsymbol{y}) \mathrm{d}^n y$$

$$= \frac{1}{(2\pi it)^{\frac{n}{2}}} \int \mathrm{e}^{\frac{\mathrm{i}|\boldsymbol{y}-\boldsymbol{x}|^2}{2t}} \varphi(\boldsymbol{y}) \mathrm{d}^n y \ ,$$

wobei wir wieder unser Wissen benutzt haben, daß die Fouriertransformation einer Gaußfunktion wieder eine ist, aber mit inverser Breite (vgl. (5.5),(9.18)).

Dabei existiert das Integral für jedes $\boldsymbol{x}$. Für $\varphi \in L^1$ existiert das Integral ebenfalls für jedes $\boldsymbol{x}$, und wir können das Ergebnis auf L^1-Funktionen ausweiten, indem wir diese durch $\mathcal{S}$-Funktionen in L^1 approximieren. (Wir können auch die punktweise Konvergenz bekommen, indem wir den Satz der dominierten Konvergenz zitieren.) Um zu L^2-Funktionen zu kommen, benutzen wir die Dichtheit von $\mathcal{S}$ in L^2, d.h. wir approximieren wir im L^2-Sinne durch $\mathcal{S}$-Funktionen.

Wir sehen daran sofort das Verlaufen des Wellenpaketes:

$$\sup_{\boldsymbol{x}} |\mathrm{e}^{-\mathrm{i}t H_0}\varphi(\boldsymbol{x})| \leq \frac{1}{(2\pi it)^{\frac{n}{2}}} \|\varphi\|_1$$

oder für die Aufenthaltswahrscheinlichkeit in einem Gebiet G

$$\int |\mathrm{e}^{-\mathrm{i}t H_0}\varphi(\boldsymbol{x})|^2 \chi_G(\boldsymbol{x}) \mathrm{d}^n x \leq \frac{1}{(2\pi it)^{\frac{n}{2}}} \|\varphi\|_1 |G|.$$

Eine präzise Asymptotik hatten wir bereits in $\boldsymbol{v}_\infty$, und wir wollen die noch beweisen.

Anmerkung 15.2.4. über die ganz wichtige „freie" Asymptotik und das Argument der stationären Phase
Hier ist nun ein anderer Weg, den Beitrag des stationären Punktes, den wir schon in Anmerkung 9.4.1 herausgebracht haben, abzuleiten. Diesmal rigoros.
Für $\varphi \in L^2$ gilt:

$$\left\| \mathrm{e}^{-\mathrm{i}t H_0}\varphi - \frac{1}{(it)^{\frac{n}{2}}} \mathrm{e}^{\mathrm{i}\frac{x^2}{2t}} \widehat{\varphi}(\boldsymbol{x}/t) \right\| \to 0, \ \text{mit } t \to \infty. \tag{15.47}$$

Eine leichte Rechnung (bei der wir das L^2-lim einfach weglassen. Das mitzuschleppen, kostet nur Schreibarbeit): Indem wir den Exponenten in

$$\mathrm{e}^{-\mathrm{i}H_0 t}\varphi_0(\boldsymbol{x}) = \varphi(\boldsymbol{x},t) = \int \mathrm{d}^3 y \frac{1}{(2\pi it)^{\frac{3}{2}}} \exp\left(\mathrm{i}\frac{(\boldsymbol{x}-\boldsymbol{y})^2}{2t}\right) \varphi_0(\boldsymbol{y})$$

ausquadrieren, ergibt sich

$$\varphi(\boldsymbol{x},t) = \frac{1}{(it)^{\frac{3}{2}}} \exp\left(i\frac{\boldsymbol{x}^2}{2t}\right) \int d^3y \frac{1}{(2\pi)^{\frac{3}{2}}} \exp\left(-i\frac{\boldsymbol{x}\cdot\boldsymbol{y}}{t}\right) \exp\left(i\frac{\boldsymbol{y}^2}{2t}\right) \varphi_0(\boldsymbol{y})$$

$$= \frac{1}{(it)^{\frac{3}{2}}} e^{i\frac{\boldsymbol{x}^2}{2t}} \widehat{\varphi}_0(\boldsymbol{x}/t)$$

$$+ \underbrace{\frac{1}{(it)^{\frac{3}{2}}} \exp\left(i\frac{\boldsymbol{x}^2}{2t}\right) \int d^3y \frac{1}{(2\pi)^{\frac{3}{2}}} \exp\left(-i\frac{\boldsymbol{x}\cdot\boldsymbol{y}}{t}\right) \left(\exp\left(i\frac{\boldsymbol{y}^2}{2t}\right) - 1\right) \varphi_0(\boldsymbol{y})}_{r_t} \, .$$

Setze

$$h_t(\boldsymbol{y}) = \left(\exp\left(i\frac{\boldsymbol{y}^2}{2t}\right) - 1\right) \varphi_0(\boldsymbol{y}) \in L^2 \, ,$$

dann ist

$$r_t = \frac{1}{(it)^{\frac{3}{2}}} \exp\left(i\frac{\boldsymbol{x}^2}{2t}\right) \hat{h}_t(\boldsymbol{x}/t)$$

und

$$\|r_t\|^2 = \int d^3x \frac{1}{t^3} \hat{h}_t^*(\boldsymbol{x}/t)\hat{h}_t(\boldsymbol{x}/t) = \langle \hat{h}_t | \hat{h}_t \rangle = \langle h_t | h_t \rangle$$

$$\longrightarrow 0 \text{ für } t \longrightarrow \infty,$$

denn $h_t(\boldsymbol{y}) \longrightarrow 0$ punktweise für $t \longrightarrow \infty$ und $|h_t|^2(\boldsymbol{y}) \leq 4|\varphi_0(\boldsymbol{y})|^2 \in L^1$, und damit können wir den Lebesgueschen Satz von der dominierten Konvergenz anwenden.

Nun erinnern wir uns an (15.15). Da ist das obige Resultat nicht ohne weiteres verwendbar. Aber wir bekommen ohne große Mühe, indem wir den Beweis nochmal durchgehen, auch die Aussage für die Beträge der Wellenfunktionen

$$\left\| \left| e^{-itH_0}\varphi \right| - \left| t^{-n/2}\widehat{\varphi}(\boldsymbol{x}/t) \right| \right\| \to 0, \text{ mit } t \to \infty \, , \tag{15.48}$$

und damit ist es dann einfach, die Rechnung in (15.15) rigoros zu begründen. Wir nehmen einfach schöne Wellenfunktionen und können dann – unter Einfügung der relevanten Variablen, was ich mir erspare – wie folgt schließen:

$$\int \left(|\varphi_t|^2 - \left|\widehat{\varphi}(\boldsymbol{x}/t)t^{-n/2}\right|^2 \right) \chi(\cdot)d^nx \leq \int \left(|\varphi_t| - \left|\widehat{\varphi}(\boldsymbol{x}/t)t^{-n/2}\right| \right) \cdot$$

$$\left(|\varphi_t| + \left|\widehat{\varphi}(\boldsymbol{x}/t)t^{-n/2}\right| \right) \chi(\cdot)d^nx$$

$$\leq 2\|\varphi\| \left\| \left| e^{-itH_0}\varphi \right| - \left| t^{-n/2}\widehat{\varphi}(\boldsymbol{x}/t) \right| \right\| \, ,$$

mit Schwarzer Ungleichung, Dreiecksungleichung und Parseval (13.12).

Anmerkung 15.2.5. Die Methode der stationären Phase außerhalb des stationären Punktes

Wir haben in Anmerkung 9.4.1 das stationäre Phasenargument besprochen, und gerade eben den führenden Beitrag rigoros bechrieben. Wir können jetzt die Fehlerterme untersuchen, denn wir wissen genau, wie sie sich die Wellenfunktion für große Zeiten bewegt: Sie ist zu großen Zeiten t an Orten x, für die $\frac{x}{t}$ im Träger der Fouriertransformierten der Wellenfunktion liegt. Woanders geht die Wellenfunktion gegen null, und wie schnell sie das macht, läßt sich leicht abschätzen. Hier ist eine präzise Aussage:

Sei $K \in \mathbb{R}^n$ eine kompakte Kugel und $\mathcal{U}$ eine offene ϵ-Umgebung um K. Sei φ im Schwarzraum $\mathcal{S}$ mit $\operatorname{supp}(\hat{\varphi}) \in K$. Dann existiert für jedes x, t mit $\frac{x}{t} \notin \mathcal{U}$ und jedes $N \in \mathbb{N}$ eine Konstante C_N, so daß

$$|\mathrm{e}^{-\mathrm{i}t H_0}\varphi(x)| \le C_n(1 + |x| + |t|)^{-N} \ .$$

Diese Aussage ist eine Variation des Satzes von Riemann-Lebesgue (das stationäre Phasenargument ist eigentlich nicht viel mehr), und der Beweis ist entsprechend auf partieller Integration beruhend, denn

$$\mathrm{e}^{-\mathrm{i}t H_0}\varphi(x) = \frac{1}{(2\pi\mathrm{i}t)^{\frac{n}{2}}} \int \exp\left\{\mathrm{i}\left(k \cdot x - \frac{1}{2}k^2 t\right)\right\} \hat{\varphi}(k)\mathrm{d}^n k$$

$$= \frac{1}{(2\pi\mathrm{i}t)^{\frac{n}{2}}} \int \exp\left\{\mathrm{i}(1 + |x| + |t|)\left(\frac{k \cdot x - \frac{1}{2}k^2 t}{1 + |x| + |t|}\right)\right\} \hat{\varphi}(k)\mathrm{d}^n k.$$

Nun setze $\alpha = 1 + |x| + |t|$, dann steht im Integranden oben die e−Funktion $\mathrm{e}^{\mathrm{i}\alpha S}$ mit der "Phasenfunktion"

$$S(k, x, t) = \frac{k \cdot x - \frac{1}{2}k^2 t}{1 + |x| + |t|} \quad \text{wobei} \quad \nabla_k S = \frac{x - kt}{1 + |x| + |t|} \ ,$$

so daß

$$|\nabla_k S| \ge \frac{|\frac{x}{t} - k|}{\frac{1}{|t|} + \frac{|x|}{|t|} + 1} \ge \operatorname{dist}(\mathcal{U}^c, K) \ge \epsilon > 0$$

ist. Der Gradient von S ist also nach unten durch ϵ beschränkt, d.h. es gibt eine Richtungsableitung, die wir durch geschickte Koordinatenwahl als $\partial_{k_1}S$ ansetzen können, und die größer als ϵ ist.

Damit ist

$$\mathrm{e}^{\mathrm{i}\alpha S} = \left(\frac{1}{i\alpha}\left(\partial_{k_1}S\right)^{-1}\partial_{k_1}\right)^N \mathrm{e}^{\mathrm{i}\alpha S}$$

und partielle Integration liefert ($\varphi \in \mathcal{S}!$)

$$\int \mathrm{e}^{\mathrm{i}\alpha S}\hat{\varphi}(k)\,\mathrm{d}^n k = (-1)^N \left(\frac{1}{i\alpha}\right)^N \int \mathrm{e}^{\mathrm{i}\alpha S}\left[\left(\partial_{k_1}\left(\partial_{k_1}S\right)^{-1}\right)^N \hat{\varphi}(k)\right]\mathrm{d}^n k \ .$$

Da tauchen höhere Ableitungen von S auf, die aber alle, bis auf die zweite (ebenfalls harmlose) Ableitung, null sind. Da φ kompakten Träger hat und zudem noch im Schwarzraum ist, kann man alle Ableitungen von φ in der sup-Norm abschätzen und alle diese Größen in einer Konstanten C sammeln. Das ist schon alles.

Nun sei $\widehat{\varphi} \in C_0^\infty(\mathbb{R}^n \setminus \{0\})$, d.h es gibt ein $a > 0$, so daß $k > a$ für alle $k \in \mathrm{supp}(\widehat{\varphi})$. Es ist nun eine einfache Konsequenz aus dem obigen, daß wir den Bereich wachsen lassen können, aus dem die Wellenfunktion entflieht. Es gilt nämlich

$$\|\chi(|x| < a|t|)\mathrm{e}^{-\mathrm{i}tH_0}\varphi\| \leq C_N(1 + |t|)^{-N} \ . \tag{15.49}$$

Der Beweis dieser Abschätzung kommt sofort aus der Beschränkung $\frac{x}{t} \leq a < k$ und der daraus resultierenden Abschätzung

$$|\mathrm{e}^{-\mathrm{i}tH_0}\varphi| \leq C_M(1 + |x| + |t|)^{-M} \leq C_M(1 + |t|)^{-M} \ ,$$

so daß

$$\int \chi(|x| < a|t|)(\mathrm{e}^{-\mathrm{i}tH_0}\varphi)(x)\mathrm{d}^n x \leq C'_M(1 + |t|)^{-M}(a|t|)^n \leq C''_M(1 + |t|)^{-N}$$

für passende Wahl der Konstanten C, C', C'' und M groß genug.

Das Spektrum von H_0 wird $[0, \infty)$ sein, das sieht man schon an der Spektralschar. Wir können uns aber auch die Resolvente direkt anschauen, und da wissen wir bereits aus Kapitel 14, daß die Resolvente für alle $\lambda \notin \mathbb{C}\setminus\mathbb{R}^+$ existiert. Wir können sie als Integraloperator angeben:

Anmerkung 15.2.6. Resolvente von $-\Delta$

$$((-\Delta + \kappa^2)^{-1}\varphi)(x) = \frac{1}{4\pi} \int \frac{\mathrm{e}^{-|x-y|\kappa}}{|x - y|}\varphi(y)\mathrm{d}^3 y \quad \kappa \in \mathbb{C} \ , \Re\kappa > 0.$$

Dabei ist es zusätzlich als interessant zu vermerken, daß das Integral für alle $\varphi \in L^2$ für alle x existiert .

Das berechnen wir aus

$$(-\Delta - \lambda)^{-1} = \mathcal{F}^{-1}\frac{1}{k^2 - \lambda}\mathcal{F}.$$

Aus technischen Gründen ist es einfacher $\lambda = -\kappa^2$ zu setzen, und wir nehmen für die Rechnung an, daß $\Re\kappa > 0$ ist. (Die Rechnung zeigt, daß dies keine Einschränkung darstellt, denn es ist nur die Frage, ob bei der Anwendung des Residuensatzes der Integrationsweg „oben-" oder „untenherum" geschlossen wird.) Das reine Berechnen der Resolventen ist dabei eine leichte Übung, und das gehe ich nachher nur schnell durch. Etwas interessanter ist die Aussage, daß das Integral für alle x existiert. Und das sieht man so. Zuerst nimmt man $\varphi \in S$ und da ist

$$(-\Delta + \kappa^2)^{-1}\varphi(\boldsymbol{x}) = \mathcal{F}^{-1}\left(\frac{1}{k^2+\kappa^2}\widehat{\varphi}\right) = \left(\frac{1}{2\pi}\right)^{\frac{3}{2}}\int \mathcal{F}^{-1}(f(\boldsymbol{x}-\boldsymbol{y}))\varphi(\boldsymbol{y})\mathrm{d}^3y$$

für alle $\boldsymbol{x}$, gemäß (13.20). Nun approximieren wir $\psi \in L^2$ durch $\varphi_n \in \mathcal{S}$ im L^2-Sinne. Das bedeutet, daß φ_n eine Cauchyfolge ist, und dann ist auch $\mathcal{F}^{-1}(f)(\boldsymbol{x}-\cdot)\varphi_n$ eine Cauchyfolge – wegen Plancherel, denn $f\widehat{\varphi}_n$ ist eine, da f beschränkt ist. Der Beweis der Vollständigkeit (Satz 13.1.1) ergibt dabei, daß man eine Teilfolge φ_{n_k} finden kann, so daß $\mathcal{F}^{-1}(f)(\boldsymbol{x}-\cdot)\varphi_{n_k}$ fast überall gegen $\mathcal{F}^{-1}(f)(\boldsymbol{x}-\cdot)\psi$ konvergent ist. Damit ist es leicht, den Limes mit dem Satz der dominierten Konvergenz unter das Faltungsintegral zu ziehen, wobei n nun die Teilfolge durchläuft. Für alle $\boldsymbol{x}$ gilt:

$$\lim_{n\to\infty}\left(-\Delta+\kappa^2\right)^{-1}\varphi_n(\boldsymbol{x}) = \lim_{n\to\infty}\left(\frac{1}{2\pi}\right)^{\frac{3}{2}}\int_{n\to\infty}\mathcal{F}^{-1}\left(f\left(\boldsymbol{x}-\boldsymbol{y}\right)\right)\varphi_n\left(\boldsymbol{y}\right)\mathrm{d}^3y$$

$$= \lim_{n\to\infty}\left(\frac{1}{2\pi}\right)^{\frac{3}{2}}\int_B \mathcal{F}^{-1}\left(f\left(\boldsymbol{x}-\boldsymbol{y}\right)\right)\varphi_n\left(\boldsymbol{y}\right)\mathrm{d}^3y$$

$$+ \lim_{n\to\infty}\left(\frac{1}{2\pi}\right)^{\frac{3}{2}}\int_{B^c}\mathcal{F}^{-1}\left(f\left(\boldsymbol{x}-\boldsymbol{y}\right)\right)\varphi_n\left(\boldsymbol{y}\right)\mathrm{d}^3y,$$

$$= \left(\frac{1}{2\pi}\right)^{\frac{3}{2}}\int_B \mathcal{F}^{-1}\left(f\left(\boldsymbol{x}-\boldsymbol{y}\right)\right)\psi\left(\boldsymbol{y}\right)\mathrm{d}^3y + \epsilon.$$

Wir haben dabei im ersten Integral benutzt, daß wir für kompaktes B den Limes unter das Integral ziehen können, weil der Integrand dort durch eine $L^1(B)$-Funktion beschränkt ist, z.B. für n groß genug und passendem $\delta > 0$ durch

$$\mathcal{F}^{-1}(f(\boldsymbol{x}-\boldsymbol{y}))\psi(\boldsymbol{y}) + \delta \in L^1(B).$$

Beim zweiten Integral schätzen wir „einfach" mit Schwarzscher Ungleichung ab (unter Beachtung, daß $\varphi_n \to \psi$ im L^2 Sinne geht), wobei wir B so groß wählen, daß das Integral kleiner als jedes vorgegebene ϵ wird (nachvollziehen!). Das sollte reichen.

Jetzt müssen wir noch den Integralkern ausrechnen. Sei B_R die Kugel vom Radius R:

$$\left(\frac{1}{2\pi}\right)^{\frac{3}{2}}\mathcal{F}^{-1}\left(f\left(\boldsymbol{x}\right)\right) = L^2 - \lim_{R\to\infty}\left(\frac{1}{2\pi}\right)^3\int_{B_R}\frac{e^{i\boldsymbol{k}\cdot\boldsymbol{x}}}{k^2+\kappa^2}\mathrm{d}^3k$$

$$= L^2 - \lim_{R\to\infty}\left(\frac{1}{2\pi}\right)^3\int_{-1}^1\int_0^R\int_0^{2\pi}\frac{e^{ikx\cos\theta}}{k^2+\kappa^2}k^2\mathrm{d}k\mathrm{d}\cos\theta\mathrm{d}\varphi$$

$$= L^2 - \lim_{R\to\infty}\frac{(2\pi)^{-2}}{ix}\int_{-R}^R\frac{e^{ikx}}{(k-i\kappa)(k+i\kappa)}k\mathrm{d}k.$$

Jetzt ist der Residuensatz gefragt. Wir schließen den Integrationsweg in der oberen komplexen Ebene nicht durch einen Kreis, sondern durch einen

Rechtecksweg, also wir gehen von R nach $R + i\sqrt{R}$, von dort gradlinig nach $-R + i\sqrt{R}$ und von dort nach $-R$. Daß man hier bis $i\sqrt{R}$ geht und nicht etwa bis iR, hat einfache Abschätzungsgründe. Auf jeden Fall umläuft dieser Weg den Pol bei $k = i\kappa$, und das Integral über den geschlossenen Weg ist genau die rechte Seite unserer Formel (15.2.6) mit $\|x - y\|$ ersetzt durch x. Wie üblich, dürfen nun die Extrawege keinen Beitrag zum Integral liefern. Und da ist nun darauf zu achten, daß der Beitrag im L^2-Sinne gegen null geht! Und darum mache ich das an einem Weg vor: Der Weg $W = R + i\sqrt{R}t, t \in [0, 1]$ von R nach $R + i\sqrt{R}$. Wir zeigen, daß

$$L^2 - \lim_{R\to\infty} \frac{1}{i|x|} \int_W \frac{e^{ikx}}{k^2 + \kappa^2} k\,dk = 0$$

ist. Dazu

$$\frac{1}{i|x|} \int_W \frac{e^{ikx}}{k^2 + \kappa^2} k\,dk = \frac{1}{i|x|} \int_0^1 \frac{e^{i(R+i\sqrt{R}t)x}(R + i\sqrt{R}t)i\sqrt{R}}{(R + i\sqrt{R}t)^2 + \kappa^2}\,dt$$

$$\leq \frac{4}{|x|} \int_0^1 \frac{e^{-t\sqrt{R}x}}{\sqrt{R}}\,dt$$

$$= \frac{4}{x^2} \frac{(1 - e^{-\sqrt{R}x})}{R}.$$

Nun muß das in der L^2-Norm mit $R \to \infty$ gegen null gehen, und das führt auf (wir benutzen $d^3x = x^2 dx d\varphi d\cos\theta$, wobei die Winkelintegration uninteressant ist)

$$\int_0^\infty \frac{\left(1 - e^{-\sqrt{R}x}\right)^2 x^2}{x^4 R^2}\,dx = \int_0^\infty \frac{\left(1 - e^{-\sqrt{R}x}\right)^2}{x^2 R^2}\,dx$$

$$= \int_0^\epsilon \frac{\left(1 - e^{-\sqrt{R}x}\right)^2}{x^2 R^2}\,dx + \int_\epsilon^\infty \frac{\left(1 - e^{-\sqrt{R}x}\right)^2}{x^2 R^2}\,dx$$

$$\leq \int_0^\epsilon \frac{Rx^2}{x^2 R^2} e^{2\sqrt{R}x}\,dx + \int_\epsilon^\infty \frac{1}{x^2 R^2}\,dx$$

$$\leq \frac{e^{2\sqrt{R}\epsilon}}{R} + \frac{1}{\epsilon R^2},$$

und das geht mit $\epsilon = \frac{1}{\sqrt{R}}$ gegen null, wenn $R \to \infty$ geht. Die restlichen Weganteile werden ganz ähnlich behandelt, und das ist damit in Ordnung.

Anmerkung 15.2.7. Zur Resolventen von $-c^2\Delta$
Bei H_0 hat man Vorfaktoren vor Δ, darum

$$\left(\left(-c^2\Delta + \kappa^2\right)^{-1}\varphi\right)(x) = c^{-2}\left(\left(-\Delta + \frac{\kappa^2}{c^2}\right)^{-1}\varphi\right)(x)$$

$$= \frac{1}{4\pi c^2} \int \frac{e^{-|x-y|\frac{\kappa}{c}}}{|x - y|}\varphi(y)\,d^3y.$$

15.2.6 Das Spektrum

Also, ein selbstadjungierter Operator kann diagonalisiert werden, und die klarste Version davon ist die Aussage, daß er eine Spektralschar besitzt. Die Spektralschar ist hauptsächlich ein Maß auf dem Spektrum des Operators, und die Frage, die uns jetzt kurz noch beschäftigt ist, was dieses Spektrum uns an Einsichten liefert. Diese Frage ist sehr natürlich, wenn wir daran denken, daß die schnelle Akzeptanz der Quantenmechanik mit dem Erfolg zu tun hatte, die Spektrallinien von Atomen erklären zu können. Und wir wissen aus der Quantenmechanik, daß dies im wesentlichen die Eigenwerte des Schrödingeroperators sind. Die sind Teil des Spektrums. Das sind die Werte, zu denen es einen wirklichen Eigenvektor gibt. Nun kann man meinen, daß das Spektrum nur aus solchen Eigenwerten besteht oder kontinuierlich ist, wobei beides gemeinsam vorkommen kann, wie beim Wasserstoffatom oder nur aus Eigenwerten besteht, wie beim harmonischen Oszillator oder nur kontinuierlich ist, wie bei H_0. Woran erkennt man, was für ein Spektrum vorliegt? Das zu einem Eigenvektor φ gehörige Spektralmaß ist $\mu^\varphi = \delta(x - x_i)\mathrm{d}x$, also ein Punktmaß, das nur Gewicht 1 dem zugehörigen Eigenwert x_i gibt. Das folgt sofort aus (Satz 15.2.2,(viii)) und der Definition (15.42).

Wir denken jetzt an das Spektralmaß schlechthin. Also, wir haben die Existenz eines zyklischen Vektors im Kopf (die Allgemeinheit ist dadurch vernünftigerweise etwas eingeschränkt), so daß wir uns von speziellen, zum Spektrum gehörigen Wellenfunktionen lossagen und ein allgemeines Maß μ auf dem Spektrum studieren können. Und das ist nun wieder abstrakte und keine schwere Mathematik: Das Maß kann in drei Anteile zerlegt werden. Im folgenden benutzen wir insgeheim, daß es sich um ein Borelmaß handelt, also ein Maß, was insbesondere auf kompakten Teilmengen endlich ist. Aber das werde ich im Einzelnen nicht ansprechen. Zunächst der Punktanteil μ_p auf dem Punktspektrum $\sigma_p = \{x|\mu(x) \neq 0\}$. Dann bilden wir $\mu - \mu_p = \mu_k$ (k=kontinuierlich), das ist der Anteil des Maßes auf dem kontinuierlichen Anteil des Spektrums. Aber dieser kontinuierliche Anteil des Spektrums kann alles andere als „kontinuierlich" sein: Wir kennen die Cantormenge als zum Kontinuum gleichmächtig, aber wir haben mit „Kontinuum" sicher etwas Intervallartiges im Kopf. Kurz, wir denken an das Lebesguemaß. Die Frage ist: Ist μ_k wie das Lebesguemaß? Dabei heißt „Wie das Lebesguemaß" doch wohl Folgendes:

Definition 15.2.4. *Ein Maß μ auf einer Menge X heißt absolut stetig bezüglich des Lebesguemaßes λ ($\mu \ll \lambda$) , wenn $\lambda(A) = 0 \implies \mu(A) = 0$, d.h. wenn die Lebesgue-Nullmengen alles $\mu-$Nullmengen sind. Man kann dann die Dichte „$\rho = \frac{\mathrm{d}\mu}{\mathrm{d}\lambda}$" bilden.*

Daß man in der Tat eine Dichte ρ bekommt, ist intuitiv völlig klar, denn das bedeutet nichts anderes, als daß

$$\int f(x)\mu(\mathrm{d}x) = \int f(x)\rho(x)\lambda(\mathrm{d}x)$$

ist. Dennoch: Hier ist eine Skizze des Beweises der Existenz einer Dichte (Satz von Radon-Nykodym): Betrachte $(X, \mathcal{B}(X), \mathbb{P})$ mit $\mathbb{P} = \mu + \lambda$ und $L^2(X, \mathrm{d}\mathbb{P})$, dann ist mit $\mu(X) < \infty$

$$\int f \mathrm{d}\mu \leq \mu(X) \left(\int |f|^2 \mathrm{d}\mu \right)^{\frac{1}{2}} \leq \mu(X) \left(\int |f|^2 \mathrm{d}\mathbb{P} \right)^{\frac{1}{2}} < \infty$$

ein lineares Funktional auf $L^2(X, \mathrm{d}\mathbb{P})$, und nach Satz (13.2.1) existiert ein Vektor $g \in L^2$ mit

$$\int f \mathrm{d}\mu = \int f g \mathrm{d}\mathbb{P} = \int f g \mathrm{d}\mu + \int f g \mathrm{d}\lambda$$

oder

$$\int f(1 - g)\mathrm{d}\mu = \int f g \mathrm{d}\lambda.$$

Die Menge G_1 auf der $g = 1$ ist, ist also eine Lebesgue-Nullmenge und damit auch eine μ-Nullmenge, nach Vorausetzung der absoluten Stetigkeit $\mu \ll \lambda$. Setze für $A \in \mathcal{B}(X)$ $f = \frac{1}{1-g}\chi_A \chi_{G_1^c}$, denn damit ist dann

$$\int \chi_A \mathrm{d}\mu = \int \chi_A \rho \mathrm{d}\lambda$$

mit $\rho = \frac{1}{1-g}$ für $g \neq 1$ und null sonst.

Jedes Borelmaß kann nun in zwei Anteile aufgespalten werden: Einen absolut stetigen Anteil und einen singulären, der insbesondere den Punktanteil enthält, also $\mu = \mu_{as} + \mu_{sing}$.

Das ist einfach zu sehen: Es ist $\mu \ll \lambda + \mu$, und damit existiert eine Dichte f so daß

$$\mu(A) = \int_A f \mathrm{d}\mu + \int_A f \mathrm{d}\lambda$$

und $f \leq 1$. Sei $F = \{x | f(x) \langle 1\}$ und $F^c = \{x | f(x) = 1\}$, dann ist klarerweise $\lambda(F) = 0$ und deswegen ist $\mu_{as}(A) = \mu(A \cap F)$ und $\mu_{sing}(A) = \mu(A \cap F^c)$. Beachte, daß $\mu_{as} \ll \lambda$, denn sei $\lambda(N) = 0$, dann ist

$$\mu_{as}(N) = \mu(N \cap F) = \int_{N \cap F} f \mathrm{d}\mu + \int_{N \cap F} f \mathrm{d}\lambda = \int_{N \cap F} f \mathrm{d}\mu \langle \mu(N \cap F),$$

woraus $\mu_{as}(N) = 0$ folgt.

Wenn wir nun von μ_{sing} noch μ_p abziehen, bekommen wir folgende Aufspaltung:

$$\mu = \mu_p + \mu_{as} + \mu_{ss}, \tag{15.50}$$

wobei μ_{ss} der „singulär stetige" Anteil ist.

Jetzt aber weiter damit. Wir haben mit der Zerlegung des Spektralmaßes augenblicklich eine Zerlegung der Spektraldarstellung in eine direkte Summe:

$$L^2(\sigma(T), \mathrm{d}\mu_T) = L^2(\sigma_T, \mathrm{d}\mu_p) \oplus L^2(\sigma_T, \mathrm{d}\mu_{as}) \oplus L^2(\sigma_T, \mathrm{d}\mu_{ss}).$$

Und indem wir die unitäre Abbildung von $\mathcal{H}$ nach $L^2(\sigma(T), \mathrm{d}\mu_T)$ umkehren, bekommen wir die Aufspaltung

$$\mathcal{H} = \mathcal{H}_p \oplus \mathcal{H}_{as} \oplus \mathcal{H}_{ss}. \tag{15.51}$$

Das ist so zu verstehen. Sei z.B. $\varphi \in \mathcal{H}_{as}$, dann ist das zugehörige Spektralmaß μ_T^φ absolut stetig, denn $\varphi \in \mathcal{H}_{as}$ bedeutet, daß $\varphi = f(T)\psi$, mit ψ als zyklischen Vektor und $f \in L^2(\sigma_T, \mathrm{d}\mu_{as}^\psi)$, so daß

$$\int g(x)\mu_T^\varphi \mathrm{d}x = \langle \varphi | g(T)\varphi \rangle = \langle f(T)\psi | g(T)f(T)\psi \rangle$$

$$= \int |f|^2(x)g(x)\mu_{as}^\psi = \int |f|^2(x)g(x)\rho(x)\lambda \mathrm{d}x;$$

also ist $\mathrm{d}\mu_T^\varphi = |f|^2\rho d\lambda$, d.h. es ist absolut stetig. Dies zeigt im Übrigen auch, daß die verbleibende Beliebigkeit des Spektralmaßes (es kann viele zyklische Vektoren geben!) keinen Einfluß auf diese Zerlegung (15.51) hat.

Was gibt uns das? Den Weg zurück zur Physik! Wir denken an den Schrödingeroperator H. Also in $\mathcal{H}_p$ liegen die Eigenvektoren, das sind die gebundenen Zustände, die, die nicht wegwandern; in $\mathcal{H}_{as}$ liegen die Wellenfunktionen, die sich unablässig verbreitern und wegbewegen (wohin? nach unendlich, wohin sonst) und in $\mathcal{H}_{ss}$ liegen alle Wellenfunktionen, von denen man am liebsten hätte, daß sie gar nicht da sind. Also woher weiß man, daß die Wellenfunktionen in $\mathcal{H}_{as}$ sich wegbewegen, und daß man am liebsten $\mathcal{H}_{ss}$ gar nicht haben will? Das Letztere ist irgendwie klar. Das ist ja ein Teil des Spektrums, der so sehr an der platonischen Struktur der reellen Zahlen hängt, also eher so etwas Irrationales, daß er physikalisch keine Rolle spielen sollte. Aber diese Einstellung mag sich ändern, wenn sich herausstellen sollte, daß das singuläre Spektrum für viele Phänomene verantwortlich ist – was durchaus sein kann.

Das Erstere aber ist, worüber die mathematische Physik der Streutheorie geht! Da versucht man zu zeigen, daß alle Zustände in $\mathcal{H}_{as}$ sich asymptotisch in der Zeit „frei" bewegen, also sogenannte Streuzustände sind, und man erhält als Abfallprodukt, daß $\mathcal{H}_{ss} = \{0\}$ ist, und das nennt man dann asymptotische Vollständigkeit des Streuproblems. Ein wenig will ich dazu im nächsten, dem letzten Kapitel sagen.

16. Vom Fluß zur Streutheorie

Das ist nun ein ganz großes Kapitel, weil es viele Perspektiven eröffnet, aber es ist schon so viel gesagt worden, daß man daran denken muß, zu Ende zu kommen. Und das will ich auch tun. Also kurz fassen und weiter. Wir haben im Prinzip bisher nur folgende Frage gestellt: Wie groß ist die Wahrscheinlichkeit, das Teilchen (oder die Konfiguration eines Systems vieler Teilchen) *zu einer gegebenen Zeit t* im Orts- (oder Konfigurationsraum-) Bereich G zu finden. Darüber gibt die $|\psi(t)|^2$-Verteilung Auskunft. Wir haben auch vergöbernde Funktionen der Ortskonfigurationen angeschaut, die auf Zeigerstellungen oder skalierte Größen fokussieren; und wir haben darüber einen Formalismus besprochen, der das gut erfaßt und den ein wenig breitgetreten.

Es gibt einen weiteren Formalismus der Quantentheorie, den wir bisher noch nicht berührt haben, nämlich den Formalismus der Streutheorie. Streutheorie in der modernen Form der Quantenfeldtheorie geht über das was in der „undendlichen Ferne" hcrauskommt, wenn man dies oder das in einer anderen „unendlichen Ferne" hereinschickt. Und was da im Endlichen geschieht, darüber hat man nicht zu reden. Weil es darüber nichts zu reden gibt. Weil wir in der „unendlichen Ferne" leben? Nein, nein, das „unendlich Ferne" ist nur eine Idealisierung! Wovon? Viele (und teure) physikalische Experimente sind in der Tat Streuexperimente (darum müssen wir darüber reden), und die einfachsten Versionen davon sind solche, in denen ein Teilchen an einem vorgegebenen Potential gestreut wird. Um das Prinzip der Streutheorie zu verinnerlichen, reicht dieser Fall aus. Das wesentlich Neue an der quantentheoretischen Streutheorie ist, daß nun nicht so sehr Observable im Vordergrund stehen, sondern der *Streuquerschnitt*. Das ist eine Größe, die empirisch völlig klar ist: In einer Versuchsreihe, einem Ensemble, betrachtet man die relative Anzahl von Teilchen, die gut justiert auf ein Target (das Streupotential) geschickt und dann in einen bestimmten Raumwinkel Σ abgelenkt werden. Also die Anzahl, der in diesen bestimmten Raumwinkel abgelenkten Teilchen durch die Anzahl aller gestreuten Teilchen, bestimmt den Wert des Streuquerschnittsmaßes $\sigma(\Sigma)$ für diesen Winkel. Das erklärt allerdings noch nicht den Namen. Der Name kommt aus folgendem Bild. Im Streuexperiment schickt man in der Regel nicht ein Teilchen nach dem anderen auf das Target, sondern man schickt einen Teilchenstrom. Der besteht aus unabhängigen Teilchen (jedes hat seine eigene Wellenfunktion, die aber alle von derselben Art sind, nur mit räumlich verschobenen Zentren), und dann fragt man nach der Anzahl der in einen Raumwinkel gestreuten Teilchen, die eine Einheitsfläche pro Zeiteinheit durchqueren. Der (differentielle) Streuquerschnitt $\sigma_\mathrm{d}(\Sigma)$ ist dann die Fläche, die vom einlaufenden Strom genau von dieser Anzahl von Teilchen pro Zeiteinheit durchquert wird. Integriert man über den Raumwinkel, erhält man den totalen Wirkungsquerschnitt σ_tot, der eine Kenngröße des Streuexperimentes darstellt. Aber so wie ich gerade gesagt habe, ist es nicht ganz richtig. Das Ganze geht mit einem Skalen-Limes einher, bei dem die Wellenfunktion fast eine ebene Welle mit einem wohldefiniertem Impuls wird; gleichzeitig aber das Zentrum der anfänglichen Wellenfunktion weit weg vom Streuzentrum angesiedelt wird. Dazu muss natürlich deutlich mehr gesagt werden, und das werde ich auch tun. Aber später.

Die physikalische Theorie, also hier Bohmsche Mechanik, muß nun eine theoretische Formel für den Streuquerschnitt liefern. Das geht in zwei Stufen. Die erste betrifft die fundamentale Formel für das „Streu-Maß" auf der Oberfläche der Einheitskugel und gibt die Statistik, die sich aus der Streuung eines Ensembles *identischer* Wellenfunktionen ergibt.

Anschließend kann man einen Strahl modellieren, und dann für die Teilchen im Strahl die gefundene Statistik verarbeiten. Ich sage das so penibel, weil Folgendes wichtig ist: Die Statistik des Streuexperimentes basiert einzig und allein auf dem Zufall, der sich aus der Position des Teilchens relativ zu seiner Wellenfunktion ergibt. In die Streuquerschnittsformel für den differentiellen Streuquerschnitt – die Formel, die man in Büchern findet – fließt allerdings die statistische Verteilung der Wellenfunktionszentren im Strahl ein – aber auf eine unschuldige Weise, die nur die Ausdrücke in gewissem Sinne vereinfacht.

16.1 Austrittsort und Austrittszeit

Ich bespreche jetzt die Streutheorie der Bohmschen Mechanik. Wir kriegen dann daraus den Formalismus der quantenmechanischen Theorie, aber das mache ich kurz, vor allem gehe ich hart mit der Mathematik um. Und ich werde alle Konstanten, die für unsere reale Welt von größter Wichtigkeit sind, weglassen, denn sie sind unwichtig für die prinzipielle Überlegung, die ich anstellen will.

Die grundlegende Frage ist: Welche Statistik wird bei einem Streuexperiment erscheinen? Um dies zu beantworten, ist es am einfachsten, sich den prinzipiellen Aufbau eines Streuexperimentes anzuschauen: Abbildung 16.1. Im Prinzip werden also Detektoren in einem relevanten Bereich angeordnet, und wenn das gestreute Teilchen einen Detektor kreuzt, dann klickt der.

Prinzipiell haben wir also zunächst nichts Anderes, als eine Messung des Austrittsortes und der Austrittszeit des Teilchens aus einem Gebiet. Das Experiment ist nämlich genau wie das zur Messung des (ersten) Austrittsortes

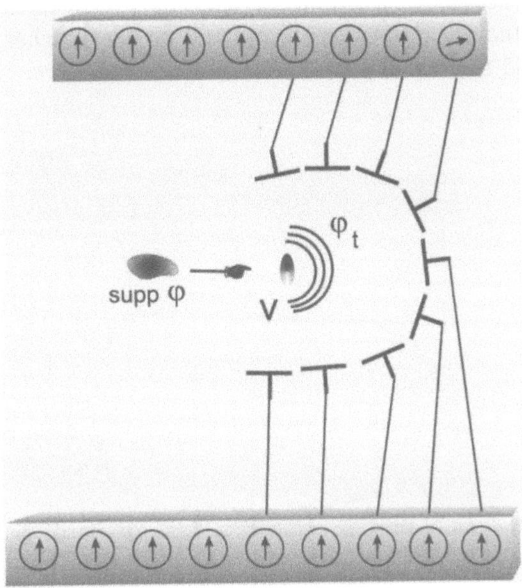

Abb. 16.1. Streuexperiment. Ein Teilchen mit Wellenfunktion φ wird auf ein Target – ein Potential V – gesandt. Die Detektoren sitzen in großer Entfernung und warten, bis das Teilchen ankommt. Das Streuexperiment ist vom Prinzip her ähnlich einem Erste-Austrittszeit-, Erste-Austrittsort-Experiment in Abbildung 16.2, nur mit dem Unterschied, daß beim Streuexperiment das Teilchen in den Bereich G erst hineinfliegt und daß die Abstände größer sind

und der (ersten) Austrittszeit eines sich anfänglich in einem Gebiet G befindlichen Teilchens, wie in Abbildung 16.2. Das letzte Experiment müssen wir zuerst verstehen. Es ist außer Frage, daß die Detektoren zu einer zufälligen Zeit an einem zufälligen Ort klicken, den Ort und die Zeit, zu der das Teilchen den entsprechenden Detektor trifft. Die Streusituation hat dann noch eines extra: Die Dimensionen sind so, daß die Detektoren weit vom Streuzentrum entfernt sind, daß also eine „große Abstände, große Zeiten – Asymptotik" der „Erste Austrittszeiten und -Orte" Statistik studiert werden muß, wobei dann die Zeit nicht interessiert. Nurmehr die Statistik des Ortes wird betrachtet, was aber nichts daran ändert, daß der Detektor zu einer zufälligen (aber sehr großen) Zeit klickt. Ich sage das hier so pedantisch, um deutlich zu machen, daß es sich nicht um eine übliche Ortsmessung handelt, wie man zunächst meinen könnte! Und wir kennen bisher nur die Statistik für die Messung eines Ortes zu einer *festen* Zeit!

Was aber ist die Wahrscheinlichkeitsverteilung für Ort und Zeit, besser: für Austrittsort und Austrittszeit? Wir betrachten den Austrittsort und die Austrittszeit eines anfänglich (zur Zeit $t = 0$) in einem Gebiet G gut lokalisierten Teilchens (mit der Anfangswellenfunktion φ und supp $\varphi \subset G$). φ

entwickelt sich gemäß der Schrödingergleichung (in der auch ein Potential V stehen kann), und uns interessiert, wann und wo das Teilchen zum ersten Mal durch den Rand ∂G von G tritt.

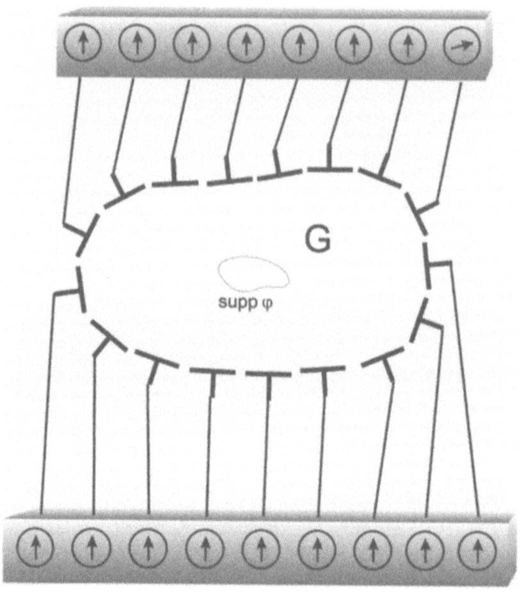

Abb. 16.2. Ein Experiment, zur Bestimmung des Austrittsortes und der Austrittszeit eines Teilchens aus dem Gebiet G. Ein Detektor klickt, zu einer zufälligen Zeit an einem zufälligen Ort

Dieses Problem sollte einem, der Quantenmechanik kennt, fremd vorkommen. Solche Fragen werden dort nämlich nicht behandelt: Die Zeit ist keine Observable, das kann man zeigen. Der Ort zu einer zufälligen Zeit ist ebenfalls keine Observable, jedenfalls keine, die man in irgendeiner Form kennt, aber das interessiert uns alles nicht. Wir werden nämlich gleich an der Antwort sehen, warum dies für die Quantenmechanik problematisch sein muß.

Eine Bemerkung aber noch zuvor, damit das aus dem Weg geräumt ist: Für jedes Experiment kann im Prinzip die Schrödingerentwicklung der Gesamtwellenfunktion (Apparatur und System) hingeschrieben und gelöst werden, und wenn am Ende Zeigerstellungen stehen, erhalten wir eine POV-Statistik. Daran gibt es nichts zu rütteln. Aber was dieses POV ist, ist eine andere Frage. Und wir werden gleich sehen, daß wir nicht erwarten sollten, dieses POV als irgendetwas Erkennbares anzunehmen (siehe auch Bemerkung 16.1.2).

Jetzt aber weiter. Wir schauen uns ein einfaches Argument an, das erst mal nur auf die Austrittszeit fokussiert und dabei das Quantengleichgewicht direkt benutzt. Die erste Austrittszeit ist

$$\tau(\boldsymbol{x}) = \inf\{t|\boldsymbol{X}(t,\boldsymbol{x}) \notin G, \ \boldsymbol{x} \in \mathrm{supp}\varphi\}. \tag{16.1}$$

Dann gilt

$$\begin{aligned}
\mathbb{P}^{\varphi}(\{\boldsymbol{x}|\tau(\boldsymbol{x}) > t\}) &= \mathbb{P}^{\varphi}(\boldsymbol{X}(s,\boldsymbol{x}) \in G \text{ für alle } s \le t) \\
&\text{„} = \text{“} \ \mathbb{P}^{\varphi}(\boldsymbol{X}(t,\boldsymbol{x}) \in G) \\
&= \mathbb{P}^{\varphi_t}(G) \\
&= \int_G |\varphi(\boldsymbol{x},t)|^2 \mathrm{d}^3 x,
\end{aligned} \tag{16.2}$$

wobei die zweite Gleichheit („=“) offenbar nur unter der Voraussetzung richtig ist, daß, wenn das Teilchen G einmal verlassen hat, es nie wieder zu G zurückkommt. Dazu sagen wir nachher noch mehr. Die dritte Gleichheit ist „Äquivarianz“.

Man erhält aus der Verteilungsfunktion $\mathbb{P}^{\varphi}(\tau > t)$ von τ die Austrittsdichte $\rho_a^{\varphi}(t)$ durch Differentiation (das ist übliche Wahrscheinlichkeitsrechnung),

$$\begin{aligned}
\rho_a^{\varphi}(t) = -\frac{\mathrm{d}}{\mathrm{d}t}\mathbb{P}^{\varphi}(\tau > t) &= -\int_G \frac{\partial |\varphi(\boldsymbol{x},t)|^2}{\partial t} \mathrm{d}^3 x \\
&= -\frac{\partial}{\partial t}\langle \varphi_t | O_G \varphi_t \rangle \\
&= \frac{i}{\hbar}(\langle H\varphi_t | O_G \varphi_t \rangle - \langle \varphi_t | O_G H\varphi_t \rangle).
\end{aligned} \tag{16.3}$$

Da haben wir das Orts-PV O_G benutzt, um das alles nach höherer Quantenmechanik aussehen zu lassen. Für $[t_1, t_2] \subset \mathbb{R}^+$ ist

$$\mathbb{P}^{\varphi}(\tau \in [t_1, t_2]) = \int_{t_1}^{t_2} \rho_a^{\varphi}(t)\mathrm{d}t.$$

Das geht einfach von der Hand, aber obwohl die Ausdrücke Bilinearformen sind: Sie liefern kein POV! Der Grund ist die oben angesprochene, im allgemeinen fehlende Gleichheit, die wir wörtlich mit dem einmaligen Verlassen des Teilchens aus dem Gebiet begründet haben. Wir sehen gleich noch besser, daß dies ein Problem der Positivität ist.

Wir greifen nämlich noch einmal in (16.3) ein und bekennen Farbe, denn die rechte Seite kann ja nur der Quantenfluss $j^{\varphi} = |\varphi|^2 \boldsymbol{v}^{\varphi}$ sein! Wir denken an die Kontinuitätsgleichung (8.19) und bekommen mit dem Gaußschen Satz mit $d\boldsymbol{S}$ als orientiertes Oberflächenelement von ∂G

$$\begin{aligned}
\rho_a^{\varphi}(t) = -\int_G \frac{\partial |\varphi(\boldsymbol{x},t)|^2}{\partial t} \mathrm{d}^3 x &= \int_G \nabla \cdot j^{\varphi}(\boldsymbol{x},t)\mathrm{d}^3 x \\
&= \int_{\partial G} j^{\varphi}(\boldsymbol{x},t) \cdot \mathrm{d}\boldsymbol{S}.
\end{aligned}$$

Also ist

$$\int\limits_{t_1}^{t_2} \rho_a^{\varphi}(t)\mathrm{d}t = \int\limits_{t_1}^{t_2} \int\limits_{\partial G} j^{\varphi}(\boldsymbol{x},t) \cdot \mathrm{d}\boldsymbol{S}\mathrm{d}t$$

der „Nettofluß" durch die „Raumzeitfläche" $\partial G \times [t_1, t_2]$. Dies ist nur dann als Wahrscheinlichkeit zu interpretieren, wenn folgende Positivitätsbedingung erfüllt ist: Falls ∂G nach außen orientiert ist, sei

$$j^{\varphi}(\boldsymbol{x},t) \cdot d\boldsymbol{S} \geq 0 \quad \text{für alle } x, t \in \partial G \times [t_1, t_2] \ . \tag{16.4}$$

Damit schließen wir dann auf folgende Interpretation (ich habe hier noch alle Konstanten korrekt dabei, aber gleich nicht mehr):

$$j^{\varphi}(\boldsymbol{x},t) \cdot \mathrm{d}\boldsymbol{S}\mathrm{d}t = -\frac{i\hbar}{2m}(\varphi^*(\boldsymbol{x},t)\nabla\varphi(\boldsymbol{x},t) - \varphi(\boldsymbol{x},t)\nabla\varphi^*(\boldsymbol{x},t)) \cdot \mathrm{d}\boldsymbol{S}\mathrm{d}t$$

$$= \text{Wahrscheinlichkeit für das Durchkreuzen} \tag{16.5}$$
$$\text{des Flächenstückes } \mathrm{d}\boldsymbol{S} \text{ in } \mathrm{d}t.$$

Und das ist nun neu! Traut man dem? Außerdem: Was bedeutet denn das Flußintegral, wenn wir nicht die Positivität (16.4) gewährleistet haben? Das ist der Erwartungswert der Anzahl von Durchkreuzungen, aber um das sagen zu können, brauchen wir Trajektorien. Darum sage ich das alles noch mal neu, ohne Rechentricks und ganz grundlegend!

Also, in Bohmscher Mechanik bewegt sich das Teilchen entlang seiner Trajektorie $\boldsymbol{X}(t)$, die durch den Anfangswert X_0 bestimmt wird. Die Bahn des Teilchens ist gemäß dem Quantengleichgewicht eine Zufallsgröße auf der Menge der Anfangswerte, die $|\varphi(0)|^2$ verteilt sind.

Das Teilchen sei zur Zeit $t = 0$ mit Wellenfunktion φ im Gebiet G mit glattem Rand ∂G lokalisiert. Dann betrachten wir die Randdurchkreuzungen der Teilchentrajektorien, was uns auf die folgende Zufallsgröße führt: Die Anzahl $N(\Delta\partial G, \Delta t)$ von Durchkreuzungen $X(t)$ des Randelementes $\Delta\partial G$ in der Zeitspanne Δt. Diese Zahl können wir in zwei zerlegen, nämlich

$$N(\Delta\partial G, \Delta t) = N_+(\Delta\partial G, \Delta t) + N_-(\Delta\partial G, \Delta t)$$

mit $N_+(\Delta\partial G, \Delta t)$ als Anzahl der nach außen gehenden Durchkreuzungen und $N_-(\Delta\partial G, \Delta t)$ als Anzahl der zurückkehrenden Durchkreuzungen von $\Delta\partial G$ in der Zeit Δt (vergleiche Abbildung 16.3).

Die Anzahl der *signierten* Durchkreuzungen ist dann als die Differenz

$$N_\mathrm{s}(\Delta\partial G, \Delta t) := N_+(\Delta\partial G, \Delta t) - N_-(\Delta\partial G, \Delta t)$$

definiert.

Nun schauen wir uns das Flußintegral

$$\int_{\partial G \times [t_1, t_2]} |j^{\varphi t} \cdot \mathrm{d}\boldsymbol{S}|\mathrm{d}t$$

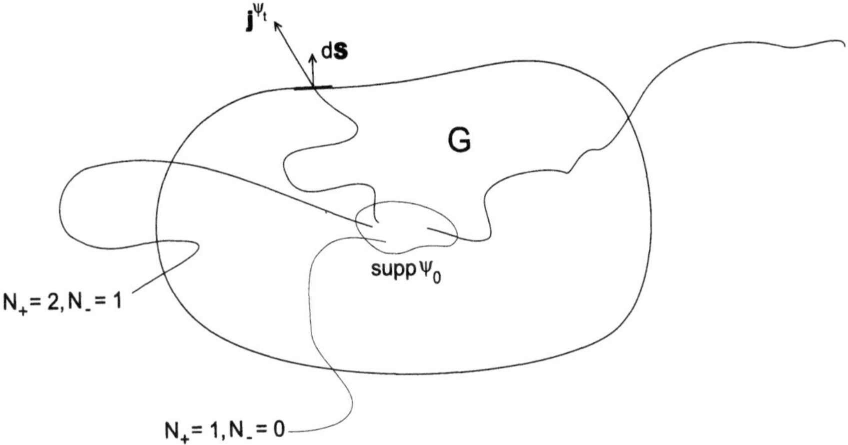

Abb. 16.3. Die signierten Durchkreuzungen des Randes von G

an und zerlegen den Integrationsbereich in kleine Stücke $d\partial G_i dt_i$, die auf Grund ihrer Kleinheit nur einmal durchkreuzt werden, entweder positiv oder negativ: $N_s(d\partial G_i, dt_i) = \pm 1$. Damit eine Durchkreuzung stattfindet, muß das Teilchen zur Zeit t_i im Zylinder $dZ_i = |v^{\varphi_{t_i}} dt_i \cdot dS_i|$ sein. Äquivarianz sagt uns, daß die Wahrscheinlichkeit dafür

$$\mathbb{P}^{\varphi_{t_i}}(dZ_i) = |\varphi_{t_i}|^2 |v^{\varphi_{t_i}} dt_i \cdot dS_i| = |j^{\varphi_{t_i}} \cdot dS_i| dt_i$$

ist. (Wir könnten auch die Trajektorie zurück zur Zeit null verfolgen und das Raumgebiet dV_i ausmachen, aus der die Trajektorie gestartet ist. Da haben wir die Wahrscheinlichkeit $\mathbb{P}^{\varphi}(dV_i)$, die äquivariant zur Wahrscheinlichkeit $|\varphi_{t_i}|^2 |v^{\varphi_{t_i}} dt_i \cdot dS_i|$ transportiert wird. Damit das wirklich klar ist, mache ich nachher noch die Bemerkung 16.1.4). Also können wir den Erwartungswert angeben:

$$\mathbb{E}^{\varphi}(|N(\partial G, [t_1, t_2])|) \approx \sum_i |N(d\partial G_i, dt_i)| \mathbb{P}^{\varphi_{t_i}}(dZ_i) \approx \int_{\partial G \times [t_1, t_2]} |j^{\varphi_t} \cdot dS| dt ,$$

und indem wir das eventuelle -1 von $N_s(d\partial G_i, dt_i)$ bei Wiederkehr der Trajektorie im Skalarprodukt von Geschwindigkeit und Flächennormalen verrechnen:

$$\mathbb{E}^{\varphi}(N_s(\partial G, [t_1, t_2])) \approx \sum_i N_s(d\partial G_i, dt_i) \mathbb{P}^{\varphi_{t_i}}(dZ_i) \approx \int_{\partial G \times [t_1, t_2]} j^{\varphi_t} \cdot dS dt .$$

Also allgemein ist das Flußintegral – über ein Flächenstück und Zeitintervall integriert – der Erwartungswert der signierten Durchkreuzungen dieses Flächenstückes in dem gegebenen Zeitintervall. Ganz einfach.

Man hätte auch auf die Idee verfallen können, daß das Flußintegral

$$\int_{\partial G \times [t_1, t_2]} |j^{\varphi_t} \cdot dS| dt$$

die *Wahrscheinlichkeit* für Durchkreuzungen ist, aber die ist, anders als der Erwartungswert, keine additive Größe. Das sieht man ganz schön, wenn man die Äquivarianz benutzt und auf die Ausgangsvolumina zurückgeht:

$$\int_{\partial G \times [t_1, t_2]} |j^{\varphi_t} \cdot dS| dt \approx \sum_i N(d\partial G_i, dt_i) \mathbb{P}^{\varphi}((dV_i)) = \sum_i \mathbb{P}^{\varphi}((dV_i)).$$

Der Punkt ist offenbar, daß eine Trajektorie mehrfach das gefragte Gebiet durchkreuzen kann (durch mehrmalige Wiederkehr!); dann gehören zu diesen Durchstoßungen dieselben $dV_i = dV_{i_0}$, d.h. die dV_i sind im allgemeinen nicht disjunkt, wie es bei einmaligem Verlassen des Gebietes der Fall wäre. Darum ist im allgemeinen die Wahrscheinlichkeit für Durchkreuzungen nicht einfach die Summe der $\mathbb{P}^{\varphi}((dV_i))$.

Anmerkung 16.1.1. In der statistischen Physik sagt man das Ganze üblicherweise so: Damit eine Trajektorie das kleine Randstück $d\partial G$ im Zeitinterval $(t, t + dt)$ durchkreuzt, muß das Teilchen zur Zeit t im Zylinder $|v^{\varphi_t} dt \cdot dS|$ sein. Die Wahrscheinlichkeit dafür ist gemäß dem Gleichgewicht einfach $|\varphi_t|^2 |v^{\varphi_t} dt \cdot dS|$. Dabei kann es einmal von außen hereinkommen, dann ist die Geschwindigkeit negativ in Bezug auf die Normalkomponente und einmal von innen nach außen gehen mit positiver Geschwindigkeit dann. Durch die Kleinheit des Randgebietes $d\partial G$ und der Zeit dt können wir uns auf eine einzige Trajektorie beschränken, die auch nur einmal kreuzt. Dadurch ist der Erwartungswert der Durchkreuzungen einfach die Wahrscheinlichkeit, daß sich ein Teilchen in dem entsprechenden „Durchgangszylinder" befindet. Also

$$\mathbb{E}^{\varphi}(N_s(d\partial G, dt)) = j^{\varphi_t} \cdot dS dt$$

oder, wenn es uns nur um die absolute Zahl geht

$$\mathbb{E}^{\varphi}(N(d\partial G, dt)) = |\varphi_t|^2 |v^{\varphi_t} dt \cdot dS| = |j^{\varphi_t} \cdot dS| dt.$$

Man beachte, daß der Erwartungswert eine lineare Größe ist, d.h. indem wir das Randstück und die Zeitspanne vergrößern, summieren sich die infinitesimalen Einzelbeiträge. Die Wahrscheinlichkeit für die Durchkreuzung eines größeren Randgebietes ist nicht einfach die Summe der infinitesimalen Beiträge, denn es kann ja vorkommen, daß eine Trajektorie es mehrmals durchkreuzt, und die Urbildmengen (die Mengen der Startpunkte) sind nicht mehr disjunkt.

Wenn nun die Durchkreuzungen alle positiv sind, also keine Trajektorie zurückkommt, dann ist das Flußintegral in der Tat die Wahrscheinlichkeit des ersten Verlassens des Teilchens durch dieses Flächenstück. Auch das führen wir aus: Wir haben die Zufallsgrößen $\tau(x)$ (siehe (16.1), die erste Austrittszeit aus G und $X_\tau := X(\tau(x))$, den Ort des ersten Austritts. Nehmen wir nun an, daß $j^{\varphi_t} \cdot dS$ im relevanten Bereich positiv ist, dann kann das Teilchen nur von innen nach außen gegangen sein und das nur einmal. Also in diesem Falle ist

$$\mathbb{E}^\varphi(N(d\partial G, dt)) = \mathbb{E}^\varphi(N_s(d\partial G, dt)) =$$
$$0 \cdot \mathbb{P}^\varphi(t_e \notin dt \text{ or } X_e \notin d\partial G) + 1 \cdot \mathbb{P}^\varphi(t_e \in dt \text{ and } X_e \in d\partial G),$$

und daher ergibt sich als Verteilung des Austrittsortes, indem wir über alle Zeiten integrieren:

$$\mathbb{P}^\varphi(X_e \in \Delta\partial G) = \int_0^\infty \int_{\Delta\partial G} \mathbb{E}^\varphi(N(d\partial G, dt)) = \int_0^\infty \int_{\Delta\partial G} j^{\varphi_t} \cdot dS dt.$$
$$(16.6)$$

Wir machen mit diesem Ausdruck in Abschnitt 16.2 weiter und schließen diesen Teil mit einigen Bemerkungen ab, die aber für die eigentliche Aufgabe, die Streustatistik zu bestimmen, keine Relevanz haben. Man kann sie einfach überlesen, wenn man möchte.

Anmerkung 16.1.2. Zum POV
Im allgemeinen ist das Flußintegral (wie z.B. in (16.6)) nicht positiv, und man kann sich ganz leicht überlegen, daß die Menge der Wellenfunktionen, die ein positives Flußintegral liefern, keine lineare Menge ist, d.h. die Superposition zweier solcher guten Wellenfunktionen wird i.a. nicht mehr ein positives Flußintegral ergeben. Wir hatten oben das erste Austrittszeit- und Austrittsort-POV angesprochen, das ja auf jeden Fall für ein solches Experiment existiert. Dieses POV kann bestenfalls nur approximativ mit dem Flußintegral in Zusammenhang gebracht werden, es kann z.B. nicht einmal auf der Menge der guten Wellenfunktionen gleich dem Flußintegral sein, weil die Bilinearität des POV dem widerspräche. Daran erkennen wir, daß ohne Kenntnis der Bedeutung des Flusses für die Austrittsgrößen es sehr schwer sein wird, aus dem allgemeinen Formalismus den Flußausdruck herauszulesen.

Anmerkung 16.1.3. Zum Meßformalismus der Quantenmechanik
Von Observablen ist in der Quantenmechanik die Rede, von POVs oder „Instrumenten". Was immer meßbar sein soll, wird in eine solche Form gegossen. Und nun haben wir dieses Experiment, in dem die Zeit und der Ort zu einer zufälligen Zeit gemessen werden, und da haben wir eine Formel – die Statistik für die Austrittsgrößen – die nur für gewisse Wellenfunktionen brauchbar ist und sich dem allgemeinen Formalismus verweigert. Ist das in Ordnung? Ja.

Anmerkung 16.1.4. Zur Bedeutung des Stromes und zur Äquivarianz
Die „richtige" Sichtweise des Ganzen ist eigentlich eine vierdimensionale, in

der man den Viererstrom $j^\mu, \mu = 0, 1, 2, 3, j = (\rho^\varphi, \boldsymbol{j}^\varphi)$ herausstellt. Ein Viererfluß j^μ definiert die Weltlinien X^μ des Teilchens durch die Vorgabe, daß die Weltlinien parallel zum Fluß verlaufen sollen. In einer passenden Parametrisierung können wir das auch direkt als

$$\frac{\mathrm{d}X^\mu}{\mathrm{d}\tau} = j^\mu(X^\mu)$$

schreiben.

Der Viererstrom definiert auch , wenn er divergenzfrei ist, d.h. wenn

$$\partial_\mu j^\mu = 0 \tag{16.7}$$

gilt, eine Wahrscheinlichkeitsdichte auf den $x^0 = t = $ const.-Flächen, gegeben durch die Dichte j^0, falls diese normiert ist: $\int \mathrm{d}^3 x j^0 = 1$. Denn (16.7) ist ja nichts Neues, es ist die Kontinuitätsgleichung für $j = (j^0, \boldsymbol{v}^\varphi j^0)$, mit der Geschwindigkeit

$$\boldsymbol{v}^\varphi = \frac{\boldsymbol{j}^\varphi}{j^0}\,.$$

Im Falle des Bohmschen Stromes $j = (\rho^\varphi, \boldsymbol{j}^\varphi)$ ist die Dichte äquivariant, das bedeutet, daß die Dichte $j^0 = \rho^\varphi$, transportiert von den, mit der Koordinatenzeit $x^0 = t$ parametrisierten Bahnen, als Funktional von φ erhalten bleibt. (Im Falle des klassischen Liouville-Satzes bleibt das Lebesguemaß unter dem Hamiltonschen Fluß erhalten, also liegt dort eine stärkere Form der Erhaltung vor.) Die Divergenzfreiheit ist im Bohmschen Viererstrom eine Konsequenz der Schrödingergleichung.

Die integrale Form der Kontinuitätsgleichung liefert uns nun eine bessere Einsicht in die äquivariante Wahrscheinlichkeit: Wir denken an einen gegebenen divergenzfreien Viererstrom. Sei $\mathcal{F}$ eine Hyperfläche, eine Raumzeitfläche (eine dreidimensionale Fläche!) die von jeder Weltlinie nur einmal durchstoßen wird, dann setzen wir für eine Teilmenge $\Delta\mathcal{F} \in \mathcal{F}$

$$\int_{\Delta\mathcal{F}} j \cdot \mathrm{d}\sigma = \mathbb{P}^\varphi(\Delta\mathcal{F} \text{ wird durchstoßen}), \tag{16.8}$$

wobei wir die Wahrscheinlichkeit der Durchstoßung der gesamten Fläche $\mathcal{F}$ auf 1 normiert haben. Diese Durchstoßungswahrscheinlichkeit ist eine konsistente Setzung, denn für jede andere solche Hyperfläche $\mathcal{F}'$, die ebenfalls nur einmal von allen Weltlinien durchstoßen wird, gilt das Analoge, wobei die Wahrscheinlichkeiten durch den Fluß miteinander verknüpft sind: Betrachte $\Delta\mathcal{F}$ (mit nach innen zeigender Flächennormale, darum das Minuszeichen in (16.9) unten!) als Boden eines Zylinders Z und verfolge entlang den Stromlinien die Entwicklung von $\Delta\mathcal{F}$ bis hin zu $\Delta\mathcal{F}' \in \mathcal{F}'$ als Zylinderdeckel (mit nach außen weisender Normalen), wobei die Mantelfläche des Zylinders von den Weltlinien der Randpunkte von $\Delta\mathcal{F}$ gebildet werden. Dann liefert der Gaußsche Satz

$$\int_{\partial Z} j \cdot \mathrm{d}\sigma = -\int_{\Delta\mathcal{F}} j \cdot \mathrm{d}\sigma + \int_{\Delta\mathcal{F}'} j \cdot \mathrm{d}\sigma = \int_{Z} \frac{\partial j^{\mu}}{\partial x^{\mu}} \mathrm{d}^4 x = 0 , \qquad (16.9)$$

wegen (16.7). In der mittleren Gleichheit habe ich benutzt, daß der Strom auf dem Zylindermantel, der ja die Mantelfläche definiert, orthogonal zur Mantelnormalen ist. Da sehen wir, daß die Wahrscheinlichkeit, definiert als Dichte der Durchstoßungspunkte, konsistent transportiert wird, wenn der Strom divergenzfrei ist.

Nun haben wir in der Bohmschen Mechanik natürlicherweise als Flächen $\mathcal{F}$ die $x^0 = t = $ const.-Flächen im Kopf, mit den Normalen $(1,0,0,0)$, und da ist für den Bohmschen Strom $j \cdot \mathrm{d}\sigma = |\varphi_t|^2 \mathrm{d}^3 x$ immer von „derselben Form", also noch mal die Äquivarianz. Aber wir können auch andere Hyperflächen anschauen, „schräge" Raumzeitflächen, wie wir es in diesem Kapitel gemacht haben, z.B. gegeben durch die Parametrisierung $\Sigma(x^0, u, v) = (x^0, x^1(u,v), x^2(u,v), x^3(u,v)) \in \mathbb{R}^4, x^0 \in [t_1, t_2], (u,v) \in G \subset \mathbb{R}^2$. Das Skalarprodukt $j \cdot \mathrm{d}\Sigma$ können wir aus der Determinanten, der um die Spalte j erweiterten 4×4 Jacobi-Matrix von Σ bestimmen (mit den kanonischen Einheitsvektoren e_k, $k = 0, 1, 2, 3$ in der letzten Spalte aufgelistet, wäre die Determinante eine Möglichkeit, die Flächennormale im Punkte $\Sigma(x^0, u, v)$ zu bestimmen). Mit $\sigma(u,v) = (x^1(u,v), x^2(u,v), x^3(u,v)) \in \mathbb{R}^3$ haben wir dann

$$j \cdot \mathrm{d}\Sigma = \det \begin{pmatrix} 1 & 0 & 0 & j^0 \\ 0 & \partial_u x^1 & \partial_v x^1 & j^1 \\ 0 & \partial_u x^2 & \partial_v x^2 & j^2 \\ 0 & \partial_u x^3 & \partial_v x^3 & j^3 \end{pmatrix} \mathrm{d}t\mathrm{d}u\mathrm{d}v = j \cdot \partial_u \sigma \wedge \partial_v \sigma \mathrm{d}t\mathrm{d}u\mathrm{d}v.$$

In der heutigen Mathematik wäre es eher üblich, die Identifikation des Vektors j mit der 3-Form

$$\omega_j = j^0 \mathrm{d}x^1 \wedge \mathrm{d}x^2 \wedge \mathrm{d}x^3 - j^1 \mathrm{d}x^0 \wedge \mathrm{d}x^2 \wedge \mathrm{d}x^3 + j^2 \mathrm{d}x^0 \wedge \mathrm{d}x^1 \wedge \mathrm{d}x^3 - j^3 \mathrm{d}x^0 \wedge \mathrm{d}x^1 \wedge \mathrm{d}x^2$$

vorzunehmen, weil dies dem wahren Charakter von j näherkommt. Diese 3-Form wird naturgemäß gegen eine Hyperfläche integriert, in unserem Falle also Σ, und definitionsgemäß ist dann

$$\int_{\Sigma} \omega_j = \int \omega_j(\partial_{x^0}, \partial_u, \partial_v)\mathrm{d}t\mathrm{d}u\mathrm{d}v,$$

wobei $\mathrm{d}x^k(\partial_y) = \frac{\partial x^k}{\partial y}$ definiert ist. Das ergibt dann die obige Determinante. (Für N Teilchen hätte man als Strom einen $3N + 1$ dimensionalen Ausdruck und dementsprechend eine $3N$ Form, die gegen eine $3N$ dimensionale Hyperfläche $\mathcal{F}^N$ intergriert wird.) Wenn nun diese Fläche nur einmal durchkreuzt wird, falls das Teilchen also nicht mehr zurückkommt, ist das Flußintegral die Durchstoßungswahrscheinlichkeit. Insofern sollte , wenn ein divergenzfreier Viererstrom vorliegt, der allgemeinere Ausdruck (16.8) als das Bornsche statistische Gesetz angesehen werden.

16.2 Das Streumaß

Zurück zu (16.6). In der Streusituation wird man davon ausgehen können, daß die Detektoren so weit weg vom Streuzentrum stehen, wo das Streupotential seinen Einfluß verloren hat, so daß die Wellenfunktion sich in dem Bereich im wesentlichen wie eine freie Welle bewegt; und da kommt dann unsere Asymptotik in Anmerkung 15.2.4 ins Spiel, die uns (moralisch) sagt, daß die Bahnen dann asymptotisch gradlinig verlaufen.

Ich sage nachher noch etwas zu den mathematisch physikalischen Aufgaben, diese Aussagen zu präzisieren, aber darum geht es hier nicht, also weiter. Wir können nämlich jetzt die Größe leicht definieren, die uns experimentell zugänglich sein wird: Das Streumaß!

Es ist einfach die Wahrscheinlichkeit für die Durchkreuzung einer weit entfernten Randfläche, wo wir uns die Detektoren als wartend hingesetzt denken, und wobei wir annehmen, daß die Detektoren „milde" messen, das bedeutet, die Detektoren beeinflussen nicht die freie Bewegung des Teilchens, was sicher nur eine begrenzt gültige Annahme ist, deren Gültigkeit immer prüfenswert ist. Dann aber haben wir es schon. Wir nehmen als Begrenzungsfläche, der einfacheren Geometrie wegen, eine Kugeloberfläche einer Kugel vom Radius R. Dann betrachten wir den Austritt des Teilchens durch ein Flächenstück $\Sigma_R, \Sigma \in S^2$ (vergleiche Abbildung 16.4) und definieren als das Streumaß den Limes $R \to \infty$ von (16.6)

$$\sigma_{\text{Bohm}}^{\varphi}(\Sigma) = \lim_{R \to \infty} \mathbb{P}^{\varphi}(\boldsymbol{X}_{\text{e}} \in \Sigma_R) = \lim_{R \to \infty} \int_0^{\infty} \int_{\Sigma_R} \boldsymbol{j}^{\varphi t} \cdot \mathrm{d}\boldsymbol{S}\mathrm{d}t. \qquad (16.10)$$

Der Limes erfaßt dabei die Idealisierung großer Entfernungen der Detektoren vom Streuzentrum. Dies ist also dann das Maß auf der Oberfläche der Einheitskugel oder eben auf dem Raumwinkel, je nach Geschmack. Fertig. Zumindest die theoretische Definition haben wir. Aber Arbeit ist noch zu leisten. Wir müssen den rechten Ausdruck soweit wie möglich auf die Wellenfunktion φ zurückrechnen, denn die und das Potential werden ja vom Experimentator kontrolliert.

Die Auswertung der Formel (16.10), d.h. das Ausführen des Limes mache ich heuristisch. Wenn die Oberfläche immer weiter hinausgeschoben wird, dann ist die Wellenfunktion, die dort integriert wird im wesentlichen eine freie. Denn die Wellenfunktion zu frühen Zeiten wird die weit entfernte Oberfläche noch gar nicht erreicht haben (moralisch zumindest) und zu den Zeiten, wo die Wellenfunktion die Oberfläche überdeckt, wird die Wellenfunktion schon soweit vom Streuzentrum entfernt sein, daß ihre Bewegung nicht mehr vom Potential beeinflußt wird. Also was liegt nahe zu tun? Wir lösen erst einmal ein einfacheres Problem! Wir vergessen zunächst einmal das Streuproblem, das heißt wir lassen von vornherein das Potential außer Acht. Wir schauen also nur auf die Asymptotik eines "erste Austrittsort"-Experimentes. Da können wir dann die Asymptotik der freien Entwicklung der Wellenfunktion einbringen. Ich wiederhole dazu (15.14) (wo wir aus Bequemlichkeit der

Notation $\frac{\hbar}{m} = 1$ gesetzt haben)

$$\varphi(\boldsymbol{x}, t) \sim \frac{1}{(it)^{\frac{3}{2}}} \mathrm{e}^{\mathrm{i}\frac{\boldsymbol{x}^2}{2t}} \widehat{\varphi}\left(\frac{\boldsymbol{x}}{t}\right). \tag{16.11}$$

Und nun kommt eine ganz imposante Rechnung, eine Überraschung in gewisser Weise[1]. Wir ersetzen den Fluß in (16.10) durch den Fluß, berechnet mit dem asymptotischen Ausdruck (16.11), wobei wir die Geometrie der Abbildung 16.4 im Kopf haben

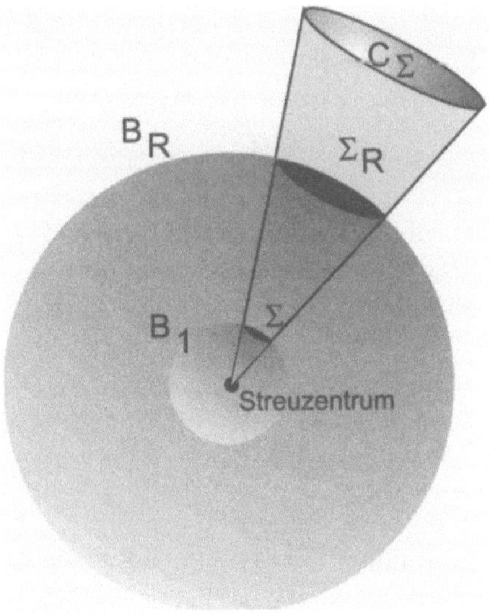

Abb. 16.4. Die Geometrie der Streuung zur Auswertung des Streumaßes

$$\boldsymbol{j}^{\varphi_t}(\boldsymbol{x}) = \Im(\varphi_t * \nabla\varphi_t) \approx \frac{\boldsymbol{x}}{t}\left(\frac{1}{t}\right)^{\frac{3}{2}} |\widehat{\varphi}\left(\frac{\boldsymbol{x}}{t}\right)|^2 \, ,$$

d.h. der Fluß ist asymptotisch radial ($\sim \boldsymbol{x}$), so daß $\boldsymbol{j}^{\varphi_t} \cdot \mathrm{d}\boldsymbol{S} \geq 0$ ist, denn es handelt sich ja nun um eine Kugeloberfläche. Für das Integral in (16.10) erhalten wir, indem wir Folgendes beachten:

(i) Mit $\mathrm{d}\sigma$ als Oberflächenelement der Einheitskugel ist $\mathrm{d}\boldsymbol{S} = R\boldsymbol{R}\mathrm{d}\sigma$

(ii) Substitution von t durch $\boldsymbol{k} = \frac{\boldsymbol{R}}{t}$ gibt $d\boldsymbol{k} = -\frac{\boldsymbol{k}}{t^2}\mathrm{d}t$ als Integrationselement

(iii) C_Σ ist der Kegel mit Öffnungswinkel Σ wie in Abbildung 16.4 dargestellt.

---

[1] In Wahrheit keine Überraschung, denn diese Art der Rechnung kennen wir schon aus der Ableitung des Impulsoperators (15.15)!

Damit

$$\int_0^\infty \int_{\Sigma_R} j^{\varphi_t} \cdot \mathrm{d}\boldsymbol{S}\mathrm{d}t \quad \approx \quad \int_0^\infty \int_{\Sigma_R} \left(\frac{1}{t}\right)^3 |\hat\varphi\left(\frac{\boldsymbol{x}}{t}\right)|^2 \frac{\boldsymbol{x}}{t} \cdot \mathrm{d}\boldsymbol{S}\mathrm{d}t$$

$$\mathrm{mit\ (i)} \approx \int_0^\infty \mathrm{d}t \int_{\Sigma_R} \left(\frac{1}{t}\right)^3 |\hat\varphi\left(\frac{\boldsymbol{R}}{t}\right)|^2 \frac{R^3}{t}\mathrm{d}\sigma$$

$$\approx \quad \int_0^\infty dk k^2 \int_\Sigma \mathrm{d}\sigma |\hat\varphi(\boldsymbol{k})|^2 = \int_{C_\Sigma} \mathrm{d}^3k |\hat\varphi(\boldsymbol{k})|^2 \ .$$

Dieser Ausdruck enthält keine R-Abhängigkeit mehr, und es ist zu erwarten, daß im Limes Gleichheit herrscht. Also finden wir, daß

$$\sigma^\varphi_{\mathrm{Bohm}}(\Sigma) = \int_{C_\Sigma} \mathrm{d}^3k |\hat\varphi(\boldsymbol{k})|^2. \tag{16.12}$$

Das ist aber noch nicht unser Ziel. Im wahren Streuproblem haben wir ein Potential; die Wellenfunktion ist nicht die ganze Zeit frei. Der Schrödingeroperator ist $H = H_0 + V$, und was wir brauchen, ist die Zeitentwicklung $e^{-itH}\varphi$ für große t. Aber Wellenfunktionen, die gestreute Teilchen beschreiben, d.h. die von weit her kommen und sich wieder weit vom Streuzentrum entfernen, sollten sich zumindest aysmptotisch in der Zeit frei bewegen, weil sie dann so weit entfernt sind, daß das Streupotential keinen Einfluß mehr ausübt. Solche Wellenfunktionen können wir Streuzustände nennen.

Anmerkung 16.2.1. Über Streuzustände
Eine Frage, die man im Rahmen der Streutheorie gerne behandelt, ist die Frage der physikalischen Klassifikation der Zustände, die zu den drei verschieden spektralen Teilräumen des Hilbertraumes gehören. Wir haben im Falle eines Potentials die Zustände, die ein Punktspektrum ergeben, das sind die gebundenen Zustände. Das sind auf jeden Fall keine Streuzustände, weil das Teilchen nie nach unendlich wandert. Die eigentliche Frage ist, ob die Wellenfunktionen des Teilraumes, der zum absolut stetigen Spektrum gehört, allesamt Streuzustände sind. Da ist auch die Frage nach Zuständen, die ein singulär stetiges Spektralmaß liefern: Was für Zustände sind das? Man bemüht sich, die Frage so zu beantworten, daß man gerne zeigt, daß die meisten Potentiale gar kein singuläres Spektrum zur Folge haben, und daß die Zustände im absolut stetigen Teilraum allesamt Streuzustände sind. Dies nennt man die *asymptotische Vollständigkeit* des Streuproblems. Wir kommen darauf zurück.

Aber zurück zur eigentlichen Frage: Wie kann man diese asymptotisch freie Bewegung in den Griff kriegen? Von allen möglichen Gedanken, die man sich dazu machen kann, wird irgendwann der folgende auftauchen, der besonders robust ist: Man wird sich die „freie" Asymptote vorstellen, gegen die die wahre Wellenfunktion im Laufe der Zeit geht. Diese Asymptote wird durch

$\mathrm{e}^{-itH_0}\varphi_{\mathrm{out}}$ dargestellt, d.h. wir haben folgende asymptotische Aussage im Kopf[2]:

$$\lim_{t\to\infty}\|\mathrm{e}^{-itH}\varphi - \mathrm{e}^{-itH_0}\varphi_{\mathrm{out}}\| = 0. \tag{16.16}$$

Damit haben wir das Ganze auf die Existenz einer Wellenfunktion φ_{out} zurückgespielt, die die Asymptote für φ definiert. Gleichung (16.16) ist gleichbedeutend mit der Definition des Operators

$$W_+ = L^2 - \lim_{t\to\infty}\mathrm{e}^{itH}\mathrm{e}^{-itH_0}, \tag{16.17}$$

so daß

$$\varphi = W_+\varphi_{\mathrm{out}}. \tag{16.18}$$

Eigentlich habe ich etwas geschummelt und die logische Notation günstig umgestellt, denn man will ja eigentlich die Existenz des φ_{out} für gegebenes φ. Also hat man eigentlich den inversen Operator

$$W_+^{-1} = L^2 - \lim_{t\to\infty}\mathrm{e}^{itH_0}\mathrm{e}^{-itH} \tag{16.19}$$

im Kopf. Aber dessen Definitionsbereich ist nicht so offenbar. Das hatte ich ja gerade oben bemerkt. Man weiß ja nicht, welche Zustände die Streuzustände sind. Der Operator W_+ dagegen wird, wenn der Limes existiert, ein beschränkter Operator auf L^2 sein, denn alle Zustände entwickeln sich

---

[2] Man wird ohne großes Vorwissen zunächst folgenden Gedankengang haben: Für eine Zeitfolge $t_n \to \infty$ betrachte man die Zeitentwicklung $\psi_n = \mathrm{e}^{-it_n H}\psi$, $\psi \notin \mathcal{H}_p$, also kein gebundener Zustand. Dann wird für $t > 0$

$$\mathrm{e}^{-itH}\psi_n \approx \mathrm{e}^{-itH_0}\psi_n,$$

also

$$\psi_n \approx \mathrm{e}^{itH}\mathrm{e}^{-itH_0}\psi_n$$

gelten, also idealisiert

$$\psi_n \approx \lim_{t\to\infty}\mathrm{e}^{itH}\mathrm{e}^{-itH_0}\psi_n. \tag{16.13}$$

Das führt in natürlicher Weise auf

$$W_+ = L^2 - \lim_{t\to\infty}\mathrm{e}^{itH}\mathrm{e}^{-itH_0} \tag{16.14}$$

und auf die Forderung

$$\lim_{n\to 0}\|(W_+ - 1)\psi_n\| = 0. \tag{16.15}$$

Hier ist nun gar nicht von der Asymptote φ_{out} die Rede. Für die mathematische Frage der asymptotischen Vollständigkeit (Anmerkungen 16.2.1 und 16.2.2) ist diese Gleichung jedoch grundlegend. Man muß dort zeigen, daß (16.15) für $\psi \in \mathcal{H}_{\mathrm{as}}$ gilt, und die Hauptschwierigkeit ist dabei, zu formulieren, daß die ψ_n nach unendlich wandern, was mit der Positivitätsbedingung für den Quantenfluß zusammenhängt [68]. Überdies führt (16.15) in natürlichster Weise auf den Ausdruck (16.23).

unter der freien Dynamik in asymptotisch auslaufende ebene Wellen, und die wiederum, wenn man sie mit der wahren Zeitentwicklung zurückentwickelt, werden in Streuzustände übergehen. Zumindest hat man ein solches Bild im Kopf, und es ist richtig. Die Operatoren heißen *Wellenoperatoren* (siehe Abbildung 16.5).

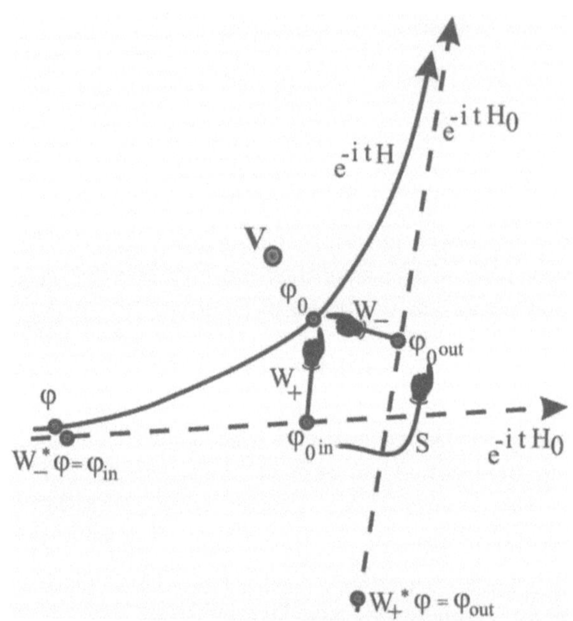

Abb. 16.5. Eine schematische Darstellung der Wellenfunktionsentwicklung und ihrer Asymptoten. Zum Zustand φ_0, der zu irgendeiner Zeit, z.B. $t = 0$ betrachtet wird, gibt es zwei Zustände, φ_{0in} und φ_{0out}, die sich frei entwickeln und zwar beschreibt das zeitlich rückwärts entwickelte φ_{0in} die Asymptote für $t \to -\infty$ (16.29) und das zeitlich vorwärts entwickelte φ_{0out} die Asymptote für $t \to \infty$. Dabei ist es egal, wo wir diese Zuordnung vornehmen. Sie kann zu jeder Zeit geschehen, wie gleich zu Anfang der Entwicklung, wo die wahre Zeitentwicklung und die Asymptote praktisch gleich sind oder zum Zeitpunkt $t = 0$, der symmetrisch zwischen Anfang und Ende des Streuprozesses liegt

Als Konsequenz der Limes-Bildung haben wir sofort folgende Eigenschaften (man benutzt die Gruppeneigenschaft $e^{i(t+s)H'} = e^{itH'}e^{isH'}$, $H' = H_0$ oder H):

$$e^{isH}W_+e^{-isH_0} = W_+, \tag{16.20}$$

oder

$$e^{isH}W_+ = W_+e^{isH_0}, \tag{16.21}$$

oder, durch Differentiation nach s an der Stelle $s = 0$,

$$HW_+ = W_+H_0. \tag{16.22}$$

Die Definition der Wellenoperatoren beinhaltet den Limes, und das macht die Sache etwas aufwendig. Wie kann man den in den Griff kriegen?

Mit einem naheliegenden Trick, der so alt ist, wie die Wellenoperatoren selbst, denn was wir brauchen, ist ja eine Bedingung an das Potential V, die uns die Existenz des Limes sichert. Also muß das Potential sichtbar gemacht werden:

$$\begin{aligned}
W_+ &= \lim_{t\to\infty} e^{itH}e^{-itH_0} = 1 + \int_0^\infty \frac{d(e^{itH}e^{-itH_0})}{dt} dt \\
&= 1 + \int_0^\infty ie^{itH}(H - H_0)e^{-itH_0}dt \\
&= 1 + \int_0^\infty ie^{itH}(H - H_0)e^{-itH_0}dt \\
&= 1 + \int_0^\infty ie^{itH}Ve^{-itH_0}dt. \tag{16.23}
\end{aligned}$$

Diese Umschreibung ist eine schöne Gelegenheit, noch einmal die Wirkungsweise der Methode der stationären Phase (Anmerkungen 9.4.1,15.2.4,15.2.5, insbsondere (15.49) zu zeigen. Es geht in (16.23) im wesentlichen darum, die Existenz des Integrals auf L^2 zu zeigen, wobei es ausreicht, die Existenx für eine dichte Teilmenge von Wellenfunktionen zu zeigen, da die Wellenoperatoren beschränkt sind

$$\lim_{L\to\infty} \int_0^L \|e^{itH}Ve^{-itH_0}\psi\|dt = \lim_{L\to\infty} \int_0^L \|Ve^{-itH_0}\psi\|dt.$$

Mit (15.49) ist das nun einfach, wenn die Wellenfunktionen Träger im Fourierraum haben, die von null entfernt liegen. Dann ist einfach für eine solche Wellenfunktion mit a als Abstand des Trägers von null

$$\begin{aligned}
\|Ve^{-itH_0}\psi\| &= \|V(\chi(|x| < a|t|) + \chi(|x| \geq a|t|))e^{-itH_0}\psi\| \\
&\leq \|V\chi(|x| < a|t|)e^{-itH_0}\psi\| + \|V\chi(|x| \geq a|t|)e^{-itH_0}\psi\|.
\end{aligned}$$

Jetzt mache ich es ganz einfach:

Wenn V als Operator beschränkt ist, können wir die Operator-Norm $\|V\|$ aus dem ersten Term rausziehen, und übrig bleibt, was wir mit (15.49) als integrabel in der Zeit erkennen. Zum zweiten Term bemerke, daß mit der Operator-Norm

$$\begin{aligned}
\|V\chi(|x| \geq a|t|)e^{-itH_0}\psi\| &\leq \|V\chi(|x| \geq a|t|)\|\|\psi\| \\
&= \sqrt{\int V(x)^2\chi(|x| \geq a|t|)d^3x} \, ,
\end{aligned}$$

und falls $V \sim x^{-1-\epsilon}$, wird der Ausdruck durch

$$\sqrt{(at)^{-2-2\epsilon}} = (at)^{-1-\epsilon}$$

abzuschätzen sein, und der ist ebenfalls integrabel in der Zeit[3].

Anmerkung 16.2.2. Zur asymptotischen Vollständigkeit
W_+^{-1} ist auf Bild(W_+) definiert, und als Operator von $L^2 \to$ Bild(W_+) ist W_+ unitär, d.h. $W_+^{-1} = W_+^*$. Das sieht man leicht an der Definition. Das sagt uns bereits etwas über Bild(W_+), denn (16.22) bedeutet dann, daß der Operator H – eingeschränkt auf den Definitionsbereich Bild(W_+) – und H_0 unitär äquivalent sind und das hat zur Folge, daß H – eingeschränkt auf den Definitionsbereich Bild(W_+) – und H_0 das gleiche Spektrum besitzen. Das zeigen wir kurz: Also zwei Operatoren $A, B = SAS^*$, A und B selbstadjungiert und S unitär, haben das gleiche Spektrum. Das ist leicht zu verstehen, wenn wir eine einfache Spektraldarstellung haben, in der A auf $L^2(\mathbb{R}, \mathrm{d}\mu_A)$ und B auf $L^2(\mathbb{R}, \mathrm{d}\mu_B)$ Multiplikationsoperatoren sind. Allgemein ausgedrückt:

$$h(A)\psi \to h(x)f(x), f \in L^2(\mathbb{R}, \mathrm{d}\mu_A),$$

$$h(B)\psi \to h(x)g(x), g \in L^2(\mathbb{R}, \mathrm{d}\mu_B).$$

Die unitäre Äquivalenz der beiden Operatoren hat offenbar zur Folge, daß es eine unitäre Abbildung $T : L^2(\mathrm{d}\mu_A) \to L^2(\mathrm{d}\mu_B)$ gibt, so daß $Th(x)T^* = h(x)$ für alle h gilt, wegen $Sh(A)S^* = h(SAS^*)$. Also für h, g beliebige Funktionen

$$\begin{aligned}
Th(x)T^* &= h(x) \implies \\
Th(x) &= h(x)T \implies \\
(Th(x))g(x) &= h(x)Tg(x) \implies \\
\frac{Th(x)}{h(x)} &= \frac{Tg(x)}{g(x)} =: t(x) ,
\end{aligned}$$

so daß es für diese unitäre Abbildung eine Funktion t gibt, mit der $Tf(x) = t(x)f(x)$ für alle f gilt. Damit ist

$$\langle f, g \rangle_{L^2(\mathrm{d}\mu_A)} = \langle Tf, Tg \rangle_{L^2(\mathrm{d}\mu_B)},$$

also

$$\int f^*(x)g(x)\mathrm{d}\mu_A(x) = \int f^*(x)g(x)|t(x)|^2 \mathrm{d}\mu_B(x) ,$$

---

[3] Mit mehr Aufwand und vor allem mehr Genialität, bekommt man heraus, daß, wenn V H_0-beschränkt ist und schneller als das Coulombpotential abfällt, die Wellenoperatoren existieren. Das Coulombpotential selbst ist eine spezielle Sache, das ist auch schon im klassischen Falle so, es ist zu langreichweitig und beeinflußt das Teilchen auch noch asymptotisch. Aber in einer milden Form: Es gibt noch immer eine Asymptote, die allerdings nicht mehr durch die freie Bewegung definiert wird, sondern eine logarithmische Korrektur in der Zeit benötigt.

das heißt μ_B ist absolut stetig bezüglich μ_A , und man überlegt sich leicht, daß auch umgekehrt μ_A absolut stetig bezüglich μ_B sein muss. Man sagt dann, die Maße seien äquivalent. Auf jeden Fall bedeutet es, daß die Maße identische Nullmengen haben, und damit sind die Träger (die Spektren von A und B) gleich.

Da H_0 nur ein absolut stetiges Spektrum besitzt, muß H eingeschränkt auf den Definitionsbereich Bild(W_+) ein absolut stetiges Spektrum haben, und damit muß Bild$(W_+) \subset \mathcal{H}_{as}$ sein. Asymptotische Vollständigkeit bedeutet dann, daß Bild$(W_+) = \mathcal{H}_{as}$ ist, und $\mathcal{H}_{ss} = 0$, so daß es nur gebundene Zustände gibt, die das Punktspektrum definieren und Streuzustände im Sinne der Existenz der Wellenoperatoren.

Aber wir dürfen unser Ziel nicht aus den Augen verlieren, und das ist ja, den Streuquerschnitt (16.12) zu berechnen! Aber das ist nun ganz klar. Wir brauchen nur (16.16) und (16.18) im Auge zu haben, und schon wissen wir was wir in (16.12) einzusetzen haben:

$$\sigma^{\varphi}_{\text{Bohm}}(\Sigma) = \int_{C_\Sigma} \mathrm{d}^3 k |\widehat{\varphi}_{\text{out}}(\boldsymbol{k})|^2 = \int_{C_\Sigma} \mathrm{d}^3 k |\widehat{W_+^{-1}\varphi}(\boldsymbol{k})|^2. \qquad (16.24)$$

Das also ist die endgültige Formel. Sie ist aber nicht endgültig im Sinne der Anwendung, die sich auf eine bestimmte experimentelle Situation bezieht, in der die Wellenfunktion des Teilchens nur mehr oder weniger bekannt ist: Man weiß im wesentlichen nur, daß es sich um eine fast ebene Welle handelt, die einen wohldefinierten Impuls besitzt. Und das muß man nun zu formulieren versuchen.

16.3 Der Streuquerschnitt

Wir machen uns erst einmal mit dem Integralausdruck vertraut: Wir schreiben in quantenmechanischer Manier den relevanten Ausdruck in (16.24) als

$$\widehat{W_+^{-1}\varphi}(\boldsymbol{k}) = \langle \boldsymbol{k}|W_+^{-1}\varphi\rangle,$$

und wegen der Unitarität des Wellenoperators ist das

$$\widehat{W_+^{-1}\varphi}(\boldsymbol{k}) = \langle (W_+|\boldsymbol{k}\rangle)|\varphi\rangle, \qquad (16.25)$$

und das ist nicht schlecht, denn

$$|+, \boldsymbol{k}\rangle := W_+|\boldsymbol{k}\rangle \qquad (16.26)$$

ist eine Eigenfunktion von H, das ist offenbar aus (16.22):

$$H|+, \boldsymbol{k}\rangle = HW_+|\boldsymbol{k}\rangle = W_+ H_0|\boldsymbol{k}\rangle = \frac{k^2}{2} W_+|\boldsymbol{k}\rangle = \frac{k^2}{2}|+, \boldsymbol{k}\rangle,$$

denn

$$H_0|\boldsymbol{k}\rangle = -\frac{1}{2}\Delta \mathrm{e}^{\mathrm{i}\boldsymbol{k}\cdot\boldsymbol{x}} = \frac{k^2}{2}|\boldsymbol{k}\rangle.$$

(Bei spezieller Wahl der Masse des Teilchens, aber die Konstanten spielen hier wirklich keine Rolle!) Diese Wellenfunktion

$$\phi_+(\boldsymbol{x},\boldsymbol{k}) := \langle\boldsymbol{x}|+,\boldsymbol{k}\rangle \tag{16.27}$$

ist keine in L^2, aber das ist ja schon bei den $\langle\boldsymbol{x}|\boldsymbol{k}\rangle$ so, den Eigenfunktionen von H_0. Und so sollten wir die $\phi_+(\boldsymbol{x},\boldsymbol{k})$ lesen, als Wellenfunktionen, die den Operator H eingeschränkt auf Bild(W_+) diagonalisieren, ganz im Sinne der Fouriertransformation, die H_0 diagonalisiert. Diese Eigenfunktionen spielen eine wichtige Rolle in der Streutheorie, und ich werde in Bemerkungen 16.3.1 und 16.3.2 mehr dazu sagen.

Eingesetzt in (16.24) ergibt sich also

$$\sigma^\varphi_{\mathrm{Bohm}}(\Sigma) == \int_{C_\Sigma} \mathrm{d}^3k \left| \int \phi_+(\boldsymbol{x},\boldsymbol{k})\varphi(\boldsymbol{x})\mathrm{d}^3x \right|^2 . \tag{16.28}$$

Um zur realen Streusituation zu kommen, kann man daran denken, in (16.28) einfach eine ebene Welle für φ einzusetzen, aber was da rauskommt, ist weder normiert noch relevant (selbst wenn wir nachträglich per Hand normieren), denn diese Idee ist physikalisch nicht korrekt: φ ist die Wellenfunktion, die wir zur Streuung bringen wollen, die ist also weit vom Streuzentrum entfernt – eine fast ebene Welle, die ihren räumlichen Schwerpunkt weit weg vom Streuzentrum hat. Dem werden wir mit der einfachen Setzung als ebener Welle nicht gerecht. Es ist wichtig einzubringen, daß φ weit weg vom Streuzentrum lokalisiert ist und sich anfangs frei auf das Streuzentrum zubewegt. Die geniale Einsicht der Physiker der frühen Jahre war es, die Sache symmetrisch in Zukunft und Vergangenheit zu sehen, wie es Abbildung 16.5 auch zeigt. In der Formel (16.24) und dann auch in (16.25), kann ja φ durch φ_t zu irgendeiner Zeit t ersetzt werden, und wenn wir z.B. den Zeitnullpunkt, wie in Abbildung 16.5, irgendwo zwischen die Zeitpunkte der Präparation und der Detektion legen, dann gibt es natürlicherweise zwei Asymptoten; zu φ_{out} tritt die Asymptote φ_{in} des sich frei entwickelnden Anfangszustandes φ, der in dieser symmetrischen Sicht idealisiert bei $t \to -\infty$ angesiedelt wird.

Darauf fokussieren wir nun: Das geht ja analog zu (16.16), nur in der umgekehrten Zeitrichtung:

$$\lim_{t\to-\infty} \|\mathrm{e}^{-\mathrm{i}tH}\varphi - \mathrm{e}^{-\mathrm{i}tH_0}\varphi_{0,\mathrm{in}}\| = 0, \tag{16.29}$$

was zum Wellenoperator

$$W_- = L^2 - \lim_{t\to-\infty} \mathrm{e}^{\mathrm{i}tH}\mathrm{e}^{-\mathrm{i}tH_0} \tag{16.30}$$

führt.

Das bringen wir in (16.25) ein und erhalten

$$(16.25) = \langle \boldsymbol{k}|W_+^* W_- \varphi_{0,\text{in}}\rangle. \tag{16.31}$$

Wenn wir darin den Zustand $\varphi_{0,\text{in}}$ in der Zeit mit der freien Zeitentwicklung zurückentwickeln, kommen wir asymptotisch zum Eingangszustand $\varphi(-\infty)$. Aber diese freie Zeit-Entwicklung tut nichts zur Sache, denn die sogenannte *S-Matrix*, der Operator $S := W_+^* W_-$, vertauscht damit $Se^{-itH_0} = e^{-itH_0}S$ – eine einfache Konsequenz von (16.21), und der dazu analogen Vertauschung $e^{-itH}W_- = W_- e^{-itH_0}$. Dadurch wird letztlich nur der Eigenzustand $|\boldsymbol{k}\rangle$ entwickelt, das gibt nur den Phasenfaktor $e^{-i\boldsymbol{k}^2 t}$; und da wir im Streuquerschnitt das Absolutquadrat von (16.31) stehen haben, spielt der Phasenfaktor keine Rolle.

Wir merken uns also, daß wir ohne Extrakosten in (16.31) den Zustand $\varphi_{0,\text{in}}$ frei zurückentwickeln können, um auf den Anfangszustand zu kommen. Der Anfangszustand ist eine fast ebene Welle mit wohl definiertem Impuls $\boldsymbol{k}'$, und die Impulsverteilung bleibt unter der freien Zeitentwicklung erhalten, d.h wir können diese Impulsverteilung auch für φ_{in} ansetzen, und darum schreiben wir einfach nur noch φ_{in} und vergessen den Index 0.

Nun weiter. Wir werden im Streuexperiment nur auf solche Richtungen $\boldsymbol{k}$ achten, die nicht auf der Eingangsrichtung $\boldsymbol{k}'$ liegen, von der wir ja annehmen, daß sie sehr gut im Streuexperiment definiert ist. Das verspricht Vereinfachung der Formeln, denn wir lassen damit den ungestreuten Anteil unter den Tisch fallen. Wir tragen dem Rechnung, indem wir von S die Identität abziehen und damit den „ebene Welle Anteil" herausnehmen. Und von nun ab ist es ganz einfach, weil die Ideen, wie man hantieren muß, schon oben vorkamen. Wir berechnen also $S - I$ und zwar schauen wir auf

$$\langle \boldsymbol{k}|(W_+^* W_- - I)\varphi_{\text{in}}\rangle = \int \mathrm{d}^3 k' \langle \boldsymbol{k}|(W_+^* W_- - I)|\boldsymbol{k}'\rangle\langle \boldsymbol{k}'|\varphi_{\text{in}}\rangle$$

$$= \int \mathrm{d}^3 k' \langle \boldsymbol{k}|(W_+^* W_- - I)|\boldsymbol{k}'\rangle\widehat{\varphi}_{\text{in}}(\boldsymbol{k}'), \tag{16.32}$$

also auf

$$\langle \boldsymbol{k}|(W_+^* W_- - I)|\boldsymbol{k}'\rangle . \tag{16.33}$$

Die Unitarität ausnutzend, ist $I = W_-^* W_-$, und das bringt

$$\langle \boldsymbol{k}|(W_+^* W_- - W_-^* W_-)|\boldsymbol{k}'\rangle = \langle \boldsymbol{k}|(W_+^* - W_-^*)W_-|\boldsymbol{k}'\rangle ,$$

und das ist exzellent, denn mit Blick auf (16.42) sehen wir, ohne groß überlegen zu müssen, daß

$$W_+^* - W_-^* = \int_{-\infty}^{\infty} \mathrm{i}e^{-itH_0}V e^{itH}\,\mathrm{d}t \tag{16.34}$$

ist, und darum geht nun alles auf:

$$(16.33) = \langle \boldsymbol{k} | \int_{-\infty}^{\infty} \mathrm{i}\mathrm{e}^{-\mathrm{i}tH_0} V \mathrm{e}^{\mathrm{i}tH} \mathrm{d}t W_- |\boldsymbol{k}'\rangle$$

$$= \int_{-\infty}^{\infty} \mathrm{d}t \langle \boldsymbol{k} | \mathrm{i}\mathrm{e}^{-\mathrm{i}tH_0} V \mathrm{e}^{\mathrm{i}tH} W_- |\boldsymbol{k}'\rangle$$

$$= \int_{-\infty}^{\infty} \mathrm{d}t \langle \boldsymbol{k} | \mathrm{i}\mathrm{e}^{-\mathrm{i}tH_0} V W_- \mathrm{e}^{\mathrm{i}tH_0} |\boldsymbol{k}'\rangle$$

$$= \int_{-\infty}^{\infty} \mathrm{d}t \langle \boldsymbol{k} | \mathrm{i}\mathrm{e}^{-\mathrm{i}t(\frac{k^2}{2} - \frac{k'^2}{2})} V W_- |\boldsymbol{k}'\rangle$$

$$= \int_{-\infty}^{\infty} \mathrm{e}^{-\mathrm{i}t\frac{(k^2 - k'^2)}{2}} \mathrm{d}t \langle \boldsymbol{k} | \mathrm{i} V |-, \boldsymbol{k}'\rangle\,,$$

wobei wir analog zu (16.26)

$$|-, \boldsymbol{k}'\rangle = W_- |\boldsymbol{k}'\rangle$$

gesetzt haben. Nun erspare ich mir das rigorose Argument, daß

$$\int_{-\infty}^{\infty} \mathrm{e}^{-\mathrm{i}t\frac{(k^2 - k'^2)}{2}} \mathrm{d}t = 2\pi\delta\left(\frac{k^2}{2} - \frac{k'^2}{2}\right)$$

ist. Die Integration über $\mathrm{d}^3 k' = k'^2 \mathrm{d}k' \mathrm{d}\omega' = k' \mathrm{d}\frac{k'^2}{2} \mathrm{d}\omega'$ in (16.32) sorgt dann dafür, daß $k = k'$ ist, und daß nur noch die Winkel zu integrieren sind. Also kommt damit am Ende für (16.32)

$$\langle \boldsymbol{k} | (W_+^* W_- - I)\varphi_{\mathrm{in}}\rangle = \int \mathrm{d}\omega' 2\pi k \langle \boldsymbol{k} | \mathrm{i} V |-, (k, \omega')\rangle \widehat{\varphi}_{\mathrm{in}}(k, \omega'). \qquad (16.35)$$

Im Integral taucht dabei folgende Größe auf, die man T-Matrix nennt:

$$T(\boldsymbol{k}, \boldsymbol{k}') = \langle \boldsymbol{k} | V |-, \boldsymbol{k}'\rangle$$

$$= \left(\frac{1}{2\pi}\right)^{3/2} \int \mathrm{d}^3 x \mathrm{e}^{-\mathrm{i}\boldsymbol{k}\cdot\boldsymbol{x}} V(\boldsymbol{x}) \phi_-(\boldsymbol{x}, \boldsymbol{k}'), \qquad (16.36)$$

wobei wir analog zu (16.27) die verallgemeinerte Eigenfunktion

$$\phi_-(\boldsymbol{x}, \boldsymbol{k}) = \langle \boldsymbol{x} |-, \boldsymbol{k}\rangle$$

eingeführt haben. (Der Faktor $(\frac{1}{2\pi})^{3/2}$ kommt als Normierungsfaktor aus der Fouriertransformation.) Wenn wir uns also gemäß unserer Verabredung nur auf Ausgangsrichtungen konzentrieren, die außerhalb der Eingangsrichtung liegen, kommt für (16.24)

$$\sigma_{\mathrm{Bohm}}^{\varphi}(\Sigma) = 4\pi^2 \int_{C_\Sigma} \mathrm{d}^3 k \left| \int \mathrm{d}\omega' k T(\boldsymbol{k}, (k, \omega')) \widehat{\varphi}_{\mathrm{in}}(k, \omega') \right|^2. \qquad (16.37)$$

Nun kommen wir langsam zum Ende der Geschichte. Wir müssen nun ausführen, daß $\hat{\varphi}_{\text{in}}$ um einen Einfallsvektor k_{in} scharf lokalisiert wird. Das in weiter Entfernung von dem Streupotential präparierte Wellenpaket ist nun moralisch als $|\hat{\varphi}_{\text{in}}(k')|^2 \approx \delta(k' - k_0) = \delta(k_0 - k)\delta(\omega_0 - \omega')$ zu denken, aber das ist nicht unproblematisch : Die δ-Funktion $\delta(k - k_0)$ legt im Kegelintegral, also in der $\mathrm{d}^3 k$ Integration in (16.28), die Energie auf die Einfallsenergie fest. Die Winkelintegration aber wird durch $\sqrt{\delta(\omega_0 - \omega')}$ nur auf eine Nullmenge eingeschränkt, und es wird insgesamt null herauskommen. Das ist auch physikalisch vernünftig, denn dieser Übergang von φ_{in} auf eine fast ebene Welle hat ja eine Ausweitung im Ort zur Folge, und die meisten Teilchenbahnen werden am Streuzentrum (in dieser Sichtweise) ungestreut vorbeigehen. Da wir aber durch die Wegnahme der Eins (I) aus S nur auf die Richtungen schauen, die schief zur Eingangsrichtung liegen, geht uns damit der Löwenanteil verloren. Das bedeutet, daß wir nachträglich normieren müssen.

Bevor wir diesen Gedanken zu Ende denken, bringe ich gleich den Teilchenstrom (das ist *nicht* der Quantenfluß!) ins Spiel, wie er im praktischen Streuexperiment auch erzeugt wird. Denn die Formel, auf die wir hinauswollen, gilt für den Teilchenstrom. In der physikalischen Literatur wird an dieser Stelle ebenfalls vom Teilchenstrom geredet, wobei allerdings einfach für φ_{in} eine ebene Welle eingesetzt wird, die dann einen Teilchenstrom repräsentieren soll. Das dann dabei auftretende nichtintegrierbare $\delta(k_0 - k)^2$, wird manchmal durch "Normierung" mit einer unendlichen Zeitspanne endlich gemacht ([69]). Aber solche Manipulationen haben wir nicht nötig, denn nehmen wir das Bild eines homogenen Teilchenstrahls ernst, kommt alles ganz richtig und zwanglos heraus. Die relevante Größe in solchen Streuexperimenten ist nämlich der *differentielle Streuquerschnitt* $\sigma_{\text{diff}}^{k_0}(\Sigma)$, der die Rate angibt, mit der Teilchen in den Raumwinkel Σ gestreut werden (d.h. dort gemessen werden), wenn der einfallende Strahl aus einem Teilchen pro Zeiteinheit und pro Querschnitts-Flächeneinheit (senkrecht zum Strahl) besteht. Man kann das auch so sagen: Der differentielle Streuquerschnitt ist gerade die Fläche, die man in den homogenen einfallenden Strahl stellen muß, damit dort pro Zeiteinheit genau diese Anzahl von Teilchen (die gestreuten) hindurchgeht. Und es ist genau diese Größe, die in der physikalischen Literatur angegeben wird:

$$\sigma_{\text{diff}}^{k_0}(\Sigma) = 16\pi^4 \int_{\Sigma} |T(\omega|k_0|, k_0)|^2 \, \mathrm{d}\omega \, . \tag{16.38}$$

Ich will im folgenden kurz erklären, wie diese Formel zustande kommt. Man kennt diese Größe übrigens bereits aus der Bornschen Behandlung der Streutheorie, in der ein stationäres Wellenbild zugrunde gelegt wird – dazu werde ich nachher noch etwas sagen. Vielleicht ist einem beim ersten Betrachten der Formel gar nicht klar, was dort anders als in (16.37) ist, deswegen weise ich darauf hin: Die Wellenfunktion φ_{in} ist verschwunden, und es wird nurmehr das Quadrat des Absolutbetrages der $T-$Matrix über Raumwinkel integriert. Daß dies so herauskommt, liegt in der Tat an den Eigenschaften eines Teilchenstrahls: Der zusätzliche Zufall, der durch die im Strahl zufällig verteilten Teilchen begründet ist, sorgt nämlich für diese "Vereinfachung" der Formel.

Die einfachste Art, einen homogenen Teilchenstrom aus identischen, aber unabhängigen individuellen Teilchen (jedes Teilchen hat seine eigene Wellenfunktion) zu modellieren, ist wie folgt: Alle Teilchen werden mit einem Impuls $\approx \boldsymbol{k}_0$ präpariert mit Wellenfunktionen, die alle aus Verschiebungen einer Wellenfunktion φ_{in} hervorgehen, für deren Fourierdarstellung $|\widehat{\varphi}_{\text{in}}(\boldsymbol{k})|^2 \approx \delta(\boldsymbol{k} - \boldsymbol{k}_0)$ gilt. In einem solchen Strahl sind die "Zentren" der präparierten Wellenfunktionen in einer zu $\boldsymbol{k}_0$ senkrechten Ebene (die weit vom Streuzentrum auf der Einfallsseite liegt) unabhängig und identisch verteilt. Präziser können wir daran denken, den Strahl durch einen Poissonprozeß von Punkten $(t, \boldsymbol{y})$ darzustellen, die für die Präparations-Zeit und den Präparationsort als Punkt (Lage des Zentrums der Wellenfunktion $\varphi_{\text{in},\boldsymbol{y}}$) in der zweidimensionalen Ebene $\Gamma_L = \{-L\frac{\boldsymbol{k}_0}{|\boldsymbol{k}_0|} + \boldsymbol{a} \,|\, \boldsymbol{a} \perp \boldsymbol{k}_0\}$ stehen. Der Poissonprozeß wird durch die Vorschrift charakterisiert, daß die unabhängigen Orte mit der Rate 1 in der Zeit, in der Ebene Γ_L gleichmäßig verteilt, erzeugt werden. Wenn wir annehmen, daß die Ortsverteilung Dichte 1 hat, beschreibt der Poissonprozess einen Strahl mit Teilchendichte 1 , also ein Teilchen kommt pro Zeiteinheit und pro Flächeneinheit, wobei die Flächeneinheit irgendwo im Einfallsstrahl senkrecht zur Einfallsrichtung plaziert werden kann.

Da nun jedes Teilchen mit der Wahrscheinlichkeit (16.37) in den Raumwinkel Σ gestreut wird, erhalten wir die Streurate im Strahl durch Bildung des Erwartungswertes über die Poissonpunkte. Während der Zeit Δt werden im Flächenelement $(\Delta a)^2$ bei Dichte 1, im Mittel $\Delta t(\Delta a)^2$ Teilchen erzeugt, d.h. pro Zeiteinheit erhalten wir die mittlere Anzahl von gestreuten Teilchen einfach durch Integration über a. Wir werden auch den Limes $|\widehat{\varphi}_{\text{in}}(\boldsymbol{k})|^2 \to \delta(\boldsymbol{k} - \boldsymbol{k}_0)$ durchführen, aber der wird eine räumliche Ausweitung der Wellenfunktion $\varphi_{\text{in},\boldsymbol{y}}$ über die gesamte Streuregion zur Folge haben, und darum müssen wir zuerst den Limes $L \to \infty$ ausführen. Mit der Bezeichnung

$$\lim_{\delta,L} := \lim_{|\widehat{\varphi}\text{in}(\boldsymbol{k})|^2 \to \delta(\boldsymbol{k}-\boldsymbol{k}_0)} \ \lim_{L \to \infty}$$

kommen wir in (16.37) zu

$$\sigma_{\text{diff}}^{\boldsymbol{k}_0}(\Sigma)$$

$$= 4\pi^2 \lim_{\delta,L} \int_{C_\Sigma} \int_{\boldsymbol{y} \in \Gamma_L} \left| \int d\omega' kT(\boldsymbol{k}, (k, \omega'))\widehat{\varphi}_{\text{in},y}(k, \omega')|^2 \right|^2 \mathrm{d}^2y\,\mathrm{d}^3k$$

$$= 4\pi^2 \lim_{\delta,L} \int_{C_\Sigma} \int_{\boldsymbol{a}\perp\boldsymbol{k}_0} \left| kT(\boldsymbol{k}, (k, \omega'))\widehat{\varphi_{\text{in},\boldsymbol{a},L}}((k, \omega')) \right|^2 \mathrm{d}^2a\,\mathrm{d}^3k \qquad (16.39)$$

$$= 4\pi^2 \lim_{\delta,L} \int_{C_\Sigma} \int_{\boldsymbol{a}\perp\boldsymbol{k}_0} \left| \int_{|k'|=|k|} T(\boldsymbol{k}, \boldsymbol{k}')\mathrm{e}^{\mathrm{i}\boldsymbol{a}\cdot\boldsymbol{k}'}\widehat{\varphi}_{\text{in},L}(\boldsymbol{k}')|k'|d\omega' \right|^2 \mathrm{d}^2a\,\mathrm{d}^3k \,,$$

wobei $\boldsymbol{k}_0 \notin C_\Sigma$ ist.

Es ist nunmehr eine einfache (wenn auch nicht ganz billige) Rechnung, in der die a-Integration in (16.39) ausgeführt wird. Wir benutzen

$$\widehat{\varphi}_{\text{in},a,L}(\boldsymbol{k}') = \mathrm{e}^{\mathrm{i}\boldsymbol{a}\cdot\boldsymbol{k}'}\,\widehat{\varphi}_{\text{in},L} = \mathrm{e}^{\mathrm{i}\boldsymbol{a}\cdot\boldsymbol{k}'}\mathrm{e}^{\mathrm{i}L\frac{\boldsymbol{k}_0}{k_0}\cdot\boldsymbol{k}'}\,\widehat{\varphi}_{\text{in}}(\boldsymbol{k}') \tag{16.40}$$

und betrachten nun zuerst den a-Anteil: Die Integration über d^2a von $\mathrm{e}^{\mathrm{i}\boldsymbol{a}\cdot(\boldsymbol{k}'-\boldsymbol{k}'')}$ ergibt ein $(2\pi)^2\delta(\boldsymbol{k}'_\perp - \boldsymbol{k}''_\perp)$, wobei $\boldsymbol{k}_\perp$ die Projektion von $\boldsymbol{k}$ auf die zu $\boldsymbol{k}_0$ orthogonale Ebene ist. Das ist eine etwas ungewohnte δ-Funktion, deren Integration etwas Feingefühl benötigt:

Wir können durch Wahl von $\widehat{\varphi}_{\text{in}}$ ein einfaches geometrisches Bild herstellen: Der Träger von $\widehat{\psi}_{\text{in}}$ sei in der Halbebene $P_{\boldsymbol{k}_0} := \{\boldsymbol{k} \in \mathbb{R}^3 : \boldsymbol{k}\cdot\boldsymbol{k}_0 \geq 0\}$ enthalten (nahe bei $\boldsymbol{k}_0$). Der Einfachheit halber betrachte ich nun $\delta(\boldsymbol{k}_\perp)$ integriert über den Raumwinkel ω, das ist in Kugelkoordinaten (k,θ,ϕ) (θ entspräche dem Winkel zwischen $\boldsymbol{k}'$ und $\boldsymbol{k}_0$) ein Ausdruck, der formal wie $\delta(k\sin(\theta)e)\sin(\theta)\mathrm{d}\theta\mathrm{d}\phi$ zu behandeln ist, wobei e der Einheitsvektor in der zu $\boldsymbol{k}_0$ orthogonalen Ebene ist. Dies ist aber bezüglich ϕ wie ein

$$\delta(\rho\boldsymbol{e}_\rho)\rho\mathrm{d}\phi\mathrm{d}\rho \doteq \delta(\rho)\mathrm{d}\rho\delta(\phi)\mathrm{d}\phi$$

in Zylinderkoordinaten (ρ,ϕ) zu lesen. Analog

$$\delta(k\sin(\theta)e)r\sin(\theta)\mathrm{d}\phi\mathrm{d}\theta \doteq \delta(k\sin(\theta))\mathrm{d}\theta\delta(\phi)\mathrm{d}\phi = \frac{1}{k\cos(\theta)}\delta(\theta)\mathrm{d}\theta\delta(\phi)\mathrm{d}\phi .$$

Indem wir das so berücksichtigen, kommt ganz einfach:

$$(16.39) = 4\pi^2 \int_{\boldsymbol{a}\perp\boldsymbol{k}_0} \left| \int_{|\boldsymbol{k}'|=|\boldsymbol{k}|} T(\boldsymbol{k},\boldsymbol{k}')\mathrm{e}^{\mathrm{i}\boldsymbol{a}\cdot\boldsymbol{k}'}\widehat{\varphi}_{\text{in},L}(\boldsymbol{k}')|\boldsymbol{k}'|d\omega' \right|^2 \mathrm{d}^2a$$

$$= 16\pi^4 \int_{|\boldsymbol{k}'|=|\boldsymbol{k}|} (\cos\theta')^{-1}\left|T(\boldsymbol{k},\boldsymbol{k}')\right|^2\left|\widehat{\varphi}_{\text{in},L}(\boldsymbol{k}')\right|^2 d\omega' . \tag{16.41}$$

Wegen (16.40) hängt nun die rechte Seite von (16.41) nicht von L ab, denn diese Abhängigkeit ist nur ein Phasenfaktor, der durch das Absolutquadrat zu 1 wird. Darum tritt der Limes $L \to \infty$ nicht mehr in Erscheinung[4]. Damit ist nun der Limes $|\widehat{\psi}_{\text{in}}(\boldsymbol{k})|^2 \to \delta(\boldsymbol{k}-\boldsymbol{k}_0)$ leicht ausführbar, und die rechte Seite von (16.41) wird zu $16\pi^4|T(\boldsymbol{k},\boldsymbol{k}_0)|^2\delta(|k|-|k_0|)$, was eingesetzt in (16.39), also über C_Σ integriert, (16.38) ergibt.

---

[4] Das ist ja ein wenig seltsam, nachdem ich oben gesagt hatte, daß es wichtig sein wird, erst den Limes $L \to \infty$ zu führen, und nun taucht er gar nicht mehr auf. Aber das liegt nur daran, weil ich – obwohl alles sehr klar und rigoros aussieht – doch betrogen habe. In Wahrheit wird ja nicht φ_{in} präpariert, sondern eben die wirkliche Wellenfunktion, deren Asymptote φ_{in} darstellt, so daß die Ersetzung der wahren Wellenfunktion durch ihre Asymptote gerechtfertigt werden muß. Hinzu kommt, daß die verschobenen präparierten Wellenfunktionen durchaus verschiedene Asymptoten haben, und all dies muß man in einer wirklich rigorosen Ableitung in den Griff kriegen [66]. Aber diese Feinheiten interessieren uns hier nicht weiter.

Also Schluß damit und zurück zu den Anfängen und zu dem, was in den Physikbüchern steht. Da steht nämlich nichts von alldem, sondern da geht es ganz einfach mit einem stationären Wellenbild, wie es einst Max Born am Beginn der Schrödingerschen Quantenmechanik vorgemacht hatte [38]. Das gibt uns die Gelegenheit, zu den Eigenfunktionen $\phi_-(\boldsymbol{x}, \boldsymbol{k}), \phi_+(\boldsymbol{x}, \boldsymbol{k})$ zurückzukehren, die wir unter (16.27) eingeführt haben.

Anmerkung 16.3.1. Lippmann-Schwinger-Gleichung
Ich will kurz zeigen, wie diese Eigenfunktionen in den Griff zu kriegen sind, d.h. wir können sie ausrechnen, zumindest näherungsweise:

$$H|+, \boldsymbol{k}\rangle = (H_0 + V)|+, \boldsymbol{k}\rangle = \frac{k^2}{2}|+, \boldsymbol{k}\rangle$$

liefert

$$|+, \boldsymbol{k}\rangle = (H_0 - \frac{k^2}{2})^{-1}V|+, \boldsymbol{k}\rangle,$$

aber das ist gewagt, denn $\frac{k^2}{2}$ liegt im Spektrum von H_0, und die Resolvente ist nur formal so hingeschrieben. Aber das biegen wir mit der umgeformten Definition (16.23) gerade. Denn $|+, \boldsymbol{k}\rangle = W_+|\boldsymbol{k}\rangle$ also $|\boldsymbol{k}\rangle = W_+^*|+, \boldsymbol{k}\rangle$, und wir überzeugen uns leicht, daß

$$W_+^* = 1 + \int_0^\infty \mathrm{i}e^{-\mathrm{i}tH_0}Ve^{\mathrm{i}tH}\mathrm{d}t \qquad (16.42)$$

gilt, d.h. wir können nun benutzen, daß $e^{\mathrm{i}tH}|+, \boldsymbol{k}\rangle = e^{\mathrm{i}t\frac{k^2}{2}}|+, \boldsymbol{k}\rangle$ ist, und bekommen

$$|\boldsymbol{k}\rangle = W_+^*|+, \boldsymbol{k}\rangle = |+, \boldsymbol{k}\rangle + \int_0^\infty \mathrm{i}e^{-\mathrm{i}tH_0}Ve^{\mathrm{i}tH}|+, \boldsymbol{k}\rangle\mathrm{d}t$$

$$= |+, \boldsymbol{k}\rangle + \int_0^\infty \mathrm{i}e^{-\mathrm{i}tH_0+\mathrm{i}t\frac{k^2}{2}}V|+, \boldsymbol{k}\rangle\mathrm{d}t$$

$$= |+, \boldsymbol{k}\rangle + \lim_{T\to\infty}\int_0^T \mathrm{i}e^{-\mathrm{i}tH_0+\mathrm{i}t\frac{k^2}{2}}V|+, \boldsymbol{k}\rangle\mathrm{d}t\,.$$

Das Integral ist wieder im wesentlichen die formale Resolvente, aber den Limes nehmen wir nun als Abelschen Limes, der existiert wenigstens:

$$|\boldsymbol{k}\rangle = |+, \boldsymbol{k}\rangle + \lim_{\epsilon\downarrow 0}\int_0^\infty \mathrm{i}e^{-\mathrm{i}t(H_0-\frac{k^2}{2}-\mathrm{i}\epsilon)}V|+, \boldsymbol{k}\rangle\mathrm{d}t\,.$$

Aber das haben wir schon ausgerechnet! Denn das Integral ist nun einfach die Resolvente $(H_0 - \frac{k^2}{2} - \mathrm{i}\epsilon)^{-1} = (-\frac{1}{2}\Delta - \frac{k^2}{2} - \mathrm{i}\epsilon)^{-1}$, die wir in Anmerkung 15.2.6 besprochen haben. Wir ziehen den Faktor 1/2 durch Substitution im t-Integral heraus (und bekommen einen Faktor 2 vor das Integral und setzen dann in 15.2.6 $\kappa^2 = -k^2 - 2\mathrm{i}\epsilon$ und $\lim_{\epsilon\downarrow 0}\kappa = -ik$ gemäß unserer Verabredung, den positiven Realteil zu nehmen. Dann lesen wir einfach ab:

$$\langle x|k\rangle = \langle x|+,k\rangle + \frac{1}{2\pi}\int \frac{e^{-i|x-y|k}}{|x-y|}\varphi(y)\mathrm{d}^3 y V(y)\langle y|+,k\rangle$$

oder mit anderer Notation und umgestellt

$$\phi_+(x,k) = e^{ik\cdot x} - \frac{1}{2\pi}\int \frac{e^{-i|x-y|k}}{|x-y|}V(y)\phi_+(y,k)\mathrm{d}^3 y \ . \qquad (16.43)$$

Diese Formel, die sogenannte Lippmann-Schwinger-Gleichung, ist gut handhabbar, wir können Störungstheorie betreiben, oder iterativ lösen, indem wir in nullter Ordnung mit $e^{ik\cdot x}$ im Integral beginnen. Die Lippmann-Schwinger-Gleichung für $\phi_-(x,k)$ ist nun leicht anzugeben, nachdem wir sie für $\phi_+(x,k)$ abgeleitet haben:

$$\phi_-(x,k) = e^{ik\cdot x} - \frac{1}{2\pi}\int \frac{e^{i|x-y|k}}{|x-y|}V(y)\phi_-(y,k)\mathrm{d}^3 y \ . \qquad (16.44)$$

Der Unterschied liegt einfach im Vorzeichen des Exponenten im Integral[5].

Anmerkung 16.3.2. Der Formfaktor
Und nun zu dem Weg, der in den frühen Tagen der Streutheorie vorgezeichnet wurde. Denn was ist letztlich

$$T((k_0,\omega),k_0)) =: T(k_{\mathrm{out}},k_{\mathrm{in}}) \ ?$$

Es ist die Größe, die den sogenannten Formfaktor bestimmt; und zwar in der ersten Behandlung der Streutheorie von Born [38], aus der auch das Bornsche statistische Gesetz stammt, wurde folgender Ansatz gemacht: Gesucht ist eine stationäre Lösung der Schrödingergleichung mit Streupotential, die asymptotisch im Abstand vom Streupotential eine Überlagerung einer „einfallenden" ebenen Welle und einer auslaufenden Kugelwelle ist. Das Bild dahinter ist also ein stationäres Wellenbild, unklar eigentlich als ad hoc Setzung, aber dann, nachdem wir das alles oben erarbeitet haben, doch moralisch ziemlich richtig: Es ist im wesentlichen die auf die Asymptoten reduzierte Sicht der Streuung in Abbildung 16.5, aber alles im Sinne von Strahlen gedacht. Geniale Intuition! Also gesucht ist

$$\psi(x) \approx e^{ik_{\mathrm{in}}\cdot x} + f_{k_{\mathrm{in}}}(\omega)\frac{e^{ik_{\mathrm{in}}x}}{x} \ \text{für große } x \ .$$

$f_{k_{\mathrm{in}}}(\omega)$ heißt der Formfaktor und hängt von der Energie und dem Winkel ω zwischen Eingangsrichtung und Ausgangsrichtung ab. Und als Streuquerschnitt nimmt man dann $|f_{k_{\mathrm{in}}}(\omega)|^2$.

---

[5] Diese unterschiedlichen Vorzeichen haben einst zu einer seltsamen Notation Anlaß gegeben und zwar wurde oft der Wellenoperator W_+ als Ω_- bezeichnet, wobei das Minus auf den Exponenten in der Lippmann-Schwinger-Gleichung Bezug nahm. Wir kommen gleich darauf zurück.

Genau diese Lösung kennen wir: Es ist ja gerade $\phi_-(\boldsymbol{x},\boldsymbol{k})$, also schauen wir uns deren Gleichung (16.44) noch einmal an! In

$$\phi_-(\boldsymbol{x},\boldsymbol{k}) = \mathrm{e}^{\mathrm{i}\boldsymbol{k}\cdot\boldsymbol{x}} - \frac{1}{2\pi}\int \frac{\mathrm{e}^{|\boldsymbol{x}-\boldsymbol{y}|\kappa}}{|\boldsymbol{x}-\boldsymbol{y}|}V(\boldsymbol{y})\phi_-(\boldsymbol{y},k)\mathrm{d}^3y,$$

entwickeln wir um $\frac{y}{x} = 0$, wobei dann $|\boldsymbol{x}-\boldsymbol{y}| \approx x - \boldsymbol{n_x}\cdot\boldsymbol{y}$ ist, und $\boldsymbol{n_x}$ den Einheitsvektor in Richtung $\boldsymbol{x}$ angibt:

$$\phi_-(\boldsymbol{x},\boldsymbol{k}) \approx \mathrm{e}^{\mathrm{i}\boldsymbol{k}\cdot\boldsymbol{x}} - \frac{\mathrm{e}^{\mathrm{i}xk}}{x}\frac{1}{2\pi}\int \mathrm{e}^{-\mathrm{i}k\boldsymbol{n_x}\cdot\boldsymbol{y}}V(\boldsymbol{y})\phi_-(\boldsymbol{y},k)\mathrm{d}^3y \, .$$

Das ist jetzt von der Form, wie der Ansatz es will. Und wenn wir $k\boldsymbol{n_x} = \boldsymbol{k}_{\mathrm{out}}$ setzen, was ja durchaus vernünftig ist, dann erkennen wir, indem wir mit (16.36) vergleichen, daß das Integral nichts anderes als $\sqrt{2\pi}T(\boldsymbol{k}_{\mathrm{out}},\boldsymbol{k}_{\mathrm{in}})$ ist. Der π-Faktor hängt davon ab, wie man die Fouriertransformation normiert hat. Der Faktor ist also keine ernste Sache. Wir finden $f_{k_{\mathrm{in}}}(\omega) = \sqrt{2\pi}T(\boldsymbol{k}_{\mathrm{out}},\boldsymbol{k}_{\mathrm{in}})$, mit ω als Winkel zwischen $\boldsymbol{k}_{\mathrm{in}}$ und $\boldsymbol{k}_{\mathrm{out}}$, und deswegen geht die Berechnung des Sreuquerschnittes über $|f_{k_{\mathrm{in}}}(\omega)|^2$ auch in Ordnung. Also, das Bild, das man schließlich bei der Lehrbuch-Berechnung des Streuquerschnittes im Kopf haben sollte, ist das nunmehr reduzierte Bild der Asymptoten in Abbildung 16.5. Dabei ist dann nur die Abbildung S von φ_{in} auf φ_{out} (egal zu welcher Zeit) interessant, denn man fokossiert (in dem obigen Sinne) nur auf die Eingangs- und Ausgangsrichtung, und die werden ja von der freien Bewegung nicht verändert.

17. Nachwort

Abschließend: Daß mein System hier und auf den ersten Anhieb nicht vollkommen ausgeführt sein werde, habe ich eingangs erklärt. Ihr konntet euch nur allzudeutlich von der Wahrheit meiner Worte überzeugen. Doch nun lasse ich mein cetologisches[1] System im Stich, so unfertig, wie der erhabene Kölner Dom gelassen wurde, mit dem Kran noch auf der Plattform des unvollendeten Turmes. Denn kleine Bauwerke können von dem beendet werden, der sie zuerst geplant; die großen, die wahren aber überlassen es immer der Nachwelt, den Schlußstein einzufügen. Gott bewahre mich davor, daß ich je etwas vollende. Dies ganze Buch ist nur ein Entwurf – ach, nur der Entwurf eines Entwurfes. Oh! Zeit, Kraft, Geld, Geduld.

Melville (1851), Moby Dick, Kapitel 32 [1]

---

[1] Cetologie = Lehre vom Wal

Literaturverzeichnis

1. Melville H., *Moby Dick*, Insel Verlag, Frankfurt am Main 1989.
2. Gadamer, H.-G. *Philosophisches Lesebuch I*, Fischer Bücherei.
3. Schadewaldt W., *Die Anfänge der Philosophie bei den Griechen*, Suhrkamp Taschenbuch, Frankfurt 1988, S. 356.
4. Schrödinger E., *Die Natur und die Griechen*, Diogenes Taschenbuch, Zürich 1989.
5. von Neumann J., *Mathematische Grundlagen der Quantenmechanik*, Springer, Berlin 1932.
6. Feynman R. P., *The Character of Physical Law*, MIT Press, Cambridge 1992, S. 129.
7. Heisenberg W., Z. Physik **43**, 172 (1927).
8. Mach E., *Über den Zusammenhang zwischen Physik und Psychologie*, in: Populärwissenschaftliche Vorlesungen, Böhlau, Wien 1987.
9. Heisenberg W., *Der Teil und das Ganze*, Piper, München 1969, S. 85.
10. Schrödinger E., Die Naturwissenschaften **23**, 807 (1935)
11. Carroll L., *Alice's Adventures in Wonderland* (1865), Textkopie aus dem Internet Gutenberg-Projekt für elektronische Texte.
12. Bell J. S., Physics World, **3**, 33 (1990).
13. Beller M., *Quantum Dialogue*, Univ. of Chicago Press (1999).
14. Bohm D., Phys. Rev. **85**, 166 (1952). Bücher, in denen Bohmsche Mechanik behandelt wird, sind z.B.: Holland P. R., *The Quantum Theory of Motion*, Cambridge University Press, New York 1993 und [41].
15. Gell-Mann M., *Das Quark und der Jaguar*, Piper, München Zürich 1994.
16. Goldstein S., *Quantum Theory without Observers I, II*, Physics Today, März und April 1998
17. t'Hooft G., *In search of the ultimate building blocks*, Cambrige 1997.
18. Bell J. S., *Speakable and Unspeakable in Quantum Mechanics*, Cambridge University Press, Cambridge 1993.
19. Gell-Mann M. und Hartle J. B., in: W. Zurek (Hg.), *Complexity, Entropy and the Physics of Information*, Reading 1990, S. 425.
20. Omnès R., *Interpretation of Quantum Mechanics*, Princeton University Press, Princeton 1994.
21. Ghirardi G. C., Rimini A. und Weber T., Phys. Rev. D**34**, 470 (1986). Bell J. S., *Are there Quantum Jumps?*, in: [18].
22. Berndl, K., Dürr D., Goldstein S., Zanghi N., Phys. Rev. A **53**, 2062-2073 (1996).
23. Dürr D., Goldstein S., Münch-Berndl K., Zanghi N., Phys. Rev. A **60**, 2729-2736 (1999).
24. Maudlin, T., *Quantum-Nonlocality and Relativity*, Blackwell, Cambridge 1994.
25. Scheck F., *Mechanik*, Springer, Berlin 1988.
26. Fokker A. D., Z. Phys. **58**, 386 (1929).

27. Wheeler J. A. und Feynman R. P., Rev. Mod. Phys. **17**, 157 (1945) und **21**, 425 (1949).
28. Barut A. O., *Electrodynamics and Classical Theory of fields and particles*, Dover 1979.
29. Rohrlich F., *Classical charged particles*, Addison-Wesley 1990
30. Ehrenfest P. und T., *Begriffliche Grundlagen der statistischen Auffassung in der Mechanik*, in: Encyklopädie der Mathematischen Wissenschaften mit Einschluss ihrer Anwendungen, Band **4**, 1911.
31. Kac M., *Probability and related topics in physical sciences* Lectures in Applied Mathematics, American Mathematical Society 1991.
32. Penrose R., *The Emperor's New Mind*, Oxford University Press, Oxford 1989.
33. Poincaré H., *Wissenschaft und Hypothese*, Teubner Verlag, Leipzig 1914.
34. Schwartz J., *The pernicious influence of mathematics on science*, in Kac, M., Rota, G.C., Schwartz, J.(Hg.), *Discrete Thoughts*, Birkhäuser-Verlag, Boston, 1986.
35. Smoluchowski M., Die Naturwissenschaften, Heft **17**, 253–263, 1918.
36. Feynman R., *The Character of Physical Law*, MIT Press, Cambridge, Mass. 1967.
37. Nelson E., *Dynamical Theories of Brownian Motion*, Princeton University Press, Princeton 1967.
38. Born, M., Zeitschrift für Physik **38**, 803–827 (1926).
39. Tonomura A., Endo J., Matsuda T. und T. Kawasaki, Am. J. of Phys. **51**, 117 (1989).
40. Bohm D., *Quantum Theory*, Prentice-Hall, New York 1951.
41. Bohm D. und Hiley B., *The Undivided Universe*, Routledge, London 1993.
42. Berndl, K., Dürr D., Goldstein S., Peruzzi G. und Zanghì N, Comm. Math. Phys. **173**, 647–673 (1995).
43. Dürr D., Goldstein S. and Zanghì N., in *Experimental Metaphysics – Quantum Mechanical Studies* for Abner Shimony, Volume One, Eds.: R.S.Cohen, M. Horne, and J. Stachel, Boston Studies in the Philosophy of Science **193**, 25–38, Kluwer 1997.
44. Laidlaw M.G.G., DeWitt C. M., Phys. Rev. D **3**, 1275 (1971).
45. Nelson E., *Quantum Flactuations*, Princeton University Press, Priceton, New jersey 1985.
46. Ghirardi G. C., Pearle P. und Rimini A., Phys. Rev. A **42**, 78 (1990).
47. Guilini D., Joos E., Kiefer C., Kupsch J., Stamatescu I.O., Zeh H.D., *Decoherence and the Appearance of a Classical World in Quantum Theory*. Springer, Berlin 1996.
48. Bell J. S., *Quantum mechanics for cosmologists*, in [18].
49. Gell-Mann M. und Hartle J. B., Phys. Rev. D **47**, 3345 (1993).
50. Bocchieri P. und Loinger A., Phys. Rev. **107**, 337 (1957).
51. Bohr H., *Fastperiodische Funktionen*, Springer, Berlin 1932.
52. Einstein A., Podolsky B. und Rosen N., Phys. Rev. **47**, 777 (1935).
53. Aspect A., Phys. Rev. D **14**, 1944 (1976).
54. Baggott J., *The Meaning of Quantum Theory*, Oxford Science Publication, Oxford 1992.
55. Redhead M., *Incompleteness, Nonlocality and Realism*, Oxford University Press, Oxford 1987.
56. Dürr D., Goldstein S. und Zanghì N., J. Stat. Phys **67**, 843 (1992).
57. Dürr D., Goldstein S. und Zanghì N., in *Bohmian Mechanics and Quantum Theory: An Appraisal*, Eds.: J.T. Cushing,A. Fine, and S. Goldstein, Boston Studies in the Philosophy of Science **184**, 21-44, Kluwer 1996,
58. Mermin N.D., Rev.Mod.Phys. **65**, 803, (1993).

59. Dym H. und McKean H.P., *Fourier Series and Integrals*, Academic Press, New York 1972.
60. Reed M. und Simon B., *Methods of Modern Mathematical Physics I, II*, Academic Press, New York 1972.
61. Rudin W., *Principles of Mathematical Analysis*, McGraw-Hill, Singapur 1976.
62. Schmidt E., Math. Annalen **64**, 161 (1907).
63. [60], I.
64. [60], II.
65. Richtmyer R. D., *Principles of Advanced Mathematical Physics I*, Springer, New York 1978.
66. Dürr, D., Goldstein, S. Teufel, S.,Zanghì, N., Physica A **279**, 416- 431,(2000).
67. Reed, M. and Simon, B., *Methods of modern mathematical physics III*, Academic Press, New York (1978).
68. Dürr, D. Teufel, S., in Stochastic Processes, Physics and Geometry: New Interplays. I: A Volume in Honor of Sergio Albeverio , Eds.: F. Gesztesy, H. Holden, J. Jost, S. Paycha, M. Röckner, S. Scarlatti, American Mathematical Society, Conference Proceedings, Canadian Mathematical **28**, (2000).
69. Bjorken, S.D. and Drell, J.D., *Relativistic quantum mechanics*, McGraw Hill College (1965).

Sachverzeichnis